中国
特殊钢工业年鉴
2024

汪世峰　主编

北　京
冶　金　工　业　出　版　社
2024

图书在版编目（CIP）数据

中国特殊钢工业年鉴．2024 / 汪世峰主编．-- 北京 ：冶金工业出版社，2024．12．-- ISBN 978-7-5240-0077-8

Ⅰ．F426．31-54

中国国家版本馆 CIP 数据核字第 2024PG8224 号

中国特殊钢工业年鉴（2024）

出版发行 冶金工业出版社		**电　　话**	(010)64027926
地　　址 北京市东城区嵩祝院北巷 39 号		**邮　　编**	100009
网　　址 www．mip1953．com		**电子信箱**	service@mip1953．com

责任编辑　于昕蕾　王雨童　美术编辑　彭子赫　版式设计　郑小利

责任校对　郑　娟　责任印制　禹　蕊

北京捷迅佳彩印刷有限公司印刷

2024 年 12 月第 1 版，2024 年 12 月第 1 次印刷

787mm×1092mm　1/16；34．25 印张；811 千字；538 页

定价 238．00 元

投稿电话　(010)64027932　投稿信箱　tougao@cnmip．com．cn

营销中心电话　(010)64044283

冶金工业出版社天猫旗舰店　yjgycbs．tmall．com

（本书如有印装质量问题，本社营销中心负责退换）

《中国特殊钢工业年鉴（2024）》

编　委　会

范绍江　范众维　冯晓明　傅小彬　耿　佩
顾荣祖　郭娅娅　韩玉梅　郝广鹏　黄佩玲
贾名琳　姜燕燕　李得财　李　东　李海洋
李　航　李　鸿　李　辉　李晓东　李　颖
刘加军　刘江涛　刘　娟　刘美辰　刘美娟
刘鹏杰　刘　倩　刘永和　刘振民　路霞霞
陆　颖　陆永梅　罗志玲　罗忠河　马华云
吕　兵　吕正华　牛　犇　潘红日　潘昆仑
庞辉勇　卿海涛　任晓锋　尚慧群　石　敏
宋文祥　孙晓明　孙兴德　谭裕民　王　琛
王大智　王　健　王明娣　王攀峰　王清华
王玉莲　吴海峰　吴海荣　吴雅芝　吴轶超
武立敏　肖广林　谢振亚　徐　俊　徐潇声
许　丹　许小帆　薛　松　严锦涛　杨国佳
杨建伟　杨学斌　杨　阳　杨志贵　袁昆喜
张　弛　张丹丹　张　凯　张　颖　张钰瓶
赵春梅　赵鹏鹏　赵元鹏　郑　宇　周海霞
周　伟　朱敏强　朱　宁

执笔人　苏亚红　褚召忍　曹红敏　李铭灿

前　　言

在党的二十大精神引领下，我国正坚定不移地朝着2035年建成科技强国、人才强国等宏伟目标奋勇前行。2023年作为深入贯彻落实党的二十大精神的关键一年，中国特殊钢行业在复杂多变的国内外形势中积极探索、砥砺奋进，展现出强大的韧性与活力。

自2022年5月27日中国特钢企业协会联席会长会议决定，由协会组织主要特钢企业每年编写《中国特殊钢工业年鉴》，并由协会轮值会长担任主编、冶金工业出版社正式出版以来，《中国特殊钢工业年鉴（2022）》作为行业首部年鉴，已为记录行业发展迈出坚实一步。如今，即将付梓的《中国特殊钢工业年鉴（2024）》，延续这一使命，继续对中国特殊钢工业的发展历程进行全面梳理与深刻总结。

2023年，中国钢铁工业面临着复杂严峻的形势。国际局势风云变幻，国内需求有所减弱，钢材价格下滑，企业效益受到明显影响。在此背景下，中国特钢企业协会发挥引领作用，积极引导特钢企业响应国家新发展要求，全面开展行业自律，大力推进产业及产品结构调整，持续强化搭链稳链工作。2023年下半年，国家及时出台多项稳定增长的激励措施，为特钢行业注入强大动力，有效稳固了特钢行业的生产经营活动，推动其朝着“高端化、智能化、绿色化”方向转型发展，提升了特钢行业整体的高质量发展水平。

这一年，特钢行业在产量与结构方面呈现出积极变化。优特钢粗钢产量供需保持基本稳定，优质钢、特殊质量钢产量同比提升。在产品创新和应用拓展上，企业积极探索，不断推出适应新兴产业需求的新产品，拓展特殊钢应用领域。工艺技术装备也取得显著进步，先进的冶炼、轧制技术以及智能化生产设备逐步应用，有效提升了生产效率与产品质量。同时，行业在智能制造转型与绿色化发展方面也迈出坚实步伐，通过数字化技术与绿色工艺的深度融合，实现降本增效与节能减排。然而，特钢行业也存在需求减量与供应增加、研发方向与市场需求存在偏差、特种冶金装备大型化与国产化率低、世界最大特钢产量和参与全球贸易量低之间的矛盾。

回顾2023年，中国特钢行业在复杂形势下砥砺前行，既有发展成果，也面临诸多挑战。而《中国特殊钢工业年鉴（2024)》则为全面梳理这一年特钢行业的发展脉络，深入洞察行业当下情况与未来走向，提供了丰富而翔实的资料。

《中国特殊钢工业年鉴（2024)》（以下简称《年鉴》）全书共设11章，涵盖中国特殊钢行业运行情况综述、行业综合指标、产品创新和应用拓展、工艺技术装备进步、行业转型发展、企业管理创新（党建）典型案例、中国特殊钢行业大事记、特殊钢企业成果和奖励、中国部分特殊钢企业介绍、主要特殊钢企业统计、中国特钢企业协会等内容。同时，《年鉴》编制了3个附录，包括2023年世界粗钢产量和中国主要钢铁产品产量、特殊钢下游用户行业运行情况和需求、北京建龙重工集团有限公司高质量发展报道，从多维度展现行业全貌。

本书在编辑和出版过程中得到了中国特钢企业协会及各会长、副会长单位的大力支持，各成员单位也给予积极配合。在此，谨向关心与支持本《年鉴》工作的各级领导和同志们，向各供稿单位、组稿（撰稿）人表示衷心的感谢！

由于特殊钢行业涉及面广，发展变化迅速，且《年鉴》内容涉及相关部门多，本书在资料搜集整理和编辑过程中难免存在疏漏之处。欢迎特钢行业的各级领导、各位同仁给予批评指正，我们将在今后的《年鉴》编写、出版中不断改进、完善、提高。

中国特钢企业协会轮值会长

西宁特殊钢股份有限公司董事长

2024年10月

目　　录

第 1 章　中国特殊钢行业运行情况综述 …… 1

1.1　2023 年特钢行业运行情况 …… 3
1.1.1　特钢供需保持基本稳定 …… 3
1.1.2　主要成员单位经营状况 …… 3
1.1.3　特钢出口市场情况 …… 4
1.2　当前特钢行业存在问题 …… 4
1.3　2024 年行业运行预测 …… 4
1.4　下一步中国特钢行业高质量发展建议 …… 5

第 2 章　中国特殊钢行业综合指标 …… 7

2.1　主要指标完成情况 …… 9
2.2　主要产品产量 …… 15
2.3　主要技术经济指标 …… 33
2.4　固定资产投资 …… 37
2.5　特钢企业主要指标排序 …… 38

第 3 章　中国特殊钢产品创新和应用拓展 …… 41

3.1　特殊钢产品创新 …… 43
3.1.1　合金结构钢 …… 43
3.1.2　轴承钢 …… 45
3.1.3　模具钢 …… 46
3.1.4　耐蚀合金钢 …… 46
3.1.5　超高强度钢 …… 47
3.1.6　不锈钢 …… 48
3.1.7　高温合金 …… 48
3.2　特殊钢产品应用拓展 …… 49
3.2.1　建筑用钢 …… 49
3.2.2　汽车用钢 …… 51
3.2.3　能源电力用钢 …… 52
3.2.4　石油化工用钢 …… 56
3.2.5　船舶用钢 …… 67
3.2.6　轨道桥梁用钢 …… 68
3.2.7　航空用钢 …… 71
3.2.8　机械用钢 …… 72

第 4 章　中国特殊钢工艺技术装备进步 …… 75

4.1　冶炼工艺进步 …… 77
4.2　轧制工艺进步 …… 79
4.3　特殊钢装备进步 …… 82

第 5 章　中国特殊钢行业转型发展 …… 89

5.1　智能制造转型 …… 91
5.1.1　国家示范企业及示范项目（智能制造示范工厂） …… 91
5.1.2　省级示范企业及示范项目 …… 96
5.1.3　智能制造工厂 …… 104
5.1.4　智能检测平台 …… 104
5.1.5　智能管控中心 …… 105
5.1.6　智能化生产 …… 110
5.1.7　智能制造合作 …… 114
5.1.8　智能制造专题会议 …… 115
5.2　绿色化发展进步 …… 119
5.2.1　环保治理 …… 119
5.2.2　节能降碳 …… 124
5.2.3　节能降耗 …… 130

第 6 章　中国特殊钢企业管理创新（党建）典型案例 …… 137

6.1　管理创新 …… 139

6.1.1　安全管理 …………………… 139
6.1.2　设备管理 …………………… 146
6.1.3　财务管理 …………………… 147
6.1.4　质量管理 …………………… 147
6.1.5　标准管理 …………………… 156
6.1.6　信息化管理 ………………… 159
6.1.7　人力资源管理 ……………… 160
6.2　党建引领 ……………………… 162
6.2.1　党建活动 …………………… 162
6.2.2　党建合作 …………………… 168

第 7 章　中国特殊钢行业大事记 ……… 169

7.1　中国特钢协会大事记 ………… 171
7.2　2023 年特钢行业十大影响力事件 ……………………………………… 174
7.3　2023 年特殊钢企业大事记 …… 175

第 8 章　特殊钢企业成果和奖励（包括模范人物）……………… 235

8.1　国际性奖项 …………………… 237
8.2　国家部委奖项 ………………… 237
8.3　全国性协会奖项 ……………… 239
8.4　省级机构奖项 ………………… 244
8.5　机构认定认证 ………………… 246
8.6　地方政府奖项 ………………… 253
8.7　媒体机构评选 ………………… 259

第 9 章　中国部分特殊钢企业介绍 …… 261

9.1　中信泰富特钢集团股份有限公司 ……………………………………… 263
9.2　太原钢铁（集团）有限公司 … 266
9.3　攀钢集团江油长城特殊钢有限公司 ……………………………………… 268
9.4　河南济源钢铁（集团）有限公司 ……………………………………… 270
9.5　首钢贵阳特殊钢有限责任公司 ……………………………………… 272
9.6　河冶科技股份有限公司 ……… 273
9.7　邢台钢铁有限责任公司 ……… 274
9.8　山东寿光巨能特钢有限公司 ……………………………………… 276
9.9　常州东方特钢有限公司 ……… 278
9.10　方大特钢科技股份有限公司 ……………………………………… 280

第 10 章　主要特殊钢企业统计 ……… 283

10.1　主要特殊钢企业二级组成 …… 285
10.2　主要特殊钢企业专业产品主要生产能力 ………………………… 313
10.3　主要特殊钢企业专业产品主要生产设备 ………………………… 342
10.4　主要特殊钢企业主要领导班子成员 ……………………………… 453

第 11 章　中国特钢企业协会 ………… 481

11.1　中国特钢企业协会简介 ……… 483
11.1.1　中国特钢企业协会特点 ……………………………………… 483
11.1.2　中国特钢企业协会宗旨 ……………………………………… 483
11.1.3　中国特钢企业协会基本任务 ……………………………………… 483
11.1.4　会员入会的程序 …………… 483
11.1.5　会员享有的权利 …………… 484
11.1.6　会员履行的义务 …………… 484
11.1.7　第十届会长联席会领导成员 ……………………………………… 484
11.1.8　中国特钢企业协会成员名单 ……………………………………… 484
11.2　中国特钢企业协会工作完成情况 ……………………………………… 489
11.2.1　2023 年的会费收支情况和 2024 年的会费收支预算安排 ……………………………………… 489
11.2.2　回顾 2023 年协会秘书处完成的重点工作 ……………………… 489
11.2.3　2024 年特钢协会秘书处主要工作思路 ……………………… 491

附录 ……………………………………… 493

附录 A　2023 年世界粗钢产量和中国主要钢铁产品产量 ………… 495

附录 B　特殊钢下游用户行业运行情况和需求 ………………… 499

B1　汽车行业 ……………………………… 499

B2　机械行业 ……………………………… 503

B3　铁路行业（铁道） ………… 505

B4　船舶行业 ……………………………… 508

B5　能源行业（油气输送） …… 512

B6　家电行业 ……………………………… 514

B7　集装箱行业 ………………………… 518

B8　电力行业（电工钢） ……… 521

附录 C　北京建龙重工集团有限公司高质量发展报道 …………… 524

C1　这家西部特钢厂缘何受青睐？——张志祥代表谈建龙落子青藏高原、收购西宁特钢的考量 ………… 524

C2　建龙重整西宁特钢，旗下有了钢铁上市公司 ………………… 526

C3　跨越山海，钢铁丝路——“一带一路”上的建龙故事 ……… 526

C4　张志祥：以科技创新为企业共建“一带一路”添动力 ………… 530

C5　张志祥：只有创新发展，才可能在存量市场活下来 …………… 530

C6　张志祥：多点发力，推动建龙集团绿色低碳高质量发展 …… 531

C7　建龙协同创新与增效全力推进绿色转型发展 ………………… 533

C8　建龙集团副产煤气高效利用的秘诀 ………………………… 534

C9　建龙打造与自然和谐共生的“绿色钢城” ………………… 536

C10　建龙集团服务+品质　擦亮“建龙品牌”新名片 ……… 537

第 1 章

中国特殊钢行业运行情况综述

2023年，中国钢铁工业面临国际形势复杂和国内需求减弱的双重压力，钢材价格大幅下滑，企业效益明显降低。在此背景下，中国特钢企业协会积极引导特钢企业响应国家新发展要求，开展了行业自律、产业及产品结构调整、搭链稳链等工作。2023年下半年，政府也出台了多项稳定增长的激励措施以支持特钢行业发展。这些措施有效地稳固了特钢行业的生产经营活动，并推动了其向高端化、智能化、绿色化转型与发展，提高了特钢行业整体的高质量发展水平。

1.1　2023年特钢行业运行情况

1.1.1　特钢供需保持基本稳定

（1）优特钢粗钢产量供需保持基本稳定，优质钢、特殊质量钢产量同比提升。

中国特钢企业协会统计主要成员单位生产优特钢粗钢7602万吨，同比小幅增长1.7%；优质钢产量4125万吨，同比上升0.4%；特殊质量合金钢产量3478万吨，同比上升3.3%。2023年特钢产品向高端化、合金化发展，为国内制造业转型升级发展提供了基本材料支持。

（2）根据市场情况产品结构进一步调整。

从品种结构来看，大部分品种保持了增长。2023年，中国特钢企业协会统计主要成员单位重点品种产量1221万吨，同比增长5.8%。其中轴承钢产量463万吨，同比增长5.7%；齿轮钢产量464万吨，同比增长3.6%；弹簧钢产量204万吨，同比增长13.6%；工模具钢产量74.4万吨，同比下降7.8%；高温合金15.8万吨，同比增长100%。

从产品端来看，各产品产量均呈上升态势。2023年，中国特钢企业协会统计主要成员单位优特钢材产量6937万吨，同比增长4.9%。其中优特钢棒材产量2777万吨，同比增长5.1%；线材产量1222万吨，同比增长3.2%；钢管产量649万吨，同比增长6.3%；板材产量1564万吨，同比增长8.8%。

1.1.2　主要成员单位经营状况

1.1.2.1　中国特钢企业协会主要成员单位效益指标变化

中国特钢企业协会主要成员单位保证了基本营收水平，但主要效益指标均在下降，经营压力加大，抗风险能力减弱。

（1）利润水平大幅下滑。2023年，主要成员单位实现利润总额120.2亿元，同比下降32.4%；吨钢利润同比下降32.9%，销售利润率1.5%，与2021年相比下降0.7%，比同期钢铁行业利润率略高0.18%；

（2）国内优特钢市场价格下滑。2023年综合价格指数平均值为133.1点，同比下降0.33点。2023年初新冠疫情防控进入新阶段后，特钢产品价格开始回升，因市场需求低迷自4月大幅回落10.2%，7月国家出台行业支持政策后，中国特钢价格指数开始回升，至年底基本与2022年底持平。

当前，综合价格指数从2023年8月开始连续7个月环比增长，价格趋于平稳。

（3）中国特钢企业协会统计26家主要特殊钢企业，15家利润同比下降，10家出现亏损，亏损面38%，其中2家由盈转亏。

中国特钢企业协会成员单位主要效益指标变化情况见表1-1。

表1-1　中国特钢企业协会成员单位主要效益指标变化情况　（亿元）

指标名称	2023年	2022年	增减量	增减幅度（%）
主营业务收入	8187.1	8138.5	48.58	0.60
主营业务成本	7651.1	7507.7	143.38	1.91
三费	246.5	231.9	14.63	6.31

续表 1-1

指标名称	2023年	2022年	增减量	增减幅度（%）
应收账款	195.2	308.6	-113.32	-36.73
实现利税	263.3	342	-78.67	-23.00
利润总额	120.2	177.9	-57.63	-32.40
销售利润率（%）	1.5	2.2	-0.72	

1.1.2.2 面临成本增加、费用上涨以及库存高企等多重挑战

受到铁矿石等原料价格上升因素影响，各企业业务成本同比上升143.38亿元，涨幅1.91%；产成品库存上升严重，同比上升16.97%；三费同比上升6.31%。

1.1.3 特钢出口市场情况

特钢出口市场持续向好，出现量升价格降低的态势。根据中国特钢企业协会对8家主要出口成员单位统计，2023年出口量同比上升21%，平均价格981美元，同比下降12.29%。其中棒材出口189万吨，同比上升11.9%；平均价格870美元，同比下降17.7%。2023年统计出口单位出口情况见表1-2。

表1-2 2023年统计出口单位出口情况

项目	出口量（万吨）		出口均价（美元/吨）	
	棒	总量	棒	产品均价
2023年	188.9	283.1	870	981
2022年	168.8	227.5	1057	1118.5
同比（%）	11.9	21	17.7	-12.29

1.2 当前特钢行业存在问题

（1）需求减量与供应增加之间的矛盾。

新能源汽车的崛起对特钢需求产生了显著影响，轻量化趋势使特钢需求有所减少。与此同时，由于房地产行业对普钢需求的大幅减弱，大量普钢企业开始转向生产优特钢，钢铁行业内“普转优、优转特”的势头凶猛，导致中低端特钢产品供应量大幅增加，同质化竞争的趋势越发明显，对特钢行业的高质量发展构成了挑战。

（2）企业产品研发和应用推广之间的矛盾。

特钢产业链上下游缺乏有效沟通，关键战略性材料的研发方向不太明确，而研发出的产品在国内面临与下游企业标准互认不足，影响了特钢产业链上下游协同发展。

（3）特种冶金装备大型化与国产化率低之间的矛盾。

特种冶炼大型化装备与控制软件主要依赖进口，若无法有效解决这些问题，将带来较大的潜在风险。从目前情况看，实现特种冶炼装备的国产化是解决关键战略性材料研发的重要一环，否则将会影响产品的研发攻关周期和生产质量稳定。

（4）世界最大特钢产量和参与全球贸易量低之间的矛盾。

中国钢铁工业在全球市场占据重要地位。然而相较于发达国家，长期以来我国特钢产品的出口占比显得较低。日本、德国等发达国家伴随着较为完整的产业链出海政策，特钢出口占比超过30%。此外，特钢行业还受到“买单出口”等不正常因素的影响，进一步冲击了国内特钢出口表现，我国特钢出口量占比长期徘徊在10%以内。

1.3 2024年行业运行预测

从宏观层面分析，我国当前正处于新型工业化和城镇化并行发展的阶段，结合我国经济发展的高质量布局，钢铁需求总量下滑的趋势已逐渐显现。这一变化促使钢铁行业加速优胜劣汰，强调高质量发展，以应对并把握当前形势，特钢行业正在迎来新一轮的发展机遇。

在迈向第二个百年奋斗目标之际，人民对日益增长的美好生活需求与中国制造业快

速升级，将直接刺激国内特钢需求。中国特钢行业承担着为重大装备制造、国家重点工程建设、国防军工和高新技术等关键领域提供高精尖材料的重大使命，对我国制造业的创新发展及质量提升起着至关重要的支撑作用。特钢行业的发展状况将成为衡量钢铁工业竞争力和高端制造业发展水平的重要标志，对我国制造业创新发展和质量提升发挥着基础性、关键性、支撑性作用。特钢行业的发展前景广阔，大有可为。

1.4 下一步中国特钢行业高质量发展建议

2024年是中华人民共和国成立75周年，是实现“十四五”规划目标任务的关键一年。在这一关键节点上，中国特钢企业需继续秉承贯彻党的二十大和两会精神，专注新质生产力的培育与发展，将高质量发展理念深度融入企业经营和发展的各个环节。随着政府将2023年GDP增速目标设定为5%，并依托超大规模的市场需求、完善的产业体系和丰富的高素质劳动力资源，行业高质量发展的需求将进一步被激发。中国特钢企业需要做好：

(1) 继续做好行业自律工作。面对三重压力，特钢行业应以满足用户需求、保证供需平衡为前提，按照特钢行业自律工作会议精神，自觉开展行业自律工作，处理好行业和个体的关系。行业自律一旦达成共识，就应该是行业成员共同遵守的契约，这就成了行业的共同利益。

(2) 发展新质生产力，提高创新在生产中的主导作用。特钢企业要以两会精神为指引，沿着“专精特新”的未来发展方向，以品种结构调整为主导，以科技创新为引擎，积极推动行业新质生产力的发展，塑造具有中国特色的特钢发展之路。

(3) 构建全产业链上下游协同发展，提升产业链供应链韧性。建立中国特钢应用全产业链管理体制，有效协同特钢产业链上下游合作，避免各自为政，希望政府在此方面加强引导，增强特钢行业抗风险能力。

(4) 推进标准引领建设，加快新产品、新技术的推广应用。建立上下游产品检测、评价标准，积极开展高端产品国家标准、行业标准、团体标准制定，进一步提升标准的科学性和上下游生产制造工艺的适配性，推动新产品、新技术在国内外市场的应用。

(5) 继续推进兼并重组工作，优化企业资源配置。2023年，特钢行业通过兼并重组，竞争格局发生了极大变化，出现了航母级专业型大型综合性特殊钢集团和一批产业竞争力强、市场占有率高的超大型钢铁企业。下一步，中国特钢企业协会将进一步引导企业，走差异化、特色化的“专精特新”道路，促使形成规模化、专业化集群，各具有特色的特钢企业通过差异竞争、协同创新、优势互补，共筑高质量的特殊钢生态圈。

(6) 强化特钢冶金设备安全保障。中国特钢企业协会将利用平台优势和装备分会专业优势，开展特钢行业冶金装备关键核心技术攻关等交流活动，促进新设备、新工艺等的广泛应用。

中国特钢企业协会将一以贯之，继续坚持服务会员，搭建企业与政府沟通平台，以振兴特殊钢行业为己任，并针对特钢行业的特点，深化思想意识、强化责任担当，坚持以问题为导向，在中央社会工作部的领导下，在中国钢铁工业协会的大力支持下，围绕“1231”行业发展战略目标，重点解决特钢行业的个性化问题，着力推进特钢行业的高质量发展。

第 2 章

中国特殊钢行业综合指标

2.1 主要指标完成情况

2022—2023 年中国特钢企业协会会员企业主要指标完成情况见表 2-1。

表 2-1 2022—2023 年中国特钢企业协会会员企业主要指标完成情况

产品名称	计量单位	2022 年	2023 年	同比增加	同比增长（%）
产值资料					
现价工业总产值	万元	76221823	65634751	-10587072	-13.9
销售产值	万元	74604157	69762980	-4841178	-6.5
工业增加值	万元	9886333	8351707	-1534626	-15.5
主要产品产量					
粗钢	万吨	11969	11135	-834	-7.0
钢材	万吨	10502	10340	-161	-1.5
销售及库存					
钢材销售量	万吨	10342	10196	-147	-1.4
钢材库存量	万吨	291	318	27	9.2
钢坯库存量	万吨	140	161	21	14.9
产品销售率（实物）	%	99	99	0	
能耗					
能源消耗总量	吨标准煤	93838687	50818962	-43019725	-45.8
主要财务指标					
主营业务收入	万元	91716782	90571143	-1145639	-1.2
主营业务成本	万元	77470384	76510618	-959766	-1.2
税金及附加	万元	411923	401280	-10644	-2.6
管理费用	万元	1359609	1502982	143373	10.5
财务费用	万元	846594	651645	-194949	-23.0
销售费用	万元	460695	363818	-96877	-21.0
研发费用	万元	2124235	1977557	-146678	-6.9
实现利税	万元	4493596	3611076	-882520	-19.6
利润总额	万元	2063033	2069079	6046	0.3
净利润	万元	1766567	1959466	192900	10.9
资产总计	万元	81339739	82744105	1404366	1.7
负债合计	万元	46742306	47960685	1218379	2.6
所有者权益总额	万元	30679524	30488525	-190999	-0.6
其中：实收资本	万元	8772109	9729131	957022	10.9

续表 2-1

产品名称	计量单位	2022年	2023年	同比增加	同比增长（%）
外径外贸					
钢铁产品出口额	万美元	808062	706992	-101070	-12.5
钢铁产品出口量	吨	6571384	8095611	1524227	23.2
劳动工资					
全员劳动生产率（以现价计算）	元/(人·年)	3687861	3365372	-322489	-8.7
全部从业人员平均人数	人	206683	195030	-11653	-5.6
全部从业人员工资总额	万元	2384942	2301309	-83632	-3.5
固定资产投资					
本年完成额	万元	2316397	3093253	776856	33.5
其中：基本建设	万元	794770	556521	-238249	-30.0
更新改造	万元	1413471	1182836	-230635	-16.3
按投资方向分					
烧结	万元	122118	105476	-16642	-13.6
炼铁	万元	162514	86893	-75621	-46.5
炼钢	万元	688796	766043	77247	11.2
其中：电炉	万元	511323	542054	30731	6.0
转炉	万元	110645	197791	87147	78.8
连铸	万元	75916	264823	188907	248.8
轧材	万元	526512	713282	186770	35.5
其他	万元	740541	1156736	416195	56.2

2023年会员企业指标完成情况见表2-2。

表2-2　2023年会员企业指标完成情况

企业	现价工业总产值（万元）	现价销售产值（万元）	工业增加值（万元）	主要产品产量		销售及库存			
				粗钢（万吨）	钢材（万吨）	钢材销售量（吨）	钢材库存量（吨）	钢坯库存量（吨）	产品销售率（实物）（%）
本钢				40	51			3287	
宝武特冶	322887	286180	20884	5	5	51800	1870		
中信特钢	10518745	10540835	2145744	1417	1243	12465995	541363	452503	100.31
其中：兴澄特钢	6024245	6105008	804008	639	533	5373526	325907	238547	100.75
大冶特钢	3507567	3495402	403246	368	346	3440454	72385	9517	99.56
青岛钢铁	2227708	2233015	254969	410	303	3048469	114971	204439	100.46
石钢	885300	966119	85437	172	161	1778581	305		

续表 2-2

企业	现价工业总产值（万元）	现价销售产值（万元）	工业增加值（万元）	主要产品产量		销售及库存			
				粗钢（万吨）	钢材（万吨）	钢材销售量（吨）	钢材库存量（吨）	钢坯库存量（吨）	产品销售率（实物）（%）
西宁特钢	327039	326152		74	70	692685	9243	32048	100.67
长城特钢	402394	399880	28135	24	37	367047	11153		99.37
凌源钢铁	1948811	1947753	169580	541	539	5384289	88200		99.95
贵阳特钢	109921	107910	24295	20	20	198845	6886	4213	
中天钢铁	5872411	5760306	656794	1192	1250	14346785	353830	159949	115.00
莱芜特钢				259	122	1670047	9593	27116	
太原钢铁	14504138	14336013	1698208	1391	1112	11109117	183252	18584	99.86
舞阳钢铁	1417008	1471742	297572	289	254	2677642	34432	26112	105.00
天津钢管	2056955	2011441		149	271	2716367	169247	65683	100.20
建龙北满	831402	712948	88430	192	178	1625087	61079	109100	91.51
中原特钢	234105	242528	44712	21	8	78900	5439	8978	97.20
河冶科技	124030	123976	26041	3	2	21635	1406		101.00
天工工具	379430	316189		17	15	143648	13664		
承德建龙	1230436	1225363	148305	244	122	1224928	38581	26759	100.00
沙钢东特	1754260	1714078		228	175	1727892	178464	4026	98.68
淮钢特钢	1332940	1328889		331	275	2734817	189884	93902	99.61
江苏永钢	5260293	7826276	602245	892	907	9943859	370460	138520	99.34
南京钢铁	8238023	8692037	983546	1100	1079	10670612	357861	228328	98.93
新兴铸管	1442118	1435519	178234	274	268	2685343	5458	2190	100.11
巨能特钢	758248	800625	49540	172	167	1901582	118221	72337	104.70
方大特钢	181897	181183		406	408	4082044	9533	18261	99.98
济源钢铁	1847927	1816256	420200	408	402	3989099	74571	5674	96.79
南阳汉冶	1005172	975016	124944	247	265	2638096			
邢台钢铁	507037	515293	32262	132	128	1297242	24418	29362	101.71
永兴不锈	695278	648672	110063	34	32	269070	6767		
马　钢				164	84	1621813	61339	19383	98.17
衡阳钢管	1446545	1278503	416536	177	186	1842071	249169	59630	88.38
天津钢铁		1775298		522	504				
合　计	65634751	69762980	8351707	11135	10340	101956939	3175690	1605946	98.60

续表 2-2

企业	能耗			财务（万元）				
	能源消耗总量（吨标准煤）	吨钢综合能耗（千克标准煤/吨）	吨钢可比能耗（千克标准煤/吨）	产品销售收入	实现利税总额	其中：利润总额	管理费用	财务费用
本　钢	91824	226.0	116.0					
宝武特冶	62273	1181.0		443243	2529	1696	23809	1182
中信特钢	9686522	683.8	560.0	10177434	1001610	663541	208153	78401
其中：兴澄特钢	3823301	598.6	529.9	6443784	592618	478661	56549	16461
大冶特钢	2389433	649.5	643.0	3388740	203623	153933	27163	9107
青岛钢铁	2920526	712.7	532.6	2318542		64272	16113	16139
石　钢	382169	222.0	207.0	933867	34363	1169	30284	11721
西宁特钢	539966	731.3	651.0					
长城特钢	154497	630.0	387.0	401723	-44881	-45769	12654	6385
凌源钢铁	2936439	543.1	532.2	1994225	-20648	-66494	45400	19515
贵阳特钢				107910	1959	-7485	19718	15868
中天钢铁	2664573	555.0	475.0	12920559	260989	107357	159360	138286
莱芜特钢	84931	22.3		727748	-79094	-81515	17499	3394
太原钢铁	6414590	522.0	471.3	12015422	573994	236453	245291	112116
舞阳钢铁	428019	131.2		2007322	70625	40191	33767	56975
天津钢管	939785	568.7	380.5	1936079	118674	49722	50649	42362
建龙北满	988821	517.0	477.0	705727	2893	1889	1265	5100
中原特钢	64921	138.0	139.0	238378	5551	1660	9889	-2696
河冶科技	25142	876.0		127257	8842	5541	3426	-609
天工国际	86905	599.0		340940	26075	22615	8598	3992
承德建龙	1394700	-30.0		1644390	57242	39011	36917	43572
沙钢东特	1321959	576.7	527.6	1714962	-51148	-93326	49839	20952
淮钢特钢	1982314	599.4	505.4	1494246	28394	22781	23321	1719
江苏永钢	4844290	543.0	457.8	7826276	268512	186038	122052	39979
南京钢铁	5882718	534.6	494.4	20277631	453197	305039	185320	41690
新兴铸管	879476	453.4	457.5	1526054	61656	30453	16923	8356
巨能特钢	1300360	535.0	529.0	800625	12734	5276	12603	1598
方大特钢	2175877	535.4	423.2	2650731	143938	96637	61725	-3025
济源钢铁	2335551	571.9	577.9	2752115	114528	67064	31580	-16776
南阳汉冶	1413018			1441502	38503	29872	25399	15127
邢台钢铁	679927	568.1		571736	-22700	-33189	38842	6518
永兴不锈	46332	139.8		719927	488183	489720	5730	-10339

续表 2-2

企业	能耗			财务（万元）				
	能源消耗总量（吨标准煤）	吨钢综合能耗（千克标准煤/吨）	吨钢可比能耗（千克标准煤/吨）	产品销售收入	实现利税总额	其中：利润总额	管理费用	财务费用
马　钢	47586	50.0		658695	-87965	-90186	5296	4678
衡阳钢管	963476	544.1	502.3	1414419	142519	83319	17674	5604
天津钢铁		283.8	220.9					
合　计	50818962			90571143	3611076	2069079	1502982	651645

企业	财务（万元）							
	销售费用	研发费用	净利润	资产合计	负债合计	总资产贡献率（%）	成本费用利润率（%）	流动资金周转次数（次）
本　钢								
宝武特冶	2751	16595	-172	637225	459451	1.00	6.00	1.00
中信特钢	67802	445161	597434	13700892	8233347	9.91	6.20	2.08
其中：兴澄特钢	25038	163997	432155	4672016	2505431	13.62	6.92	4.46
大冶特钢	21794	96290	135697	2782514	1424002	9.13	4.74	2.70
青岛钢铁	14784	81724	63612	2339580	1577879	0.05	0.03	3.17
石　钢	14430	46880	660	2574985	1632094	1.81	0.12	1.15
西宁特钢								
长城特钢	2383	26226		769044	534528	-6.90	-0.10	1.75
凌源钢铁	15759	1131	-51979	2346181	1799107	-0.33	-3.23	2.56
贵阳特钢	7018	6550	-8932	1690447	1086809	-0.54	-2.35	0.27
中天钢铁	11552	247682	95540	6655004	4618801	5.84	0.79	8.08
莱芜特钢	329							
太原钢铁	26406	151990	139217	14583922	7455424	4.86	1.99	3.38
舞阳钢铁	2531	59538	40191	2432483	1665833	5.50	0.88	1.65
天津钢管	11727	71378	94524	2434490	1865397	6.64	2.81	1.64
建龙北满	1265	4245	1886	1093073	728644	3.22	1.30	3.65
中原特钢	2609	7409	1657	434390	63498	1.32	0.70	1.10
河冶科技	1384	3919	5385	163334	68784	3.67	3.68	1.24
天工工具	1878	23459	22408					
承德建龙	4311	73533	34179	2096154	1151496	5.33	2.32	2.35
沙钢东特	13118	74532	-93405	2813782	1535397	-0.81	-5.23	1.52
淮钢特钢	2160	51659	20019	2126107	1354946	0.02	0.02	1.31
江苏永钢	19737	156473	159041	7106409	4010946	4.72	2.42	7.46

续表 2-2

企业	财务（万元）							
	销售费用	研发费用	净利润	资产合计	负债合计	总资产贡献率（%）	成本费用利润率（%）	流动资金周转次数（次）
南京钢铁	63971	223072	270837	7956491	4625457	6.46	1.55	5.78
新兴铸管	2497	3896	23645	1485547	667524			
巨能特钢	1106	2660	5276	426472	208465	3.50	0.66	3.50
方大特钢	4039	8712	68295	1977651	1027138	7.54	3.77	2.42
济源钢铁	6403	71361	62533	2220087	1132356	0.03	0.02	2.23
南阳汉冶	51657	65146	29872	950993	431770			
邢台钢铁	2768	18326	-33204	916610	652063	-1.72	-5.44	2.17
永兴不锈	1640	22946	480511	816083	21109			
马钢	1815	6916	-90186	749796		-0.11	-0.12	
衡阳钢管	18772	86162	84236	1586452	930301	10.50	6.19	2.06
天津钢铁								
合计	363818	1977557	1959466	82744105	47960685			

企业	外经外贸		劳动工资			固定资产投资（万元）		
	钢铁产品出口额（万美元）	钢铁产品出口量（吨）	全员劳动生产率（以现价计算）[元/(人·年)]	全部从业人员平均人数（人）	全部从业人员工资总额（万元）	本年完成额	其中：基本建设	其中：更新改造
本钢				1267	10650	2325		2325
宝武特冶			3000809	1076	27983	86718	69026	17692
中信特钢	172561	1819648	3341406	31480	443797	336658	99171	237487
其中：兴澄特钢	74858	776860	7124225	8456	126519	57767		57767
大冶特钢	65449	595884	5272951	6652	80478	150397	99171	51226
青岛钢铁	23396	350637	4434132	5024	60198	48339		48339
石钢		256011		3772	26989			
西宁特钢				4514	28658			
长城特钢	206	1100	1427942	2818	23621	40066		40066
凌源钢铁	740	12348	2113907	9219	92026	135346		135346
贵阳特钢			1166890	942	7676	1684	490	1194
中天钢铁	17823	268617	435107	15095	204217	40112	9511	30601
莱芜特钢				1772	16676	4638	790	3848
太原钢铁	92457	772383	5761784	25173	359919	389430	150600	238830
舞阳钢铁	29568	396973	2086097	7055	52947			

续表 2-2

企业	外经外贸		劳动工资			固定资产投资（万元）		
	钢铁产品出口额（万美元）	钢铁产品出口量（吨）	全员劳动生产率（以现价计算）[元/(人·年)]	全部从业人员平均人数（人）	全部从业人员工资总额（万元）	本年完成额	其中：	
							基本建设	更新改造
天津钢管	73092	718487	2870837	7165	85940	34244		19332
建龙北满	20137	267848	1974953	3747	47214	12661	9093	3568
中原特钢	5562	21061	107	2183	22680	12258		12258
河冶科技	4807	4474	294017	886	8222	4311	21	4290
天工工具	21498	80316		1885	15085	6199	6158	40
承德建龙	6115	121112	463888	3197	93436	82668	76873	5795
沙钢东特	22403	259689	1342204	13070	107820	137851	71827	66024
淮钢特钢	3814	65469	3089801	4314	38106	87050	46272	40778
江苏永钢	91926	1453511	5259241	10002	136070	265825		
南京钢铁	73996	1020889	9319030	8840	123419	211315		211315
新兴铸管			3412489	4226	40737			
巨能特钢	2146	34756	2235401	3392	26415	9430		9430
方大特钢	4233	57394	2752621	5803	67815			
济源钢铁	93	1343	2421923	7630	55469	71947		71947
南阳汉冶			2600704	3865	35118	71519		
邢台钢铁			1187163	4271	17415			
永兴不锈	876	2907		808	12326	352		352
马　钢				1357	18036	749800		
衡阳钢管	62938	459276	3439241	4206	54828	47007	16689	30318
天津钢铁								
合　计	706992	8095611	3365372	195030	2301309	2841413	556521	1182836

2.2 主要产品产量

中国特钢企业协会会员企业粗钢产量见表 2-3。

表 2-3 中国特钢企业协会会员企业粗钢产量 （吨）

产品名称	2022 年	2023 年	同比增加	同比增长（%）
粗钢总计	119683134	111356654	-8326480	-7.0
按化学成分分：				
非合金钢	38093076	29621149	-8471927	-22.2
普通质量非合金	16380828	10230453	-6150375	-37.5

续表 2-3

产品名称	2022年	2023年	同比增加	同比增长（%）
优质非合金	18699360	16312736	-2386624	-12.8
特殊质量非合金	3012888	3077960	65072	2.2
其中：特殊碳素钢	1753224	1732936	-20288	-1.2
碳素弹簧钢	185866	105800	-80066	-43.1
碳素工具钢	66159	80276	14117	21.3
电磁纯铁	23230	33790	10560	45.5
其他				
低合金钢	42833557	41007365	-1826192	-4.3
普通质量低合金	23175016	20825127	-2349890	-10.1
优质低合金	17654081	18246703	592622	3.4
特殊质量低合金	2004459	1935536	-68923	-3.4
合金钢	33846610	34358050	511440	1.5
优质合金钢	5050302	5097310	47009	0.9
其中：电工用硅钢	972934	1000337	27403	2.8
特殊质量合金钢	28796308	29260740	464431	1.6
其中：合金结构钢	20895720	20877259	-18461	-0.1
合金弹簧钢	1809995	2026548	216553	12.0
合金工具钢	300258	321475	21217	7.1
高合金工具钢	412166	366071	-46095	-11.2
其中：模具钢	308075	272668	-35407	-11.5
高速工具钢	65026	52481	-12545	-19.3
高温合金钢	26174	28164	1990	7.6
精密合金钢	1303	1762	459	35.2
耐蚀合金钢	51472	124013	72541	140.9
轴承钢	4383910	4635485	251574	5.7
其他钢	1114887	827481	-287405	-25.8
不锈钢	4910448	6370097	1459649	29.7
其中：铬系不锈钢	2060961	2042327	-18634	-0.9
铬镍系不锈钢	265203	4158449	3893246	1468.0
耐热不锈钢	2584284	169321	-2414962	-93.4
按状态分：				
连铸坯	117722609	109463695	-8258914	-7.0
模铸钢锭	1957684	1892959	-64724	-3.3
铸造用液态钢	2842	0	-2842	-100.0
按冶炼方法分：				
转炉钢	98466353	90170962	-8295391	-8.4

续表 2-3

产品名称	2022 年	2023 年	同比增加	同比增长（%）
电弧炉钢	20308279	20252356	-55922	-0.3
感应电炉钢	908502	933335	24833	2.7
其他冶炼钢				

2022—2023 年中国特钢企业协会会员企业钢材产量见表 2-4。

表 2-4　2022—2023 年中国特钢企业协会会员企业钢材产量　（吨）

产品名称	2022 年	2023 年	同比增加	同比增长（%）
钢加工产品				
（一）轧制、锻造钢坯				
按加工工艺分：				
轧制坯	33154514	39222355	6067841	18.3
锻造坯	118098	193076	74978	63.5
（二）钢材	104471805	103401036	-1070768	-1.0
按化学成分分：				
非合金钢	30529681	26930854	-3598826	-11.8
普通质量非合金	10683117	8846318	-1836799	-17.2
优质非合金	16893332	15236821	-1656511	-9.8
特殊质量非合金	2953231	2847715	-105516	-3.6
其中：特殊碳素钢	1986857	1776050	-210807	-10.6
碳素弹簧钢	29860	33823	3963	13.3
碳素工具钢	67041	64967	-2074	-3.1
电磁纯铁	9874	29032	19158	194.0
低合金钢	41302685	40152071	-1150615	-2.8
普通质量低合金	22508879	20430899	-2077980	-9.2
优质低合金	16875643	17389028	513385	3.0
特殊质量低合金	1918163	2332143	413980	21.6
合金钢	28135813	30556824	2421011	8.6
优质合金钢	4845496	5093116	247619	5.1
其中：电工用硅钢	864083	867274	3191	0.4
特殊质量合金钢	23290317	25462371	2172054	9.3
其中：合金结构钢	16288076	17635112	1347036	8.3
合金弹簧钢	1759007	2091672	332665	18.9
合金工具钢	220490	267634	47144	21.4
高合金工具钢	334668	280696	-53972	-16.1
高速工具钢	48202	41459	-6743	-14.0
高温合金钢	11590	13599	2009	17.3

续表 2-4

产品名称	2022 年	2023 年	同比增加	同比增长（%）
精密合金钢	592	499	-93	-15. 7
耐蚀合金钢	47273	123390	76117	161. 0
轴承钢	3972204	4179589	207385	5. 2
其他	608214	828722	220508	36. 3
不锈钢	4503626	5761289	1257663	27. 9
其中：铬系不锈钢	1903753	1901402	-2351	-0. 1
铬镍系不锈钢	2486074	3713304	1227230	49. 4
耐热不锈钢	113798	146583	32784	28. 8
按加工工艺分：				
钢材合计（1+2+3+4）	104471805	103401036	-1070768	-1. 0
1. 热轧钢材	98403077	99028376	625300	0. 6
2. 冷轧（拔）钢材	2908499	3654846	746347	25. 7
3. 锻压、挤压、旋压钢材	655399	695799	40400	6. 2
4. 其他加工工艺	2504830	22016	-2482814	-99. 1
按品种分：				
铁道用钢材	6468	0	-6468	-100. 0
大型钢材				
中小型钢材	350927	387149	36222	10. 3
棒材	28564448	29070492	506044	1. 8
钢筋	23367641	22893479	-474162	-2. 0
线材（盘条）	16106724	15261176	-845548	-5. 2
特厚板	2896890	2953602	56712	2. 0
厚板	7729946	7978327	248381	3. 2
中板	5709311	5884601	175290	3. 1
热轧薄板	10117	5101	-5016	-49. 6
冷轧薄板	20378	30432	10054	49. 3
中厚宽钢带	3788843	5407422	1618579	42. 7
热轧薄宽钢带	1778340	1840388	62048	3. 5
冷轧薄宽钢带	1638982	2348518	709536	43. 3
热轧窄钢带	2486328	792094	-1694234	-68. 1
冷轧窄钢带	25224	24533	-691	-2. 7
镀层板（带）				
涂层板（带）				
电工钢板（带）	864083	867260	3177	0. 4
无缝钢管	6510212	6939052	428840	6. 6
焊接钢管	64464	44869	-19595	-30. 4
其他钢材	2552479	672542	-1879937	-73. 7

续表 2-4

企 业	粗钢	(1) 按化学成分分						
		非合金钢	普通质量非合金	优质非合金	特殊质量非合金	其中：特殊碳素钢	碳素弹簧钢	碳素工具钢
本 钢	400712	83836	4686	79150				
宝武特冶	47967	766	0	570	196			42
中信特钢	14166328	3446183	98493	3287896	59794	59557		237
其中：兴澄特钢	6387555	745877		745877				
大冶特钢	3678706	712615		712378	237			237
青岛钢铁	4100067	1987691	98493	1829641	59557	59557		
石 钢	1724959	185470		185470				
西宁特钢	738405	120257			120257	113625		6632
长城特钢	236164	2946	514	2077	355			198
凌源钢铁	5406966	1595969	778807	817162				
贵阳特钢	200281	29990	29990					
中天钢铁	11915527	2754278	97624	2654700	1954			
莱芜特钢	2586663	611545	437592	173953				
太原钢铁	13908360	4947424	4380593	321393	245438			
舞阳钢铁	2889828	558789	375976	60989	121824			
天津钢管	1494851	173879		173879				
建龙北满	1915768	369714		32641	337072	337072		
中原特钢	207032	9351		9351				
河冶科技	28700							
天工工具	168130							
承德建龙	2440270	505267		487624	17643	17643		
沙钢东特	2277799	423626		402264	21362	17538	26	3798
淮钢特钢	3306989	1653881		1649406	4475		4475	
江苏永钢	8920864	1206969		304530	902438	798469	100368	3601
南京钢铁	11003961	2527679	403547	1581828	542304	289895	931	49732
新兴铸管	2741297	430109		430109				
巨能特钢	1720972	341268		341268				
方大特钢	4063728	37797	34980	2817				
济源钢铁	4083564	604782		604782				
南阳汉冶	2468033							
邢台钢铁	1323695	784579	3967	195029	585583			
永兴不锈	340039							
马 钢	1638268	975236	460016	397955	117264	99136		16036

续表 2-4

企　业	粗钢	（1）按化学成分分						
		非合金钢	普通质量非合金	优质非合金	特殊质量非合金	其中：特殊碳素钢	碳素弹簧钢	碳素工具钢
衡阳钢管	1770753	683898		683898				
天津钢铁	5219782	4555661	3123667	1431994				
合　计	111356654	29621149	10230453	16312736	3077960	1732936	105800	80276

企　业	（1）按化学成分分								
	电磁纯铁	其他	低合金钢	普通质量低合金	优质低合金	特殊质量低合金	合金钢	优质合金钢	其中：电工用硅钢
本　钢			10783	8483		2300	306093		
宝武特冶	154		42		42		35631		
中信特钢			1795008	1342105	452903		8886808		
其中：兴澄特钢			549454	549454			5092224		
大冶特钢			79743		79743		2848019		
青岛钢铁			1165811	792651	373160		946565		
石　钢			87618	87618			1451871		
西宁特钢			96891	96891			521256		
长城特钢			1721	1697	24		87511		
凌源钢铁			3089959	2156641	933318		721038	721038	
贵阳特钢							170291		
中天钢铁			7999708	7967743	31965		1161541	307674	
莱芜特钢			376191	176481	199710		1598927		
太原钢铁	17989		2119669	106701	1960298	52670	1252273	1000337	1000337
舞阳钢铁			2205899	430694	1609630	165575	125140	41187	
天津钢管			566731		566731		754241	754241	
建龙北满			58002		58002		1486837		
中原特钢							189174		
河冶科技							28700		
天工工具							168130		
承德建龙			247134		246567	567	1687869		
沙钢东特			942			942	1595648		
淮钢特钢			98988		98988		1554120		
江苏永钢			6627434		5227259	1400175	1086462		
南京钢铁			6175646	2377353	3485208	313085	2300636	511393	
新兴铸管			1706413	1706413			604775	604775	
巨能特钢			44016		44016		1335688		

续表 2-4

企　业	(1) 按化学成分分								
	电磁纯铁	其他	低合金钢	普通质量低合金	优质低合金	特殊质量低合金	合金钢	优质合金钢	其中：电工用硅钢
方大特钢			3507221	3507221			518709		
济源钢铁			716135	716135			2762647		
南阳汉冶			2468033		2468033				
邢台钢铁	15647						539116		
永兴不锈							20083		
马　钢			398484	142950	255312	222	264556	25389	
衡阳钢管							1086855	1086855	
天津钢铁			608697		608697		55424	44421	
合　计	33790	0	41007365	20825127	18246703	1935536	34358050	5097310	1000337

企　业	(1) 按化学成分分								
	特殊质量合金钢	其中：合金结构钢	合金弹簧钢	合金工具钢	高合金工具钢	其中：模具钢	高速工具钢	高温合金钢	精密合金钢
本　钢	306093	149092	423	7638					
宝武特冶	35631	9137			15320	15320	40	4961	1189
中信特钢	8886808	6070145	753574	22005	11550			2517	
其中：兴澄特钢	5092224	3802379	163548						
大冶特钢	2848019	2072043	193351	22005	11550	11550		2517	
青岛钢铁	946565	195723	396675						
石　钢	1451871	1081251	109340						
西宁特钢	521256	518055							
长城特钢	87511	28059	1025	7893	43419	43419		3793	
凌源钢铁									
贵阳特钢	170291	169519							
中天钢铁	853867	253623	56517	39884					
莱芜特钢	1598927	1568858			10750	10750			
太原钢铁	251936	24659		9085					
舞阳钢铁	83953	83953							
天津钢管									
建龙北满	1486837	1172765	36984	13313					
中原特钢	189174	161046		20083	7083				
河冶科技	28700						28700		
天工工具	168130				146030	146030	22100		
承德建龙	1687869	1685644							

续表 2-4

企　业	(1) 按化学成分分								
	特殊质量合金钢	其中：合金结构钢	合金弹簧钢	合金工具钢	高合金工具钢	其中：模具钢	高速工具钢	高温合金钢	精密合金钢
沙钢东特	1595648	1045228	25103	130597	130249	55479	1198	16893	573
淮钢特钢	1554120	1431405	99660	14383					
江苏永钢	1086462	921111	5297	43552	1670	1670			
南京钢铁	1789243	1147882	135561	11378			443		
新兴铸管									
巨能特钢	1335688	903593							
方大特钢	518709	3945	514764						
济源钢铁	2762647	1814316	233484						
南阳汉冶									
邢台钢铁	539116	456928	29109	1664					
永兴不锈	20083								
马　钢	239167	166042	25707						
衡阳钢管									
天津钢铁	11003	11003							
合　计	29260740	20877259	2026548	321475	366071	272668	52481	28164	1762

企　业	(1) 按化学成分分						
	耐蚀合金钢	轴承钢	其他钢	不锈钢	其中：铬系不锈钢	铬镍系不锈钢	耐热不锈
本　钢		148940					
宝武特冶	4073	868	43	11528	3723	5591	2214
中信特钢		2027017		38329			38329
其中：兴澄特钢		1126297					
大冶特钢		546553		38329			38329
青岛钢铁		354167					
石　钢		261280					
西宁特钢		3201					
长城特钢	2255	1067		143986	126924	13065	3997
凌源钢铁							
贵阳特钢		771					
中天钢铁	97602	307855	98386				
莱芜特钢		19319					
太原钢铁			218192	5588994	1678042	3910952	
舞阳钢铁							

续表 2-4

企　业	(1) 按化学成分分						
	耐蚀合金钢	轴承钢	其他钢	不锈钢	其中：铬系不锈钢	铬镍系不锈钢	耐热不锈
天津钢管							
建龙北满		263776		1214			1214
中原特钢		962		8507	6823	1684	
河冶科技							
天工工具							
承德建龙		2225					
沙钢东特		245807		257583	226815	20338	10430
淮钢特钢		8672					
江苏永钢		114831					
南京钢铁		265561	228418				
新兴铸管							
巨能特钢		432095					
方大特钢							
济源钢铁		464940	249907				
南阳汉冶							
邢台钢铁		40407	11008				
永兴不锈	20083			319956		206819	113137
马　钢		25891	21527				
衡阳钢管							
天津钢铁							
合　计	124013	4635485	827481	6370097	2042327	4158449	169321

企　业	(2) 按状态分			(3) 按冶炼方法分			
	连铸坯	模铸钢锭	铸造用液态钢	转炉钢	电弧炉钢	感应电炉钢	其他冶炼钢
本　钢	400519	193			400712		
宝武特冶		47967			40454	7513	
中信特钢	13850288	316040		11862012	2304316		
其中：兴澄特钢	6385209	2346		5362503	1025052		
大冶特钢	3365012	313694		2399442	1279264		
青岛钢铁	4100067			4100067			
石　钢	1724959				1724959		
西宁特钢	738405			115601	622804		
长城特钢	41466	194698			188186	47978	
凌源钢铁	5406966			5406966			

续表 2-4

企业	（2）按状态分			（3）按冶炼方法分			
	连铸坯	模铸钢锭	铸造用液态钢	转炉钢	电弧炉钢	感应电炉钢	其他冶炼钢
贵阳特钢	195260	5022			200281		
中天钢铁	11915527			11915527			
莱芜特钢	2586663			2236614	350049		
太原钢铁	13727476	180884		9309426	4598934		
舞阳钢铁	2674886	214942		1265636	1624192		
天津钢管	1494851				1494851		
建龙北满	1878288	37480		1379184		536584	
中原特钢	145433	61599			207032		
河冶科技		28700				28700	
天工工具		168130				168130	
承德建龙	2440270			2440270			
沙钢东特	1704290	573509		1278066	855303	144430	
淮钢特钢	3306989			2629818	677171		
江苏永钢	8920864			8019922	900942		
南京钢铁	11003961			10005964	997997		
新兴铸管	2741297			2741297			
巨能特钢	1720972			1720972			
方大特钢	4063728			4063728			
济源钢铁	4083564			4083564			
南阳汉冶	2468033			2468033			
邢台钢铁	1323695			1323695			
永兴不锈	276243	63796			340039		
马　钢	1638268			684886	953382		
衡阳钢管	1770753				1770753		
天津钢铁	5219782			5219782			
合　计	109463695	1892959	0	90170962	20252356	933335	0

企业	（4）轧制、锻造钢坯：按加工工艺分		（5）钢材：按化学成分分				
	轧制坯	锻造坯	钢材	非合金钢	普通质量非合金	优质非合金	特殊质量非合金
本　钢	511641		511641	114654	548	111772	2334
宝武特冶		14124	49572	346		346	
中信特钢			12427375	2875614	238703	2636606	305
其中：兴澄特钢			5333785	462398	1377	461021	

续表 2-4

企业	(4) 轧制、锻造钢坯：按加工工艺分		(5) 钢材：按化学成分分				
	轧制坯	锻造坯	钢材	非合金钢	普通质量非合金	优质非合金	特殊质量非合金
大冶特钢			3455752	597220		596915	305
青岛钢铁			3034529	1598517	19847	1578670	
石　钢			1611751	154057		154057	
西宁特钢	697298		697298	117305			117305
长城特钢			369102	92412	29	92206	177
凌源钢铁	10717		5389053	1459590	792897	666693	
贵阳特钢	190543		200971	28714	28714		
中天钢铁	11915527		12502351	3011790	96076	2912341	3373
莱芜特钢	1222783		1222783	125256		125256	
太原钢铁	2343792		11124622	3535793	3214165	82021	239607
舞阳钢铁			2536003	514975	365866	47444	101665
天津钢管		90	2710575	998468		998468	
建龙北满	1130830	39947	1775831	242284		31757	210527
中原特钢		84605	84605	7804		7804	
河冶科技			21420				
天工工具	90790	54310	145100				
承德建龙			1224928	305150		304597	553
沙钢东特			1751089	386420		366173	20247
淮钢特钢			2745412	1394439		1390804	3635
江苏永钢	9066738		9066738	1203550	296400		907150
南京钢铁			10785870	2523066	579427	1335681	607958
新兴铸管	2682421		2682421	419021		419021	
巨能特钢	1671659		1671659	329683		329683	
方大特钢			4082817	25105	21862	3243	
济源钢铁			4023352	674098		674098	
南阳汉冶	2647543		2647543				
邢台钢铁			1275424	744515	625	201903	541987
永兴不锈			320488				
马　钢			844136	531209	242482	197835	90891
衡阳钢管			1859033	693645		693645	
天津钢铁	5040073		5040073	4421891	2968524	1453367	
合　计	39222355	193076	103401036	26930854	8846318	15236821	2847715

续表 2-4

企业	（5）钢材：按化学成分分								
	其中：特殊碳素钢	碳素弹簧钢	碳素工具钢	电磁纯铁	低合金钢	普通质量低合金	优质低合金	特殊质量低合金	合金钢
本　　钢	269	31	1253		10200	9576		624	386787
宝武特冶									38949
中信特钢			305		1239045	1189269	49776		8285738
其中：兴澄特钢					409658	409658			4461729
大冶特钢			305		46495		46495		2785059
青岛钢铁					589321	586040	3281		846691
石　　钢					85227	85227			1372467
西宁特钢	111733		5572		95395	95395			483586
长城特钢	4		84		1746	1718	28		165603
凌源钢铁					3114021	2197300	916721		815442
贵阳特钢									172257
中天钢铁					7997245	7961474	35771		1493316
莱芜特钢					17509		17509		1080018
太原钢铁				16119	1411467	67702	1306039	37726	1082404
舞阳钢铁					1919606	457516	1152168	309922	101423
天津钢管					856532		856532		849624
建龙北满	210527				42758		42758		1489927
中原特钢									71313
河冶科技									21420
天工工具									145100
承德建龙	553				6173		5630	543	913605
沙钢东特	16266	500	3481						1161983
淮钢特钢		3635			70396		70396		1280577
江苏永钢	896263	7512	3375		7249201		5494338	1754863	613987
南京钢铁	466673	7369	50897		6421368	2072642	4120550	228176	1839423
新兴铸管					1674422	1674422			588978
巨能特钢					39261		39261		1302715
方大特钢					3561879	3561879			495833
济源钢铁					972665	972665			2376589
南阳汉冶					2647543		2647543		
邢台钢铁				12913	131	131			530778
永兴不锈									18765
马　　钢	73762	14775			111161	83983	26889	289	201766

续表 2-4

企业	(5) 钢材：按化学成分分								
	其中：特殊碳素钢	碳素弹簧钢	碳素工具钢	电磁纯铁	低合金钢	普通质量低合金	优质低合金	特殊质量低合金	合金钢
衡阳钢管									1165388
天津钢铁					607119		607119		11063
合　　计	1776050	33823	64967	29032	40152071	20430899	17389028	2332143	30556824

企业	(5) 钢材：按化学成分分							
	优质合金钢	其中：电工用硅钢	特殊质量合金钢	其中：合金结构钢	合金弹簧钢	合金工具钢	高合金工具钢	高速工具钢
本　　钢			386787	210359	459	1886		235
宝武特冶			38949	5676			25489	58
中信特钢			8285738	5746034	830644	17726	11230	
其中：兴澄特钢			4461729	3433571	185705			
大冶特钢			2785059	1970192	226017	17726	11230	
青岛钢铁			846691	150012	418922			
石　　钢			1372467	1022564	102572			
西宁特钢			483586	480457				
长城特钢			165603	125479	208	5099	31110	4
凌源钢铁	815442							
贵阳特钢			172257	171768				
中天钢铁	532248		961068	353607	72679	48178		
莱芜特钢			1080018	1058093			3608	
太原钢铁	867274	867274	215130	14101		8981		
舞阳钢铁	30202		71221	71221				
天津钢管	849624							
建龙北满			1488590	1208139	34046	7837	876	
中原特钢			71313	51036		14678	5252	
河冶科技			21420					21420
天工工具			145100				126056	19044
承德建龙			913605	910528				
沙钢东特			1161983	733106	20555	113448	77075	698
淮钢特钢			1280577	1161877	99110	12681		
江苏永钢			613987	471431	4573	20478		
南京钢铁	217449		1621974	935744	149842	16642		
新兴铸管	588978							
巨能特钢			1302715	886304				

续表 2-4

企业	（5）钢材：按化学成分分							
	优质合金钢	其中：电工用硅钢	特殊质量合金钢	其中：合金结构钢	合金弹簧钢	合金工具钢	高合金工具钢	高速工具钢
方大特钢			495833	4034	491800			
济源钢铁			2376589	1433720	230647			
南阳汉冶								
邢台钢铁			530778	458119	27364			
永兴不锈			18765					
马　钢	26184		175582	110980	27174			
衡阳钢管	1165388							
天津钢铁	327		10736	10736				
合　计	5093116	867274	25462371	17635112	2091672	267634	280696	41459

企业	（5）钢材：按化学成分分								
	高温合金钢	精密合金钢	耐蚀合金钢	轴承钢	其他钢材	不锈钢	其中：铬系不锈钢	铬镍系不锈钢	耐热不锈
本　钢				173848					
宝武特冶	2859	92	3901	129	745	10277	2005	7448	824
中信特钢	1009			1679095		26978			26978
其中：兴澄特钢				842453					
大冶特钢	1009			558885		26978			26978
青岛钢铁				277757					
石　钢				247331					
西宁特钢				3129		1012		1012	
长城特钢	1886		1146	671		109341	98809	6018	4514
凌源钢铁									
贵阳特钢				488					
中天钢铁			99438	310338	76828				
莱芜特钢				18317					
太原钢铁					192048	5094958	1604709	3490249	
舞阳钢铁									
天津钢管						5951	5951		
建龙北满				237693		862			862
中原特钢				347		5488	5048	440	
河冶科技									
天工工具									
承德建龙				3077					

续表 2-4

企业	(5) 钢材：按化学成分分								
	高温合金钢	精密合金钢	耐蚀合金钢	轴承钢	其他钢材	不锈钢	其中：铬系不锈钢	铬镍系不锈钢	耐热不锈
沙钢东特	7845	407		208849		202686	184880	12657	5149
淮钢特钢				6909					
江苏永钢				117505					
南京钢铁			140	255069	264537	2013		2013	
新兴铸管									
巨能特钢				416411					
方大特钢									
济源钢铁				462133	250089				
南阳汉冶									
邢台钢铁				34876	10419				
永兴不锈			18765			301723		193467	108256
马　钢				3373	34056				
衡阳钢管									
天津钢铁									
合　计	13599	499	123390	4179589	828722	5761289	1901402	3713304	146583

企业	按加工工艺分				按品种分				
	热轧钢材	冷轧（拔）钢材	锻压、挤压、旋压钢材	其他加工工艺	铁道用钢材	大型钢材	中小型钢材	棒材	钢筋
本　钢	511641							511641	
宝武特冶	4778	7542	37252					40773	
中信特钢	12273567		153808					5972129	
其中：兴澄特钢	5333785							2363525	
大冶特钢	3301944		153808					2611130	
青岛钢铁	3034529							994213	
石　钢	1611751							1502918	
西宁特钢	696941	357						601903	95395
长城特钢	311696	4153	53253					285324	
凌源钢铁	5356154	32899						1751854	2216818
贵阳特钢	190543	2478	7950					145640	
中天钢铁	12502351							1404749	7241936
莱芜特钢	1222783							1222783	
太原钢铁	7532379	3520350	57271	14622				285598	

续表 2-4

企业	按加工工艺分				按品种分				
	热轧钢材	冷轧（拔）钢材	锻压、挤压、旋压钢材	其他加工工艺	铁道用钢材	大型钢材	中小型钢材	棒材	钢筋
舞阳钢铁	2536003								
天津钢管	2710575								
建龙北满	1733643	2242	32553	7394				778548	
中原特钢			84605					84605	
河冶科技	16000	450	4970					17031	
天工工具	35891	54899	54310					128521	
承德建龙	1224928							680203	
沙钢东特	1542229	29476	179384					1247066	
淮钢特钢	2745412							2745412	
江苏永钢	9066738							767472	6630749
南京钢铁	10785870						387149	1774723	2065578
新兴铸管	2682421							524895	1132330
巨能特钢	1671659							1315578	
方大特钢	4082817							497993	2642254
济源钢铁	4023352							1887205	868418
南阳汉冶	2647543								
邢台钢铁	1275424								
永兴不锈	290045		30443					224142	
马　钢	844136							465424	
衡阳钢管	1859033								
天津钢铁	5040073							2206361	
合　计	99028376	3654846	695799	22016	0	0	387149	29070492	22893479

企业	（5）钢材：按品种分								
	线材（盘条）	特厚板	厚板	中板	热轧薄板	冷轧薄板	中厚宽钢带	热轧薄宽钢带	冷轧薄宽钢带
本　钢									
宝武特冶	7					879			1
中信特钢	2559970	796175	1095573	558858					
其中：兴澄特钢	519654	796175	1095573	558858					
大冶特钢									
青岛钢铁	2040316								
石　钢	108833								
西宁特钢									

续表 2-4

企业	(5) 钢材：按品种分								
	线材（盘条）	特厚板	厚板	中板	热轧薄板	冷轧薄板	中厚宽钢带	热轧薄宽钢带	冷轧薄宽钢带
长城特钢	28117	19915	18695	10761		630			
凌源钢铁	75345						1207053	105084	
贵阳特钢	55331								
中天钢铁	3794325								
莱芜特钢									
太原钢铁	176234	43260	551435	812820	5101	27109	4200369	1735304	2348517
舞阳钢铁		1136441	1074625	324937					
天津钢管									
建龙北满	384834								
中原特钢									
河冶科技	1811								
天工工具	15982			482		115			
承德建龙									
沙钢东特	468543			770		1699			
淮钢特钢									
江苏永钢	1668517								
南京钢铁	523034	555292	2249180	2500373					
新兴铸管	1025196								
巨能特钢									
方大特钢	942570								
济源钢铁	1267729								
南阳汉冶		264754	1456149	926640					
邢台钢铁	1275424								
永兴不锈	96346								
马　钢	378712								
衡阳钢管									
天津钢铁	414317	137765	1532670	748960					
合　计	15261176	2953602	7978327	5884601	5101	30432	5407422	1840388	2348518

企业	(5) 钢材：按品种分							
	热轧窄钢带	冷轧窄钢带	镀层板（带）	涂层板（带）	电工钢板（带）	无缝钢管	焊接钢管	其他钢材
本　钢								
宝武特冶		8				6421		1483
中信特钢						1444670		

续表 2-4

企业	(5) 钢材：按品种分							
	热轧窄钢带	冷轧窄钢带	镀层板（带）	涂层板（带）	电工钢板（带）	无缝钢管	焊接钢管	其他钢材
其中：兴澄特钢								
大冶特钢						844622		
青岛钢铁								
石　钢								
西宁特钢								
长城特钢						2071		3589
凌源钢铁							32899	
贵阳特钢								
中天钢铁	61341							
莱芜特钢								
太原钢铁		24147			867260	20876	11970	14622
舞阳钢铁								
天津钢管						2710575		
建龙北满								612449
中原特钢								
河冶科技	91	63						2424
天工工具								
承德建龙						544725		
沙钢东特	121	315						32575
淮钢特钢								
江苏永钢								
南京钢铁	730541							
新兴铸管								
巨能特钢						350681		5400
方大特钢								
济源钢铁								
南阳汉冶								
邢台钢铁								
永兴不锈								
马　钢								
衡阳钢管						1859033		
天津钢铁								
合　计	792094	24533	0	0	867260	6939052	44869	672542

2.3 主要技术经济指标

（1）转炉钢主要技术经济指标见表2-5。

表2-5 转炉钢主要技术经济指标

企 业	金属料消耗（千克/吨）	钢铁料消耗（千克/吨）	合金料消耗（千克/吨）	工序能耗（千克标准煤/吨）	工人实物劳产率[吨/(人·年)]	炼钢时间（分/炉）	产钢量（吨/炉）
中信特钢	1095.29	1066.12	29.17	-11.36	4491.490	31.740	100.090
其中：兴澄特钢	1100.34	1068.40	31.94	-4.23	5166.190	31.320	122.080
大冶特钢	1101.61	1067.82	33.79	0.09	6200.109	31.802	93.857
青岛钢铁	1084.99	1062.14	22.85	-27.38	3371.770	32.080	83.630
西宁特钢	1107.61	1086.33	21.28	-2.60	196.267	30.000	67.170
凌源钢铁	1072.98	1055.58	14.76	-20.25	2924.264	38.470	115.150
新兴铸管	1079.05	1050.29	25.31	-35.95	4975.130	39.410	126.480
中天钢铁	1103.21	1077.13	26.08	-16.33	5037.810	31.360	135.000
莱芜特钢	1088.78	1060.90	27.88	-17.46	6247.525	32.754	100.274
太原钢铁	1121.64	1077.06	44.58	-10.93	5037.270	37.900	140.510
舞阳钢铁	1084.15	1060.21	-21.82	-21.63	1694.000	30.200	135.980
承德建龙	1083.10	1039.98	24.95	-29.99	3641.260	30.420	79.360
巨能特钢	1061.32	1041.36	19.96	-25.50	2458.531	32.200	80.520
沙钢东特	1090.27	1054.27	35.99	-24.52	7562.521	36.441	102.714
其中：淮钢	1093.22	1069.14	24.08	-29.87	3412.394		
江苏永钢	1084.93	1049.00	19.86	-24.76	6504.400	25.500	75.640
南京钢铁	1071.04	1043.56	27.47	-17.96	6938.950	33.270	126.630
方大特钢	1065.89	1046.68	19.21	-21.84		27.510	79.839
济源钢铁	1078.51	1058.01	23.13	-16.83	3742.782	30.702	78.090
南阳汉冶	1089.30	1075.00	16.60			32.000	91.000
邢台钢铁	1092.44	1073.65	18.79	-29.95	1679.820	33.640	54.500
建龙北满	1089.12	1064.51	24.61	-19.06	28146.602	32.669	95.754
马 钢	1085.00	1095.00	28.00			34.000	160.000
天津钢铁	1082.66	1065.27	11.83	-14.01	4771.281	29.413	114.530

（2）电炉钢主要技术经济指标见表2-6。

表2-6 电炉钢主要技术经济指标

企业	电炉锭坯合格率（%）	金属料消耗（千克/吨）	钢铁料消耗（千克/吨）	其中：生铁消耗（千克/吨）	废钢消耗（千克/吨）	合金料消耗（千克/吨）
本特	99.98	1045.8	1013.9	155.3	858.5	31.9
宝武特冶	99.74	1063.9	968.0	30.5	937.4	95.9
中信特钢	99.92	1122.1	1080.2	635.1	445.1	41.9
其中：兴澄特钢	99.93	1111.0	1073.8	542.5	531.2	37.3
大冶特钢	99.91	1130.9	1085.3	709.3	376.0	45.6
石钢	99.90	1104.1	1060.3	66.3	994.0	43.8
西宁特钢	100.00	1125.9	1093.7	43.2	199.0	32.2
长城特钢	99.00	1088.0	858.0	187.0	671.0	230.0
莱芜特钢	99.80	1084.3	1052.9	861.9	191.1	31.4
太原钢铁	99.46	1177.3	540.3	342.9	197.5	631.0
舞阳钢铁	99.77	1063.0	1035.0	536.0	504.0	28.6
衡阳钢管	97.88	1114.9	1081.1	675.9	405.2	33.9
中原特钢	99.95	1223.9	1135.2	26.3	1109.0	80.5
沙钢东特	99.89	1203.7	1103.5	288.1	815.4	100.2
其中：淮钢	100.00	1108.7	1089.2	416.5	672.7	19.5
江苏永钢	99.45	1106.7	1051.0	954.8	96.2	36.6
南京钢铁	99.53	1099.2	1057.5	666.7	390.7	41.8
马钢	98.00	1092.0	1131.0	565.5	565.5	35.0
建龙北满	99.92	1093.6	1060.6	815.4	202.7	34.1
永兴不锈	99.80	1078.3				
天津钢管		1071.3	1039.40	525.86	513.54	31.88
天工工具						

企业	电极消耗（千克/吨）	电炉工序能耗（千克标准煤/吨）	综合电力消耗（千瓦·时/吨）	其中：电炉电力消耗（千瓦·时/吨）	工人实物劳产率（吨/人）	电炉日历作业率（%）	电炉炼钢时间（时/炉）	电炉产钢量（吨/炉）
本特	3.0	88.9	378.0	320.7	2120.2	53.84	1.14	96.950
宝武特冶	2.9	145.5	1030.4	579.6	502.0	1.31	3.25	43.750
中信特钢	1.5	61.6	332.0	185.5	2834.3	78.01	0.97	75.430
其中：兴澄特钢	1.8	61.9	328.9	198.1	3660.9	89.42	0.81	105.660
大冶特钢	1.2	61.5	334.6	175.4	2400.1	74.52	1.05	61.364
石钢	0.8	111.5	355.5	355.5	2613.6	82.50	0.90	107.430

续表 2-6

企　业	电极消耗（千克/吨）	电炉工序能耗（千克标准煤/吨）	综合电力消耗（千瓦·时/吨）	其中：电炉电力消耗（千瓦·时/吨）	工人实物劳产率（吨/人）	电炉日历作业率（%）	电炉炼钢时间（时/炉）	电炉产钢量（吨/炉）
西宁特钢	1.4	63.9	244.0	64.8	1172.9			65.750
长城特钢	4.5	136.0	702.0	456.0	495.0	36.70	2.00	37.400
莱芜特钢	1.3	35.2	182.0	117.8	1346.3	57.82	0.69	51.729
太原钢铁	2.8	54.0	366.9	104.7	1795.8	52.43	1.11	100.800
舞阳钢铁	1.0	202.4	212.5	199.2	1362.0	73.72	0.93	
衡阳钢管	2.0	62.6	298.2	171.9	3150.8	76.44	0.75	65.770
中原特钢	3.3	154.3	834.1	741.1	670.3	89.86	1.16	48.130
沙钢东特	2.7	85.0	519.5	295.5	600.3	52.13	1.48	48.243
其中：淮钢	1.1	22.4	299.7	218.2	3407.1	76.29	0.72	73.335
江苏永钢	0.7	29.7	171.8		2798.0	83.94	0.79	97.090
南京钢铁	1.4	47.4	332.2	251.7	2626.3	86.47	0.73	105.030
马　钢	1.2		270.0	190.0		85.00	40.00	116.000
建龙北满	0.9	72.3	117.8	49.5	5014.8	25.66	81.43	94.939
永兴不锈	3.7		481.4	334.7			1.59	39.485
天津钢管	1.7	66.3	281.0	212.4	2224.7	72.13	0.88	111.470
天工工具			3500.0					

（3）连铸主要技术经济指标见表 2-7。

表 2-7　连铸主要技术经济指标

企　业	综合连铸坯合格率（%）	综合连铸坯收得率（%）	电炉连铸比（%）	综合连铸机日历作业率（%）	综合连铸机台时产量（吨/小时）
本　特	99.98	96.82	99.98	33.00	142.230
中信特钢	99.94	93.83	86.28	73.95	106.960
其中：兴澄特钢	99.95	93.63	99.96	73.30	124.300
大冶特钢	99.97	93.57	75.48	70.00	90.959
青岛钢铁	99.88	94.36		78.81	99.710
石　钢	99.90	96.07	100.00	53.17	92.580
西宁特钢	98.73	94.88	98.91	85.00	117.648
长城特钢	99.60	97.40	22.60	14.40	33.700
新兴铸管	100.00	99.70		53.74	145.580
中天钢铁	99.99	99.36		90.57	212.000

续表 2-7

企　业	综合连铸坯合格率（%）	综合连铸坯收得率（%）	电炉连铸比（%）	综合连铸机日历作业率（%）	综合连铸机台时产量（吨/小时）
中原特钢	99.40	93.21	70.25	51.84	32.030
莱芜特钢	99.89	95.56	100.00	55.03	112.704
太原钢铁	99.75	97.33	98.55	76.57	151.510
舞阳钢铁	99.88	97.91	92.95	72.14	202.740
衡阳钢管	97.88	96.01	100.00	68.92	97.770
沙钢东特	99.69	95.98	58.22	50.66	64.166
其中：淮钢	100.00		100.00	84.39	91.599
江苏永钢	99.87	99.10	100.00	58.38	174.250
凌源钢铁	99.96	99.70	100.00	63.69	181.949
南京钢铁	98.96	99.36	100.00	84.71	164.560
巨能特钢	99.98	99.66		62.29	65.480
马　钢	98.00	93.50	100.00	85.00	160.000
方大特钢	99.99	99.97		79.66	149.264
济源钢铁	99.94	98.24		66.81	131.954
承德建龙	100.00	97.08		92.00	140.000
邢台钢铁	99.87	97.52		31.13	97.090
建龙北满	99.95	96.13	93.02	61.20	106.931
南阳汉冶	99.30	98.14		86.10	473.000
永兴不锈	99.99	99.00			
天津钢管	99.94	98.51	100.00	49.45	130.400
天津钢铁	99.95	97.64		75.64	186.334

（4）轧钢主要技术经济指标见表 2-8。

表 2-8　轧钢主要技术经济指标

企　业	钢材合格率（%）	综合成材率（%）	轧钢工人实物劳动生产率（吨/人）	热轧钢工序单位能耗（千克标准煤/吨）	热轧轧机小时产量（吨/时）
本　特	98.85	93.44	1518.220	92.960	95.370
宝武特冶	99.82	83.10	194.598		
中信特钢	99.81	94.14	2197.160	62.080	85.850
其中：兴澄特钢	99.73	93.80	2383.280	60.120	129.020
大冶特钢	99.93	91.94	1500.140	69.264	60.345
青岛钢铁	99.91	96.35	3668.120	58.620	80.900
石　钢	100.00	96.10	3172.740	58.850	77.560

续表 2-8

企　业	钢材合格率（%）	综合成材率（%）	轧钢工人实物劳动生产率（吨/人）	热轧钢工序单位能耗（千克标准煤/吨）	热轧轧机小时产量（吨/时）
西宁特钢	99.88	95.26	687.700	132.890	72.650
长城特钢	99.70	87.50	377.000	109.000	16.500
凌源钢铁	99.93	99.22	3253.397	40.935	140.735
中天钢铁	99.85	97.40	2849.235	62.455	92.676
莱芜特钢	99.87	95.95	2269.462	52.300	92.349
太原钢铁	99.06	94.40	3003.150	49.530	345.530
天津钢管	99.48	92.14	1271.210	78.130	96.570
天工工具	99.50	86.30	84.700		
河冶科技	1.00	76.95	24.180		
承德建龙	99.96	97.21		42.470	105.000
沙钢东特	99.79	92.19	458.394	121.967	44.072
其中：淮钢	100.00	96.80	4186.675	46.184	102.369
江苏永钢	99.99	99.88	5901.300	38.110	146.730
南京钢铁	99.75	93.77	4963.970	48.160	167.230
新兴铸管	100.00	99.11	4463.260	32.890	135.220
巨能特钢	99.99	96.77	1653.470	48.140	107.230
方大特钢	99.98	100.95	4560.533	39.660	156.313
济源钢铁	99.96	97.19	2324.357	56.790	106.833
南阳汉冶	98.79	97.65			
永兴不锈		95.45			
邢台钢铁	99.85	97.38	2115.130	40.850	94.030
建龙北满	99.95	97.82	115.150	50.702	43.149
衡阳钢管	98.66	87.74	1572.790	126.130	50.900
天津钢铁	100.00	96.44		19.957	

2.4 固定资产投资

固定资产投资见表 2-9。

表 2-9 固定资产投资 （万元）

企　业	投资完成额	烧结	炼铁	炼钢	其中：电炉	转炉	连铸	轧材	其他
本　　特	2325								2325
宝武特冶	86718			69079	69079				17639
中信特钢	336658	44	4294	55462	37037	18425	2199	50483	224176

续表 2-9

企　业	投资完成额	烧结	炼铁	炼钢	其中：电炉	转炉	连铸	轧材	其他
其中：兴澄特钢	57767	44	4294	6485	1365	5120	2199	4544	40201
大冶特钢	150397			35672	35672			35893	78832
青岛特钢	48339			13305		13305			35034
长城特钢	40066			8695	8695			28335	3036
凌源钢铁	135346	5796		27062		27062		1400	101088
贵阳特钢	1684			505	505		337		842
中天钢铁	40112	200	5924	24477					9511
莱芜特钢	4638			3008	3008		355	1275	
太原钢铁	389430			93239	93239			165952	130239
天津钢管	34244								34244
天工工具	6199								6199
衡阳钢管	47007		10799	5590	5590			30618	
建龙北满	12661	612	217	627	577	50	812	1237	9155
中原特钢	12258								12258
承德建龙	82668	1951	1913	1057		296	2494	66086	9167
沙钢东特	137851	6559	310	127446	125212	1276		2325	1211
其中：淮钢	87050		27264	54746	54746			5040	
江苏永钢	265825								265825
南京钢铁	211315	85914	3716	24648	22789	1857	16531	19370	61136
马　钢	749800			211645	84540	127105	239896	269987	28273
巨能特钢	9430	1602	1193	3295		3295		136	3204
南阳汉冶	71519								71519
济源钢铁	71947	2754	26969					30601	11623
合　计	3093253	105476	86893	766043	542054	197791	264823	713282	1156736

2.5 特钢企业主要指标排序

2023 年特钢企业主要指标排序见表 2-10。

表 2-10　2023 年特钢企业主要指标排序

名次	粗钢产量		其中：电炉钢		钢材		主营业务收入		利润总额	
	企业名称	指标（吨）	企业名称	指标（吨）	企业名称	指标（吨）	企业名称	指标（万元）	企业名称	指标（万元）
	合计	**111356654**	合计	**20252356**	合计	**103401036**	合计	**90571143**	合计	**2069079**
1	中信特钢	14166328	太原钢铁	4598934	中天钢铁	12502351	南京钢铁	20277631	中信特钢	663541
2	太原钢铁	13908360	中信特钢	2304316	中信特钢	12427375	中天钢铁	12920559	永兴不锈	489720

续表 2-10

名次	粗钢产量		其中：电炉钢		钢材		主营业务收入		利润总额	
	企业名称	指标（吨）	企业名称	指标（吨）	企业名称	指标（吨）	企业名称	指标（万元）	企业名称	指标（万元）
	合计	**111356654**	合计	**20252356**	合计	**103401036**	合计	**90571143**	合计	**2069079**
3	中天钢铁	11915527	衡阳钢管	1770753	太原钢铁	11124622	太原钢铁	12015422	南京钢铁	305039
4	南京钢铁	11003961	石　钢	1724959	南京钢铁	10785870	中信特钢	10177434	太原钢铁	236453
5	江苏永钢	8920864	舞阳钢铁	1624192	江苏永钢	9066738	江苏永钢	7826276	江苏永钢	186038
6	凌源钢铁	5406966	天津钢管	1494851	凌源钢铁	5389053	济源钢铁	2752115	中天钢铁	107357
7	天津钢铁	5219782	南京钢铁	997997	天津钢铁	5040073	方大特钢	2650731	方大特钢	96637
8	济源钢铁	4083564	马　钢	953382	方大特钢	4082817	舞阳钢铁	2007322	衡阳钢管	83319
9	方大特钢	4063728	江苏永钢	900942	济源钢铁	4023352	凌源钢铁	1994225	济源钢铁	67064
10	淮钢特钢	3306989	沙钢东特	855303	淮钢特钢	2745412	天津钢管	1936079	天津钢管	49722
11	舞阳钢铁	2889828	淮钢特钢	677171	天津钢管	2710575	沙钢东特	1714962	舞阳钢铁	40191
12	新兴铸管	2741297	西宁特钢	622804	新兴铸管	2682421	承德建龙	1644390	承德建龙	39011
13	莱芜特钢	2586663	本　钢	400712	南阳汉冶	2647543	新兴铸管	1526054	新兴铸管	30453
14	南阳汉冶	2468033	莱芜特钢	350049	舞阳钢铁	2536003	淮钢特钢	1494246	南阳汉冶	29872
15	承德建龙	2440270	永兴不锈	340039	衡阳钢管	1859033	南阳汉冶	1441502	淮钢特钢	22781
16	沙钢东特	2277799	中原特钢	207032	建龙北满	1775831	衡阳钢管	1414419	天工国际	22615
17	建龙北满	1915768	贵阳特钢	200281	沙钢东特	1751089	石　钢	933867	河冶科技	5541
18	衡阳钢管	1770753	长城特钢	188186	巨能特钢	1671659	巨能特钢	800625	巨能特钢	5276
19	石　钢	1724959	宝武特冶	40454	石　钢	1611751	莱芜特钢	727748	建龙北满	1889
20	巨能特钢	1720972			邢台钢铁	1275424	永兴不锈	719927	宝武特冶	1696
21	马　钢	1638268			承德建龙	1224928	建龙北满	705727	中原特钢	1660
22	天津钢管	1494851			莱芜特钢	1222783	马　钢	658695	石　钢	1169
23	邢台钢铁	1323695			马　钢	844136	邢台钢铁	571736	贵阳特钢	-7485
24	西宁特钢	738405			西宁特钢	697298	宝武特冶	443243	邢台钢铁	-33189
25	本　钢	400712			本　钢	511641	长城特钢	401723	长城特钢	-45769
26	永兴不锈	340039			长城特钢	369102	天工国际	340940	凌源钢铁	-66494
27	长城特钢	236164			永兴不锈	320488	中原特钢	238378	莱芜特钢	-81515
28	中原特钢	207032			贵阳特钢	200971	河冶科技	127257	马　钢	-90186
29	贵阳特钢	200281			天工工具	145100	贵阳特钢	107910	沙钢东特	-93326
30	天工工具	168130			中原特钢	84605				
31	宝武特冶	47967			宝武特冶	49572				
32	河冶科技	28700			河冶科技	21420				

第 3 章

中国特殊钢
产品创新和应用拓展

3.1 特殊钢产品创新

3.1.1 合金结构钢

山西建龙成功开发700兆帕级高强锚杆钢。为丰富企业产品结构，提高市场竞争力，寻找新的效益增长点，2023年1月，山西建龙瞄准高端产品市场，成功开发MG700高强锚杆钢，屈服强度已达到700兆帕级。

山西建龙生产的MG700高强锚杆钢具有强度高、韧性好、安全性高的特点，质量水平远超国标，降低了在严酷的变形负荷下锚杆钢因塑性变形而断裂的可能性，可进一步保障工程安全，并减少钢材消耗，对实现低碳经济和节能减排具有重要的意义。目前，山西建龙生产的MG700高强锚杆钢已成功应用于延长石油魏墙煤矿、新能源王家塔煤矿和中国华能甘肃华亭煤业集团等矿山支护建设中，得到用户的高度评价。锚杆支护材料要求高强度、高刚度与高可靠性，以确保巷道支护效果与安全，因此高强锚杆钢开发难度较大。该公司品种开发团队通过研究机理，系统开展了高效高洁净LF精炼技术、控轧控冷技术、微合金化技术等多项技术研究，集中攻关，并一次性试制成功。

建龙北满特钢研发的42CrMoA产品交付客户。6月27日，建龙北满特钢为国内知名锻造公司特别定制研发的42CrMoA产品交付客户。

2023年初，该公司接到了国内知名锻造公司订购42CrMoA模铸轧材的试制订单，用于加工重卡曲轴使用。曲轴是内燃机五大核心零部件之一，被誉为发动机的“心脏”。重型载货车所需发动机功率大、转速高，对“心脏”承受能力的要求也格外严格。因此对曲轴钢的纯净度、强度、硬度等性能指标有非常高的要求，并且成品需经过严格的磁粉探伤检验。为了保证42CrMoA产品试生产顺利，该公司技术人员与客户经过多次交流沟通后，根据用户要求完成了策划导入，制定了产品内控化学成分，并在冶炼、轧制工序制定关键控制点，以保证产品纯净度、中心疏松、偏析、表面质量要求。生产前，该公司按IATF 16949体系以及研发体系完成产品设计开发、过程特殊特性识别、潜在失效模式及后果分析、测量系统分析等产前准备工作，并组织各相关单位细致地策划了生产过程方案，确保了新产品的稳定生产，保证了按用户交货周期完成交付。试验料经用户使用后反馈，产品各项检验结果均满足要求，磁痕废品率为零，随即该客户便与建龙北满特钢签订了200吨供货合同。

从首次小批量试制，到客户连续追加订单，公司始终贯彻以客户为中心，通过技产销联动强化质量、交付、服务能力，在高端汽车曲轴钢开发方面，拿出了一份亮眼的成绩单。

建龙北满特钢高端电机轴用钢对全球西门子厂商供货。9月，建龙北满特钢为西门子提供的首批高端电机轴用钢Q355ND（NE）正火材、42CrMoS4调质材成功交付，标志着建龙北满特钢生产的高端电机轴用钢开始对全球西门子厂商供货。

5月，该公司开始对西门子电机轴用钢质量需求进行详细的调研，结合客户技术要求和潜在需求，精准识别出风险点和生产关键控制点。公司研发工程师根据Q355ND（NE）产品CCT曲线，对淬水温度、淬水时间、水温、回温控制、时间、过程冷速及消应力退火温度等关键指标进行合理设计，生产过程通过西门子CEQ监造，工艺执行符合度100%。经验证，Q355ND（NE）产品抗拉强度达到530兆帕以上，晶粒度控制在7~8级，组织控制100%为P+F，各项指标满足产品要求，一次性通过认证。建龙北满特钢凭借精细的产前策划、稳定的过程执行、可靠的产品质量和良好的技术服务获得了客户的高度认可，成功进入西门子采购体系。

9月初，西门子公司向该公司下单定制电机轴用Q355ND（NE）、42CrMoS4产品。本次试制迎来新的挑战和突破，客户要求将Q355ND（NE）正火圆钢规格由原210毫米扩大到240毫米，42CrMoS4调质圆钢规格由原210毫米扩大到270毫米。该公司通过精细的策划和过程稳定执行，再次试制成功并实现极限规格的突破。

兴澄特钢成功研发40M+QT大规格高强韧风电紧固件用调质银亮钢。2月28日，兴澄特钢科研团队研发出最大直径80毫米规格10.9级40M+QT高强韧风电紧固件用调质银亮钢。该新品是兴澄特钢科研团队结合当今能源行业先进材料设计需求，与Gamesa、Siemens、Vestas等世界风机巨头合作，突破自我，实现超越，自主优化设计材料元素成分组成，精准控制冶炼、连铸、连轧、连续式热处理、银亮加工等各工艺制造环节后成功研制的。其替代了传统34CrNiMo6高Ni钢材料，且热处理过程独家采用天然气加热连续式炉生产，淬火介质用水替代传统油及可溶性介质，满足了高端大规格紧固件需求的芯部组织淬透、全截面超低硬度差分布及高强韧性最佳匹配等要求，实现了绿色节能环保制造。

淮钢成功开发风电用18CrNiMo7-6连铸圆坯及热轧圆钢新品。5月8日，淮钢成功开发了风电用18CrNiMo7-6连铸圆坯及热轧圆钢新产品。该钢种连铸圆坯主要用于风电齿轮加工，热轧圆钢主要用于风电轴加工，在风电行业具有广泛的应用前景。

由于风电设备工作环境恶劣，因此对材料质量要求很高。为保证材料具备高疲劳寿命，该公司严格控制材料夹杂物含量，提高材料纯净度，同时做好连铸或热轧后的缓冷工作，确保材料内部质量满足要求，避免产生应力裂纹。

此次18CrNiMo7-6钢种新产品的成功开发，充分展现了淮钢在材料研发和生产方面的技术实力，也为该公司进一步拓展风电市场奠定了坚实的基础。

淮钢顺利开发石油装备用8630连铸圆坯新品。7月14日，淮钢成功开发了石油装备用钢8630连铸圆坯新产品。该钢种对于夹杂物要求及坯料的低倍指标要求较高，成分方面相较常规的4130钢种，Mo、Ni贵重合金含量更高，各项性能指标都优于4130，可以满足运作于高压、高腐蚀性等更加恶劣的工况下设备的使用需求。为成功开发该钢种，该公司一方面需要选用优质的合金、铁水、废钢等以保证材料的纯净度，另一方面需要合理设定连铸工艺，保证坯料的低倍质量，避免由连铸坯的疏松、缩孔等缺陷导致锻件内部质量不符合要求。

通过前期的协议交流、技术评审、工艺优化、生产准备等各项工作的有序开展，该钢种得以顺利开发成功，为该公司进一步拓展油气装备用钢市场提供了有力支持。

福建三钢罗源闽光成功开发HQ355C型钢。7月1日，福建三钢罗源闽光完成Q355C型钢第三批次生产。经检测，产品尺寸精度、表面质量等各项指标均达100%，标志着罗源闽光Q355C型钢具备量产条件。

Q355C是一种低合金高强度结构钢，具有良好的焊接性能和低温抗冲击性，可广泛应用于桥梁、车辆、船舶、建筑、压力容器等领域，拥有较高的产品附加值。2023年以来，面对严峻复杂的市场形势，罗源闽光以高端市场需求为导向，加快强链补链延链步伐，积极优化产品结构，努力向新品研发要效益。

山钢股份莱芜分公司中高端齿轮钢新产品研发取得突破性进展。12月，由山钢股份莱芜分公司特钢事业部研发的中高端齿轮钢在国内某高速齿轮制造有限公司成功试用，标志着该事业部在中高端齿轮钢新产品研发方面取得突破性进展。

中高端齿轮钢因其优异的产品性能、高附加值和广阔的市场前景，不断受到特种钢生产企业的追捧，但因存在一定的技术壁垒以及对研发人员、研发周期、研发经费等方面的要求，令很多企业望而却步。

近年来，该事业部相继制定中高端产品发展战略、中长期发展规划持续向中高端市场发力，力争研发、试制并生产一批深受用户喜爱的中高端产品，先后与国内 10 余家知名企业合作，联合开发、试制共计 6 种型号的中高端齿轮钢，并实现批量生产受到用户广泛赞誉。截至目前，该事业部已完成 1 万余吨齿轮钢订单的批量生产。

3.1.2 轴承钢

兴澄特钢江苏省轴承钢重点实验室顺利通过验收。2023 年 5 月，由兴澄特钢承建的“江苏省轴承钢重点实验室”顺利通过江苏省科学技术厅验收。与此同时，该实验室也为促进技术创新、推动产业升级和培养高级人才提供了重要平台，为未来特钢行业的高质量发展奠定了坚实基础。

作为全球轴承钢领域的龙头企业，该公司投入了大量优秀人才和丰富资源，于 2020 年 3 月开启省级轴承钢重点实验室的建设工作。该实验室配备了 3 位学术带头人和 57 名专职研究人员，其中博士 3 人，具有高级职称的 28 人；实验室建筑面积达 14300 平方米，装备了逾 70 多台高端轴承钢测试和研究设备，包括热模拟试验机、透射电镜、扫描电镜、电子探针、高频探伤仪、夹杂物萃取、高温显微镜、TDS 测氢仪、接触和旋转弯曲疲劳试验机等。经过 3 年的精心打磨，实验室建立了科学化、规范化的管理制度和研发试验信息系统，形成了完善的研发试验数据库。

承建期间，该实验室团队开展了高品质轴承钢超纯净化冶炼理论与工艺技术、关键共性技术和新材料开发三个方向的研究；承担了省级以上科技计划项目 2 项、国家级项目 1 项；申请了发明专利 14 件，其中获得授权 13 件；发表了学术论文 6 篇；获得了省部级以上科技成果奖 4 项；主导发布了国家标准 2 项和行业标准 2 项，在研国际标准 1 项；完成了省级新产品鉴定 8 项。同时，还成功获批工信部的“工业（轴承钢）产品质量控制和技术评价实验室”称号。

大冶特钢与用户联合开发的国内首套 18 兆瓦平台风电主轴承顺利下线。8 月 15 日，中信泰富特钢集团旗下大冶特殊钢有限公司与用户联合开发的国内首套 18 兆瓦平台风电主轴承顺利下线，再次刷新了我国国产风电主轴承最大单机容量纪录。

该公司先后与国内外轴承厂家联合研发国产首台 4.5 兆瓦、7 兆瓦、10 兆瓦、12 兆瓦、16 兆瓦风电主轴承，创造了风电轴承多个首台套。本次供货的 18 兆瓦海上风电主轴承用钢，是由大冶特钢供给用户的首批直径 700 毫米超大规格轴承用钢试制而成的。这是风电行业关键部件国产化进程的又一重大突破。

作为风电机组的核心部件，主轴承承担着吸收叶轮气动载荷和传递功率的重要作用。一台 18 兆瓦风电机组每年可发 7500 多万千瓦·时清洁电能，能够满足 4 万多户三口之家一年的生活用电，可减少标准煤约 2.39 万吨，减少二氧化碳排放量约 9 万吨。

大冶特钢助力全球最大盾构机主轴承中国造。10 月 12 日，用中信泰富特钢集团旗下大冶特殊钢有限公司生产的主轴承用钢制造的直径 8.61 米盾构机主轴承在长沙成功下线，该主轴承创造了整体式盾构机主轴承直径、单体重量和承载重量的三个世界之最。

此次下线的主轴承可用于驱动 18 米超大直径盾构机，产品重达 62 吨，立起来有 3 层楼高，能够承受超万吨级载荷。它的成功研制，标志着国产超大直径主轴承研制及产业化能力跻身世界领先水平，实现了国产盾构机主轴承从中小直径到超大直径的全覆盖。

3.1.3　模具钢

邢台钢铁高端工模具钢产品 T12A 一次性轧制成功。2022 年 8 月，江浙客户向邢钢提出需求，公司技术研发团队与客户进行高效沟通，精细识别行业需求，精准定义问题难点，经过技术可行性调研、课题项目攻关，从产品的化学成分设计到各工序的工艺参数制定，从生产一线的实际生产控制到线材成品的各项指标检验，研发过程当中的每个工作细节都力求做到极致完美、精益求精，从而确保了一次性浇铸和轧制成功。2023 年初，T12A 线材成品已交付下游用户使用，用户反馈使用情况良好。

邢钢新品钢种 XGYZ01 质量达到行业标杆水平。6 月，邢钢新品钢种 XGYZ01 经过新工艺路线优化，产品性能显著提高，其中全氧含量降低至 $15\times10^{-4}\%$左右，达到行业标杆水平。

XGYZ01 为该公司新开发钢种，属于高端压铸模具钢，主要用于制造汽车一体化压铸等大型模具。结合首次生产过程存在的问题以及不锈钢公司反馈的情况，2023 年 4 月，该公司“产销研一体化”工作小组持续发力，质量、技术部门和主体厂团结协助，除持续关注同行竞品厂家动态外，着重对某合金元素在钢种中的作用机理进行研究，经过多轮“头脑风暴”，不断强化工艺流程管理、严格控制质量、持续优化生产工艺路线，最终达成钢种全氧含量大幅降低的成绩，新品钢种改进效果显著。

3.1.4　耐蚀合金钢

靖江特钢将激光熔覆耐蚀合金技术应用于能源管材领域。3 月，中信泰富特钢钢管事业部研究院在收到《湖北应城 300 兆瓦级压缩空气储能电站示范工程》项目要求后，组织成立项目攻关组，根据设计院提出的利用盐穴排卤造腔进行压缩空气储能的方案，通过反复论证与试制试验，提出用耐蚀双金属复合管替代镍基合金管材的技术方案，在满足设计要求的同时，实现了最优的性价比。此次实践为国内首创，开辟出一条低成本、高抗腐蚀复合管材制造技术的新赛道，方案也得到了设计院、业主方、工程方的一致认可，中信泰富特钢集团旗下靖江特钢成功取得该项目全部管材供货资格。

11 月 30 日，在湖北应城 300 兆瓦级压缩空气储能电站示范工程现场，靖江特殊钢有限公司生产的 $\phi339.72$ 毫米×12.19 毫米 N80Q 耐蚀双金属复合油套管，成功用于该项目首口井的注采管柱中。管柱顺利通过检验，所有参数合格并下井应用。

淮钢成功开发 10（HSC）耐腐蚀稀土钢新产品。8 月 10 日，淮钢成功开发 10（HSC）耐腐蚀稀土钢新产品，该产品相对于普通的 10 号管可以有效地提高钢材的耐腐蚀性能。

该产品主要用于生产油气类换热管，油气类换热管常年工作于潮湿、H_2S 气氛中，管件需要较高的耐腐蚀性。常规的 10 号管制作的油气类换热管虽拥有较高的塑性与韧性，但耐腐蚀性往往较差、寿命较低，需经常检修、更换，实施难度较大。10（HSC）以其较高的耐腐蚀性能，可降低更换管道的频率，延长常规热转换管的服役寿命。

随着社会的发展和科技的进步，耐腐蚀稀土钢必然会成为未来钢材开发的重中之重。此次该公司通过深入地了解用户的需求，依据用户需求制定合理的工艺，严格控制钢中 P、S 非金属夹杂物等有害物质含量，科学合理添加稀土产品，产品经检验，各项性能指标均达到用户指标要求，为今后稀土钢的开发、生产打下了坚实的基础。

舞钢 10CrMoAl 钢板研发供货实现新突破。8 月 22 日，舞钢承接的一批高端 10CrMoAl 钢板成功交付，用于客户制造的出口阀门管道的关键部位制造，质量远超出客户需求，交货期提前一个月。

10CrMoAl 是一种耐海水腐蚀的专用钢材，也是沿海电厂、油田、天然气及石化厂输送水、油气及含海水介质的最理想的管路及加工件制作材料。

为更好地满足客户对质量和交货期方面的个性化需求，提高核心竞争力，生产团队与该公司营销、科研、生产部门深度沟通，颠覆原有思维习惯，决定依靠管理和工艺的深度变革，改变该钢的研发路径，对工艺进行大胆创新，定制专属的生产工艺路线。在钢板试制生产过程中，该公司不断优化工艺设计，严格控制质量管控，确保钢板的各项性能均超出用户要求，且交货期提前一个月全部交付，赢得了用户认可。

建龙北满特钢完成超低硫抗硫管用钢 Q235B-3 生产。11 月，建龙北满特钢在无铁水预处理的条件下，首次完成国内知名钢管厂家超低硫抗硫管用钢 Q235B-3 的生产，标志着该公司已掌握无铁水预处理条件下的超低硫控制技术，并具备生产超低硫管线钢生产能力。

Q235B-3 为 X60 系抗硫管线钢，此产品需通过 HIC 和 SSC 抗腐蚀试验，不但要求具有很高的强度、韧性、抗疲劳性能、抗断裂特性，而且要求具有良好的耐腐蚀能力。

该公司商品坯研发团队在不采用铁水预处理的条件下，根据产品特性，围绕超低硫含量控制、碳含量窄成分控制、精炼渣量及渣系设计等关键环节进行详细产前策划及风险评估，同时根据生产试制过程风险点制订了周全的应急反应预案，最终实现了硫含量$\leq 15\times10^{-4}\%$、碳含量 0.10%~0.12%，连铸坯碳极差$\leq 0.002\%$，各系夹杂物≤ 1.0级，产品各项技术指标完全满足了用户内控要求。2023 年以来，该公司以产品结构转型升级为目标，通过技产销深度联合开发，先后完成了高压锅炉管用钢 SA335P91、SA335P5、SA335P11，高压储气瓶用钢 37Mn-1，油套管用钢 26Cr3Mo 等 13 个高端商品坯产品的研发试制。与去年同期相比，该公司商品坯产品整体销量提升 8%，吨钢毛利提升52 元/吨，产品研发先期介入初见成效。

下一步，该公司商品坯产品将充分发挥建龙集团化资源及优势，以自身技术底蕴及研发实力为依托，与黑龙江建龙协同开展高等级石油用钢产品的联合研发及市场开拓，为集团向工业用钢综合服务商转型贡献力量。

3.1.5 超高强度钢

太钢 1000 兆帕级超高强磁轭钢板技术水平国际领先。9 月 1 日，由中国钢铁工业协会主持召开的“太钢高水头大容量水电机组用超高强磁轭钢板”新产品技术评审会上传出信息，太钢不锈开发的 900 兆帕、1000 兆帕级超高强磁轭钢板经专家组现场考察、审核评价，一致认为太钢研发的 1000 兆帕级超高强磁轭钢板具有高强韧性、高磁感、高平直度、低内应力的特点，批量激光切割磁轭片和叠圆检测效果良好，全面满足高水头、大容量水电机组用超高强磁轭钢技术要求和应用技术指标，具备批量生产能力，技术水平达到国际领先。这标志着太钢率先在全球生产研制出 1000 兆帕级超高强磁轭钢板，并实现首发。

该公司自 2012 年开始研制水轮发电机转子用热轧磁轭、磁极钢，于 2013 年开发出 750 兆帕级磁轭钢，首发应用于哈电供厄瓜多尔的 CCS 项目和东电供越南的松邦机组。面对国家重点工程白鹤滩、乌东德项目用磁轭钢 SXRE750 的高标准要求，太钢积极攻关，解决了一系列技术、质量难题，打造出具有高平直度、高表面、低内应力的太钢特色产品。该公司累计向白鹤滩、乌东德项目提供了上万吨磁轭、磁极钢精品，有力地支持了国家重大工程的建设，大幅提升了中国磁轭磁极钢的实物质量指标。1000 兆帕级超高强磁轭钢的成功开发，对支持国家重大工程建设、服务国家清洁能源发展，实现水电行业高端产品材料自主化具有重要意义。

3.1.6 不锈钢

舞钢加钒铬钼钢板首次用于国外清洁能源项目。6 月 16 日，舞钢一批加钒铬钼钢板成功交付国外客户，将应用于世界上最大的碳捕获项目——美国路易斯安那州 Darrow Blue（达罗蓝色能源）项目的关键设备制造。这标志着舞钢最高端的压力容器用钢——加钒铬钼钢板已达到国际先进水平，为下一步大批量走出国门奠定基础。

该公司紧盯国内外市场和客户发展方向，瞄准国外高端石化领域的差异化需求，充分发挥产销研用一体化优势，不断打造满足客户需求的高端特厚钢板。相较于常规出口合同，该单合同不但在性能要求更严，而且在钢板性能检验方面更为苛刻，性能检验需要业主和船级社共同见证。

该公司充分发挥技术优势和品牌实力，优化钢板成分设计，同时对冶炼、轧制及热处理工艺进行升级。冶炼过程中精准控制碳、铬等主要合金元素含量，轧制过程中进一步发挥轧机能力提高轧制压下量，热处理过程中根据成分及性能要求定制化制定热处理工艺；技术人员对钢板的全流程进行跟踪记录、保驾护航。最终，在业主及船级社的共同见证下，该批钢板各项性能全部通过认证，达到国际先进水平，确保了高质量按期交付用户。

山西太钢不锈钢 VVER 核电技术关键材料国产化取得重大突破。6 月，由山西太钢不锈钢股份有限公司、中国核动力研究设计院和中国核电工程有限公司联合研发的俄罗斯 VVER 核电技术燃料贮运搁架用硼不锈钢六边形无缝管顺利下线。为打破国外技术垄断、实现该材料的国产化，该公司联合多家企业，在试验、制造等方面全方位开展技术合作交流，经过一年半的攻关，最终突破并掌握了硼不锈钢管从熔炼、铸锭、锻造、制管到六边成型等系列关键技术。样管成型工艺通车，产品顺利下线，标志着联合研发团队完全打通了该产品工程化制备的工艺流程，是硼不锈钢材料国产化里程碑上的重要一步。

3.1.7 高温合金

大冶特钢成功轧制出直径 18 毫米的铁镍基高温合金。4 月，大冶特钢成功轧制出直径 18 毫米的铁镍基高温合金，大冶特钢也因此成为全球第二家可以自主生产该产品的特钢企业，打破了国外的市场垄断。集团科技部协同旗下兴澄特钢、大冶特钢，耗时 3 个月，在前期“卡壳”基础上，重新进行基础研究和摸索，开展了 6 轮次、72 个试样的基础研究，并制订了全新的工艺试验方案。在实际试验中，研发团队发现在部分环节中，基础研究与实际工艺并不匹配，于是又针对实际问题，耗时 9 个月，对 125 个试样进行了 12 轮次的工艺试验，修正工艺。如此循环往复，制订方案、多次试验、优化工艺……又通过 5 轮次、58 个试样、6 个月的工艺探索与方案制定，最终共耗时 1 年半，全线打通工艺路线，成功完成研发。

江油长城特钢严格把握控轧控冷关键要点，生产高端叶片钢。5 月 11 日，江油长城特钢轧钢厂扁钢作业区三倒班作业长于学斗向各工序班组长布置三个牌号的燃机用叶片钢的生产工艺要求，重点做好控轧控冷关键要点，确保叶片钢的性能满足客户要求。该党支部建立的叶片钢党员攻关团队，联系专家讲课指导，安排高级技师（党员）做好控轧控冷关键环节，加强热处理工艺执行，严控叶片钢关键质量指标符合客户要求，为实现 2023 年叶片钢合同交付增长 20%以上打下基础。

东北特钢股份成功试制 4J40 锻环。5 月，东北特钢股份成功试制具有特殊性能要求的 4J40 锻环，产品实物质量达到行业领先水平。该产品的成功试制，不仅解决了国内急需特种功能材料在高科技领域的应用需求，而且填补了国家该标准产品系列空白。

4J40 属于三元合金钢，因其具有磁滞伸缩效应，从而具有常温及高温线膨胀系数很小的特点。该产品广泛用于仪表零件和电子器件，在航天、海洋工程等领域，市场前景广阔。由于 4J40 合金对成分及纯净度有着极为敏感的要求，生产过程性能较难合格，因此该产品生产加工难度很大。

4J40 锻环的成功试制，使公司精密合金产品家族再添新成员，大大提高了公司特种功能材料的生产供应能力和精密合金产品的市场竞争力。

3.2　特殊钢产品应用拓展

3.2.1　建筑用钢

舞钢板材撑起 Vivo 全球 AI 研发中心。舞钢一批精品高层建筑用钢发往客户，将用于 Vivo 全球 AI 研发中心的关键部位制造。

该公司密切关注重点工程用钢需求，针对项目对产品的强度、抗冲击性能等要求高，工期要求急等个性化需求，充分发挥技术优势，发挥由销售、技术人员等组成的营销服务团队的作用，与客户深度对接，定制专用的工艺生产方案；同时，以一次把事情做对的理念指导生产，强化生产过程工艺质量管控，确保了产品高质量快捷交货。

舞钢建筑用钢撑起杭州又一世界级新地标。7 月 11 日，一批“舞钢牌”高端建筑用钢顺利交付客户，将用于杭州又一世界级新地标——京杭大运河博物院二期关键部位建设。

该公司坚持以科技创新为引擎，瞄准国家重点项目建设需求，发挥技术优势和品牌影响力，为其打造高端特种钢板。针对该项目的用钢需求，该公司积极主动与项目技术人员进行深度沟通，发挥技术优势、保供能力，为客户定制专属的特钢产品。生产过程中，该公司技术营销服务团队全程跟踪生产，根据实际指标控制情况和检验结果，及时与客户进行沟通，确定后续的工艺调整方向，确保了钢板高质量快捷交付。

舞钢为上海大歌剧院供应优质钢板。9 月 14 日，上海大歌剧院项目负责方向舞钢打来电话，为上海大歌剧院项目核心区供应的优质钢板表示感谢。在该项目核心区域建设过程中，舞钢近千吨优质精品钢板用于其关键部位的塔桁架、大厅塔台立面、观众厅桁架建设。

为让最美“中国扇”在黄浦江畔绽开，项目建设工程中运用了大量的新技术、新工艺、新材料，尤其是其关键部位所用钢材，与普通高层建筑用钢板相比，除要具备较强的抗压性能外，还需承受比普通钢板更强的抗撕裂、抗扭曲能力。

舞钢生产的多种系列钢材供应杭州奥体中心体育场。9 月 23 日，第十九届亚洲运动会在浙江省西子湖畔的杭州市开幕。夜幕下，坐落在钱塘江畔的杭州奥体中心体育场华灯璀璨，流光溢彩。这座形如一朵“大莲花”的建筑，见证着亚运圣火第三次在中国点燃。从 2009 年开发建设到这座建筑建成，舞钢生产的 Q355B、Q345GJC～Q460GJC 系列钢种共 1.6 万吨钢材用于“大莲花”的关键部位。

在杭州奥体中心体育场建设中，项目建设方对钢材要求严苛，所用 Q345GJC～Q460GJC 系列高建钢的屈强比、不平度、碳当量以及焊接敏感性指数等多项指标超出标准要求。该公司针对客户的特殊要求，在组织营销技术服务团队与设计方、业主、钢结构制造方等深入沟通基础上，根据项目用钢要求抗震、易焊接、抗低温冲击、抗扭曲等性能特点，对生产工艺进行优化，为其“量身订制”高端建筑用钢，同时对产品运输及交货期做出周密细致安排，全方位满足客户需求。

舞钢生产的精品宽厚板用于长沙机场改扩建工程。11 月 21 日，一批“舞钢牌”精品宽厚板发往客户，将用于打造湖南省最大的单体公共建筑、长沙机场改扩建工程的关键项目，被誉为“长沙之星”的 T3 航站楼项目的关键部位建设。

针对项目关键部位建设所需的钢铁材料，该公司组建专业的营销技术服务团队与之深度对接，为其定制的精品宽厚板，满足其对材料强度、韧性方面的特殊需求。在生产过程中，该公司强化工艺技术、质量过程管控，精确控制钢板表面质量等，确保了钢板各项性能全部满足客户需求。

长沙机场改扩建工程 T3 航站楼项目是湖南省着力打造的五大国际贸易通道关键节点工程之一。该项目机坪规划近机位 75 个，建成后可满足年旅客吞吐量 4000 万人次，将成为国内交通接驳方式最多、无缝换乘效率最高的现代化立体综合交通枢纽。T3 航站楼因采用创新性“五指廊构型”，形似五角星，而得名“长沙之星”。

舞钢板高端高层建筑用钢中标上海东站。12 月，舞钢近千吨高端高层建筑用钢中标世界级综合枢纽——上海东站关键部位建设。

在深度对接市场和客户过程中，该公司在了解到项目“要打造成为新时代国际开放门户枢纽新标杆”的目标后，充分发挥自身技术优势，为客户定制高性能、小批量、多规格、多品种高端高层建筑用钢，满足其个性化需求，受到客户认可，一举拿下该项目关键部位用钢的供货权。

舞钢万余吨高层建筑结构用钢撑起海南第一高楼。12 月 25 日，舞钢一批高层建筑结构用钢发往客户，将用于海南第一高楼——海南中心项目关键部位建设。该项目所需的 40 毫米以上的大厚度高层建筑结构用钢全部由舞钢提供。

该公司与项目设计方和建设方深度对接，由于该项目是全球强台风地区唯一超过 400 米的超高层建筑，根据其对关键部位的设计要求“抗震设防烈度达到 8 度”等，该公司充分发挥技术优势，为其定制高强度、高抗扭曲、抗变形的大厚度高层建筑结构用钢设计方案，得到客户的认可。在研发中，该公司不断优化技术、生产方案，强化过程管控，攻克了产品表面质量不稳定等难题，最终成功生产出客户所需的高端特种钢板。

山钢股份莱芜分公司板带厂供国家会议中心项目建筑用钢满足用户要求。7 月，山钢股份莱芜分公司板带厂供国家会议中心项目（二期）建设的 Q460GJCZ25 高级别建筑用钢，各项性能指标均满足用户要求，这是该厂继成功开发 80 毫米厚高强度海工钢板 EH690 工艺实现新突破之后，在高等级建筑用钢领域的又一次创新提升。

高等级建筑用钢对产品性能的要求极高，此次为国家会议中心项目（二期）建设供货的产品最大厚度达 80 毫米，对强度、屈强比、Z 向韧性有着严苛要求。

该厂借助“五位一体”产销研平台，根据现有装备工艺现状创新，采用钒氮强化工艺生产技术路线，克服了表面裂纹敏感度高、小压缩比工艺条件下，Z 向性能保证难度大、高强度低、屈强比工艺匹配困难等问题，成功实现了交货。

2023 年以来，该厂积极转变生产创效思路，主打科技“提效牌”，充分对接市场需求，把产品类别向“专、精、高”方向延伸，立足厚板产线装备特点，建立“小、快、灵”的生产工艺路线，在各品种规格之间快速切换。截至目前，该厂已在高强度风电用钢、高级别建筑用钢、高强度海工用钢等领域，掌握了超厚规格类产品生产工艺技术。

兴澄特钢特厚板助力上海美的全球创新园区建设。中信泰富特钢集团旗下兴澄特钢供应的80毫米以上大厚度Q460GJC/D系列钢板成功应用于上海美的全球创新园区项目。

该项目以“索+钢桁架+钢框架”作为水平承重结构，由14个核心筒通过斜拉索加钢桁架支撑起两个边长240米的L形塔楼，最大跨度70米，最大悬挑45米，整体以超尺度与漂浮的建筑构形，塑造了区域的标志性，突出了园区的科技感。该项目建筑结构形式新颖、受力体系复杂，为国内首次使用，技术难度在国内居于前列。

新颖的结构形式及大跨度、大悬挑的结构特点对高强钢提出了更高的技术要求。在强度高、屈强比低、厚度效应小的基础上，还对大厚度Q460GJC/D系列钢板提出了心部抗层状撕裂性能及低温冲击韧性要求。为保证钢板的高质量快速交付，该公司发挥全流程管控、多部门协调的体制优势，从技术可行性、工艺及流程优化等方面，多渠道、多角度进行讨论研究，多次现场跟踪调试，逐一攻破了所有技术难点，保证了用户的综合需求得到满足。

3.2.2 汽车用钢

攀钢长城特钢成功开发新品进军新能源汽车行业。3月，攀钢长城特钢成功开发新型电渣锻造模块，产品合格率达到100%。此模块用于新能源汽车“一体化压铸”，目前已具备批量化生产能力。

据研究表明，新能源汽车每减重10%，其续航里程可提升5%~6%，轻量化是新能源汽车达到节能降耗、增加续航里程的重要手段，也是减轻环境污染和缓解能源紧缺的必由之路。而“一体化压铸”不仅是新能源汽车轻量化的前提条件，还可以降低人工成本、提高制造效率，增加新能源汽车的高强度和安全性，目前能够满足“一体化压铸”的钢材供不应求。

2022年7月以来，针对新能源汽车对钢材“一体化压铸”的要求，该公司与攀钢研究院等单位“产、学、研、用”紧密协同，对该品种生产工艺进行创新改进，试验总结，合格率完全满足用户要求，成功进军新能源汽车行业，为实现新能源汽车“一体化压铸”，推动新能源汽车轻量化进程作出了贡献。

东特股份第二轧钢厂成功轧制公差带0.6毫米汽车钢。5月，东特股份第二轧钢厂成功轧制公差带0.6毫米汽车钢16MnCr5，突破宽扁钢轧机历史最好1毫米公差带水平，标志着公司宽扁钢轧机公差带控制水平拓展取得新进展，对进一步拓宽产品市场、打造东特品牌具有重要意义。

本次生产的16MnCr5为新能源汽车用钢，要求厚度公差为0.2~0.8毫米，超过历史最好水平1毫米公差带要求，是第二轧钢厂模具钢产线从未生产过的极限公差带。而传统的操作方式很难完成这样的公差要求，要挑战这种厚度公差的轧制，意味着必须突破传统生产工艺。承担生产任务的第二轧钢厂模具钢车间成立技术攻关团队，制订可靠的生产工艺方案，精心策划轧制具体细节，对操作流程进行梳理检查，从现场测算成品尺寸、温度影响汇总、设备检查校准等方面进行多次试验总结，做好充分的准备工作，最终确保轧制成功。

马钢自主研发的2100兆帕级汽车悬架弹簧用钢实现国内首发。9月，由马钢自主研发的2100兆帕级汽车悬架弹簧用钢实现国内首发，实物质量达到国际先进水平，并成功获得蒂森克虏伯富奥辽阳弹簧有限公司的首批试订单，替代德国进口弹簧，应用于奥迪 A6L、A4L、Q5 汽车悬架簧国产化项目。

弹簧是汽车动力总成与底盘系统的核心零部件之一，与汽车的减震、储能、维持张力等性能息息相关，关系着汽车行驶的安全性以及车体对复杂路面的适应性等。近年来，随着汽车轻量化与长寿命的发展趋势，汽车悬架弹簧用钢的平均质量下降了 10%，设计应力突破 1300 兆帕。这对其核心零部件弹簧用钢性能提出了更苛刻要求，在塑韧性指标要求与低强度弹簧钢一致的前提下，强度必须达到 2100 兆帕级以上才能满足使用要求。一直以来，2100 兆帕级以上超高强韧弹簧钢核心技术仅掌握在国外少数厂家手中，知识产权壁垒高且价格昂贵。

瞄准这一关键难题，该公司通过“产学研用”联合技术攻关，以解决重大关键共性技术为切入点，开展了超高强度长寿命汽车弹簧钢的关键核心材料创新设计、高纯净度冶炼工艺和脱碳控制技术等技术研发和创新，重点研究了如何在获得超高强度同时，兼顾高韧塑性、高疲劳性能、高抗弹减性能等技术难点。经过马钢“研产销”团队的合力攻关，终于在 2023 年 4 月突破这一难点，成功填补国内空白。

目前，该产品已在蒂森德国总部通过样件认证，且首批试订单试用合格，后续每月将稳定小批量供货。

建龙北满特钢活塞杆棒线材产品实现全品类覆盖和批量供货。9 月，建龙北满特钢新开发的汽车钢用线材新产品活塞杆用 S45C 热轧盘条，经客户使用检验，磁粉探伤通过率达 99.5%以上，实物质量水平完全优于其他优质供应商产品实物质量，成为其唯一稳定供应商，已为该客户批量供货。

该产品是该公司继成功开发活塞杆用 S45C 棒材产品后，又成功开发的汽车钢用线材新产品。此次新客户的认可，使该公司在富奥汽车、法士特等高端工业线材产品稳定供货的基础上，再次实现汽车钢线材客户和产品的突破，标志着建龙北满特钢向高端汽车领域迈上一个新台阶。至此，建龙北满特钢实现活塞杆产品棒线材全覆盖供货。

活塞杆是汽车减振器的核心零部件，它的质量和性能直接影响着驾乘者的安全和舒适度。在车辆行驶过程中，活塞杆要在减振器缸筒内往复运动去削减减振弹簧反弹时的振荡以及来自路面的冲击。为满足往复运动的减振器性能和使用寿命要求，配套的活塞杆也必须满足较高的疲劳极限、耐磨性和运行的可靠性，因此对材料的耐磨性、洁净度、力学性能、晶粒度、抗疲劳强度、尺寸和表面质量要求较高。该公司强大的工艺保证能力和产品质量、交期、技术服务得到了客户的高度的评价和认可。

3.2.3　能源电力用钢

沙钢 5.7 万吨风塔钢应用于福建漳浦六鳌海上风电场二期项目塔筒建设。2 月 4 日，福建漳浦六鳌海上风电场二期项目开工建设。这是全国首个批量化采用 16 兆瓦及以上大容量海上风电机组的项目。沙钢 5.7 万吨风塔钢应用于该项目塔筒建设。

漳浦六鳌海上风电场二期项目规划场址位于漳浦六鳌半岛东南侧外海海域，总投资近 60 亿元，投产后年上网电量超过 16 亿千瓦 · 时，年产值 6.4 亿元，每年可节约标准煤约 50 万吨、减少二氧化碳排放约 136 万吨。该项目开创了“四个第一”，一是闽南地区第一个海上风电项目，二是全国第一个批量化使用 16 兆瓦及以上大容量海上风电机组的项目，三是第一个为探索开发建设海上风电大基地示范引路的重大项目，四是福建地区第一个平价上网的海上风电项目。

沙钢风塔钢采用洁净钢冶炼技术、TMCP 工艺生产，具有性能稳定，板形、表面质量、成型性及焊接性能优异等特点，并形成了国标 GB/T 1591、欧标 EN 10025、船级社牌号等多个系列产品的生产能力，广泛应用于巴基斯坦 FFCL 风电项目、广东潮南雷岭风场项目、阳西龙高山风电项目、华润电力甘肃瓜州风电项目、国电风电机架等国内外重大工程。

沙钢生产的风塔钢应用于 16 兆瓦海上风电机组建设。7 月 5 日，随着全球首台 16 兆瓦海上风电机组在福建海上风电场的成功吊装，标志着风电机组即将进入并网前的调试及试验阶段。沙钢生产的超 5 万吨风塔钢在该项目成功应用。

近年来，我国海上风电快速发展，装机规模持续保持世界领先水平。随着海上风电项目布局的加快和对海域环境的不断探索，海上风电产业逐渐向大功率、深远海挺进，已形成了完整的具有领先水平和全球竞争力的风电产业链和供应链。目前全球市场上，60%的风电设备都来自中国。16 兆瓦海上风电机组项目建成投产后将成为全球已投产的最大海上风电机组，实现我国海上风电在高端装备制造能力、深远海海上风电施工能力上的新突破，推动适合我国海域的深远海大功率风电装备产业化，提升我国海上风电装备可靠性及低成本双目标的并行实现，促进我国风电产业规模化和可持续发展。同时，该项目将有效降低海上风电项目度电成本、提高项目收益率，进一步促进我国海上风电产业可持续发展，助推我国“十四五”期间海上风电进入平价时代，有效支撑我国能源结构清洁化转型和能源消费革命。

舞钢首次大批量承接高温气冷堆构件用高等级核电钢。2 月，舞钢承接的千余吨高温气冷堆构件用高等级核电钢，顺利通过上海某客户的核电质保监察，将用于我国最先进的第四代核电技术——高温气冷堆的堆内构件用钢制造。

高温气冷堆是一种先进第四代核电堆型技术，具有安全性好、效率高、经济性好和用途广泛等优势。高温气冷堆通过核能—热能—机械能—电能的转化实现发电，能够代替传统化石能源，实现经济和生态环境协调发展。

该公司针对客户要求，精心设计生产工艺路径，精确制定工艺参数，为其量身打造专属的工艺方案，严控每个生产环节，确保产品质量。由于该钢质保等级较高，按照规定，客户要进行现场核电质保检查。客户对该公司核电质保体系的管控及执行能力做了深入调查，从核电钢生产全流程的记录文件流转到钢板冶炼、轧制、检验、入库堆垛都进行了严格监察，对舞钢核电钢产品体系及质保能力非常认可。

舞钢板用于三峡新能源公司山东牟平 300 兆瓦海上风电项目。2 月 20 日，舞钢生产的 9000 吨高端风电用钢板顺利交付客户，后续的 10000 吨钢板正在紧张有序生产。这 19000 吨“舞钢牌”钢板将用于三峡新能源公司山东牟平 300 兆瓦海上风电项目关键部位建设。

该项目位于山东省烟台市牟平区北部海域，项目总投资 522858 万元，总装机规模为 300 兆瓦，规划建设 40 台单机装机容量 6.45 兆瓦和 7 台单机装机容量 6 兆瓦的海上风机，以及一座 220 千伏的海上升压站。

该公司深入贯彻落实集团 2023 年工作会议精神，坚持以“两个结构”优化为引领，按照公司“强研发、固品牌、挖潜力、降成本、调结构、增效益”十八字方针，加快研发新品，提高“三高”产品生产效率，强化舞钢的品种领先优势。针对山东牟平 300 兆瓦海上风电项目的用钢需求，该公司与客户进行了多轮次的技术沟通，为其定制差异化供货方案。生产过程中，该公司强化工艺执行、优化生产组织，在冶炼、轧制环节创新加入附加要点，成功攻克了钢板表面质量指标易波动等行业共性的技术难题，确保了钢板各项性能优于客户要求。在发运环节，该公司运输部门细化钢板表面质量管控标准，从钢板的入库验收到倒垛装车，再到捆绑加固，一丝不苟狠抓各工序的质量管控，全力服务客户，确保了产品快捷交付客户，最终以优良的产品质量和良好的交货期赢得了客户信赖。

舞钢精品特厚铬钼钢助力国家重点示范能源项目建设。2 月 27 日，舞钢 2600 余吨超大厚度精品铬钼钢板如期发往用户，将被用于国内某知名制造厂供宁夏重点能源项目中的关键设备——气化炉的制造。

该宁夏重点能源项目即 400 万吨/年煤制烯烃示范项目是国家发展改革委、工信部"十三五"期间发布的《现代煤化工产业创新发展布局方案》规划布局的四个现代煤化工产业示范区中的重点示范项目之一，其单套装置（100 万吨/年煤制烯烃装置）及单体装置（400 万吨/年煤制烯烃装置）均刷新全球规模纪录，成为全球之最。

为满足该项目中气化炉在高温、高压及氢腐蚀等严苛条件下的使用需求，需要特殊工艺来进行保证。但特殊工艺的合金含量高且热处理工艺复杂，造成全流程成本偏高，市场竞争力不强。该公司成立项目攻关团队进行技术攻关，优化工艺参数，创新轧制和热处理工艺，攻克了研发过程中质量波动的难题，在保证钢板质量最优的基础上，降低了生产成本，释放了热处理产能，最终打造出探伤合格率和性能合格率双优且极具特色的高端特厚低成本铬钼钢板，赢得了下游制造厂和用户的高度赞誉，进一步巩固并扩大了舞钢生产此类钢板的工艺路线和市场份额。

兴澄特钢"高质量"风电板助力海上风电新能源"高速度"发展。5 月，随着最后一批超厚超宽 S355ML 和 S355NL 钢板顺利抵达国外某大型项目施工现场，标志着兴澄特钢圆满完成了该项目 6 万余吨单桩和海塔用钢板的供货任务。兴澄特钢凭借产品质量"硬"、交货周期"快"和技术服务"优"，获得了客户的高度认可和信任。

海上风电机组需经受低温、高湿、高盐雾和台风等考验，承载应力复杂，机组安全运行面临极大的挑战，特别是水下基础段单桩的技术要求极高。该项目单桩直径近 8 米，对钢板尺寸和性能要求远高于其他风电项目。

为保证钢板正常交付，该公司组织了专门的技术质量团队，通过与客户近半年的反复技术沟通和面对面交流，对技术要求中存在的难点一一进行攻克，最终以"定制化"全流程工艺确保了项目超厚、超宽钢板的零下低温冲击稳定性，批量供应超 6 万吨。该项目钢板由客户代表、业主代表及 DNV、SGS 多家第三方代表全程监造。

舞钢板独家用于全国首批 CAP1000 国产化人员闸门。7 月，由大连某核设备厂承制的全国首批 CAP1000 国产化人员闸门经过验收后顺利完成发货。这是国家电力投资集团有限公司自主研发的国产化首台机型——CAP1000 国产化人员闸门，其制造所需的钢板全部选用舞钢板。

面对项目要求，该公司提前介入与客户进行深度交流。生产前，该公司为用户提供质量保证大纲、质量计划、技术条件、探伤操作规程等一系列材料，顺利通过其审核；生产中，每一张钢板、每一道工序完成后，由用户、业主、制造厂家三方来现场共同取样检验其质量、性能，并在质保书上签字确认。舞钢发挥技术优势，通过周密组织各个环节，确保了产品高质量、快捷交付客户。

CAP1000 核电堆型是继 AP1000 技术及依托项目建设后，国家首个国产化、自主设计、制造、建造及运维的核电堆型。

舞钢板用于国家能源集团国华渤中Ⅰ场址海上风电项目。8 月 11 日，舞钢中标国家能源集团国华渤中Ⅰ场址海上风电项目，订单总量近3万吨，将全部用于该风电项目关键部位制造。

该公司针对项目组建客户服务团队，将技术、产品和服务等内容“嵌”入到项目设计每一个环节，为客户提供差异化、专业化服务。根据项目设计对钢板的表面质量要求严，需要加做一系列力学性能试验等特殊要求，该公司为其定制项目专属用钢方案，在试板生产过程中，不断强化工艺设计，严格质量管控，生产的高端风电钢试板质量优于行业同类产品，其拉伸强度、屈服强度等均优于客户需求，最终使客户选择舞钢板。

国家能源集团国华渤中Ⅰ场址海上风电项目是山东省内首批平价海上风电项目之一。该项目建成后将进一步加快区域能源结构优化调整，助力“十四五”期间我国规划打造五大海上风电基地建设。

舞钢板直供国电云南宣威西泽风电项目。8月28日，舞钢为国电电力发展股份有限公司生产的3000余吨高端风电用钢发往客户，将直供国电云南宣威西泽风电项目塔筒制造。舞钢的交货周期和质量得到客户高度肯定，该客户也是舞钢8月新开发直供客户之一。

国电云南宣威西泽项目位于曲靖市的高山山脊上，该项目总装机规模为105兆瓦。该项目建成投产后，预计年上网发电量可达5.58亿千瓦·时，每年可节约标准煤约17.1万吨，相应每年可减少二氧化碳排放量47万吨，社会效益和环境效益显著。

舞钢助力“西电东送”接续基地重大工程建设。10月27日，舞钢为“西电东送”接续基地重大水电工程——叶巴滩水电站独家供货3000余吨压力钢管用钢。

针对叶巴滩水电站用钢的特殊需求，舞钢依托产学研一体化优势，大力推进高端品种研发推广力度，不断优化工艺参数和生产流程，为项目专业定制所需的个性化材料，不但表面质量优良，内部性能良好，而且还高度契合项目绿色环保的设计理念，赢得了客户的高度认可。

叶巴滩水电站是“十二五”和“十三五”中央支持西藏经济社会发展的重大项目、国家“西电东送”接续基地和西南水电基地建设的重大工程，也是金沙江上游规划装机最大的电站，装机容量224万千瓦，年发电量102亿千瓦·时，工程总投资超330亿元。该电站建成后，每年可节省标准煤300万吨，减少二氧化碳排放740万吨。

舞钢钢板用于世界单机容量最大、参数最高的循环流化床锅炉。12月11日，哈电集团哈尔滨锅炉厂有限责任公司承担的黑龙江省重大科技成果转化项目“600兆瓦等级超（超）临界循环流化床锅炉研究及应用”通过了黑龙江省科学技术厅组织的专家验收。该项目研制的本体设备、循环流化床锅炉设备是目前世界单机容量最大、参数最高的循环流化床锅炉，代表了世界循环流化床锅炉技术的最高水平，其关键部位所用的钢板全部由舞制造。

由于项目设计的600兆瓦等级超（超）临界循环流化床锅炉在节约煤炭消耗、减少污染物排放等方面效果显著，是我国煤炭高效清洁利用的核心技术装备，对关键部位用钢提出了诸多特殊需求，如屈服强度、冲击和高温拉伸等都比正常钢板较高，研制难度较大。

为助力该项目关键部件用钢全部实现国产化，该公司根据用户需求制定了专用技术条件，并制定了详尽的工艺方案。生产中，该公司克服钢板规格复杂不易组炉冶炼、技术生产难度大等困难，强化技术人员的技术指导，对化学成分、冶炼轧制和热处理工艺进行质量跟踪，并随时对接、快速跟进客户的个性化需求，确保了钢板质量优良，替代进口，交货期比国外同类产品提前半个月交付。

兴澄特钢生产的120毫米厚1000兆帕

高性能水电钢板通过行业评审。9 月 23 日，兴澄特钢 1000 兆帕高性能水电钢板技术评审会在成都顺利召开，来自中国长江三峡集团公司、中国三峡建工（集团）有限公司、钢铁研究总院、清华大学、北京科技大学、南京航空航天大学等单位的 20 多位专家参与此次评审，刘正东院士担任专家组组长。

与会专家认真听取了兴澄特钢 1000 兆帕级大型水电工程用 XC950CF 钢板的研发思路、工艺路线和产品质量汇报，一致认为兴澄特钢采用低碳、低碳当量成分设计方法，通过先进的纯净钢冶炼与浇铸技术以及配套的轧制和热处理工艺，所生产的最大厚度达 120 毫米 XC950CF 高强韧钢板拉伸和低温冲击性能优良，厚度方向性能均匀，抗层状撕裂性能优异，应变时效性能良好，焊条电弧焊、气保焊、埋弧焊三种焊接方式下焊接性能优良，且焊接预热温度低，完全满足水电制造规范要求，可用于高水头大容量大型水电工程的钢岔管、压力钢管、配水环管、蜗壳等部件，具备批量生产能力，一致同意通过评审。此次评审的顺利通过，标志着兴澄特钢成为国内首家成功采用连铸坯生产 120 毫米厚 1000 兆帕级高性能水电钢板、性能通过第三方检验合格且通过行业评审的钢铁企业。

钢岔管、压力钢管、配水环管和蜗壳是大型水电工程的关键核心部件，对钢板的内部质量、化学成分、力学性能、焊接性能和整板性能均匀性有着高标准的要求，尤其是大容量高水头大型水电站所急需的 1000 兆帕级水电高强韧钢板对综合性能要求更为严苛。该公司坚持技术创新与工程应用相结合，在 800 兆帕级高性能水电用钢成功开发和批量工程应用的基础上，联合国内焊材厂、科研院所和制造单位，攻坚克难，开展低碳绿色新材料的研发与应用，顺利完成了 120 毫米厚 1000 兆帕级高性能水电钢板的开发和评审，突破了行业关键难题，为推动水电用钢关键材料国产化贡献“特钢”力量。

中信泰富浙江钢管首次携手韩国现代获得越南电力订单。2023 年，中信泰富特钢集团旗下浙江泰富无缝钢管有限公司首次携手韩国现代集团，获得越南大型发电项目的高压锅炉管订单，为中信泰富特钢后续积极开拓海外市场，发挥示范引领作用。

韩国现代集团是世界 500 强排名前 50 的企业，位列韩国 EPC 公司的榜首。此次系该公司与现代集团首次合作，双方在互信互利的基础上强强联合，共同开发越南电力市场。

QT（QUANG TRACH 1 THERMAL POWER PLANT）项目是 2023 年越南唯一开工建设的发电项目，这座大型燃煤发电厂由越南国有企业越南电力旗下投资，总投资额达 17.8 亿美元。该发电厂拥有两套燃煤机组，功率可达 84 亿千瓦·时，建成后将成为越南最重要的发电厂之一。

2023 年以来，该公司外贸业务稳中向好，一方面主动“走出去”，参加各类展会，拜访海外客户，拿订单拓市场；另一方面积极“引进来”，邀请美国、韩国、欧洲等国家和地区的数十批海外客户实地考察交流，展示企业的硬核实力和无限前景。下一步，该公司将继续加大开拓多元化国际市场力度，扩大产品出口规模，力争在国际市场发出更多中国“特钢强音”。

3.2.4 石油化工用钢

天津钢管供渤中 19-6 凝析气田高钢级海洋用管线管成功铺设完成。1 月，天津钢管供渤中 19-6 凝析气田高钢级海洋用管线管成功铺设完成，标志着我国海上高压气田的管线管制造能力获得重要突破，对保障国家能源安全具有重要意义。

渤中 19-6 项目属于超高压气田，为扩大输送能力、提高气田采收率和延长气田开发寿命，项目采用超高压循环注气开发方案，该方案对公司海洋用管产品提出了极高要求。目前，国内海底管线的运行压力通常不超过30兆帕，渤中19-6项目最大运行压力达50兆帕，且需要将高压气体从增压平台经过最长8.6千米的远距离海底管线输送到生产平台，在国内尚属首次，对公司海管的设计制造提出严峻挑战。

该公司技术营销人员发挥不畏挑战、攻坚克难的精神，通过实地勘察设计、与项目组技术专家反复沟通交流，终于成功攻克超高压海底管线材料与选型设计、复杂工况临界结构设计、大壁厚高压管线生产制造等一系列难题，实现了从材料、设计、工艺、制造到施工的全面国产化，为后续国内超高压气田开发打下坚实基础，也为京津冀及环渤海地区社会经济高质量发展提供清洁能源保障作出了重要贡献。

世界最大天然气处理平台关键部位特种钢板全部舞钢造。2月6日，由英国石油公司运营的世界最大的天然气处理平台（FPSO）已前往西非毛里塔尼亚和塞内加尔海岸，即将服务于世界级液化天然气枢纽GTA一期项目的开发。该平台关键部位制造所需的近万吨特种钢板全部由舞钢提供。

该平台是英国石油公司在中国的第一个FPSO项目，也是当今世界上最大的天然气处理平台。船长270米、型宽54米、型深31.5米，面积相当于两座足球场，高度与一栋10层楼的建筑相当。生活区长约22米、宽41米、高32米，可容纳140人住宿。投入使用后，该平台气体日处理量可达5亿标准立方英尺❶，可为70万户家庭提供一个月所需用气量。

天津钢管产品应用于亚洲最深直井核心部位。2月13日，中国石油西南油气田公司蓬莱气区蓬深6井顺利完钻并成功固井，井深最深达到9026米，刷新亚洲最深直井纪录，堪称“地下珠峰”。其中，在深井重点核心部位采用了天津钢管自主研发的TP140V超深井套管产品及508大口径快速扣表层套管。

蓬深6井位于绵阳市盐亭县境内，是蓬莱气区探索灯影组的一口重点预探井，地质条件复杂，面临超深（大于9000米）、超高温（大于200℃）、超高压（大于150兆帕）、高含硫（大于30克/米^3）等挑战。

该公司自主研发的TP系列超深井套管产品具备卓越性能和可靠质量，在超高温工况下具有高抗挤毁性能，可完全适应9000米超深井地层压力条件下作业。该公司技术中心多次与客户沟通，发挥技术优势，积极参与前期井身设计，开展多轮技术研讨交流，为油田设计工作提供坚强技术支撑。该公司凭借业务实力强劲的售后团队，精心做好套管质量检查、数据校准、扭矩曲线、拧接位置确认等每一个细节，为西南油气田提供专业跟井服务支持，助力蓬深6井顺利完钻。

兴澄特钢9Ni钢板成功应用于国内首座下沉式LNG储罐。3月6日，位于深圳市大鹏新区的国内首座采用下沉式LNG储罐建设项目——国家管网集团深圳液化天然气应急调峰站项目一期工程首座下沉式储罐完成升顶作业，该LNG罐体内壁与外壁均采用兴澄特钢提供的高品质低温压力容器用钢板。

LNG储罐内壁用9Ni钢板是整个储罐最核心、最重要的材料，也是储罐能否安全运行的关键材料。项目设计方中国寰球工程公司第一时间找到战略合作伙伴兴澄特钢，钢板团队向其展示了兴澄特钢的科研实力与装备特点，尤其是在低温环境用钢领域的独特优势，得到用户高度认可。

针对深圳LNG项目的特殊性，该公司

❶ 1立方英尺=28.31685立方分米。

成立项目攻关团队，采用“EVI先期介入”模式，了解用户需求和期望，前瞻性地参与到用户的特钢选材、设计中，项目团队与设计院多次研究方案、精心组织策划，明确人员分工和职责，认真落实生产准备工作，重点关注钢板低温韧性与剩磁控制等要求，在客户技术要求的基础上建立了更为苛刻的内控指标。低温储罐工程最关注钢板的低温韧性指标，该公司研发的9Ni钢板在-196 ℃温度下，冲击吸收能量稳定在200焦以上，远高于客户期盼的100焦水平；储罐焊缝性能是“木桶中最短的板”，而焊缝性能与钢板剩磁密切相关，该公司发挥全流程管控、多部门协调的体制优势，借助一流的装备优势，精心组织生产，钢板出厂剩磁平均达到20高斯以内，远超客户预期。

天津钢管产品再探“地下珠峰”新深度9396米。3月9日，位于新疆塔里木盆地富满油田的果勒3C井顺利完钻，以9396米井深刷新了亚洲陆上目前最深油气水平井纪录，让国家能源安全更有“底气”。该井重点关键部位，采用了天津钢管生产的大口径508TP-QR表层套管及自主研发TP140HC高抗挤毁特殊螺纹产品。

果勒3C井地处人迹罕至的塔克拉玛干沙漠腹地，地下地质构造异常复杂，油藏埋深普遍超8000米，地质认识和储层识别极其困难，具有世界罕见的超深、超高温、超高压等特点。不同于传统直井垂直穿过油层，这口井采用水平井钻探，在钻至8000米左右深度后，需要控制钻头沿着平行于油层的方向钻进，在地下深处精准穿透油气储层。

该公司高度关注该重点合同，销售、研发、生产部门通力协作、精心组织、全力配合，保质按时完成产品交付任务，助力油田克服超深地层的重重困难，为顺利钻井保驾护航，受到油田客户一致好评。

天津钢管生产的套管用于钻井已突破8937.77米。3月14日，我国在油气勘探开发领域实施的“深地工程”再获重大突破，位于塔里木盆地的顺北84斜井垂直钻井深度已突破8937.77米，成为目前亚洲陆地上垂直深度最深的千吨井，该井技术套管和生产套管均采用天津钢管产品，占套管总用量的85%。

所谓千吨井，其实就是测试日产油气当量超过1000吨的油井，工作人员在对顺北84斜井进行测试过程中，获得高产工业油气流日产原油496.4吨、天然气65.3万立方米，折算油气当量达到1017吨，顺北84斜井位于顺北油气田的8号断裂带，目前已经勘探开发出7口千吨井。顺北油气田具有超深、超高压、超高温特点储层平均埋深超7300米，是世界上埋深最深的油气田之一。该公司产销研及生产团队协同配合聚焦客户需求深耕高端套管研发领域，保证套管在复杂的应用及施工条件下安全可靠，为客户提供优质的产品与服务。

天管高端管线为国家天然气管道工程建设再助力。3月，天津钢管为天然气管道项目生产的首批L415Q大口径无缝管线管已完成现场施工，第二批管线管订单进入生产阶段。该公司大口径管线管再次参与稳定供气民生工程项目，助力国家天然气管道工程建设。

目前，该公司密切跟踪首批钢管现场施工进展，及时收集使用情况，稳定钢管使用性能，为后续项目施工效率提供技术支撑。第二批产品生产已完成产前准备、工艺及生产控制策划工作，进入生产阶段。

天津钢管供应的无缝管道首次应用于“华龙一号”核电机组。3月25日，我国西部地区首台“华龙一号”机组，中国广核集团广西防城港核电站3号机组正式投产发电，并具备商业运行条件，这是我国第3台正式投产的“华龙一号”核电机组。该机组的20控Cr、WB36CN1以及A335P22等材质无缝管道采用天津钢管产品，首次应用于“华龙一号”的天津钢管产品充分发挥研发、设计、制造、质量管控等方面极强优势，顺利通过了冷试、热试、装料、并网等多个阶段重大考验，为我国重点核电工程建设助力添彩。

南钢中标珠海 LNG 二期项目。3 月，南钢凭借优质的品牌、丰富的业绩，以及产销研一体化+服务的项目运营能力，成功中标珠海 LNG 二期项目 2 座 27 万立方米 LNG 储罐用 9Ni 钢订单。

珠海 LNG 二期扩建项目 27 万立方米 LNG 储罐是世界最大的 LNG 储罐，同时作为国家石油天然气基础设施重点工程之一，该项目对于 9Ni 钢提出了更加严苛的技术要求，即增加了不同厚度钢板-165 ℃无温度梯度止裂试验的要求。为满足客户需求，南钢技术研发团队与检测单位就试验方法、试验设备等关键要素进行多轮讨论，反复探讨关键技术指标，并提前送样进行试验，最终完美完成试验，为钢板的交付与现场使用奠定了基础。该项目生产交付过程中，南钢产销研团队密切配合，专人跟踪，仅用时不到 7 个月，就完成了全部 9Ni 钢的交付，保证了项目进度，获得了用户的赞赏。

黑龙江建龙“高等级石油用管绿色智能制造”项目开工建设。4 月 8 日，黑龙江建龙“高等级石油用管绿色智能制造项目”开工。该项目总投资 1.6 亿元，拟建设一条钢管热处理生产线及公辅配套系统。热处理线年产量为 15 万吨。项目竣工达产后，预计可实现年销售收入 7.42 亿元，利税 0.7 亿元，新增就业 80 余人。

目前，黑龙江建龙拥有 ϕ180 毫米热处理生产线、ϕ273 毫米精密轧管机组，可生产普通钢级的油套管，无法满足深井、深海、高寒高温和腐蚀环境等恶劣条件下油井的服役条件需求。

“高等级石油用管绿色智能制造项目”主要产品为高等级石油用管材及高压锅炉管、起重机臂架管、液压支柱管等，产品外径为 ϕ114~273 毫米、壁厚为 6~40 毫米、长度为 6.0~12.5 米，品种为油套管、高压锅炉管、液压支柱管、起重机臂架管等。

该项目采用了先进的工艺及装备技术，可实现全流程绿色智能制造，在满足产品定位要求的同时，可进一步发挥黑龙江建龙在东北地区的优势，推动产业转型升级，促进地方经济的高质量发展。

舞钢低温压力容器板助力巴基斯坦移动罐车项目。5 月 5 日，舞钢承接一批低温压力容器板合同，将用于“一带一路”重点项目、中巴经济合作成果项目之一——巴基斯坦铁路移动罐车项目建设。

该公司深入践行河钢集团战略要求，坚持关注新行业、新业态的发展趋势，始终面向清洁能源、工程机械、国防装备等高端装备制造和能源行业，先人一步储备新品；围绕高端重点客户的特殊需求，不断研发高端特钢，助力核心竞争力提升。针对项目的个性化需求，该公司充分发挥“小微团队”和技术营销优势，先期介入开展 EVI 服务，不断创新优化生产工艺控制方案，在满足该高端客户对轻量化、产品性能、服务和交货期等特殊要求的基础上，为其“量身订制”所需的高端特殊钢材生产工艺方案，充分展示了舞钢的品牌优势。最终，该客户对舞钢的技术品牌实力十分认可，指定项目所需的板材采用舞钢低温压力容器板。

天津钢管无缝套管产品应用于“深地一号”跃进 3-3XC 井核心井段。5 月，中国石化部署在塔里木盆地的“深地一号”跃进 3-3XC 井开钻施工，该井设计井深 9472 米，刷新了亚洲最深井纪录，再次证明，中国深地油气钻井工程技术已跨入世界前列，为进军万米超深层提供重要技术和装备储备。

作为深耕深地勘探领域石油套管产品的领军企业，该公司多个型号非 API 无缝套管产品，将应用于“深地一号”跃进3-3XC井核心井段。跃进3-3XC井地下构造极为复杂，对套管的性能、质量要求极高，为确保钻井工作万无一失，该公司多次派技术人员深入现场，了解套管使用工况，调整生产线、严抓质量管控，全力做好现场跟踪服务，确保按期交付优质套管。

天津钢管产品在江汉油田“一号工程”红星区块成功应用。5月，随着天津钢管非API特殊扣产品在红星区块勘探开发红页1-4HF井、1-5HF井、3-2HF井的三开下入并完井，标志着天津钢管产品在江汉油田“一号工程”红星区块应用取得圆满成功。

2019年起，江汉油田在红星区块各岩层系陆续部署页岩气探井红页1HF、红页2HF、红页3HF、红页4HF和红页茅1井，均取得了较好的勘探开发效果，天津钢管产品在其各井位表套、技套、油层套管均得到重点应用。

2022年末，红星区块首批集中采购的9口井计划下发，销售总公司业务人员协同技术开发人员，第一时间奔赴涪陵、潜江，与江汉油田采购、技术人员展开对接，详细谋划交付时间与技术攻关等事宜，根据红星区块页岩埋深大、地应力复杂、储层改造难度大等难点，为其量身打造高钢级抗挤毁、抗硫化氢腐蚀特殊扣套管管串，重新与涪陵采气一厂根据新井身结构签订技术协议。在该公司业务、技术人员的不懈努力下，最终成功取得了红星9口井所有的非API特殊扣套管订单。

攀钢长城特钢与中国石化签订空冷器核心材料订单。5月，攀钢长城特钢与中国石化签订200余吨耐蚀合金扁钢、精密管、挤压管合同，为国家重大工程提供产品支撑，充分体现国内石油石化高端客户对攀长特耐蚀合金产品的信任与认可。

近年来，该公司加强“产、销、研、用”协同，不断丰富耐蚀合产品，在充分论证、多次试验的基础上，确定产品交货方式及质量控制要点，优化耐蚀合金酸洗、磨光交货等工艺路线。在保持耐蚀合金扁钢产品优势上，该公司不断拓展精密管、挤压管产品，确保耐蚀合金扁钢各项性能指标达到用户要求，同时生产系统全力以赴，确保按时高质量交货。

目前，该公司各生产单元按照公司制造部的要求，细化工作进度，加强产品质量控制，力争按时完成中国石化200余吨耐蚀合金交货进度，助力国家重大工程。

天津钢管自主研发的特殊扣产品应用于铁山坡气田。6月6日，中国石油首个自主开发的特高含硫气田——铁山坡气田全面达产，日产天然气400万立方米，开发产能建设项目共钻井和地面配套6口新井，测试累获日产气量超千万立方米，井均日产气171万立方米，6口新井重点核心部位均采用天津钢管自主研发的特殊扣产品。

铁山坡气田飞仙关组气藏是目前国内综合含硫量最高的高含硫整装气田，也是中国石油首个自主开发的大型特高含硫气田，该项目是中石油最重要的项目之一，所有产品须通过最严格的质量控制方案。经过各部门协同努力，该公司自主研发生产的特殊扣产品通过了最苛刻的四级试验和最严苛的质量要求，产品成功供货顺利。

天津钢管供应的20英寸海底长输管道铺设完工。6月22日，在海南陵水海域，我国最长的深水油气管道、“深海一号”超深水大气田二期关键控制性工程——全长115.5千米的20英寸[1]海底长输管道铺设完工。这标志着我国深水长输海底管道建设能力和深水装备技术实现重要突破。

从地层里开采出的油气成分复杂，温度

[1] 1英寸=25.4毫米。

高、压力大，常规材质的海管无法满足生产需要。为此，该工程在深水环境下首次应用“114千米深水大口径无缝钢管+1.5千米深水双金属复合管”组合方案，搭建起“深海一号”二期工程油气输送“主动脉”，形成我国最长深水油气长龙。

该工程由该公司联合用户技术团队进行技术攻关，自主完成设计、研发与生产的20英寸海管，是连接陵水25-1油气区北管汇和崖城13-1平台的混输海管。该产品不仅是国内首次水下回接距离最远的深水混输海管，更创造了我国目前深海海管壁厚新纪录。

舞钢板独家供货国内载荷最大吸力锚建造。7月18日，国内入泥最深、系泊载荷最大的吸力锚——流花11-1/4-1油田二次开发项目圆筒型FPSO（浮式生产储卸油装置）深水吸力锚，在深圳市东南260千米的海域安装完成。在该项目的建设中，其关键部位——油田二次开发项目圆筒型FPSO深水吸力锚的制造用钢由舞钢独家提供。

该公司坚持求变求突破，深化结构调整和技术升级，以优质的产品和服务全面提升企业整体竞争力和盈利水平；不断深化营销管理变革，创新实施营销模式，突出热处理、热轧厚板、钢锭等具有舞钢特色品种的承接，并根据国家产业布局和市场需求，特别是在风电、石化、桥梁、建筑、水电等领域，加大工程项目用钢的开发力度，上半年累计向42项国家级、区域级重点项目供货55万吨，实现经济效益与品牌效益双提升。

针对项目需求，该公司技术营销服务团队与客户强化沟通，就具体质量指标和检验流程等进行深入交流，为其提供优质服务；研发中，针对客户提出的板材的板厚1/2处性能、碳当量、焊接性能等特殊要求开展攻关，持续创新优化工艺生产，确保了产品各项性能优良并快捷交货。

兴澄特钢参与研制的“$2\frac{1}{4}$Cr-1Mo-$\frac{1}{4}$V和$2\frac{1}{4}$Cr-1Mo钢焊接材料国产化研制及应用”项目通过评审。8月15日，由兰石重装、西冶新材料有限公司、江阴兴澄特种钢铁有限公司联合举办的“$2\frac{1}{4}$Cr-1Mo-$\frac{1}{4}$V和$2\frac{1}{4}$Cr-1Mo钢焊接材料国产化研制及应用”项目评审会在兰石重装召开。会议经过质询讨论，评审组专家一致认为：兴澄特钢根据焊材成分设计要求，制定了科学研制技术路线，攻克了超洁净窄成分精确控制、难溶碳化物纳米细化、组织均匀控轧控冷等关键技术。研制出120吨/炉$2\frac{1}{4}$Cr-1Mo-$\frac{1}{4}$V和$2\frac{1}{4}$Cr-1Mo盘条，实现批量稳定生产，填补了加氢反应器焊材的国内空白，实物质量达到国际领先水平。用该盘条生产的焊材在中石油洛阳石化第二反应器和热高压分离器上运行将近3年，各项性能稳定，运行工况较好，无任何缺陷。

天津钢管自主研发生产的高端产品应用于深地塔科1井。8月23日，我国首口万米科探井——新疆塔里木油田深地塔科1井钻井深度过半，开钻至今已钻至5856米井深，创下我国大尺寸钢管作业最深、钢管作业吨位最大等多项纪录。该井一开、二开所用石油套管均为天津钢管自主研发生产的高端产品，凭借可靠的产品质量和尖端技术服务再次挑战深地钻井极限，助力国家重点工程建设。

深地塔科1井二开采用复合套管，全部为天津钢管供货，套管空重752吨，浮重625吨，裸眼段长达4353米，对套管的性能要求极为苛刻，有着承前启后的重要作用。天津钢管以高钢级、高抗外挤性能产品的绝对优势，承接并圆满完成了该核心井段的重要任务，展示了产品设计开发及生产实力。

面对超深和塔里木特殊的地质结构带来的困难，该公司充分发挥“产品+规模+服务”特色优势，成立万米深井联合工作组，从前端管柱设计到性能校核等环节，为深地塔科 1 井一开、二开量身定制完整解决方案。同时，该公司销售部门紧跟合同进程，生产厂精心组织生产、严把质量关，用户服务人员全程现场跟进，随时提供专业技术支持，为项目顺利进行提供了坚强支撑。

沙钢 4.6 万吨管线钢供应沙特阿拉伯国家石油公司海洋油气运输项目建设。9 月 8 日，沙钢 4.6 万吨 X60MO 管线钢顺利发往世界最大的石油生产公司——沙特阿拉伯国家石油公司，产品将应用于该公司相关海洋油气运输项目，进一步为“一带一路”建设作出了沙钢贡献。

作为行业领先的管线钢生产供应商，该公司拥有完整的管线钢产品体系，呈现出多项技术优势，先后开发了海底石油管道用管线钢、大壁厚高韧性 X70/80 管线钢、抗 HS 腐蚀管线钢、抗大变形管线钢等产品，是国内首家开发出西气东输二线站场用超低温环境服役大壁厚 X80M 产品的企业，填补了国内空白；也是国内第一家通过抗大变形 X80HD2 直缝埋弧焊管用热轧钢板千吨级鉴定的企业，并由此结束了我国在该类产品上长期依赖进口的历史。该公司自主研发的多项板型调控、组织韧性调控、动态冷却等技术，攻克了超宽幅超低温管线钢的生产瓶颈。“X60 及以上管线钢用钢板”被认定为国家制造业单项冠军产品，在国内国际拥有良好口碑。

目前，该公司已经为西气东输、中俄管线、中亚管线、中缅管线、墨西哥国家石油等国内外重特大管线项目供货管线钢超 400 万吨，“沙钢造”正以优质的产品和服务向世界展现着中国钢铁的强大实力。

吕梁建龙一次性成功开发油井管用钢等新产品。2023 年 9 月，吕梁建龙一次性开发成功油井管用钢 34Mn6-3-Y、高强电力法兰用钢 Q420-YD、行车车轮用钢 65Mn-YD 等产品，客户试用效果良好，目前已大批量追加订单。

2023 年，该公司坚定不移实施科技兴企战略，以科技创新促进企业升级发展，提升核心竞争力，在新品种开发、产品质量提升、重点客户开拓等方面均取得了长足进步。该公司以市场需求为导向，先后开发量产了无缝管用钢 27SiMn-Y、42CrMo-Y、Q355B-Y、45-YVD，小方坯弹簧板用钢 60Si2Mn 等 10 余个品种，深受广大客户认可与青睐。

例如，液压流体无缝管用钢 27SiMn-Y、高强电力法兰用钢 Q420-YD 对铸坯质量要求极高，该公司研发团队便通过优化精炼渣系、连铸保护渣，严格管控结晶器水量、二冷比水量、拉速、缓冷时间等工艺参数，保证了铸坯实物质量。

天津钢管特殊扣产品在海外市场取得突破。9 月，天津钢管直连型特殊扣套管首次在某海外油田成功应用，76 根直连型特殊扣套管，历时 15 小时 30 分钟，全部顺利下入完毕，并得到用户认可。该产品为天津钢管自主研发生产，具有自主知识产权的高端产品，此次顺利下井打破了当地特殊扣市场的长期垄断格局，为公司后续在该海外特殊扣市场的推广奠定了坚实基础。

此次产品为客户定制化产品，要求特殊通径且管材尺寸较大，对设计和生产都提出了极大挑战，产品研究院研发人员与生产部门联动，对每个细节进行反复论证，形成最终的产品设计、工艺设计，保证了最终的生产顺行，按时完成生产，并交付用户。

为保证项目进展顺利，该公司选调研究分院和销售总公司精英人员组成服务团队，赴油田现场开展全程下井服务。在油田现场，该公司技术服务人员深入钻井队开展全程技术协助，针对此次直连型特殊扣产品的特点及使用要求进行重点介绍，特别对客户关心的提升环节使用问题给予了培训和指导，并在正式下套管作业中与油田操作人员一起进行现场安装。

舞钢生产的高端容器板供应于东非最大液化石油气接收储存库项目。10月9日，舞钢成功与某大型央企签订一单总量8500吨的高端容器板供货合同，用于制造出口坦桑尼亚的东非最大液化石油气接收储存库项目的12台5575立方米LPG球罐。

该项目位于肯尼亚蒙巴萨港，是东非最大的液化石油气接收储存库，总储存规模为66900立方米，由12台5575立方米的LPG球罐和配套的场站设施组成。

近年来，该公司坚持走特钢道路，坚持又好又快发展主基调，瞄准替代进口，致力于宽厚板的研发生产，始终引领我国宽厚钢板技术发展方向，为推动国内外重点工程、重大项目建设作出了突出贡献。该公司也在石化及煤化工用钢领域、高层建筑用钢领域、高端桥梁用钢领域、海洋风电用钢领域、高端核电用钢领域、Ni系超低温用钢领域形成了独有的优势，引领了行业潮流。针对客户的项目需求，该公司技术服务营销团队充分发挥技术优势，围绕具体质量指标和检验流程进行深入交流，为客户提供差异化、专业化服务。针对客户在钢板成分、抗拉屈服强度、板厚1/2处性能、模拟焊后性能等方面的特殊要求，该公司为其制订专属的生产工艺和供货方案，最终凭借强大的技术、质量、品牌优势实现独家中标。

天津钢管自主研发国内最大口径套管顺利下井。10月，为满足油田用户需求，支持国家重大工程项目建设，天津钢管量身定制、自主研发了国内最大口径套管，并实现顺利下井。

随着油气开采深度的不断增加，井身向更多层次拓展，越来越多开采的套管程序出现在油田的设计中。为满足油田的开发需求，套管的尺寸也从最大20寸[1]逐步增加到了25寸，这对于钢管轧制控制、热处理工艺、特殊设计等均提出了新的、更高的要求。

该公司产品研究所紧盯行业发展趋势，将产品开发前移至用户项目设计阶段，利用自身技术优势和集团协同优势，为我国首批深地超级工程量身定制了国内最大口径表层套管。在套管下入过程中，丝扣无粘扣现象，拧接扭矩正常，整体使用情况良好，相关产品满足了用户多达7个批次的套管设计要求，为国家重大工程项目提供了材料支撑。

建龙北满特钢成功牵手亚洲最大钻头制造商。11月，建龙北满特钢为亚洲最大、世界知名的钻头制造服务商——中石化江钻石油机械有限公司生产的牙轮钻头用钢试验料收到客户反馈。经钻井队现场试用，建龙北满特钢提供的原材料符合产品使用需求，中石化江钻石油机械有限公司将与建龙北满特钢开展深度合作。

至此，该公司为江钻公司提供的三个品种牙轮钻头用钢试验料，均以首次供货理化检验及探伤合格率100%的成绩通过检验。

此次试生产的牙轮钻头用钢分别为20CrNiMo、15CrNiMo以及15MnNi4Mo产品，可经用户锻造、粗车、半精车、渗碳淬火、精车等流程加工成牙轮钻头。该产品使用过程中牙轮钻头旋转受周期性冲击、压力和剪切力作用，工作环境苛刻，随着钻速提高对产品的性能指标有极高要求。

为保证试验料生产，该公司召开专门产前会议策划，针对牙轮钻头容易发生表面裂

[1] 1寸=1/30米。

纹、成品件使用寿命短等常见问题深入讨论，制定精准的保障措施。在生产过程中，该公司专业技术人员面对严格的技术要求，紧盯各步骤工艺路线和现场操作，随时调整工艺参数，保证钢水纯净度达到工艺要求。最终，该试验料通过客户各项指标测试，理化检验及探伤合格率达 100%。

目前，该公司将继续聚焦行业重点领域，紧紧围绕成本挖潜、产品结构调整两条主线，打造产品结构优势及品牌优势，推出更多具有竞争力的产品和服务，为客户提供值得信赖的高端特钢产品。

舞钢生产的特殊钢板供应国家深地重点项目——“深地一号”跃进 3-3XC 井。国家深地重点项目——“深地一号”跃进 3-3XC 井位于新疆沙雅县境内的塔里木盆地，已完成钻井深度达 3432 米，刷新亚洲最深井斜深和超深层钻井水平位移两项纪录，于 11 月 15 日正式点火测试。该项目完成钻井深达到 9432 米，比珠穆朗玛峰的高度还要多 584 米，是“亚洲最深井”。

在该项目的建设中，该公司接到中石油急需一批特殊钢板用于项目的关键设备特殊储罐和管道制造用钢的求援后，立即组成技术营销攻关团队，针对项目所需材料的特殊需求展开攻关。该公司充分发挥技术优势和品牌实力，制订特殊的工艺方案：在冶炼环节创新冶炼工艺，严控内部夹杂物；在轧制和热处理环节创新工艺要求两项，确保钢板的各项性能指标完全满足客户要求，且比正常交货期提前 30 天生产完毕，得到客户认可。

中信泰富特钢靖江特钢耐蚀双金属复合油套管成功下井。11 月 30 日，在湖北应城 300 兆瓦级压缩空气储能电站示范工程现场，由中信泰富特钢集团旗下靖江特殊钢有限公司生产的 ϕ339. 72 毫米×12. 19 毫米 N80Q 耐蚀双金属复合油套管，成功用于该项目首口井的注采管柱中。管柱顺利通过检验，所有参数合格并下井应用。

3 月，中信泰富特钢钢管事业部研究院在收到项目讯息后和销售公司迅速组织成立项目攻关组，根据设计院提出的利用盐穴排卤造腔进行压缩空气储能的方案，通过反复论证与试制试验，提出用耐蚀双金属复合管替代镍基合金管材的技术方案，在满足设计要求的同时，实现了最优的性价比。这一方案得到了设计院、业主方、工程方的一致认可，靖江特钢成功取得该项目全部管材供货资格。

湖北应城 300 兆瓦级压缩空气储能示范工程由中国能源建设有限公司主体投资，建成后将在非补燃压缩空气储能领域实现单机功率世界第一、储能规模世界第一、转换效率世界第一。

建龙北满特钢海洋工程领域用钢开发取得新突破。12 月，建龙北满特钢在海洋工程领域的新材料开发取得重大进展。由建龙北满特钢与巨力索具股份有限公司联合研发的长期系泊钢丝绳用索节、系泊缆绳用套环产品，通过挪威船级社（DNV）认证，成为国内首获该产品认证的企业，实现了该产品国产化，填补了国内市场空白。

长期系泊钢丝绳用索节、系泊缆绳用套环产品，主要应用于近海设施系泊、浮式采油设施系泊、海洋牧场系泊、海上发电系泊、海上装载系统系泊及重力式平台的系泊等。因其设计使用寿命长、工作环境恶劣，对钢材的强度、韧性以及耐腐蚀性指标要求远超其他普通材料。当了解到巨力索具计划在海上设施定位系泊用索节、套环产品方面用国产替代进口的需求后，该公司的市场开发与技术研发人员迅速抓住机遇，密切配合开展 EVI 服务，很快取得了对方的认可，建立了合作意向，并于 2022 年初，正式启动巨力索具系泊钢丝绳用索节、系泊缆绳用套环研发项目。为保证系泊锻件力学性能、金相组织、非金属夹杂物、应变时效、回火脆性、热处理敏感性等指标符合产品水下环境使用性能的需求，该公司研发团队对产品试制进行了多次论证和详细的工艺策划，确定了工艺、检验关键控制点和认证生产周期节点，并组织相关生产厂、检验部门有针对性地进行了技术预研和储备。

此次，该公司与巨力索具联合开发的长期系泊钢丝绳用索节、系泊缆绳用套环产品通过船级社认证，充分体现了我国在海洋工程领域的技术实力和创新能力，将推动海上风电、海上石油、海上光伏、海洋牧场等领域的高质量发展，也为进一步推进建龙北满海洋工程领域新材料的开发、扩展及品种结构调整、升级注入新的动力。

攀钢长城特钢高温合金热轧扁钢首次批量供货中国石化。12 月，攀钢长城特钢与中国石化签订一批高温合金热轧扁钢合同，产品顶替进口，用于制作空冷器核心材料，这是该公司高温合金热轧扁钢首次批量用于中国石化高端客户。

高温合金，即能在 600 ℃以上高温及一定应力作用下长期工作的一类合金，具有良好的弹塑性和抗氧化、抗热腐蚀、抗疲劳、抗断裂等性能，广泛应用在航空发动机、燃气轮机、核电、石油化工等领域。

该公司认真组织各工序职工学习高温合金热轧工艺要求，精心组织党员和高级技师参与到关键工序，狠抓产品生产全过程控制，科学分配轧机压下量、精调轧辊精度、实施标准化作业，把加热、轧制、矫直等工作做到极致，四个规格的高温合金热轧扁钢全部一次生产成功。目前，该批高温合金已完成产品设计和制造，该公司将充分利用炼钢、锻造、轧钢设备工装优势，严格控制产品质量，服务国家重大工程。

天津钢管生产的国内最大口径特殊扣无缝套管成功用于“万米科探井”。2023 年，由中国石油西南油气田主导实施的全球首口地质条件最复杂、钻井难度最高的“万米科探井”——“深地川科 1 井”在四川盆地开钻。

该公司组织研发团队为该井量身定制了完整套管选型解决方案，共设计开发 14 种非标结构套管。其中，核心井段采用的 25 英寸（635 毫米）特殊扣套管，为目前国内最大口径特殊扣无缝套管。

为满足“深地川科 1 井”重点项目开钻周期，该公司成立专题项目组，与大冶特殊钢有限公司、浙江泰富无缝钢管有限公司等中信泰富特钢集团旗下兄弟单位协同奋战，共同完成了超大口径套管保供生产任务。目前，该公司生产的首批套管已运送至油田。

兴澄特钢“高质量”风电板助力海上风电新能源“高速度”发展。2023 年，随着最后一批超厚超宽 S355ML 和 S355NL 钢板顺利抵达国外某大型项目施工现场，标志着兴澄特钢圆满完成了该项目 6 万余吨单桩和海塔用钢板的供货任务。兴澄特钢凭借产品质量“硬”、交货周期“快”和技术服务“优”，获得了客户的高度认可和信任。

海上风电机组需经受低温、高湿、高盐雾和台风等考验，承载应力复杂，机组安全运行面临极大的挑战，特别是水下基础段单桩的技术要求极高。该项目单桩直径近 8 米，对钢板尺寸和性能要求远高于其他风电项目。

为保证钢板正常交付，该公司组织了专门的技术质量团队，通过与客户近半年的反复技术沟通和面对面交流，对技术要求中存在的难点一一进行攻克，最终以“定制化”全流程工艺确保了项目超厚、超宽钢板的零下低温冲击稳定性，批量供应超 6 万吨。该项目钢板由客户代表、业主代表及 DNV、SGS 多家第三方代表全程监造。

黑龙江建龙供中海油“陆地煤层气油套管”首次下井成功服役。12 月，黑龙江建龙供给中海油“陆地煤层气油套管”首次下井成功服役，现场各项技术指标均达到用户要求。标志着该公司无缝钢管销售模式实现了从半成品销售到直接向客户供应成品的新突破，为下一步成品管的技术研发、批量生产和市场销售积累了宝贵经验。

近年来，该公司始终秉承“客户至上、精细管控”的质量理念，专注无缝钢管市场开拓。2023年5月，该公司成功入网中海油，全面实现了与中国“四桶油”（中石油、中石化、中海油、延长油田）的直接合作；7月，参与中海油陆地油气田油套管招标项目，以优异成绩中标；9月，与中海油签订《中国海洋石油集团有限公司陆地油气田油套管》供货框架协议。

为确保合同按期、保质交货，该公司从售前了解客户需求，到策划制订生产、运输整体方案，再到如何做好售后服务，以最终用户的要求节点倒排生产时刻表，制订好每一个工序计划，确保生产至交货过程中每一个细节严格按标准化作业。

该公司将以此次产品成功投用为契机，进一步加大科技创新力度，在产品、技术、管理及销售模式等方面实现新的突破，推动产品结构调整和产业转型，为企业高质量发展奠定基础。

天津钢管首次中标海上CCUS项目用高钢级抗腐蚀管线管合同。12月，天津钢管与某石油公司海上CCUS项目用高钢级海洋环境用抗腐蚀管线管订货合同的各项技术难点尘埃落定，MPS签字确认，可以组织实施生产。该合同总计5个规格，这是公司首次接到海上CCUS项目用高钢级抗腐蚀管线管合同。

CCUS是二氧化碳捕集利用与封存（carbon capture , utilization and storage）的简称，发展CCUS技术是实现碳中和的重要途径。目前，应对气候变化已成为全球普遍共识，CCUS作为一项深度减排技术，已在电力、钢铁、水泥等高碳排放行业的节能减排生产过程中发挥重要作用。

此次中标的是海上长距离输送二氧化碳用管材。该公司销售人员和技术人员跟踪两年，完成多次技术资料支持和答疑，对成分设计、管体几何尺寸、管材性能提出的要求逐一进行梳理，制订相应措施。此次订单的签订，标志着该公司在海洋环境用管的推广以及检测手段完善方面取得了突破性进展，提高了企业海外市场份额和影响力，促进了海洋用管和深海管线管的推广。

兴澄特钢生产的海工钢用于75米水深海上综合勘测平台。12月8日，75米水深海上综合勘测平台“华东院308”的交付仪式在青岛成功举行，兴澄特钢研制的自升式平台桩腿齿条和半圆板用钢板作为其升降系统的关键核心部件用材料，以卓越的产品质量为深远海海上风电重大装备提供了坚实的材料支撑。

“华东院308”是目前国内规模最大、技术指标最先进的海洋新能源综合勘探平台，平台首次在国内自升式平台上配置了高速电动齿轮齿条升降系统，桩腿长度100米，最快升降速度可达每秒1.6米，对用于制造平台桩腿部件的材料要求极其严苛，钢板在具备大厚度、超高强度、优良心部-40℃低温韧性的同时，还要具备良好的焊接性和切割性能，制造难度极大，产品质量稳定性要求极高。

为满足平台设计要求，该公司第一时间成立项目攻关小组，联动江阴双马重工深度介入客户前期材料设计，并充分发挥全流程管控和多部门协调的体制优势，逐一攻克了产品开发和交付的技术难点，最终以“定制化”的产品设计和全流程工艺保证了项目127毫米厚自升式平台桩腿齿条和半圆板用钢板的各项性能和质量稳定性，为平台升降系统的安全稳定运行打下了坚实的材料基础。

作为国内最大的特殊钢研发和制造基地，该公司经过数十年海洋工程用钢板领域的探索和实践，已完成国内最大厚度210毫米齿条钢板的开发和船级社认证，国际首创直弧形连铸工艺替代模铸工艺制造180毫米厚超高强海洋工程用钢板，产品开发认证实现船级社、API等标准全覆盖，形成了海洋工程用钢领域的系列供货能力。

3.2.5 船舶用钢

沙钢生产的“欧标海工钢”交付客户。5月，随着新一批“欧标海工钢”成功下线并交付客户，沙钢S420G2+M、S420G2+QT系列产品累计供货量达到1万余吨。

船舶及海洋平台、海上风电等海洋工程所处工作环境恶劣，长期承受较大风浪冲击和交变载荷，因而对建设材料的要求极其严格。与普通海工钢相比，“欧标海工钢”拥有更高的技术要求，需要更优越的可焊性、高断裂韧性、耐高温回火和低应变时效敏感性。

经国内权威机构检测，沙钢“欧标海工钢”无论是小能量还是大能量焊接，都不会对钢板本身造成不利影响，产品在长时间高温状态下依然保持了强韧性不减，在产生大的变形且长期暴露在自然环境中时依然保持了性能稳定。该产品具备了“高断裂韧性”的强大优势，即在钢板受外力产生缺陷时能够产生塑性变形而吸附能量，使之不会沿缺陷继续扩张、造成构件失效。

沙钢船板钢应用于“地中海 吉玛”（MSC GEMMA）号建造。5月，随着全球最大24000TEU级超大型集装箱船系列3号船“地中海 吉玛”（MSC GEMMA）号在中船长兴造船基地命名交付，沙钢11.5万吨船板钢成功应用于该系列船只建造。

“地中海 吉玛”（MSC GEMMA）号总长399.99米，比目前世界上最大的航母还长60多米；型宽61.5米，甲板面积近似于4个标准足球场；型深33.2米，最大堆箱层数可达25层，相当于22层楼的高度，可承载24万多吨货物，一次可装载24116只标准集装箱。该船由沪东中华自主研发设计，拥有完全自主知识产权，集绿色、环保、高效、节能、经济、安全等诸多亮点和特点于一身，是全球最新超大型集装箱船设计的中国版本。

该公司船板钢具有良好的冶金质量、低元素控制、深低温冲击韧性和高焊接效率等性能优势。针对不同的船体用钢特点，该公司船板钢采用微合金成分和TMCP及热处理生产工艺，已经实现高性能船舶及海洋工程用钢的大批量稳定生产，F690-Z35及以下钢级通过ABS、BV、CCS、RS等十国船级社认证，典型产品有船用低温韧性钢LT-FH40-Z35、大型集装箱船用止裂钢EH47BCACOD-Z35、海洋工程用钢FQ70-Z35、船用低温韧性钢9Ni-Z35等。

南钢生产的船用型钢供应首艘国产大型邮轮“爱达·魔都号”建造。由南钢独家供应豪华邮轮用钢板、船用型钢的首艘国产大型邮轮“爱达·魔都号”，7月底完成首次出海试航，8月还将进行第二次试航。

大型豪华邮轮的船体重心位置相对较高，为保证邮轮的航行安全、船体运营安全、建造进度和舒适美观度等，对钢板重量、整板不平度、焊接变形、钢板尺寸、厚度公差、板形质量和焊接效率等都提出了苛刻的要求。“爱达·魔都号”邮轮用的钢板80%以上是厚度4~8毫米的薄规格钢板。该公司板材事业部通过装备升级和工艺技术攻关，实现了4毫米厚钢板的厚度公差精准控制，解决了宽薄板板形和厚度控制的世界性难题，突破了中厚板生产的极限规格，为产品的稳定生产和供货奠定了基础。

大型豪华邮轮所需球扁钢对焊接要求极高，宿迁南钢金鑫为客户提供个性化一站式解决方案，产品填补了国内空白，解决了批量小、定尺长、尺寸精等难题，并做到专业化、差异化、定向化服务，可满足客户现场激光焊、非激光焊的特殊技术要求。南钢金鑫实现了“爱达·魔都号”邮轮船用球扁钢 100%独家供货。

兴澄特钢成功制造 180 毫米厚超高强海洋工程用 F690 钢板。10 月 24 日，兴澄特钢利用自身过硬的科技创新能力和先进的生产检测装备，以直弧形板坯连铸机开发出最大厚度 450 毫米的高均质特厚连铸坯，并成功制造 180 毫米厚超高强度 F690 钢板。

该系统完成了直弧形连铸工艺生产超大厚度高品质海洋工程用钢理论研究、工艺技术开发、代表性产品研发及产业化应用的成套工艺技术，解决了高强高韧匹配、大厚度心部低温冲击韧性稳定性和焊接性能技术难题；产品性能优异且质量稳定性高，已成功应用于国内某大型海洋平台，实现批量替代进口，有力推动了我国高性能特厚钢板生产技术的进步。

此举打破了以钢锭为坯料的常规制造工艺，实现低压缩比轧制，节能降碳的同时，钢板质量坚实可靠，在突破船规 3 倍压缩比限制的情况下通过船级社认证，填补了该领域国内外的技术空白。

沙钢生产的高性能低温碳锰钢板供应德国运输船。12 月，由扬子三井造船为德国 HARTMANN 建造的第一艘 4 万立方米双燃料液化石油气/液氨运输船“GASCHEM EUROPE”轮顺利交付，该船搭载的 T-GET 的全球首制低温碳锰钢三耳 C 型罐，其所用高性能低温碳锰钢板由沙钢生产制造，这是沙钢在高性能绿色船舶用钢领域的又一创新突破。

近年来，该公司依托雄厚的技术研发实力和先进的工艺装备条件，在船板钢技术研发和生产控制方面取得了长足发展，产品具备良好的冶金质量、低有害元素控制、深低温冲击韧性和高焊接效率等性能优势。

针对不同的船体用钢特点，该公司船板钢采用微合金成分和 TMCP 及热处理生产工艺，已经实现高性能船舶及海洋工程用钢的大批量稳定生产，F690-Z35 及以下钢级通过 ABS、BV、CCS、RS 等十国船级社认证，典型产品有船用低温韧性钢 LT-FH40-Z35、大型集装箱船用止裂钢 EH47BCACOD-Z35、海洋工程用钢 FQ70-Z35、船用低温韧性钢 9Ni-Z35 等。

沙钢“欧标海工钢”成功下线并交付客户。2023 年，随着新一批“欧标海工钢”成功下线并交付客户，沙钢 S420G2+M、S420G2+QT 系列产品累计供货量达到 1 万余吨，标志着该公司高端船舶及海洋工程用钢“家族”再添新成员。

经国内权威机构检测，该公司“欧标海工钢”无论小能量还是大能量焊接都不会对钢板本身造成不利影响，产品在长时间高温状态下依然保持了强韧性不减，在产生大的变形且长期暴露在自然环境中时依然保持了性能稳定。最重要的是，该产品具备了“高断裂韧性”的强大优势，即在钢板受外力产生缺陷时能够产生塑性变形而吸附能量，使之不会沿缺陷继续扩张、造成构件失效。

船舶及海洋工程用钢是该公司的战略性产品之一，已形成超高强海工钢、集装箱船用止裂钢、液化气船用低温钢等多个产品体系，产品强度等级实现 235~690 兆帕全覆盖，韧性等级最高至-196 ℃，满足欧、美等国际国内等多项标准要求。

3.2.6 轨道桥梁用钢

舞钢近 6 万桥梁钢板供应吨世界最大跨度三塔斜拉桥。4 月 10 日，中央电视台《新闻联播》和《东方时空》节目同时播报了世界最大跨度三塔斜拉桥——马鞍山长江公铁大桥主塔开始吊装的消息。该项目建设过程中，该公司累计为其供应高级别桥梁钢板 Q370qE、Q420qE、Q500qE 近 6 万吨，用于该桥关键部位建设。其中，批量供货的高级别桥梁钢 Q500qE 各项技术指标世界领先。目前，舞钢高端桥梁钢实现了从 Q345 到 Q690 级别的全覆盖。

近年来，该公司加速“两个结构”优化，以高端客户需求和产业链高质量发展为导向，不断推动技术和产品升级。针对项目需求，该公司成立攻关团队，与客户深度对接，精心设计生产保供方案，通过精确控制冶炼过程，确保了钢板内部质量稳定；创新轧制、热处理工艺，攻克制约钢板强度提升的工艺瓶颈，确保了钢板各项性能全部满足客户要求。

为了保证在极短的交货期内实现高质量交货，该公司集中各类优势资源，创新桥梁钢生产工艺，将交货期缩短了约 5 天。在客户的加工使用、安装等各环节，该公司技术营销服务团队及时跟进，为其提供精准、专业的服务，赢得了客户信赖。

马鞍山长江公铁大桥单跨 1120 米，双跨连续跨度 2240 米；中塔塔高 345 米，相当于 115 层楼，为目前世界最高桥塔；承台长 89.2 米、宽 54.7 米，平面面积近 5000 平方米，相当于 8 个标准篮球场，为目前世界最大规模的桥梁桩基础。

兴澄特钢特厚板助力上海美的全球创新园区建设。兴澄特钢供应的 80 毫米以上大厚度 Q460GJC/D 系列钢板成功应用于上海美的全球创新园区项目。该项目以“索+钢桁架+钢框架”作为水平承重结构，由 14 个核心筒通过斜拉索加钢桁架支撑起两个边长 240 米的 L 形塔楼，最大跨度 70 米，最大悬挑 45 米，结构形式新颖、受力体系复杂，为国内首次使用，技术难度在国内居于前列。

新颖的结构形式及大跨度、大悬挑的结构特点对高建钢提出了更高的技术要求。在强度高、屈强比低、厚度效应小的基础上，还对大厚度 Q460GJC/D 系列钢板提出了心部抗层状撕裂性能及低温冲击韧性要求。为保证钢板的高质量快速交付，该公司发挥全流程管控、多部门协调的体制优势，从技术可行性、工艺及流程优化等方面，多渠道、多角度进行讨论研究，通过优化成分、连铸及轧钢工艺，多次现场跟踪调试，逐一攻破了所有技术难点，保证了用户对大厚度、高强度、低屈强比、心部高抗层状撕裂性能及高韧性的综合要求，产品质量、交货期和客户服务赢得了用户的信任和认可。

马钢供应的滁宁城际铁路列车用车轮正式开通运营。6 月 28 日，正式开通运营的全国首条跨省城际铁路——滁宁城际铁路(滁州段)，滁宁城际列车用车轮由马钢生产。

滁宁城际铁路西起安徽滁州，东至江苏南京，是推进滁州至南京交通基础建设互联互通重点项目，对加强皖江城市带与长三角区域的联系，促进长三角一体化高质量发展具有重大意义。滁宁城际列车整车为基于城际动车组设计的智能化轨道交通装备，车辆装备的车轮为马钢交材生产制造的市域 D 型动车组车辆用车轮，设计时速 140 千米/时。作为市域动车组项目的重要组成部分，马钢车轮因完全满足高精度要求，兼备动车组车轮速度高、地铁车轮快起快停的特点，成为滁宁城际铁路列车装备首选车轮并独家选用，产品品质得到客户高度认可。

舞钢板用于世界首座千米级三塔空间缆地锚式悬索桥关键部位建设。7 月 7 日，舞钢研发生产的一批高性能特厚桥梁钢板顺利交付客户，将应用于世界首座千米级三塔空间缆地锚式悬索桥——苍容浔江大桥的关键部位建设。

该公司作为河钢集团宽厚板产品生产的代表性企业，积极落实集团部署，依靠技术升级做强特钢产品，不断满足高端客户的个性化需求。针对该项目用材对复杂气候环境的特殊要求，该公司与客户深度对接，对项目关键部位用钢进行专属定制。研发生产中，该公司精心设计工艺方案，做好冶炼环节重点元素监控，严抓过程工艺执行；在轧制环节强化来料成分、坯料表面质量把控，创新优化控轧控冷工艺，确保了钢板各项性能指标完全满足客户需求。

苍容浔江大桥位于广西梧州市藤县境内，全长1688米，是世界上首座总长超千米的三塔空间缆地锚式悬索桥，也是世界上首座单个主跨超500米的三塔空间缆地锚式悬索桥。该项目建成后，将进一步完善广西高速公路网，强化北部湾城市群之间的联系，提升珠江至西江经济带发展水平，对进一步对接融入粤港澳大湾区具有重要意义。

沙钢高性能桥梁钢供应孟加拉国帕德玛大桥连接线项目建设。9月7日，孟加拉国帕德玛大桥铁路连接线先通段，达卡至帮嘎进行列车全段试运行，火车先后经过帕德玛大桥铁路连接线和帕德玛大桥，该项目的3.5万吨高性能桥梁钢由沙钢供应。

孟加拉国帕德玛大桥连接线项目是孟加拉国的头号工程，起于孟加拉国首都达卡站，经帕德玛大桥至终点站杰索尔，全长近170千米。该项目建成后将孟加拉国南部20多个区同首都达卡连接起来，将从达卡到杰索尔的时间由原来的10小时缩短到2小时，不仅将极大促进孟加拉国及南亚区域互联互通和经济发展、加强孟加拉国与周边国家的互联互通，而且对共建“一带一路”、建设孟中印缅经济走廊具有重要意义。

沙钢高性能桥梁钢供应济滨铁路济阳黄河公铁两用特大桥建设。10月9日，沙钢钢板总厂宽厚板二车间一派繁忙生产景象，一块块火红的钢板像一条条火龙，在轧机上来回穿梭，经过加热、粗轧、精轧、切割等工序，完美蜕变成一块块高性能钢板。

该车间正在生产的是高性能桥梁钢Q370qE，将应用于世界跨度最大的塔梁固结、塔墩分离体系公铁合建矮塔斜拉桥——济滨铁路济阳黄河公铁两用特大桥。大桥所用3万余吨高性能桥梁钢将由沙钢供应。

该公司高性能桥梁钢Q370qE采用低碳贝氏体成分设计、TMCP+回火工艺生产，具有碳当量低、高强、高韧、易焊接、抗层状撕裂、板形控制精度高等特点。生产过程中，该公司以远高于国标的性能标准要求实施全过程品质管控确保品种质量全面符合客户要求。

舞钢高端海工钢用于中国首艘智能型浮式生产储卸油装置关键部位。10月15日，南海陆丰12-3油田一次性投产成功半个月，产出的油流完成相关流程后，源源不断流入储卸油装置——“海洋石油123”，各项参数均保持正常。舞钢研发生产的170毫米厚超高技术要求海工钢替代进口，用于该油田浮式储油船关键部位制造，为全球深水装备建造提供了“中国方案”。

超高技术要求海工钢因为必须承受海洋风浪的冲击，以及变幻不定的海洋环境影响，在性能方面要求非常严苛。此前，该钢标准的最大厚度为150毫米。针对储油船在深海环境使用的实际及客户的特殊需求，该公司科研及销售人员与客户深度沟通，对其关键部位用钢进行“高端定制”。研发过程中，该公司整合优势技术资源，组建专项技术攻关团队，研究确定最佳的工艺路线和技术参数，一举攻克了低温韧性、应变时效难以保证等世界性技术难题，满足了客户的差异化需求。

南钢助力“一带一路”最大铁路项目孟加拉国帕德玛大桥建设。11月30日，南钢参与供钢的“一带一路”最大铁路项目——孟加拉国帕德玛大桥铁路连接线先通段（达卡至邦嘎）正式通车。

孟加拉国帕德玛大桥是孟加拉国最大的桥梁，也是当地第一座跨越帕德玛河的永久桥梁。大桥全长7.8千米，为公铁两用桥，上层为双向四车道公路，下层为单线铁路。与大桥相接的铁路连接线是一条现代化铁路，也是孟加拉国有史以来最大的基础设施建设工程。全长约170千米，起于孟加拉国首都达卡，经帕德玛大桥，向西南延伸到杰索尔，为客货两用铁路，设计时速每小时120千米。该项目是中孟两国“一带一路”框架下合作的最大铁路项目，也是由中国政府提供融资的“两优”项目，对于落实“一带一路”倡议、建设孟中印缅经济走廊具有重要意义。

该公司主要供货该项目连线30米钢板梁部位。该部位规格杂，超长、超薄板多，板型控制难度大。面对种种困难，南钢销售、生产、技术、质量、物流团队专门成立了帕德玛大桥服务小组，多次组织研究讨论，连夜制定详细的生产技术方案，并安排专人现场跟踪生产出库全过程。在多方的通力合作下，该项目订单保质保量按期交付，获得了业主高度认可。

舞钢生产的高架桥钢用于西北地区最大跨度的市政工程。12月6日，西安市重点项目——连霍高速辅道快速化改造项目关键部位——高架桥钢箱梁首吊成功。该项目钢箱梁制造所需钢板全部由舞钢提供。

在钢板供货过程中，该公司不断优化生产工艺，缩短交货周期，确保了产品各项指标完全满足客户需求。在发运过程中，为了将项目所需的3000余吨规格多、板面超宽严重的钢板以最短时间运输到西安，该公司克服多种困难，提供最优质的服务，确保了产品按时交付客户，满足了客户对工期的需求。

该项目全长约6952米，其高架桥钢箱梁部分由三跨组成，其中中间跨度为77米，是陕西乃至西北地区最大跨度的市政工程之一。该项目建成以后，更将助力西咸一体化建设，加快西安主城区与西咸新区的互联互通，形成西二环到西三环，西三环到阿房宫收费站以及阿房宫收费站到沣东新城核心区的一个快速通道，极大方便沿线市民的出行。

山钢股份莱芜分公司生产的棒材供应济郑高铁建设。12月8日，济郑高铁即将全线通车，济郑高铁项目，山钢股份莱芜分公司棒材厂累计供货10000余吨，产品质量和信誉得到市场的一致认可。

为保障高强钢筋及时交货，棒材厂通过狠抓设备工艺稳定和坯料供应，全力保障项目用钢生产。针对坯料供应不集中的问题，棒材厂加强与炼钢工序协调沟通，科学调配供坯车辆，保障钢坯原材料得到充足供应。11月，棒材厂共生产合格螺纹钢31万余吨，一次交验合格率100%。

该公司承接济郑高铁项目用钢后，各产线持续深化精益管理，不断优化工艺流程，严格标准，持续强化精准操作，加强设备点检维护，推行设备在线检修、在线更换部件，确保产品质量，为高效生产赢得时间。同时，该公司积极协调物流运输和营销人员，优化发货流程，实施热装直发，为按时高标准交货赢得时间。

中天钢铁40万吨钢材助力南通地铁建设。12月8日至10日，南通地铁1号、2号线面向广大市民开展为期3天的免费试乘活动。作为重要供应商，中天钢铁为南通地铁项目建设，累计供应了超40万吨高强度螺纹钢筋，占总用量的60%以上。

2号线整体呈现“L”形，串联南通市崇川区和通州区，线路总长20.85千米，共设站17座，将与1号线共同搭建起南通市“十”字形的轨道交通骨干线路。

作为南通市税收贡献超亿元制造业企业，该公司积极参与本地民生工程建设，为南通地铁项目供应的HRB400E、HRB500E等高强度抗震螺纹钢技术指标均优于国家标准，用过硬品质和优质服务充分满足项目用钢需求。

3.2.7 航空用钢

攀钢长城特钢航空航天用18Ni超高强

度钢关键技术达到国际先进水平。5 月，由攀钢长城特钢自主设立的“18Ni 超高强度钢关键技术研究及应用”科研攻关项目，顺利通过四川省金属学会的科技成果评价，与会专家一致认为该套技术创新性显著、经济效益显著、社会效益巨大，总体技术达到了国际先进水平。

18Ni 系列马氏体时效钢高强度钢，凭借其高强韧性、低硬化指数、良好的焊接性能等优点，产品主要强度等级为 200 级、250 级、300 级、350 级四个系列产品，在国外航空、航天、核能等领域得到了广泛应用，但国内生产的产品因在某些关键技术性能指标方面与国外有较大差距，严重制约了其推广应用。

目前，该公司作为国内唯一生产全系商用 18Ni 超高强度钢的企业，市场份额位居国内第一，荣获金牌供应商等称号，产品已在我国航空、航天、核能、超低温工程等多个尖端领域关键部件中应用。

攀钢长城特钢通过中国航发商发产品认证。11 月，由攀钢长城特钢研制的高温合金、高强度合金结构钢和特种不锈钢产品，成功通过中国航发商用航空发动机有限责任公司 50 项产品认证。标志着攀钢长城特钢在向中国航发商发提供产品资质方面迈出了关键步伐，在商用航空发动机用高端特钢产品市场上占据了领先地位。

为确保产品质量达到中国航发商发的认证要求，该公司建立了完善的质量管理体系，严格执行国际标准和行业规范，积极培育经验丰富的研发团队和高素质的员工队伍，积极投身于质量改进和缺陷预防的工作中，为产品认证项目的顺利通过提供了坚实的基础。

沙钢集团抚顺特钢成为中国航发商发主力供应商。11 月，沙钢集团抚顺特钢 17 个系列的高温合金、高强钢、特冶不锈钢产品成功通过了中国航发商用航空发动机有限责任公司的产品认证。这标志着抚顺特钢具备了向中国航发商发提供上述相关产品的资质，为企业开发商用航空发动机用高端特钢产品市场抢得了先机。

作为特殊钢产品前部企业，抚顺特钢是此次中国航发商发产品认证工作中通过品种最全、组距最多的特钢企业。

抚顺特钢高度重视此次认证工作，成立以副总工程师为首的工作小组，各品种专题按照中国航发商发批准的 PCD 文件组织生产了 3 个批次的试验料，厂内预检验合格后送第三方检验，同时定期向中国航发商发汇报认证进度，并通过视频会讨论认证相关事宜。

最终，经过第三方检验机构的 3 个批次检验，该公司提供的 17 个系列的试验料，产品的组织均匀性、性能稳定性和一致性均满足技术指标要求，顺利通过了中国航发商发的产品认证，此举为该公司高端产品赢得更大的市场份额创造了先机。

3.2.8　机械用钢

天津钢管喜获起重机悬臂用管新订单。2023 年 1 月，天津钢管喜获起重机悬臂用 TP770C（MOD）钢级无缝钢管新订单。该产品用于履带式起重机臂架，是工程机械中技术含量高、制造工艺复杂、性能独特的起重作业机械产品。

目前，履带式起重机是当前全球起重装备产业研制的焦点，履带起重机设备是起重设备中能力最大机型，起重能力在 400 吨以上的大型履带式起重机，对臂架主弦用无缝钢管选材要求极高，不仅要具有高强度和高韧性，同时也要具有良好焊接性能，从而大幅降低臂架自重，提高起重吨位，先进的新技术、新材料、新工艺是保证臂架主弦用无缝钢管质量的前提。

天津钢管技术中心及销售总公司针对用户的强烈需求，对该产品进行联合开发，技术中心对接用户技术要求和公司生产能力，针对钢管使用特点，优化设计钢种成分，摸索小样热处理制度，通过了用户严格的焊接评价试验，成功开发出 TP770C（MOD）钢级无缝钢管产品，满足用户需求。此批钢管的成功订货有利于扩大公司在起重机行业用管的产品占有率，提升了公司品牌影响力。

山钢股份莱芜分公司成功开发新规格单齿履带钢。8月，在山钢股份莱芜分公司型钢厂异型线生产现场，一支大马力推土机用280规格单齿履带钢热轧试制实现全线贯通，经检测各项指标符合技术标准要求，280规格单齿履带钢成功开发。

单齿履带钢横截面极不对称，履齿高成型困难是热轧难度最大的履带钢品种，在前期317规格履带钢开发成功的基础上，技术研发团队再接再厉，通过核心工艺技术攻关研究，攻克了制约超大吨位推土机用材国产化的生产技术瓶颈。

280规格单齿履带钢的成功开发再次打破国外垄断，进一步夯实了我国工程机械产业链高等级先进钢铁材料的安全保障供应。

石钢聚焦客户需求 打造“54钢”矿用高强度圆环链“金名片”。10月，河钢石钢供某高端客户的矿用高强度圆环链用钢订单顺利下线，经检测，产品尺寸精度、化学成分等指标全部符合客户要求。2023年以来，该公司聚焦矿用高强度圆环链用钢市场需求，以客户为中心，充分发挥高端装备潜能，在产品质量提升和定制化生产上持续发力，不断满足客户个性化需求。目前，该产品市场份额达到50%以上，市场占有率国内领先，客户满意度稳步提升。

该产品是加工制造矿用高强度圆环链的主要材料。圆环链作为连接件，在矿山开采和运输过程中起着重要的作用，直接影响输送机的运行效率和安全。随着下游产品不断升级，客户对用钢材料的尺寸精度、焊接性能等都提出更高要求。

舞钢生产的特厚板供应超大直径盾构机“京滨协同号”关键部位。11月，京滨城际铁路超大直径盾构机“京滨协同号”通过业主验收并拆机，将应用于京滨城际铁路天津机场2号隧道施工，助力京津冀区域交通一体化建设。在该超级重器的制造过程中，其关键部位所用特厚钢板全部由舞钢生产。

“京滨协同号”开挖直径13.8米，整机总长123米，总重2600吨，是天津市目前最大直径的泥水平衡盾构机，也是当前高铁隧道配置最先进、最智能的盾构机之一。由于该盾构机所服务的隧道所处位置地质条件复杂，技术难度大、施工风险高，是全线重点控制工程。

为保障盾构机在复杂地层的适应性和高效掘进，在项目的设计过程中，该公司技术营销人员与设计方进行了深层次沟通，对“京滨协同号”进行了针对性设计，其关键部位所需的特厚钢板全部采用舞钢钢板，大大提高了盾构机的安全性和耐久性，为隧道盾构掘进提供了关键的材料支撑。在供货过程中，该公司从工艺制订、合同排产、工序衔接等全流程进行优化，定制技术服务供货方案；组建“京滨协同号”盾构机特厚钢板技术攻关小组，针对特殊的延伸性能和焊接性能进行攻关，并采取专门的工艺措施，确保了钢板高质量交货。

舞钢生产的大厚度齿条钢供应风电安装平台——华西1600。由我国自主研发设计并建造的第四代自升式风电安装平台（船）——“华西1600”于11月16日建成交船。该平台核心部位需要的大厚度齿条钢由舞钢生产。该平台（船）是目前国内适应水深最深、综合安装能力最强、功能最全、效率最高的桁架式桩腿风电安装平台。

在“深海利器”的制造过程中，该公

司海工钢市场开发营销团队与客户进行深度对接，根据客户的需求，整理出系统化解决对策，为其提供技术咨询服务和项目用钢设计方案。研发中，针对项目所需的大厚度齿条钢生产质量要求高、技术难度大等关键问题展开技术攻关，列出技术攻关关键点近10 项，确保了钢板的板形、性能等关键指标达到国内最高、世界领先水平。目前，该公司是全国大厚度齿条钢生产效率最高，交货最快的企业。

第 4 章

中国特殊钢工艺技术装备进步

4.1 冶炼工艺进步

宝钢德盛首次成功试炼2炉连浇的原料纯铁。4月，宝钢德盛成功试制的原料纯铁牌号为YT2，成分满足设计要求，板坯表面质量良好满足客户使用需求。为确保高纯原料纯铁成功开发，宝钢德盛制造管理部、太钢本部技术中心、炼钢厂技术人员经过数月紧锣密鼓的原料需求准备、设备状态确定、工艺方案转化、工艺讨论优化等筹划，由太钢技术中心专家亲临德盛进行技术指导，形成了完备的工艺方案。这是宝钢德盛首次冶炼原料纯铁产品，主要应用于新能源电池磷酸铁锂的原料需求。

长城特钢合金熔融炉80次炉龄创新高、3000吨产量首突破。4月，长城特钢1月同期同比炉龄提升21.21%、产量增加19.8%、冶炼时间缩短8.8%，迈出了合金熔融炉达产达效关键的第一步。

该公司在2023年初召开专题会议，制定了《合金熔融炉达产达效推进方案》、增设了原料专业化管理机构，并对合金熔融炉生产管理进行专项监督；抽调骨干成立了"合金熔融炉炼钢攻关队"，实行专业技术人员24小时生产跟班制；组织培训对标提升班组人员对熔融炉的工艺认知及操作熟练度。同时，该公司通过优化生产组织模式、开拓外购料渠道、寻求优质的耐材供货商等，不断加强返回料的验收和分选，充分利用振动加料机和炉前压料装置合理装料布料。该公司攻关队以合金熔融炉达产达效为宗旨，以优化经济指标为核心，围绕提升炉龄寿命、缩短冶炼时间、降低钢锭单耗来开展攻关工作，并对影响炉龄的关键因素进行分析总结，通过优化筑炉和烧结工艺、优化炉料结构和完善日常管理不断缩短冶炼时长。

本钢板材炼钢厂吹气赶渣工艺取得新突破。5月，本钢板材炼钢厂吹气赶渣工艺取得新突破，实现了扒渣工艺在缩短处理周期、提高质量、降低成本三方面的全面提升，大大提高了炼钢厂生产优质钢水的能力。

本钢板材通过实施吹气赶渣工艺，硅钢、高级别汽车面板扒渣后铁水纯净度达到100%，实现无渣兑铁；同时还能有效降低品种钢扒渣量，经过100炉数据对比，扒渣后铁水纯净度提高20%，扒渣量同比降低0.5吨，品种钢降低钢铁料1.45千克，扒渣时间降低3.5分钟。

本钢板材特殊钢事业部铸钢工序成功改进中间包烘烤时间。6月，本钢板材一项缩短中包烘烤时间的自行改进也喜获成功。中包烘烤时间的缩短，大大降低了煤气浪费问题，提高了工作效率，为事业部的降本增效工作提供了有力保障。

该事业部技术人员和操作人员针对前期中包烘烤时间长、浪费能源的问题，全程由专业人员跟踪并观察烤包过程细节，不断探索钻研，在事业部技术人员及操作人员的不懈努力下，提出了详细的工艺改进方案，成功应用到实际生产中，并于5月正式开始实施。

该方案的改进，成功解决了中包烘烤时间过长导致的煤气浪费情况，改进后的中包烘烤方案，大方坯连铸机中包烘烤时间由之前的4小时缩短到如今的2小时；中方坯连铸机中包烘烤时间由4小时缩短到如今的1.5小时。应用仅一个月时间，中包烘烤时间已经缩短了5539分钟，共计降低成本6.7万余元。

本钢板材特殊钢事业部铸钢工序研发的中包快换技术获得成功。6月，本钢板材技术人员和操作人员通过查阅技术资料和工艺参数比对，并进行模拟测试和生产流程反复试验，经过一个多月的刻苦钻研，终于研发成功并制定出一套科学严谨中包快换方案，应用到实际操作中，经过工艺试行取得了一次试车成功。

中包快换技术是该工序自行研发的一项新工艺。技术人员和操作人员针对前期浇次间隔时间长，每次电炉都需要长时间停机等候铸机更换中包的情况，有效结合作业区生产实际，致力于研究一种缩短浇次时间的方法来改善现状，提高产量降低成本。

该工艺的应用成功解决了生产周期长问题，同时解决了铸机更换中包制约产量提升和冶炼成本因素。改造后的中包快换技术，铸机每次浇次间隔由原来的 3.5 小时，缩短到目前的 20 分钟，间隔时间整整缩短了 190 分钟，每分钟热停可以降低成本 293 元，中包一次快换就产生价值 5.5 万余元，平均每天可以达到 3 个浇次，大大提高了出钢量，降低了吨钢成本。此项技术获得了相关技术部门的一致认可，并将逐步推广应用到今后的实际生产中。

兴澄特钢和大冶特钢通过 TPG-STL 钢铁冶炼特殊工艺认证。7 月，江阴兴澄特种钢铁有限公司和大冶特殊钢有限公司通过 TPG-STL 钢铁冶炼特殊工艺认证。该认证涵盖了兴澄特钢三个炼钢分厂六条连铸生产线、大冶特钢模铸及连铸两条生产线。

为确保认证通过，企业项目组制订了详尽的认证计划，明确责任分工和内部审查机制；联合炼钢专家成立专项研讨组，对 TPG-AC7144 和 TPG-AC7144/2 审核标准进行了深入解读，重新评估和优化冶炼、浇铸过程中的关键环节；组织工艺技术及生产业务骨干开展专项培训，对照标准要求找差距、补短板；严格修订相关体系、工艺文件，首次实现了不同炼钢分厂管理和作业标准的科学统一，以确保每个员工对每个工序的透彻理解和高效遵循。

此次认证由土耳其高级审核员主审，以连铸和模铸为核心，对全流程炼钢的工艺技术、人员能力、设备管理、产品检测、异常情况处置等均进行了深入的审查。下游锻造厂客户和最终风电用户作为供应链代表全程见证审核。兴澄特钢和大冶特钢以内部精细化管理和标准化操作等方面的卓越能力，获得了审核团队的高度赞赏，也是国内首家通过该项认证的特钢企业，同时也为 PRI 完善钢铁冶炼过程 Best Practice（最佳实践）提供了优秀范例。

目前，国际上仅有集中在欧美的 8 家企业通过由美国 PRI 组织的 TPG-STL 钢铁冶炼特殊工艺认证，兴澄特钢和大冶特钢的 TPG-STL 钢铁冶炼特殊工艺认证属国内首家。

本钢板材公司中碳厚管料首次实现大批量热过。10 月，由板材运营管理中心组织板材炼钢厂、板材热连轧厂进行试制的 25.25 毫米规格中碳管料首次实现大批量热过，这标志着该公司已具备该规格产品稳定供货能力。

该中心组织技术人员首先召开专题会，从生产组织模式、铸机精度调整、热轧轧制工艺等方面入手，对影响因素进行逐个排查、解决。通过与其他钢厂对标发现，铸机精度是影响边裂的主要因素，此次调整也是围绕铸机精度做工作，利用检修对铸机精度做充分调整，提升铸机精度，同时，利用铸机精度好的时期集中排产，以实现最大热过量。热轧工序配合做好减少铸坯清理试验，以减弱边部裂纹的可能性。试验期间为避免出现批量质量降级事故，他们先进行试验，根据轧制结果进行后续放行，最后制定了此次生产试制方案。

在实际操作中，炼钢工序在连铸机检修过程中将接弧精度标准进一步提高，并在检修后进行辊缝测量，接弧测量满足要求后方可进行热过热装试验。热轧工序精准控制出炉温度，并在荒轧、精轧区域进行减水操作，以实现稳定轧制。

此次六号铸机 25.55 毫米规格厚管料共生产 4 个浇次 38 炉 6019.6 吨，不清理热过放行 5371.3 吨，清理率从 100% 降至

10.77%。此次试验，炼钢工序降低清理费用15.43元/吨，热轧工序装炉温度提升约370 ℃，节约能源成本11.46元/吨，累计可降低成本26.89元/吨钢。

太钢集团采用废钢—冶炼短流程工艺路径冶炼出低碳排放SPHC-LCE钢。11月，为加速贯彻落实“双碳”目标任务及要求，太钢集团在重点制造环节持续加大工艺技术创新力度，采用废钢—冶炼短流程工艺路径，成功冶炼出低碳排放SPHC-LCE钢，实现降低碳排放50%以上。

该产品深加工成精密钢带，用于冲制移动设备上的精密零部件，对深冲性能和碳、氮含量等要求较高。太钢工艺技术攻关团队摒弃常规冶炼流程，高效、快速推进全废钢冶炼工序的工艺流程试制，通过对废钢原料精准控制，辅以防止钢液二次污染的特殊工艺，成功实现钢中碳、硅、氮含量低水平控制。

马钢冶炼探头消耗降幅11.1%。马钢设备部团队对四钢轧总厂开展了专项深度调研，一是跟班统计四钢轧总厂生产过程实际消耗量，二是剖析四钢轧总厂采购模式及合同。设备部联合四钢轧总厂、欧冶工业品开展了两项推进工作：一是联合四钢轧总厂赴湛江基地进行工艺对标，重新确定工艺路径消耗；二是联合欧冶工业品开展单品商城比较对标。

经过工艺优化固定、单品单价优化确认，最终在7月与总包单位重新签订合同及技术协议。根据最新合同，按照2022年产量及产品结构测算，四钢轧总厂冶炼探头吨钢消耗2.93元，降本0.56元/吨，降幅16.05%，可降本480.7万元。

张宣科技首次采用短流程工艺成功开发绿色高端材料。6月，张宣科技发挥氢基DRI产品优势，首次采用短流程工艺成功开发出绿色高端材料。这是国内首次在电炉配加DRI冶炼绿色高端材料，标志着氢冶金高品质洁净原料应用取得新突破。

该公司提前组织召开生产技术准备会，制订完善配加试验方案。生产中，该公司严格岗位标准化操作，精准调整氢基DRI产品与废钢配比，合理控制KT枪碳粉喷吹量和氧气流量，加强冶炼过程控制，提高终点命中率，确保了首次配加试验成功。

张宣科技特材研制公司首次利用“双真空”工艺开发的镍铬钴基变形高温合金材料顺利下线。11月，张宣科技特材研制公司与河钢集团材料院合作，首次利用“双真空”工艺开发的镍铬钴基变形高温合金材料顺利下线，进一步丰富了特材镍基高温合金产品体系。

为满足客户需求，该公司与河钢集团材料院合作，对此次开发的镍铬钴基变形高温合金成分进行个性化设计，使其具有良好的耐燃气腐蚀能力、耐高温持久强度和较高的屈服强度以及持续的耐热疲劳性能。生产开发过程中，该公司充分发挥真空感应炉、真空自耗炉等高端装备优势，靶向开展技术攻关，通过优化合金加入比例，提升熔滴控制技术，加强全流程质量管控，严格执行岗位标准化作业，提升各项指标控制水平，确保产品性能满足航空航天等高端应用领域的严苛要求。

经检验，该产品气体成分等均满足协议要求，将应用于航空燃气涡轮发动机热端紧固件制造。

4.2 轧制工艺进步

天津钢管460机组通过环形炉升温降低连轧负荷，成材率创近五年新高。2月初，热轧作业区组织班组骨干和技术负责人对2月产品结构进行分析，发现其中流体管、套管和管线管三大类管材产量占比超过85%，是影响成材率的主要品种。通过对三大类管材的金属平衡进行分解，确定了改善成材率指标的重点方向。

作业区组织骨干人员进行专项分析，针对此规格轧制难点，制定多条针对性措施，确保产品成材率。通过环形炉升温降低连轧负荷、穿孔操作台严细“铁耳子”管控，实现了芯棒寿命提升。同时，各班工艺师逐炉严细跟踪预定指标，及时根据质量变化进行针对性调整，实现稳定质量控制，确保此规格钢管顺利轧制。最终，460机组成材率指标突破92%，创近五年来新高。

太钢“碳钢3+3”“不锈钢双工位”助力热轧产线提产提速破纪录。3月，为提升产能，太钢热轧厂对碳钢由1+5模式轧制改3+3模式轧制，进行提产提速攻关研究。

该厂攻关小组通过分析现有工艺参数、设备配置、进钢连锁等数据，优化TDC控制程序，逐步实现R1/R2同向轧制、自由轧制功能。3月，该厂通过逐步完善R1/R2 3+3模式功能，逐步减少碳钢1+5模式比例，除部分过渡材，氧化铁皮缺陷等投用1+7轧制模式，其他情况下基本已投用3+3模式，至7月3+3模式比例高达94.5%。该厂投用1+5模式，出钢节奏最快约115秒/块，出钢平均投用3+3模式，出钢节奏最快约85秒/块。5月，随着热轧厂产能、小时块数连创新高、产线节奏逐步提升，热卷箱也首次实现热卷箱双工位轧制。随后热卷箱双工位轧制模式已呈常态化，实现了对标全国其他优秀热轧产线的又一目标。

大冶特钢和浙江钢管高强管轧制技术取得新突破。4月，郑煤机集团精心研制的“世界第一高”10米超大采高两柱掩护式液压支架机正式批量生产。中信泰富特钢集团便是参与项目自主研发和制造的其中一员。

从2021年起，中信泰富特钢集团旗下的大冶特钢便着力采用先进的技术装备和热处理调质工艺，攻克原材料切削加工困难、超厚壁管淬不透、生产成本过高等难题，并成功开发了低成本改良型S890高强管新材料。该材料生产的602毫米×80毫米、742毫米×65毫米规格超厚壁调质管屈服强度、抗拉强度、-20℃冲击功等性能优异，产品质量得到用户高度认可。

浙江钢管高度重视此次大规格高强管生产，安排了S890试轧生产，以热轧态交货的中缸筒产品实现了完美试轧。在外缸筒生产中，浙江钢管首次采用一穿直接成型工艺，不仅缩短轧制时间，还提升了钢管的内表面质量，后续热处理后，经检验性能也较好地满足了技术协议要求。

宝钢德盛冷轧厂DRAPL机组退火炉节电改造成效凸显。5月，宝钢德盛冷轧厂DRAPL机组以节能降耗为契机，制订了规格速度连锁，实现阶梯化负载控制，并且创新性地提出板温反馈控制节电新方法、增加反馈控制模块，自动根据温度修正风机转速以降低风机电耗。通过对烘干风机定频化改造，冷轧厂将风机转速控制在30%，在降低用电的同时也兼顾了带钢表面带水量控制。经过改造后，DRAPL机组的吨钢电耗迈上了一个新台阶，2023年一季度较去年下降幅度约4.5%。

兴澄特钢特板事业部《攻克薄板极限长度高精度平轧关键性技术难题》获得2023年全国机械冶金建材行业职工技术创新成果二等奖。5月，兴澄特钢特板事业部《攻克薄板极限长度高精度平轧关键性技术难题》获得2023年全国机械冶金建材行业职工技术创新成果二等奖。该成果依托ELM机器学习算法等关键人工智能轧制模型核心控制技术，首创7~10毫米薄规格钢板平轧轧制且极限长度达100米，变革行业内该规格轧制方式，率先实现了低耗轧制并彻底解决钢板表面质量及性能控制等关键共性技术难题，命中率和生产效率均处于国内同行领先水平。

本钢板材热连轧厂轧辊作业区在“大讨论”活动中改进轧辊工艺。本钢板材热连轧厂轧辊作业区一直存在轧辊在机事故难以管控的问题，8月，通过作业区党员示范基地组织开展轧辊探伤检测方面大讨论活动，该工作区重点解决此项问题，已确立《热轧轧辊探伤检测方法研究及应用》项目。2023年通过开展热轧轧辊探伤检测方法，全面提升热轧轧辊使用稳定性，项目完成后1700线轧辊在机事故率降低至少50%，预期创效259万元，产线小停时间缩短9.7小时，可多轧钢3987吨。对热轧产量与品质提升、缩减成本、品种钢生产、控制轧辊事故有着重要的意义。

此外，该生产过程中长期存在轧辊磨削质量缺陷问题，板面辊印、流星斑等缺陷问题已经成为老大难。作业区党员示范基地也通过组织开展轧辊磨削质量方面大讨论活动，立项《热轧辊磨削质量的提升工艺技术研究》项目，重点解决此类问题。该项目完成后，将实现轧辊磨削零缺陷、零影响，预期创效500万元以上。

太钢“铁镍基合金宽厚板制造技术与产品开发”项目获14届“Steelie奖”提名奖。10月16日，世界钢铁协会公布了2023年（第14届）“Steelie奖”获奖名单，太钢“铁镍基合金宽厚板制造技术与产品开发”项目获年度创新奖提名奖，这是太钢首次获此殊荣。

铁镍基合金宽厚板具有合金元素多、含量高，钢质洁净度不易控制，大锭型浇铸缺陷多，高温强度高，轧制难度大等特点，长期以来依靠进口，而且规格小、数量少、价格高、供货周期长，属关键性技术难题。太钢经过近2年的专项攻关，首家突破了铁镍基合金立弯式连铸等一系列关键技术，完成铁镍基合金宽厚板国产化和升级换代，实现13吨以上N08810和8吨以上N08120合金宽厚板全球首发，整体技术和产品质量达到国际领先水平，解决了铁镍基合金宽厚板生产中一系列质量缺陷问题，实现了合金生产工艺流程的重大创新。项目申请发明专利4件（授权1件），形成企业专有技术10项。目前，太钢研制的铁镍基合金宽厚板已应用于我国国产化材料首台（套）光伏多晶硅项目。

沙钢两项产品工艺技术达到国际领先水平。10月，江苏省工业和信息化厅组织召开了沙钢2023年度新产品鉴定会，沙钢六项新产品通过鉴定，其中两项产品技术达到国际领先水平，四项达到国际先进水平。

本次认定为国际领先水平的“基于薄带铸轧工艺的低碳排放超高强度热成型钢HR1500HS”，较常规产品相比，生产过程碳排放减少70%以上，热成型后的零件具有优良的综合力学性能；“新能源驱动电机用无取向硅钢系列产品”开发了一贯制关键工艺技术，有效解决了高硅钢冷轧过程边裂和断带问题，实现了高硅钢系列产品的稳定生产。

“高性能桥梁结构用不锈钢复合板316L+Q370qE”成功应用于鳊鱼州长江大桥和巢马铁路马鞍山长江大桥，总体达到国际先进水平，制造技术达到国际领先水平；“LPG/LNH3船用低温钢VL 4-4”产品属国内首创，关键技术达到国际领先水平；“汽车悬架用2000兆帕级弹簧钢55SiCr-S”总体处于国际先进水平；“高品质易开盖用镀锡板MR-T-4CA-Y”产品技术整体处于国际先进水平。

马钢革新车轴热处理工艺推动极致高效。马钢交材车轴生产线投产于2017年，年产车轴约2.5万根，一直采用正火和淬火相匹配的6套热处理工艺，此前热处理能耗成本居高不下。马钢相关攻关组马不停蹄，基于车轴产品开发力学性能研究积淀，依托技术中心热处理中试装备，开展了车轴热处理全程温度分布及温度与时间关系研究；对车轴热处理工艺节拍、加热制度、冷却制度、回火制度进行重组设计，建立新的科学工艺规范，并开展了十多轮验证试验。

历经多轮实验，攻关组在确保奥氏体均匀化时间，使车轴材料达到最佳力学性能的前提下，找到车轴热处理温度、时间、性能三者最科学的系统匹配。2022 年 4 月，攻关组将攻关成果在交材热处理产线小批量推广试用，随后持续跟踪、不断改进，取得了明显成效。统计数据显示，截至 6 月项目结题，新的热处理技术系统改进方案，成功将车轴热处理时间缩短了 30%，车轴力学性能一次检验合格率提升了 10%以上，吨材节约能耗达 200 千瓦·时，目前该产线年化产量已经跃升至 5 万吨以上。

4.3　特殊钢装备进步

沙钢烧结活性炭烟气净化工艺分析系统一期工程上线。1 月，沙钢烧结活性炭烟气净化工艺分析系统一期工程上线。该系统融入大数据分析、机器学习以及建模技术，统一整合烧结厂脱硫脱硝一级数据，通过活性炭脱硫脱硝数据汇集，实现了核心工艺参数的监控、预警和报警，同时通过活性炭脱硫脱硝运行工艺数据分析与可视化展示以及工艺操作过程的记录与回溯，为环保日常管理和工艺分析提供数据支撑。

济源钢铁高线迷你轧机改造完成，进入热负荷试车阶段。2022 年 4 月，济源钢铁启动了对高线装备的整体改造，新增迷你轧机及配套装备。该项目投资 8100 万元，新增迷你轧机及配套的飞剪、夹送辊、吐丝机，精轧机组改造 4 架摩根进口轧机和电机，配套的控制系统、电气系统、高压系统、水系统全面升级。

2022 年 12 月济源钢铁对高线装备的整体改造完成，2023 年初进入热负荷试车阶段。达产后，生产规格由原来 ϕ5.5 毫米济源钢铁高线迷你轧机改造完成，进入热负荷试车阶段。2022 年 4 月，济源钢铁启动了对高线装备的整体改造，新增迷你轧机及配套装备。该项目投资 8100 万元，新增迷你轧机及配套的飞剪、夹送辊、吐丝机，精轧机组改造 4 架摩根进口轧机和电机，配套的控制系统、电气系统、高压系统、水系统全面升级。

2022 年 12 月济源钢铁对高线装备的整体改造完成，2023 年初进入热负荷试车阶段。达产后，生产规格由原来 ϕ5.5～16 毫米扩大为 ϕ5.5～25 毫米，轧制速度由原来的最高 85 米/秒提高至110 米/秒，可实现高端优特钢如轴承钢、弹簧钢、冷镦钢的轧制要求，实现优特钢低温控制轧制、提高产品内部质量，改造后二轧高线将成为全国第一条拥有旁通和大围盘的高线，且大围盘长度为国内最长的围盘。

由 ϕ16 毫米扩大为 ϕ5.5～25 毫米，轧制速度由原来的最高 85 米/秒提高至 110 米/秒，可实现高端优特钢如轴承钢、弹簧钢、冷镦钢的轧制要求，实现优特钢低温控制轧制、提高产品内部质量，改造后二轧高线将成为全国第一条拥有旁通和大围盘的高线，且大围盘长度为国内最长的围盘。

马钢长材 2 号连铸机热负荷试车一次性成功。2 月 20 日，马钢长材事业部 2 号六机六流矩异兼容连铸机上，随着钢水平平稳注入中间包，引锭杆顺利将断面为 165 毫米×165 毫米的连铸方坯拉出，顺次经过拉矫机、火切机，进入冷床。由此标志，该连铸机热负荷试车获得成功。

该项目于 2022 年 3 月 4 日开工，是马钢“十四五”重点工程之一，按照国际一流标准建设。投产后，每年能为小 H 型钢和中型材产线供应 113 万吨高质量连铸坯。

攀钢长城特钢江山线顺利投运。3 月，长城特钢安全环保部能动作业区中坝生产区东山站 220 千伏续建项目顺利完工，进入最后的送电程序。能动作业区做好送电前期的各项准备工作，确保江山线顺利投运。经过 164 个步骤后，所有操作顺利完成开关系统正常，电压电流正常，片区供电系统正常。

4月1日凌晨4点，江山线带电，1号、2号主变开始运行。

太钢集团环科山西完成碳素钢渣1号线热焖车间除尘系统进行技术改造。太钢集团碳素钢渣1号处理线始建于2006年，由于生产工艺的变化，该除尘系统已不能满足当前生产运行的要求。通过各专业部门技术人员的现场勘探、调研分析、技术认证、规划设计，环科山西决定对碳素钢渣1号线热焖车间除尘系统进行技术改造。这次改造建设项目主要内容有：拆除碳素钢渣1号线现有的电除尘器、风机、烟囱、电气室等，在1号线西北侧和南侧各新建1套新式大型湿法除尘器，包含配套的水处理设施、土建设施、供配电系统和自动化控制系统。

4月开工以来，碳素钢渣除尘系统技术改造项目组管理人员、技术人员、施工人员、安全监督人员，精心谋划部署，狠抓推进落实，大家齐心协力，克服重重困难保证了工程进度和施工质量。到月底已完成设备基础施工、除尘器本体安装、除尘管道安装、风机、电机安装、综合泵房、电气室框架及电气施工等项目。

太钢集团L1设备放置站所提升炼铁生产效益。太钢集团炼铁厂目前共有L1站所144个，散布在炼铁厂的各个作业区。2023年以来，炼铁厂控制系统通讯故障多发，在故障排查处理过程中发现，L1站所不同程度存在管控无序、“DP头”制作不规范、接地不符合要求，积尘积灰等维护服务不到位问题，成为引发设备控制系统通讯故障的导火索。

该厂制定实施了《炼铁厂L1站所全面推行“管家服务”实施方案》，倡导激励责任单位和点检维护人员把L1站所当自己家一样做好维护服务。成立了以厂长为组长，各职能室、作业区负责人为成员的领导组，明确时序任务、激励政策，以期通过“一站所一管家、抓培训强业务、抓对标促提升、抓巩固保稳定”等措施，用半年左右时间，将全厂L1站所管理维护快速提升到一个全新水平。

这一方案实施以来，迅速在全厂掀起一波L1站所内外环境整治、技能培训学习、管理维护升级的热潮，各作业区L1站所管理维护的常态化评价激励机制得到充实完善，L1站所“管家”爱家、护家的责任意识已逐步确立，这将为L1站所高效可靠运行打下坚实基础。

太钢集团精密带钢公司3号轧机项目实现零部件国产率90%以上。2023年，精密带钢公司新上马了纯国产轧机产线——3号轧机项目，该轧机的多个关键设备均采用国产自主研发的领先技术，轧机的“大脑”——PLC控制系统采用宝武集团宝信软件公司自主研发的控制器，可实现高速轧制、高精度轧制；同时，对轧制过程中产生的油雾、废水、噪声和固体废弃物污染采用当前国内外先进的治理技术和措施，能耗、环保等方面均达到国内先进水平。

本钢板材炼钢厂原料上料除尘改造项目正式破土开工建设。5月15日，本钢板材炼钢厂原料上料除尘改造项目正式破土开工建设。

该项目新建和改扩建2套布袋除尘系统及变频调速除尘风机系统，同时，对原有除尘器结构框架进行核算及系统安全稳定性改造加固，并增设了除尘吸尘罩。该项目采用成熟、可靠的布袋除尘技术，自动化系统使用DCS控制，烟气在线过滤风速按≤0.8米/分设计，放散烟筒安装CEMS在线监控系统，吸排罐车卸灰仓排灰口，具备排灰口故障后的紧急排灰功能。该项目投入运行后，将有效解决粉尘捕集，减少对工作环境及厂区周边环境的影响，达到国家超低排放标准。

本钢板材能源管控中心冷轧总开关站一次投运成功。7月28日，板材能源管控中心冷轧总开关站经过8个月的建设，提前工期17天完工并一次投运成功，这一无人值守建所具备远程操控功能，为后期能源集控项目的推进奠定了坚实基础。

本钢板材能源管控中心自2022年11月开工建设以来在作业区选派技术骨干全程跟踪工程管理，深入施工现场解决难题。作业区在设计和建设过程中，通过优化工艺配置、统筹施工方案、合理招标采购等措施，为企业节省投资近千万元，实现了项目工期、投资、效果的“三受控”。

常州港首次批量起运出口新能源汽车整车。8月21日，在常州海关的监管下，首批399台比亚迪牌新能源汽车在中天长江码头顺利通关，搭载驳船从常州港启航，通过水路发往上海洋山港出运海外。

在常州市、新北区相关政府单位的支持帮助下，中天长江码头于5月成功获取危险货物作业附证、8月获取堆场危险货物作业附证，从而具备了新能源汽车整车出口的承载能力，为助力常州新能源之都建设打下了坚实基础。值得一提的是，中天长江码头是常州港唯一具备以上资质的码头。其中，该码头第九类危险货物集装箱堆场总面积3240平方米，可堆存600标准箱；新能源汽车装拆箱场地占地7000平方米，可满足每天100个大箱、300台整车的装箱能力。

南钢牵头的国家重点研发计划项目通过工信部验收。8月30日，由南钢牵头的国家重点研发计划项目——“多参数危险气体在线分析关键技术”，通过工业和信息化部产业发展促进中心组织的综合绩效评价验收。

“多参数危险气体在线分析关键技术”项目由南钢牵头，中国科学院合肥物质科学研究院、东北大学、清华大学、中国科学院长春光学精密机械与物理研究所、合肥金星智控科技股份有限公司、安徽中科华仪科技有限公司等单位参与。

该项目经过3年的实施，突破了双线比值测温、光谱展宽测压、导数谱测浓度关键技术，建立了化工、冶金等领域温压环境下气体多参数准确测量方法；研发了原位渗透管及恒流稀释预处理模块，解决了高温高压粉尘环境、长期运行镜片污染引起的探测信号强度波动和降级难题，提高了环境适应性，实现了复杂环境下多参数、多组分测量仪器稳定连续运行；提出了基于文丘里管和音速小孔的恒流稀释取样方法和多级稀释方法，采用低流量烟气与干燥空气稀释降低烟气露点，解决了传统取样中管线易腐蚀、易堵塞和水凝结难题；突破了气体高更新速率和宽稀释比条件下恒定流量稳定控制和稀释比控制技术，实现了不同应用场景下气体组分的高动态检测；研制了用于石化领域电石炉气、合成氨工艺及冶金领域高炉煤气、加热炉工艺在线分析仪器共计4类7台套，设备在南钢等企业进行了应用示范。

建龙北满转炉4线铁路线路正式投入使用。8月31日，建龙北满特钢转炉4线铁路线路正式投入使用，新增线路为缩短铁路运输的倒罐时间提供了有力保障。

炼钢转炉两条卸车线处于整条线路末端位置，只能配备4辆铁水罐车，作业效率较低，公司生产部运输作业区员工通过实地测量，自行设计，利用一周时间施工，在转炉1线距车间大门13米处新增一组手板右开7号道岔，道岔全长23米，新线路全长46米。

生产部运输作业区铁运员工自行对铁路线路进行设计、施工，为公司节约外委费用65万元。施工初期，路面破碎阶段，运输作业区铁运工务全体员工在作业长及大班长的带领下，克服转炉车间内地面基础坚实破碎难度大的困难，全天24小时不间隙破碎施工，为线路如期完工奠定了坚实的基础。线路铺设阶段，工务大班全体人员和其他岗位支援的同志每天早上六点便抵达施工现场，全力以赴投入线路施工。通过全员不断努力，转炉4线铺设工作如期完成。当前线路运行状态良好。

三钢完成首台60/20吨双梁桥式起重机安装。9月，三钢80万吨中大规格优质棒材项目完成首台60/20吨双梁桥式起重机安装，全区域双梁桥式起重机安装调试正稳步推进。

该项目共计22台双梁桥式起重机，最大规格为85/20吨，部分起重机配备天车状态监控管理系统，具有起重运输能力强，智能化程度高的特点。三钢棒材厂项目部配合施工团队严格验收设备质量，确保设备安装精度，守好安全作业底线，全面安全高效地推进项目建设。

中天南通内河码头顺利通过竣工验收。9月13日，南通内河港海门港新区东灶港作业区中天钢铁码头工程顺利通过竣工验收，将具体承担中天钢铁南通公司生产原材料和产成品内河船舶装卸物流业务。

中天内河码头工程自2020年3月启动规划和报批，仅不到6个月的时间，先后完成交通运输部岸线批复、发改委项目备案、航道安全评价、通航条件审核意见、用地规划许可等14项审批批复文件。自2021年4月15日开工以来，该工程历时近500天完成所有建设任务。这是中天内河码头在装卸设备工艺上采用的全新模式——通过带保护装置的电磁吸盘吊梁进行成品装船作业。

中天特钢钢渣加工厂8号码头顺利启用。10月10日，中天特钢钢渣加工厂8号码头经翻新后正式投入使用，标志着该厂实现了船运、车运和北区拆迁内转三位一体的废钢运输模式。

经过前期综合对比，该厂了解到以船运为主的废钢运输效率最高、成本最低，平均每年可节省运输费用超80万元。考虑到此前闲置的8号码头与废钢加工工段距离最近，且内转路线完全避开中钢二桥和参观通道，4月以来，该厂对8号码头进行翻新改造，将2号码头闲置的2台港吊整体搬迁过来使用。随着8号码头的投运，废钢加工工段的船运废钢装卸年吞吐量将达40万吨，实现内转车辆路程缩短66%，进一步提高厂区作业安全性和清洁运输比例。同时，8号码头的船运装卸设置了废钢自动判级系统，可以提高废钢判级准确性，避免人为判级误差。

方大特钢轧钢厂超长超重弹簧扁钢集成生产工艺改造工程项目热负荷试车成功。10月，方大特钢轧钢厂超长超重弹簧扁钢集成生产工艺改造工程项目已热负荷试车成功，为提升弹簧扁钢智能制造水平奠定坚实基础。

该厂超长超重弹簧扁钢集成生产工艺改造工程项目分为设备基础建设、设备安装、调试交付三个阶段，在6月底设备基础建设顺利完工后，该厂便制定了详细的设备安装方案。经过3个月紧锣密鼓地安装调试设备后，于9月下旬开始进入单机试车阶段，单机试车过程中，所有设备运行稳定，相关安全防护措施落实到位，并按照热负荷试车方案开展试车工作。该项目正式投用后，可具备3.9~12米弹簧扁钢的挑废、自动码垛、打捆、自动称重、标识、产品入库等功能，助力弹簧扁钢高效高质量生产。

马钢南区VPSA制氧系统投入运行。10月，投入运行一个月的马钢南区VPSA制氧系统高炉机前富氧量达14408千米^3，折纯氧2.4万立方米/时，在实现高炉机前富氧“零突破”的同时，大大降低高炉用氧成本，9月实现降本213万元。

马钢南区VPSA制氧项目是能源系统节能降耗综合改造项目之一，共有6套VPSA制氧系统，对进一步提高高炉富氧率，降低焦炭比例，减少碳排放具有重要意义。VPSA制氧系统启停时间短、故障率低，在实现高炉短时间检修过程中同启同停的同时，方便快捷调节负荷，从而更加及时、精准地满足高炉用氧需求，既能解决高炉供氧不及时的问题，又能实现降本增效。据测算，在满负荷情况下，该系统每月可降本约259万元。

江油长城特钢钛材厂对45兆牛锻造压机5号加热炉进行气改电改造。10月下旬，江油长城特钢钛材厂开始对45兆牛锻压机5号加热炉进行气改电改造，原5号加热炉已全部拆除，基础建设已经铺开。

此次改造采用了成熟、先进的制造工艺，涉及加热方式、有效工作尺寸等10个方面的改造，改造后的5号加热炉将很好地满足钛材厂提质、降耗、降本需要，安全可靠性和尺寸精度都将得到较大幅度提升。钛材厂一直盯紧各阶段的施工安全、进度和质量，最终确保改造项目顺利完工。

东特股份特冶“精密合金产线新建2吨真空自耗炉”正式投入使用。11月，东特股份特冶重点技改项目“精密合金产线新建2吨真空自耗炉”正式投入使用，相继完成“精密合金、高温合金、特种不锈钢”三大类品种、多个牌号的冶炼试验，热试取得圆满成功。

该项目施工期间，东特股份项目组克服困难，精心组织，抢抓工期，确保了项目按期推进。在完成设备安装和冷调试后，为确保热试的顺利进行，公司设备、技术人员同设备厂家制定了详细的工艺流程，生产操作人员积极配合，做好了热试前的各项准备工作。热试生产过程中，设备、技术人员夜以继日地认真研究分析，并全程跟踪，操作人员精心操作，整个冶炼过程平稳顺畅。截至11月底，共开展三轮试验，冶炼生产13炉钢锭，产品各项性能指标均达到标准要求。

该厂新建2吨真空自耗炉，可生产的锭型包括直径260毫米、直径330毫米、直径430毫米，最大铸锭长度为1500毫米，最大年产钢锭量为550吨。该项目成功投产后，进一步提升特种冶炼生产能力，丰富高端产品种类。

天津钢管轧管事业部一轧管分厂168机组年修热负荷试车一次成功。11月13日，天津钢管168机组环形炉改造项目正式完成烘炉节点，标志着项目取得了阶段性胜利。环形炉改造项目进入氧气系统上压、调试最后的攻坚阶段，168机组年修项目整体进入收官之战。作为168机组年修核心项目，环形炉改造项目的进展情况直接关系到此次年修整体效果，改造后将实现天然气节能28%以上，氮氧化物在全工况下保持100毫克/米^{3}以下，属国内首创。

方大特钢改造空压机年节能150万千瓦·时。11月，方大特钢动力厂一压离心式空压机改造项目已顺利竣工并投入使用，每年可为企业节约能耗约150万千瓦·时。

方大特钢动力厂一压空压机机组始建于2004年，担负着该公司炼钢厂、轧钢厂等生产单位的压缩空气供给任务。随着机组使用年限的增长，螺杆式空压机能耗逐渐增加，且设备中冷干机部分脱水效果已无法满足现阶段生产需求，为此，该公司决定对一压空压机机组进行升级改造，将螺杆式空压机升级为效率更高、能耗更低的离心式空压机。改造期间，该公司组织技术人员提前介入设备安装与调试，并按工艺流程、施工图纸、设备型号对每台设备进行检查，确保设备型号与设计相符；每日召开现场协调会通报工程进度，发现问题及时整改；同步组织员工开展新设备岗位培训，使岗位员工能够熟悉掌握新机组的工艺流程、操作步骤、应急处理等相关知识，为该项目顺利竣工投产、达到预期效果奠定坚实基础。

沙钢建成全球最大薄带铸轧生产基地。11月，沙钢产品结构调整超薄带二期项目2号、3号铸轧线相继投运，标志着沙钢成为全球最大的薄带铸轧生产基地。产品结构调整超薄带项目是沙钢响应国家“碳减排、碳中和”战略，采用全球最尖端的冶金制造工艺建设的现代化“绿色”产线集群。超薄带技术颠覆传统生产工艺流程，能耗、排放相比传统工艺大幅下降，燃耗减少95%，水耗减少80%，综合能耗为传统流程的1/6，吨钢二氧化碳排放是传统流程的1/4。

自2018年1号铸轧线投产至今，沙钢通过自主创新及国产化升级，实现了从跟跑到领跑的蜕变。同时，沙钢借助在薄带铸轧方面的技术积累，牵头承担了“十四五”国家重点研发计划的重点专项任务，持续推动低碳排放短流程技术的行业推广和产品应用，服务国家重大战略。

山西建龙关键工序设备实现国产化替代。11月，山西建龙炼钢总厂（二区）对三号连铸机的拉矫工艺段、结晶器振动设备传动完成变频器国产化改造，使用深圳禾望的HV500系列产品替代原西门子M440变频器，这一改造标志着山西建龙在关键工序的国产化替代尝试中迈出了坚实的一步。

在国产化替代工作中，除了需要考虑变频器的性能是否达标，还需要考虑变频器的尺寸是否和现有配电柜匹配、信号是否和原PLC通讯兼容。在保证原有系统整体功能的基础上，尽量使改造工作量降到最低。设备改造完成后，拉矫工艺从原来的“一拖三”改为“一拖一”，不仅降低了成本，设备运行也更加平稳高效，进一步证明了国产设备在复杂工控环境中的可靠性和先进性。同时，此次设备国产化替代一次性节约投入成本30余万元。

本钢板材炼钢厂连铸设备作业区实现6号铸机液位自动标定功能。12月，本钢板材炼钢厂连铸设备作业区实现6号铸机液位自动标定功能。本钢板材原来的6号铸机液位只有手动标定功能，在操作人员进行手动标定时，极易出现误操作或者忘记操作的问题，不仅影响液位检测结果，而且可能产生铸坯质量下降等问题。为了解决此问题，该作业区技术人员立即深入生产现场进行跟踪，从生产操作到程序控制每个环节进行认真分析研究，尝试在PLC程序控制中添加一项液位自动标定程序功能块，取代手动标定功能。

第 5 章

中国特殊钢行业转型发展

5.1 智能制造转型

5.1.1 国家示范企业及示范项目（智能制造示范工厂）

建龙集团同创信通“基于物联网技术面向工业领域解决方案”成功入选工信部优秀解决方案名单。1月13日，工业和信息化部信息技术发展司公布了2022年工业互联网App优秀解决方案名单，建龙集团旗下同创信通公司“基于物联网技术面向工业领域解决方案”成功入选。

该方案的核心是其数据采集平台。该平台是连接工业设备和业务系统的桥梁，是基于物联网、互联网、人工智能、大数据技术，融合行业生态，沉淀工业知识，具有泛在设备连接能力的平台。

该平台支持超过80种工业通信协议，可实现高实时高并发，安全可靠的数据采集和存储，能够降低设备连接技术门槛，简化实施过程，大幅减少应用成本，支持生产设备、物流设备、智能产品等多类设备，包括工业机器人、数控机床、数字产线、AGV、RGV、智能仪表、各类PLC等，支持设备的设定值、反馈值的实时采集与展示，并支持历史数据的追溯，能够通过数据发布功能为生产管理、设备管理、质量管理等应用提供可靠数据。该公司作为钢铁企业智能制造解决方案的提供商，通过数采平台的建设，形成了标准化、规范化的生产数据管理流程，同时还通过IT提升企业管理效率，以数据、算法提升生产力，通过OT提升产品加工效率，以持久、标准作业提升生产力，IT+OT的融合推进钢铁企业数字化转型、提高钢铁企业智能制造水平。

未来，该公司将紧随行业发展潮流，坚持技术创新，在工业互联网、大数据中心、云计算、人工智能、PLC产品、工业机器人、工艺模型、绿色低碳等领域不断突破，结合行业应用，丰富产品功能，做实应用场景，打造集产品与设计、制造、运维于一体的统一平台，为推动钢铁行业数字化、智能化发展贡献力量。

中天钢铁信息化应用方案入围工信部单项典型案例名单。为促进工业领域数据安全工作向纵深推进，1月29日，工业和信息化部发布“工业领域数据安全管理试点典型案例名单”，中天钢铁申报的《面向钢铁企业的重要数据和核心数据识别方案》入围单项典型案例名单，试点应用成效明显、复制推广性强。

该项目是在该公司原有信息安全防护措施基础上，进一步增加数据安全防护投入和提高数据安全防护能力，建设周期2年、投入约600万元，主要具备数据分类分级建设识别、合规检查、风险评估、数据防泄密、数据防篡改、数据安全管理等功能，保障数据资源全生命周期安全。

中天钢铁工业互联网项目入选“2022年工业互联网试点示范名单”。为深入贯彻《国务院关于深化“互联网+先进制造业”发展工业互联网的指导意见》，2月13日，经企业申报、地方推荐、专家评审，工业和信息化部公示了2022年工业互联网试点示范名单，“中天钢铁网络安全分类分级管理建设项目”入围安全类试点示范，中天钢铁南通公司“基于工业互联网赋能沿海钢铁基地本质安全的全协同解决方案”入围平台类试点示范。

为警惕大数据时代的安全风险，2022年，集团深入推进“中天钢铁网络安全分类分级管理建设项目”，在全集团互联网平台搭建数据安全分类分级管理系统，全面提升数据安全防护能力。

为有效提升企业本质安全水平，中天南通公司将新一代信息技术与安全生产管理深度融合，依托“基于工业互联网赋能沿海钢铁基地本质安全的全协同解决方案”，斥资

1.6 亿元打造工业互联网安全生产监管平台，初步形成“工业互联网+安全生产”快速感知、实时监测、超前预警、联动处置、系统评估等新型能力体系，实现更高质量、更有效率、更可持续、更为安全的发展模式。

建龙集团同创信通“智能连铸平台机器人系统”获中国钢铁工业协会“智能制造十大优秀解决方案”。3 月，钢铁行业五大最佳解决方案和十大优秀解决方案名单揭晓，建龙集团北京同创信通科技有限公司“智能连铸平台机器人系统”入选中国钢铁工业协会“十大优秀解决方案”。

该系统通过自主研发四轴特种机器人，模拟人工实现了开浇自动顶包；基于机器视觉，应用线扫激光、自动点火等技术，引导六轴机器人实现自动烧氧引流等，改善了工作环境，实现了少人化作业，降低了生产事故。该公司作为钢铁企业智能制造解决方案的提供商，其研发的智能连铸平台机器人系统，为生产环境恶劣的连铸工序提供了包含大包滑板油缸拆装、长水口随动开浇、中间包测温取样等机器人系列解决方案，对行业和企业提质增效、转型升级发挥重要的支撑作用，并引领行业方向，对其他企业或行业具有借鉴意义和推广价值。

中天钢铁南通公司首个两化融合管理体系贯标正式落地。3 月 14 日，中天钢铁顺利通过工业和信息化部、中关村信息技术和实体经济融合发展联盟两化融合管理体系升级版贯标 AAA 级评定。这也是中天钢铁南通公司成立以来首个贯标落地的管理体系。

近年来，为实现“两化两业”深度融合，加快实现数字化转型目标，中天钢铁在“一总部、多基地”建设过程中，始终将智能化改造和数字化转型作为驱动生产力变现的重要抓手，不遗余力投入建设。

中天钢铁利用大数据平台优势进行精益分析，助推高品质优特钢新产品研发，产品质量大数据全流程分析跟踪，解决关键难题；以中天特钢炼钢厂 5G 数字工厂试点，率先打造江苏省首批 5G 智慧园区，实现“高带宽、广覆盖、低延时”在线监视、工艺数据采集、工艺过程预警，确保高品质优特钢产品全过程质量有效管控；打造南通基地全流程生产管控——智能集中控制中心，实现跨区域生产管控、经营管理全面协同；作为华东地区首个推进废钢智能识别判级单位，智慧废钢管理系统实现集团全流程废钢业务管理，无人化废钢智能判级加强集团废钢资源综合利用与回收。

南钢起草的标准获批立项。8 月 4 日，工业和信息化部印发了“2023 年第二批行业标准制修订和外文版项目计划”，由南钢及其子公司金恒科技等作为主要起草单位，对“基于人工智能的钢铁材料智能金相检测系统”项目制定的两项行业标准制定计划正式获批立项。

该系列行业标准拟主要从钢铁材料智能金相检测的系统架构、设备要求、显微镜自动控制、图像采集、智能评级、结果验证要求等方面进行规定。

本次行业标准的立项，填补了钢铁行业人工智能金相检测标准空白领域，将推动金相检测领域从人工评价到智能评价的发展，在机器视觉、AI 深度学习等方面将对行业起到一定的指导作用，对提高检测效率、结果一致性、减少对人工经验的依赖有着重要意义。

中天钢铁入选 2023 年钢铁行业数字化转型典型场景应用案例名单。10 月 20 日，中国钢铁工业协会公布了 2023 年钢铁行业数字化转型典型场景应用案例 40 项名单，由中天钢铁和皓鸣科技共同申报的“基于 5G+工业互联网钢铁行业全链路运营管理平台”成功入选。

依托“互联网+制造”生态体系建设，该平台进一步强化数据应用能力，通过上线“数字化制造管理系统”“电子招投标管理系统”“云商服务平台”“数字化质量管控驾驶舱”等系统，为钢铁行业在数字化制造管理场景、上下游供应链精准服务场景、数字化质量管控场景三大场景提供了全链路运营管理解决方案。

建龙集团多个智能制造成果入选2023年度智能制造示范工厂揭榜单位和优秀场景名单。10月26日，建龙集团多个智能制造成果通过工业和信息化部2023年度智能制造示范工厂揭榜单位和优秀场景名单的公示，其中“山西建龙钢铁智能制造示范工厂”入选“2023年度智能制造示范工厂揭榜单位”；抚顺新钢铁“数字基础设施集成”“智能在线检测”，吕梁建龙“污染监测与管控”入选“2023年度智能制造优秀场景”。

山西建龙将智能制造数字化转型作为信息化与智能化深度融合的切入点和主攻方向，由点及面全面推进智能制造数字化战略工程。通过建设一个中心、五条智能化生产线、四大系统、九大平台、九个集控中心，17台机器人，5套智能操控平台，探索形成了一种高端线材、板材智能制造新模式，为企业节能减排、减员增效、提质增效等提供技术支撑。

抚顺新钢铁通过5G网络结合无人远程控制、3D数字建模等技术打造的两个智能制造场景，可为企业各类可视化、智能化应用提供有力支撑，进一步提升业务运营效率，为企业科学决策提供支持。

近三年，吕梁建龙坚持创新驱动数智化发展，以智能制造为目标、以《中国制造2025》为路径、以工业互联网平台为支撑，深耕科创平台、智慧平台建设。该公司通过RP+MES+EMS+数据采集平台+基础自动化控制系统与智能工厂的深度集成，研发多项核心技术，实现生产过程的全面监测与控制。

未来，建龙集团将借助新一代信息技术的力量，推动集团数智化与钢铁制造和运营决策的深度融合，实现设计、生产、管理、服务等各环节的数智化改造，以更便捷、更迅速、更低成本的方式满足客户的个性化需求，进一步提升人均劳效和企业竞争力，打造真正的智慧型工厂，为钢铁产业的高质量发展注入新的活力。

沙钢中美超薄带公司入选工信部《2023年5G工厂名录》。11月17日，工业和信息化部公示《2023年5G工厂名录》，江苏沙钢集团张家港中美超薄带科技有限公司5G工厂成功入选。

张家港中美超薄带科技有限公司成立于2017年，主要生产0.7~1.9毫米的低碳钢、高强钢、高碳钢、耐候钢等产品，广泛应用于货架、汽车、农机、集装箱、锯片等多个领域，获“国家高新技术企业”“江苏省智能制造示范工厂”“苏州市企业工程技术研究中心”等荣誉。

2022年，沙钢联合中国移动共同建设超薄带5G全连接智慧工厂，将先进的钢铁制造技术与以互联网、大数据、人工智能为代表的新一代信息技术深度融合，探索基于5G的无人行车、AI钢表质检、AI废钢识别、钢材和传送带的视觉检测等新型应用，建立起生产制造管理、检测监测、仓储物流、能源管理、安全环保、运营管理等相关智能化装备和信息化系统，推进了产品设计、生产调度等各个环节的智能化驱动。张家港中美超薄带科技有限公司5G全连接工厂对于相关制造行业建设5G全连接工厂具有示范引领作用，同时也为国家“5G+工业互联网”的发展提供了丰富的应用场景和广阔的行业空间。

马钢入选2023年度智能制造示范工厂揭榜单位。11月24日，工业和信息化部等五部委发布2023年度智能制造示范工厂揭榜单位和优秀场景名单。马钢股份入选揭榜单位，揭榜项目为马钢H型钢系列产品智能制造示范工厂，长江钢铁“能效平衡与优化”入选 2023 年度智能制造优秀场景。

该公司 H 型钢智能制造示范工厂依托宝联登工业互联网平台，创新运用了 89 项智能制造关键技术，将云计算、大数据、人工智能、5G+、物联网和智能装备等新一代信息技术和装备融合于 H 型钢系列产品制造全流程，实现了工业生产的精准跟踪与溯源、快速调整与控制，提高了产品质量、生产效率和安全保障，完成智能制造的迭代升级。该公司研制 29 个系列、196 个独有规格产品，解决了装配式建筑用材关键难题。将生产工艺与机理模型深度结合，构建“六个一键”智能化控制系统，实现全流程智能化高效生产，模型投用率达 90. 23%，命中率达 90. 58%。该公司开创性地运用智能传感、AI 视觉识别与机器人标识相结合的技术，在世界范围内率先解决了 H 型钢精准跟踪与溯源的问题，准确率达 99. 5%以上。

该项目采用集约化、扁平化的操控模式，实现了跨基地、多工序、多产线的互通融合与集中远程操控，现场 42 个操作室合并为一个集调度、操作、信息、应急指挥于一体的智控中心。在复杂生产环境安装测温取样、贴标喷码等 45 套机器人，消除“3D”作业 15 个，降低人员劳动强度。该项目实施后人均产材达 2600 吨、运营成本降低 6. 8%、综合能耗降低 9. 6%、主要污染物与碳排放吨钢减少 2%，对行业内智能工厂建设具有良好示范带动作用。

中信泰富特钢集团入选工信部 2023 智能制造名单。12 月 6 日，工业和信息化部公示了 2023 年度智能制造示范工厂揭榜单位和优秀场景名单。中信泰富特钢集团旗下大冶特殊钢有限公司入选 2023 年度智能制造示范工厂，铜陵泰富特种材料有限公司入选 2023 年度智能制造优秀场景。

大冶特钢获奖的 460 钢管数字化工厂是中信泰富特钢集团打造的全球首个全流程、全业务特种无缝钢管工业互联网平台和数字孪生工厂。该数字化工厂创新应用 AI 技术，实现从坯料进厂到加热、轧制、检验至产品交付全过程管理。

铜陵特材获奖的场景实例为“基于大数据分析的炼焦系统与能源综合利用集成优化”。该智能系统通过整合干熄焦系统现有生产、设备运维、经营统计等各维度数据，并对数据进行分析和梳理，再利用机器学习工具，训练生产过程的大数据预测算法模型，实现对生产过程的预测。同时，该智能系统根据生产要求智能推荐降本增效的操作方案，根据工艺的生产约束条件和不可控生产环境变量求得最优生产方案。最终，干熄焦系统生产模型与能源综合利用系统调度模型会在该智能系统中进行集成，通过优化算法，干熄焦烧损率、吨焦产蒸汽量与煤气和蒸汽系统综合利用实现最优化。

这是行业内首次实现干熄焦系统 AI 智能驾驶，该智能系统对焦化企业统一调度能源系统、优化煤气平衡、减少污染物排放、提高环保质量、降低吨焦能耗、提高劳动生产率和能源管理水平具有显著效益；为中信泰富特钢实现“双碳”目标和持续高质量发展提供了有力的支撑，进一步推进绿色制造体系建设。同时，该智能系统采用的均是行业内通用设备，定制化开发投入小，适合在焦化、钢铁、煤化工等行业内进行推广应用。

荣程联合钢铁入选 2023 年度智能制造示范工厂揭榜单位和优秀场景名单。12 月 6 日，工业和信息化部、国家发展和改革委员会、财政部、国务院国有资产监督管理委员会、国家市场监督管理总局联合公布 2023 年度智能制造示范工厂揭榜单位和优秀场景名单，天津荣程联合钢铁集团有限公司等 12 家钢企上榜 2023 年度智能制造示范工厂。

近年来，该公司进一步加快数智化转型的步伐，投资引进全球领先的工业互联网平台，坚持“万物智联、数据智汇、低碳智造”，高标准规划建设以“5G+水土云工业互联网平台”为架构的智慧工厂，形成了“智云、智运、智造”三智合一模式，对钢铁生产过程通过数字化方式进行整合管理，实现全流程的数据互联，推动制造业的质量变革、效率变革、动力变革。同时，该公司铁区集控中心投入运行，部分生产岗位实现了人工智能化，通过5G+私域基站的支撑，打通全流程内部系统。

中天钢铁南通公司入选国家级“智能制造标杆企业”。11月21日，中国电子技术标准化研究院公布2023年智能制造标杆企业名单，中天钢铁南通公司的绿色精品钢智能制造标杆工厂荣誉上榜，为中天钢铁智能制造再添国家级名片。

绿色精品钢智能制造标杆工厂以“决策集中化、管控协同化、操控远程化、现场无人化”为目标，打造“5G+工业互联网”与人机协同制造为典型特征的制造工厂。

借助5G、工业互联网、AI、大数据、数字孪生等新一代技术，推进高炉运行仿真模拟、轧钢智能排产、云边协同生产、自动取样在线检测、无人料场、煤气生产与消耗平衡优化等10余个智能制造典型场景应用，实现各级业务的整合贯通，降低数据与流程流转时间，显著提升智能管控水平，形成“智能决策、自我赋能”智能制造新能力。

下一步，该公司将继续积极开展“智慧工厂”布局，对标全球领先的智能钢铁工厂，全力打造“信息化、数字化、智能化”中天。

沙钢获评国家级绿色工厂。12月29日，工业和信息化部公示2023年度国家级绿色制造名单，江苏沙钢集团有限公司获评国家级绿色工厂。

作为绿色制造的重要实施单元，绿色工厂建设更是我国实现工业领域“双碳”工作的重要着力点。2018年以来，沙钢投入巨资开展全流程超低排放改造，先后自主开发了150多项节能减排新工艺、新技术，“电炉热装铁水节能新工艺”等30多项获国家发明专利或实用技术专利。在此基础上，沙钢紧紧围绕建筑、交通、能源、桥梁等重点行业需求，开展钢铁产品绿色设计，研发“高强高韧、耐蚀耐磨、长寿命、轻量化、可循环”的绿色新品，实现钢铁产品全生命周期节能降碳，企业生产制造“绿”底色更浓，为行业“双碳”目标实现提供了借鉴性参考。

沙钢通过狠抓工艺流程、产品结构、用能结构优化，以及用能效率、循环利用和绿色产品比例提升、低碳技术研发攻关等，实现源头减碳、全工序降碳，企业先后荣获国家能效四星级企业、全国冶金行业“清洁生产环境友好企业”、重点用能行业能效“领跑者”、重点用水企业水效“领跑者”、“江苏省绿色工厂”、江苏省低碳经济示范企业等荣誉称号。

沙钢高科获评“特色专业型工业互联网平台”。12月29日，工业和信息化部公示了《2023年新一代信息技术与制造业融合发展示范名单》，经企业自主申报、地方推荐、专家评审等环节，江苏沙钢钢铁有限公司获评“数字领航”企业，江苏沙钢高科信息技术有限公司获评“特色专业型工业互联网平台”。

近年来，沙钢钢铁坚定走“信息化带动工业化、工业化促进信息化”发展道路，围绕安全、绿色、提质、降本、增效等方面，以业务全面数字化逐步走向智慧化为主线，持续推进数字化建设，实现整体运营数字化，打造数字化核心竞争力。依托“工业电商平台”，沙钢从下至上构建底层数据采集、计量、MES、ERP、大数据决策支持的多层次立体信息化体系，形成以工业电子商务平台为核心，与上下游企业紧密协同的供应链生态体系，业务应用生态不断“云化”，构建了数字沙钢新格局。

中天钢铁获评工信部服务型制造示范企业。11 月 29 日，工业和信息化部发布第五批服务型制造示范名单，中天钢铁等 10 家江苏企业成功入选示范企业。

服务型制造，是制造业转型升级的重要方向。通过在智能化制造、网络化协同、个性化定制、服务化延伸、数字化管理等领域深耕细作，中天钢铁正从钢铁产品制造者向综合钢铁解决方案提供者华丽转身——对内，实现从传统制造业向服务业转型；对外，赋能供应链优化和产业集群发展，并以物流“第一公里”和“最后一公里”提效作为攻坚目标。

中天钢铁南通公司智能制造能力水平被认定为四级。2023 年，中国电子技术标准化研究院公布“智能制造能力成熟度（CMMM）评估企业名单”，中天钢铁南通公司被认定为四级（优先级），这是国内制造企业目前达到的最高等级。

该公司炼铁、炼钢、轧钢等 6 大工序 23 个生产单元、铁前 39 个操作岗位 452 名员工集中在数控中心，通过“信息化平台”“智能化系统”“自动化设备”三化合一，使得生产、管理效率提升 30%，物流效率提升 20%~30%。

该公司焦化厂配备智能环保煤场、自动包装系统，轧钢厂采用自动点数系统、自动焊标牌系统，无人天车大大提高操作精准度，高端工业机器人逐渐替代现场工人，生产现场“一张图”管控，即使操控室远离生产区域 5 千米，也能实现远程精准管控。

早在 2020 年规划设计之初，该公司就按照“智能工厂”的标准建设，全力打造国内一流、国际领先的数字化全连接工厂，目前已全面应用“5G+工业互联网”技术，构建“云、边、端”三层体系架构，并先后荣获智能制造示范工厂、两化融合管理体系（升级版）贯标单位、工业互联网试点示范企业等国家级荣誉。

5.1.2　省级示范企业及示范项目

沙钢获评江苏省智能制造示范工厂。1 月 13 日，江苏省工业和信息化厅公示了 2023 年江苏省智能制造示范工厂名单，沙钢集团张家港中美超薄带科技有限公司“铸轧薄带智能制造示范工厂”成功入选，获评江苏省智能制造示范工厂。

2019 年以来，沙钢投资约 7.5 亿元对超薄带生产线实施智能化改造和数字化转型，通过在薄带铸造、轧制、切边产线广泛应用工业机器人、无人行车、智能传感器等各种智能化设备，并建成覆盖计划调度、生产过程、制造执行、企业资源计划、决策管理等全流程的信息系统，实现物料管理、生产制造、产品品质、能源消耗、环境安全等方面的智能管控，打造出“一键下单式”智能工厂。

近年来，沙钢坚持“总体规划、分步实施、以点带面、效益驱动”原则，积极探索，勇于实践，大力实施智能化改造，通过互联网、大数据等新技术与生产制造的深度融合，全面提升设备自动化、数字化水平，全力打造具有沙钢特色的“智慧”工厂。截至目前，沙钢已拥有 1 个国家级智能示范生产基地，1 个省级智能制造示范工厂，8 个省级智能示范车间，2 个苏州市级智能工厂，9 个苏州市级智能示范车间，4 个张家港市级智能示范车间。

中天钢铁入选江苏省“先进制造业和现代服务业融合发展标杆引领典型”试点示范单位。3 月 6 日，江苏省发展改革委公示了省级现代服务业高质量发展“331”工程综合评价认定名单，中天钢铁入选“先进制造业和现代服务业融合发展标杆引领典型”试点示范单位，将加快推动构建支撑江苏省高质量发展的现代产业体系。

为推进制造业向服务业转型升级，近年

来，该公司通过建立信息化制造管理平台、应用模拟仿真实验室、打造全国首批“5G+数字工厂”等举措，为客户提供个性化、定制化产品和服务，实现从产品到钢铁综合解决方案服务商的转型，获国家级工业互联网试点示范单位、国家级智能制造示范工厂等荣誉。

沙钢入选“先进制造业和现代服务业融合发展标杆引领典型”。3月6日，江苏省发改委发布“关于省级现代服务业高质量发展‘331’工程综合评价认定名单”，江苏沙钢集团有限公司入选“先进制造业和现代服务业融合发展标杆引领典型”。

沙钢两业融合试点项目——基于智能制造、钢材电商平台及物流融合项目，将钢铁制造与“采、销、运、用”服务相融合，整合上下游产业链，通过“供应链平台”各个功能模块的紧密结合和高效运转，高效安排与分配原材料招标采购、钢厂生产管理、用户采购及定制化管理、钢材延伸加工、仓储物流配送各个生产流通环节，为用户打造从钢材采购到仓储加工配送的一站式服务，提高制造及物流效率、缩短资金周转周期，实现互惠共赢。

沙钢按照“平台+钢铁+服务”的总体思路，重点打造科研、信息化、钢铁电商、工业云、能源优化调度五大平台，着力构建钢铁企业、用钢企业、商贸企业、仓储运输企业、加工企业、金融机构等多方共赢的生态圈。沙钢《精益管理系统+MES系统的质量管控平台》《构建工装件管理平台稳步提升产品质量的实践》先后被评为全国质量标杆，项目相关优质经验和做法被同行业复制、推广。

沙钢入选“2022年苏州市智能化改造数字化转型”技术服务输出标杆企业名单。为提升制造业智能化改造数字化转型技术服务支撑能力，鼓励企业通过实施“智改数转”提升核心竞争力，助力产业创新集群发展，经企业申报、各地推荐、资料评审和现场核查等环节严格评选，4月24日，苏州市工业和信息化局发布“2022年苏州市智能化改造数字化转型”技术服务输出标杆企业名单，沙钢集团有限公司成功入选。

近年来，沙钢坚持“总体规划、分步实施、以点带面、效益驱动”原则，从应用系统架构、数据体系架构、IT基础设施、信息安全体系建设及数字化转型的组织建设等方面具体实施规划数字化转型升级，全面提升生产过程数字化、透明化、可视化，并积极运用大数据技术，全面加强数据集成应用，促进企业精细化管理、精准化决策，全力打造具有沙钢特色的“智慧”工厂。

为加快智能化升级步伐、拓展数字化业务板块，2017年沙钢将原信息化专业部门组建为专业的信息化综合服务企业——江苏沙钢高科信息技术有限公司，成为集团数字化转型的中坚力量，也是企业智能化改造数字化转型领域对外服务的主要技术机构。依托沙钢工业制造场景优势，沙钢高科全面聚焦企业数字化转型、工业互联网平台等领域，重点研发云计算、大数据、工业互联、人工智能等核心技术，现已构建形成了底层数据采集、计量、MES、ERP、大数据决策支持的多层次立体信息化体系，可为用户全方位提供自动化、信息化、智能化产品的研发、设计、销售、系统集成等技术服务与整体解决方案。

建龙北满特钢获评黑龙江省“绿色工厂”。5月，经黑龙江省工业和信息化厅公示，建龙北满特钢正式获评黑龙江省“绿色工厂”。

多年来，建龙北满特钢一直将建设绿色工厂作为一项意义深远、需要长期坚守的重要工作，从组织设立、规划方案到各项基础工作推进、项目实施，一步一个脚印地做好节能减排、绿色环保、厂区美化量化等工作，确保绿色工厂建设科学、持续、有效。

为了保证绿色工厂建设，建龙北满特钢通过建设实施节电、节气、节水及余热回收利用项目，使能源消耗指标及资源综合利用水平不断提升。如正在建设的光伏发电一期项目，投用后预计增加绿色电量600万千瓦·时；35兆瓦余热余气综合利用自备电厂项目充分利用厂内富余的煤气发电，年发电量可达7817万兆瓦·时，年回收蒸汽全部用于厂区自用，减少二氧化碳排放量8.85万吨/年；低压饱和蒸汽过热装置改造项目，使电炉工作时产生的余热资源得到100%利用，同时每年可减少二氧化碳排放量近1.4万吨，为公司年创效630余万元；265米^{2}烧结升级改造项目可年回收蒸汽量10万吨，可减少二氧化碳排放量4.3万吨/年。

在生产过程中，为实现“绿色制造”，建龙北满特钢在保证产品质量的前提下，从优化装入制度、控制入炉铁水、废钢质量、严格控制炼铁原料、废钢的采购与使用、优化吹炼工艺、连铸工艺、控轧控冷工艺等控制方法，并通过标准化操作，有效地降低了电转炉炼钢消耗，降低了冶炼过程物料、能源介质损失，从而提高了金属收得率，减少了后部的热处理等环节，不仅达到了环保的目标，还降低了工序成本，提升了企业效益。

山西建龙被认定为首批省级数促中心培育企业。5月，山西省发展和改革委员会发布第一批山西省省级数字化转型促进中心认定名单和培育名单。其中，山西建龙被认定为第一批省级数字化转型促进中心培育企业，也是该省内唯一一家获此殊荣的钢铁企业。

近年来，该公司积极响应国家及山西省数字化转型号召，深入贯彻落实《山西省推进数字经济全面发展实施方案（2022—2025年)》，基于钢铁智能制造五级模型，重点进行智能化工厂建设，并在此基础上，联合高等院校、科研院所等外部专业力量，面向上下游产业链企业开发了建龙快成物流货运服务平台、ERP客户定制平台及产融数字一体化平台等专业化平台，实现了以钢铁主业为核心的产业链上下游数据贯通，以及上下游产业链企业全覆盖，着力打造数据驱动、平台支撑、生态融合的钢铁产业链生态圈，助力行业内产业链供应链企业数字化转型。

下一步，该公司按照建龙集团智能制造整体规划架构，加快企业数字化转型，夯实钢铁产业数字化转型基础，加快输出转型服务能力，为传统企业提供可复制可推广的数字化转型模式和典型经验，助力山西省数字经济全面发展。

沙钢超薄带公司入围首批苏州市5G全连接工厂项目名单。6月12日，苏州市工业和信息化局公示了2023年度苏州市5G全连接工厂项目名单，江苏沙钢集团有限公司独资子公司——张家港中美超薄带科技有限公司荣誉上榜。

张家港中美超薄带科技有限公司拥有国内首条双辊薄带铸轧产线，主要生产0.7~1.9毫米规格低碳钢、高强钢、高碳钢、耐候钢等产品，主要装备达到国际先进水平，目前已经成为全世界运行及指标最好的薄带铸轧生产线。

2022年，张家港中美超薄带科技有限公司联合中国移动集团、华为公司共同建设超薄带5G全连接智慧工厂，将先进的钢铁制造技术与以互联网、大数据、人工智能为代表的新一代信息技术深度融合，探索基于5G的无人行车、AI钢表质检、AI废钢识别、钢材和传送带的视觉检测等新型应用，建立起生产制造管理、检测监测、仓储物流、能源管理、安全环保、运营管理等相关智能化装备和信息化系统，推进了产品设计、生产调度等各个环节的智能化驱动。

淮钢入选2023年省重点工业互联网平台名单。6月27日，江苏省工业和信息化厅公布了2023年省重点工业互联网平台名单，经淮钢申报、各市推荐、专家评审、线上答辩、现场考察、信用审查、专题会审、网上公示等程序，淮钢特钢产销一体化供应链平台实力上榜。

淮钢特钢产销一体化供应链平台以大数据技术为基础，融合传感网技术、集成平台技术、移动互联技术，立足钢铁行业数据的快速收集、挖掘、分析的实际需求，通过大数据技术将ERP、MES、QMS等系统数据进行无缝连接和信息共享，提高生产、销售业务的工作效率。淮钢特钢通过加强基础设施层（IaaS）、平台层（PaaS）、软件应用层（SaaS）建设，提高制造系统的集成度，提高企业生产运营的效率，辅助企业成本精细化分析，提升企业生产经营运作能力。

南钢入选江苏省“工业互联网+安全生产”试点企业名单。7月5日，江苏省工信厅发文组织开展“工业互联网+安全生产”省级试点工作，旨在切实推动工业互联网和安全生产深度融合，全面提升园区、企业的安全管理水平和安全生产能力。南钢成功入选试点企业名单。

该公司基于自身多年积累的工业互联网建设及安全管理经验，运用集成化、数字化、智能化和网络化手段，整合现有安全资源，围绕“一张网、一张图、一盘棋、一个平台”的推进理念，建设智慧安全管理平台。该公司通过数据共享的统一平台，实现安全业务全域覆盖，安全管理更精细；建立安全管理体系文件库，实现多维度安全管理标准化，安全基础更稳固；构建全时管控的即时预警系统，实现安全数据全应用，安全监督更精准；基于超前预警的应急管理，实现安全应急敏捷响应，安全预防更有效；打造“VR+安全培训”应用样本，实现沉浸式的安全培训，安全教育更真切；应用一体化智能安全帽等智能装备，实现现场作业人员科技化武装，安全防护更牢靠；开发移动App同步安全管理平台，实现更便利的推送服务，安全管控更高效。

未来，该公司将从安全生产“人、物、环、管”四要素入手，针对不同层级的管理要求，结合安全风险耦合关系，研发单点、车间、厂级等多维度安全风险控制模型，持续挖掘数据价值，将现有的智慧安全管理平台升级为安全业务一体化预警处置平台；大量运用工业智能装备，将复杂、危险或繁重的工作任务交由智能装备完成，实现辅助人保护人甚至替代人。同时，该公司依托子公司金恒科技智慧产业化的能力，形成完整的解决方案对外赋能输出，推动产业链上下游企业和相关行业的安全生产管理朝着更高水平迈进。

方大特钢“5G+智慧工厂”项目获评2023年江西省“5G+工业互联网”应用示范场景。8月，江西省工业和信息化厅发布2023年江西省“5G+工业互联网”应用示范场景、示范企业、示范区名单，方大特钢“5G+智慧工厂”项目获评2023年江西省“5G+工业互联网”应用示范场景。

该公司“5G+智慧工厂”项目于2022年初启动并开工建设，拟在5G通信基础上，将大数据、人工智能、数字孪生等新技术植入生产经营，打造具有自感知、自学习、自决策、自执行、自适应的智能工厂，为企业实现信息化与工业化深度融合，由传统型制造企业向新一代的智能制造型企业转型打下坚实基础。

截至目前，该公司已成功上马智慧管控中心、智能物流系统、智能化炼钢、无人智能行车、自动焊接机器人、轧材线自动焊挂牌机器人、原料自动取样等多项智能化设施，将精益生产管控能力应用于生产经营活动之中，成功实现生产流程智能化及生产精益管控的智能化升级，为企业精细化管理及管理效率、经济效益的提升提供可靠支持。

南钢入选2023年度江苏省工业互联网标杆工厂。8月2日，江苏省工业和信息化厅公布了2023年度省工业互联网示范工程（标杆工厂类）认定名单，南钢“特殊钢棒材数字工厂建设项目”成功入选。

南钢依托全栈式工业互联网平台，综合运用数据采集与集成应用、数字孪生、大数据与云计算、5G、人工智能等新一代数字技术，对特殊钢棒材生产线进行智能化改造，打造数字工厂，实现制造系统各层级全流程优化，以及产品、工厂资产和业态模式的创新。

通过特殊钢棒材数字工厂项目建设，南钢打造了数据驱动、敏捷高效的精益管理体系，不断优化资源配置效率，提高产品服务质量，进一步提升特钢产品的市场竞争力。同时在行业内形成引领示范效应，构建以南钢为中心的数字化生态圈，带动产业链上下游协同转型，同步提升数字化水平。

吕梁建龙获评“省级智能制造示范企业”。8月8日，山西省工业和信息化厅公布了2023年省级智能制造示范企业名单，吕梁建龙凭借自身完整的数字化智能制造管控架构和领先的技术创新能力成功入围该名单。

近年来，该公司依托建龙集团总体规划，深入推进数字化、智能化改造，不断完善“ERP+MES+数据采集平台”，全力打造“数字化、网络化、智能化”的数智化企业。自2020年10月复工复产以来，该公司共计投资约3.25亿元，完成了炼铁设备、炼钢设备的提标升级改造，进行了ERP系统、MES系统、园区监控系统、炼铁在线监测系统、高炉自控系统、热连轧控制系统、黑灯工厂、环保智能管控平台等的新建和完善升级，实现了对生产过程的全面监测和控制，生产流程实现部分自动化和数字化。与此同时，该公司还建设了消防站、分布式能源、智慧电力及智能水务等公辅设施，进一步提高了生产效率。

以数智化转型提升企业竞争力为发展路径，该公司依托矾花智能加药系统、远程集中控制系统，将数字系统与生产自动化充分结合，实现了部分车间无人化，部门协同更高效，设备故障率、人员劳动强度均下降；利用环保智能管控平台集中管控、监测、记录各类排放源运行数据，实现了管、控、治一体化，最终达到全工序超低排放。

未来，吕梁建龙将围绕“经营型、创新型、数智化、美好企业”四大转型发展方向，加速智慧工厂建设步伐，为“成为西部能源用钢的引领者”打造坚实数智底座。

方大特钢获评2023年江西省智能制造标杆企业。8月31日，江西省工业和信息化厅公布2023年江西省智能制造标杆企业名单，根据《江西省“十四五”智能制造发展规划》的要求，经各设区市工信局推荐、专家评审、公示，确定方大特钢等企业为2023年江西省智能制造标杆企业。

近年来，该公司立足企业经营管理与生产现场实际需要，聚焦先进通信技术、先进集控调度系统、精细三维模型、精确地图服务、完善的企业三维数字资产管理等方面，建成智慧工厂数字底座，通过AI人工智能技术、机器人应用，先后落地皮带跑偏识别告警、电缆母线槽温度预警、台车滚轮脱落预警及自动焊挂牌机器人等28个应用场景，通过搭建工业互联网平台、数据中台等服务平台，实现安全生产、采购供应、生产制造、仓储物流、绿色环保等的智能化和数字化，逐步构建数字车间及智慧工厂，企业智能制造应用水平获得国家认可。

河钢石钢互联网项目入选河北省2023年工业互联网标杆示范案例。9月，河北省工业和信息化厅公布了2023年工业互联网创新发展标杆示范案例，其中河钢石钢“工业大数据分析平台技术改造”项目成功入选。

河北省工业互联网标杆示范案例评选，是为贯彻落实河北省政府《关于推动互联网与先进制造业深度融合加快发展工业互联网的实施意见》，通过总结工业互联网标杆示范成功经验，形成面向细分行业或特定场景的典型案例，为河北省工业企业数字化转型提供可借鉴的成功经验。评选过程中，经过严格的评审和筛选，该公司成为河北省35个入选的省级工业互联网标杆示范案例之一。

该公司工业大数据分析平台技术改造，通过搭建分析系统与AI平台，满足公司基于大数据智能分析的管理需求。该项目整体建设包括生产过程数据库构建、工业大数据分析平台构建、综合管控中心核心设备集成及数据可视化、项目关联信息化设施等几个方面。可以实现数据采集、数据存储、数据服务、数据管理、数据应用的功能。基于大数据分析平台的应用，该公司通过生产过程数据追溯，及时发现生产过程异常；通过检化验与质量查询，有效掌握产品质量信息；工艺参数和质量指标分析，实现生产质量关键要素的有效分析；质量预测可实现生产质量预判功能，避免质量损失。

下一步，该公司将以此次获奖为契机，进一步深化对工业互联网的理解和应用，以先进的科技力量推动企业的数字化转型和高质量发展。

南钢热轧钢板表面缺陷智能检测系统入选江苏省重大装备名单。9月10日，江苏省工业和信息化厅对2023年江苏省首台（套）重大装备拟认定名单公示结束，南钢旗下江苏金恒信息科技股份有限公司的热轧钢板表面缺陷智能检测系统（JH-ILEP-BJ1）成功入选，标志着南钢在钢铁行业重大技术装备攻关方面再获新突破。

热轧钢板表面缺陷智能检测系统，由金恒科技与南钢中厚板卷厂联合攻关20个月，历经四个多月的算法优化和数据实测，最终攻克了热轧钢板表面质量识别的痛点、难点，大幅提升了质检效率，减少了产品质量异议，并克服了人工检测过程中存在的漏检率高及产品质量依赖质检员经验等问题，系统的平均检出率≥98%、准确率≥90%。

该套系统通过机器视觉技术、物联网数采与传输技术、卷积神经网络算法模型技术的结合，对钢板表面的各种缺陷进行识别和分类，为调整钢板制造模型提供数据支撑，突破了人工智能技术在工业复杂环境下的产品缺陷检测瓶颈。在硬件方面采用线阵CCD+自适应LED光源，实现了热轧钢板上下表面图像的速度自适应同步采集，准确率高，技术水平被鉴定为国际领先，荣获冶金科学技术奖三等奖。

在南钢中厚板卷厂生产线上，金恒科技研制的热轧钢板表面缺陷检测与识别系统上线运行后，可以实现24小时实时检测，图片信息与钢板信息一一对应，检测图片便于存储及追溯，实现了钢板质量检测的闭环管理，为生产、决策提供可靠的质量数据，助力改善钢板质量，提升智能制造水平。

马钢钢铁制造平台获评2023年安徽省重点工业互联网平台。9月21日，2023世界制造业大会工业互联网专场发布会在合肥举办。此次活动，安徽省经济和信息化厅发布了认定的48家安徽省重点工业互联网平台，并进行授牌。马钢钢铁制造工业互联网平台被授予“行业型工业互联网平台”。

近年来，该公司基于宝武工业互联网平台加快推进数智化建设，充分发挥工业互联网在钢铁产业发展中的赋能引领作用，在“四化”转型升级中聚焦价值创造，立足极致高效，坚持“四有”组织生产经营，围绕研发、生产、供应、销售、服务等业务场景，搭建具备将自身知识沉淀、转化、利用为服务能力的马钢钢铁制造工业互联网平台，构建“1+N”全流程数字化运营智能工厂，取得了较为显著的成效。

后续，该公司将进一步优化基础能力，夯实以“四个一律”为主要特征的硬实力的同时，坚持数据驱动，提升以“三跨融合”为主要特征的平台化服务能力，有效提升产品和服务的质量和效率，以数字技术赋能产业转型升级。

沙钢高科入围“江苏省智能制造领军服务机构”。10 月 7 日，江苏省工业和信息化厅公布《2023 年江苏省智能制造领军服务机构拟入围名单》，江苏沙钢高科信息技术有限公司成功上榜。

沙钢高科成立于 2017 年，是一家以软件产品服务、定制开发、系统集成、运营及维护等智能化改造、数字化转型为主的高新技术企业。

作为国家高新技术企业、江苏省民营科技企业，沙钢高科一贯致力于企业智能化改造和数字化转型、工业互联网平台、大数据应用等方面的研发及产业应用推广工作，通过在产品和服务方面持续升级，为客户打造一站式智能制造解决方案，助力企业加快智改数转步伐，进一步提升核心竞争优势。

沙钢高科将以此为契机，牢牢把握数字化转型技术发展趋势，加强核心技术及产品的研发，加快核心能力输出，以创新的产品和优质的服务为客户创造更高的价值，持续助力制造业企业“智改数转”新征程。

福建三钢闽光云商获评省级工业互联网平台。11 月 21 日，福建省工业和信息化厅公布 2023 年新一代信息技术与制造业融合发展项目名单，福建三钢闽光云商钢铁行业供应链平台获评省级工业互联网平台，成为三明市首家获此平台的企业。

闽光云商钢铁行业供应链平台于 2018 年 12 月正式上线，是集钢铁信息、供应、销售、支付、融资、物流、加工、配送等综合服务于一体的服务型供应链平台，通过建设电子交易、供应链金融、云仓储、智慧物流、大数据管理五大板块，面向钢铁行业提供产品销售服务、金融服务、智慧物流服务及云仓储服务等。在三钢集团内，平台借助信息化手段对三钢购销两端集中，实现三钢集团层面的一体化运作；在三钢集团外，通过闽光云商整合目标区域供应链服务能力，延伸服务链条，重构区域钢铁产业生态环境，进入 2022 年度福建省数字经济核心产业领域创新企业“独角兽”名单。

吉林建龙获评吉林省智能制造示范工厂。11 月，吉林建龙凭借其“150 万吨清洁型热回收焦化项目”，成功获评吉林省 2023 年智能制造示范工厂。

该项目针对焦化生产工序分散、设备管理维护差、生产线数据贯通难度大、煤场管理难度大等行业痛点，推动信息技术全链条应用，创建了具备优化协同、全面感知、预测预警、科学决策相融合的智慧工程；首次创建了“集中监控、管控一体、流程优化、操检合一”的一体化管控体系，实现了焦化生产作业的“一站式”集中管控决策，打造了焦化厂智能制造标杆。吉林建龙“150 万吨清洁型热回收焦化项目”涵盖了 20 项智能制造设备和系统。其中，由该公司自主设计，并与辽宁鑫泰科智能系统有限公司联合开发的焦电智能管控一体化平台，涵盖了生产、物流、能源、安全生产和环境保护等多方面资源，通过贯彻落实集中一贯制，以建立统一的生产指挥系统、实现信息共享和工作协同为根本保障，将现场所有关键点的一级控制系统和主控区域进行整合，提升了处理问题的反应能力，避免了信息孤岛和沟通不畅等问题。

该公司自主研发的皮带精益管理系统实现了皮带智能化运行，基于云计算技术的电机监控和管理系统，可实时收集分析电机的工作数据，实现对电机的远程监控、故障诊断和预测性维护，从而帮助巡检人员有针对性地进行巡检，提高巡检效率，在降低故障时间和维护成本、提高皮带运行效率的同时，有效改善员工作业环境。

抚顺新钢铁智能工厂项目获数字辽宁智

造强省专项资金支持。11月2日，由辽宁省工信厅和财政厅牵头组织的数字辽宁智造强省专项资金（智造强省方向）申报完成结果公示，抚顺新钢铁智能工厂项目成功入选《制造业数字化转型方向拟支持企业（项目）名单》。

该项目累计投入资金过亿元，完成了智能制造5G网络覆盖、融合业务组织与冶金流程的新一代集控中心、重点关键设备智能管理平台、新一代高效物性自动化检验系统、3D资产建设系统、5G无人值守上料天车、钢筋笼和八字成型筋自动焊接、标识解析虚拟机服务系统、有限元模拟、原料进货铁运在途跟踪可视化系统、用户直连制造、环保智能管控平台等一批重点智造项目建设。智能工厂建成后，该公司运营成本下降17%、生产效率提升5%、产品不良品率下降0.71%、优化人员比例达到10.7%、库存周转率提升4.89%，通过智能制造实现降本增效。

自2019年，该公司启动智能制造升级改造项目以来，以构建数据驱动的数字孪生智能为目标，深化两化融合贯标，搭建了国内领先的公司级、高精度的三维数字化工厂模型，建立了覆盖生产管理、设备管理、安全管理、能源管理等领域的系统和平台，先后完成了管理流程全面梳理、专业运行模式重构和组织结构定向优化等管理模式和生产运营机制的全面革新。

未来，该公司将继续牢牢扭住数字化自主创新的"牛鼻子"，聚焦各类科技创新要素，锻造数字钢铁力量，瞄准国家级智能制造创新平台，加快推动企业数字化转型再上新台。

沙钢高科入选省级软件企业技术中心。11月27日，江苏省工业和信息化厅发布2023年（第10批）省级软件企业技术中心拟认定名单公示，江苏沙钢高科信息技术有限公司技术中心榜上有名。

下一步，沙钢高科将加快技术人才引进，提高技术创新能力，持续打造在制造业尤其是钢铁行业可推广、可复制、有效益的数字化、智能化软件产品及解决方案，助力钢铁行业及相关制造业快速提升整体数智化水平。

南钢一体化智慧运营平台入围江苏省工业软件优秀产品和应用解决方案。12月18~24日，江苏省工业和信息化厅公示的2023年度江苏省工业软件优秀产品和应用解决方案拟推广公示名单中，南钢申报的钢铁行业一体化智慧运营平台入选。

钢铁行业一体化智慧运营平台以金恒FSI2全栈式工业互联网平台为基础支撑，实现了数据融合、在线业务流转和数字孪生验证，具备生产运营管理、工艺分析优化、物料平衡、设备管理、能源管理优化、数据分析等能力，是钢铁行业首个涵盖生产智造、经营、生态的集群式一体化管控平台。该平台功能覆盖生产、运营、生态三大环节，通过对六大生产集群、十五大业务模块的多模式管控系统进行集成，打通了钢铁全流程各集群内和集群间的物质流、能量流、数据流、价值流，实现多工序跨越协同、多业务优化协同、多集群全局协同、多目标决策协同、产业链价值协同，打造自感知、自学习的企业一体化"智控大脑"。

淮钢获得工业互联网标杆工厂奖补资金390万元。2023年，淮钢申报的《基于工业互联网的高性能特钢标杆工厂》项目获得政府奖补资金390万元。

近年来，该公司紧跟江苏省智改数转指导方向，根据现有的智能制造基础条件，围绕安全、环保、设备、计划、质量、物流、能源、成本"八个维度"，聚焦"三个一体化"（产供销一体化、铁钢轧一体化、管控一体化）目标和"两个智能化"（决策智能化、装备智能化）目标，采用集中部署架构，依托工业互联网平台，综合应用数采、分析、建模与优化等技术，以建设决策支持系统为核心，以优化高性能特殊钢棒材制造过程为主线，以数据驱动价值效益，全面实施智改数转等制造提升工程，构建先进的智能制造体系，建造基于工业互联网的高性能特钢标杆工厂，最终实现产品、工厂资产和商业的全流程提升，形成企业生产模式创新。

未来，该公司将持续推进产线智能化提升，探索新型技术在企业生产领域的应用，进一步打造智能制造时代企业发展优势，助力企业高质量发展。

5.1.3 智能制造工厂

中信泰富特钢（兴澄特钢）入选全球"灯塔工厂"。12月14日，世界经济论坛公布最新一批"灯塔工厂"名单，中信泰富特钢（兴澄特钢）在全球上千家入选工厂中脱颖而出，成为本次唯一一家钢铁行业"灯塔工厂"，也成为全球特钢行业首家"灯塔工厂"。

"灯塔工厂"是世界经济论坛与麦肯锡于2018年发起的全球评选项目。评选出的"灯塔工厂"被誉为"世界上最先进的工厂"、"数字化制造"和"全球化4.0"示范者，代表当今全球制造业领域智能制造和数字化顶尖水平。

为满足全球客户快速增长的"定制化"需求，同时应对原材料和能源供应的大幅波动，作为全球领先的特钢制造企业，中信泰富特钢聚焦品质与定制化这一核心行业问题，通过一系列数字化技术形成了高品质、柔性化、敏捷性的高效发展模式。中信泰富特钢通过性能预测模型对质量要求进行数字仿真拟合，研发周期提速了56%；通过模拟工艺参数对质量的影响，推动了产品的疲劳寿命提升了241%；通过数字化技术，提高了柔性化、敏捷化生产能力；通过数字轧制与冷却技术，实现了面向订单的高精度的轧制、高效生产规格切换以及高效的热处理过程控制。

近年来，中信泰富特钢将智能制造作为驱动高质量发展的重要引擎，依据国家、行业政策指引，结合自身多品种小批量、工艺流程复杂、产品技术含量高等行业特点，制定了特钢智能制造方案，以数字制造、柔性制造、智慧制造推动了制造模式转变，并大幅降低能耗和碳排放。

南钢原料智慧料场和球团黑灯工厂项目上线。12月28日，南钢原料智慧料场和球团黑灯工厂项目上线，标志着南钢在工业智能化领域迈出重要一步，为南钢数字化转型发展奠定了坚实基础。

近年来，南钢以"创建国际一流受尊重的企业智慧生命体"为企业愿景，以智改数转作为企业高质量发展引擎，围绕低碳经济、节能减排、清洁生产、资源高效利用的目标，于2019年启动料场环保改造提升工作。经过2年的建设，一座环保、高效的料场建成投产。同时，南钢采用最新带式焙烧技术的新球团生产线也于2022年12月31日投产。在此基础上，南钢智慧料场和球团黑灯工厂项目于2月正式启动，并于10月16日进入全系统联动生产试运行。

智慧料场、球团黑灯工厂项目的上线投用，首创了刮板机自动平料、布料车自动往复布料、焙烧机台车自动加油、造球智能整粒等应用技术，有效提升了料场、球团智能化管控水平，助力炼铁降本增效，为"产业智慧化"和"运营智能化"的南钢增添了澎湃动力。

5.1.4 智能检测平台

本钢板材质检计量中心大力推行废钢智能验质工作。为积极推进废钢验质工作信息化、数字化、智能化，快速、准确、稳定识别废钢等级，提高废钢应用水平，2023年初以来，本钢板材质检计量中心大力推行废钢智能验质工作，将智能化升级装置植入废钢验质“动脉”。

4月，该中心对废钢智能验质项目进行考察、可研、立项，成立了技术攻关小组，完成了废钢智能验质技术推进和实施规划方案。该项目结合板材质检计量中心和板材废钢厂关于废钢管理及验质工序的特点，满足生产组织和管理的需要，最大限度地节省人力，缩短废钢的卸料时间，提高验质速度，提升废钢卸料、入库、配料及发货作业率。同时，根据现场实际情况，在提升效率和降低劳动强度的前提下，确保验质高效准确、废钢卸料安全。该项目主要包括废钢车辆信息识别系统，现场判级显示系统，机器视觉识别系统、智能判级系统平台和远程集控系统等，配套设施包括网络建设与视频监控及外围接口程序开发、设备安装、供电系统等，实现废钢验质数据报表的全流程共享。

该项目计划于7月开始建设，12月底正式上线运行。该项目建成后，将有效降低人工成本，实现废钢验质标准化，在管理效益上保证废钢验质的客观性，规避人工验质个体判定标准的差异性，减少供应商判级异议，切实维护企业利益。同时，该项目可实现全天接收废钢车辆，延长验质作业时长，实现废钢均衡进货，有效提高验质作业率；有效识别封闭物等不合格料型，避免危险料型进炉；降低废钢场地库存，减少资金占用。

沙钢生产过程智能检测中心投运。5月，沙钢生产过程智能检测中心正式投入运行。

该中心配备了首套钢、铁、渣全流程智能化快分系统，与炉前生产高效同步，实现了钢铁冶炼生产各环节的铁水、钢水、炉渣等样品检测集中化，样品制备、检测、分析智能化，以及全流程数据信息化，为沙钢产品高质量生产注入了智慧动能。

该中心在实现全流程智能化的基础上，将原来分散在厂区内的化验室进行全面整合，一方面实现了设备、人员的集中管理、优化配置；另一方面打破了多个系统间数据壁垒，实现了数据共享，高效协同。

近年来，沙钢快马加鞭推进智能化检验，通过引进智能化设备和现有设备自动化改造升级等举措，进一步提高了质量的过程管控水平及劳动效率，目前已建成近10个全自动制样分析系统和智能化实验室。

5.1.5 智能管控中心

本钢板材铁运公司“智能运输”建设迈出坚实步伐。1月，本钢板材铁运公司实施铁路信号远程智能运维监测平台及功能开发，2月16日成功上线运行，3月初已实现9座信号楼、11套信号联锁系统、762台转辙机、1116架信号机、1211处区段及各模块设备运行状态的实时监控，提升工作效率达20%。

铁路信号远程智能运维监测平台采用人工智能和数据挖掘技术，可对铁路信号设备进行远程点检，通过对信号联锁系统在线运行数据的诊断分析，综合研判设备劣化趋势，进而指导点检人员预知维修。在信号设备发生故障时，可通过该平台在线分析诊断，实现对故障点快速精准定位，使设备检修维护效率大幅提升。

在该平台研发过程中，该公司“卢锐劳模创新工作室”技术团队与合肥工大高科公司技术人员共同对日常点检、判断故障过程中需要记录的数据进行收集、分类，确定了铁路信号远程智能运维监测平台的服务范围。在平台建设过程中，该公司结合工电段的实际维保经验和设备现状，不断调整系统的故障模型和设备劣化特征，使其对设备健康趋势分析更加符合实际应用需要。

铁路信号远程智能运维监测平台的应用，成功实现了铁路信号设备技术状态远程监测可视化和信号机械室设备运维“无人化”，标志着该公司“数字赋能、智慧运输”建设又向前迈出了坚实的一步，更为践行“数字鞍钢”内涵贡献了“本钢力量”。

方大特钢超低排放智能化管控平台正式上线。2 月，方大特钢超低排放智能化管控平台正式上线，该平台可对企业超低排放设施进行集中管理，实现企业排放全过程监测与治理。

该项目包括有组织排放数据监控、无组织排放数据管理、重点污染区域视频监控、环境空气质量监测微站数据集中管理、单点 TSP 监测站点数据集中管理，以及遥感在线（VDM）监测数据集中管理、环保车辆数据接入管理等，为企业实现超低排放提供有力支撑。

此外，该公司不断强化环保设备设施的运维管理，将环保设备等同于生产主体设备一样开展重点管控，确保环保设备与生产设备同步运行率达到 100%。该公司通过加强设备点检、维护及隐患排查的有效管控，以及强化岗位知识技能培训与岗位人员之间的交流学习，有效提高岗位运维管控能力；积极运用在线监测诊断模式，精准制订设备检修周期，保证设备功能及精度达标管理；加快推进设备“自动化、信息化、智能化”三化项目及设备节能技术的应用，进一步提高设备装备水平及高效经济运行能力，为持续改善现场工作环境、减轻人员劳动强度提供可靠支持。

天津钢管加工分厂新建管端探伤机集控室投入使用。3 月，天津钢管加工分厂完成了套管一区管端超声探伤机的集控室建设工作，实现了 3 条生产线 6 台探伤设备的集操集控功能，包括探伤设备的远程监视、探伤波形的远程判断、设备远程管控、报表集中打印等功能。

管端探伤机是保障公司产品质量安全的重点检测设备，管加工分厂原来的 3 条套管线的 6 台探伤机均为单一监控操作，每班需 6 人在岗操作；新建的集控室实现探伤机远程集操集控功能，每班 2 人即可完成设备操作与控制，每班可优化岗位 4 人，共计优化岗位 16 人。

该集控室主要有四部分功能：一是集控室通过在每条生产线上安装的 3 个高清摄像头，引入 12 个视频信号，实现对现场设备的实时集中监视功能；二是每条生产线实现探伤总机集控室远程显示与操作，提高了生产效率，加快了生产连贯性；三是将 6 台探伤机波形信号实时引入集控室显示屏，可实现对 6 台探伤机的监控与参数的修改调整，集控室波形报告集中打印功能；四是三条探伤机设备及台架实现远程控制，监控设备的同时兼顾操作的便捷性与设备的安全性。

福建三钢智控中心成功封顶。3 月 10 日，随着最后一罐顶板混凝土完成浇筑，福建三钢智控中心成功封顶。该项目是三钢推进数字化、智能化转型升级的重点项目，对实现设备自动化、设施集约化、系统智能化和优化企业管理、提高生产效率、提升本质安全等具有十分重要的意义。

三钢智控中心位于该公司厂区中央，在原炼钢厂、动力厂、劳服公司等单位办公楼区域，按地上三层，地下一层建设，总建筑面积约 18000 米^2。该项目主体结构采用钢柱及钢梁、DECK 钢筋混凝土楼板、玻璃幕墙等。其中，一层布置机房、配电室、实验室及铁运集控中心；二层布置钢后、能环集控中心；三层布置铁区集控中心，包括焦炉、煤化工、干熄焦、烧结、高炉、球团及环保集控中心。

建龙西钢焦炉机车智能管控平台正式上线运行。4 月，建龙西钢焦炉机车智能管控平台正式上线运行，标志着国内首套高寒地区捣固式焦炉机车无人驾驶技术取得阶段性成果。

该项目由建龙西钢与同创信通联合研发，突破了机车载重及工况变化自适应的控制难题，实现了基于边缘控制的机车安全辅助驾驶功能及具备深度自学习能力的机车调度算法，其中机车定位精度、智能调度算法、安全防撞等技术达到行业领先水平。

下一步，建龙西钢与同创信通将继续优化智能调度及边缘控制算法，持续推动机车类驾驶无人化技术研发，实现装备设施本质安全、人员优化、降低工序成本目标，助力建龙西钢在数智型企业转型的道路上行稳致远。

磐石建龙智造中心正式投用。5月18日，磐石建龙智造中心项目正式投用，标志着磐石建龙在产业数字化转型方面迈出坚实一步。

该项目总建筑面积5535.97平方米，于2022年6月开工建设。该公司秉持科技创新与降本增效相结合的原则，把方案布局的先进性与投资控制的合理性贯彻于前期设计当中。经过近一年的建设，该项目顺利竣工。

该项目投运是磐石建龙数字化转型的重要开端。未来，该公司将持续强化人工智能与工业5G应用为生产提供系统服务，推进制造技术突破和工艺创新，力争打造覆盖全供应链、全生产线、全生命周期的科学化管控新模式，为高质量发展开启新篇章。

本钢板材能源管控中心能源集控项目稳步推进。6月，本钢板材能源管控中心能源集控项目正在快速推进，工程光纤网络建设已完成大半，五大专业数据采集软件编制工作正在进行，其中燃气系统基础自动化改造工程已具备实施条件，预计9月末达到数据上线展示效果。

根据本钢集团“十四五”规划，能源集控项目统一布局、一体化设计、分层级应用推进，将建设一套具有先进管理理念、高效管控流程、最优管理组织的透明化、科学化、智能化的能源管控系统平台。其中，该公司集约操控功能将对板材能源管控中心燃气、制氧、发电、供电、供水五个分厂的基础设备自动化系统进行升级改造和整合，实现五大介质的远程集约化操控。同时，该公司以自动化运行、集中化操控、智能化管理为核心，应用“数据驱动+机理驱动”手段，实现本钢板材能源系统的智能化分析、预测、平衡优化和智慧管理。该公司通过智慧能源管控平台，将能源数据与钢铁生产数据进行协同，实现钢铁企业的能源价值最大化，打造钢铁流程工业智慧能源管理体系。

太钢精密带钢公司智慧控制中心建成。6月，山西太钢不锈钢精密带钢有限公司智慧控制中心建成，新一代信息技术与制造业深度融合，实现企业生产更智能、管理更智慧。

该公司紧紧围绕中国宝武“绿色发展·智慧制造”发展战略，从公司层面进行总体谋划设计，分步实施，重点突破，持续推进数字化制造普及、智能化制造示范引领，以构建智慧工厂为核心，以实施智慧制造项目为抓手，着力提升各关键产线的数字化能力和关键设备智能化水平，着力扩展智慧制造在生产管控、质量把控、能源环保、物流管理等相关方面的融合应用，构建互联、互通、共享、集成的精密带钢智慧工厂。

在智慧控制中心，随着一台台设备的接入和控制系统的启用，太钢精密带钢公司逐步建成了集数据采集、信息监控、协同操作、生产协调等功能于一体的集中管理与控制平台。该系统通过智慧终端与各机组的无缝连接，整个车间内部的生产信息可快速、即时、自动传输到智慧控制中心，实现所有工作站点互联互通。

扬州特材获评江苏省五星级上云企业。6月15日，江苏省工信厅公布了2023年度第一批省星级上云企业拟认定名单，中信泰富特钢集团旗下扬州泰富特种材料有限公司凭借出色的云平台建设和工业互联网服务能力顺利入选，并获得五星级最高等级评定。

扬州特材自2017年以来便致力于智能

化制造与数字化平台研究，围绕互联网大数据应用，构建从生产线、产品管理至项目运营的全产业链“云”架构。扬州特材通过多年来在球团行业的深耕，提前完成数字化及平台化转型。

凭借智能化融合，扬州特材以科技带动生产，将互联融入管理，积极推进智能化生产，智慧球团项目将传统的球团生产再度推向更高的起点，实现了远程控制、云管理、精细化运营，在工业水平上不断实现新的突破。同时，扬州特材匹配开发球团智能应用系统，进一步将数智化生产落到实处，解决了传统球团生产中的诸多难点。

南钢备件标识跟踪系统上线。6 月 30 日，南钢设备智维平台和采购一体化平台项目团队自主设计开发、行业首创的备件标识跟踪系统全面上线。

南钢备件标识跟踪管理系统借鉴了大型物流、仓储企业的二维码跟踪模式，备件标识（二维码）伴随备件计划申报生成于设备智维平台，创新性采用二维码跟随单体备件，可在多平台间流转，解决数据来源难题，实现数据互通，跟踪记录备件的申报、采购、招标、送货、出入库等信息，并通过设备智维平台检修管理模块跟踪备件上下线时间，评价备件使用寿命和更换周期，精准管控备件全生命履历，实现备件全生命周期管理目标。

南钢板材事业部全流程智能制造平台正式上线。7 月 6 日，南钢板材事业部全流程智能制造平台正式上线。

南钢板材事业部全流程智能制造（一期）项目以“一体、多维、一基地”为建设目标，以整体规划、分步实施为原则，建设炼钢集控中心、宽板集控中心和协同运营三大板块，构建板材制造、效益、成本、研发中心。板材事业部以示范性、成熟度、效益优先为原则，以钢板数字画像、KPI 体系模型、体系融合为基础，结合数据治理，以质量和成本为中心，以提质降本增效为目标，解决板材事业部关键痛点问题，同时起到示范引领作用，为南钢智慧运营中心提供数据支撑。该项目建设内容包括智慧质量、智慧成本、智慧生产、智慧能源、智慧运维五大模块中的主要功能。宽板集控以一线一室、产线智能化、效率提升为主线，炼钢集控以基础提升为主线，发挥岗位协同、业务协同价值，降低生产成本、减少质量损失、提升生产效率和管理效率。

福建三钢智能运营系统成功上线。10 月 2 日，福建三钢智能运营系统项目成功上线仪式在大数据中心三楼多功能报告厅举行。

该项目从 2022 年 10 月 11 日正式启动，面对项目建设要求高、进度紧、业务涉及面广等困难，在该公司领导高度重视和大力推动下，近千名参建人员全力以赴、密切配合，日以继夜奋战，克服了新冠疫情等诸多困难和挑战，确保项目按计划有序推进。该项目历经需求调研、系统设计与程序开发等阶段，于 7 月 3 日开始联调测试。该项目技术人员争分夺秒地完成了 5 轮现场联调测试和 4 轮模拟切换，为系统整体切换上线奠定了扎实基础。

本次上线的系统包括生态圈协同、集团管控与共享、产业经营、制造管理以及各生产执行系统共计 44 套，并同步完成了边缘数据采集与大数据应用功能投运，涉及集团公司 266 个业务部门和 10018 个用户。

方大特钢云化数据中心机房项目正式启动。10 月 8 日，方大特钢云化数据中心机房项目已启动，预计 2024 年完工。该项目的建设，可为企业提供更加高效、安全、智能的数据处理与存储服务，助力企业生产经营。

云化数据中心机房设在方大特钢智慧管控中心，占地面积 300 平方米。该项目采用模块化建造设计，将数据中心的各个组件和设备预先集成在标准化模块中，形成一个完整的、可独立运行的数据中心单元，可大幅缩短设备部署时间，提高建设效率。该项目建成后，云化数据中心可通过整合企业内部各服务器、存储、网络等硬件资源，实现企业 IT 计算资源、存储资源的高效利用。

在日常维护中，该公司还可依托 AI 智能、IoT 信息化技术打造的智慧运维管理系统，有效避免因停电、网络故障、硬件故障等问题带来的运行风险，并通过采集机房中温湿度探头、感烟探头、UPS、消防设备、漏水检测，以及信息化设备的运行状态等信号，集中监控机房各类信息，实现智能预警并主动推送告警消息，为机房数据安全提供可靠载体。

方大特钢轧钢棒材线智能集控操作室投入使用。9 月，方大特钢轧钢厂棒材线智能集控操作室改造完成，正式投入使用，可进一步提升生产线智能制造水平。

为通过智能制造升级实现生产效率的进一步提高，同时降低员工劳动强度、改善现场工作环境，该公司决定对轧钢厂棒材线操作室进行智能集控改造，通过信息大数据、智能设备、远程集控操作等技术，实现了从原料进厂、装炉、加热、轧制等过程工序的集控化操作，将需要 3 个操作台完成的工作合并为一个操作台，全面提升生产线的智能化程度和生产效率。

南钢携手金星智控共建联合创新中心。9 月 5 日，南钢与金星智控联合共建的“铁区智能装备及系统开发应用联合创新中心”揭牌成立。

铁区智能装备及系统开发应用联合创新中心，旨在打造一个跨界、共享、开放的集“技术、人才、项目”资源于一体的合作赋能型创新平台，为南钢铁区智能装备及系统开发应用提供专业化支持，助力南钢铁区加速推进科技创新发展和数字化转型。

西宁特钢进出厂车辆数据看板正式上线。为提升全厂车辆管理水平，提高汽车收发效率，保障司机行车安全，10 月，西宁特钢集团自信公司信息化部利用大数据处理技术及网页前端开发技术，基于三一重工系统，设计研发了“西宁特钢进出厂车辆数据看板”并成功上线运行。

以往，进出厂车辆数据看板没有上线时，该公司生产指挥中心无法实时掌握厂内车辆滞留情况，对送货车和外发车管理不到位。“西宁特钢进出厂车辆数据看板”可以将分散在全厂各个区域的车辆进行标准化集中管理，大幅提升车辆装卸效率，为安全高效生产提供了基础保障和数据支撑，助力企业深化改革发展新征程。

下一步，该公司将持续以信息化、数字化、智能化为原则，提升精细化管理能力，结合深化改革工作实际，不断探索研发科技强企的新思路，切实提升精益化、自动化水平，促进企业生产经营智能化水平实现质的提升。

南钢智慧能源管控一体化平台上线。11 月 30 日，南钢智慧能源管控一体化平台上线，标志着该公司在能源管理领域又迈出了坚实的一步。

能源是钢铁工业生产的“血液”，如何使能源系统更安全稳定、优质高效地运行。多年来，南钢一直坚持“绿色低碳”发展战略，按照“一切业务数字化”的要求，从 2023 年初开始筹划智慧能源管控一体化平台项目，经过大家的共同努力，目前已如期完成了第一阶段的任务。智慧能源管控一体化平台的建成，打破了部门和专业壁垒，通过业务的横向融合、数据的纵向贯通，实现精益生产、精准供能，以及跨工序的能源信息集成，开创了能源动力供应的集群控制、能源智慧管理以及能源智能决策的一体化数字能源管理系统的先河。

淮钢智信中心“智改数转自营室”顺利“开张”。2023 年，淮钢智信中心自主开发的4.9万立方米焦炉煤气柜操作画面顺利集成并上线使用，标志着该公司新设立的“智改数转自营室”顺利“开张”。

为更加高效用好自有煤气，该公司动力厂新增了2台4.9万立方米煤气柜，但新增的2台煤气柜画面与原有的3台煤气柜监控画面没有集成在一起，造成集控中心操作人员无法整体监控整个煤气系统数据，不方便煤气用量的切换及联动调控。

为此，该厂提出了集控画面整合的业务需求。智信中心快速反应，对此业务需求进行了调研、交流，分析项目可行性。为积极响应该公司降本增效号召，智信中心决定在原有操作画面的基础上对新增煤气柜操作画面进行自主开发。该厂集控中心操作画面采用的是Intouch组态软件，而新增的两台煤气柜操作画面采用的是WinCC组态软件，如要对两种不同的组态软件进行画面整合，必须对系统涉及的数据点位进行梳理关联。为此，智信中心先后从WinCC组态软件中梳理900多个点位数据信息，并在Intouch组态软件上完成SIS系统监控画面、PLC系统监控画面、实时报警、历史趋势查询等功能的开发。截至目前，该公司已实现4.9万立方米焦炉煤气柜操作画面的集成，上线使用；同时正在开展4.9万立方米转炉煤气柜操作画面的集成开发工作。

太钢鑫海打通信息化“动脉”。2023年，太钢鑫海不锈钢基地炼钢制造管理生产执行系统成功上线。该系统不仅打通了太钢总部的集控制造管理系统——太钢鑫海制造管理、炼钢MES、检化验、炉前快分及炼钢AODL2、连铸L2系统，还贯穿了计划排产、炼钢调度、现场生产以及仓库、工器具、检化验管理等炼钢制造全部环节。

该系统通过计划管理对各工序的生产进度和时序进行控制，基于材料申请及组炉组浇精准掌控坯料生产需求，以炼钢标准管理、检化验管理、判定处置实现对生产质量和仓储物流的管理等，提高了炼钢生产全流程的管控能力。

5.1.6 智能化生产

国内首个中厚板试样粗加工自动化项目在沙钢投运。2月，在沙钢机修总厂金工车间，各种机械手臂左右穿梭，偌大的作业现场只有寥寥几人；操作人员轻点按键，机器与机器之间似乎达成一种“默契”，取样、切割、分拣、标记、搬运……每道工序之间形成完美衔接。

该项目是国内首套中厚板试样粗加工自动化项目，由沙钢集团联合国检集团自主研发、制造、集成而成，实现了100毫米以下中厚度板材拉伸、弯曲、冲击、落锤、化学等试样一键加工。

该系统由全自动板坯激光切割系统、全自动圆盘锯切割系统、自动化上下料系统、自动化分拣识别系统、自动化测厚系统等八大系统组成，各工序间样板的搬运、传递由8台机器人组合完成，具有切割速度快、取样位置定位准、加工精度高等特点。

近年来，沙钢把“智改数转”作为企业再发展、再升级的核心举措，围绕产品研发模拟化、生产操作集约化、生产岗位无人化、生产调度智能化四大方面，打造出国内首个高端线材智能制造示范基地、建设国内首条商业化全自动出钢生产线、自主研发高炉智能诊断系统，助力企业转型升级和创新跨越发展，构建新时代核心制造能力。

马钢长材事业部测温取样机器人投入运行。3月，经马钢飞马智科爱智机器人团队和长材事业部智慧制造团队共同努力，马钢长材事业部120吨2号转炉测温取样机器人完成调试工作，投入运行。

该机器人启动一次便可以获得钢水温度数据和钢水样品，既缩短了测温取样时间，又提高了钢水样品成分的代表性，可完全替代人工测温取样。该事业部员工仅需在远程操作站轻点“一键测温取样”按钮即可完成操作，远离危险源，消灭了3D岗位，提升了本质安全。

该机器人系统具有两大创新：一是将较为轻便的直线轨安装在炉前防火门，以驱动机器人测温取样；整套设备机械部分采用模块化装配，电气部分线缆均采用快插式连接，对后续设备检修及维护提供了极大的便利。机器人轴电机均采用伺服系统，定位精度和重复定位精度高达微米级，实现了对不同炉况不同钢种的测量位置的唯一性，可以更加准确地采集温度数据。二是采用无线测温方式，即仪表和转炉测温取样系统间采用无线通信，大大减少了线缆敷设及故障率。

另外，该机器人可以根据不同炉况实时调节测温枪进入钢水的深度，保证每次测量时探头均可以到达钢水液面以下；同时转炉的炉倾角数据以及所测量的温度数据均实时反馈到操作台，以便人工查看和校验。该机器人还具有自我保护功能，能够实现对炉门位置及摇炉角度的充分检测，在不满足设备运行条件的情况下会发出报警信息，设备不予运行；在启动过程中，如果丢失了安全连锁信号，也会中断测温取样流程，自动启动回原位程序，保证机器人作业的安全性。

本钢板材炼钢厂新区转炉实现智能一键炼钢。3月29日，本钢板材炼钢厂新区六号转炉主控室内，操作人员轻点鼠标，转炉智能一键炼钢系统在室外“悄然”启动，一旁的“转炉数字孪生系统”对冶炼状态进行详尽的模拟……20分钟后，一炉火红的钢水“新鲜出炉”，各项成分指标全部达标。

该系统具有提高冶炼终点碳、温度双命中率、实现管理信息化和作业标准化等优势，是实现转炉科学生产、稳定操作、降低消耗、减少排放、提高产品质量的重要保证。现在，除不断完善智能一键炼钢系统外，板材炼钢厂自动折铁、天车定位、钢包定位、板坯定位、机器人等智能项目的可行性研究也在同步推进，一个“数字化”“智能化”“高技术”的智慧炼钢正在逐步走进人们的视野。

建龙北满特钢来了一位“智”在“臂”得的新员工。4月，建龙北满特钢上岗了一位“新员工”，它身穿工作服不惧高温、钢水溅落等恶劣环境，面对1600 ℃高温的钢水测温、取样犹如探囊取物般简单，它就是该公司第一炼钢厂刚刚投用的转炉测温取样机器人。

经过上百炉的测试，该机器人表现优异，测温取样动作完成率100%，测温成功率97%，取样成功率99%。

该机器人是集机械、电气、自动化、编程等环节紧密集成的操作设备，可通过人工智能界面，根据不同钢水体积及渣层厚度，设置测温枪进入钢水的深度，保证每次测量时探头均可以到达合理测温取样区域。该公司员工只需在人机操作界面轻点“一键测温取样”机器人按钮，就能完成测温取样操作，单次测温取样时间仅需17~20秒，整个测温周期时间在50~60秒。在减轻员工劳动强度和提高安全系数的同时，该机器人保证了测温及取样数据的准确性、实时性，提升现场作业效率，实现了测温取样的智能化作业。

太钢实现钢水一键自动扒渣。8月15日，太钢炼钢二厂首台LTS自动扒渣机正式投用，这是国内首次将自动扒渣技术在不锈钢钢水钢渣分离上应用。

该系统融合了机器视觉、智能传感、深度学习与自动控制，操作人员在主控室一键启动自动扒渣后，钢包自动倾翻装置，按照预先计算的倾翻初始角度开始自动倾翻。倾翻到位后，图像系统智能捕捉分析钢渣的分布情况并确定扒渣机的运行路径，扒渣机在收到主机规划的路径后，向扒渣机发出精确定位指令开始自动扒渣作业。扒渣过程中，扒渣机根据传感器的实时反馈信号自动调整扒渣动作和姿态，钢包倾翻角度根据钢水液面的变化进行实时调节，图像系统则实时监控渣面分布情况，根据不同的钢种标准判断何时结束扒渣。

罗源闽光炼钢厂首个测温取样机器人成功热试。8 月 16 日，福建三钢罗源闽光炼钢厂首个智能制造项目——自动测温取样机器人成功热试。

该项目从安装、调试、冷试车到热试车共历时 3 个月，在项目建设中，各小组、作业区在基础架构加固、设备安装、设备调试、热试方案确认等方面通力协作，最终实现机器人自动完成加装探头、测温、取样、定氧、拔取探头、放置回收箱等一系列操作，整个过程运行稳定、测量数据精确。

该项目上线后，该公司操作人员只需按下启动按钮，一个身穿“隔热服”的机器人就会将长长的“手臂”伸入钢包内，快速准确地从 1600 ℃的钢液中进行测温取样，在改善作业环境、避免安全事故的同时，提高了测温取样效率。热试成功后，该公司相关技术人员对现场运行情况进行监管记录，探讨了热试中发现的部分操作与实际工艺冲突问题，制定了维保方案，为后续的稳定使用提供保障。

本钢物流运输进入“智跑”时代。9 月 30 日，一个个热轧原料卷通过无人驾驶重卡车从本钢板材一热轧成品库运送至本钢浦项原料库，标志着该公司 2 个区域间 2. 5 千米的路程已具备无人驾驶运输能力，这是国内钢铁企业首次将无人驾驶技术应用于厂内短途倒运，本钢物流运输由此进入“智跑”时代。

本钢板材物流中心成立以来，全力推进智慧运输、绿色发展，把提升物流运输效率、效益作为工作重心，不断加快新型运输设施建设。经过多方调研，在本钢集团物流管理中心和板材公司的全力支持下，该中心率先引入物流车队运输管理系统，通过本钢集团 PC 端建立物流业务协同平台，根据业务类型配置监控节点，搭建任务单、物流单线上传模式，在任务、派单、装车、发运、在途、异常、签收的全过程实施移动端可视化管理，实现产品运输在途的高效闭环。该系统应用后，将合理优化公路运输计划，实现运输任务情况的实时查询和运输过程的可视化，缩短车辆等待时间，提高装卸效率，降低物流运输成本。

本钢物流运输无人驾驶技术使用的重型卡车载重量达 50 吨以上，通过激光雷达、高清摄像头等传感器自主感知周围环境，实现车辆的实时决策和控制，无需驾驶员即可实现自动化安全驾驶。按照目前板材厂区短途倒运现状，该中心采用无人驾驶车辆后，在保证生产运输需求的同时，可降低故障率在 1%以下，年可节省维修成本 40 余万元，日常维护成本可降低 30%。

自 6 月 21 日无人驾驶测试车辆进厂以来，该项目一期工程已完成云控平台功能开发、地图采集、运行线路测试、装卸地点测试、重载车辆全流程调试、避让测试等工作，通过远程启动、手机操作端，可实现目的地下发、避障绕行、红绿灯检测、自主泊车、车道保持、云控调度、视频实时回传等多项功能。

本钢板材炼钢厂全炉次铁水成分自动预报系统上线。10 月，一套历时 3 个月数据采集、程序及数据库设计、模拟运行，可以代替人工预报铁水成分的全炉次铁水成分自动预报系统在本钢板材炼钢厂上线，标志着该厂数字化、智能化水平有了进一步飞跃。

检验结果自动上传系统涵盖转炉工序需要的各项数据，由转炉、倒罐站、预处理站、化验室四方共享，在一罐铁水按工艺顺序进行生产的时候，每完成一道工序，各项相关数据就通过二级系统自动上传到 MES 系统上，每炉次以罐号为索引，形成一条数据，每个工序的数据自动导入攻关组设计的画面上，转炉操作工第一时间就能获取相关数据，进行冶炼准备。在倒罐站出铁后，该系统将数据上传到数据库中，内部程序根据罐号、铁量、高炉号等数据，进行分析计算，最终形成一组模拟数据，反传到该组出铁数据条，这样模拟预报数据就完成了，并直接实现转炉、倒罐站、预处理站、化验室四方共享。经过模拟运行一周后，该公司工作人员对每个异常情况进行二次屏蔽和优化，最终模拟数据准确率达96%以上。

该系统的上线大大降低了职工劳动强度，杜绝了由于人为失误造成的信息传递错误，为转炉冶炼创造充分的准备时间，提高了生产效率。

马钢自主设计的国内首套轻量化热风炉巡检机器人正式“上岗”。10月，由马钢运改部会同设备部自主设计的国内首套轻量化热风炉巡检机器人在炼铁总厂北区A号、B号高炉正式“上岗”。这些拥有自主知识产权的智能热风炉巡检机器人，能有效突破热风炉运行状态实时监控的难题，为高炉安全稳定保驾护航。

热风炉是高炉生产的重要设备，其运行状态的稳定与否直接关系精益高效生产水平。炼铁总厂北区A号、B号高炉的热风炉为外燃式，热风炉炉顶燃烧室与蓄热室中间的波纹管表面状态和温度是运行监测的关键，一旦失控可能造成爆管喷溅事故，影响高炉生产。一直以来，跟踪热风炉的运行状态，依靠人工手持红外测温仪及目视化点巡检完成。因其工作量大，以及露天、高空、高温的作业环境，加上大风、雨雪、雷电等恶劣天气影响，对巡检人员的体力、精力和专业素养要求极高，而智能热风炉巡检机器人正是在这种挑战下应运而生。

该公司设备部技术团队发挥创新优势，历时45天，投入10多万元，成功研发出这款机器人，有效解决了热风炉运行状态实时监控难题。热风炉巡检机器人具有防风、防雨、耐高温，集数字化、可视化为一体，24小时实时监控的特点，可实现巡检数据永久保存、趋势分析、劣化过程追溯、现场画面及异常报警实时可视等功能。这款机器人的正式“上岗”，将在消除3D岗位、助力精益高效生产等方面发挥积极作用。

本钢板材冷轧总厂三冷区域工业机器人项目投入运行。12月15日，在本钢板材冷轧总厂三冷区域1630连退机组入口处，2台智能机器人正在进行拆捆作业。三冷区域工业机器人项目的顺利投运，标志着本钢集团“民生账单”中又一项民生工程“兑现”。

为聚焦企业发展中的重点难点，本钢集团党委将板材冷轧总厂三冷区域工业机器人项目列入“建设智慧工厂、提高劳动效率”民生项目清单全力推进，取得显著成效。

该项目实施前，1630连退机组入口两条运卷步进梁钢卷拆捆工作完全靠操作工使用工具手动拆除，清运废捆也需人工操作，由于机组产能高拆捆频繁，每班需有专人负责拆捆，人工拆捆过程中偶尔会有人员划伤情况出现。该项目上线运行后，实现了从拆捆、废捆带收集与运输直至废料斗全自动，降低了现场人员安全风险，减轻了工作强度，确保了每次作业的准确性和标准化，提升了产品质量。截至11月，2台智能机器人已连续自动拆捆2500余卷。

太钢首台测温取样宝罗正式上岗。太钢集团积极响应宝武“万名宝罗上岗”的号召，本着“减负担、讲成效”的原则，迅速在全产线摸底，全力推进炼钢产线宝罗机器人建设。2023年，太钢集团太原基地首台测温取样机器人在炼钢二厂北区3号LF炉一次热试成功。操作人员只需按下启动按钮，身着银色隔热服的宝罗就会伸出它长长的手臂，快速准确地完成测温取样作业。

此次投用的测温取样宝罗机器人采用“一枪两用”的模式。钢包车进入炼钢二厂北区 3 号 LF 炉工位前，雷达液位检测装置检测钢包内钢水液位高度，指导测枪插入钢水深度。作业时，该机器人根据不同的测温、取样设定，自动安装探头进行测温取样作业，并在作业完成后自动拆卸探头，整个过程一键完成。

该机器人的成功投用，标志着炼钢二厂测温取样作业从粗放的人工模式进入智能的机器人模式时代，从此 3 号 LF 炉摆脱了传统的人工测温取样模式，真正让员工从作业环境差、劳动强度大、危险系数高的“3D”岗位中解放出来。

5.1.7　智能制造合作

中天钢铁与三一集团签署战略合作协议。10 月 31 日，中天钢铁集团与三一集团签署战略合作协议，中天淮安公司与三一机器人科技签订超高强精品钢帘线整厂智能仓储物流自动化项目合作协议。

根据协议，三一机器人作为智能工厂整体解决方案的领跑者，将为中天淮安项目一期工程提供数字化智慧物流、智能化仓储运输以及整厂自动化解决方案，助力打造金属材料深加工“灯塔工厂”。

建龙同创信通中标湛江钢铁废钢智能判级系统项目。11 月，建龙集团同创信通公司以卓越的工艺性能、产品质量和服务水平成功中标宝钢湛江钢铁有限公司废钢智能判级系统项目。

宝钢湛江钢铁有限公司废钢作业区的现代化转型，计划在废钢回收作业区建设一个数字化、信息化、智能化的废钢判级管理系统，而同创信通废钢智能判级系统凭借其专业化、智能化、服务一体化的优势成为该项目的不二之选。同创信通废钢智能判级系统将利用智能化和数字化技术打造湛江钢铁高效的废钢判级作业区，并在该项目中首次引入无人机技术，以满足更复杂的作业环境需求。该项目的成功实施将为宝钢湛江废钢回收作业区带来更高效、更精准、更稳定的废钢判级管理体系，该系统不仅可以提高生产效率和质量，完善质量回溯管理，满足现代规模化钢铁冶金企业的需求，还可以实现智能制造降本增效，达到企业效益、环境效益和社会效益的有机统一。

未来，同创信通将继续以创新为驱动，持续提高技术应用，加强技术合作，不断提升产品及服务质量，为钢铁企业的数智化转型贡献力量。

南钢与苏美达共同开启智能制造新篇章。12 月 6 日，南钢与苏美达船舶下属新大洋造船，举行数字船厂一体化平台项目 & 船板远期采购合同签约仪式。

苏美达船舶是世界领先的绿色船舶制造和航运企业，先后推出系列化的散货船、集装箱船、油化船、气体船等高品质的船舶产品，赢得了业界的高度认可，拥有很强的竞争力。南钢为新大洋造船开通战略客户专属的 GMS 系统，实现车间级产业互联，新大洋造船可以在网上看他们订的船板的生产进程、物流进程、质量追溯等。

南钢是行业内最早开展数字化转型探索实践的企业之一，“十三五”以来，围绕智能工厂、智慧运营和智慧生态建设，建成了一批具有示范性的大型项目，如智慧运营中心、铁区集控中心、JIT+C2M 智能工厂、数据治理等。

南钢在世界智能制造大会签订两个项目。12 月 7~8 日，2023 世界智能制造大会期间，南钢连签两个项目，分别是“智能制造赋能产业强市”重大项目和江苏国际数据港项目。

12 月 7 日，在江苏国际数据港启动仪式暨数据要素产业创新发展论坛上，南钢与南京徐庄高新技术产业开发区管理委员会签署江苏国际数据港项目战略合作协议。

南钢将与江苏智行未来汽车研究院、东南大学江苏省智能电动运载装备工程研究中心、苏美达股份有限公司、江苏跨境数字科技有限公司、徐州徐工新能源汽车有限公司、厦门金龙联合汽车工业有限公司共建联合实验室，整合资源优势形成共赢合力，深度挖掘数据要素，推进数据资源开放与利用，共同探索数据应用场景，挖掘数据价值，加快推动数据要素产业生态集聚和发展，促进江苏国际数据港项目高质量发展。

12 月 8 日，在 2023 世界智能制造大会“智能制造赋能产业强市”重大项目投资签约仪式上，南钢与南京江北新区管委会签署基于湖仓一体的钢铁制造运营生态建设及钢铁绿色制造项目合作协议。

先进制造业是地方经济的“压舱石”，推动高质量发展的“主引擎”，本次签约项目符合南京市“2+6+6”创新型产业集群发展方向。这批项目投资主体实力强、科技含量高，代表了智能制造领域的发展方向和行业领先水平。南钢签约项目旨在利用新一代的数字技术重塑钢铁的生产制造模式，借助架构领先的湖仓一体化平台汇集高质量数据，融合人工智能与数字孪生等技术赋能企业智慧生产、智慧运营与生态协同，打破企业传统业务边界与组织边界，探索智慧、绿色智能制造新模式，助力江苏智能制造产业与生态发展，为推进江苏新型工业化进程贡献力量。

5.1.8 智能制造专题会议

兴澄特钢获两化融合管理体系升级版贯标 AAA 级典型企业称号。3 月 29 日，“数字化转型高峰论坛暨两化融合管理体系升级版贯标工作推进会”在苏州举行。兴澄特钢受邀出席大会并被授予“两化融合管理体系升级版贯标 AAA 级典型企业”称号，成为全国十家之一。

此前，兴澄特钢已于 2021 年作为全国首批十八家企业之一，成功通过两化融合管理体系 2.0 版 AAA 级贯标评定。兴澄特钢选择以两化融合管理体系贯标为抓手，深化对数字化转型的认识，树立全员数字化转型理念，加速赋能企业数字化转型升级，促使企业发展获取新的核心竞争力。

两化融合管理体系为兴澄特钢更加体系化、系统化、全局化推进数字化转型提供了新理论和新方法，构建了行之有效的数字化转型体系架构和方法机制，以架构方法引领数字化转型，助力兴澄特钢加速迈入创新发展新阶段。

马鞍山智能装备及大数据产业园一期建成投用暨安徽宝信揭牌仪式举行。3 月 29 日，马鞍山智能装备及大数据产业园一期建成启用暨宝信软件（安徽）股份有限公司揭牌仪式在产业园研发中心一楼大厅隆重举行。

飞马智科是马钢信息产业发展的排头兵，为马钢、马鞍山市的信息产业做大做强作出了重要贡献。在宝武与马钢集团重组中，飞马智科经过整合融合成为宝信软件的控股子公司，公司更名为宝信软件（安徽）股份有限公司。建设马鞍山智能装备及大数据产业园是该公司为贯彻国家“新基建”“数字化转型”战略，落实中国宝武、宝信软件决策部署的重要举措，产业园定位为高科技产业研发及智能制造产业园区，搭建城市大数据、云计算平台，成为助推马鞍山乃至周边城市科技发展的核“心”，面向长三角和华东地区，为“城市大脑”、智慧制造、互联网提供核心基础设施。目前产业园一期项目基本建成，可提供企业入驻、研发共享、智慧制造和 IDC 等服务，其中数据中心具备约 3200 个机架的装机能力。

建龙数字化转型核心用户培训开训。4 月 18 日，建龙集团在北京正式启动了为期 4 天的数字化转型核心用户培训，培训内容包括集团数字化转型规划、数据管理和实践等多个领域，吸引了来自集团各子公司 60 余名学员参加。

本次培训将深入探讨集团数字化转型规划、财务专业规划、ERP 建设、子公司数字化转型实践、数据管理、网络安全管理、项目管理等课题。学员将通过此次培训充分了解数字化转型的发展趋势，学习如何利用先进的信息技术提升企业效率。

为使学员能够更好地沉浸在学习氛围中，本次培训采用集中培训的形式。同时，在培训期间，该公司还将通过举办研讨会，让专家讲师和学员齐聚一堂，共同探讨企业数字化转型过程中可能遇到的问题及解决方案。

此次系统培训和实践，旨在激发员工创新意识，增强自身技能，提升综合素质的同时，建立起跨部门、跨子公司的沟通与协作机制，为更好地推动企业数字化转型奠定基础。

中天钢铁淮安公司召开中天淮安战略及“灯塔工厂”研讨会。5 月 6~7 日，中天钢铁淮安公司在常州中钢生态园召开中天淮安战略及“灯塔工厂”研讨会，进一步推进该公司战略规划及“灯塔工厂”建设。

本次讨论会为期 2 天，会议分别就该公司发展战略与建设“灯塔工厂”两项议题展开主题分享和广泛讨论，通信专家分享了 5G 技术应用、5G 全连接工厂等方面的技术解决方案。

该公司精品钢帘线项目主要生产汽车子午线轮胎骨架材料，该项目一期于去年 3 月开工，当年 12 月投产，刷新了钢帘线行业项目建设纪录，同时大量投用机器人和智能化，在行业内首家实现全过程智能制造。

该项目计划分三期建设，将在 2025 年竣工投产，力争建成全球规模最大、技术和装备最先进的钢帘线生产基地，全球首家金属材料深加工“灯塔工厂”、全球钢帘线“智能化改造、数字化转型”的行业标杆。

智能制造标准会议在南钢召开。7 月 25 日，由中国钢铁工业协会主办的“智能制造标准走进钢铁企业——南钢站”标准宣贯会召开。

南钢是行业内最早开展智能制造建设探索的企业之一，自 2012 年获评国家级信息化和工业化深度融合示范企业以来，取得了一系列行业首创、行业领先的数字化成果。建成全球首个专业加工高等级耐磨钢配件的 JIT+C2M 个性化定制智能工厂，实现全工序智能协同，全球化定制配送，探索柔性化生产、服务化延伸新模式；建成行业首个覆盖业务面最广的智慧运营中心，以数据驱动、模型驱动，支撑南钢从单领域单工序寻优向跨领域全局寻优迈进；行业首创 GMS 产业互联平台，为上下游企业提供专业定制服务，推动供应链之间形成车间级互联，打造协同生产、协同设计、协同经营的融合发展新模式，降低了产业链成本，提升了产业链整体竞争力水平。智能制造成为南钢经济增长新动能，使南钢一直保持在行业竞争力最高等级 A+。南钢牵头参与编制了多项冶金行业、团体智能制造标准，涵盖智能装备、智能车间、智能工厂和数据服务等，同时，在智能制造实践过程中，南钢积累了大量可以对外服务的数字化产品与解决方案，培育了金恒科技、钢宝股份、鑫智链、鑫洋供应链、金宇智能等具有“独角兽”属性的高科技产业平台。

南钢入选全国内部审计数字化转型“领航”标杆案例。7 月 27 日，由中国内部审计协会、中国通信标准化协会指导，中国信息通信研究院主办的第二届数字化审计论坛在北京成功举办。南钢《基于数字化审计为核心的全域风控管理》案例入选 2023 年内部审计数字化转型“领航”标杆案例，是唯一一家入选的钢铁企业。同为标杆案例的企业有中国石油、交通银行、中国移动、华润集团等。

南钢全域风控管理平台已开发超过 171 个风控审计预警模型，覆盖企业的招标、采购、销售、工程、财务、合同、原燃料验收等主要领域，实现全流程跟踪、画像等。同时，南钢利用区块链技术对业务的过程数据进行实时捕捉，实现远程实时前置式数据监控，支持风控审计从事后向事中、事前转移，提前预判风险，采取规避措施。提升风控审计数据的可信性和监督过程的实时性，拓展和提升了南钢风控审计业务的覆盖广度、深度和风险识别精准度。

南钢充分利用“科技+AI”的手段，提高风控审计效率，由手工经验核查转变为预警数据分析，使风控管理方式由原先70%的个人经验判断降低为30%。通过171个风控审计模型，实现企业全域风控管理。南钢通过模型跟踪，实现事前智能预判，知风险；事中刚性执行，控风险；事后纠错整改，降风险。南钢结合智能化的风险应对和监督改进流程，有效应对风险的复杂性和不确定性增加的压力。

南钢通过生产设备数字化管理能力成熟度现场评审。9月8日，南钢通过北京国金衡信认证专家组生产设备数字化管理能力成熟度现场审核，成为冶金行业首家通过L3级的企业。

南钢积极推进智改数转，按照“一切业务数字化，一切数字业务化”战略要求，对企业设备管理实施智慧化改造数字化转型的需求规划，明确了“十四五”期间生产设备“智改数转”的主要任务、进度和资源配置。目前，南钢已完成200个以上智能制造项目建设，除设备自动化提升、系统优化等传统数字化项目夯实数字化基础外，在智慧运营中心、设备智维平台、IoT数据采集平台、数字工厂等方面实现了突破。

本次审核依据GB/T 23021—2022《信息化和工业化融合管理体系生产设备管理能力成熟度》标准，通过查阅文件、现场勘查访谈、系统平台查看、操作演示等，从设备资源保障、设备运行环境要求、设备基础管理、设备运行维护、绩效改进等五个维度进行了评价，并对涵盖的93个评价项进行了搜集取证。经过2天的评审，5个维度得分率88.8%，专家组一致认为，南钢高度重视生产设备数字化提升工作，设备管理机构严密高效，符合“感知交互级（L3）”要求的生产设备数字化管理能力。

中天钢铁皓鸣科技举行“灯塔工厂”精益生产启动会。10月24日，由中天钢铁皓鸣科技牵头组织的“灯塔工厂”精益生产启动会在中天淮安公司举行，将全力推进新一代信息技术与制造业深度融合，助力打造金属材料深加工“灯塔工厂”。

早在中天钢铁淮安项目建设之初，以皓鸣科技为主的集团信息化团队就为项目设计了业务、组织和技术三方面实施路径，以实现关键质量信息的端到端打通及闭环控制、仓储物流的智慧联通、能源与碳排放管控的智能优化等，帮助中天淮安公司用一流产品的质量、具有竞争力的价格，实现市场份额增长，成为行业新标杆。

马钢召开钢铁工业大脑-智能炼钢项目阶段性成果发布会。10月27日，钢铁工业大脑-智能炼钢项目阶段性成果发布暨进展汇报会在马钢研发中心召开。宝武工业大脑战略性计划启动以来，马钢承担的宝武智能炼钢项目经过1年多时间的探索实践，通过人工智能与钢铁深度融合，在炼钢智慧组成、转炉全周期一键模型等方面，取得了一定技术突破。

该项目以实现“以订单为导向的极致高效、以客户为焦点的质量保证、以效益为优先的成本管控、以低碳为驱动的流程再造”为目标。截至目前，该项目一期启动实施的“构建炼钢智慧高效紧平衡组成系统”已上线运行，效果显著；“非稳态浇铸智慧自处置模型”等三个子项目已上线热试阶段。其中，炼钢智慧高效紧平衡组成系统实现L2至L4上下贯通、铁钢轧前后联动、从预浇次、出钢计划到工器具主辅协同；基于大数据的铸坯等级判定模型自动分析“钢质缺陷-铸坯等级-质量因子”之间的关系，得出风险系数的排序或质量因子的组合贡献；转炉模型通过“云数据三维建模+三重积分+AI识别”多技术协同自动倒渣，独创定角度自动倒渣模型等。

南钢通过数字化转型成熟度 3 星级企业评估。10 月 30～31 日，由数字化转型指导委员会指导，数字化转型成熟度贯标推进工作组主办，国家工业信息安全发展研究中心承办的 2023 全国数字化转型成熟度贯标试评估首站活动在南钢举行。经过来自 10 家单位 32 名专家为期一天半的评估，南钢以高评价通过数字化转型成熟度 3 星级企业评估，标志着南钢数字化转型与智能化改造水平获得权威认可，率先为行业树立数智标杆。

南京是全国数字化转型成熟度星级试评估的首站，南钢是数字化转型成熟度星级试评估的首家打样企业。本次评估工作旨在帮助南钢持续提升转型水平，有效获取转型价值，并将南钢试评估工作形成的方法和经验在后续评估工作中做好推广和复用。同时以此次试评估为契机，打造数字化转型成熟度贯标的精品和样板，助力江苏省数字化转型贯标工作走深走实。

此次会议是对南钢近 20 年的数字化道路，特别是“十三五”以来数字化转型发展的一次成果检视和复盘，也是对未来南钢如何走好数字化道路做的一次深层次战略思考，初步形成了未来三年各业务领域的数字化转型规划、目标、策略以及打法。本次评估工作对南钢来说具有非常重要的意义，能够帮助南钢全面认知并科学掌握数字化转型规律，提升全员转型意识，精准定位数字化转型发展阶段，并为南钢的数字化转型规划和策略提供新的思路和宝贵建议，让南钢在数字化转型的道路上更加科学、系统和有效地前进。

南钢研讨鑫智链数智化转型发展。11 月 15 日，南钢召开南京鑫智链科技信息有限公司平台数智化转型发展专题汇报会。

鑫智链是南钢裂变出来的区块链属性的互联网公司。近年来，鑫智链运用大数据、工业机理模型、人工智能等技术实现智能招标，打造专业的第三方全流程电子招标交易平台。鑫智链围绕供应链数字化，整合招标平台和第三方担保支付等优质资源，实现优选供应商、产品、服务，提供在线下单、电子合同、第三方支付、金融、物流等一揽子数字化采购解决方案，打造工业电商平台；商品混凝土 MRO 交易模块业务，实现施工单位、商品混凝土供应商和项目建设方三方共赢。

未来，鑫智链将坚持战略指引，创造平台核心价值能力（模式）；聚焦业务“数智化”，构建高效敏捷增值业务能力；以技术创新，通过“强链”“延链”“补链”，持续增强平台服务能力；结合“产品力”“共生力”“生态力”，以价值营销拓展市场能力。

南钢特色工业自动化成果亮相世界智能制造大会。12 月 6 日，2023 世界智能制造大会在南京开幕。南钢携系列特色工业自动化成果再次亮相本次大会，并受邀出席国际智能制造联盟首届年度大会。

南钢构筑了“一体四元一链”产业布局，打造“创新聚变、数字蝶变、产业裂变”三条高乘长曲线，形成了特钢新材料和战略性新兴产业“双主业”发展新局面。南钢目前列中国制造业排名第 66 位、江苏省企业第 4 位、南京市企业第 1 位。

南钢围绕“一切业务数字化，一切数字业务化”，推进“智改数转网联”工作，通过 20 多年的两化深度融合探索，逐步打造了“产业智慧化、智慧产业化”服务新生态，支撑企业高质量发展。

南钢成立数智化创新工作室联盟。12

月27日，南钢数智化创新工作室联盟正式成立，创新骨干座谈会同步召开。

为打破创新工作室间的边界壁垒，为创新工作室搭建更广阔的交流平台，充分发挥工作室的协同创新和示范引领作用，南钢工会积极探索职工创新工作室联盟机制。该联盟将主要围绕软件、冶金机器人等方面，聚焦一线生产上的难点、痛点问题进行数智化提升，提高生产效率，减轻劳动强度，助力各单位生产现场数智化转型发展。

5.2 绿色化发展进步

5.2.1 环保治理

首钢贵钢进入贵州省绿色供应链管理企业名单。2月22日，贵州省工业和信息化厅公布绿色制造名单，首钢贵钢成功进入“绿色供应链管理企业”名单，成为行业内为数不多获得该认可的钢铁企业。这也是继首钢贵钢获评国家绿色工厂后，再次荣获的绿色认证。

该公司一直以循环利用、清洁生产、生态贵钢、绿色发展之路作为企业的环保理念，在绿色供应链中主动投入大量资金构建铁路清洁运输，不仅满足自身钢业板块原材料及产品物流到发需要，也为周边企业提供便捷的物流服务。该公司实现从原材料采购到产品销售、回收的全程绿色供应链管理、运作，助力供应链内企业加快运营速度、降低运营成本和经营风险，并且通过供应链服务帮助企业完善治理机制及提升规范运作意识和水平，提高企业核心竞争力，引领行业向绿色制造转型。

未来，该公司将持续响应国家对企业绿色发展的倡议，始终坚持绿色低碳发展理念，进一步推进绿色供应链建设，顺应绿色发展大势，推动产业链上各企业协同共赢，提升竞争力，实现企业高质量可持续发展。

中天钢铁两项产品入选工信部绿色设计产品名单。为落实《“十四五”工业绿色发展规划》，全面推行绿色制造，3月24日，工业和信息化部发布“2022年度绿色制造名单”，中天钢铁“非调质冷镦钢热轧盘条”“预应力钢丝及钢绞线用热轧盘条”两项产品入选绿色设计产品名单。

作为国家级绿色工厂，该公司始终秉承优质、绿色、低碳的发展理念，积极采用国家鼓励的先进技术和工艺，实现从原料进厂到产品出厂全流程绿色生产。

目前，该公司正加快研究碳捕捉等低碳冶炼技术，强化碳排放数据的监控、跟踪与核算工作，以及生产现场碳排放管理，积极稳妥推进碳达峰碳中和。

沙钢五项产品入选国家级绿色设计产品。3月24日，工业和信息化部公布了2022年绿色设计产品名单，沙钢“新能源汽车用无取向电工钢”“钢筋混凝土用热轧带肋钢筋”“预应力钢丝及钢绞线用热轧盘条”“非调质冷镦钢热轧盘条”及“弹簧钢丝用热轧盘条”五项产品成功入选。

本次入选的新能源用无取向电工钢产品采用铁水一包到底、热轧热装热送、低温加热、硅钢高速退火等新能源汽车用硅钢全流程高效率节能化制造技术，具有高精度、低铁损、高磁感和高强度等特点，广泛应用于汽车整车厂和零部件供应商；弹簧钢丝用热轧盘条产品从原料选取、节能降耗、资源综合利用与清洁生产等各方面提升产品绿色属性，多次荣获冶金科学技术奖；钢筋混凝土用热轧带肋钢筋、预应力钢丝及钢绞线用热轧盘条、非调质冷镦钢热轧盘条产品均遵循行业绿色设计理念，质量稳定、性能优良，广泛应用于国内外重大项目、重点工程。

多年来，沙钢始终贯彻落实新发展理念，在产品研发上注重生态设计创新，引导钢铁绿色生产和绿色消费。沙钢坚持产品绿色设计，持续推进生产工艺绿色化、节能降耗低碳化、环保排放超低化、固体废物资源化，构建产品全生命周期的价值服务与跟踪机制，为生产高强高韧、抗氢耐蚀、长寿命、轻量化、可循环的绿色钢铁产品奠定了坚实基础。

太钢两单位上榜绿色制造“国家队”名单。3 月 24 日，工信部公布了 2022 年度绿色制造名单，太钢两家单位上榜。其中，天津太钢天管不锈钢有限公司上榜绿色工厂名单，山西太钢不锈钢股份有限公司新能源汽车用无取向硅钢上榜绿色设计产品名单。

太钢天管秉承绿色发展理念，以“节能、降耗、减污、增效”为目标，在用地集约化、生产洁净化、废物资源化、能源低碳化等领域精益求精，实现企业绿色生产。太钢天管通过购买“绿电”，为厂区提供绿色电能，减少二氧化碳的排放；通过水源热泵改造项目、轧机电机定频改变频项目，厂房照明 LED 改造项目等，达到了节能降耗增效；通过建立能源数据监管中心，对各重点用能工序和用能设备的用能状态合理利用。

下阶段，太钢天管将通过加强产品绿色设计、提高工艺设备能效、提升产学研协作能力等方式，持续推进工艺优化、流程优化、能源优化，与三降两增、智慧制造、精益生产相结合，不断降低碳排放强度与总量，促进公司低碳发展。

沙钢安阳永兴公司荣膺“安阳市环境污染防治攻坚突出贡献企业”。3 月 29 日，安阳市委、市政府召开全市生态环境治理攻坚战动员大会，会议对 2023 年污染防治攻坚战重点任务进行了安排部署，对 2022 年度污染防治攻坚战先进单位和先进个人进行了表彰，沙钢安阳永兴公司荣膺“2022 年度安阳市环境污染防治攻坚突出贡献企业”。

2022 年，该公司深入学习贯彻党的十九大、二十大精神，认真落实沙钢集团绿色发展相关安排部署，克服市场需求收缩、成本价格上涨及新冠疫情影响等困难，持续加大环保投入，大力推行清洁运输，积极落实重大活动期间空气质量联防联控，环境污染防治工作取得显著成效，有组织超低排放评估检测通过中国钢铁工业协会公示。

多年来，该公司始终坚持以绿色发展引领企业高质量发展的理念，积极承担企业社会责任，实施创新驱动，累计投资近 10 亿元推进深度治理及超低排放改造，建立了无组织排放管控治一体化平台，无组织排放管理进入智能化、可控化、远程化新阶段。目前，该公司主要工序均达到国家超低排放标准，为当地空气质量改善，打造天蓝地绿水清的美丽安阳做出了积极贡献。

本钢板材炼钢厂 1 号~3 号铁水预处理站除尘改造项目正式破土开工建设。5 月 14 日，本钢板材炼钢厂 1 号~3 号铁水预处理站除尘改造项目正式破土开工建设。

该项目将除尘系统操作与铁水预处理操作进行整合融合，实现集中控制，增加监控设备系统等内容。该项目采用成熟、可靠的滤筒除尘新技术，自动化系统使用 DCS 控制，烟气在线过滤风速按≤0.7 米/分设计，放散烟筒安装 CEMS 在线监控系统。该项目投入运行后，将有效消除生产现场感官污染，除尘系统净化后的排放烟气含尘浓度（标准状态）≤10 毫克/米^3，达到国家超低排放标准。

黑龙江建龙获评黑龙江省绿色工厂。5 月，经黑龙江省工业和信息化厅公示，黑龙江建龙钢铁有限公司正式获评黑龙江省“绿色工厂”。

该公司严格控制原料采购，依据国家相关标准建立企业标准，对入场原料严格检测，保证原料绿色环保。在生产园区，该公司先后完成厂区污水综合处理系统建设，高炉除尘系统超低排放改造，3 号、4 号焦炉烟气脱硫脱硝工程及焦化煤场封闭项目；并陆续开工建设了炼铁烧结脱硫脱硝系统，炼钢厂三次除尘新建工程，1 号、2 号焦炉烟气脱硫脱硝工程，脱硫废液制酸工程及焦炉除尘技术改造等一系列环保项目，确保污水循环使用和废气实现超低排放。

未来，该公司将更坚定地走绿色化低碳化道路，进一步推进钢铁产业绿色化、低碳化、循环化、集约化发展，将企业建设成“厂在林中，林在厂中，生态和谐，社会共融”的绿色生态园林企业，致力成为钢铁行业“绿色智造”的典范，为共建碧水蓝天做出应有的贡献。

建龙北满特钢获评黑龙江省“绿色工厂”。5月，经黑龙江省工业和信息化厅公示，建龙北满特钢正式获评黑龙江省“绿色工厂”。

在产品研发过程中，该公司从开发设计阶段就严格控制原料采购，依据国家相关标准建立企业标准，对入厂原料严格检测、验收，发现不合格品给予返厂等措施，保证了原料的绿色环保。在生产过程中，该公司在保证产品质量的前提下，从优化装入制度、控制入炉铁水、废钢质量、严格控制炼铁原料、废钢的采购与使用、优化吹炼工艺、连铸工艺、控轧控冷工艺等控制方法，并通过标准化操作，有效地降低了电转炉炼钢消耗，降低了冶炼过程物料、能源介质损失，从而提高了金属收得率，减少了后部的热处理等环节，不仅达到了环保的目标，还降低了工序成本，提升了企业效益。

目前，该公司拥有5套水处理系统，各工序产生的浊环水经处理后供各工序循环使用，净环水系统和锅炉系统排污水回用于高炉冲渣，水处理生产废水均不外排。针对固体废物处理，该公司通过第三方危废公司进行合规化处置；在噪声治理方面，采取相应隔声、消声措施，同时加强厂区绿化减少噪声影响，严格执行相关标准。

未来，该公司将进一步与行业内环保绩效先进企业进行对标找差，在现有设备设施基础上实施技术升级改造，加大力度推行清洁生产，守住嫩江之畔的青山翠色、碧水蓝天。

本钢板材实施“花园式工厂”建设。6月22日，辽宁广播电视总台辽宁新闻播发“城市时光 本溪篇”对本钢板材“花园式工厂”建设进行专题报道。

该公司实施花园式工厂建设，是本钢集团践行绿色低碳、高质量发展规划的重要组成部分。2023年以来，该公司克服钢铁行业经济下行压力，加速推进32项超低排项目建设。32项超低排项目全部建成后，该公司将建立起一套完整的绿色新型钢铁冶炼生产模式。同时，该公司投资10亿元，建设2台超临界发电机组，利用富余煤气实现二次能源的极致利用。该项目建成后，该公司自发电比例可达到70%以上。

该公司按照绿化、美化、人性化、景观化的“四化”要求，打造厂在林中、路在绿中、人在景中的“花园式工厂”。该公司本着“应绿尽绿、拆旧还绿、见缝插绿”的原则，绿化率由2022年的10.2%提升到2023年的20%。该公司将以“制造更优材料，创造更美生活”为愿景，坚定绿色汽车钢发展战略，全力打造以人为本的现代化、花园式城市钢企。

南钢通过超低排放全流程验收审核。7月5日，南钢顺利通过全工序、全流程超低排放验收审核，并在中国钢铁工业协会网站公示，标志着该公司环保工作迈上了新台阶。

近年来，南钢持续加大环保投入力度，加快推进超低排放改造，坚定不移走绿色低碳高质量发展之路。南钢以打造“美丽的都市型绿色钢厂”为目标，积极践行“绿色、低碳、可持续”发展理念。

南钢将低碳绿色循环发展作为推动企业高质量发展的重要引擎，优先使用清洁能源，采用资源利用率高、污染物排放量少的工艺、设备以及废弃物综合利用技术和污染物无害化处理技术，减少污染物的产生。南钢采用国际先进的环保技术和工艺，实施环保提升改造，努力打造人与钢铁、自然和谐共生的“绿色生态工厂”。南钢实现了厂容整洁、环境优美、空气清新，产城融合，环境治理成效显著。先后获评工信部“绿色工厂”“能效领跑者”“绿色设计产品”，中钢协“清洁生产环境友好型企业”，江苏省绿色发展领军企业，连续上榜行业“绿色发展标杆企业”，荣获“最美绿色钢城”称号。

沙钢获“2023 年度绿色发展领军企业”。10 月，江苏省生态环境厅与江苏省工商业联合会联合发布“2023 年度绿色发展领军企业”名单，江苏沙钢集团有限公司在众多候选企业中脱颖而出，获“绿色发展领军企业”。

近年来，沙钢深入贯彻落实绿色低碳发展理念，牢固树立“打造精品基地、建设绿色钢城”发展目标，坚持科技领航、创新驱动，把绿色技术研发、全流程节能减排、资源回收综合利用、发展循环经济，作为企业绿色低碳转型升级的重要平台，列入企业发展规划，同步资金投入、同步全面推进、同步高效运转，为助力实现“碳达峰、碳中和”目标贡献钢铁力量。

沙钢引进并创新双辊薄带铸轧技术，建成国内第一条超薄带生产线，这一革命性生产工艺与传统热连轧相比，单位燃耗减少 95%、水耗减少 80%，真正实现绿色先进生产。在此基础上，沙钢开发“全废钢电炉冶炼+全绿电+薄带铸轧”工艺生产具有优异耐候性的低碳材料，大大减少碳排放。

作为国家大宗固废综合利用骨干企业和示范基地以及江苏省首家“无废集团”建设试点企业，沙钢持续发力循环经济和节能低碳改造，建成全球最大高炉渣制备矿渣粉生产线、钢渣资源化处理生产线和转底炉处理冶金尘泥生产线，将循环资源回收利用、变废为宝。

本钢板材炼铁总厂 5 炉组及 4B 焦炉烟气脱硫脱硝项目热负荷试车。10 月 15 日，本钢板材炼铁总厂焦炉作业区 5 炉组及 4B 焦炉烟气脱硫脱硝项目工程热负荷试车。

该项目以提高脱硫脱硝效率、控制环保指标、降低成本为目的，充分吸取国内同类型项目建设经验和先进技术，使主要技术经济、环保指标达到国内先进水平。该项目每套脱硫脱硝系统设置干法脱硫系统、脱硝系统、除尘系统、压缩空气系统、输送系统、热风炉系统及引风机等系统，采用国家规定的低噪声设备，成功地实现了烟气中二氧化硫和氮氧化物的高效去除。同时，该项目合理处置各类固体废物，消除异味对周围环境的影响，大大降低了大气污染物排放量。

该项目的试车投产，标志着板材炼铁总厂在环保领域迈出了坚实一步，进一步夯实了实现绿色低碳高质量发展的基础。

马钢炼铁总厂 3 号烧结机脱硝催化剂节能改造。10 月中旬，马钢炼铁总厂 3 号烧结机脱硝低温催化剂应用点火成功。经过一个多月的运行，低温 SCR（选择性催化还原技术）运行温度为 220 ℃，相较于 280 ℃运行时，高炉煤气消耗（标准状态）减少 8846.5 米^3/时，节约比例 30.4%。按年运行时间 8400 小时、高炉煤气单价 70.5 元/吉焦计算，年节省标煤折合 7581 吨，每年可以节省煤气费用 1400 万元。

该总厂 3 号烧结机现有 1 台 SCR 反应器，脱硝催化剂布置模式采用 2+1，采用蜂窝式催化剂。反应器内原填装 25 孔催化剂，设计运行温度 280 ℃。由于煤气消耗较大，该总厂决定对该系统挖掘节能潜力，实施节能技术改造，以降低系统能耗。

泰山钢铁入选山东省绿色低碳高质量发展先行区建设试点名单。11 月 9 日，山东省发展和改革委员会官网公布了山东省绿色低碳高质量发展先行区建设试点名单。其中，泰山钢铁集团入选企业试点名单。

多年来，该公司聚焦绿色低碳高质量发

展，坚持“绿水青山就是金山银山”理念，推动清洁能源应用，提升资源循环利用水平，大力研发、生产、推广绿色钢铁新材料，协同推进降碳、减污、扩绿、增长，推动企业绿色、低碳与产城融合发展。当前，该公司正在持续打造“链条完备、产品高端、极致能效、绿色低碳、产城共融”的现代化制造体系，争当绿色低碳高质量发展的排头兵。

抚顺新钢铁发布首个环境产品声明报告。11 月 21 日，建龙集团抚顺新钢铁热轧带肋钢筋的环境产品声明报告在中国钢铁工业协会钢铁行业环境产品声明（EPD）平台成功发布，主动披露了其环境绩效信息。

作为建龙集团重要的钢铁子公司之一，抚顺新钢铁高度重视环境保护和低碳发展，持续扎实做好双碳相关工作，通过加大技术升级和改造投入，强化环境综合治理和改善措施，实现吨钢耗水、吨钢耗电及工序能耗指标均居国内同行前列。

此次螺纹钢产品生命周期评价及 EPD 报告发布工作于 2023 年 3 月启动，通过分析、核算抚顺新钢铁 2022 年全年实测生产数据，编制了《热轧带肋钢筋产品生命周期评价报告》，经中国钢铁工业协会 EPD 平台秘书处初审、第三方机构现场审核、EPD 平台技术委员会终审，最终形成《环境产品声明》报告并发布。据核算，该公司 1 吨热轧带肋钢筋产品 GWP100 值为 2.14×10^3 千克 CO_2 eq/吨，全球变暖潜力综合指标处于钢铁行业同类产品前列。

今后，该公司将以此为契机，持续强化碳数据管理与体系建设，不断改善环境决策，量化环境绩效；加强与上下游产业链协同，探索低碳发展的新空间，进一步降低产品碳排放，为社会提供质量可靠、绿色环保的产品，为行业绿色发展贡献建龙力量。

南钢参加 COP28 世界气候大会。11 月 30 日~12 月 12 日，《联合国气候变化框架公约》第 28 届缔约方大会在阿联酋迪拜举行。大会期间，中国代表团在迪拜世博城蓝区举办了“中国角”系列活动。南钢作为中国钢铁企业代表，随江苏省代表团参会。南钢以“倡导绿色低碳，共建美丽世界”为主题，向世界各国来宾介绍了企业绿色低碳发展情况。

近年来，南钢以建设“美丽的都市型绿色钢厂”为目标，积极践行“绿色、低碳、可持续”发展理念。“十三五”以来，南钢累计投入 120 多亿元，用于环保提升、超低排放改造和生态环境保护，全力构建钢铁全流程、业务全覆盖的低碳生态，建成了一批具有国际先进水平的环保设施。南钢制订了 2030 年实现碳达峰，2035 年具备减碳 30% 能力，2050 年力争实现碳中和的“双碳”目标和时间路线图。同时，南钢全面启动极致能效改造行动，以最大限度降低能源消耗和碳排放；建设最先进的带式焙烧球团；建设低能耗制氧系统；在国内率先将亚临界发电技术应用于钢厂富裕煤气发电机组，发电效率提升 20%以上；建成低碳能源一体化平台，全流程监控分析碳排放情况，助力企业实现“智慧减碳”。南钢正竭力从源头减少钢材全生命周期碳排放，助力下游行业实现低碳发展；还在业内率先开发零碳钢铁，并已开始批量供应高端客户。

未来，南钢将持续探索低碳钢铁的工艺路径和技术方案，跟踪研究传统“碳冶金”向新型“氢冶金”转型技术途径，努力争做钢铁行业绿色低碳发展的引领者，共建美丽低碳新世界。

天津钢管重视土壤与地下水监测，助推公司持续绿色发展。作为天津市土壤污染重点监管单位，按照《市生态环境局关于开展我市 2023 年重点监管单位土壤和地下水污染防治工作的通知》（津环土〔2023〕31 号）要求，12 月，天津钢管环境保卫部组织各单位开展土壤和地下水隐患排查及采样监测工作。

依据《工业企业土壤和地下水自行监测技术指南（试行）》（HJ 1209—2021），环境保卫部完成《天津钢管制造有限公司土壤及地下水自行监测方案》编制，确定重点监测单元及土壤、地下水监测点位布设位置，并按照监测方案有序开展监测点位钻探打井采样工作。

环境保卫部组织各单位通过资料收集、现场查勘、人员访谈等方式，依据重点监测单元识别与分类以及土壤和地下水采样布点原则，识别重点监测点位 28 个，包括 19 个一类单元和 9 个二类单元，确定 25 个深层土壤监测点、84 个表层土壤监测点、35 个地下水监测井（含对照点）。

环境保卫部按计划完成了深层土壤及地下水监测点位钻探打井，并按照标准规范要求建设规范化监测井台，设置规范化标志牌，同时对土壤和地下水样品采集，对公司生产过程中的原辅用料、生产工艺、中间及最终产品中可能对土壤或地下水产生影响的关注污染物进行监测分析。

沙钢通过中国钢铁工业协会全流程超低排放公示。2023 年，沙钢成功通过中国钢铁工业协会全流程超低排放公示，成为江苏首家拥有最齐全钢铁工序且通过全流程公示的企业，标志着“绿色沙钢”建设又迈出坚定一步。

2019 年 7 月，国家五部委联合发布了《关于推进实施钢铁行业超低排放的意见》，为钢铁行业推进超低排放改造指明了方向。沙钢以高度的历史使命感和社会责任感迎“碳”而上、向“绿”而行，打响了一场轰轰烈烈的超低排放“攻坚战”。

2020 年 8 月，沙钢与生态环境部环境规划院、中国环境监测总站、冶金工业规划研究院以及专业环境科技公司达成“五方合作”，对企业开展了“地毯式”的超低排放预评估，并制订了沙钢超低排放“时间表”“作战图”。

3 年间，沙钢自加压力、提高标准，先后完成 9000 多个超低排放改造项目，总投资 80 亿元左右。目前，沙钢吨钢环保运行费用超过 280 元。其中，总占地面积 6.15 万平方米的沙钢 3 号 C 型料场是全国最大的矿粉料场，建筑面积近 360 万立方米，可存储 80 万吨球团用铁精矿和烧结矿粉，投资超 10 亿元。该料场采用国内最先进的智能化设备，实现了全过程、全封闭、无人化操作，从源头上解决了扬尘、流失等问题，全面达到超低排放要求，实现生态效益与经济效益双赢。

5.2.2　节能降碳

中天特钢转炉煤气单耗达到国内领先水平。1 月，中天钢铁烧结厂 180-2 号烧结机布料厚度稳定提升至 1000 毫米，做到国内烧结机料层最高，转炉煤气单耗仅为 6.77 立方米/吨，达到国内领先水平。

针对透气性问题，该厂自制并投用新型材料集成控制成套技术，实现物料初始温度提升 7 ℃，经一混后混合料直径 3 毫米以上占比提升 4%，为料层提升预留足够空间，目前该装置已获得国家专利授权。同时，该厂还新增了自动布料系统，减小手动模式的人为偏差，布料活页门调整精度可精确至 1 毫米以内，为高料层烧好烧透打下坚实基础。此外，该厂重新设计了机尾保温罩、挡灰板、移动摆驾等标高，更好应对不同物料的烧结收缩比。通过改造攻关，该厂料层厚度提升超 10%。在料层厚度提升至 1000 毫米、降低煤气消耗同时，该厂大胆创新，对低负压点火装置进行改造升级，加强风箱负压控制及散料排空能力，1-3 号风箱负压平均提升 4000 帕，煤气燃烧利用率得到显著提高。经跟踪统计，180-2 号烧结机转炉煤气消耗较改造前下降 43.59%，煤气单耗达到国内领先水平。

天津钢管首个分布式光伏发电项目启动并网。1月18日，天津钢管举行屋顶25.77兆瓦分布式光伏发电项目并网暨二期项目签约仪式。一期项目总投资额1.05亿元，预计年平均发电量约2800万千瓦·时，减排二氧化碳约2.3万吨、二氧化硫4.48吨，每年可节约电费约500万元。

该项目采用合同能源模式进行投资建设，以“自发自用，余电不上网”模式运行，建设地点为公司大口径深加工车间、460热轧管车间、460管加工车间等7个建筑屋顶，总面积25万平方米，采用4.7万块高效单晶545瓦光伏组件，124台175瓦组串式逆变器，通过升压变和开关站接至公司10千伏配电室，光伏电站整体能效超过82%，通过5个并网点接入厂区内10千伏变电站，所发电量用于公司日常生产，项目建设投用后将有效提高自发电率，节约用电成本。

该项目是实现“双碳”路线的重要部署，响应国家“碳达峰、碳中和”节能降碳行动的重要举措，建设过程中，天管能源部及各生产厂精心组织、重点谋划，在做好疫情防控的同时，积极协调内外部联动，保证了项目的顺利安全进行。

太钢4300毫米中厚板生产线厂房屋顶光伏项目并网发电。1月，太钢4300毫米中厚板生产线厂房屋顶BIPV光伏项目顺利并网发电。该项目总装机容量11.04兆瓦，2025年寿命期总发电量约28300万千瓦·时，可替代煤炭消耗约13万吨，减少CO_2排放约25万吨。

该项目与4300毫米生产线厂房一体化设计，采用全新BIPV技术，即太钢自主研发的建筑用不锈钢与光伏板一体化安装。与传统的BAPV技术相比，具有明显优势，实现了不锈钢屋面板与光伏板同寿命达25年以上，经济性更好；厂房屋顶资源更高效利用，单位面积屋面的发电效率更高，在分布式光伏电站建设行业具有典型示范作用。

4300毫米中厚板项目是国内轧制能力最大、自动化程度最高、成品种类最全的节能环保低碳生产线。该项目所发绿电全部用于这条生产线，使不锈钢绿色产品的特性更加鲜明。

中天钢铁南通公司屋顶分布式光伏发电项目并网发电。2月24日，中天钢铁南通公司屋顶分布式光伏发电项目正式并网发电。

该项目由江苏通光昌隆电力能源有限公司总承包，是中天钢铁进一步推动企业向高端化、智能化、绿色化升级发展的重要举措。

该项目采用“自发自用、余电上网”的并网模式，一期利用一步炼钢连铸、轧钢、综合成品库等13栋厂房70多万平方米屋顶，建设72.5兆瓦光伏电站。该项目并网成功后，预计年发电量超7700万千瓦·时，每年可节约标准煤3万吨，减排的二氧化碳、二氧化硫和氮氧化物等指标，相当于植树150多万棵的环保效应，促进海门能源绿色发展的同时，为中天钢铁“双碳”布局起到引领示范作用。

方大特钢主要工序排放口均完成超低排放改造。2月，方大特钢炼铁厂130平方米烧结机烟气超低排放改造项目建设完成并成功热负荷试车，标志着方大特钢烧结机超低排放改造工作比《江西省钢铁行业超低排放改造计划方案》要求的时间提前3年完成。

方大特钢于2014年、2016年先后对炼铁厂现有的130平方米、245平方米烧结机配套建设脱硫设施，使脱硫塔外排水经配套水处理设施净化后送烧结工序回收利用；2018年，为脱硫塔增加湿电除尘，使脱硫系统运行可以达到当时及目前国家规定的排放要求；2021年至今，以冲刺环保A级绩效企业为目标，对2台烧结机及球团竖炉陆续完成超低排放改造。此次竣工的130平方米烧结机烟气超低排放改造项目，比合同工期提前 82 天完成，项目的竣工投用使烧结机烟气实现超低排放。

方大特钢主要生产工序包括炼焦、烧结、炼铁、炼钢、轧材，公司坚持走绿色高质量发展道路，近年来通过加大环保投入，引进国内外先进治理技术，全面实施环保提升和超低排放改造，包括对原料场进行封闭改造、焦炉烟气脱硫脱硝、球团竖炉烟气超低排放改造、烧结机烟气超低排放改造、转炉三次除尘、轧钢加热炉烟气超低排放改造等。截至目前，该公司主要工序排放口均已完成超低排放改造。

山西建龙 700 千瓦的纯蓄电池调车机车正式投运。3 月 20 日，伴随着一声长笛，国内第一台轮周功率 700 千瓦的纯蓄电池调车机车在山西建龙正式投用。

该机车由科峰智能科技（西安）有限公司和中车大同电力机车有限公司联袂打造，采用平台化、智能化、模块化设计理念，高效节能降噪能力，长续航能力，低温运行保障能力，多维度机车安全保障能力，大功率快速充电能力，智能化人机交互及故障诊断能力等各项技术指标国内领先。该电力机车电力消耗 34.57 千瓦·时/台，相较内燃机车燃油消耗 21.1 升/(时·台)，每小时可节约能源费用 109.3 元/(时·台)。同时，该机车通过充电即能保障运用，彻底实现了“零排放”，年可降低二氧化碳排放量 339.95 吨。

新能源机车项目是山西建龙继新能源装载机落地后的又一清洁运输示范项目，也是山西建龙以超低排放引领企业绿色低碳高质量发展的一项重要举措，对提升企业清洁运输水平、提高物流运输效率具有重要意义。

建龙哈轴 3.19 兆瓦分布式光伏发电项目正式开工。为加快推进光储资源一体化利用，加快绿色低碳转型步伐，3 月 22 日，建龙集团哈尔滨轴承集团有限公司 3.19 兆瓦光伏发电项目正式开工建设。

该项目为屋顶分布式光伏，占用屋顶面积约 30747 平方米，光伏总容量为 3.19 兆瓦，计划投资 1326 万元，年发电量 315 万千瓦·时。该项目建成后，预计年节约用电成本 100 万元左右。该项目是中国电力国际发展有限公司在哈尔滨市落户的首个光伏项目，也是该公司首个新能源项目。

未来，该公司将持续深耕新能源市场，进一步推进新能源业务战略布局，紧跟集团“减碳”的战略规划，激发经营活力，推动建龙哈轴绿色发展再上新台阶。

方大特钢炼铁厂球团成品除尘系统超低排放改造项目开工建设。3 月，方大特钢炼铁厂球团成品除尘系统超低排放改造项目开工建设，于 2023 年底完成。

该项目完工后，该除尘系统烟气中颗粒物排放浓度将≤10 毫克/米^3，现场无明显可见扬尘，达到环保超低排放要求。

该公司现有球团成品除尘系统于 2002 年建成投运。根据《关于推进实施钢铁行业超低排放的意见》（环大气〔2019〕35 号）的排放要求，该公司决定对球团成品除尘系统实施超低排放改造，新建一套除尘设施及 34 处扬尘捕集点，并采用常温覆膜涤纶针刺毡滤袋作为除尘器滤袋，以增强除尘效果；待新建除尘设施达到超低排放要求后，再对原球团成品除尘系统进行拆除，从而有效提升该区域的空气质量。

荣程钢铁举行“氢启鄂托克 绿动大草原”战略合作签约仪式。6 月 16 日，荣程钢铁与鄂托克旗人民政府、鄂托克经济开发区管委会、建元集团共同举行“氢启鄂托克 绿动大草原”项目战略合作签约仪式，标志着荣程集团发展氢能产业的空间布局走出天津、走向内蒙古，具有里程碑意义。根据协议，该项目建成后将实现 3000 千克/日氢能“制、储、加、运”一体化。

该公司持续探索能源结构调整，率先加

速布局氢能产业，推进“煤（油）改氢”项目，目前已建成投运3座自用加氢站，在建的商用油氢合建站预计9月试运行。2021年以来，该公司陆续投入氢能车122辆。截至6月11日，该公司加氢站及氢能重卡加氢量661.7吨，运输量580.33万吨，行驶里程552.15万公里，减排二氧化碳5082.6吨。

中天南通焦化厂顺利完成干熄焦系统程序改造。7月初，中天南通焦化厂电修工段启动干熄焦系统程序改造工作，在干熄焦系统程序中增加温度联锁品质判断程序，来判断当前主蒸汽温度是否正常。

改造完成后，当异常发生时，该程序会自动切除该值在程序中的联锁，同时对应的操作画面会有弹窗报警提醒操作人员，须立即联系人员检查处理。故障处理后，该厂工作人员需手动复位报警，同时新增二次弹窗确认功能。报警状态复位后，该主蒸汽温度值对应的联锁会自动投入使用，从而保证设备正常运行，不会对生产造成任何影响。

东北特钢首个光伏发电项目成功并网发电。8月6日，东北特钢18兆瓦光伏发电项目成功并网发电，这是该公司首个光伏发电项目，该项目投入运行后，不仅可以大大降低企业用电成本，而且能够有效降低能源总量消耗及CO_2排放量，将实现环境效益与经济效益的双赢。

近年来，该公司结合自身实际情况，积极优化能源结构，全力推动能源绿色低碳发展。该项目是该公司利用自身资源，积极推进新能源项目建设的有益实践。该公司充分利用厂房屋顶的闲置面积，多次与合作企业、建设单位召开研讨会，经过详细调研论证，最终决定在精整、库房、集团办公楼等屋顶启动分布式光伏发电项目。

该项目于2月8日开工，采用EPC模式。今后，该公司将进一步加大清洁能源产业探索开发力度，通过有效利用余热回收利用及剩余房屋资源开展光伏发电项目，推动降本增效、经营创效、实现“双碳”目标和高质量发展贡献力量。

方大特钢原料汽车卸矿点实现超低排放。9月，方大特钢炼铁厂原料汽车卸矿点增设大棚超低排放改造项目顺利竣工，标志着该公司距离厂外最近的汽车卸料场所实现全封闭管理，在有效改善区域环境的同时，满足钢铁企业超低排放环保要求。

改造前，该公司原料汽车卸矿点及部分矿粉运输皮带出口处、通廊等区域，因封闭不完善易出现部分扬尘现象，且因洗车机与汽车卸料点之间转弯半径过小，无法建造汽车运输通廊缓解路面扬尘。为此，该公司决定在原料汽车卸矿点处搭建一个长约151米、最大宽度约70米、面积9000余平方米的大棚覆盖整个区域，从而防止扬尘外溢，并增设数台超细雾炮机用于室内降尘。目前，该公司新建成的各项设施已正式投入使用，运行效果良好。

方大特钢一超低排放改造项目建设完成。11月，方大特钢炼铁厂站新11道火车卸料区域超低排放改造项目建设完成。该项目的投用，可有效抑制相关铁路沿线扬尘，提升现场空气质量。

该公司部分原燃料由火车运入厂区，在原燃料卸车过程中存在一定扬尘。该公司通过对炼铁厂站新11道火车卸料区域进行超低排放改造，新建一座南北长193~200米、东西宽21.05~25米的门式轻钢结构大棚，封闭火车卸焦炭区域；对毗邻翻车机系统的厂房进行完善、封闭，新增雾炮抑尘系统，从而起到抑尘效果。同时，该公司对炼铁厂站新11道道床进行改造，杜绝因线路破损导致的行车掉道现象，进一步提升火车的行车安全。

近年来，该公司坚持环保优先，以达到环保A级绩效企业标准为目标，加速推进环保项目建设，一系列超低排放项目陆续投运，245平方米烧结机超低排放改造项目、

130 平方米烧结机超低排放改造项目均于 2022 年完工投产，烧结机超低排放改造工作的完成时间比《江西省钢铁行业超低排放改造计划方案》要求的时间提前了 3 年。该公司主要工序排放口均已完成超低排放改造，为厂区空气质量不断提升、助力达到环保 A 级绩效企业标准提供有利条件。

石钢多举措充分挖掘工业余热低碳“绿暖”潜力。11 月 10 日，石钢鑫跃公司供暖首站汩汩热源不断向全矿区 300 余万平方米的供热面积输送热量。2023 年，石钢多举措充分挖掘工业余热低碳“绿暖”潜力，及时高质量保障矿区居民温暖过冬。

石钢积极履行社会责任，强化产城共融，在实现自身绿色制造的同时，充分利用公司炼钢、制氧、连铸、轧钢等工序的余热，与矿区政府共同做好温暖矿区千家万户的民生工程，努力实现产城共融。供暖首站装备具有国际领先水平的约克 YK 系列离心式水源热泵机组，是国家倡导的新能源供热装备；微型计算机控制中心对机组水量、压力远程自动化调控。余热供暖较传统热源可减少标准煤消耗约 10 万吨，二氧化碳减排 30 万吨，二氧化硫减排 6000 吨、氮氧化物 4000 吨，助力矿区绿色发展和实现“双碳”目标。

石钢积极推动供热系统绿色低碳转型替代，提升新能源供热比重，持续降低供热系统碳排放。同时，石钢支持办公楼宇、学校、医院、文化体育场馆、交通枢纽等新增公共建筑开展新能源供热应用，发挥更好的社会效益和环境效益。

常州首个企业级“光储充”项目在中天钢铁投运。10 月 30 日，伴随着一辆辆新能源汽车开始充电，中天钢铁“光储充”一体化综合能源站正式投运，这是继常州市内公共场站、公交专用场站后，综合能源站模式在常州企事业单位的首次应用。

该能源站位于常州市中吴大道 2 号中天钢铁南厂区停车场内，由国网常州综合能源服务有限公司、国网常州电动汽车服务有限公司、江苏天目湖电动科技有限公司、中天钢铁历时半年建设完成。

该能源站配置 14 套 160 千瓦海绵储充柜和 1.3 兆瓦的光伏车棚，满功率运行的情况下，全年可满足社会车辆和中天员工新能源汽车 40 万次以上的充电需求。

南钢启用办公区新能源汽车充电桩。为推动绿色出行、节能减排工作有效开展，南钢办公区（智慧运营中心东停车场）首批新能源汽车充电桩于 11 月 25 日建成投用。

南钢办公区新能源汽车充电桩的建成使用，不仅是南钢工会推进“民生实事”落地见效的重要内容，也是顺应新时代绿色低碳发展潮流，方便职工绿色出行的重要体现。南钢智慧运营中心东停车场首批投用的有 5 台快充充电桩和 5 台慢充充电桩，可容纳 15 辆新能源汽车同时充电。为推进公共机构节能工作，南钢将持续优化充电设施平台建设和分批次增设充电桩数量，为职工和相关方绿色出行带来更多便捷。

马钢绿电交易再上新台阶。2023 年以来，马钢积极落实“双碳”要求，持续增加绿电交易量。截至 11 月底，马钢已完成省间绿电交易 2028.4 万千瓦·时、省内绿电 3.63 亿千瓦·时，合计 3.83 亿千瓦·时。预计 2023 年全年，马钢可完成绿电交易量约 4.2 亿千瓦·时，同比增加 58%，实现降本约 252 万元。

2023 年初，马钢积极与上海申能新能源公司、国电投安徽海螺售电公司、中广核新能源安徽公司等 4 家单位签订绿电交易协议。11 月，马钢首次与定远县吉风风力发电公司完成 1000 万千瓦·时绿电交易。同时，马钢结合产线生产特性与安徽省绿电交易的特点，计划与新能源电厂开展多年度绿电购售合约，确保绿电需求，助力马钢节能减碳、降本增效。

方大特钢焦化厂物料运输系统转运点实现超低排放。12月16日，方大特钢焦化厂物料运输系统转运点超低排放封闭改造项目建设完成。随着该项目的投入使用，现场作业环境得到明显改善，满足超低排放要求。

该厂物料运输系统转运点超低排放封闭改造项目涉及炼焦与备煤两道工序，涉及焦炭运输系统54个受料点、落料点，以及备煤系统85个转运点的封闭改造。目前，该厂物料运输系统各受、落料点均已实现封闭作业，生产现场扬尘得到有效控制及处理。

石钢被中钢协确定为首批“双碳最佳实践能效标杆示范厂培育企业”。2022年12月9日，中钢协召开钢铁行业能效标杆三年行动方案现场启动会，包括河钢集团石钢公司在内有21家钢企被确定为“双碳最佳实践能效标杆示范厂培育企业”。

石钢通过发展短流程炼钢工艺，应用140余项国际国内先进的节能低碳技术、80余项智能制造技术和20余项炼钢连铸新技术，减少碳排放量70%以上，吨钢综合能耗降低62%，吨钢水耗降低46%，颗粒物、二氧化硫、氮氧化物等主要污染物减少75%。

石钢深度推进绿色钢铁、智能钢铁建设，用出色成绩践行河钢定制的“6+2”低碳发展技术路线图，赋予钢铁企业绿色低碳更强动能。

此次活动是中国钢铁工业协会为更好推动能效标杆三年行动计划，组织开展的“双碳最佳实践能效标杆示范厂”培育工作，经过企业申报，第一批次培育的钢铁企业于12月1日完成。

承德建龙100兆瓦“林光储能+矿山生态修复”示范项目成功并网。12月10日，承德建龙100兆瓦“林光储能+矿山生态修复”示范项目成功并网。

该项目是该公司首个集中式光伏发电项目，规划装机容量为100兆瓦，配套建设一座110千伏升压站和15兆瓦（功率）/30兆瓦·时（容量）储能系统。与此同时，该项目还兼具矿山生态修复的功能，可更好恢复矿山生态，提高土地资源利用率，具有较高的生态效益。该项目年均发电量约1.43亿千瓦·时，可实现年均营业收入4700万元、年均利税800万元，带动周边就业50余人，并网发电后，年节约标准煤4.4万吨，年减排二氧化碳约12万吨。

近年来，该公司秉承“开发一种资源的同时，培育一种新的资源”和“资源的综合利用和深度利用”的发展理念，以科技创新为引领，积极开发风电、光伏电站、蓄能电站等新能源产业。

未来，该公司将充分发挥自身优势，坚持走资源综合利用、绿色低碳、生态循环发展道路，为地方经济与社会发展提供持续不断的清洁能源，为行业早日实现碳达峰、碳中和目标，进一步优化能源结构，构建“绿色低碳、安全高效”的能源体系提供建龙方案。

淮钢30兆瓦分布式光伏发电项目顺利投运。2023年，淮钢30兆瓦分布式光伏发电项目顺利投入运行，标志着企业绿色能源推进工作再上台阶。至此，淮钢已建及在建光伏发电项目装机总容量共达54兆瓦，全部投运后年可发电4000万千瓦·时。

近年来，该公司利用厂区分布广泛的建筑屋顶，积极实施分布式光伏项目，做到了光伏项目“全覆盖”。为扎实开展“减碳”工作，该公司还全流程筛查，积极推进节能减排项目，先后实施了高炉煤气稳压、烧结余热发电及锅炉提效、焦化余热锅炉提效、炼钢烘烤器蓄热改造等节能项目。此外，该公司引进各种成熟节能新技术，积极使用永磁电机技术，将30余台75千瓦以上电机更换为节能永磁电机，节电率达20%以上，年节约电费约300万元；引进上升管余热回收技术，有效利用荒煤气余热，既减少废物外排又产出蒸汽80千克/吨供生产使用，还可取消管式炉；引进势能回收新技术，实施三轧加热炉步进梁液压站节能改造，节电率达 50%。

该公司 30 兆瓦分布式光伏发电项目建设面积 27 万平方米。该项目并网后，采用“自发自用”模式，电力消纳比例达 100%，预计首年发电量可达 2500 万千瓦 · 时，减少二氧化碳排放 17000 吨。

太钢发布不锈钢低碳冶金技术路线图。2023 年，太钢高质量发展大调研成果发布会上，太钢正式发布了不锈钢低碳冶金技术路线图。

路线图明确了太钢集团低碳发展的时序表和基于不锈钢产品冶炼的六大碳中和技术路径，为 2025 年实现降碳 6%、2030 年实现降碳 16%、2035 年实现降碳 30%、2050 年实现碳中和的目标，提供了科技和技术支撑。

在精准把握宝武碳中和冶金技术路线图和太钢集团碳达峰及降碳行动方案的基础上，太钢深刻分析把握不锈钢全产业链、全生命周期碳生成与碳排放特点，积极探索不锈钢绿色低碳技术，形成由清洁能源制取、低碳不锈钢原料制备、碳捕集循环利用、不锈钢渣资源利用、零碳绿色高性能不锈钢产品开发构建的不锈钢低碳冶金技术路线图，为太钢紧紧依靠科技创新和技术进步，提升绿色低碳发展能力与水平指明了方向，为抢占不锈钢行业绿色低碳技术制高点和引领全球不锈钢业发展，提供内生动力。

5.2.3 节能降耗

沙钢入选“2022 年度重点用水企业、园区水效领跑者”名单。2 月 22 日，工业和信息化部、水利部、国家发展和改革委员会、国家市场监督管理总局公布“2022 年度重点用水企业、园区水效领跑者”名单，沙钢集团有限公司成功入选。

沙钢始终坚持绿色发展战略，近年来累计投入超 300 亿元，围绕水、气、声、渣环境提升实施了上百项技改项目。对标行业先进技术，沙钢采用干熄焦节水、软水密闭循环冷却、气雾喷淋冷却等多项先进节水工艺，有效降低水资源消耗。仅干熄焦节水生产并利用余热、回收蒸汽一项，就可实现年有效节水 270 万吨。

在充分利用先进工艺节水基础上，沙钢将废水回收利用也做到了极致。沙钢建有工业循环水处理系统 40 余套，将各生产工序产生的工业废水全部回收并重复利用，水资源循环利用率超 98%；2 座 15 万吨中水回用厂负责收集处理各工序产生的工业杂排水，通过混凝沉淀、过滤、中和处理后，达标回用；分区域建设的 20 余套一体化膜处理设备则担负了收集处理全厂区生活废水的“大任”，按照国家一级 A 标准处理后回用至车间循环水系统，实现“就地回用”。沙钢先后获评“江苏省首批水效领跑者”“江苏省节水型企业”。

宁夏建龙石灰窑尾气余热利用项目一次调试成功。3 月，宁夏建龙石灰窑尾气余热利用项目一次调试成功。

为贯彻国家“碳达峰、碳中和”任务，落实自治区“减污降碳、协同增效”规划目标，2022 年 10 月，该公司联合中航超能就如何利用石灰窑尾气余热进行专项调研。经过分析论证，该公司拟利用石灰窑尾气余热烘干高炉矿渣粉，减少企业的煤气用量。

该项目于 2022 年 11 月完成了初步设计和施工图设计，并进入施工阶段，2 月完成管道及设备的安装。3 月 22 日，该项目完成第一阶段调试工作。调试期间，该项目石灰窑尾气平均温度约 190 ℃，尾气输送至超细粉后平均温度约 178 ℃，温降在 10 ~ 15 ℃。经测算，在石灰窑满负荷情形下，该项目每年可节省高炉煤气量（标准状态）约为 1720 万立方米，提高企业发电总量约为 570 万千瓦 · 时。

下一步，该公司将继续按照集团碳减排规划路线，着力从各工序的清洁生产、发展循环经济做文章，从而实现资源能源的梯级利用，在消除环境污染源，缓解地方环境容量压力，为员工创造良好的工作生活环境的同时，为企业加速实现转型升级和高质量可持续发展提供助力。

建龙西钢转炉烟气隔爆型中低温余热回收项目热试成功。4月，建龙西钢转炉烟气隔爆型中低温余热回收项目顺利完成热态调试并开展连续性生产，目前已连续稳定运行2周，达到稳定运行状态。

该项目是建龙西钢、建龙川锅与中冶京诚合作，在建龙西钢1号转炉开展的国内首台套研发示范项目，多项技术属国际首创，改变了传统钢铁企业转炉中低温余热无回收的现状，是转炉工序极致能效提升、转炉烟气净化回收工艺流程再造的技术革命。

该项目颠覆性开发了国际首个转炉烟气全余热回收安全生产工艺路线，率先采用全干法处理方式，全程无水灭火除尘，使回收转炉煤气品质大幅度提升；实现了部分转炉除尘灰回转炉直接循环利用，180 ℃以上转炉烟气余热全部回收利用，为转炉除尘方式的变革奠定了基础。与此同时，该项目还首创了高温区分离火种的主动防爆技术，研制了火种捕集装置等核心装备，集成了隔爆型烟气全余热回收成套工程技术。

未来，建龙集团将继续以“成为全球绿色低碳产品和服务的一流供应商”和“成为全球绿色低碳冶金技术的提供者和引领者”为目标，携手科研院所联合攻关绿色低碳前沿技术并当好“试验田”，为我国双碳目标的实现贡献建龙力量。

本钢板材2×265平方米烧结机组单日余能发电量再创新高。4月25日，本钢板材2×265平方米烧结机组单日余能发电量一举突破4月3日创造的267300千瓦·时纪录，达到267900千瓦·时，再创历史新高。

为充分利用烧结矿余热，进一步增加烧结机组发电量，板材公司高度重视提高自发电比例相关工作，并将其作为降低企业能源成本的重要手段之一。2023年以来，在该公司制造部的统一协调指挥下，板材炼铁总厂和板材能源管控中心紧密配合，定期召开加大余能回收力度、增加发电量等碰头会，并结合实际制定攻关措施，保证了余能的应收尽收。

下一步，该公司将继续加强沟通协作，同时定期更换磨损的环冷机密封板以减少环冷机热能损失，使烟气再循环进入2号和6号鼓风机来进一步提高余能发电量，为板材公司、本钢集团进一步增加自发电量作出贡献。

方大特钢炼铁厂高炉返矿返焦智能输送系统超低排放改造项目正式启动。5月，方大特钢炼铁厂高炉返矿返焦智能输送系统超低排放改造项目已通过审批并正式启动，建设工期13个月。该项目实施后，可满足高炉返矿、返焦输送过程的超低排放环保要求。

该公司炼铁厂拥有三座高炉，其返矿、返焦全部用于厂内自用，转运过程均为火车与汽车运输。根据生态环境部等五部委联合发布的《关于推进实施钢铁行业超低排放的意见》中“铁精矿、煤、焦炭、烧结矿、球团矿、石灰石、白云石、铁合金、高炉渣、钢渣、脱硫石膏等块矿或黏湿物料，应采用管状带式输送机等方式密闭输送，或采用皮带通廊等方式封闭输送”相关要求，该公司决定开展高炉返矿返焦智能输送系统超低排放改造。

为确保改造项目顺利进行，该公司结合厂区现有设施紧凑的实际情况，从减少占地、减少占用现有检修通道等实际情况出发，细致研究返矿、返焦输送线路的规划设计，对三座高炉各自返矿、返焦仓及皮带落料点位置进行改造，新建相应数量的皮带通廊、转运站、返矿缓存仓、返焦缓存仓，以及除尘系统，将返矿、返焦物料从现有火车、汽车转运改为带式输送机密闭输送至相应工艺用料点，从而降低运输过程的扬尘，提高现场环境质量。

荣程钢铁天荣公司 15 兆瓦余热发电工程成功并网发电。5 月 29 日，荣程钢铁天荣公司 15 兆瓦余热综合利用绿色低碳发电机组并网发电一次成功，标志着该公司推进转型升级、走绿色发展道路，履行企业责任、践行节能减排又取得丰硕成果。

该项目是按照"高效、节能"的原则，在实现清洁生产的前提下，对炼钢厂转炉和电炉余热回收系统产生的 0.9~1.1 兆帕饱和蒸汽和来自厂区管网的不低于 0.2 兆帕饱和蒸汽进行充分回收利用发电。该项目投产后，不仅实现了能源梯级利用，增加企业自发电量，还能降低内部工序能耗。

据测算，该机组在蒸汽供应充足满负荷生产下可每小时发电 10800 千瓦·时，预计年发电量 9000 万千瓦·时，依照 2010 年全国平均供电标准煤耗 335 克/(千瓦·时）计算，可节约标准煤 30150 吨，相当于减少化石燃料 CO_2 排放约 25381 吨，年减少 SO_2 排放约 194 吨，实现经济效益、环境效益和社会效益。

该机组运行后，将联同现有的 230 烧结发电机、65 兆瓦发电机、55 兆瓦发电机一起构成清洁能源走廊，对改善能源结构、提高自发电比例，实现"碳达峰、碳中和"目标具有重要推动意义。

本钢板材能源管控中心 CCPP 发电机组发电量再创纪录。7 月，本钢板材能源管控中心 CCPP 发电机组发电量达 3174 万千瓦·时，对比去年 10 月创造的月产纪录增发电量 22 万千瓦·时。

自 CCPP 发电机组投产运行以来，该中心多措并举、科学合理安排机组运行方式，提高煤气回收量、降低煤气消耗量和放散率，确保 CCPP 发电机组煤气发电稳步提升。同时，该中心锚定行业先进指标，坚持问题导向，通过对标找差距、补短板、明举措，围绕吨钢电耗、自发电比例、外购电费等主要指标开展协同攻关。该中心各主要工序紧密配合，严格执行经济运行方案，采取不饱和产线集中生产、检修期间用电设备同步减负荷或停运、错峰生产等措施，全力保证发电设备稳定运行。

该中心燃机综合作业区通过将创新创效与精益管理有机结合，使 CCPP 发电机组综合效益得到不断提升。该中心通过试验，降低煤压机出口压力，热效率提升 0.5%，每小时节约煤气 7.2 吉焦，每月创效 15.84 万元。同时，该中心将进汽温度由 30 ℃提高到 35 ℃，提高效率 0.1%，每小时节约煤气 1.44 吉焦。

本钢板材能源管控中心提高二次能源利用率显成效。8 月，本钢板材能源管控中心坚持以效益为中心，通过采取精准调控、精益管理、重点攻关等举措提高二次能源利用率，全月实现发电量 26873 万千瓦·时，同比增加 3802.91 万千瓦·时，创效 2095 万元。

2023 年初以来，该中心苦练内功，最大限度利用二次能源挖潜增效，不断刷新日产、月产纪录。围绕全年目标任务，该中心相关作业区将产量指标、完成情况及主要介质消耗成本价格张贴上墙，并按班组详细分解计划，制订可行措施，使班组职工能够随时了解各班组产量完成进度。同时，该中心充分利用二次能源发电，从节约动力煤、降低外购能源费用上下功夫，务实精益管理，为实现稳产低耗奠定基础。

作为本钢集团超低排重点节能环保项目，该中心燃机综合作业区 CCPP 发电机组瞄准同行业先进水平，设立摘牌项目，充分调动科技人员的工作主动性和积极性，确保机组稳定运行，进一步提高机组发电量。该机组人员通过专项攻关降低CCPP压缩机出口压力，进气温度由30℃提升到35℃，提高机组热效率，确保机组平稳运行达105天。特别是8月，该中心发电量达13379万千瓦·时，创效218万元，刷新7月创造的13174万千瓦·时纪录，发电量连续2个月打破2022年10月创造的月产纪录。

兴澄特钢高炉、烧结机双双荣获全国节能降耗“优胜炉”。8月16日，中国钢铁工业协会、中国机械冶金建材工会全国委员会公示了“2022年度全国重点大型耗能钢铁生产设备节能降耗对标竞赛”评审结果。中信泰富特钢集团旗下江阴兴澄特种钢铁有限公司炼铁事业部的3号3200立方米高炉和400平方米烧结机脱颖而出，双双获评全国节能降耗“优胜炉”称号。

炼铁事业部3号3200立方米高炉以“精益化、标准化”为抓手开展节能工艺技术攻关，推动绿色、高质量发展。其中，炼铁事业部精益热风炉操作、转变热风炉烧炉控制模式、提高高炉富氧率等措施多管齐下，降低高炉煤气消耗；精益化耐材浇注工艺管理，降低吨铁耐材消耗，提升安全效益；执行烧炉、换炉自动化操作，提升现场管理与设备维护能力，为高炉高产、低耗创造条件。炼铁事业部以物联网、工业互联、状态监测诊断技术，对重点区域开展能源全流程梳理，绘制能源流程图，持续提升技术经济指标和节能降耗水平。

炼铁事业部400平方米烧结机采用先进生产工艺、节能技术改造全方位推进节能降耗，其中采用烟气内循环工艺，把烧结机风箱的烟气自由组合循环到烧结机台车料面使用，降低固体燃耗，在混匀矿中配入适量的氧化铁屑和磁铁矿粉，降低烧结能源消耗。同时，该事业部积极开展一系列节能技术改造创新项目，投入使用烧结点火炉智能烧炉，蒸汽预热混合料提高料温，降低了烧结固体燃料消耗；通过烧结机头电除尘智能自动化电场控制系统技改，大幅提高能效水平。

中信泰富特钢集团始终坚持节能降耗、绿色发展，围绕“双碳”目标，多措并举积极推进节能减排重点工作，健全完善制度体系，实施节能减排工艺改造，全方位提升能源利用效率。未来，中信泰富特钢将持续打好低碳发展攻坚战，加快推进绿色低碳循环发展，为实现碳达峰、碳中和目标贡献特钢力量。

本钢板材召开能源系统诊断工作启动会议。8月18日，为进一步提升能效水平，实现“极致能效”，降低全系统能源成本，本钢板材召开能源系统诊断启动会，本钢板材领导、相关部室和厂矿负责人、北京国金衡信公司领导及专家团队出席会议。

北京国金衡信公司领导在会上介绍了能源诊断的人员安排、调研形式、调研内容、调研计划。国金衡信公司通过三个阶段、预计持续半年多的时间对板材公司蒸汽、发电、煤气等各类能源介质系统进行全面的梳理、诊断、分析，发现目前存在问题、不足和可以挖掘的潜力，明确下一步的用能方针、原则和方法，规划能源系统需要改进的项目与措施。国金衡信公司对能源系统进行顶层设计、系统优化，以实现板材公司降低吨钢能耗、降低能源动力成本、减少温室气体排放、提高企业经济效益的综合目标。

本钢板材吨钢转炉煤气回收量创佳绩。本钢板材坚持系统统筹，追求极致能效，在提高吨钢转炉煤气回收量攻关过程中，持续优化过程参数，精细把控各个环节，全力实现煤气尽收尽用。9月，该公司吨钢转炉煤气回收量达到139.13立方米，创历史佳绩。

2022年9月25日，该中心新建15万立方米转炉煤气柜投入运行，同时配套升级电除尘系统以及煤气鼓风机变频系统。为了保证设备的安全稳定运行，该中心新建的15万立方米转炉煤气柜加上原有的两座8万立方米转炉煤气柜，执行“一大两小”三气柜同时运行模式，开展班组竞赛，全力实现转炉煤气应收尽收。在设备管理和精细化操作中，该中心与板材炼钢厂积极开展技术攻关，灵活切换回收模式，提升吨钢转炉煤气回收量。

兴澄特钢通过EATNS碳管理体系认证。9月，中信泰富特钢集团旗下江阴兴澄特种钢铁有限公司顺利通过上海质量科学研究院复核评审，获得上海环交所颁发的“EATNS碳管理体系证书”，成为全国行业首家通过“碳管理体系认证”的企业。

近年来，兴澄特钢积极响应国家“双碳”目标，在中信泰富特钢集团“绿色引领”战略指引下，不断推动特钢生产过程低碳化、产品使用过程绿色化，踏实践行高质量可持续发展。

此次通过“EATNS碳管理体系认证”，是兴澄特钢进一步提升企业节能减排水平、推进产业链绿色低碳转型的重要节点。未来，兴澄特钢将持续全面提升碳管理水平，深挖绿色低碳发展潜力，为实现“双碳”目标打下坚实基础。

天津钢管污水处理厂实施自主优化改造。9月，天津钢管能源部给排水站组织对污水处理厂气浮池撇渣系统进行优化改造，通过改造降低了设备故障率，提高了运行稳定性。

由于污水处理厂气浮池撇渣机滚筒及支撑传动设备老化，造成传动链条非正常损坏、断裂，导致撇渣系统非正常停机，每次维修或更换链条耗时较长，影响气浮系统正常运行，导致污水处理效果不佳。针对此情况，给排水站召开现场专题研讨会，确定自主改造方案，对气浮池撇渣系统的支撑轮、主动轮、从动轮进行测绘制作并更换，以及对锈蚀排渣管切除更换。

改造后的气浮池撇渣系统，经过近半个月试运行，运行状态良好，达到了改造效果，提高了运行稳定性，节约外委设备改造费用约2.5万元。

青岛特钢荣获山东省“节水标杆单位”称号。10月16日，山东省水利厅等8部门联合下发《关于公布山东省第二批节水标杆单位名单的通知》，中信泰富特钢集团旗下青岛特殊钢铁有限公司顺利通过评审，荣获山东省第二批“节水标杆单位”称号。

青岛特钢采用干熄焦、高炉煤气干法除尘、转炉煤气电除尘、除盐水密闭循环冷却等节水工艺，降低新水消耗；循环水梯级利用，实施了发电炼铁循环水排水至高炉冲渣、炼钢循环水排水至滚筒渣冲渣、轧钢循环水排水至浊环水、轧钢过滤器反洗排水部分回用、中水综合利用、反渗透浓盐水回用等节水改造项目，循环水重复利用率达到98%以上，吨钢耗新水达到国内同行业领先水平。

青岛特钢以水资源循环利用为核心，积极治理生产过程中产生的工业废水，配套建设了焦化酚氰废水处理、中水回用深度处理等节水项目。焦化酚氰废水处理采用国内领先的“AAO+深度治理”工艺，回水用于焦化厂循环水补水，浓盐水用于高炉冲渣；除焦化外各工序生产废水经过专业预处理后制成中水，再回用至集中水处理中心进行深度处理制备除盐水及纯水，主工艺采用“全膜法”，实现废水零排放。

方大特钢改造空压机年节能150万千瓦·时。11月，方大特钢动力厂一压离心式空压机改造项目已顺利竣工并投入使用，每年可为企业节约能耗约150万千瓦·时。

方大特钢动力厂一压空压机机组始建于2004年，担负着公司炼钢厂、轧钢厂等生产单位的压缩空气供给任务。随着该机组使用年限的增长，螺杆式空压机能耗逐渐增加，且设备中冷干机部分脱水效果已无法满足现阶段生产需求，为此，该公司决定对一压空压机机组进行升级改造，将螺杆式空压机升级为效率更高、能耗更低的离心式空压机。

改造期间，该公司组织技术人员提前介入设备安装与调试，并按工艺流程、施工图纸、设备型号对每台设备进行检查，确保设备型号与设计相符；每日召开现场协调会通报工程进度，发现问题及时整改；同步组织员工开展新设备岗位培训，使岗位员工能够熟悉掌握新机组的工艺流程、操作步骤、应急处理等相关知识，为该项目顺利竣工投产、达到预期效果奠定坚实基础。

太钢能源部吨钢耗新水取得新成效。2023 年，太钢能源部在节约用水和提高用水效率方面取得新成效，2023 年上半年，吨钢耗新水指标达 1.8 立方米/吨，较预算指标 1.9 立方米/吨降低 0.1 立方米/吨。

该部通过调整工艺及运行方式，协调北郊污水处理厂、再生水发展有限公司增引中水，引入中水量比去年同期每天增加了约 5000 吨。同时，该部改造配套中水管网，实现中水直接兑入一膜、二膜、三膜的原水端；调整深度膜系统运行方式和优化膜的配件及清洗方案双管齐下，高效消纳中水资源。

该部在对标找差中，将引水、用水、排水各项重点指标逐层次分解至各层级、各岗位，推进节水降本工作。在加大节水宣传力度、提升员工意识和节水技能的同时，该部供水专业室牵头组建了由各作业区专业人员参与的供排水专业检查组，每日对公司用水和排水情况进行区域化全覆盖检查，对排查出的溢流、排水异常等水资源浪费、污染方面的问题，协调相关单位组织整改，立行立改。截至目前，该部减少水资源浪费近万吨，水资源采购同比降本 4%，助力太钢加快卓越绿色发展的步伐。

天津钢管分质供水改造项目入选《国家鼓励的工业节水工艺、技术和装备目录（2023 年）》。为加快我国先进节水工艺、技术、装备研发和应用推广，提升工业用水效率，12 月，工信部、水利部发布了《国家鼓励的工业节水工艺、技术和装备目录（2023 年）》，其中天津钢管制造有限公司分质供水改造项目作为钢铁行业典型案例被列入其中。

该公司分质供水改造项目采用技术针对钢铁生产工序多、用水水质不同的特点，采用膜法和其他水处理工艺产生高品质和普通工业循环用水，分别供应不同用户，避免普通用户用高端水、高端用户用水不满足要求等浪费，可实现节水、节能、降低运行费用。预计未来五年，该技术推广比例达到 30%，年节水 18000 万立方米。

本钢板材获 2022 年度省级节水标杆企业称号。2023 年，辽宁省工业和信息化厅、水利厅、发展和改革委员会、市场监督管理局联合下发《关于发布 2022 年度省级节水标杆企业的通知》，其中本钢板材公司荣获 2022 年度省级节水标杆企业称号。

该公司积极践行绿色发展理念，在做好各项环保工作的同时，将节水用水作为能源环保工作的重要抓手，贯彻执行国家循环经济和节能减排方针政策，按照“源头削减、过程控制、末端资源化治理”的整体思路，系统优化污水治理系统，大幅减少总排水量。同时，该公司优化和完善现有污水处理工艺，增加深度脱盐处理工艺，实现了污水的资源化高效回收利用。2022 年，该公司吨钢耗新水同比降低 0.28 吨，节水工作取得明显成效。2023 年，该公司自建了生活水制备项目，全力实现板材厂区生活水自产自给，用实际行动打造节水标杆。

莱芜分公司能源动力厂环保指标稳定达标。2023 年，山钢股份莱芜分公司能源动力厂环保设施同步运转率达 100%，锅炉烟气稳定达标受控，促进了企业绿色低碳高质量发展。

面对国家不断升级的环保标准，能源动

力厂响应该公司“精准环保”理念，制订《能源动力厂超低排放改造实施方案》，2018年以来累计投资 1.9 亿元，实施锅炉烟气深度治理、固定污染源监测点位规范化改造等措施，环保装备及设施管控全面达到超低排放要求。在此基础上，能源动力厂加强环保设施运行及生产过程主要参数实时监控，通过工序间调整，确保 200 余项环保指标持续稳定达标受控。

为了实现极低成本，能源动力厂按照公司“做到极致、走向前列”的工作要求，积极开展跨行业锅炉脱硝药剂研究，通过将型钢热电车间 4 号锅炉选作“试验田”，与 4 家单位交流，实现了药效达标并进行推广应用，打破了药剂厂家技术垄断、价格高昂的被动局面，脱硝药剂运用后每吨药剂价格可降低 1000 余元。

能源动力厂用水工序众多，废水治理始终是环保达标的重要课题。为此，能源动力厂借助“赛马机制”，开设环保赛道，推出节水奖、创新奖，鼓励职工对标先进，对各类排污水按质回收，梯级利用，使优质工业水从标准工艺用水到二次利用，再回收作为循环水使用，最后用作清洁绿化。2022 年以来，能源动力厂各项水耗指标显著降低，累计节约工业新水 63 万余吨。

第 6 章

中国特殊钢企业管理创新（党建）典型案例

6.1 管理创新

6.1.1 安全管理

首钢贵钢开展安全生产检查及教育培训工作。为做好复工复产准备，保障安全、高效顺稳生产，1月，首钢贵钢在春节前后持续开展了安全生产检查及教育培训工作。

该公司各生产单位在春节前后至少开展了三次的现场安全检查，查漏补缺，不放过每一处隐患。在生产期间，该公司各事业部严格落实《安全检查方案》，值班人员每日反复检查现场，实时通报检查情况，杜绝一切安全隐患，为复工复产做好安全保障。

同时，该公司各作业区加强现场监督，并严格开展春节后复工复产培训工作，由事业部分管安全生产部长带队，安全员参加作业区复工复产安全培训并监督员工完成培训后的考试，考试合格后方可上岗。截至目前，该公司复工人员已全部完成培训并通过考试。

天津钢管开展春节前安全联合大检查。为保障春节期间天津钢管经营生产安全稳定顺行，贯彻落实公司2023年首次安委会扩大会议精神，1月18日，天津钢管开展春节前安全联合大检查。

该公司各检查组重点检查了相关单位安全隐患排查治理、重大风险源（点）安全管控、相关方安全监管、冬春火灾防控、环保管控、清洁生产管理等落实情况。该公司被检查单位主要负责人汇报了节日期间安全环保工作方案、带班值班安排，以及生产运行、检修施工等安全措施落实情况，确保春节期间公司生产安全稳定运行。

西宁特钢开展安全生产专项督导检查工作。为做好2023年两会安全工作，严防事故隐患，进一步压实各层级各部门安全生产主体责任，全面落实各项管控措施，根据《西钢集团公司2023年“春节、两会”期间安全生产大检查工作实施方案》，西宁特钢集团公司安委会自2月13日起在全公司范围内开展安全生产专项督导检查工作。

此次检查旨在准确把握全国、青海省安全生产电视电话会议精神以及15条硬措施工作要求，结合生产实际，围绕金属冶炼、重大危险源、燃气系统、粉尘涉爆、危险作业、有限空间、检维修作业、消防安全、应急准备、冬季“四防”等11个方面，该公司对各子公司、各单位落实自主管控情况进行督导检查，不断提升设备设施及作业环境安全管控水平，完善各项防范措施，防范化解安全风险隐患，保障企业安全形势持续平稳。

为使本次安全生产专项督导检查工作落地落实，该公司领导组成6支专项检查组，分别带队督查各单位重点环节、关键点位，逐条逐项进行督导检查，防范化解重大安全风险和重大事故隐患。该公司安全环保管理中心联合相关部门技术人员和管理人员成立督查小组，对各单位安全生产大检查工作质量及整治效果进行监督性检查，并对检查出的问题登记建档，明确整改措施、整改时间、责任人等，保证整改一项、销号一项，切实消除现场存在的安全隐患。

方大特钢济南重弹组织开展一季度安全生产综合应急演练。4月，方大特钢济南重弹组织各部门专兼职安全员及锻制、热处理作业区岗位员工开展安全生产综合应急演练。

此次演练模拟生产过程中发生天然气泄漏、物体打击、起重伤害等情况下的应急处置过程。为使演练能够进一步发挥实效，演练前，该公司邀请所属街道安委办与工业园区服务资质机构人员开展培训，就演练注意事项及要点进行讲解。此次演练进一步强化了员工的综合应急能力，使岗位员工熟练掌握应急处置知识和技能，为安全生产奠定了可靠基础。

方大特钢昆明春鹰开展粉尘涉爆安全知识培训。为进一步做好安全管理工作，4月17日，方大特钢昆明春鹰组织开展粉尘涉爆安全知识培训，该公司相关岗位人员12人参加培训。

此次培训结合《粉尘涉爆企业执法检查重点事项》、《粉尘防爆安全规程》（GB 15577—2018）、《工贸企业重大事故隐患判定标准2023版》（中华人民共和国应急管理部令第10号）等规范、标准，以及近年国内发生的粉尘涉爆事故案例，就粉尘爆炸的要素、降低粉尘爆炸后果严重度的方法、防范点燃源的措施、除尘系统的安全要求等方面进行了细致讲解。后续，该公司还将持续开展检修及特殊作业安全培训，同时强化落实作业安全措施，确保安全工作的平稳顺行。

方大特钢重庆红岩参加重庆市铜梁区特种设备安全工作培训会。4月19日，重庆市铜梁区市场监督管理局举办铜梁区2023年特种设备安全工作培训会，方大特钢重庆红岩安全管理工作人员参加培训。

此次培训对特种设备安全管理范围、特征、安全管理基础知识等方面进行讲解，并通过案例对设备安全风险排查、应急处置工作技巧及注意事项等开展分析。培训结束后，该公司将按照培训要求，进一步完善企业安全生产管理制度，加大设备安全检查力度，及时发现、排除设备安全隐患，有效提高特种设备安全管理能力，全力保障特种设备安全运行。

方大特钢昆明春鹰开展安全风险分级管控培训。为持续推进安全风险分级管控和隐患排查治理双重预防机制体系建设，不断增强干部员工安全风险辨识及管控能力，5月，方大特钢昆明春鹰组织开展安全风险分级管控培训，来自该公司各部门负责人及班长、专职安全员等27人参加培训。

培训中，培训人员共同观看了《构建安全风险分级管控和隐患排查治理双重预防机制》宣传教育影片，对近期国内发生的重大生产安全事故、企业开展安全风险分级管控存在的突出问题，以及安全风险分级管控原理、开展方法等进行了生动、细致的宣教。同时，该公司安全管理部门结合《云南省工贸行业企业安全风险源点定性定量判别参考标准指南》，对安全生产风险点、风险评价、风险分级管控、事故隐患、隐患治理等知识进行了讲解。通过本次培训，培训人员进一步提高了自身安全风险分级管控的安全意识与安全风险管控、事故防范的能力。在今后的工作中，培训人员将积极做好安全风险分级管控及隐患排查治理工作，确保生产安全平稳顺行。

南钢入选应急管理部安全生产标准化一级企业名单。5月13日，应急管理部公布了《2022年度工贸行业安全生产标准化一级企业名单》，确定88家企业为安全生产标准化一级企业，其中冶金行业18家，南钢精整厂、燃气厂成功上榜，为推动更多行业企业开展安全生产标准化一级达标创建、以高水平安全护航高质量发展作出了示范引领。

南钢充分认识开展安全生产标准化建设重要性，并以精整厂、燃气厂作为试点示范，全面推进安全生产一级标准化建设。2022年，南钢成为南京市唯一一家安全生产一级标准化企业。

未来，南钢将以安全标准化持续改善为载体，以精细务实的工作作风、勇于探索的进取精神、实实在在的工作业绩，推动企业安全管理水平不断提升，再上新高度，为行业高质量发展贡献南钢智慧和力量。

邢钢扎实开展“安全生产月”活动。为进一步开展好2023年“安全生产月”活动，6月，邢钢下发通知，对“安全生产月”活动进行安排部署，落实安全生产主体责任，增强全员安全防范技能和意识，全力确保邢钢的稳产顺行。

为确保将活动落到实处，该公司专门成立了以总经理为组长、安全总监为副组长、各分厂及相关职能处室负责人为成员的“安全生产月”活动领导小组。该公司各单位要高度重视“安全生产月”活动，加强组织领导和宣传报道，从讲政治、保稳定、促发展的高度抓落实，切实把“安全生产月”活动相关责任落到实处。

该公司对“安全生产月”相关活动作出要求，要突出形式多样、内容丰富、参与性强等特点，要深刻领会国务院安委会出台的安全生产“十五条措施”的重要意义，重点开展学习实践活动，通过观看事故警示教育片、组织员工在班前班后会“人人讲安全”、开展“个个会应急”实训、举办“安全宣传咨询日”、学习中央相关工作会精神、开展《中华人民共和国安全生产法》的宣贯、加强防暑降温知识宣传、开展应急预案演练、切实做好公司防汛准备、认真落实消防安全主体责任、开展安全生产知识竞赛等相关内容，努力营造人人重视安全、人人参与安全管理的良好氛围。

本钢板材安委会启动 2023 年“安全生产月”活动。为全面落实鞍钢集团、本钢集团工作部署，大力营造全员参与的安全文化氛围，着力抓好应急队伍建设，6 月 1 日，本钢板材安委会召开扩大会议，启动 2023 年“安全生产月”活动。

该公司各单位要结合实际，精准细化本单位“安全生产月”活动实施方案，各项工作要明确责任人和时间节点，“清单式”推进，以健全的安全责任体系和绩效考核体系为支撑，积极营造“人人知风险、个个懂防控、全员抓安全、发展有保障”的安全工作良好局面。该公司大力推进群众性创新创效活动与安全生产的有机融合，加强安全文化建设，重点开展安全管理理念、方式、方法和专业安全知识培训，同时开展行业内典型安全生产事故案例警示学习，进一步增强全员安全意识，提升全员安全素养。

为推动安全治理模式向事前预防转型，全面提升综合应急保障能力，该公司成立消防应急保障中心，构建“统一指挥、反应灵敏、协调有序、运转高效”的应急保障模式。本钢集团领导为本钢板材消防应急保障中心揭牌。

太钢启动安全生产管理综合提升技术服务项目。为快速提升安全管理体系能力，6 月 6 日，太钢集团与中钢集团武汉安全环保研究院正式启动为期三年的提升服务项目。

太钢集团“安全生产管理综合技术服务”项目，是太钢立足长远，系统推进公司安全发展、高质量发展、可持续发展的重要举措。根据协议，中钢安环院太钢项目服务团队将按照三个年度，分批次、分阶段为太钢集团提供“安全现状诊断、专题安全教育培训、安全管理体系健全完善、建筑施工和检维修相关方安全管理提升、安全基础管理提质建设”五个方面的技术服务与支撑；最终实现“健全公司安全生产管理体系、提升安全管理体系能力、提高专业安全管理和本质安全化水平，进一步夯实安全管理基础”的预定目标，为太钢集团安全发展、高质量发展、可持续发展奠定基础。

建龙北满特钢开展应急医疗救护培训。为普及应急医疗救护常识，提高员工自救、互救能力，6 月 30 日，建龙北满特钢邀请齐齐哈尔市应急协会与市护理学会有关领导及讲师，在公司多功能报告厅开展应急医疗救护培训。该公司安全保卫部一、二级主管及安全工程师，各单位专职安全管理人员、相关岗位人员参加了培训，认真学习了培训中的各项内容。

培训会上，齐齐哈尔市护理学会各位讲师采取理论教学与实际操作相结合的方式，为大家详细讲解了创伤急救包扎止血技术、海姆立克急救法、心肺复苏术和 AED 使用等相关急救知识和技能。他们现场采用专业人体模型同步演示，直观清晰地展示每一步操作步骤，指出应急救护中的重点、难点和易错点，让员工理解每一个操作环节，充分掌握应急救护知识技能。

通过此次专题培训，切实提升了员工处理突发事件的应急应变能力和实际操作能力，增长了自救、互救安全知识，进一步落实了“人人讲安全、个个会应急”。

本钢板材质检计量中心开展消防安全大检查工作。 8 月，本钢板材质检计量中心开展重大火灾隐患排查整治工作，通过消防安全隐患排查整治，强化消防安全管理，消除消防安全隐患，遏制各类火灾事故发生。

该中心此次消防安全隐患专项排查整治行动和重大火灾隐患排查整治工作采取各单位自查和集中检查相结合的方式进行。该中心生产技术室安全管理人员根据检查项目对该中心各单位进行检查，形成整改清单，对隐患整改情况进行跟踪，确保整改落实到位。

在检查过程中，该中心重点对消防安全责任制是否落实，用火、用电、用气是否合规，安全出口、疏散通道是否畅通，疏散指示标志及应急照明灯是否保持完好有效，灭火器和室内消火栓能否正常使用，职工对“四个能力”建设是否熟悉掌握等情况进行了全面细致地检查。针对检查中发现的问题，该中心给予现场指导整改，并对整改效果进行跟踪，确保安全生产落实到位，将安全隐患消除于萌芽状态，严防各类安全事故的发生，增强职工消防安全意识。

中天钢铁通过环境和职业健康安全管理体系现场审核。 8 月 30 日~9 月 1 日，北京大陆航星质量认证中心一行 4 人组成审核组来中天钢铁开展为期 3 天的环境及职业健康安全管理体系现场审核工作。

在 8 月 30 日的首次会议上，审核组对审核的范围、审核目标等内容做了进一步明确。本次审核采取现场抽查的方式进行，由中天钢铁特钢公司安全处、环保能源处等多部门协同配合完成。本次审核范围为钢铁冶炼及钢材轧制，主要审核评价集团近一年双体系运行的符合性、有效性，决定是否推荐保持认证注册。

方大特钢多措并举开展安全生产工作。 9 月，为切实做好中秋、国庆期间的安全生产工作，方大特钢认真贯彻落实国家、省、市、区关于加强安全生产工作的决策部署，压紧、压实各级安全生产责任，从严、从细落实各项安全保障措施，确保“双节”期间公司安全生产形势稳定。

该公司全面落实安全生产责任制，牢固树立“安全管理再严也不为过”的理念，做到安全责任明确、安全管控有力、安全措施到位，坚决防范事故的发生。该公司以隐患排查整治为抓手，细致开展好相关安全检查，重点加强对易燃、易爆、易中毒场所，以及危险化学品生产储存、铁（钢）水转运、特种设备等重要危险源的日常检查与监控；加强技改施工和检修及相关方的安全管控，重点关注“边生产、边施工”安全防范措施的落实，确保技改检修的安全。

此外，该公司组织干部、员工学习生产安全事故应急预案，提高干部、员工应变处置能力；要求各单位加强值守，并由各单位领导带队值班，履行安全监管职责，节日期间深入现场和岗位进行安全和劳动纪律检查；关注员工思想动态，提醒员工注意安全，及时协调、处理各类安全问题；各应急救援队伍坚持做好应急救援装备、物资的准备工作，一旦发生状况，能够科学、有效地处置与应对，确保生产安全稳定。

东北特钢开展秋季安全生产大检查。 为进一步加强隐患排查治理工作，全面落实安全生产主体责任，有效防范和遏制各类安全生产事故的发生，东北特钢于 9 月组织开展 2023 年秋季安全生产大检查。

本次秋季安全生产大检查分为两个阶段进行：第一阶段为各单位自查自改阶段，各单位按照该公司秋季安全大检查相关要求，结合本单位实际情况，成立各项专业检查组，以新的《中华人民共和国安全生产法》为依据，严格按照《工贸企业重大事故隐患判定标准》及相关法律法规等，策划编制形成符合本单位特点的秋检工作实施方案和检查表，将检查内容层层分解，明确责任，逐项落实，全面排查，不留死角。第二阶段为复查验收阶段，该公司将成立专项检查组，对各单位自检自查情况进行复查验收。检查重点内容包括综合安全管理、特种设备管理、危险性作业管理、金属冶炼管理、危险化学品管理、电气安全管理、消防管理、工业气体管理、相关方管理、建设项目及施工管理、有限空间管理、交通运输管理等方面。

长城特钢基层骨干安全管理人员安全管理能力提升培训正式开班。9 月 14 日，长城特钢基层骨干、安全管理人员安全管理能力提升培训在公司教培中心正式开班。

培训课上，授课老师通过优质 PPT 课件，结合多年现场安全管理工作经验及事故案例并贯穿整个教案中，从班组“四件事”即班前会、周安会、违章违制等级、安全检查，这些最贴近一线安全管理和安全基础工作入手，图文并茂、深入浅出，每一件涉及班组安全的事都力求讲透说明，并以该公司持续推进中的安全工作辅以穿插。培训结束，立即进行单人单桌闭卷考试，对考试不合格人员提出相应考核。

此次培训将采取多轮多期进行，人员涉及公司基层班组骨干、基层班组长、作业区安全员、倒班作业长、作业长（含相关方）共计 560 余人。此次培训对有效提高班组团队的工作效率，提升班组长安全管理能力，促进班组工作有效推进均起到了积极作用，从而不断提升该公司整体安全管理水平。

本钢板材质检计量中心开展安全生产专项治理工作。进入 2023 年第四季度，本钢板材质检计量中心持续深化“意识+责任+标准化”安全管理体系建设，聚焦隐患排查、制度执行、责任落实、“三违”治理等方面，开展全系统、各环节安全生产专项治理，着力提升安全生产专项管理水平。

该中心聚焦安全生产制度措施落实情况，逐条对照、逐项落实，坚决避免“有制度不执行”或“口头执行、纸面落实”的情况。该中心严格落实责任化机制，建立制度措施清单，逐项细化分解，确保各项制度落地见效。

该中心每周开展一项专项安全检查，深入开展秋冬季安全生产大检查工作落实，确保“冬季五防”有效落实。该中心持续开展事故隐患专项排查活动，中心领导牵头，每月组织开展全面安全风险隐患大排查，查清问题根源。该中心各级管理人员充分学习掌握重大事故隐患判定标准，对标对表开展自查自改，切实提升重大事故隐患排查治理水平，确保重大事故隐患排查彻底、治理到位。

该中心压实安全包保盯控责任，坚持领导分线分片进行安全包保，进一步修订完善全员安全生产岗位责任制，明确各层级、各岗位安全生产岗位责任，全面消除责任盲区和管理漏洞。该中心实行分级管控，跟踪问责，确保安全生产全过程管控到位，实现现场安全管理全覆盖，全力以赴保障安全生产。

天津钢管开展安全监护专项培训。为响应中信泰富特钢集团建立安全监护人员人才库的要求，10 月，天津钢管安全管理部对各部门及相关方单位安全监护人员开展第一批次专项安全培训。

此次培训详细讲解了安全监护人员工作职责、管理要求、安全措施、监督要点等内容，并以穿插事故案例的方式分析了有限空间作业、动火作业、高处作业等危险作业中的危险源、事故预防措施及应急处置措施，明确了安全监护人的监护重点与职责要求，通过大量事故案例论证了安全监护在现场危险作业的重要性。

中天钢铁南通公司开展水路交通应急演练工作。为进一步做好水路交通安全管理工作，提高队伍应急救援技能和面对突发事故的应变能力，10 月 19 日，由南通市交通运输局和中天钢铁南通公司主办，南通市内河水上、内河港口交通突发事件应急救援演练在南通内河码头举行。

此次演练模拟船只在内河码头靠泊过程中，突遇大风发生颠簸，船只触碰港池边界外侧边坡，导致一名船员不慎落入水中，且机舱着火失控。

接到险情报告后，海门区内河水上搜救中心立即启动内河水上交通突发事件应急预案，公安、消防、卫健、生态环境等部门人员迅速集结、紧密配合、展开救援，解救被困人员并转移人员。整场演练过程采用无人机转播和录播的方式展现。

作为该公司海港码头、内河码头的主管单位，浩洋港口将进一步建立健全安全标准化管理体系，全面落实安全生产责任制，为搭建好物流通畅的江海河、公铁水集疏运体系，争做南通港口企业标杆示范。

南钢 5 条产线通过安全生产标准化一级企业现场审核。10 月 22～29 日，受应急管理部有关司局委托，中钢集团武汉安全环保研究院组织专家评审组，对南钢第二炼铁厂、第二炼钢厂、中棒厂、高线厂和中厚板卷厂等 5 条产线，进行了安全生产标准化一级企业现场审核定级验收，最终全部通过。目前，南钢已有 7 条产线通过安全生产标准化一级企业定级验收。

本次评审组专家分为管理组、设备组和工艺（生产作业安全）组分别开展工作，严格按照《中华人民共和国安全生产法》《安全生产标准化评审标准》等相关要求，对每家单位进行为期 3 天的评审，重点审查现场设备设施、作业安全与近三年的有关文件资料，并对主要负责人、管理人员及员工进行提问，最终全部顺利通过现场定级审核。

近年来，南钢始终把安全生产标准化建设作为一项安全生产基础性工作加以重点推进，多措并举，建立安全生产长效管理机制，全面提高企业自身安全水平。南钢充分认识到开展安全生产标准化建设的重要性，把实施安全生产标准化作为规范岗位人员的操作行为、促进现场各类隐患的排查治理、防范各类事故发生的有效手段。南钢积极准备，成立了安全标准化自评小组，对照安全生产标准化基本规范评分细则及评审标准等，组织生产、安全、技术、设备、综合管理等各方力量，从安全生产目标、组织机构和职责、安全投入、法律法规与安全管理制度、教育培训、隐患排查和治理、应急救援调查和处理、绩效评定和持续改进等方面，系统建立安全生产标准化体系。

辽宁省安全生产专项巡查组第四督导组来东特股份督导安全生产工作。10 月 24～25 日，辽宁省安委会办公室全省钢铁企业安全生产专项巡查组第四督导组一行 10 余人，在辽宁省工业和信息化厅冶金处处长杨殿新的带领下，对东特股份安全生产、应急管理、消防、环保设施、特种设备、工业建筑、产能置换等工作进行巡查、督导。

此次巡查旨在督促指导钢铁企业严格落实安全生产主体责任，全面排查整治各类隐患问题，消除重大事故隐患，解决安全生产突出矛盾和问题，全面提高企业隐患排查整治质量，全力维护钢铁企业安全生产形势稳定向好，促进钢铁企业高质量发展。

方大特钢动力厂扎实做好冬季消防安全工作。11 月，方大特钢动力厂针对冬季典型安全事故案例，举一反三扎实做好区域消防安全工作，筑牢冬季安全生产防护网。

该厂将强化防火安全教育作为抓手，组织汽轮机、液压站、氢氧站、煤气柜、煤气加压站以及各配电室等易燃易爆区域岗位开展禁止烟火教育，严禁易燃物品的存在；对现场消防设施及器材管理制度进行核验，确保相关器材始终处于有效使用状态，岗位员工对消防器材必须做到“三懂三能三会”；对各场所开展安全检查，对用气、用电不符合安全要求的限期整改；规定在具有火灾和爆炸危险性的场所从事明火作业，必须按要求严格办理动火手续，并由专职安全员现场监护，确保作业安全。

天津钢管开展大风天气室外危险作业专项检查。为落实中信泰富特钢集团冬季安全“十防”工作部署和公司冬季安全隐患排查治理活动要求，预防大风天气可能发生的意外情况，12月，天津钢管开展大风天气室外危险作业专项检查，对大风天气室外危险作业提级管理，降低危险作业风险，增强作业人员安全意识。

此次专项检查，根据大风天气特点，严格执行高处作业、动火作业等室外危险作业安全管控要求，坚决杜绝大风天气冒险作业、野蛮作业、交叉作业，确保该公司安全生产有序推进，将冬季安全“十防”工作落到实处。

南钢启动“交通安全月”活动。12月1日，南钢举办2023年第十二个“全国交通安全日”暨南钢第三次交通安全月主题活动，旨在从源头上预防和减少道路交通事故，进一步增强员工出行的安全感、获得感和幸福感。

2023年初以来，南钢积极与新区公检法系统加强联动，不断提升交通本质安全管理水平。南钢在新进人员、货车驾驶员教育以及交通数字化服务等方面多措并举，持续优化交通安全一体化协同机制，通过跨部门长效协作，解决员工急、难、愁、盼的问题；实施道路拓宽改造，精细化治理道路交叉口及非机动车道交通秩序；常态化岗前培训与驾驶员管理平台紧密结合，实现正式职工与相关方员工一视同仁，全方位、全覆盖开展交通学习、交通考试和承诺书签订等；充分利用视频监控、电子地图、南钢门禁小程序、微信公众号等手段，在交通执纪、学习教育、道路规划、事件追溯等方面发挥效能。

南钢保卫部宣读《2023年第十二个“全国交通安全日”暨南钢第三次交通安全月主题活动方案》，并发布了南钢2023年度交通安全大数据分析报告。12月1~31日，南钢将以“文明交通 你我同行”为主题，开展培训教育宣传、交通安全管理帮扶、“全面排查整治”、交通安全专项检查、数字化精准服务等活动。南钢广泛宣传文明交通、安全出行理念，提升员工的交通安全意识，共同维护良好的交通秩序，共建文明、安全、畅通、和谐的道路交通环境，形成交通安全人人有责、人人尽责、人人共享的良好社会氛围。

首钢贵钢开展2023年安全教育培训。为贯彻落实《中华人民共和国安全生产法》规定，进一步提高公司各层级管理人员、安全管理人员安全管理能力水平，夯实安全生产管理基础，12月4日，首钢贵钢在后勤中心三楼会议室举行2023年度主要负责人、安全管理人员取证、复审培训工作。

本次年度再教育人员集中学习时间为12月4~5日，初次培训人员培训时间为12月4~8日。通过培训，该公司安全管理基础、参培人员安全意识及管理能力得到进一步提升。培训委托贵阳市安全生产协会进行。此次培训主要涉及《安全生产责任重于泰山》安全生产宣传片学习、《贵州省安全生产条例》解读、事故案例学习及冶金企业安全技术知识等培训内容。该培训教师以理论知识与案例警示相结合的形式，优化课程结构，增添了课堂氛围，提高了培训效果。

太钢开展安全生产活动。为加快推进落实“安康护航”行动，持续提升安全管理绩效，2023 年，太钢在安全劳动竞赛中将“安全隐患项目改善赛”作为核心赛项，有效落实全员安全生产责任制，切实解决安全生产短板弱项和痛点难点，提升现场本质安全化水平。

赛项以全员参与排查抓安全、闭环整改销号保安全、分级评价激励促安全三方面为主，加强多方联动，齐抓共管，深化“查、改、促”专项行动，群策群力除隐患、群防群治保安全，切实巩固隐患排查整治效果，筑牢职工安全防线，推动企业安全健康发展。

6.1.2　设备管理

太钢集团召开四季度安全工作会议。10 月 10 日，太钢集团召开四季度安全工作会议，深入学习贯彻习近平总书记关于安全生产的重要论述和重要指示批示精神，落实中国宝武要求，通报近期安全生产工作情况，安排部署四季度重点任务，确保全年安全生产目标任务完成。

四季度安全工作总体思路是：深刻认识公司安全生产形势的严峻性，深入学习贯彻习近平总书记关于安全生产的重要论述和重要指示批示精神，坚持“一高两严”总要求，坚持下移管理重心到现场到岗位，坚持发扬斗争精神和较真精神，坚决完成事故隐患清零目标任务，坚决打赢反违章攻坚战，坚决实现四季度重伤及以上事故为零的目标。

天津钢管开展职业危害评价和检测工作。为落实国家法律法规要求，保障员工健康安全，10 月，天津钢管环境保卫部委托专业机构对公司所属 13 个单位开展年度职业危害评价和检测工作。

本次评价和检测工作共涉及公司噪声、高温、粉尘、毒物等各类存在职业危害因素岗位，通过开展职业危害评价和检测工作，进一步消除公司职业卫生安全隐患，切实维护员工健康权益。

本钢板材能管中心精密点检组获“设备检维修创新班组”。11 月 23 日，2023 年度（第八届）中国设备管理大会在安徽合肥召开。会上，本钢板材能源管控中心精密点检组获评中国设备管理协会 2023 年度“设备检维修创新班组”。

精密点检组是一个独特的设备检测诊断团队。在改革带来的新契机和建立的新模式下，精密点检组实施了精细化班组管理，执行岗位绩效考核制度，让职工干劲更足。班组着力打造“专精特新”团队，做到设备状态检测专业化、班组管理精细化、产品服务特色化、创新能力新颖化。

2023 年，在精密点检组一系列改革布局中，由去年的精密点检诊断业务拓展为 5 个专业小组开展工作，即中心数字化点检队伍建设、精密点检诊断分析、变频软启维修工作室、软件算法开发起步、五大分厂设备状态监控等专业。同时，精密点检组明确了这支点检团队的“高端定位”和发展目标，到 2025 年要初步建成具有自主知识产权的智能运维系统，开拓本钢外部市场实现非钢产业创效。

太钢代县矿业新建尾矿库安全设施通过验收。2023 年，太钢代县矿业公司新建化咀沟尾矿库（一期）建设项目安全设施竣工验收完成，通过聘请九名专家组成员对现场核查、查阅资料，听取甲方及施工、监理、设计方等汇报，经过一系列复核，最终取得安全生产许可证。至此，该公司新建尾矿库生产运行进入全新阶段。

专家组与山西省、太原市、代县应急管理部门人员对现场进行了核查，对排洪洞塔、初期坝、在线监测、防排渗系统等按照验收标准逐一进行了核查，个别项目现场进行了检验。同时，该公司组织了包括勘察、设计、施工、监理、评价等单位在内的验收会。会上，专家组成员就存在的疑问与相关单位进行了进一步的核验，最终认为该尾矿库一期工程勘察、设计、施工、监理及评价单位资质符合规定，建设单位贯彻了安全设施“三同时”有关要求，符合设计文件和相关技术标准及规程要求，通过验收获得安全生产许可证。该项目的建成对该公司可持续发展具有重大意义。

6.1.3 财务管理

东北特钢股份业财一体化一期正式系统财务报表出炉。2月初，东北特钢股份业财一体化财务正式系统第一个月的财务报表出炉，至此，业财一体化一期正式系统圆满完成，成为公司业财共享工作的一个重要里程碑。

该公司成立专项工作组，积极做好业财一体化一期上线各项准备工作，先后完成实施计划的制订、确认蓝图进一步梳理、财务调研、系统培训、各模块各场景用例测试、各接口确认以及抛账等工作。期间，该项目组与各相关单位积极协调沟通，每周组织召开一次例会，对遇到的问题进行讨论、解决，确保业财一体化工作顺利推进。

1月1日，该公司业财一体化一期顺利上线，在完成正式系统的初始化工作后，经过一个月时间的运行，于2月完成了全月账务处理并生成财务报表，标志着东北特钢股份业财一体化一期正式系统圆满完成。

天津钢管财务共享平台测试完成。为全面提升财务职能，对接中信特钢财务管理模式，实现经营管控整体协同，打造智慧型财务管理模式，2月，天津钢管按照中信泰富特钢集团统一部署，启动财务共享系统上线工作。

本次上线范围覆盖全公司，上线业务包含资金、资产、应收、应付、费用和总账管理六大模块。

5月12日，该公司财务共享平台第一阶段测试任务圆满完成，测试覆盖率及通过率指标均达到集团要求，标志着财务共享工作迈出了扎实的一步。

6.1.4 质量管理

天津钢管顺利完成埃克森美孚公司审核认证。2月，马来西亚埃克森美孚勘探和生产公司（简称EMEPMI）到天津钢管开展为期3天的现场和质量管理体系审核。审核组对该公司质量管理体系和生产能力给予充分肯定，一致认为该公司产线完全满足其项目需求，同意通过审核。

EMEPMI是美孚公司在马来西亚的分公司，在马来西亚主要从事油气开发业务，石油产量占马来西亚全国20%，天然气产量占约50%。该公司为疫情防控政策调整后首个来访公司认证的知名国际石油公司。认证期间，审核组深入该公司炼钢厂、轧管事业部、热处理分厂、管加工分厂、技术中心试验室和元通公司光管线，对生产现场和质量、安全、环境等体系文件进行仔细审核。本次审核全流程地展示了该公司强大的生产能力和完备的质量、安全、环境体系，为今后同美孚公司开展深入合作打下了坚实的基础。

沙钢顺利通过2023年度欧盟CPR、PEDM及质量管理体系审核。3月，欧盟CPR、PEDM及质量管理体系认证专家组到沙钢就热轧钢板、热轧卷生产以及百余个牌号的产品进行了年度监督审核，一致认为沙钢质量管理体系运行有效，审核顺利通过。

沙钢始终坚持“质量第一、顾客至上、不断改进、精益求精，以更新、更优的产品和服务满足顾客期望”的质量方针，实施基于精益管理系统+MES系统的质量管控，努力打造更多质量信得过、口碑有保证、市场受欢迎、具有强大竞争力的产品及服务。沙钢大线能量焊接钢板应用于第三艘世界独创的 Fast4Ward® "通用型"海上浮式生产储油船（FPSO）；高碳线材 SWRH82B/SWRH77B 产品顺利通过英标 CARES 产品认证；"制品原料高速线材（硬线）"入选制造业单项冠军产品，在日趋激烈的市场竞争中，沙钢正以更专、更精、更特、更新的产品为企业稳健、高质量发展积蓄强大动能。

舞钢质量管理部获 2022 年度河北省冶金行业优秀质量管理成果一等奖。3 月 3 日，舞钢质量管理部"花木兰"QC 小组赴石家庄参加 2022 年度河北省冶金行业优秀质量管理成果现场发布会。经过两天激烈角逐，"花木兰"QC 小组年度创新课题——"硅锰原料中硼元素分析方法的开发"从现场发布的 192 项成果中脱颖而出，喜获一等奖。

在 2022 年度创新成果立项之初，质量管理部原料检验作业区"花木兰"QC 小组就从舞钢检验工作的实际需要出发，组建强有力的技术创新团队，引导技术骨干积极参与质量改进和质量创新活动，提高解决检验分析异常问题的能力。按照合同要求，该公司冶炼的某些品种钢必须严格控制其中的硼元素含量，对硼元素含量的基本要求是小于 0.0005%，而硅锰原料中硼元素分析方法的开发就是从炼钢冶炼最主要的大宗合金入手，实现对硼元素的精准管控。该分析方法的开发与应用，为提升企业产品质量管控水平提供了强有力的分析技术支持。

2022 年度河北省冶金行业质量管理优秀成果发布会共有 36 家企业参加，申报 316 项优秀质量管理成果，现场发布优秀成果 192 项，该公司优选的两项 QC 成果参加现场发布。

中天钢铁 2023 年 ISO 9001 质量管理体系认证通过。4 月，北京大陆航星质量认证中心股份有限公司组织审核组专家来中天钢铁，开展 2023 年 ISO 9001 质量管理体系监督审核工作。

在为期 2 天的审核过程中，该审核组对体系覆盖的 14 个职能部门及分厂体系、目标及方案进行了全过程、全方位的评审。该审核组通过查阅相关文件、记录，访谈交流、数据核算以及现场勘察取证等方式，核实质量管理体系运行相关证据。末次会议上，该审核组认定该公司 ISO 9001 质量管理体系运行正常，符合要求，并对质量管理体系运行情况和管理水平给予了充分肯定和高度评价。

目前，该审核组已通过 ISO 9001 质量管理体系、IATF 16949 质量管理体系、ISO 14001 环境管理体系等多项管理体系认证，形成了一整套卓有成效的质量保证体系。下阶段，该审核组将进一步优化和规范各项管理制度，不断提高体系运行的有效性，加快产品提档升级，助推企业高质量发展。

沙钢顺利通过 2023 年度四体系认证审核。4 月，经过北京国金衡信认证有限公司专家组的严格审核，沙钢集团有限公司顺利通过了 2023 年度质量、环境、职业健康安全、能源综合管理体系认证审核。

依据管理体系标准以及公司管理手册、程序文件、作业文件等相关要求，审核专家组通过查阅相关记录文件、现场查看设备运行及环境、与相关人员沟通交流等方式，对沙钢的质量、环境、职业健康安全、能源综合管理体系进行了全面审核，充分肯定了沙钢四体系运行工作，对沙钢在高效生产、提质增效、降本节支、精准营销、技改升级、改革创新等方面的先进管理经验和亮点给予了高度评价，一致认为沙钢质量、环境、职业健康安全、能源综合管理体系运行有效，符合审核标准，同意持续保持认证注册。

早在 1996 年，沙钢就通过 ISO 9001 质量体系认证，后陆续通过了食品安全管理体系、IATF 16949 汽车质量管理体系、API Q1 质量体系等 40 余项认证审核，并建立了完善的体系运行机制，充分保证了各体系的符合性、有效性和持续性，在保障产品质量始终如一地满足顾客和市场需求的同时，为员工提供了舒适、健康、安全的工作环境。

天津钢管顺利完成壳牌石油公司工厂审核。4月，壳牌石油公司审核组对天津钢管开展管线管产品工厂审核。经过5天的审核工作，该公司完成壳牌管线管产品认证，为后续与壳牌开展更深入的合作奠定了基础。该公司作为壳牌长期以来的合格供应商，此次审核的技术难度和细致程度都远超以往。

此次审核重点包括该公司质量体系管理、生产过程控制、检验和试验、探伤过程专项以及用于海上、酸性、纵向塑性应变环境管线管生产能力等方面。从迎审准备到正式审核，该公司试验检测所和国际贸易部统筹协调、精心组织，产品研究所、生产计划部、环境保卫部、安全管理部等部门通力协作、连续奋战，做好审核关键点的沟通回复，以最快的速度提供最优质的回复材料，顺利完成了迎审工作。

邢钢圆满完成IATF 16949质量管理体系外审工作。4月10~14日，BSI审核组两位审核专家对邢钢IATF 16949质量管理体系开展了第三方年度监督审核，为确保本次审核的顺利实施，各相关单位提前做好了充分的迎审准备工作。

末次会议上，审核组通报了该公司体系运行存在的改进空间，并对该公司在生产管理过程方面取得的成绩予以肯定。该公司自2007年贯标运行汽车质量管理体系以来，在质量改进和产品升级方面收获卓越成效。截至目前，该公司产品已经通过欧、美、日、韩及国内35家汽车制造主机厂和零部件厂商认证，并顺利获得新能源汽车供货资质。

东北特钢股份“质量分析整改工具应用”培训圆满完成。为进一步加强技术人才队伍建设，全面提升工程技术人员专业能力水平，促进产品实物质量水平有效提升，5月，根据东北特钢股份“2023质量年活动”总体计划，该公司在职业技术学校五楼阶梯教室开展了“质量分析整改工具应用”学习和考试，来自各分厂的60余名技术质量条线管理人员参加了现场考试，标志着该公司技术质量条线“质量分析整改工具应用”培训工作圆满完成。

按照“质量年活动”中关于增强质量意识的总体要求和部署，该公司组织各分厂技术质量管理人员，先后开展了两轮质量数据分析和质量改进工具应用培训。在两轮培训的基础上，该公司总工办组织各分厂技术质量管理人员围绕“质量问题分析整改工具”相关理论和应用内容进行了深入的巩固学习，特别是针对“纠正措施相关概念”“5why方法应用”“过程要素”“过程方法”和“PDCA概念”等质量管理内容进行了强化学习。本次采取闭卷考试的方式，对技术质量管理人员学习掌握情况进行了检验，并对考试成绩优秀的人员进行了奖励。

贵钢顺利通过ISO 9001、ISO 45001及ISO 14001三体系审核。5月，来自中国检验认证集团贵州有限公司的审核组专家一行7人对贵钢进行了ISO 9001质量管理体系、ISO 45001职业健康安全管理体系再认证及ISO 14001环境管理体系年度监督审核。

此次“三体系”审核专家组通过现场询问、查看资料和抽样等形式，对贵钢质量管理体系、职业健康安全管理体系及环境管理体系运行状况进行了检查，重点对研发、采购、生产过程、销售、质量、安全、环境等进行了审核，并对生产车间进行了现场审核。审核过程中审核专家对贵钢一年来取得的进步，在当前市场条件下职工精神面貌等给予了充分的肯定，同时也指出了该公司存在的不足之处，并给予了相应的建议。经过3天的严格审核，专家组一致认为：贵钢的质量管理体系、职业健康安全管理体系和环境管理体系符合审核标准并进行了有效实施，满足顾客要求符合法律法规，且具有持续改进的机制，是适宜的、充分的、有效的体系运行，审核顺利通过。

攀钢长城特钢质量管理部计量检测中心通过 NADCAP 认证审核。5 月，攀钢长城特钢质量管理部计量检测中心无损检测、理化检测项目顺利通过 NADCAP 评审，获得 NADCAP 实验室认证。

为保证顺利取得此次认证，该质量管理部计量检测中心做了大量周密细致的准备工作，特成立了 NADCAP 认证专项小组，历时近一年，通过立项宣导、人员培训、体系文件修订、多次现场评估等，持续进行严格的日常管理和质量控制。

审核期间，该评审专家全面审核了实验室的质量体系、文件资料、实际操作、过程控制、历史记录等，对该公司检验检测团队的专业能力和严谨作风给予了高度评价，同时也提出了更高期望。

NADCAP 是美国国家航空航天和国防合同方授信项目，是国际上最具权威性的第三方独立认证机构。NADCAP 认证的顺利通过既是航空航天认证机构对实验室检测能力、工艺能力与质量管理能力的认可，也标志着实验室的综合实力正持续加速向更高水平迈进。

攀钢长城特钢检测检验中心开展质量提升交流会。为提升质量管理部检测检验中心全体职工的产品质量意识，切实提高检测人员的检测业务能力，5 月 31 日，攀钢长城特钢检测检验中心组织物理性能检测人员开展了质量提升交流会。

交流中，该公司检测检验中心技术负责人通过经验交流、案例分析等多种形式，针对检测检验中心产品质量责任、产品质量标准、质量风险防控作了具体要求，提出了实验室检测对产品质量提升的重要性，同时对重点类产品在检验检测过程中应该注意的操作步骤、检测数据计算等进行了详细讲解。该公司质量管理部计量检测总监与检测人员共同分析了产品质量监督与服务企业的关系问题，对实验室当前质量管理体系建设提出了合理化建议，并对实验室在产品质量提升方面的发展方向进行了探讨，同时，与会技术负责人提出了质检方面的需求及相关建议。

通过此次交流学习，切实增强了检测技术人员对重点品种产品质量安全知识和相关法律法规的掌握，有效提升了物理性能检测人员的检测业务能力，同时推动了实验室管理体系的建设发展，促进企业重点品种钢材的检测质量稳步提升。

首钢贵钢顺利通过国军标质量管理体系年度监督审核。6 月，北京天一正认证中心有限公司审核专家组一行对首钢贵钢进行国军标质量管理体系年度监督审核。

专家组通过现场查阅资料、抽检相关文件记录、生产现场审查、提问、交谈等形式，对各部门各个环节进行了全面、细致的审核。经过审核，首钢贵钢符合国军标质量管理体系要求。在末次会上，专家组宣读了审核报告，宣布首钢贵钢武器装备质量管理证书持续有效。

会上，该公司各部门要根据专家组提出的建议，制订和落实整改措施，提高质量管理体系运行的有效性，进一步增强意识、完善机制、提高质量，促进公司质量管理体系高效稳定运行。

天津钢管废钢料场新建厂房通过竣工质量验收。6 月 2 日，天津钢管废钢料场扬尘治理厂房项目在各参建单位的共同努力下顺利通过竣工质量验收。

该项目于 2022 年 11 月 15 日正式打桩施工，在东丽区住建委有关部门的全程监督下，该公司与其他参建单位戮力同心，克服疫情、冬季施工、场地狭小等困难，按时完成了厂房建设并通过验收专家组的质量验收。

该项目由山东冶金设计院和河北如城建设公司组成的设计施工总包联合体承建，天津地质勘察院勘察，天津北方监理事务所监理。该建筑工程总面积约43000平方米，在东丽区无瑕街道、规资局和住建委等部门帮扶指导下，该公司顺利取得工程建设规划许可证和建筑工程施工许可证等审批手续。

沙钢新能源汽车用硅钢通过IATF 16949认证现场审核。2023年，沙钢新能源汽车用硅钢顺利通过IATF 16949汽车钢质量管理体系认证现场审核，为沙钢硅钢进一步扩大汽车用钢高性能材料市场份额奠定了强有力基础。

7月中旬，北京九鼎国联认证有限公司对沙钢汽车钢设计、制造过程进行了为期4天的审核。专家组通过现场审核、交流、查阅文件等方式对该公司经营状况、风险管理、管理体系运行、各部门质量目标和过程绩效指标、体系文件、内审资料等进行了详细的审核查验，对公司在贯彻实施IATF 16949汽车钢质量管理体系方面取得的成绩给予充分肯定，一致认为，沙钢对产品定位和愿景有清晰的规划，能给客户提供优质的汽车用钢产品，质量管理体系运行符合IATF 16949汽车钢质量管理体系认证标准，继续保持并换发IATF 16949：2016版标准证书。

此次新能源汽车用硅钢通过IATF 16949汽车钢质量管理体系认证，进一步丰富了沙钢汽车钢产品结构，拓展市场发展空间，为企业综合竞争力不断提升提供了更高的平台。

兴澄特钢特级高碳铬轴承钢顺利通过“江苏精品”首次认证。2023年，兴澄特钢拳头产品“特级高碳铬轴承钢”顺利通过“江苏精品”现场评价审核，并获得“江苏精品”认证证书。

“江苏精品”由江苏省市场监督管理局、江苏省质量发展委员会办公室联合主导、监管，江苏精品国际认证联盟负责认证评价，前身是江苏省名牌产品，属于政府荣誉奖。旨在全面落实质量强省建设要求，按照“国内领先、国际一流”的目标，不断加大“江苏精品”品牌培育力度，持续打造“江苏精品”品牌。

2023年上半年，该公司试验检测所、棒材研究所联合完成了2023年“江苏精品”的申报工作，经培育推荐、企业遴选，顺利进入了现场评价环节。8月中旬，认证联盟成员TUV莱茵的审核专家对该公司进行了现场评价审核，围绕“创新发展”“卓越质量”“品牌引领”“社会责任”四个维度及高碳铬轴承钢的指标先进性进行了系统科学的综合性评价。最终取得了96.36的高分，得到了审核专家的一致认可。

东北特钢组织技术质量条线人员开展培训讲座。为进一步加强技术质量文化建设，全面提升职工队伍素质能力，在“质量年”活动期间，东北特钢致力于打造强劲有力的技术质量工作团队，常态化举办技术质量“大讲堂”培训，营造良好的工作氛围。8月，由东北特钢总工办牵头，组织技术质量条线人员开展《SAE1141表面裂纹分析及红转裂纹介绍》培训讲座，同时参加中国金属学会开展的《钢中非金属夹杂物控制技术》专题云端沙龙讲座。

《SAE1141表面裂纹分析及红转裂纹介绍》培训主题是质量攻关专业技术知识，培训内容包括问题产生、过程调查、分析检验、机理研究、解决方案、问题攻关后的生产及检验验证等，涵盖了从冶炼的锭坯缓冷及红送，到加工的加热和轧制，以及检验等相关方面的专业技术机理研究。

《钢中非金属夹杂物控制技术》专题云端沙龙讲座，包含了超深拉拔类线材夹杂物控制技术、基于疲劳寿命预测的洁净钢夹杂物控制与设计、高性能钢铁材料的夹杂物冶金等内容。

淮钢深入开展 2023 年“质量月”活动。为增强全员质量意识，提高产品质量，增强企业产品市场竞争力，9 月，淮钢在全公司范围内深入开展以“苦练内功、提高技能、精心调试、标准操作、严管过程、加强把关”为主题的“质量月”活动。

活动开展期间，该公司将充分利用报纸、微信公众号、板报、橱窗等宣传载体，全方位、多角度开展质量宣传活动，扩大“质量月”活动影响，营造质量发展的良好氛围。同时，该公司各部门将充分利用班前、班后会，组织学习《关于组织开展 2023 年“质量月”活动的通知》文件精神，并在厂区悬挂、张贴“质量月”活动宣传条幅以及质量管理知识，强化“质量月”活动氛围，增强职工的质量意识。

该公司围绕产品质量提升，开展工艺、技术、设备改进与质量管理改进优秀方案评比活动，对典型技术质量问题梳理解决、产品质量改进攻关以及“上道对下道工序走访”“职能部门服务一线”活动中解决质量难题取得显著成效的范例进行评选。同时，该公司认真开展质量管理红旗竞赛评比工作，通过抽查工艺执行情况、标准化操作情况、关键工艺控制点、关键工装件情况，对红旗竞赛活动各项质量数据进行统计、对标评分及反馈，推进产品质量指标水平快速提升。

方大特钢举办统计过程控制培训提升工程技术人员能力。为进一步提升工程技术人员统计工具的运用能力，满足基于数据分析、工艺控制及质量改进的需求，9 月“质量月”期间，方大特钢组织各单位生产与制造过程相关研发人员、工艺技术人员、监视测量人员分批次开展 SPC（统计过程控制）培训。

此次培训内容涵盖统计控制概述、规范控制图的注意事项、能力分析概述、设备能力指数和非正态数据的能力指数等 12 个主题。通过学习，参训人员可深入了解统计过程控制的能力，更好地运用统计工具进行数据分析和质量控制。

天津钢管完成测量管理体系内部审核工作。9 月，天津钢管装备部组织开展公司本年度测量管理体系内部审核工作。此次审核根据国家有关计量法律法规、GB/T 10922—2003、GB 1167—2006 以及公司测量体系程序文件的要求对炼钢厂、轧管事业部、管加工事业部、能源部等 17 个单位部门有序进行。

审核过程中，该审核组人员深入现场，对每一个测量过程、每一个测量点位，进行仔细查验，包含设备运行情况、运行记录、量值数据，测量设备维护情况等，以确保每一个测量过程均符合测量管理体系要求。

本次审核的顺利推进，表明该公司测量管理体系活动及结果符合标准规定的要求，并得到有效实施和控制，被审核部门能够按照标准和相应的程序文件规定要求确保测量管理体系有效运行。

方大特钢长力持续做好安全生产工作。为进一步提升安全基础管理水平，不断增强员工安全生产意识，9 月，方大特钢长力结合生产经营工作实际，通过多项措施的有力实施，确保企业生产安全稳定。

自 9 月 1 日起，该公司各生产工序陆续开工生产。为确保安全工作落实到位，该公司于生产启动前便组织岗位员工召开岗前安全早会，强化安全操作规程和设备点检要求，绷紧安全操作弦。同时，该公司积极做好安全监督管理，督促各班组开展好岗前作业安全例会，不断增强员工作业安全意识，全力以赴做好安全生产。

济南重弹：安全宣讲到基层 安全理念入心田。为贯彻落实各级关于加强安全生产工作的决策部署，根据上级工作建议，结合公司实际，9 月，方大特钢济南重弹开展高管下基层安全宣讲活动，将安全理念宣贯到每名员工。

活动中，该公司对辽宁盘锦“1.15”重大生产安全责任事故调查报告及《关于近期两起事故的警示通报》进行警示教育，要求员工深刻吸取事故教训，严格执行岗位安全操作规程，落实好各项安全措施，牢固树立“安全管理再严也不为过”的安全管理理念，履行好自身安全责任，确保安全生产形势稳定。

攀钢长城特钢开展 2023 年质量月活动。 根据两级集团公司关于开展 2023 年“质量月”活动的安排部署，9 月，攀钢长城特钢结合今年质量提升年指导思想和总体要求，开展“质量月”活动，让全体员工牢固树立质量意识，健全质量管控机制，促进质量理念变革创新，打造特钢质量文化理念，着力增强产品质量竞争力，为推动高质量发展提供质量支撑。

该公司成立了“质量月”活动领导小组，负责组织和推进“质量月”相关活动。本次“质量月”活动的目标是：五级及以上质量事故为零，公司万元产值损失同比降低 25%，钢锭一次合格率≥95.25%，自炼钢成材率同比加权提升 1.2%，钛特材成材率同比加权提升 0.5%。

“质量月”活动主要围绕五个方面展开。一是加大宣传动员，营造浓厚质量氛围；二是全面提高质量整体水平，持续增强产品竞争力；三是全面提升专项产品质量全流程管控能力，提升专项产品的稳定性和可靠性；四是深入开展质量管理体系运行情况自查，持续增强质量体系保证能力；五是积极参加公司、集团、政府部门组织的相关活动。

本钢板材质检计量中心开展质量管理工作。 9 月 5 日，本钢板材质检计量中心召开了“质量月”启动会，传达“质量月”活动方案精神并部署主要工作。

为夯实全面质量管理工作，提升检验计量管理水平，该中心将持续开展试验室认可体系运行专项检查，按照实验室认可内审要求，开展质检计量中心内审工作，确保实验室认可管理体系的运行满足 CNAS 认可准则和相关法律法规的要求。同时，该中心通过开展标准对标梳理工作，组织所属作业区对外购物料标准的进行梳理，确保执行文件的适应性、准确性，对“质量关键控制点”进行班组上墙，提升质量意识。

下一步，该中心还将组织职工积极参加全面质量管理知识竞赛，进一步拓宽职工知识面，提升质量意识，提高综合素质，凝心聚力履职担当。同时，该中心通过深化点检定修制、开展焦煤 1 号静态轨道衡检修、开展产品质量相关测量设备专项检查、辨识产线与质量相关测量设备等各方面促进质量管理提升，引领该中心全体职工当好质量“把关人”。

攀钢长城特钢积极组织开展 2023 年网络安全周活动。 为深入学习贯彻习近平总书记关于网络强国的重要思想，深化“网络安全为人民，网络安全靠人民”主题，按照两级集团相关要求，9 月 11～17 日，攀钢长城特钢组织开展 2023 年网络安全宣传周活动。

此次宣传活动结合深入学习贯彻党的二十大精神，围绕党的十八大以来网络安全领域取得的重大成就进行，深入宣传《中华人民共和国网络安全法》《中华人民共和国数据安全法》《中华人民共和国个人信息保护法》《关键信息基础设施安全保护条例》等重要法律法规、政策文件、国家标准，通过线上网络安全知识答题、我与网络安全那些事儿有奖征文、集团公司工会“攀钢职工之家”微信公众号推送国家网络安全大事记等一系列形式鲜活、内容丰富的环节，引导广大职工增强网络安全意识，普及网络安全知识，营造共筑网络安全防线的浓厚氛围。

山钢股份莱芜分公司启动“质量月”

活动仪式。9 月 14 日，由山钢股份莱芜分公司承办的钢城区“质量月”活动启动仪式在培训中心举行。

近年来，莱芜分公司坚决树牢“质量是企业的生命”理念，切实把质量管控上升到与企业共存亡的高度，坚持不懈做特色、出精品、创一流，企业品牌价值和市场影响力不断提升。

当前正值全国“质量月”，莱芜分公司将以此为契机，深入学习领会习近平总书记关于加快建设质量强国的重要论述，严格落实市场监督管理总局以及市局、区局关于质量工作部署，持续在稳质量、市场营销、品牌保护以及用户服务上狠下功夫，以更加优质的产品和服务回馈社会，在社会主义现代化强国建设新征程上贡献国企力量和担当。

启动仪式后，莱芜分公司举行了 2023 年质量管理知识培训，邀请济南市市场监督管理局产品质量监督处负责人授课，品质保证部及各生产单位共 100 余人参培。

本钢板材质检计量中心全面开展测量体系检查工作。10 月，本钢板材质检计量中心全面开展测量体系检查工作，旨在促进板材公司各单位加强与质量相关的、特别是与汽车板产品质量相关的关键测量设备和测量过程的管控，进而支撑汽车板产品质量提升。

该中心组织设备计量室着重针对板材热连轧厂、板材冷轧总厂以及板材特殊钢事业部的产成品质量相关测量设备和测量过程进行专项检查，对发现的问题进行原因分析，提出改进意见，目前已进行 9 项问题的整改，避免引入超过计量要求的不确定度，引起退火炉炉温控制波动，导致产线停轧，影响成本计算，干扰产成钢元素含量，影响成钢质量等方面的影响。

淮钢获评“江苏省质量信用 AA 级企业”。为加快推进质量诚信体系建设，推动质量信用分级分类监管，引导企业强化质量诚信意识，11 月 23 日，江苏省市场监管局、江苏省发展改革委联合开展了 2023 年度江苏省质量信用 AA 级及以上企业等级认定工作。经自主申报、信用审查、材料评审、组织考核、征求意见、公示等程序，淮钢获评“江苏省质量信用 AA 级企业”。

近年来，该公司全面贯彻新发展理念，围绕“做优、做精、做强”的发展战略，不断加强品牌建设，推动企业质量管理水平和核心竞争力提高。该公司接到申报江苏省质量信用等级的通知后，从领导作用发挥、规划战略部署、质量管理体系、质量保证能力、质量工作基础、质量诚信意识、质量竞争优势、质量过程管理、顾客满意度调查、结果分析评价等 10 个方面进行自查情况申报，并收集整理相关支撑材料，申报材料内容详实、图文并茂，顺利通过省专家组的审核。

下一步，该公司将继续牢固树立“质量第一”理念，珍惜质量信用记录，深化质量创新变革，提高质量管理水平，更好发挥示范引领作用。同时，该公司将进一步落实质量信用主体责任，增强质量诚信意识，积蓄更多发展新动能和质量新优势，为在推进中国式现代化中走在前做示范、谱写“强富美高”新江苏现代化建设新篇章提供坚实质量支撑。

中信泰富兴澄特钢、靖江特钢顺利通过认证。10 月 27 日，江苏省质量发展委员会办公室联合江苏省市场监管局等九部门发布 2023 年第一批“江苏精品”认证获证企业名单。

中信泰富特钢集团旗下江阴兴澄特种钢铁有限公司的“高碳铬轴承钢”和靖江特殊钢有限公司的“气瓶用无缝钢管”位列其中。

目前，兴澄特钢高标准轴承钢产销量已连续 13 年全球第一，连续 22 年全国第一，通过替代进口，拉动了国内下游轴承行业实现同步发展，开创了国内连铸轴承钢在汽车、铁路、风电、机械、冶金等应用领域的先河。气瓶用无缝钢管作为靖江特钢的优势产品，市场占有率在同行业中遥遥领先，凭借稳定的产品质量与贴近客户需求的“轻量化”举措获得国内外客户的一致好评，与“江苏精品”的理念高度契合，代表着国内气瓶用无缝钢管产品的标杆水平。

未来，中信泰富特钢将持续发挥行业典型示范产品的引领作用，不断推动特钢产品在高精尖领域的应用，为我国工业发展提供强大支撑。

荣程钢铁汽车用齿轮钢顺利通过 IATF 16949 再认证审核。11 月，荣钢钢铁汽车用齿轮钢顺利通过 IATF 16949 再认证审核，此举进一步丰富了荣程钢铁汽车钢产品结构，拓展了市场发展空间，提升了企业综合竞争力。

汽车用齿轮钢由荣程钢铁棒材生产线生产，该产线是一条技术领先、设备配套、功能齐全的精密产线，可生产高品质、高精度的轴承钢、齿轮钢、汽车钢、锚链钢、磨球钢、石油化工及高压锅炉无缝管坯钢等，产品广泛应用于汽车、轨道交通、石油、发电、矿山和工程机械等行业。

11 月 15～17 日，上海恩可埃认证有限公司对荣程钢铁汽车用齿轮钢设计、制造过程进行了为期两天半的审核。专家组通过现场审核、交流、查阅文件等方式对公司经营状况、风险管理、管理体系运行、产品研发、各部门质量目标和过程绩效指标、体系文件、内审资料等进行了详细的审核查验，以验证该公司质量管理体系的持续性、充分性和有效性。审核组对该公司生产车间进行了实地考察，跟踪检查其过程、生产、库房等，通过查、问、看、考等多种形式对各专业部门开展了严格审查。

经过 2 天的审查，审核组对该公司在贯彻实施 IATF 16949 汽车钢质量管理体系方面取得的成绩给予充分肯定，一致认为：该公司给客户提供优质的汽车用钢产品，质量管理体系运行符合 IATF 16949 汽车钢质量管理体系认证标准，并换发 IATF 16949：2016 版标准证书。

天津钢管顺利完成 2023 年美国石油学会年度监督审核。11 月 2～13 日，美国石油学会（API）总部指派资深审核员到天津钢管进行为期 10 天的审核。

本次审核持续时间长、涉及范围广，审核深度远超以往。对此，分院办公室提前策划迎审方案，多次召开迎审准备会部署工作安排，成立专项小组检查准备工作落实情况并督促改进提升。审核期间，该公司各部门积极响应，与审核员充分沟通，做好审核关键点的回复，以最快的速度提供最优质的回复材料。

经过该公司全体职工的共同努力，质量管理体系得到了审核员的充分认可，推荐该公司继续持有 API 会标使用资格，顺利完成了此次年度监督审核，取得了令人满意的结果。

太钢全面启动“质量月”活动。为进一步增强全员质量意识，提高质量管理水平，提升公司品牌形象，塑造全球不锈钢业引领者形象，根据“质量月”工作部署，9 月，太钢集团全面启动“质量月”活动，并在第四季度持续实施质量提升活动。

该公司要求各单位根据公司 2023 年质量基础管理提升推进工作方案和指导意见，继续围绕钢种问题梳理、规程完善优化、保障条件能力提升、典型品种质量改进、质量指标提升等问题开展工作。对于这些重点难点工作推进过程中存在的不足，如基本规程梳理不深入、质量责任体系落地不到位、重点品种管控能力不够、“一总部多基地”质量对标体系不够系统、产品质量经营的意识不强等，要求在“质量月”期间采取更加有力的措施，加强梳理，特别是要在“实”

上下功夫，出实招，以求取得重点突破。

本钢板材质检计量中心16个能力验证项目一次性认证通过。12月，随着16张权威能力验证结果证书的出炉，本钢板材质检计量中心参加的由北京中实国金国家实验室能力验证研究有限公司组织实施的16个能力验证项目均一次性通过，截至目前，该中心已连续两年能力验证百分百通过权威验证。

能力验证是评价实验室检验检测能力的有效手段，也是实验室质量管理体系持续改进和不断提高的有效措施。该中心高度重视能力验证工作，按照相应指导书和相应国家标准的要求验证实验结果，完成了国际比对11项、国内比对5项。该中心从外购物料到产成品覆盖全工序的16项能力验证的通过，证明了该中心检验检测结果的可靠性和准确性，相关检测人员的技术能力的专业性得到了认可。

该中心将持续加强检验检测能力建设，坚持以技术能力为核心，重视内部质量控制，不断提升检验检测能力，为企业高质量发展贡献力量。

6.1.5 标准管理

天津钢管标准入选“工信部2022年百项团体标准应用示范项目”。1月，工业和信息化部公布了2022年团体标准应用示范项目名单。经行业推荐、专家审查和社会公示等环节，天津钢管主持研制的T/SSEA 0106—2021《高强度钻杆用无缝钢管》团体标准脱颖而出，成功入选。

天津钢管主持研制的T/SSEA 0105—2021《低Cr耐CO_2腐蚀套管和油管用无缝钢管》入选工业和信息化部2021年团体标准应用示范项目，2023年新的标准再次入选，标志着该公司标准化工作取得新进展。

舞钢主导制定的《海洋平台桩腿用钢板》团体标准发布。2月，舞钢主导制定的团体标准T/SSEA 0262《海洋平台桩腿用钢板》获得中国特钢企业协会团体批准，正式发布。

海洋平台桩腿用大厚度齿条用钢板是舞钢率先研发成功，并在国内实现批量供货完美替代进口的产品，也是舞钢打造的“单打冠军”产品之一。

此产品要求具备高强度、优良低温冲击韧性，同时平直度的要求严格，实际生产难度大。舞钢从研发之初，紧跟市场发展趋势，不断发挥技术优势，持续加大技术升级力度，攻克多项难关，首次成功实现国内177.8毫米大厚度齿条钢批量供货。

舞钢是目前国内唯一拥有177.8毫米大厚度齿条钢应用业绩的厂家，认证厚度达到210毫米，大量的供货业绩和优良的性能指标，为制定出国际先进的标准提供了技术保障。

太钢主持制定的一批国家标准正式颁布。由太钢主持制定的国家标准GB/T 42794—2023《镍铁碳、硫、硅、磷、镍、钴、铬和铜含量的测定 火花源原子发射光谱法》由国家标准化管理委员会批准颁布，将于2024年3月1日正式实施。该标准首次将火花源原子发射光谱法应用于镍铁合金化学检验领域，填补了国内外镍铁合金领域采用火花源原子发射光谱法测定化学成分的标准空白，将对镍铁和不锈钢的生产应用产生积极深远的影响。

《镍铁碳、硫、硅、磷、镍、钴、铬和铜含量的测定 火花源原子发射光谱法》为我国首次制定，项目研制历时3年。该标准首次实现了镍铁中碳、硫、硅、磷、镍、钴、铬和铜多元素的同时、快速、准确检测，与传统的化学检测手段相比，检测效率提升了10倍以上，标准达到国际先进水平，对国内外镍铁生产和检测的绿色、环保、低碳、高效化起到了重要的推动作用。

太钢主持起草的一批国家标准发布。太钢主持起草的国家标准 GB/T 713.7—2023《承压设备用钢板和钢带第 7 部分：不锈钢和耐热钢》正式发布，2024 年 3 月 1 日正式实施。

该标准代替了 GB/T 24511—2017《承压设备用不锈钢钢板及钢带》。钢标委对承压设备用钢板和钢带进行了整合，形成了 GB/T 713 系列标准，本次发布了 GB/T 713.1-7 系列标准，分别代替了 GB/T 713—2014、GB/T 3531—2014、GB/T 19189—2011、GB/T 24510—2017 和 GB/T 24511—2017 等标准。该标准增加了 5 个奥氏体、3 个铁素体、2 个双相不锈钢牌号，丰富了承压设备用不锈钢标准，满足了行业对材料的需求。新增的高 Si 耐热不锈钢和高性能经济型稀土耐热不锈钢以及铁素体不锈钢，与同级别的不锈钢相比，属资源节约型不锈钢品种，符合国家“双碳”政策的产业发展方向。铁素体不锈钢（445J1、445J2，S44660）由于前期未纳入该标准，进入压力容器行业受到限制，本次的纳标对这些牌号在工业领域换热器上的使用提供了标准支撑。

东特股份主持制定一项行业标准获批准发布。由东北特钢股份主持制定的 YB/T 6103—2023《汽车胀断连杆用非调质结构钢棒》行业标准，获得工业和信息化部批准，于 7 月 28 日发布，2024 年 2 月 1 日开始正式实施。该标准实施后，将填补我国汽车胀断连杆用非调质结构钢棒标准的空白，为该公司标准制定工作增添了重要的一笔。

东北特钢股份于 2005 年开始研究生产汽车涨断连杆用非调质结构钢。2007 年该公司成为中国连杆协会成员，致力于推动胀断连杆用钢国产化工作。通过多年的研制生产，该公司在汽车胀断连杆用非调质结构钢研发和生产上取得显著成果，并向全国钢标委提出制定汽车胀断连杆用非调质结构钢标准的申请。2020 年，全国钢标委批准由东北特钢股份主持制定《汽车胀断连杆用非调质结构钢棒》行业标准。

《汽车胀断连杆用非调质结构钢棒》标准的技术内容代表了当前汽车胀断连杆用非调质结构钢的技术发展水平，标准技术指标先进合理、操作性强，为我国汽车用非调质钢产品的发展提供了有力的技术支撑。

天津钢管参与起草两项国家标准获批准发布。9 月 7 日，国家标准化管理委员会《2023 年第 9 号公告》批准发布了由天津钢管参与起草的两项国家标准 GB/T 43231—2023《石油天然气工业页岩油气井套管选用及工况适用性评价》和 GB/T 5310—2023《高压锅炉用无缝钢管》。

GB/T 43231—2023 标准为首次研制发布。该标准规定了页岩油气水平井套管柱选用及设计原则、制造工艺、物理/力学性能、关键性能指标、室内评价试验方案等。本标准的制定能够更好地保障页岩油气井、钻完井、下套管、压裂和生产过程套管安全服役，规范压裂工艺参数控制，降低建井成本，保证页岩油气井复杂压裂井筒完整性，助力我国主要页岩油气井规模高效开发。

GB/T 5310—2023 标准涵盖了 605 ℃超（超）临界及以下机组所需钢管材料，涉及优质碳素结构钢 3 个牌号、合金结构钢 14 个牌号、不锈（耐热）钢 7 个牌号，这些牌号基本涵盖了目前国内高压、超高压、亚临界、超（超）临界电站锅炉使用的材料。该标准的修订反映了当今先进技术成果，保证了标准的时效性，更好地满足了相关行业的需求。

东特股份通过 AAAA 级“标准化良好行为企业”认证审核。10 月，大连标准认证研究院有限公司专家组一行 4 人作为政府委托的第三方机构，对东特股份申报的创建“标准化良好行为企业”进行了现场认证审核。东特股份顺利通过本次审核，这是公司获得的又一重要认证。

为不断提高标准化管理水平，东特股份自 2022 年 6 月启动创建“标准化良好行为企业”工作以来，以创建“标准化良好行为企业”为契机，以深化目标管理、打造名牌产品为宗旨，进一步加强标准化管理工作。该公司在原有 GB/T 19001《质量管理体系》、GB/T 24001《环境管理体系》、GB/T 45001《职业健康安全管理体系》的基础上，全面推进标准、制度的完善和梳理工作，逐步建立规范企业产品实现、基础保障、岗位标准体系。该公司先后开展了标准化培训、构建企业标准体系、发布体系文件、运行标准体系、企业自我评价、评价机构非现场评价、持续改进等一系列工作，2023 年初完成内部评价工作。

此次专家组对东特股份的产品实现标准体系、基础保障标准体系、岗位标准体系等相关体系是否符合企业标准体系要求，进行了严格审核。通过查阅文件和现场审核，专家组对该公司标准化体系运行给予了充分肯定，确认了体系运行的有效性与符合性，顺利通过“标准化良好行为企业”的现场认证审核，且达到 AAAA 级水平。

东北特钢制定两项国家标准外文版通过钢标委审定。6 月，由东北特钢主持制定的《高碳铬轴承钢丝》《奥氏体-铁素体型双相不锈钢盘条》两项国家标准外文版，在全国钢标准化技术委员会主办的国家标准审定会上获批通过，向国家标准化管理委员会报批后，将正式发布并执行。

项目下达后，东特股份立即组织标准化人员、专业翻译人员成立了标准项目编制小组。经过 2 个月的紧张工作，4 月，形成了国家标准的征求意见稿，并在此基础上向社会广泛征求意见，形成标准送审稿。在全国钢标准化技术委员会盘条及钢丝分技术委员会组织召开的国家标准外文版审定会上，专家组听取了东特股份两项国家标准外文版编写小组的工作汇报，经过陈述、讨论等环节，这两项国家标准外文版顺利通过专家组的审定。

一直以来，东特股份积极参与国家、行业标准、团体标准的制定与修订工作。特别是近年来在国家不断加强标准英文版翻译出版工作的要求下，该公司将会承担更多标准英文版的制定任务，进一步满足“一带一路”倡议和“中国标准走出去”的需求。

兴澄特钢主导修订的中国首个 ISO 特殊钢国际标准正式发布。2023 年，江阴兴澄特种钢铁有限公司主导修订的 ISO 683-17：2023《热处理钢、合金钢和易切钢 第 17 部分：滚球和滚柱轴承钢》正式发布。这也是中国首次牵头 ISO 国际特殊钢标准研制项目，实现了特殊钢标准领域的“中国突破”。

ISO 683-17：2023 由兴澄特钢、冶金工业信息标准研究院联合提出，兴澄特钢专家担任项目负责人，于 2021 年 4 月在 ISO TC17/SC4“钢/热处理钢及合金钢”分技术委员会正式立项。

本次标准的修订主要包括：根据轴承钢生产特殊要求重新定义冶炼关键工序；对影响轴承钢疲劳寿命的部分有害元素进行了明确或加强指标控制，以满足越来越多的高端需求；根据不同种类轴承钢特性及失效机理，重新梳理非金属夹杂物的合格级别，使其与钢种类别有了更科学的对应关系，同时增加钢中有害沉淀相化合物的评级要求。

该标准的发布实施，将对全球范围内的轴承钢质量起到品质提升作用，引领未来市场需求发展，促进贸易与交流。同时，该标准将积极促进我国轴承产业“走出去”，增强中国特钢企业在国际上的话语权与影响力。

兴澄特钢牵头制定的 GB/T 42785—2023《轴承钢盘条》国家标准正式发布。2023 年，国家市场监督管理总局批准发布一批重要国家标准，兴澄特钢牵头制定的

GB/T 42785—2023《轴承钢盘条》位列其中。本批发布的国家标准涉及基础原材料、智能制造、船舶环保等多个领域。国家市场监督管理总局在基础原材料领域中将《轴承钢盘条》国家标准作为代表项目进行了重点推荐。

《轴承钢盘条》国家标准的发布，标志着兴澄特钢在轴承钢领域标准化影响力进一步提升。该标准以轴承钢盘条实际生产及应用研究为基础，对国内外轴承钢相关标准进行了适用性和通用性分析，确定了轴承钢盘条的规格、低倍、碳化物等技术要求，有效指导轴承钢盘条规范使用，推动关键基础材料的发展及新工艺新技术的应用，加快产业化步伐，提高我国高端装备基础件配套能力。

兴澄特钢目前在国内是高档乘用车、新能源电动车轮毂、电机轴承滚动体用轴承钢盘条唯一供应商，采用兴澄特钢轴承钢盘条生产的钢球，其疲劳寿命是日本材料的2.39倍，获SKF、SCHAEFFLER、NTN和JTEKT等高端客户认可，在新能源电动车、丰田、宝马等高档轿车已批量使用，打破了进口材料的垄断，解决了关键难题。

中天钢铁南通公司顺利通过AAA测量管理体系认证。12月6日，经过中启计量体系认证中心江苏分中心专家组的现场审核，中天钢铁南通公司顺利通过ISO 10012测量管理体系认证（AAA级）。

在为期两天的审核过程中，审核组对该公司能源管控中心、质量管理处、焦化厂、烧结厂等部门进行了现场审核，对测量管理体系、管理评审流程和测量管理成果资料给予了充分的肯定，并就加强关键测量设备的过程识别、加强测量设备的维护保养、提高生产现场计量确认过程能力等方面提出了宝贵的意见与建议。

在末次会议上，审核组专家一致认为该公司测量管理体系符合相关标准要求，且运行有效，通过AAA测量管理体系现场审核。

自今年6月启动AAA测量管理体系认证工作以来，能源管控中心制定测量管理体系推进计划，各部门严格根据时间节点完成各项推进工作。

该公司依靠测量管理体系三级管理网络，每月组织各部门计量员召开月度计量例会，就相关计量基础、体系运行要求进行培训，对各单位计量管理中存在的问题进行分析，提出改进建议并落实整改闭环，同时组织计量员就相关计量管理知识进行专业化培训，不断夯实测量体系基础管理工作。

天津钢管参与编制的T/CSPSTC 103—2022《氢气管道工程设计规范》正式发布实施。2023年，由中国科技产业化促进会组织，中国石油管道工程有限公司、国家管网、天津钢管等多家国内氢能产业链头部企业参与编制的T/CSPSTC 103—2022《氢气管道工程设计规范》正式发布实施。

在本次标准起草过程中，天津钢管作为国内高压输氢管道用管供货数量最多、尺寸最大且唯一拥有高压输氢管道用管大批量供货、长时间稳定运行业绩的无缝管制造企业，提出的输氢管道设计、抗氢腐蚀材料选择、外径范围选择等多方面专业建议和意见均被标准采纳。

该标准系统地规范了氢气输送管道工程设计工作的流程和技术要求，填补了国内氢气管道输送标准领域多项空白，对健全氢气输送管道标准体系、促进新兴领域技术进步及氢能产业发展具有重要意义。

6.1.6 信息化管理

攀钢长城特钢取得两化融合管理体系贯标AA级证书。3月，攀钢长城特钢通过信息化和工业化融合管理体系认证，取得“两化融合管理体系AA级评定证书”，通过与价值创造的过程有关的AA级生产制造过程精细化管控能力建设相关的两化融合管理活动评定。

两化融合管理体系贯标由工业和信息化部直接推动，两化融合管理体系认证是根据《信息化和工业化融合管理体系要求》（GB/T 23001—2017）及《信息化和工业化融合管理体系新型能力分级要求》（GB/T 23006—2022）为依据评定的，AAA 级认证是目前两化融合管理体系可申请的最高认证等级。AA 级证书的取得，标志着该公司发展与两化融合管理体系成果进行深度融合，具备持续打造新型能力，获取更多的可持续竞争合作优势的能力，为未来打造领域级新型能力（AAA 级）奠定了基础。

该公司本次取得“两化融合管理体系 AA 级评定证书”是稳步推进两化融合战略的重要成果之一，有利于提质降本增效，夯实低碳低耗基础，利用数字技术提升核心竞争力。

淮钢顺利通过两化融合管理体系年度监督审核。11 月 22～23 日，两化融合评定机构中电鸿信信息科技有限公司审核组，对淮钢两化融合管理体系运行情况进行年度监督审核。经过现场评定，审核组一致认定，淮钢两化融合管理体系的实际运行具有符合性、有效性和适宜性，体系建设基本充分，将向工信部推荐继续保持 AAA 级评定证书。

在为期两天的评定审核过程中，审核组通过与相关负责人交谈、审查文件、核查记录等方式对淮钢两化融合管理体系关键过程进行了评定。同时，审核组对该公司信息化机房和轧钢厂五轧车间进行了实地访查，并给出指导性意见。

该公司将以本次监督审核为契机，持续做好两化融合管理体系的运行工作，切实提高管理体系运行质量，进一步加强业务集成及新优势和新能力的打造，提升核心竞争力。

攀钢长城特钢开展两化融合管理体系知识培训。为保障企业两化融合管理体系高效运行，深化研发设计、生产制造、经营管理、市场服务等环节的数字化应用，12 月，攀钢长城特钢特邀请成都东唐智盛企业管理咨询有限公司两化融合管理体系内审老师进行专业知识培训。

该公司各专业厂及机关部室积极响应，认真参与此次两化融合管理体系标准知识的培训，从两化融合标准条款解读、两化融合管理体系贯标流程讲解、新型能力单元分析、数字化转型参考构架四个方面进行了全面学习。

该公司积极响应国家号召，为贯彻落实《信息化和工业化融合管理体系》国家标准，在企业内部推行并建立一套管理体系，形成企业长期推动两化融合的内在机制，2019 年公司首次取得两化融合管理体系 A 级认证，并于 2023 年完成两化融合贯标管理体系 AA 级认证，实现企业工业化和信息化的提升，进而提升企业的竞争力。

6.1.7　人力资源管理

天津钢管企管信息部组织开展“数字化供应链系统供应商管理模块专题培训”。为全面对接中信特钢数字化供应链系统，实现平台化运作，规范供应商管理，提升管理效率与采购竞争力，2 月 23 日，天津钢管企管信息部组织开展“数字化供应链系统供应商管理模块专题培训”，由中信特钢企管部供方管理专家进行线上远程授课，该公司各部门负责人及业务骨干共 90 人参训。

本次培训主要采用知识讲解与实际操作演示相结合的方式，通过生动讲授和丰富案例，对数字化供应链系统、供应商管理模块、供应商相关审批流三项内容进行了全面讲解，让参训人员充分了解供应商准入、资质信息、可供范围、试供信息、禁用信息管理等操作要点。培训结束后，全体参训人员进行业务考试，考试成绩全部合格。

通过专题培训，从管理理念和实际业务操作层面，全方位帮助各部门供应商管理相关人员提升业务素质能力，推进了该公司数字化供应链管理工作进程。

天津钢管新 OA 办公系统成功上线运行。为了实现与中信泰富特钢集团公文流转和审批业务的无缝对接，2023 年，天津钢管企管信息部在集团办公室、智信部和兄弟单位的大力支持和帮助下，顺利完成了中信泰富特钢集团 OA 办公系统在公司的实施工作，目前成功上线投入使用。新 OA 系统正式上线后，将有效提升公司各类行政、业务审批效率，规范日常管理行为，确保交接过渡期无缝对接。

2023 年初，在接到新 OA 办公系统升级改造任务后，该公司面临时间紧、人员少，不能从原 OA 提供方获得技术支持的困难下，该集团智信部抽调精干力量，派出技术专家，帮助天管企管信息部迅速对原 OA 系统中的 81 个模块进行梳理，结合新系统功能特点做适应性调整，成功完成了新系统的开发、测试和上线运行工作。在项目实施过程中，企管信息部业务人员认真学习、快速适应，提升了专业能力和操作水平。

在此基础上，企管信息部将在集团智信部支持和协助下适时启动后续系统优化工作，对标集团先进企业，进一步优化各模块流程，压缩审批层级，提高管理效率，助力企业实现高质量发展。

天津钢管举办 2023 年应急救护员培训取证班。为进一步普及应急救护常识，让员工了解急救、自救知识，提高自救互助能力，5 月，天津钢管办公室牵头组织开展了 2 天急救员取证培训，区红十字会培训中心 4 位培训教师以理论讲授、现场演示、实践操作等方式进行授课。该公司 20 个部门，近百名员工参加培训。

培训会上，培训教师生动形象、深入浅出地教授应急救护知识，讲解、演示心肺复苏术、三角巾包扎、绷带包扎的规范操作和除颤仪的使用方法等。实践环节中，培训员借助教具，以组队练习的方式体验急救步骤，现场学习气氛浓厚。此次培训，为该公司安全生产工作奠定了理论和实践基础。

天津钢管 2023 年度作业长轮训班开班。5 月 13 日，2023 年度天津钢管首期作业长轮训班在培训学院科技报告厅正式开班，来自该公司各主要生产厂的 81 名作业长将分两期参加本年度作业长轮训班，此次作业长培训班是该公司成立以来首次针对作业长举办的专题培训，旨在通过针对性地培训提升各生产厂作业区域管理水平，计划于 7 月完成全部培训任务。

本次培训着力围绕激发作业长工作潜能，强化作业长的质量、成本及团队管理意识，持续提升作业长自身素质和现场基础管理水平。

开班仪式上向参加首期轮训的作业长提出要求：一要认识到位。作业长既担负着组织、协调、管理生产线上的各项生产活动任务，又承担着生产成本、效益等关键指标及人员的管理任务，这次培训班既是一次学习提高的机会，更是一个相互交流的平台。二要认真学习。人力资源部对此次培训班从课程设置、师资配备、资料选择以及时间安排等方面都进行了周密研究和部署，着力提高培训质量。三要勤于思考。要紧密结合岗位实际，把学习与思考紧密结合起来，用科学的态度分析问题、解决问题，探索生产一线生产管理工作新思路，不断提高自身素质和实际工作本领。

天津钢管“E-HR 系统”正式上线运行。7 月，天津钢管人力资源部自主建设实施的 E-HR 人力资源管理系统正式上线运行。

HR 人力资源管理系统是一套能够管控关键人才、具有薪酬管理、劳动关系管理等关键职能的共享人力资源管理平台，上线运行后可全面提升改善人力资源管理水平，助力公司构建整体信息化版图。一是助力优员增效，减少用工管理风险，真实、及时反馈人力资源管理成果；二是优化、规范人事管理业务及流程，助力人事制度改革；三是实现人力资源管理的全员服务及应用价值。

该系统设置了组织机构管理、人事基本信息、人事异动、合同管理、培训管理等功能模块，并按照集团标准建立岗位序列、岗位类别、岗位职能，为后续统计分析和管理决策提供有力支撑。同时，该系统具备完善清晰的组织机构层级、预警机制、报表管理系统和自定义常用报表统计分析功能。

6.2 党建引领

6.2.1 党建活动

中原特钢党委举办主题教育读书班。 4月20日，中原特钢党委举办学习贯彻习近平新时代中国特色社会主义思想主题教育读书班。

本期读书班为期7天，以集中学习为主，穿插交流研讨、专题辅导讲座等多种学习方式，认真学习党的二十大报告、党章，认真研读《习近平著作选读》第一卷、第二卷，《习近平新时代中国特色社会主义思想专题摘编》等学习材料。

为使“读书班”取得实实在在的效果，该公司党委制定《学习贯彻习近平新时代中国特色社会主义思想主题教育读书班安排》，专门设立读书班“学习室”，张贴“课程表”，明确学习时间、学习内容和领学人员，规定了非不可抗拒因素不得请假和及时补学的学习要求，以集体读书、领导领学、集中自学等形式，使党委委员坐下来、静下心、读原著、学原文、悟原理。

为检验学习效果，该公司于4月28日举行学习成果交流汇报会，交流汇报读书班深化学习、内化于心、转化于行的心得体会，切实把学习成果转化为解决问题、推动工作的实际成效。

西宁特钢党委理论学习中心组主题教育读书班开展主题党日活动。 4月29日，西宁特钢集团公司党委理论学习中心组（扩大）学习贯彻习近平新时代中国特色社会主义思想主题教育读书班，赴海北藏族自治州原子城开展“传承红色文化 弘扬伟大精神”主题党日活动，接受党性教育。

原子城位于海北州海晏县金银滩，是中国第一个核武器研制基地旧址，孕育诞生了我国第一枚原子弹和第一颗氢弹，培育形成了“两弹一星”精神。读书班学员参观了青海原子城纪念馆，仔细观看了每一张历史图片、每一段文字资料、每一件珍贵文物，通过听讲解，看情景模拟、重要文献、历史照片、文物展示等方式，重温了原子城的光辉历史，回顾了“两弹一星”从项目酝酿、实施直至最终成功的历史进程，读书班学员亲身感受了老一辈无产阶级革命家的雄才大略和远见卓识，感受到两弹元勋和广大科研人员在金银滩草原为两弹研制艰苦奋斗、无私奉献的精神和爱国情怀。

首钢贵钢到贵州省反腐倡廉警示教育基地开展警示教育活动。 为深入学习贯彻落实习近平新时代中国特色社会主义思想主题教育工作会议上的重要讲话精神，进一步推动纪检干部队伍教育整顿，增强广大干部职工廉洁自律意识和拒腐防变能力。5月12日，首钢贵钢公司组织干部职工前往贵州省反腐倡廉警示教育基地开展警示教育活动。

在讲解员的带领下，该公司全体人员参观了警示教育展厅，观看了《激浊扬清，正气黔行》《自我革命》等展厅视频及警示教育片《忏悔》。警示教育展厅通过丰富的图片、鲜活的视频、真实的物件展示了近年来贵州省查处的典型案件，剖析了案件发生的原因和特点，向所有参观人员敲响了警钟。

舞钢党委举办主题教育读书班。 按照河钢集团党委决策部署和河钢集团舞钢公司党委主题教育工作安排，5月15日以来，该公司党委举办了3期学习贯彻习近平新时代中国特色社会主义思想主题教育读书班。

该公司领导班子成员分批参加了集团举办的学习贯彻习近平新时代中国特色社会主义思想主题教育读书班。该公司党委举办了3期由各二级单位领导班子成员、党务干部等参加的主题教育读书班。前2期通过视频的形式和集团组织的学习贯彻习近平新时代中国特色社会主义思想主题教育读书班同步进行；第3期由公司党委组织知名教授、专家授课。读书班期间，学员半天听老师授课辅导，半天进行学习研讨，交流心得体会。

天津钢管生产物流部开展主题党日活动。6月，天津钢管生产物流部党总支组织党员干部深入宝坻烈士陵园、了凡纪念馆等红色教育基地开展主题党日活动。

在活动中，生产物流部全体党员干部一起参观了宝坻烈士陵园，并庄严地在纪念碑前进行宣誓，党员面对鲜红的党旗，排列整齐，重温了入党誓词。随后，生产物流部党员干部来到宝坻革命事迹展厅，通过聆听讲解员现场解说学习了宝坻老一辈革命英雄铸就共产主义伟大事业的光辉历程和丰功伟绩。

在家风家教教育基地“了凡纪念馆”。生产物流部党员干部参观了向善堂、治心堂、省身堂三座展室，通过直观生动的图文影像，深入学习袁黄治政宝坻五年间的善政，深刻领会《了凡四训》家训内涵，全方位接受了一次触及灵魂的家风教育。

邢钢组织党员走进涉县八路军129师纪念馆。为迎接建党102周年，激发基层广大党员的干事创业激情，展示各级基层党组织和广大党员的风采与担当。6月29日，邢钢党委组织优秀党员代表，赴红色教育基地——邯郸涉县129师纪念馆参观学习，感受红色文化、传承红色基因，追寻革命足迹、重温抗战精神。

在129师司令部旧址院内，该公司全体党员面对鲜红的党旗重温入党誓词。随后，该公司全体党员参观了刘伯承、邓小平旧居及办公室、司令部会议室、司令部作战室等，仔细阅读史料，观看实物展品，认真聆听解说员对当年战斗生活的讲述；在高高的将军岭，他们深切缅怀先烈丰功伟绩，学习他们坚定的理想信念，感悟伟大的太行抗战精神和百折不挠、坚韧不拔的必胜信念；在“刘伯承元帅纪念亭”雕像前，党员怀着无比崇敬的心情，向革命先驱鞠躬致意，深切缅怀他们的丰功伟绩；在129师纪念馆，他们时而驻足、时而深思，通过一张张珍贵的革命年代照片、一件件历史文物，看到共产党人艰苦奋斗的历史画面，更加坚定了理想信念和宗旨意识。

该公司全体党员干部将以此次活动为契机，紧紧围绕“学党史、悟思想、办实事、开新局”，不断深化党史学习教育，团结一致，携手共进，在党的旗帜下团结成“一块坚硬的钢铁”，心往一处想、劲往一处使，坚定信心、迎难而上，撸起袖子加油干，实现企业创新绿色发展。

天津钢管炼钢厂党委开展“追寻红色记忆 赓续革命精神 ”主题党日活动。为庆祝中国共产党成立102周年，7月1日，天津钢管炼钢厂党委开展“追寻红色记忆　赓续革命精神 ”主题党日活动，组织党员干部到李大钊故居和纪念馆参观学习。

通过参观李大钊故居，炼钢厂党员干部进一步了解了李大钊的生平和家庭生活，以及其传播马克思主义、创建中国共产党、促成第一次国共合作、领导北方工人运动等这些中国革命史上永不磨灭的光辉片段。

在李大钊纪念馆，炼钢厂党员干部仔细聆讲解，认真观看展品，学习李大钊同志为寻找中国富强之路所进行的艰难探索和革命实践，在加深对党的光荣历史了解的同时，接受了共产主义信念和爱国主义教育的精神洗礼。

芜湖新兴铸团委开展“青春心向党 奋进新征程”主题宣讲活动。为进一步激发全体团员青年的爱党、听党话、跟党走的政治自觉，培养和造就更多“有理想、敢担当、能吃苦、肯奋斗”的新时代央企好青年，7 月 13 日，芜湖新兴铸团委在报告厅举办“青春心向党 奋进新征程”主题宣讲活动。该公司各级团组织负责人和“两红两优”先进团员青年代表共计 100 人参加。

本次宣讲活动以学习宣传贯彻习近平新时代中国特色社会主义思想为主题，旨在引导广大团员青年深入学习习近平总书记关于青年工作的重要论述，增强政治意识、大局意识、核心意识、看齐意识，坚定理想信念，树立正确的世界观、人生观、价值观，为实现中华民族伟大复兴的中国梦贡献青春力量。

中天钢铁南通公司开展党员干部廉政教育主题活动。为进一步加强公司党风廉政建设，提高党员干部职工拒腐防变能力，筑牢拒腐防变思想防线，7 月 27 日，中天钢铁南通公司党群工作处联合审计监察处在南通市党风廉政教育基地开展“忠肝毅担、清风自扬”廉政主题教育活动，公司领导及各分厂主要负责人、党员干部代表等 50 余人参加活动。

参加活动人员先后参观了“激浊扬清”“正本清源”“上善若水”“勇立潮头”等主题展厅，通过智能讲解系统、多媒体视频播放系统、触控投影、幻影成像等多种科技手段，带领全员重温六项纪律，再悟中央八项规定精神。

参加活动人员还集中观看了警示教育片《坚决斩断权力与资本勾连的纽带》，片中列举了多个公职人员、党员干部在金钱、权力的诱惑下，逐渐丧失了本心、丧失了党性，走上违法乱纪道路的反面案例。

一直以来，该公司始终坚持党的领导，积极响应党的号召，把加强党风廉政建设和反腐败工作摆在突出位置，多次开展党性教育、廉政教育。后续，该公司将继续安排党员干部以及管钱管物等关键岗位员工参加廉政教育活动，为高质量发展增势赋能。

石钢采购中心直属党支部开展主题党日活动。为深入开展学习贯彻习近平新时代中国特色社会主义思想主题教育，7 月 23 日，石钢采购中心直属党支部组织全体党员和入党积极分子赴正定县塔元庄村，开展“践行初心使命 争做降本先锋”主题党日活动。

该中心党支部围绕学习党的二十大精神、落实主题教育的有关要求及河钢集团 2023 年重点工作推进会精神进行了宣讲，并带领党员重温入党誓词，用铿锵有力的誓言，激励大家进一步坚定理想信念，牢记初心使命，助力企业高质量高效益发展。

在浓厚的主题教育氛围中，该中心党支部党员有序参观了塔元庄村史馆，观看了《蝶变塔元庄》纪录片，通过一段段生动的视频、一件件实物模型、一幅幅图片，了解了塔元庄村的党建工作经验和社会主义新农村建设成就。

芜湖新兴铸团委开展红色教育暨第七次青课堂活动。为深入学习贯彻党的二十大精神，传承红色基因，进一步提升团干部的素质能力，8 月 17 日，芜湖新兴铸团委组织 46 名基层团干部先后前往南京红色教育基地雨花台革命烈士纪念馆和中共代表团梅园新村纪念馆开展“传承红色基因 汲取奋进力量”红色教育活动，重温革命历史，缅怀革命先烈，牢记初心使命，传承奋斗精神。

走进南京雨花台革命烈士陵园，在讲解员的带领下，46 名基层团干部从南到北依次参观了由南京市 30 万党员自发交纳特殊党费建成的“忠魂亭”、革命英烈纪念馆、雨花台烈士纪念碑以及烈士就义群雕，他们不时驻足凝视，仔细观看纪念馆内的每一件文物、照片，了解每一件革命文物背后可歌可泣的革命故事。

走进中共代表团梅园新村纪念馆，46名基层团干部共同瞻仰了周恩来全身塑像，直观感受周恩来在特务机关重重监视下走出梅园新村17号大门时的气定神闲、自信从容的革命形象。他们一边观看着馆中陈列的历史文物、信件以及珍贵照片，一边环顾着代表团驻地周边特务机关严密监视的环境气氛，真实地感受到中共代表团艰苦的谈判历程。

本钢板材领导赴抗美援朝纪念馆参观学习。为深入开展学习贯彻习近平新时代中国特色社会主义思想主题教育，重燃红色革命激情，缅怀先烈伟绩，弘扬伟大抗美援朝精神，赓续红色基因，强化思想淬炼，坚定初心使命，10月21日，本钢板材党委组织领导班子成员及各职能部门负责人，前往丹东抗美援朝纪念馆接受革命传统教育。

第二批学习贯彻习近平新时代中国特色社会主义思想主题教育启动以来，该公司党委制定主题教育理论学习及专题读书班方案，召开党委理论学习中心组集体学习研讨（扩大）会。同时，该公司采用“3+4”读书班模式，分别于9月20~22日，10月16~19日，利用7天时间，参加本钢党委第二批主题教育两期专题读书班，通过集中自学、专家辅导、现场交流研讨、学习体会交流等形式，不断强化学习教育覆盖面、渗透力、感染力，推动学习教育往深里走、往心中去、往实处落。2023年，是抗美援朝战争胜利70周年，英勇顽强、舍生忘死的志愿军将士，成为中国人民永不褪色的记忆。为了铭记抗美援朝战争的伟大历史，弘扬伟大抗美援朝精神，该公司党委在主题教育中，以“赓续红色基因，传承革命精神”为目的，增加参观红色教育基地自选动作，参观抗美援朝纪念馆，接受革命传统教育。

在庄严的抗美援朝纪念馆，该公司领导怀着无比崇敬之情集体向抗美援朝革命烈士敬献了花篮。面对鲜红的党旗，庄重举起右拳，重温入党誓词：我志愿加入中国共产党，拥护党的纲领，遵守党的章程，履行党员义务。

方大特钢组织开展廉政警示教育活动。为进一步夯实公司廉政基础，筑牢干部员工廉洁底线，更好地为公司降本、增效、提质、创新提供组织纪律保障，10月，方大特钢组织部分党员、干部及关键敏感岗位人员98人，前往江西省委党校党风党性党纪廉政教育馆开展廉政警示教育活动。

在“红色基因教育展厅”，一幅幅史料图片、一页页珍贵手稿、一帧帧视频画面，跨越时空展示了在江西这块红色的土地上，孕育了“信念坚定、纪律严明、对党忠诚、一心为民，艰苦奋斗、勇于牺牲、实事求是、勇闯新路、清正廉洁、无私奉献”的红色基因；在“党纪教育展厅”，鲜活生动、触及灵魂的廉政警示教育使员工的思想受到了极大震撼，从中得到深层次的启示和警醒。

本次活动是方大特钢党委组织开展深入学习贯彻习近平新时代中国特色社会主义思想主题教育的重要篇章，既是一次生动的廉政教育，更是在当前市场形势下，该公司以“强信心 绷紧弦 聚合力”为主题深化形势任务教育的有益拓展和延伸，为进一步推进降本增效、提质创新提供了思想纪律保障。

中原特钢举办2023年党支部书记、支部委员培训班。为进一步加强党支部书记、支部委员对支部工作的认识和理解，提高履职能力，11月7日，中原特钢举办2023年党支部书记、支部委员培训班，23个党总支、支部近80人参加培训。

该培训班安排学习了加强基层党组织建设、纪检工作政策解读、党建重点实务工作介绍、发展党员工作政策解读等课程。在梳理该公司相关党支部党建重点工作进展情况的基础上，就下一步如何增强党支部政治功能和组织功能，推动纪检工作高质量发展，提升发展党员工作质量进行培训。

课堂上，参会人员认真聆听，仔细记录，在浓厚的学习氛围下收获满满，强化了理论储备，提升了专业素质。培训进行了现场考试，加强以考促学、以考促练、以考促训，推进培训内容入脑入心。

本钢板材特殊钢事业部开辟主题教育“红色新干线”。为深入开展第二批学习贯彻习近平新时代中国特色社会主义思想主题教育，创新开展主题教育学习方式，丰富基层教育载体，确保主题教育走深走实。11 月 17 日，作为本钢板材公司首家参观学习团队，特殊钢事业部党委班子成员、基层党支部书记、团组织负责人和统战人员代表等一行 20 余人参观了该公司新建成的党建基地。

该基地包含了党建历程、企业发展、产品展示、厂区动态全景沙盘等多元化内容，讲述了党建引领企业高质量发展的每一段历程和辉煌时刻。该参观团队在解说员引领下，通过情景式教育学习，寓教于心，深刻理解了中国式现代化的含义。在全景沙盘展示区，该参观团队目睹了震撼的视频展示和全景动态沙盘，无不为企业发展所取得的辉煌成就而自豪。

本钢板材党员干部赴抚顺雷锋纪念馆参观学习。根据《板材公司党委关于深入开展学习贯彻习近平新时代中国特色社会主义思想主题教育的推进方案》的要求，结合常态化党史学习教育，运用红色教育资源和党性教育基地开展学习，11 月 19 日，本钢板材领导班子及部门正职赴抚顺雷锋纪念馆参观学习。

第二批学习贯彻习近平新时代中国特色社会主义思想主题教育启动以来，该公司党委不断强化学习教育覆盖面、渗透力、感染力，增加参观红色教育基地自选动作，以“弘扬雷锋精神，追寻榜样足迹，争做时代先锋”为目的，参观抚顺雷锋纪念馆。

在庄严肃穆的雷锋纪念馆内，该公司党员干部通过讲解员的引领，一场场实物景象、一件件优秀事迹、一篇篇日记文字，将雷锋生动的事迹和感人的故事展现在眼前，纪念馆内“光辉的一生”“永恒的精神”“永远的传承”三个部分衔接有序，使所有参观人员全面了解雷锋精神的形成过程，领悟到了雷锋精神的思想精髓，就是热爱党、热爱祖国、热爱社会主义的崇高理想和坚定信念；服务人民、助人为乐的奉献精神；干一行爱一行、专一行精一行的敬业精神；锐意进取、自强不息的创新精神；艰苦奋斗、勤俭节约的创业精神。

本钢板材热连轧厂党委赴沈阳中共满洲省委旧址感受红色氛围。为深入开展学习贯彻习近平新时代中国特色社会主义思想主题教育，11 月 24 日，本钢板材热连轧厂党委开展了“传承红色基因，赓续红色血脉”主题党日活动，组织领导班子成员、基层党组织书记、团组织负责人和统战成员代表参观了中共满洲省委旧址，接受革命教育的洗礼，感受思想伟力，汲取奋进力量。

该厂党员干部到达中共满洲省委旧址，从大门进入就可以感受到那段激情燃烧、壮志凌云的岁月，感受到那段历史的厚重感。此次主题党日活动，旨在让每位参与者都能够深刻领悟到革命先辈们的伟大精神，从中汲取力量和智慧，进一步提升自身的党性修养和使命担当，增强推动企业高质量发展信心和动力。

本钢板材质检计量中心党委赴东北抗联史实陈列馆接受思想洗礼。为深入开展学习贯彻习近平新时代中国特色社会主义思想主题教育，运用红色教育资源和党性教育基地开展学习，11 月 30 日，本钢板材质检计量中心党委组织领导班子成员、首席工程师、党支部书记、管理室主任、青年干部代表赴本溪满族自治县参观东北抗联史实陈列馆，接受思想洗礼，汲取奋进力量。

该中心党员干部通过参观，重温东北抗

联历史，了解英雄事迹，学习东北抗联精神。参观后，该中心党员干部面对鲜红的党旗，重温入党誓词。

该中心党员干部通过参观学习，全面落实“学思想、强党性、重实践、建新功”总要求，让每位参与者从革命先烈保家卫国的大无畏精神中汲取奋进力量，传承红色基因，赓续红色血脉，学会发扬斗争精神，将学习成果运用到解决工作实际问题当中，进一步提升自身的党性修养和使命担当，引领全体党员干部实干建功。

中天钢铁数字化党性教育基地正式揭牌。12 月 26 日，中天钢铁南通公司举行“红流”数字化党性教育基地揭牌仪式，标志着中天钢铁在党建工作上迈出了重要一步，对于推动企业党建工作的开展具有重要意义。

中天钢铁“红流”数字化党性教育基地位于南通公司数字化控制中心五楼，占地面积约 400 平方米，从前期方案设计到后期实地装修，投入了大量的人力和物力，用 35 天时间，打造了一个数字化赋能的智慧党建平台。

该基地分为“传承钢铁意志，赓续红色血脉”“强化政治引领，铸就坚强堡垒”“坚持双强融合，汇聚磅礴力量”“深耕技术创新，挺立时代潮头”4 个篇章，集中展示了中天钢铁集团不断探索实践非公有制企业党群工作和企业文化成果，内容涉及“151”党群工作法、“353”产改工程等特色内容，通过数字技术和多媒体手段，将传统党性教育内容与现代科技相结合，打造了一个集学习、交流、互动于一体的数字化平台。

芜湖新兴铸管党委开展主题教育专题民主生活会前集中学习。12 月 26 日，按照学习贯彻习近平新时代中国特色社会主义思想主题教育中开好专题民主生活会的部署要求，芜湖新兴铸管党委理论学习中心组举行主题教育专题民主生活会前集体学习。

本次学习采取个人自学和集中学习相结合的方式，在主题教育理论学习的基础上，公司领导班子成员认真学习领会习近平在中共中央政治局召开专题民主生活会上的重要讲话，习近平总书记关于第二批主题教育重要指示要求，习近平总书记关于党的建设的重要思想，习近平总书记关于党内政治生活的重要论述摘选，习近平总书记关于以学铸魂、以学增智、以学正风、以学促干等重要论述，习近平总书记关于本行业重要讲话、重要指示批示摘编，县级以上党和国家机关党员领导干部民主生活会若干规定。党章、新形势下党内政治生活的若干准则和上级有关文件精神，进一步统一思想、深化认识，打牢开好专题民主生活会的思想基础。

太钢集团举行廉洁教育基地揭牌仪式。12 月 28 日，太钢集团在渣山公园举行廉洁教育基地揭牌仪式。

廉洁教育基地展览共分为“初心不渝”“廉在钢城”“利剑高悬”“廉彩纷呈”四个单元，采用文字介绍、图片展示、视频、展播等多种表现形式，教育广大党员干部时刻保持清醒头脑，严格遵守党纪法规，常怀律己之心，常思贪欲之害，常修清廉之德，并以违纪案例、忏悔实录、沉浸式体验来警示贪腐之害，正反双向教育广大党员干部时刻保持清醒头脑。太钢廉洁教育基地成功入选首批宝武廉洁文化教育基地。

兴澄特钢党委、纪委组织参观廉政教育基地缪燧纪念馆。2023 年，为进一步加强党风廉政建设，提升党员领导干部和党务工作者的党性修养和廉洁自律意识，强化党的队伍自身建设，兴澄特钢党委、纪委开展“清风兴澄 · 廉洁有我”主题教育活动，组织该公司党委委员、纪委委员、党支部书记、纪检委员、党的工作部门人员 70 余人参观江阴市廉洁教育基地——缪燧纪念馆。

此次参观学习教育意义深刻，该公司党员干部纷纷表示要以先贤风骨为修身明镜，传承好家风，做好家教，将廉政文化融入行为自觉，将学习成果转化到具体工作中，进一步做到廉洁自律、心系群众、勤勉务实。

下一步，该公司纪委将继续努力构建立体廉洁教育体系，深挖本土廉政文化资源，多形式开展警示教育，协助党委做好党风廉政建设，丰富“清风兴澄”廉政文化内涵，推动新时代廉政文化建设走深走实。

6.2.2 党建合作

中原特钢营销中心党支部与中船双瑞（洛阳）制造保障党支部开展党建活动。为进一步推动党建工作与业务工作深度融合，2023 年，中原特钢党委以党建联建共建为抓手，积极推动各基层党组织以多元化的目标与丰富的联建形式开展活动，共建立党建联建共建项目 13 项，大力营造优质资源共享、业务难题攻克的良好氛围。

2023 年以来，随着中原特钢与中船双瑞（洛阳）特种装备股份有限公司合作的持续深入，中原特钢营销中心党支部与中船双瑞（洛阳）制造保障党支部通过开展党建联建共建活动，依托各自行业品牌、产品矩阵，互相赋能、互相成就，实现研产供销全链畅通。

双方党支部在中船双瑞（洛阳）开展主题党日活动，交流学习和工作情况，互赠学习书籍，参观中船双瑞（洛阳）展厅和生产现场，签署“战略合作协议”，互赠“战略合作伙伴”牌匾，推动双方合作再上新台阶。随后，双方党支部赴河南第一个党组织——中共洛阳组诞生地纪念馆，开展红色教育，全体党员重温入党誓词。

截至 10 月底，双方通过党建联建共建活动的开展，合作产品销售收入明显提高，销售收入已较 2022 年全年提高 71%。

第 7 章

中国特殊钢行业大事记

7.1 中国特钢协会大事记

2月22日，中国钢铁工业协会党委常委、副会长唐祖君一行莅临中国特钢企业协会指导工作。中国特钢企业协会秘书长刘建军对相关工作进行了汇报。中国钢铁工业协会产业运行部主任刁力及产业运行部企事业财务处处长董志强、综合处副处长赵伟、经济运行处副处长邹昆昆，中国特钢企业协会顾问于叩及办公室主任唐子龙、统计部主任赵艳、宣传展览部主任宋健参与了此次座谈会。

3月5日，中国特钢企业协会秘书长刘建军、冶金装备分会秘书长王希民参加由中国钢铁工业协会冶金设备分会组织在南京召开的“中国钢铁工业协会冶金设备分会第二届第三次会员大会”。

3月9日，罗兰贝格咨询公司合伙人施国建、王星与项目经理黄之浩一行到中国特钢企业协会交流工作，中国特钢企业协会秘书长刘建军、办公室主任唐子龙、宣传展览部主任宋健接待，并与罗兰贝格全球合伙人Akio Ito、Alexander Mueller线上交流。

3月10日，中国特钢企业协会开展党建活动，中国特钢企业协会秘书长刘建军、党建指导员王贺彬带领协会全体党员及员工到中国共产党历史展览馆学习参观。

3月14日，中国特钢企业协会在江西景德镇组织召开“全国优特钢市场预警研讨会”，中国特钢企业协会秘书长刘建军主持会议，办公室主任唐子龙、宣传展览部主任宋健参会并现场组织。

3月16日，中国特钢企业协会在广州召开“特钢出口市场交流工作会议”，中国特钢企业协会秘书长刘建军主持会议，办公室主任唐子龙参会并现场组织。

3月22日，中国特钢企业协会在马鞍山召开“十届二次会员大会”，中国特钢企业协会秘书长刘建军主持会议，顾问于叩、办公室主任唐子龙、宣传展览部主任宋健、统计部主任赵艳、办公室酒成渝参会并现场组织；参会会员代表审议并通过《关于调整会长、副会长的议案》《关于增补执行会长的议案》《关于注销不锈钢分会的议案》《关于吸收新会员的议案》《关于部分会员退会的议案》。

3月24日，中国特钢企业协会顾问于叩参加凌钢集团在济南召开的“2023优特钢推介会暨客户见面会”，并在会议上致辞。

3月28日，中国特钢企业协会冶金装备分会在北京召开“冶金装备分会二届一次会长会议”，协会顾问于叩、分会秘书长王希民、分会办公室皮红平、协会办公室酒成渝参会，会议由王希民主持，于叩在会上致辞。

5月16日，中国特钢企业协会在冶金工业规划研究院会议室组织召开了河南济源钢铁（集团）有限公司《废钢再生资源项目》绿色信贷项目评审会。

5月18日，中国特钢企业协会冶金装备分会会长王永建在江阴主持召开优特钢企业设备部长会议。以服务会员企业为根本宗旨，坚持绿色低碳发展、智能制造两大发展主题，常态化做好优特钢会员企业冶金设备、备件国产化，重点冶金设备、备件联储联备等工作，为全面提升钢铁企业设备管理水平、实现绿色智能发展、促进冶金装备转型升级做出贡献。

5月23日，中国特钢企业协会在江苏省扬州市组织召开了中国特钢统计信息工作会议及企业统计人员提素专业培训。大会由中国特钢企业协会统计专业委员会秘书长朱宁主持。

5月26日，中国特钢企业协会专家委员会工作会议召开。本次会议由中国特钢企业协会主办，中特嘉耐新材料研究院承办，《特殊钢》杂志社协办。本次会议共有21名专家委员会委员及代表参加。中国钢铁工业协会科技环保部副主任李煜应邀出席并讲话。会议由中国特钢企业协会秘书长刘建军主持。

6 月 1 日，中国特钢企业协会秘书长刘建军到江苏兴化市戴南镇，参加江苏众拓新材料科技有限公司集中冶炼评估会。

6 月 4 日，罗兰贝格咨询公司合伙人施国建到中国特钢企业协会交流工作，中国特钢企业协会秘书长刘建军接待。

6 月 5 日，钢研总院工模具及轴承钢研究部主任马党参、冶金工业规划研究院高参来访中国特钢企业协会，中国特钢企业协会秘书长刘建军、顾问于叩接待，双方就推进中国工模具钢行业自律规范条件进行了交流。

6 月 6 日，由中国特钢企业协会主办、河冶科技股份有限公司承办的特钢企业能耗指标专题研讨会于河北省石家庄市顺利召开。会议由中国特钢企业协会执行会长王文金主持，宝武特冶、中信泰富特钢集团、西宁特钢、太钢、东北特钢、长城特钢、河钢石钢、建龙集团、大冶特钢、兴澄特钢、河冶科技、济源钢铁、冶金工业规划研究院、久立特材等特钢企业有关领导和代表出席参与了此次研讨。

6 月 7 日，中航租赁北京分部总经理孙新超一行到访中国特钢企业协会交流工作，中国特钢企业协会秘书长刘建军、顾问于叩接待。

6 月 8 日，由中国特钢企业协会主办、河冶科技股份有限公司承办的特钢企业能耗指标专题研讨会于河北省石家庄市顺利召开。会议由中国特钢企业协会执行会长王文金主持，冶金工业规划研究院院长范铁军参会并致辞。

6 月 8 日，中国特钢企业协会秘书长刘建军、顾问于叩到山西长治市，参加由中国特钢企业协会和中国金属学会共同组织的“山西省长治市壶关县金烨钢铁集团低碳冶金及特种金属材料示范基地咨询论证和挂牌大会”。参加大会的有武汉大学、上海大学、钢研总院和山西省、市、县相关领导和专家。

6 月 9 日，（汽车用）特殊钢产品种类规则（PCR）专家研讨会在中信泰富特钢集团总部所在地江苏江阴召开。中国特钢企业协会执行会长王文金出席会议。

6 月 10 日，中国特钢企业协会执行会长王文金到海南，参加军工材料论证会。

6 月 12 日，中国特钢企业协会秘书长刘建军到中国钢铁工业协会参加进出口税号细分研讨会。

6 月 13 日，中国特钢企业协会党支部按照“主题教育”工作安排，组织支部全体党员和员工到革命圣地中共中央香山驻地，沿着当年伟人的足迹，体会着当年老一辈无产阶级革命家新中国成立前夕的奋斗历程，重温中国共产党人的初心使命和革命精神。

6 月 14 日，中国特钢企业协会秘书长刘建军到安徽铜陵市，参加铜陵泰富特种材料有限公司年产 15 万吨先进结构性新材料项目三性论证评审工作。

6 月 16 日，中国特钢企业协会在四川江油市组织召开了“工模具钢产品市场信息暨产业链高质量发展研讨会”，会议由攀钢集团江油长城特殊钢有限公司承办。中国特钢企业协会执行会长王文金、秘书长刘建军参会并讲话，办公室主任唐子龙参会并现场组织。

6 月 19 日，钢研总院徐利军、昆明理工材料科学与工程学院大学副系主任郑善举来访中国特钢企业协会交流工作，中国特钢企业协会秘书长刘建军、顾问于叩接待。

6 月 20 日，中国特钢企业协会在常州召开“中国汽车悬架产业链高质量发展研讨会”，会议由常州金和金属材料有限公司承办。中国特钢企业协会执行会长王文金出席会议并致辞，办公室主任唐子龙参会并现场组织。

6月25日，中国特钢企业协会执行会长王文金走访会长单位沙钢东北特钢集团，与董事长季永新及集团班子成员就行业发展现状、未来方向进行了交流，对中国特钢企业协会工作进行了探讨。

6月25日，中国特钢企业协会秘书长刘建军走访协会成员单位海澜智云，并与董事长周立宸进行工作交流。

6月27日，瓦房店轴都供应链管理有限公司暨轴承钢集采平台揭牌仪式在轴都大厦举行，中国特钢企业协会执行会长王文金出席揭牌仪式并致辞。

6月28日，中国特钢企业协会召开月度工作总结会，会议由协会秘书长刘建军主持。协会各部门全体人员汇报了各自工作开展情况。中国特钢企业协会执行会长王文金对每个人工作进行了点评，并对协会下一步工作进行了部署、安排。

6月28日，中国特钢企业协会执行会长王文金、秘书长刘建军、办公室主任唐子龙、宣传展览部聂朋成走访钢铁研究总院，与钢铁研究总院党委书记梁建雄、副院长苏杰、工模具及轴承钢研究部部长马党参进行了工作交流。

6月29日，中国特钢企业协会执行会长王文金、办公室主任唐子龙、宣传展览部聂朋成走访天津友发钢管集团股份有限公司，与天津友发钢管集团股份有限公司董事长李茂津及公司班子成员进行了工作交流，并参观了展馆及生产线。

7月6日，成都市大邑县人民政府驻北京联络处康修铭主任一行莅临中国特钢企业协会交流工作。中国特钢企业协会秘书长刘建军与来访嘉宾座谈。

8月5日，中国优特钢线材预警自律会第一次会议在安徽省广德市召开。会议由中国特钢企业协会主办，中信泰富特钢集团青岛特殊钢铁有限公司承办。中国特钢企业协会会长、中信泰富特钢集团股份有限公司党委书记、董事长钱刚应邀出席会议，协会执行会长王文金主持会议。

8月26~27日，由中国特钢企业协会主办的“中国特殊钢高端新材料高质量发展论坛暨十届二次会长联席会议”在黑龙江省漠河市召开。本次论坛会议由漠河市政府承办、冶金工业规划研究院协办。

9月8日，由中国特钢企业协会主办、抚顺特钢承办的“2023年不锈钢棒材市场研讨会”在抚顺友谊宾馆举行。中国特钢企业协会相关领导，抚顺特钢、东特股份、长城特钢、青山特钢、太钢不锈、永兴材料、华新丽华等特钢企业代表20余人，就当前我国不锈钢棒材市场开发、价格政策、市场策略及未来发展前景等进行深入研讨交流。

9月22日，中国特钢企业协会采购供应链分会筹备会议在京召开。会上，中国特钢企业协会执行会长王文金致辞、宣布特钢协成立采购供应链分会的决定，并委托中信泰富特钢集团为特钢协采购供应链分会会长单位。中信泰富特钢集团委派中信泰富特钢集团总裁助理郭培锋为特钢协采购供应链分会筹备组负责人。

10月16日，中国特钢企业协会执行会长王文金、协会办公室主任唐子龙一行访问江苏永钢集团有限公司，受到永卓控股总裁、永钢集团总裁吴毅，永钢集团副总裁胡俊辉等的接待。双方就特钢行业的发展趋势、技术创新以及市场前景等方面进行了交流。

10月24~26日，由中国特钢企业协会主办的第十七届“2023中国国际高品质特殊钢新材料论坛”及“2023中国国际特殊钢工业展览会”在上海成功举办。中国钢铁工业协会、中国金属学会、中国冶金报、冶金工业出版社和冶金工业规划研究院共同为本次活动提供了支持与帮助。同时，会展也得到了中信泰富特钢集团股份有限公司、宝武特种冶金有限公司、河南济源钢铁（集团）有限公司、成都博智云创科技有限公司、四川省江油市人民政府以及辽宁省瓦房店市人民政府的赞助支持。

12 月 11 日，由中国特钢企业协会主办、江苏永钢集团承办的中国优特钢线材预警自律会二次会议在永钢召开。来自中国特钢企业协会、宝武集团、中信特钢、南钢、邢钢、济源钢铁、沙钢、中天、河钢、石钢等 20 家单位的代表参加了会议。

7.2　2023 年特钢行业十大影响力事件

1. 2023 年特钢行业进入高质量发展新阶段，产品高端化发展加速，行业格局实现重大调整。中国特钢企业协会统计数据显示，2023 年，我国优特钢粗钢产量同比小幅增长 1.7%，其中特殊质量合金钢产量同比上升了 3.2%，优特钢重点品种产量同比上升 5.8%，国内特钢产品向高端化、合金化发展。从产品端来看，优特钢棒、线、板、管产量均呈上升态势。

2023 年，特钢行业龙头企业兼并重组提质升级，推动特钢产能进一步优化布局。2023 年 2 月 17 日，中信泰富特钢集团完成对天津钢管的控股。2023 年 12 月 15 日，新“南京钢铁集团有限公司”揭牌成立，南钢正式成为中信集团体系一员，标志着中信系 3000 万吨航母级特钢集团正式启航。2023 年 12 月 26 日，西宁特钢举行管理权移交仪式，建龙集团正式接手西宁特钢管理权，中国特钢行业继中信系、宝武系、沙钢系后，再添一家千万吨级特钢集团。

2. 全球特钢行业首个（汽车用）特殊钢产品种类规则（PCR）正式发布。2023 年 8 月 30 日，在中国钢铁工业协会的支持下，由中国特钢企业协会组织中信泰富特钢集团牵头编制的全球特钢行业首个《（汽车用）特殊钢 PCR》正式发布，标志着中国首个特殊钢绿色低碳评价标准正式投入使用。2023 年 10 月 16 日，世界钢铁协会“Steelie 奖”揭晓，中信泰富特钢凭借“（汽车用）特殊钢产品种类规则（PCR）创新实践”项目获得“生命周期评价卓越成就奖”。

3. 兴澄特钢成为全球特钢行业首家“灯塔工厂”。2023 年，江阴兴澄特种钢铁有限公司聚焦高端化、智能化、绿色化，在高质量道路上快速发展。2023 年 5 月 29 日，兴澄特钢生产的轴承钢、齿轮钢通过了冶金工业规划研究院文件审核、现场检查、检测评估，顺利认证为 AAAAA 级。2023 年 12 月 14 日，世界经济论坛公布了最新一批“灯塔工厂”名单，中信泰富特钢（兴澄特钢）作为中国钢铁行业唯一一家代表成功入选，成为全球特钢行业首家“灯塔工厂”。

4. 抚顺特钢成为中国航发商发主力供应商。2023 年 11 月 3 日，抚顺特钢 17 个系列的高温合金、高强钢、特冶不锈钢产品通过了中国航发商用航空发动机有限责任公司产品认证。抚顺特钢也是此次中国航发商发产品认证工作中通过品种最全、组距最多的特钢企业。

5. 中国特钢企业协会碳信贷团体标准工作成果落地，济源钢铁成为我国特钢行业首家获得银行绿色资金支持企业。2023 年 5 月 16 日，中国特钢企业协会组织召开了河南济源钢铁（集团）有限公司废钢再生资源项目绿色信贷项目评审会，标志着特钢行业“绿色信贷团体标准”工作进入实操阶段。日前，该项目通过中国建设银行河南省分行审批，并获得“绿色低息贷款”支持，标志着特钢协碳信贷项目历经两年时间，经过牵头标准制定、推动银企对接以及组织项目审核等，取得了实质性突破。济源钢铁成为我国特钢行业中第一家通过特钢协碳信贷团体标准成功获得银行绿色项目优惠政策的企业。

6. 宝武特冶研制关键战略性钢铁新材料，助力我国自主研制超大力值传感器和100兆牛标准测力机。2023年9月14日，宝武特冶参研的上海市工业强基项目——“超大力值传感器和100兆牛标准测力机研制及应用”通过了上海市经济和信息化委员会和国内计量领域权威专家的评审验收。该项目所需关键战略性钢铁新材料——大型超高强度不锈钢锻件由宝武特冶研制，并用于该项目超大力值传感器的主体弹性元件制造。

7. 攀长特研制的航空航天用18Ni超高强度钢关键技术达国际先进水平。2023年5月份，由攀长特自主设立的科研攻关项目“18Ni超高强度钢关键技术研究及应用”通过四川省金属学会的科技成果评价，与会专家一致认为该套技术创新性显著、经济效益显著、社会效益巨大，达到国际先进水平。

10余年来，攀长特在国内航空、航天、核能等领域内多家顶级院所大力支持下，相继突破了“某某化学成分优化及精准控制”等10余项关键技术，研制出了高品质18Ni系列超高强度钢并进行示范应用。在该产品研制应用过程中，攀长特共获得国家发明专利6项，牵头制定国家标准1项，参与修订国家标准1项。

8. 太钢1000兆帕级超高强磁轭钢板全球首发。2023年9月1日，太钢高水头大容量水电机组用超高强磁轭钢板新产品技术经专家组现场考察、审核评价后一致认定，其研发的1000兆帕级超高强磁轭钢板具有高强韧性、高磁感、高平直度、低内应力等优点，完全达到使用要求，技术达到国际领先水平，且具备批量生产能力。这标志着太钢率先在全球研制生产出1000兆帕级超高强磁轭钢板，并实现首发。

9. 舞钢研发390毫米厚调质钢20MnNiMo填补国内空白。2023年，河钢集团舞钢公司研发的390毫米厚调质钢20MnNiMo用于制造世界最大的8万吨级模锻压机，助力国家大飞机关键项目建设。该产品各项性能均优于国外同类产品标准性能，填补了国内空白。2023年12月5日，中央电视台综合频道和新闻频道定期直播的早间新闻《朝闻天下》节目对这一成果进行了重点报道。

10. 天津钢管自主研发的产品支撑国家重大能源项目建设。2023年，天津钢管制造有限公司自主研发的“深海”“深地”管线管和油井管产品助力国家重大能源工程建设。2023年6月22日，天津钢管成功研发出“深海”用高端管线管，助力我国“深海一号”二期工程顺利完成铺设。2023年8月23日，天津钢管自主研发的“深地”用高端油井管在深地塔科1井项目中发挥重要作用，助力该井成为我国首口万米科探井。2023年11月15日，天津钢管“深地”用高端油井管再次助力中国石化“深地一号”跃进3-3XC井获得高产油气流。

7.3　2023年特殊钢企业大事记

河冶科技股份有限公司

4月7~9日，河冶科技股份有限公司主办召开了2023（第六届）中国高速钢应用技术论坛。

6月，河冶科技股份有限公司被评为创新型中小企业。

首钢贵阳特殊钢有限责任公司

（一）企业动态

1月17日，在修文县人民政府的支持下，首钢贵阳特殊钢有限责任公司与贵阳市矿产能源投资集团有限公司举行战略合作签约仪式。

2月18~24日，贵钢进入2022年度贵州省绿色制造名单，成为“绿色供应链管理企业”。

6月15日，中国钢铁工业协会总经济师王颖生、产业运行部经济运行处副处长邹坤坤，北京铁矿石交易中心副总裁李杰，首钢长钢公司采购中心总经理许满胜一行到首钢贵钢调研。

10月18日，首钢贵钢与首钢矿业战略合作协议签约仪式在矿业公司圆桌会议室举行。

10月，贵州省国资委维稳和信访办主任胡晓峰带队到首钢贵钢开展“大督查大接访大调研大走访”专项调研。

11月14日，首钢贵钢与四川大西洋公司战略合作协议签约仪式在首钢贵钢公司213会议室举行。

12月22日，贵钢粮油集散中心开业仪式举行，贵钢物流经营模式从“物流”向“物贸”转型发展。

12月，首钢贵钢公司工会为钎具公司刘修杰创新工作室、轧钢事业部龙小勇创新工作室授牌。该公司钎具工会、轧钢工会、创新工作室带头人及骨干成员参加授牌仪式。

（二）重大生产技术活动

1月，贵钢获评2019~2021年度贵州省环境信用A级“环保诚信企业”。

5月8~10日，中国质量认证检验集团贵州有限公司审核专家组一行7人到贵钢进行ISO 9001质量管理体系、ISO 45001职业健康管理体系再认证及ISO 14001环境管理体系年度监督审核，贵钢通过审核。

5月29~30日，北京天一认证中心有限公司审核组刘志强一行到贵钢进行国军标体系年度审核。

7月7月，贵州省机械冶金建材工会职业技能实训基地在贵钢揭牌成立。

8月28~29日，劳氏船级社（中国）有限公司广州分公司评审专家吴满垣到贵钢进行船级社认证审核，预审核结果通过。

9月13日，贵阳市工信局科技处处长张海一行到贵钢对“高等级列车牵引电机转轴用钢开发项目”省级科技创新项目进行现场核查。

9月14日，贵州省国资委监管企业第三小组对贵钢安全、环保、消防、职业卫生工作进行检查，检查情况正常。

11月29日~12月1日，必维认证（北京）有限公司对贵钢ISO 22163质量管理体系进行年度监督审核。

衡阳华菱钢管有限公司

（一）重大生产技术活动

2月13日，中国石油西南油气田公司位于蓬莱气区的蓬深6井顺利完钻并成功固井，井深最深达9026米，刷新亚洲最深直井纪录，衡钢为该井提供了第三代大口径厚壁气密封扣套。

2月27日，塔里木油田果勒3C井完钻井深达到9396米，创造新的亚洲水平井纪录，该井使用的大口径表层套管和气密封扣油管均由衡钢提供。

3月8日，由钢铁研究总院组织、衡钢承办的海洋高端用管国产化课题推进会举行，产学研用多家单位的专家围绕课题进行交流。

4月7日，在塔里木油田首次下井使用的衡钢大口径封盐层套管成功下井。

5月8日，中国石油公布2023年非API石油专用管集中采购结果，衡钢中标总量位列第一。

10月2~5日，衡钢第三代特殊扣套管在国家首口万米科探井——中石油塔里木油田深地塔科1井顺利下井，创下同规格套管下井最深纪录。

12月27日，衡钢生产的最高钢级155V套管在西南盆地下井使用，经受住了复杂地质环境的严格考验，获得客户肯定。

（二）重大建设项目的竣工投产

7月19日，衡钢炼铁原料场全封闭改造项目开工，项目总投资7000万元。12月17日项目成功封顶，炼铁超低排放改造首个大型项目完工。

7月3日，衡钢启动炼钢工业互联网 & 炼钢一体化应用项目，以构建炼钢工业互联网平台为契机，全面推进信息化建设。12月31日，该项目正式上线，该项目是衡钢落实“三高四新”、实施“四化”升级改造的重点项目，入选湖南省100个标志性项目名单。

（三）其他重大事项

1月6日，为深入贯彻科技创新发展战略和人才强市战略，促进企业进一步提升自主创新能力和核心竞争力，加速企业自主创新科技成果转化，衡阳市委领导来衡钢为“郑生斌重点实验室”揭牌。

1月10日，中石油顶级设计院中国寰球工程有限公司举行一级战略供应商合作协议签约仪式，和衡钢签署合金钢无缝钢管战略供应商协议。

1月30日，湖南省精神文明建设指导委员会下发表彰决定，衡钢荣获“2022届湖南省文明标兵单位”。

2月24日，在中国无缝管产业链高端论坛上，衡钢荣获全国无缝管生产企业领导品牌奖。

4月3日，衡钢与东锅签订战略合作协议，共同打造产业链战略合作新典范。

6月16日，衡钢与全球领先的运营咨询公司——杜邦可持续解决方案（dss+）签约，正式启动为期3年的安全管理提升项目。

7月5日，湖南省委常委、常务副省长李殿勋到衡钢调研，希望衡钢抓住历史机遇，加强市场形势预判，在推动企业高质量发展中迈出更大步伐。

9月8~10日，衡钢参加第六届中国国际石油天然气及石化技术装备展览会，并与新疆油田现场签约，合同金额达6亿元。

9月12日，湖南省第三生态环境保护督察组组长魏旋君、副组长刘翔带队，到湖南钢铁集团子公司衡钢下沉督察生态环境保护工作。

10月1日，衡钢向衡钢中学捐赠30万元助学金，以国企责任和担当助力教育事业高质量发展。

11月10日，衡钢申报的《坚持员工主体，激发内生动力，推动企业高质量发展体系构建》获湖南省企业管理现代化创新成果一等奖。

11月23~24日，衡钢生产的系列高端产品在“中国石油石化科技创新大会暨新技术成果展”展会上精彩亮相。

12月29日，衡钢获中国铁路广州局授牌“战略合作伙伴”。

凌源钢铁集团有限责任公司

（一）企业重大变动

3月30日，鞍山市政府与鞍钢集团在鞍山举行凌钢集团股权转让协议签约仪式，共同推动鞍凌合作迈出关键一步、进入全新阶段。辽宁省人大常委会副主任、鞍山市人大常委会主任张淑萍，辽宁省副省长姜有为，鞍钢集团董事长、党委书记谭成旭，鞍山市委副书记、市长谢卫东等地企双方领导出席签约仪式。仪式上，姜有为、谭成旭、谢卫东分别代表省政府、鞍钢集团、市政府讲话。市委常委、副市长樊功成，鞍钢集团党委常委、副总经理王义栋分别代表双方在协议上签字。市委常委、秘书长汪立坤参加。

3月31日，朝阳市政府与鞍钢集团签署49%股权转让协议的第二天，朝阳市委常委、副市长樊功成代表市委、市政府到凌钢组织召开中层以上管理人员大会，通报相关情况并就做好下一步工作提出要求。该集团、股份公司领导班子以及中层管理人员参加会议。

4 月 20 日，鞍凌重组管理过渡期干部工作会议在滨河会议中心召开。会议对管理过渡期相关工作进行部署，要求进一步统一思想、凝聚共识、坚定信心、明确方向，全力以赴确保鞍凌重组各项工作积极、稳妥、优质、高效推进。会上，鞍凌重组管理过渡期鞍钢工作组组长计岩作了《凝心聚力，担当作为，开启凌钢高质量发展新篇章》主题宣讲，副组长张鹏对管理过渡期相关工作进行安排；朝阳市国资委主任丛险峰就推进重组工作、加快鞍凌融合作出部署。凌钢集团党委副书记、总经理冯亚军主持会议并提出要求。朝阳市国资委副主任张德升出席会议。鞍钢集团相关部门领导、工作组成员和凌钢集团中层以上管理人员参加会议。

（二）重大生产技术活动

1 月 6 日，第二十一届暨 2022 年冶金企业管理现代化创新成果名单发布，凌钢集团报送的《科学识别特殊岗位，实施差异化精准激励》《检化验智能自动化升级改造和质量验收制度创新》两个项目上榜，分获二、三等成果奖。

2 月 13 日，凌钢 3 号棒机组再传佳音，用矩坯 GN-2A-1 磨球钢生产 ϕ61 毫米圆钢开发成功，圆钢产品系列又添新成员。

2 月 20 日，朝阳市召开推进工业企业高质量发展大会。辽宁省人大常委会副主任、朝阳市委书记张淑萍出席并讲话。朝阳市委副书记、市长谢卫东主持。朝阳市政协主席刘朝震出席。朝阳市委常委、副市长老颜武解读《朝阳市弘扬企业家精神支持企业家干事创业的若干措施》。朝阳市副市长孙永东通报获得国、省荣誉称号的工业企业名单及 2022 年工业企业数字化改造和支持政策兑现情况，并宣读表扬决定。凌钢获 2021 年和 2022 年朝阳市“纳税十强工业企业”和“技改投资十强工业企业”荣誉称号。

2 月，凌钢研制的风电齿轮箱紧固件用 42CrMoA 圆钢顺利交付，客户反馈其生产的紧固件产品全部检验合格。

3 月，中国钢铁工业协会发布 2022 年度冶金产品实物质量品牌培育产品名单，凌源钢铁股份有限公司生产的合金结构钢热轧圆钢（40Cr）产品凭借过硬的产品质量，荣获“金杯优质产品”冠名。

4 月，大连湾海底隧道工程正式竣工开通。凌钢累计为该项目供应钢材 8.2 万余吨。

4 月，凌钢生产的 ϕ22 毫米 MG500Y 锚杆钢的尺寸范围完全满足新开发用户提出的要求，标志着锚杆钢开发成功。

5 月，凌钢优特钢事业部近期按客户技术要求完成了 12Cr1MoVG 高压锅炉管用试验料的试制工作，同时安排专业的技术营销团队赴客户现场进行了技术跟踪。经过客户现场对原料的化学成分、表面酸洗等检验，各项性能均符合客户的技术要求，开发取得较好效果。

6 月，凌钢锚链用圆钢产品成功取得英国劳氏船级社（LR）的工厂认可证书，为公司拓展国际船用产品市场拿下了第一张通行证。

7 月 19 日，辽宁省召开质量大会，凌钢股份荣获第九届辽宁省省长质量奖金奖。鞍钢集团谭成旭董事长高度关注。次日，鞍钢集团向凌钢集团发来贺信。

9 月 16 日，质检计量中心组织召开《低合金高强度结构钢 Q355B 中宽热轧钢带》《ϕ35 mm、ϕ45 mm 规格 AK-B3 耐磨球用热轧圆钢新产品开发》省级新产品鉴定会，两项产品均顺利通过省级新产品鉴定。

10 月，辽宁省创新方法大赛宣布 2023 年获奖结果，凌钢共有 10 个项目获奖，其中一等奖 2 项、二等奖 4 项、三等奖 4 项，获奖项目的数量和质量较往年均有突破。

11月22日，凌钢3号棒机组生产ϕ80毫米圆钢鞍钢带料加工钢种L945首次试轧成功。

12月19日，朝阳市政府授予凌源钢铁股份有限公司等4家企业为2023年度市长质量奖金奖。

（三）重大建设项目竣工、投产

7月21日，凌钢中宽带数字化建设项目顺利通过竣工验收。

12月24日，辽宁省委书记、省人大常委会主任郝鹏出席凌钢220万吨钢焦一体化及焦炉煤气制LNG、氢能项目开工仪式并宣布项目开工。鞍钢集团党委书记、董事长谭成旭，辽宁省领导刘慧晏、姜有为、王利波等参加有关活动。

（四）重要设备大修与启动、事故及自然灾害

10月30日上午，凌钢召开2023年设备联检工作总结会议，对8月30日~10月15日为期46天的设备联检工作进行了系统的梳理和总结，对下一步设备管理工作做出部署。该公司总经理冯亚军参加会议并讲话。会上，该公司副总经理张立新总结了此次设备联检工作取得的显著成绩和宝贵经验，同时也指出了存在的问题和不足，对下一步设备管理工作做出安排部署。本次联检相关单位设备管理主要负责人参加了会议。

（五）其他重大事项

1月10日，凌钢召开2023年安全低碳节能环保工作会议，全面总结2022年工作，查找不足，表彰先进，重点部署2023年工作。

1月13日，凌钢集团公司四届三次职工代表大会胜利召开。该公司领导文广、冯亚军、华春波、马育民、杨宗成、何志国、张国栋、蒋海涛在主席台上就座。大会以视频形式召开，主会场设在会议中心大报告厅，另有11个分会场。

2月7日，在锦州港304码头举行的锦州港首艘CAPE船减载靠泊作业开工仪式上，首艘CAPE船减载作业启动，标志着凌钢历时一年多沟通努力的CAPE船减载靠泊项目终于顺利实现。

2月8日，中国冶金职工思想政治工作研究会发布2022年冶金行业党建思想政治工作研究优秀论文表彰结果，凌钢报送的论文《红色党建旗帜引领企业绿色发展，思想政治工作创新赋能效果凸显》荣获二等奖。

2月24日，中国钢铁工业协会人力资源与劳动保障工作委员会年会在江苏中信泰富兴澄特钢召开，凌钢首次荣获“先进单位”称号。

3月10日，凌钢召开2023年工会工作会议，会议认真总结2022年度工会工作，表彰工会工作先进集体和个人，围绕集团公司四届三次职代会和公司2023年工作会议的重点工作，系统安排2023年工会工作各项任务。

3月24日，凌钢集团主办的2023优特钢推介会暨客户见面会在山东济南召开。中国特钢企业协会顾问于叩出席大会并致辞。

3月24日，朝阳市委组织部命名表彰2022年党支部标准化规范化建设示范点，凌钢集团数字化部党支部和第一炼钢厂生产一党支部榜上有名。

3月29日，凌钢股份召开2023年第一次临时股东大会，本次会议采取现场加网络投票方式召开，会议审议通过了《关于绿色发展综合改造（一期）工程的议案》和《关于为控股股东凌源钢铁集团有限责任公司提供担保的议案》。

4月7日，公司聘请新华社钢铁行业顾问许中波博士和河北鑫达钢铁集团型钢公司吴秀青总经理，在会议中心小报告厅为公司营销、产品研发和生产技术等管理人员开展题为《中国钢铁需求展望》的专题讲座。

4月24~25日，辽宁省委书记、省人大常委会主任郝鹏到凌源钢铁调研，郝鹏详细

了解公司生产经营、提质增效、重组整合等方面情况。他指出，要做强做精主业，大力提升高端化、绿色化、智能化水平，发挥龙头企业带动作用，拉长上下游产业链，守牢安全生产底线，努力为朝阳经济社会发展作出更大贡献。

4 月 29 日，凌钢股份在上交所网站和《中国证券报》《证券时报》披露了 2022 年年度报告和 2023 年第一季度报告。

4 月，辽宁省公安厅印发了《关于对 2022 年度全省企业事业单位安全保卫工作暨二十大安全保卫工作先进集体和个人进行表扬的通报》。保卫部安全保卫工作成绩突出，被辽宁省公安厅荣记“集体二等功”，保卫部部长王力被辽宁省公安厅荣记“个人二等功”，保卫部已连续两年获此殊荣。

4 月，辽宁省人力资源和社会保障厅发布表彰了全省就业创业工作先进集体和个人，凌钢集团获得“辽宁省就业创业工作先进集体”荣誉称号。全省共有 98 个单位获此殊荣，凌钢是全省唯一获此殊荣的钢铁企业。

5 月 16 日，以“全面对标促发展，携手并进共提升”为主题的鞍凌对标提升活动正式启动。启动大会以视频会议形式在凌钢与鞍钢同步召开。鞍钢集团总法律顾问、鞍凌重组管理过渡期工作组组长计岩主持会议并提出具体要求，鞍凌重组管理过渡期工作组副组长张鹏宣贯《鞍凌对标提升活动实施方案》，凌钢集团总经理、党委副书记冯亚军讲话。朝阳市国资委副主任张德升以及鞍凌双方相关人员参加会议。

5 月 16 日，国家税务总局凌源市税务局召开“便民办税春风行动”十周年暨全市纳税信用等级“AAAAA”级企业表彰大会。共有 24 户连续五年被评为纳税信用 A 级的企业。凌源钢铁集团有限责任公司、凌源钢铁股份有限公司、凌源钢铁运输有限责任公司均获此荣誉称号。

5 月，国务院国资委网站公布最新“双百企业”名单，辽宁省共有 7 家国有企业上榜，凌钢集团再次入选该名单。

6 月 9 日，凌钢股份在上海证券交易所上证路演中心召开 2022 年度和 2023 年第一季度业绩说明会。

6 月 13 日，国家版权局公布 2022 年度全国版权示范单位、示范单位（软件正版化）和示范园区（基地）名单，凌钢集团荣获“全国版权示范单位（软件正版化）”称号。

6 月 27 日，凌钢股份在上交所网站和《中国证券报》《证券时报》披露了关于可转换公司债券 2023 年跟踪评级结果。凌钢股份委托信用评级机构中诚信国际对凌钢转债进行了跟踪信用评级。中诚信国际在对公司经营状况及行业发展现状进行综合分析与评估的基础上，于 6 月 26 日出具了《凌源钢铁股份有限公司 2023 年度跟踪评级报告》，维持公司主体信用等级为 AA，评级展望为稳定；维持凌钢转债信用等级为 AA。

8 月 9 日，朝阳市委副书记、市长谢卫东率队到凌源钢铁集团有限责任公司调研，并主持召开专题会议，就战略重组后续工作、钢焦一体化等重大项目以及重组需化解系列问题现场办公，推动解决实际困难和具体问题。他强调，要全力做好鞍凌重组“后半篇”文章，推动凌钢集团持续高质量发展。市领导樊功成、孙永东参加。

8 月 14 日，朝阳市委、市政府对首批“朝阳英才计划”入选者名单进行公布，并于 8 月 17 日召开全市人才工作会议，现场为 93 个团队和个人代表颁发证书、“朝阳英才卡”。凌钢职工贾文军、苏相成获得“优秀工程师”荣誉称号，李奈获得“朝阳工匠”，刘忠伟、李大鹏获得“有突出贡献高技能人才”荣誉称号。

8 月 24 日，凌钢集团公司四届五次、股份公司二届四次职工代表大会在会议中心大报告厅召开。与会代表认真审议并通过了《凌钢深化“三项制度”改革实施方案和配套制度文件》和《调整职工夜班津贴标准的方案》。

8月30日，以新起点、新目标、新征程为主题的凌钢改革提升宣贯大会在会议中心大报告厅召开。鞍钢集团总法律顾问、首席合规官、鞍凌管理过渡期工作组组长计岩做主题宣讲，凌钢集团党委书记、董事长张鹏主持大会并讲话，党委副书记、总经理冯亚军对凌钢深化体制机制改革推进管理提升业务协同工作进行安排。

8月，经专家评审组按照国家认证认可法律法规及相关标准，对凌钢推行绿色产品生产管理给予充分肯定，顺利通过现场审核。

9月21日，凌钢股份收到上海证券交易所《关于2022—2023年度信息披露工作评价结果的通报》，凌钢评价结果为B类。

10月27日，凌钢党委书记、董事长张鹏会见本钢集团董事长杨维一行。双方就加强沟通合作，实现协同共赢，为鞍钢集团加快建设世界一流企业，共同助力辽宁全面打好打赢新时代“辽沈战役”进行深入交流。杨维一行还参观了凌钢集团全景沙盘，详细了解了凌钢集团的发展历程、生产工艺、改革发展、产品结构等情况。

11月22日，凌钢集团与瓦轴集团战略合作框架协议签约仪式在凌源滨河会务中心举行。

11月23日，由辽宁省总工会、辽宁省人力资源和社会保障厅联合举办的“2023辽宁省职工技能大赛”传来喜报，凌钢职工在报名参加的电工、钳工、焊工三大工种中取得佳绩。其中，李志剑、杨兴波分别获得维修电工比赛的冠、亚军，刘晓东、李奈在钳工比赛中荣获第七名、第九名，王俊强获得焊工比赛第十名。

12月18日，由中国上市公司协会组织的“2023上市公司董办最佳实践”创建活动结果近日揭晓，凌钢股份首次参选即荣获“2023年度上市公司董办优秀实践案例”奖。

12月24日，辽宁省委书记、省人大常委会主任郝鹏出席凌钢220万吨钢焦一体化及焦炉煤气制LNG、氢能项目开工仪式并宣布项目开工。鞍钢集团党委书记、董事长谭成旭，辽宁省领导刘慧晏、姜有为、王利波等参加有关活动。

12月29日，中共凌钢四届四次全委（扩大）会议召开。凌钢第四届纪委委员、凌钢股份高级管理人员、集团总部部门主要负责人、集团子企业专职董（监）事、单元企业及直属机构党政主要负责人列席会议。

沙钢东北特钢集团

1月，抚顺特钢《一种高温合金六角棒材的制备方法》发明专利获得授权，通过本发明制备GH4033和GH2036六角棒材，解决了交付问题，并且成功交付占据该行业领先位置。

1月，抚顺特钢完成H-X合金板材认证工作，使公司高温合金产品实现增量，同时对公司管理水平、质量水平提升，也有所帮助，有利于企业知名度的进一步提升和H-X合金板材国外市场的开拓。

2月，抚顺特钢申报的《一种棒材热处理炉窑防超装装置》实用新型专利获得授权，相对于现有技术，本实用新型装置结构简单，易于制造、维修；具备强力防错功能，提高对处理炉产品的装炉量保证能力。

2月，抚顺特钢申报的《一种真空自耗炉脱锭后防止结晶器底座变形冷却装置》实用新型专利获得授权，本冷却装置使用后，通过水冷方法可以降低结晶器底座温度，避免紫铜底座软化、变形，提高底座使用寿命2~3倍，避免真空漏气进水故障发生，保证冶炼质量。

3 月 18 日，国务院安委会综合检查组第十二组领导及专家、辽宁省应急管理厅领导、大连市应急管理局领导一行，到东特股份调研指导工作。

3 月 20 日，辽宁省委政研室副主任褚志利、机关党委办公室（人事处）副主任（副处长）田生泽来东特股份调研指导。

3 月 29 日，辽宁省生态环境厅大气处副主任师晓帆，大连市生态环境局大气处副处长汪文侠，金普新区生态环境分局副局长周滨等一行 6 人，来东北特钢股份调研指导超低排放改造工作。

3 月，抚顺特钢第三炼钢厂新建 8 台电渣炉项目 8 台电渣炉全部完成调试，进入试生产，项目建成后，可有效填补公司电渣钢产量不足的缺口。

3 月，抚顺特钢申报的《一种 GH141 合金大圆棒材锻造工艺》发明专利获得授权，采用此方法锻造出来的棒材，组织均匀，性能稳定，探伤可达到 A 级水平，为同类产品棒材生产提供技术支持。

3 月，抚顺特钢完成 100CrMnMoSi-8-4-6 产品国产替代认证工作，实现管理水平、质量水平提升，同时增加公司轴承钢产品品种，提升企业知名度。

4 月 7 日，大连市纪委案件管理办公室主任王卓、副主任孙芋等一行 10 人到东北特钢股份参观交流。

4 月 22 日，大连市应急管理局局长姜斌一行莅临东特股份调研指导工作。

4 月，抚顺特钢申报的《一种低气体含量高钛低铝镍钴合金电渣重熔电极制造方法》发明专利获得授权，通过采取控制原材料质量，合理控制 VOD 炉入炉碳含量，精确控制钛加入时机等措施，成功冶炼出一种低气体含量高钛低铝镍钴合金电渣重熔电极，为此类合金低成本运行提供技术支持。

4 月，抚顺特钢申报的《一种细晶 GH4169 合金大规格轧制棒材的制造方法》发明专利获得授权，通过控制加热温度、开轧和终轧温度，坯料规格和成品尺寸的最佳匹配，获得组织均匀和性能优异的产品，为航空航天装备提供优质材料。

5 月，东特股份《一种低碳、低硅气体保护焊丝及焊条用热轧盘条冶炼方法》获授权国家发明专利。

5 月，在第 7 个中国品牌日，中国冶金报社发布 2023 年度中国钢铁品牌榜，东北特殊钢集团股份有限公司荣登榜单，获“2023 中国优秀钢铁企业品牌”荣誉称号。

5 月，抚顺特钢参加了在重庆国际博览中心举办的 2023 年第 23 届重庆立嘉国际智能装备展览会。

5 月，抚顺特钢完成铁路货车轴承用 G20CrNi2MoA 产品项目开发认证，进一步增加对国内高端铁路领域轴承钢产品的供货业绩，为后续铁路客车、高铁轴承供货奠定基础。

6 月 9 日，大连市人力资源和社会保障局党组成员、副局长于学义，市人社局工伤保险处赵宏明处长一行来东特股份进行工伤预防工作调研指导。

6 月 27 日，辽宁省生态环境厅大气处副处长张扬、副主任师晓帆，大连市生态环境局大气处副处长汪文侠、迮义，金普新区生态环境分局副局长周滨、污防处主任车正泰一行 6 人，来东特股份调研指导超低排放改造工作。

6 月，抚顺特钢均质高强度大规格高温合金、超高强度钢工程化建设，30 吨真空感应炉 6 月 22 日开始热试车，有效满足飞机、航空发动机、火箭和火箭发动机以及军用舰船动力装置越来越大型化的发展要求。

6 月，抚顺特钢完成 EN39B 首试制工作，通过采取精准控制化学成分、优化冶炼工艺、精确控制轧制加热温度、加热时间、试验室摸索热处理工艺等措施，各性能指标完全满足用户需求。为抚钢钎具钢市场开发奠定基础。

6月，抚顺特钢完成C263合金棒材认证，对实现公司高温合金产品增量，提高管理水平、质量水平有所帮助，有利于企业知名度的进一步提升和国外市场的开拓。

7月，沙钢集团抚顺特钢“精品汽车钢生产线”技改工程成功进入调试生产阶段。该工程总投资1300余万元、年设计生产能力1.2万吨。

7月，由中国金属学会主办，中国金属学会特殊钢分会、沙钢东北特钢集团、中信金属股份公司协办的“2023年全国高品质特殊钢生产技术研讨会暨特殊钢学术年会”在大连成功召开。

7月，抚顺特钢申报的《一种焊接试片用TC25合金板材的轧制方法》发明专利获得授权，通过控制轧制加热温度、轧程变形量、终轧温度，摸索适合板材的热处理工艺及蠕变矫形工艺，保证板材强度、塑性具有良好匹配，满足市场需求。

7月，抚顺特钢完成G80Cr4Mo4V首试制工作，通过制定合理的真空感应炉、真空自耗炉及锻造加热工艺参数，确保气体、共晶碳化物以及晶粒度全部优于技术标准要求，进一步提高抚顺特钢在渗碳轴承钢市场的知名度和占有率。

8月11日，锦州市太和区张雪冬书记一行5人来到东北特钢股份考察调研。

8月29日，辽宁省委政研室副主任褚志利一行6人来到东特股份调研指导。

8月，由中国金属学会炼钢分会主办、东北特殊钢集团股份有限公司协办、新钢网（北京）科技有限公司承办的“第四届（2023年）全国炼钢厂长百人论坛”会议在大连隆重召开。来自宝钢、首钢、沙钢、山钢、鞍钢等钢铁企业及智能制造技术企业的专家、学者等人员相聚一堂，聚焦“绿色低碳、降本增效、优质低耗、品种开发、智能制造”论坛主题，就各自的炼钢技术进展、降本增效经验、智能制造实践、绿色环保生产等进行深入交流和探讨，共享最新研究成果，推动炼钢技术发展，促进我国钢铁智能技术迈上新台阶。

8月，抚顺特钢完成3Cr14NiMo首试制工作，通过优化成分配比及热处理调控措施，各项性能结果均达到国外实物水平。

8月，抚顺特钢完成403Cb调质圆钢认证，通过精准控制化学成分、纯净化冶炼技术、优化加工及热处理工艺参数等措施，使产品质量达到国外水平，抚钢实物质量是国内GE品种认证后稳定化最好、品种最多的企业，产品覆盖率达到90%以上。

9月，2023（第五届）全国产业链高峰论坛在东莞君源铂尔曼酒店顺利召开。东北特殊钢集团股份有限公司在会上受到表彰，被评为“2022—2023年度全国工模具钢行业优质生产企业”。

9月，抚顺特钢完成N08800首试制工作，通过对冶炼及加工工艺的控制及优化，产品质量达标。可节约电渣冶炼费用及加工费用，与原工艺相比，成材率提高9.7%。

9月，抚顺特钢完成风电齿轮箱电渣重熔贝氏体高碳铬轴承钢项目开发认证，实现国产风电轴承钢产品间接进入欧洲市场的目标，同时也将减少进口高端轴承钢材。

10月24~25日，辽宁省安委会办公室全省钢铁企业安全生产专项巡查组第四督导组一行10余人，在辽宁省工业和信息化厅冶金处处长杨殿新的带领下，对东特股份安全生产、应急管理、消防、环保设施、特种设备、工业建筑、产能置换等方面进行巡查、督导。

10月，中国航空工业供销有限公司驻东北特钢股份公司代表室正式挂牌。

10月，大连市工业和信息化局发布了“2022年度大连市企业管理创新成果”榜单，东北特钢股份公司三项管理创新成果榜上有名。其中，《特钢企业基于人才强企理念的技术专家管理》荣获一等奖，《全面风险管控手段在企业重大经营市场风险规避中的应用》荣获二等奖，《钢铁企业分工序成本核算的优化提升》荣获三等奖。

10 月，抚顺特钢特冶炼钢厂新建 12 台保护气氛电渣炉项目已全部投产，有效补偿了公司工模具钢、轴承钢、不锈钢的产能缺口。

10 月，抚顺特钢完成 Super13Cr（S41426）首试制工作，通过对标借鉴国外料成分，制定最优化学成分，同步优化冶炼和加工工艺等参数，使管坯实物质量达到终端用户使用要求，为后续批量稳定化生产奠定基础。

10 月，抚顺特钢完成真空脱气风电齿轮箱用钢国产化替代认证，通过优化冶炼工艺、加工工艺，使产品实物质量达到其原有国外供应商水平，实现高端轴承钢材中国制造的短期目标。

11 月 21 日，辽宁省生态环境厅副厅长张丽华一行在大连市生态环境局副局长曲天桥、金普新区生态环境分局局长姜瑞章等领导的陪同下，来到东特股份调研指导超低排放改造工作。

11 月，抚顺特钢完成 04Cr15Ni7Cu2MoNbN 首次试制工作，进一步提高了汽轮机叶片材料的知名度和市场占有率。

11 月，抚顺特钢完成博格华纳 430FR 汽车燃油喷射系统用磁不锈钢认证，通过工艺攻关钢材各项性能结果均达到国外实物水平，实现国产化替代，目前已经实现量产。

12 月 14 日，辽宁省生态环境厅固土处副处长刘伟一行来东特股份调研指导土壤隐患排查治理工作开展情况，大连市生态环境局固土处处长王彦华、金普新区生态环境局相关人员陪同调研。

12 月，东特股份召开 2024 年销售年会，来自全国各地的汽车钢、轴承钢、工模具钢、不锈钢行业的合作伙伴、客户代表参加。

12 月，中国钢铁工业协会公布第二十一届（2023 年）冶金企业管理现代化创新成果名单，东北特殊钢集团股份有限公司两项创新成果荣获创新成果三等奖。

12 月，东特股份炼钢厂 4 号连铸机连续生产 2 个浇次 19 炉 DLCr8、Cr12MoV，成坯率 96%，较攻关初期 79% 提升 17%。开坯后，根据开中间坯表面质量，红送、温送或退火修磨后轧制。成品检验按支合格率 90.84%，按质量合格率 89.05%，连铸坯-材成材率 90.61%。

12 月，抚顺特钢供蔚来汽车齿轮用钢产品认证成功。

12 月，抚顺特钢完成联合电子 12FM 软磁不锈钢认证，通过工艺攻关钢材各项性能结果均达到国外实物水平，实现国产化替代，目前已经实现量产。

江苏永钢集团有限公司

1 月 28 日，永钢集团在张家港市推进“敢为、敢闯、敢干、敢首创”暨“现代化建设先锋年”动员大会上接受先进企业表彰。

1 月 29 日，张家港 2023 年重大项目“开门红”现场推进会在永钢集团召开。

1 月 30 日，永钢集团获评“国家级重点用水企业水效领跑者”。

2 月 1 日，永钢集团成功上榜国家民族事务委员会正式公布第十批“全国民族团结进步示范区示范单位”命名名单。

2 月 6 日，永钢集团“一种非调质钢及其制造方法”荣获 2022 年度苏州市知识产权（专利、版权）奖，专利奖二等奖。

2 月 21 日，永钢集团获评“全国就业与社会保障先进民营企业”。

3 月 17 日，永钢集团获评江苏省幸福企业建设试点示范单位。

4月6日，永钢集团入选2022年省级企业技术中心评价结果为“优秀”名单。

4月7日，永钢集团生产的超临界高压锅炉管用连铸圆坯、钢筋混凝土用热轧带肋钢筋（盘条）、钢筋混凝土用热轧带肋钢筋（直条）、焊接用热轧盘条、冷镦和冷挤压用热轧盘条等5项产品获得2022年金杯优质产品称号。

4月24日，永钢集团申报的“主动寻求合规、从上至下践行合规”获评企业法制建设合规管理创新典型案例。

4月27日，永钢集团“DCMM助力永钢数字化转型发展”案例成功入选江苏省工业和信息化厅发布江苏省DCMM贯标实践优秀案例名单。

5月9日，永钢集团在江苏省慈善总会发布的关于表彰2020—2021年全省“慈善之星”名单中，荣获“江苏省慈善之星”称号。

5月11日，永钢集团在2023（第二届）钢铁工业品牌质量发展大会发布的钢铁行业优秀品牌中，荣获钢铁“三品”工作优秀品牌“增品种”荣誉。

5月16日，永钢集团80兆瓦发电项目竣工投产仪式举行，标志着企业资源综合利用和节能减排工作再上新台阶。

6月13日，永卓控股总部大楼、永联运行中心奠基仪式举行。

6月16日，永钢集团以361.85亿元的品牌价值位列世界品牌实验室发布的2023年“中国500最具价值品牌”榜单第270名。

7月3日，永钢集团“固废循环利用5G全连接工厂”项目成功入围苏州市工信局发布的2023年度苏州市5G全连接工厂项目公示名单。

7月7日，“爱在永卓 欢乐一夏”2023第八届职工子女欢乐假期正式开启。

7月11日，永钢集团特钢公司大棒分厂成功开发ϕ380毫米超大规格热轧圆钢，最大轧制规格由ϕ360毫米扩大至ϕ380毫米。

8月4日，永钢集团在江苏省2022年度两化融合优秀个人和先进集体中荣获数字化转型示范应用企业。

8月9日，永钢集团成功上榜江苏省工信厅公示2023年度省工业互联网示范工程（标杆工厂类）拟认定名单。

8月10日，永钢热轧钢筋（带肋、光圆）产品EPD报告在钢协EPD平台正式发布。

8月25日，永钢集团再度入选江苏省商务厅公示的2023—2025年度江苏省重点培育和发展的国际知名品牌名单。

9月13日，永钢集团在2023年第四届全国钢铁行业绿色低碳发展会上获评2023年“钢铁绿色发展标杆企业”称号。

10月13日，永钢集团成功上榜江苏省生态环境厅、省工商业联合会联合公布“2023年度绿色发展领军企业”名单。

10月19日，永钢集团荣获“江苏省优秀企业”称号。

10月27日，永钢集团“特种合金棒材智能制造示范工厂”项目成功入选工业和信息化部公示的2023年度智能制造示范工厂拟揭榜单位，成为张家港市首个入选国家级智能工厂的项目。

10月31日，永钢集团的“钢帘线用热轧盘条”成功上榜江苏质量大会上发布的2023年第一批“江苏精品”认证获证企业名单。

11月2日，永钢集团“永钢供应链金融平台”入选2023年钢铁行业智能制造解决方案及数字化转型典型场景应用案例。

11月8日，永钢入选中钢协“双碳最佳实践能效标杆示范厂”培育企业名单。

11月16日，永钢集团在上海清算所成功发行2023年度第一期短期融资券（科创票据）。

11 月 17 日，永钢集团“永钢 5G 智慧工厂”和“固废循环利用 5G 工厂”项目成功入选工业和信息化部《2023 年 5G 工厂名录》。

11 月 20 日，永钢成功入选国家知识产权优势企业名单。

12 月 17 日，央视《新闻调查》讲述永联、永卓故事。

12 月 19 日，永钢集团荣获“2022—2023 年度中国钢铁企业高质量发展（EDIS）AAA 企业”称号。

12 月 21 日，永联村党委书记吴惠芳入选并参与录制由中央组织部、中央学习贯彻习近平新时代中国特色社会主义思想主题教育领导小组办公室、中央广播电视总台联合制作的专题节目《榜样 8》，在中央电视台综合频道（CCTV-1）晚间 8 点档首播。

12 月 25 日，永钢集团获评中国钢铁企业“A”级竞争力特强企业。

江苏沙钢集团淮钢特钢股份有限公司

2 月，淮安市委常委、统战部部长吴晓丹在市委统战部副部长、市工商联党组书记施勇等的陪同下，赴淮钢调研指导。清江浦区区委书记朱海波等领导陪同调研。

2 月，江苏省工信厅副厅长张星带队的检查组在淮安市工信局局长杨维东等的陪同下，来淮钢检查指导。

2 月，淮钢入选江苏省 2022 年第二批“江苏精品”认证获证企业名单，“高性能、高洁净度耐腐蚀绿色能源用钢”获“江苏精品”称号。

2 月，淮钢成功入选“江苏省优秀劳动关系和谐企业”。

2 月，淮钢总工办职工左辉成功当选 2022 年度淮安市“十大”职工发明家。

3 月 22 日，湖南省常德市交通运输局副局长唐西英、二级调研员胡大江，湖南省交通勘察设计院有限公司水运院港口所所长罗胜平，常德市巨龙建材制造有限公司董事长彭昌辉一行，在淮安市交通运输局四级调研员邱可昌、淮安市港航事业发展中心副主任潘伟明等的陪同下，到淮钢交流走访。

3 月 24 日，淮安市委常委、常务副市长顾坤率领市政府副秘书长黄克清以及市统计局、市应急局、市资规局、市工信局、清江浦区政府相关领导，到淮钢调研指导。

3 月，淮钢顺利获选首批“幸福企业建设试点示范单位”，是江苏省五家获选钢企之一，也是淮安市三家获选企业之一。

3 月，淮钢“工程机械轮体用 40Mn2SY 热轧圆钢”“汽车轮毂单元用 55 热轧圆钢”两产品获“金杯优质产品”称号。

3 月，淮钢被评定为“江苏省优秀劳动关系和谐企业”。

4 月 7 日，淮安市清江浦区区长赵洪涛、常务副区长戴向峰一行到淮钢调研指导。

4 月 27 日，中国机械冶金建材工会二级巡视员刘向东在江苏省机冶石化工会主任张旭海、淮安市总工会三级调研员倪晓玲等的陪同下，到淮钢调研指导。

4 月，淮钢炼钢厂团支部荣获“全国五四红旗团支部”，这是继 2022 年淮钢团委荣获“全国五四红旗团委”之后，淮钢青年团体再次获得共青团中央的表彰。

4 月，淮钢生产管理处处长周四君荣获“全国五一劳动奖章”。

5 月 13 日，淮安市公安局清江浦分局与淮钢举行警企党建共建签约仪式。

5 月 25 日，淮安市老科技工作者协会会长李冰，带领老科协 10 个分会及工业分会会长一行 28 人来到淮钢考察科技创新成果开发应用情况。

5 月，淮钢动力厂厂长金少宝荣获“淮安市劳动模范”称号。

6 月 2 日，淮安市委常委、常务副市长顾坤率领市政府秘书长刘爱国、副秘书长黄克清以及市委营商办、市发改委、市工信局、清江浦区政府相关领导，来到淮钢调研指导。

6月28日，江苏省生态环境厅党组书记陆卫东，在淮安市副市长张笑、市生态环境局局长杨凯等的陪同下，来到淮钢调研指导。

6月，淮钢产销一体化供应链平台成功入选“江苏省重点工业互联网平台名单”。

7月5日，淮安市委常委、纪委书记、监委主任岳岭，在市纪委副书记、监委副主任陈孝红，清江浦区委常委、纪委书记、监委主任陈克富等领导的陪同下，赴淮钢调研指导。

7月12日，淮安市科协国际部部长、市创新创业科技服务中心主任熊德平，清江浦区科协主席尤国宏一行赴淮钢调研指导。

8月15日，淮安市总工会党组书记、副主席王立华一行来到淮钢一轧车间生产现场，慰问高温下坚守岗位的一线职工。

8月，淮钢顺利通过全流程超低排放验收公示，成为全省第7家通过验收公示的钢铁企业。

10月，淮钢公司食堂获评淮安市“职工满意食堂”。

10月，在2023年“南钢杯”全省钢铁（冶金）行业质量管理小组成果交流会上，淮钢轧钢厂四轧QC小组徐守超等组员完成的《提高扁钢班产量》和炼钢厂生产技术科QC小组陈事等组员完成的《减少150方弹簧钢连铸坯裂纹数量》两个课题成果均获二等奖。

10月，淮钢职工翟万里获评2023年“科创江苏”企业创新达人。

11月11日，淮安市市长顾坤率副市长张冲林、市政府秘书长顾强、副秘书长朱鹏程以及市工信局、市发改委、清江浦区相关领导，到淮钢调研指导。

11月27日，淮安市委书记史志军率市委常委、常务副市长林小明，市委副秘书长、研究室主任花群，市政府副秘书长朱鹏程以及市发改委、市工信局、清江浦区委相关领导，到淮钢调研指导。

11月，淮钢成功入选国家知识产权局公布的2023年国家知识产权优势企业名单。

12月11日，江苏省生态环境厅大气环境处处长王军敏及省工信厅、省发改委、省交通厅相关领导组成的省验收工作组，到淮钢进行全流程超低排放改造和评估监测验收。淮安市政府副秘书长戴向峰及市生态环境局、市工信局、市发改委、市交通局相关领导，公司总经理钱洪建、第一副总经理李培松、副总经理丁松等陪同检查。

12月20日，淮安市总工会党组书记、副主席王立华，三级调研员倪晓玲等到淮钢电炉绿色节能提质技改项目施工现场，开展“聚焦项目 情暖职工”送温暖活动。

12月，淮钢轧钢厂四轧车间通过江苏省智能制造示范车间认定。

12月，淮钢获得“江苏省质量信用AA级”荣誉称号。

12月，淮钢职工左辉等完成的“一种高铁车轴用钢及其生产方法”技术成果喜获中国技协2023年职工技术成果特等奖。

12月，淮安市工信局组织全体党组成员、副处级以上领导干部以及各处室负责人，于淮钢召开中心组学习会暨重特大项目建设现场办公会。

承德建龙特殊钢有限公司

（一）调研参观

1月26日，承德市委书记柴宝良到承德建龙检查春节期间生产经营情况，看望慰问春节期间坚守岗位的一线员工，向他们致以新春的祝福。

4月15日，河北省委书记、省人大常委会主任倪岳峰到承德建龙调研，承德市委书记柴宝良及相关负责人陪同调研。

9 月 1 日，承德市市长王亚军一行到承德建龙调研钒钛新材料产业项目建设、安全生产和驻企帮扶工作情况。

（二）其他重大事项

（1）荣获冶金科学技术一等奖，二等奖、三等奖各 1 项：《热轧无缝钢管智能工厂关键技术及装备》项目获得中国钢铁协会冶金科学技术一等奖，整体技术达到国际领先水平；《短流程高品质特殊钢高效洁净制造关键技术及应用》《高抗挤毁抗腐蚀管材钢半钢水冶炼制备关键技术及应用》分别获二、三等奖。

（2）荣获国家级绿色工厂。

（3）荣获 22 项河北省科技成果奖，其中《超大规格连铸圆坯生产技术》和《五氧化二钒品位提升技术》2 项科技成果达到国际领先水平，计划 2024 年冲击中国金属学会科技进步一等奖。

（4）主编行业标准《锻造用连铸圆坯》，参与行业标准制定 5 项，发表论文 47 篇。

（5）申报 104 项专利（其中发明 51 件），授权专利 44 件（其中发明 10 件），专利数量和质量均刷新纪录。

建龙北满特殊钢有限责任公司

（一）重大生产技术活动

1 月 30 日，建龙北满特钢编制的企业标准 Q/BM 0025—2022《冷轧轧机轧辊用辊坯》经评审，荣获 2022 年企业标准“领跑者”证书。

3 月，建龙北满特钢锻制 Cr5 系列电渣钢冷轧工作辊辊坯 MC5 获评“金杯优质产品”。

8 月 10 日，建龙北满特钢召开“第一届专项领域战略客户研讨会”。

11 月，建龙北满特钢与巨力索具联合研发的海洋工程领域用钢，通过挪威船级社（DNV）认证，成为国内首获该产品认证的企业，实现了该产品国产化，填补了国内市场空白。

10 月 12 日，建龙北满特钢工业旅游景区获评国家工业旅游示范基地。

12 月，经工业和信息化部办公厅公布，建龙北满特钢入选“国家级绿色工厂”。

（二）重要设备大修

3 月 23 日，建龙北满特钢 2023 年年修工作全面铺开，主线工期 8.5 天，年修项目共计 661 项，投入 1413 人。

（三）其他重大事项

2 月 15 日，黑龙江省商务厅副厅长王显华等一行调研组在齐齐哈尔市副市长贾兴元等领导陪同下深入建龙北满特钢参观调研。

4 月 2 日，黑龙江省政协主席、党组书记蓝绍敏一行来到建龙北满特钢走访调研。黑龙江省政协副秘书长、办公厅主任侯信波，省政协提案委员会主任康翰卿，省政协副秘书长战旗明，省政协委员、齐齐哈尔市政协主席、党组书记姜在成，市政协副主席、党组副书记李柏春等陪同调研。

4 月 19 日，齐齐哈尔市总工会党组书记、副主席、一级调研员孙义一行深入建龙北满特钢，就公司劳模创新工作室运行情况进行实地调研。

4 月 21 日，黑龙江省副省长王岚一行深入建龙北满特钢，就公司生产经营、科技成果转化及未来发展规划等情况进行调研。黑龙江省政府副秘书长李明春，省科技厅副厅长李文华，省工信厅副厅长曹虎，市委常委、副市长孙恒，建龙北满特钢党委书记王伟先以及省、市、区相关部门负责人陪同调研。

4 月 21 日，齐齐哈尔市委常委、宣传部部长邹震远一行在富拉尔基区委常委、宣传部部长权世红陪同下深入建龙北满特钢走访调研。

4月27日，建龙北满特钢举行“法企联动工作室”揭牌仪式，富拉尔基区人民法院党组书记、院长郭顺达，建龙北满特钢总经理助理丁德良共同为工作室揭牌。

10月12日，建龙北满特殊钢有限责任公司与宝钢轧辊科技有限责任公司在齐齐哈尔签订《高品质锻钢专用辊坯开发》技术合作框架协议。建龙北满特钢技术中心主任董贵文与宝钢轧辊副总经理陈伟分别代表双方签署协议。

10月17日，齐齐哈尔市委副书记、代市长陈兴平率队来到建龙北满特钢，就企业生产经营情况开展调研。齐齐哈尔市人民政府秘书长邹新章，富拉尔基区委副书记、区长任玉江，建龙北满特钢党委书记王伟先等陪同调研。

11月7日，黑龙江省人大常委会副主任聂云凌率队来到建龙北满特钢，就智能化工厂改造项目建设情况开展专题调研。

大冶特殊钢有限公司

1月10日，大冶特钢汽车用齿轮轴荣获“湖北制造业单项冠军产品”。这是汽车零部件公司继2022年入选国家级专精特新“小巨人”企业后获得的又一荣誉。

1月13日，大冶特钢《低成本高强韧非调质钢关键技术开发与应用》项目，荣获中信集团“年度科学技术奖一等奖”。

1月29日，大冶特钢《一种改善纯净度、可靠性风电齿轮用钢及其冶炼方法》成功获得日本专利局发明专利授权，实现国际专利零的突破。

2月9日，中国工程院副院长、中国工程院院士李仲平，中国工程院院士刘正东一行到大冶特钢指导工作。

2月22日，国家发展改革委网站发布了《关于印发第29批新认定及全部国家企业技术中心名单的通知》，大冶特钢技术中心上榜。

3月10日，大冶特钢“低成本高强韧性非调质钢关键技术开发与应用”项目获2022年度湖北省科学技术奖三等奖。

3月18日，工信部公示第七批全国工业领域电力需求侧管理示范企业（园区）名单。湖北省有8家企业入围，其中，大冶特钢榜上有名。

3月20日，《湖北日报》头版刊发《8937.77米！“地下珠峰”采油》，报道“大冶特钢造”钻进亚洲陆上最深油井。

3月28日，公司承担的《特种高温合金材料智能制造新模式应用》项目，正式通过经信厅验收及工信部复核备案。

4月3日，中信股份宣布，受南钢集团邀请，旗下间接全资子公司新冶钢战略增资南钢集团。

4月7日，大冶特钢荣获“冶金行业计量管理对标优秀单位”称号。

4月17日，在2023全国电站锅炉行业物资协会理事会工作会上，东方电气集团东方锅炉股份有限公司授予大冶特钢“2022年度质量信得过供应商”称号。

4月22日，“世界第一高”煤矿综采支架（10米）用高强钢材料全部为“大冶特钢造”。

5月1日，大冶特钢50吨电炉热负荷试车成功。

5月11日，“2023中国品牌价值评价信息”发布，大冶特钢位列“冶金有色”榜第16位，品牌强度827，品牌价值为103.68亿元，较去年提升8.23亿元。

5月17日，大冶特钢通过《信息安全管理体系要求》（ISO 27001：2013）审核认证，获得《信息安全管理体系认证证书》。

5月20日，“中共大冶钢铁厂支部”成立100周年纪念活动在大冶特钢举行。当日是大冶特殊钢有限公司建厂110周年，中信泰富特钢党史馆也正式开馆。

5月23日，南钢党委与南京医科大学

第四附属医院党委签署党建创新联盟协议。南钢党委副书记王芳与南医大四附院党委书记张丽娟共同签约，并为党建创新联盟揭牌。

5 月 23 日，南钢与拉萨路小学党建创新联盟签约仪式暨学程周课程基地挂牌仪式在南京钢铁博物馆举行。

5 月 29 日，国产大飞机 C919 大型客机成功完成商业载客首飞。

5 月，以“绿色 · 联合 · 共赢”为主题的首届招商工业供应链大会（2023）在江苏南通召开，南钢获战略合作伙伴奖，同时与招商局工业集团有限公司签署了《钢材深加工合作框架协议》。

6 月 6 日，《经济日报》聚焦《中信泰富特钢集团股份有限公司专注高端产品研发生产——科技炼就特钢》，报道大冶特钢在中国“深地一号”工程中“大显身手”。

6 月 18 日，大冶特钢荣获冶金有色领域“品牌价值领跑者”“突出贡献品牌单位”称号，是冶金有色领域唯一一家获此殊荣的企业。

6 月 25 日，南钢与 BYG、NME 举行战略合作签约仪式，三方将发挥各自优势，实现优势互补，共同构建全球工程机械零部件新型生态圈。

6 月 28 日，我国自主研制的全球首台 16 兆瓦海上风电机组第一叶片完成吊装，该风电机组第一叶片完成吊装，该风电机组核心部件主轴轴承用钢由大冶特钢研制。

6 月 29 日，南钢党委与国电南瑞党委建立党建创新联盟，致力加快推进现代化产业体系建设，谱写制造强国高质量发展新篇章。

6 月 30 日，中信泰富特钢党史馆（大冶特钢“钢铁脊梁”展区）以元宇宙空间的形式，被列为中信职工思想政治教育“中信红 云传承”网上展览馆。

6 月 30 日，大冶特钢成为国内首家获得美国 PRI 颁发的 TPG 特殊过程（模铸和连铸）认证企业。

7 月 19 日，全球首台 16 兆瓦超大容量海上风电机组在福建海上风电场成功并网发电，该机组主轴轴承及轴承滚动体用钢由大冶特钢研制。

8 月 15 日，大冶特钢荣获中国航天科技集团第四研究院颁发的“2021—2022 年度型号物资突出贡献供应商”奖。

8 月 15 日，大冶特钢与轴研科技联合开发的国内首套 14 兆瓦平台风电主轴轴承顺利下线，刷新了国产风电主轴轴承最大单机容量纪录。

8 月 24 日，用大冶特钢材料制造的国产 16 米级盾构机主轴承成功下线，这是我国实现超大直径盾构机主轴承关键技术的又一次突破。

8 月 28 日，特冶厂 20 吨合金钢电炉关停。

9 月 5 日，英雄航天员聂海胜作为黄石市“东楚科普大讲堂”开讲仪式暨首场科普报告会的主讲人，亲临大冶特钢，了解百年冶钢的发展史、航天缘。

9 月 7 日，大冶特钢铁前 5G 全连接工厂入选 2023 第二届中国标杆智能工厂百强榜。

9 月 15 日，大冶特钢含铁含锌固废处理项目竣工投产，朝着“固废不出厂”的目标，迈出了坚实的一步。

9 月 15 日，2023 年中国钢铁工业协会、中国金属学会冶金科学技术奖公布，由大冶特钢等单位完成的“新一代长寿命轴承钢抗疲劳组织性能调控技术”项目获一等奖。

9 月 19 日，大冶特钢连续 17 年获得卡特彼勒 1E1861 认证。

10 月 8 日，京唐城际铁路国产超大直径盾构机“京通号”在湖南长沙下线。该盾构机主轴轴承材料由大冶特钢研发，开挖直径达 13.3 米。

10月16日，大冶特钢顺利通过法国柯林斯公司组织的两个牌号航空钢供货资质审核，正式纳入其合格供应商名录，成为国内唯一一家原材料供应商。

10月19日，大冶特钢通过三菱J型燃机拉杆用IN-718合金MIP审核，成为国内首家通过三菱批准的厂家。

10月27日，AG600M大型水陆两栖飞机在航空工业应急救援综合实战演练中大显身手，该飞机起落架等关键部件材料由大冶特钢研制。

11月1日，“2023湖北企业三项100强”发布，大冶特钢位列“湖北企业100强”第28位，“湖北制造业企业100强”第12位。

11月8日，中国钢铁工业协会为第二批入选“双碳最佳实践能效示范标杆厂”的企业授牌。特钢集团旗下兴澄特钢、大冶特钢、青岛特钢成功入选。

11月15日获悉，塔里木盆地的“深地一号”跃进3-3XC井测试获得高产油气流，日产原油200吨，天然气5万立方米。该井完钻井深达9432米，刷新亚洲最深井斜深和超深层钻井水平位移两项纪录，使用了大冶特钢特种材料。

11月17日，经现场路演，专家打分和网络投票，大冶特钢全球首个无缝钢管全流程全业务数智化工厂项目，在中信集团首届“绽放杯”数字化应用大赛智能制造决胜赛中荣获金奖。

11月22日，全国总工会副主席、书记处书记、党组成员钟洪江，中国机械冶金建材工会主席、分党组书记陈杰平，江苏省人大常委会副主任、党组成员、省总工会主席魏国强，江苏省总工会副主席高立波等调研了南钢产业工人队伍建设改革情况，并参观了南钢智慧运营中心、南京钢铁博物馆和宽厚板厂。

11月25日，大冶特钢研制的650 ℃超超临界汽轮机转子锻件全尺寸试制件，用12吨级C650R镍基耐热合金锭通过现场鉴证评审。

11月27日，《人民日报》江苏分社社长何聪来访南钢，记者姚雪青随行调研采访。

11月28日，国家重大工程——粤港澳大湾区深中通道主线正式贯通。继港珠澳大桥后，大冶特钢桥梁用钢又一次应用在海中大桥上。

12月6日，工业和信息化部、国家发展改革委、财政部、国务院国资委、市场监管总局联合公布2023年度智能制造示范工厂揭榜单位名单，大冶特钢等12家钢企上榜。

12月21日，中国计量协会智库委员会副主任、原国家质检总局计量司副司长王步步一行到访南钢，双方就智慧计量信息化、钢铁行业碳计量体系等方面开展交流和探讨。南钢常务副总裁徐晓春参加交流。中国计量协会培训部主任、冶金计控分会常务副秘书长杜硕，冶金计控分会理事长、原钢铁工业协会信息统计部主任刘玉，冶金计控分会秘书长薛壬海等随同。

中天钢铁集团有限公司

（一）重大生产技术活动

2月6日，江苏省科学技术协会公布“2022年江苏省示范企业科协”名单，中天钢铁集团科学技术协会等15家单位入选。

2月18日，中天钢铁集团“非调质冷镦钢热轧盘条”“预应力钢丝及钢绞线用热轧盘条”两项产品入选绿色设计产品名单。

6月8日，中天钢铁集团自主研发的预应力高碳盘条产品C82D2顺利通过英国钢筋权威认证机构（简称CARES）产品认证以及质量管理体系审核。

7月27日，2023年中国质量创新与质量改进成果发表交流活动在浙江杭州举行，中天钢铁集团六西格玛黑带项目《提高三轧厂成品一检合格率》获评全国“示范级”。

10 月 23 日，经中国船级社质量认证公司专家组审核，中天钢铁集团自主研发的“中天牌”易切削钢热轧盘条通过“江苏精品”现场评审，将被推荐认证注册“江苏精品”。

10 月 26 日，中天钢铁集团《高品质长型材连铸坯生产关键技术集成开发与应用》《分层供热低碳富氢烧结技术的研发与应用》项目，获评 2023 年冶金科学技术奖一等奖。

（二）重大建设项目的竣工投产

1 月 8 日，中天钢铁集团（淮安）新材料有限公司码头工程开工仪式隆重举行。

1 月 30 日，中天钢铁集团（南通）有限公司荣获中共南通市委、南通市人民政府颁发的 2022 年度南通市重大项目高质量建设奖——竣工投产十大项目。

2 月 6 日，常州中天钢铁物流中心有限公司正式开业。

7 月 14 日，中天钢铁集团（淮安）新材料有限公司一厂成品车间、半成品车间竣工验收。

7 月 25 日，中天钢铁集团旗下中天西太湖度假酒店盛大开业。

12 月 9 日，中天钢铁集团（淮安）新材料有限公司举办钢帘线七厂首批成品下线仪式。

12 月 27 日，南通通州湾片区最大的高端酒店——中天钢铁大酒店盛大开业。

（三）重要设备的大修与启动

3 月 1 日，中天钢铁集团（南通）有限公司炼铁厂 2 号高炉 16 时 58 分点火开炉，标志着南通项目一期一步全面投产。

3 月 10 日，中天长江码头散货堆场气膜大棚项目完成交工验收，正式投入使用。

10 月 30 日，中天钢铁集团“光储充”一体化综合能源站正式投运，这是继常州市内公共场站、公交专用场站后，综合能源站模式在常州企事业单位的首次应用。

（四）其他重大事项

1 月 4 日，2021—2022 年度中国钢铁企业高质量发展指数（EDIS）发布，中天钢铁集团分别荣获“中国钢铁企业高质量发展 AAA 企业”“2022 年度全国优特钢生产企业优质品牌”称号。

1 月 10 日，中天钢铁集团入选“2022 一带一路绿色供应链案例”。

1 月 16 日，江苏省常州市经开区党工委书记顾伟国带领投资促进局、经济发展局、税务局等部门负责人来到中天钢铁，开展新春走访慰问活动。

1 月 20 日，南通市海门区委副书记、区长沈旭东，副区长王珹及海门港新区、相关部门主要负责人走访慰问中天钢铁集团（南通）有限公司一线员工。

2 月 5 日，中天钢铁集团获评第六届江苏省“最具爱心慈善捐赠单位”、第一届常州市“最具爱心慈善捐赠单位”。

2 月 7 日，中天钢铁集团正式通过海关 AEO 高级认证，成为 2023 年常州首批通过的高级认证企业之一。

2 月 13 日，中天钢铁集团“中天钢铁网络安全分类分级管理建设项目”，以及中天钢铁集团（南通）有限公司“基于工业互联网赋能沿海钢铁基地本质安全的全协同解决方案”，分别入围工信部 2022 年工业互联网试点示范名单——安全类试点示范和平台类试点示范。

2 月 23 日，审计署济南办税收处副处长王利率队来中天钢铁集团（南通）有限公司走访调研。

3 月 5 日，在常州经开区横林镇红联村党群服务中心，中天钢铁与红联村正式签订文明单位共建协议，将积极探索“共识、共建、共享、共荣”的精神文明新路，共同助力常州争创全国文明典范城市。

3 月 7 日，江苏省副省长方伟率队来中天钢铁集团（南通）有限公司走访调研。南通市委常委、常务副市长陆卫东，市人大常委会副主任、市政府党组成员潘建华，海门区委书记郭晓敏、副区长王一兵参加活动。

3 月 10 日，中天钢铁集团（南通）有限公司顺利通过工业和信息化部、中关村信息技术和实体经济融合发展联盟两化融合管理体系升级版贯标 AAA 级评定。

3 月 17 日，江苏省人大财经委主任委员谢志成一行到中天钢铁集团（南通）有限公司走访调研。南通市人大常委会常务副主任、党组副书记庄中秋，副主任、党组副书记姜永华，海门区人大常委会主任、党组书记成伟，副主任、党组副书记江永军陪同调研。

3 月 22 日，江苏省发改委能源局煤炭处童春平率队来到中天钢铁，就煤炭清洁高效利用和煤电保供工作开展专题调研。

4 月 7 日，在常州市工信局局长严德群的陪同下，工信部网络安全管理局副局长杜广达一行来到中天钢铁，专题调研工业领域数据安全有关工作。

4 月 8 日，江苏省慈善工作会议召开，会上中天钢铁集团获 2020—2021 年度“长三角慈善之星”荣誉称号。

4 月 11 日，江苏省政协副主席姚晓东率队调研中天淮安项目建设情况，开展“助力民营经济健康发展、高质量发展”深度走访调研活动。淮安市政协主席戚寿余、副主席周毅以及淮阴区区长陈张、淮阴区政协主席时洪兵陪同调研。

4 月 12 日，江苏省人大常委会副主任张宝娟一行来淮就代表工作、基层人大联系点工作开展调研，并到访中天淮安项目。

4 月 23 日，中央统战部经济局局长率队调研中天钢铁集团（南通）有限公司。江苏省委统战部副部长、省工商联党组书记刘军，南通市委常委、统战部部长兼市政协党组副书记王小红，市政协副主席、张謇企业家学院院长单晓鸣陪同调研。

4 月 26 日，中国钢铁工业协会党委书记、执行会长何文波一行调研中天南通公司，了解企业生产经营情况，倾听企业诉求，助推企业发展。

4 月 28 日，中天钢铁集团（南通）有限公司荣获“江苏省五一劳动奖状”。

5 月 11 日，2023 中国品牌价值评价信息发布暨中国品牌建设高峰论坛举行。中天钢铁集团以 110.48 亿元品牌价值位列冶金有色领域第 12 位，品牌价值同比提升 28.37 亿元。

5 月 15 日，中天淮安集团与世界顶级轻钢结构制造商巴特勒在淮安签订战略框架协议。

5 月 17 日，中国橡胶工业协会会长徐文英、中国橡胶工业协会骨架材料专业委员会秘书长于涛、《中国橡胶》杂志社副主编郝章程走访调研中天淮安项目。

5 月 18 日，中天钢铁与北京科技大学在京签署新一轮战略合作协议。北科大校领导武贵龙、毛新平、张卫冬、焦树强，集团及公司领导董才平、赵金涛、王郢、魏巍、盛荣生、张俊杰等出席仪式。仪式上，集团董事局主席、总裁、党委书记董才平和北科大党委书记武贵龙共同为“中天钢铁-北科大钢铁协同创新中心”揭牌。

5 月 23 日，江苏省自然资源厅副厅长李闽一行到访中天淮安项目，就重大项目自然资源要素服务保障工作展开专题调研。淮安市自然资源和规划局党委书记陈海洋、局长王剑、淮阴区区长陈张、中天淮安公司总经理、中天淮安项目常务副总指挥盛荣生陪同调研。

5 月 25 日，江苏省发改委副主任王荣飞来到中天钢铁集团（南通）有限公司专题调研绿色低碳产业发展工作。南通市发展改革委党组成员、总工程师朱琛凌，海门区委常委、常务副区长周国强参加活动，中天钢铁集团副总裁、南通公司总经理董力源，副总经理林铖陪同调研。

5 月 26 日，常州市委常委、市纪委书记、市监委主任李文宏一行来到中天钢铁开展纪检监察重点工作督查和调查研究活动。

5 月 27 日，中国高等教育学会“校企合作、双百计划”双走访专家组走进中天钢铁，对该集团与常州工业职业技术学院联合申报的《“一中心二主体三联动”——现代学徒制育人新路径探索与实践》典型案例进行现场考察。会上，“常州工业——中天钢铁”现场工程师学院揭牌。

6 月 13 日，淮安市淮阴区党建引领产业发展“红链助企”行动暨新型装备制造产业链党委启动仪式在中天淮安公司举行。市委组织部企组处处长许艳和淮阴区委常委、组织部部长李鹏飞共同为新型装备制造产业链党委揭牌。

6 月 15 日，在淮安市委书记史志军的陪同下，常州市人大常委会主任、党组书记白云萍率考察团调研中天淮安项目。

6 月 15 日，中天长江码头与常州市交通运输综合行政执法支队执法二大队、常州海关运输工具监管科、常州海事局船舶监督处、常州出入境边防检查站边防检查处、新北区交通运输局、新北区应急管理综合行政执法大队等六部门达成共识，共同签订《“护新畅行”全链条监管服务机制共建协议书》。

6 月 27 日，江苏省生态环境厅党组书记陆卫东一行调研中天淮安项目，淮安市副市长张笑、淮阴区委书记王建军、区委常委、常务副区长黄克涛陪同调研。

6 月 27 日，江苏省发改委副主任季鸣率队来中天淮安项目走访调研，淮安市淮阴区区长陈张陪同调研。

7 月 6 日，2023 钢铁中国 · 第十届华东优特钢产业链高峰论坛在浙江杭州举行，中天钢铁集团获评“2023 年度华东地区优特钢行业主导品牌”。

7 月 7 日，在淮安市委书记史志军的陪同下，常州市政协主席戴源率考察团调研中天淮安项目，详细了解产业布局、技术创新、市场前景等情况。

7 月 12 日，常州市红十字会党组书记、常务副会长戴亚东率队来访中天钢铁，经开区红十字会、遥观镇政府、集团党群工作部有关领导参加座谈。

7 月 18 日，许昆林省长一行到项目建设现场考察调研中天钢铁集团（淮安）新材料有限公司（一厂半成品、成品车间），淮安市委史志军书记、市政府顾坤市长、淮阴区王建军书记等领导现场接待，集团领导董才平、周国全和淮安公司领导万文华等随行陪同。

7 月 26 日，中共淮安市委市级机关工委书记费香峰、副书记王兆宇一行到访中天淮安公司，深入了解淮阴区党建引领产业发展“红链助企”行动开展情况。淮阴区委常委、组织部部长李鹏飞，高新区党工委纪工委书记冯晓佳等领导陪同调研。

7 月 26 日，中国电子技术标准化研究院公布“智能制造能力成熟度（CMMM）评估企业名单”，中天钢铁集团（南通）有限公司被认定为四级（优先级），为国内制造企业目前达到的最高等级。

8 月 23 日，常州经开区党工委书记丁一带队走访中天钢铁党群服务中心、五一村乡村振兴展示馆等地，调研全区基层党建工作。

9 月 8 日，中国制造企业协会发布 2023 年《中国制造业综合实力 200 强》暨《中国装备制造业 100 强》榜单，中天钢铁集团分别居第 26 位、第 19 位。

9 月 8 日，工信部原材料工业司副司长张海登一行来到中天南通公司走访调研。该集团副总裁、南通公司总经理董力源，集团副总裁许九华，南通公司总经理助理殷国富陪同调研。张海登一行先后参观了中央水处理厂、3号高炉、中天南通基地数控中心等地，详细了解南通公司智能制造、环保标准、工艺特色等情况。

9月15日，在淮安市委书记、市人大常委会主任史志军的陪同下，南京市人大常委会党组书记、主任龙翔，芜湖、马鞍山、滁州、宣城、扬州、镇江、常州等市人大常委会负责同志参观考察了中天淮安项目等，淮阴区领导王建军、张在明，中天淮安公司常务副总经理、党委书记万文华参加活动。

9月28日，2023年江苏省省长质量奖（提名奖）正式揭晓，中天钢铁集团等10家企业荣获“江苏省省长质量奖”。

10月9日，2023年常州经开区重点项目集中签约仪式举行，中天新能源汽车零部件产业园项目等50余个项目正式签约入驻。

10月20日，中国智能制造高峰论坛暨首届CMMM大会在无锡举行，中天钢铁集团（南通）有限公司被授予CMMM（智能制造成熟度）四级企业牌匾。目前，中天钢铁集团（南通）有限公司是钢铁行业首批通过CMMM四级认证的企业，同时也是国内制造企业目前达到的最高等级。

10月24日，淮安市委机要局副局长嵇友胜率调研组莅临中天淮安公司，指导公司商用密码应用工作。淮安市委办密码管理处处长潘大仁，淮阴工学院、江苏电子信息职业学院教授，相关企业代表参加活动。

11月7日，中天淮安公司与西安交通大学达成战略合作，中天淮安公司正式成为西安交通大学“社会实践基地”，以及材料学院“社会实践基地”“专业实习基地”，公司总经理盛荣生与材料学院党委书记高宏代表双方共同揭牌。

11月11日，淮安市市长顾坤来到清江浦区、淮阴区，调研重点企业运行及项目建设情况。淮安市副市长张冲林、市政府秘书长顾强参加调研，中天淮安公司总经理盛荣生陪同调研。

11月14日，商务部原部长、海峡两岸关系协会原会长陈德铭调研中天淮安项目。淮安市委常委、常务副市长林小明，淮阴区委书记王建军陪同调研，中天淮安公司总经理盛荣生参加活动。

11月21日，中国电子技术标准化研究院公布2023年智能制造标杆企业名单，中天钢铁集团（南通）有限公司的绿色精品钢智能制造标杆工厂荣誉上榜，为中天钢铁智能制造再添国家级名片。

11月24日，“第19届中国钢铁产业链市场峰会暨兰格钢铁网2023年会”在北京召开。中天钢铁获“2023年度钢铁领军企业”“优特钢十大优质品牌”“民企建筑钢材行业领军品牌”等荣誉称号。

11月27日，常州市委副书记、市长盛蕾带领市发改、工信、资规等部门领导，到中天钢铁现场办公，听取企业未来发展规划和重点项目建设等情况。

12月7日，江苏省人大常委会副主任、省总工会主席魏国强率队到中天钢铁集团（南通）有限公司走访调研，南通市委常委、宣传部部长、副市长陈冬梅，市人大常委会副主任、市总工会主席葛玉琴，海门区委书记郭晓敏，区人大常委会主任成伟陪同调研，集团副总裁、南通公司总经理董力源参加活动并作介绍。

12月15日，江苏省水利厅节水办主任刘劲松带队到常州经开区遥观镇，开展高标准节水型乡镇建设验收工作，并现场查看中天钢铁再生水利用情况。常州市水利局、常州经开区农业农村工作局、遥观镇政府相关领导陪同调研。

12月21日，常州经开区党工委书记丁一专题调研中天钢铁高质量发展，当面倾听企业诉求、现场推动问题解决、谋划明年重点工作。常州经开区管委会副主任乔强，区党政办、经济发展局、科技金融局、财政局、税务局相关负责人，该集团及公司领导董才平、高一平、刘伟、周国全、许九华、王郢、耿冬雷参加座谈。

12 月 29 日，海门区委书记郭晓敏带队走访中天南通公司、中兴能源装备等地，调研全区基层党建工作。海门区委副书记徐加明，海门区委常委、组织部部长、统战部部长杨江华，海门港新区党工委书记黄卫国，公司领导林铖、杨峰参加活动。

石家庄钢铁有限公司

1 月 16 日，石钢荣获中国重汽集团 2022 年度“优秀交付贡献奖”。

2 月 21 日，新疆维吾尔自治区副主席王刚到石钢新区调研。石家庄市政府及井陉矿区相关领导陪同调研。

2 月 21 日，石钢承担的国家重点研发计划项目“面向特钢棒材精整作业的机器人系统”通过验收。

3 月 5 日，河北省委常委、石家庄市委书记张超超在调研检查石家庄城市更新项目建设时察看和平东路原石钢片区。

3 月 15 日，河北省委书记、省人大常委会主任倪岳峰到公司调研。省委常委、石家庄市委书记张超超，副省长金晖，省直有关部门负责同志参加调研。

3 月 23 日，石钢获评国家“绿色工厂”。

3 月 23 日，石钢获河北省“园林式单位”称号。

4 月 28 日，石钢荣获河北省五一劳动奖状。

5 月 10 日，石钢获“2023 中国卓越钢铁企业品牌”称号。

5 月 31 日，高级别外国驻华使节团到石钢参观访问。外交部礼宾司参赞凌军、亚非司参赞史大多、非洲司参赞詹晓波、欧洲司参赞刘东源，省外事办公室主任刘媛、副主任吕晓梅，石家庄市副市长李为军和市外办负责人陪同。

6 月 5 日，石钢再次获评钢铁绿色发展标杆企业称号。

6 月 6 日，河北省委主题教育第十三巡回指导组在组长李璞带领下到石钢开展调研督导。

6 月 14 日，丰田锻造授予石钢“2022 年度原价特别贡献奖”。

6 月 28 日，石钢建设的“河北省汽车关键零部件用先进特殊钢材料重点实验室”通过省科技厅验收，纳入省级企业重点实验室序列管理。

7 月 5 日，石钢成功开发国内最高强度 90 千克级焊丝钢，打破了国外市场垄断，标志着公司在推进焊接用钢产品高端化方面又迈出了坚实的一步。

10 月 20 日，工信部原材料工业司副司长张海登到石钢调研。河北省工信厅副厅长、党组副书记郝莉参加调研。

11 月 3 日，石钢被中国废钢铁应用协会评为“2023 绿色发展杰出贡献钢企”。

11 月 17 日，国务院推进高质量发展综合督察组来石钢调研。国务院发展研究中心发展战略和区域经济研究部二级巡视员宣晓伟等随同调研。河北省政府督查室主任康兆鹏、省国资委副主任张承东、集团党委副书记李炳军参加调研。

12 月 11 日，一项工业和信息化质量提升案例获评工信部 2023 年典型案例。

12 月 16 日，获巨力索具“优秀供应商”称号并与之签订新的战略合作协议。

本钢板材股份有限公司特殊钢事业部

（一）新产线品种钢试制工作

（1）风电齿轮用 18CrNiMo7-6 试制成功：风电齿轮用 18CrNiMo7-6 热轧圆钢首次试制，该钢需充分保证钢材的均匀性、致密度及纯净度。通过专题研究、工艺制定和措施落实，顺利完成新品种的试制开发。

（2）比亚迪20CrMnTiH齿轮钢试制开发：供比亚迪20CrMnTiH洁净度要求高的特点研究控制方案，制定全流程控制方案，成功完成供比亚迪20CrMnTiH的生产试制。

（3）高铝钢渗氮钢38CrMoAl试制成功：通过全流程的工艺优化，解决了合金化和过程结瘤待难题成功完成38CrMoAl连浇，完成新产线生产品种的全覆盖。

（4）组织中包感应加热试验：2023年1~12月，累计制定中包感应加热实验计划18次，均大方坯铸机执行。热试过程全程采用自动模式，配合连续测温，整个过程感应加热系统根据中包连续测定的温度在设定的温度范围实现自动调节。连铸中包过热度可以控制（18±2）℃的范围内

（5）组织压下试验：2023年1~12月，累计制定铸坯压下实验计划67次，其中大方坯压下实验执行63次，中方坯压下实验执行4次。大方坯压25毫米，中方坯压下12毫米，可以有效地改善铸坯内部组织。大方坯铸坯内部组织由原来的缩孔1.0级改善为疏松0.5级；中方坯通过铸坯压下，消除了未压下存在的缩孔。

（6）轴承钢大规格攻关：通过连铸中包感应加热及轻重压下的投入（压下量目前已经试验到40毫米），轴承钢过热度能够稳定控制在20~30℃，有效地改善了铸坯内部组织。目前GCr15ϕ150毫米规格以下超声波探伤B级全部合格，压下量25毫米产材GCr15SiMnϕ150毫米规格超声波抽探B级合格率100%。

（7）小棒轧机规格开发：对标龙腾特钢小棒线、南钢中棒线，考察小棒裙板改立轮方案，该两条线生产ϕ12~80毫米圆，采用带立轮裙板，配备油气润滑，划伤问题基本得到解决。10月，已完成小棒裙板增加立轮改造工作，效果良好。

（二）开工投产

4月，本钢板材冷轧总厂一号酸轧机组改造工程项目正式开工。

10月20日，本钢板材冷轧总厂在一冷酸轧机组隆重举行改造竣工投产庆典。

（三）其他动态

4月25日，本钢板材股份有限公司与上海电气电站集团共同签订《本钢板材股份有限公司燃气蒸汽联合循环发电机组工程长协服务合同》。

6月，在本钢板材公司的大力支持下，板材炼铁总厂与中钢安环院签署了《安全现状诊断及安全生产管理提升技术服务项目建议书》。

7月27日，本钢板材能源管控中心韩博职工创新工作室正式揭牌，工作室已与大连理工大学、上海华阳检测、辽宁冶金职业技术学院、北方装备、沈阳悦翔检测五家单位建立了技术合作伙伴关系。

12月13日，本钢板材公司职工文体协会正式成立。职工文体协会成立后，板材公司工会将结合生产经营实际，每年策划开展文体活动。

江阴兴澄特种钢铁有限公司

（一）重大生产技术活动

1月，中国钢铁工业协会发布第二十一届（2022年）冶金企业管理现代化创新成果。兴澄特钢《基于大数据管理构建中碳钢内部质量控制模型》项目，荣获冶金企业管理现代化创新成果一等奖。

1月，兴澄特钢企业标准《高品质抗湿硫化氢腐蚀管线钢板》（Q/320281PA160—2022）荣获2022年企业标准“领跑者”。

2月，兴澄特钢科研团队研发出最大直径80毫米规格10.9级40M+QT高强韧风电紧固件用调质银亮钢。

2月，兴澄特钢9Ni钢板成功应用于国家管网集团深圳液化天然气应急调峰站项目

一期工程国内首座下沉式 LNG 储罐。

3 月，兴澄特钢获评两化融合管理体系升级版贯标 AAA 级典型企业。

3 月，兴澄特钢斩获第七届中国工业大奖。

4 月，兴澄特钢超高强度大桥缆索钢丝用盘条凭借顶尖的工艺技术、卓越的产品质量以及广泛的市场应用，一举斩获全国仅 9 项的“金杯特优产品”荣誉称号。同时，低温压力容器用钢板、高精度汽车用三销轴叉钢等 4 项产品也在参评产品中脱颖而出，荣获“金杯优质产品”。

5 月，由兴澄特钢承建的“江苏省轴承钢重点实验室”顺利通过江苏省科学技术厅验收。

5 月，中国机械冶金建材职工技术协会揭晓“2023 年全国机械冶金建材行业职工技术创新成果”“全国机械冶金建材行业示范性创新工作室、行业工匠”评选结果。中信泰富特钢集团旗下江阴兴澄特种钢铁有限公司荣获多个奖项。

6 月，兴澄特钢“高纯净超高强度汽车弹簧钢盘条关键技术研究与应用”项目顺利通过中国金属学会组织的成果评价。

7 月，中信泰富特钢集团旗下江阴兴澄特种钢铁有限公司顺利通过由美国 PRI 组织的 TPG-STL 钢铁冶炼特殊工艺认证，成为国内首家通过该项认证的特钢企业。

7 月，江苏省人民政府发布了《关于 2022 年度江苏省科学技术奖奖励的决定》，由兴澄特钢承担，中冶京诚工程技术有限公司、钢铁研究总院有限公司合作开发的《大型能源装备用超大厚度钢板连铸替代模铸关键技术创新及产业化》项目获得二等奖。

8 月，兴澄特钢牵头制定的 GB/T 42785—2023《轴承钢盘条》国家标准正式发布。

8 月，兴澄特钢参与研制的“$2\frac{1}{4}$Cr-1Mo-$\frac{1}{4}$V 和 $2\frac{1}{4}$Cr-1Mo 钢焊接材料国产化研制及应用”项目通过评审。

9 月，全国首届新材料创新大赛总决赛路演评审结束，江阴兴澄特种钢铁有限公司在新材料应用奖赛道中崭露头角，荣获多个奖项。《高精密工业母机滚珠丝杠用钢的研究与应用》荣获二等奖；《低温韧性超高强海洋工程用钢 F690 的研制与推广应用》荣获三等奖；《绿色智造超高强度桥梁缆索钢的研制与应用》《汽车轻量化用 2000MPa 级高强度弹簧圆钢》荣获优秀奖。

9 月，兴澄特钢拳头产品“特级高碳铬轴承钢”顺利通过“江苏精品”现场评价审核，并获得“江苏精品”认证证书。

9 月，兴澄特钢 1000 兆帕级大型水电工程用 XC950CF 钢板通过行业评审。

10 月，江阴兴澄特种钢铁有限公司主导修订的 ISO 683-17：2023《热处理钢、合金钢和易切钢　第 17 部分：滚球和滚柱轴承钢》正式发布。这也是我国首次牵头 ISO 国际特殊钢标准研制项目，实现了特殊钢标准领域的“中国突破”。

10 月，兴澄特钢 4 项科技成果荣获 2023 年度冶金科学技术奖。兴澄特钢参与的“第三代超大输量低温高压管线用钢关键技术开发及产业化”项目荣获特等奖，参与的“新一代长寿命轴承钢抗疲劳组织性能调控技术”项目荣获一等奖，承担的“高温渗碳用先进齿轮材料制造关键技术及产业化应用”项目荣获二等奖，承担的“风电机组机舱变速箱大型锻造齿轮用钢创新研发及产业化应用”项目荣获三等奖。

10 月，由江阴兴澄特种钢铁有限公司主导制定的 ISO 6819：2023《桥梁缆索钢丝用盘条》正式发布实施，这也是 ISO 盘条领域的首个专用标准，填补了国际标准空白，标志着我国参与盘条领域国际标准化工作取得重大突破。

10月，兴澄特钢成功获得ACRS最新产品认证证书，证书中新增3个强度级别、2个韧性等级的17个牌号，这标志着兴澄特钢已具备澳标250~450兆帕级普通结构钢和抗震结构钢的供货资质，为国内该项认证牌号和厚度最全的钢板生产企业。

10月，兴澄特钢成功开发直弧型连铸工艺替代模铸工艺制造180毫米厚超高强海洋工程用F690钢板，并通过船级社认证，打破常规工艺、实现绿色低耗制造的同时，填补了该领域国内外的技术空白，标志着兴澄特钢在超大厚度超高强度海洋工程用钢领域实现重大突破。

11月，兴澄特钢牵头制定的行业标准《海洋钻井隔水管用钢板》顺利通过审定。

11月，兴澄特钢《智能机器人核心零部件关键材料的研制及应用示范》荣获2023年“科创江苏”创新创业大赛新材料领域省级总决赛一等奖。

（二）其他重大事项

1月，全国总工会正式发布“第二批提升职工生活品质试点单位”名单，兴澄特钢成功入选，成为无锡市首家全国总工会提升职工生活品质试点单位。

6月，由兴澄特钢动力事业部牵头组织碳的管理体系贯标认证通过上海质量科学研究院复核评审，获得上海环交所颁布EATNS碳管理体系证书，成为全国钢铁行业首家通过碳管理体系认证的企业。

7月，兴澄特钢纪委会同党委召开2023年上半年全面从严治党暨党风廉政建设专题会，会议总结2023年上半年全面从严治党、党风廉政建设和反腐败工作开展情况，公司党委书记白云作重点工作部署。

10月，“基于工业互联网架构的高端特殊钢全流程数字工厂建设”获评“2023全球工业互联网大会——工业互联网产教融合优秀案例”。

10月，兴澄特钢灯塔工厂项目申报世界经济论坛取得预选成功。

马鞍山钢铁股份有限公司

4月27日，马钢集团合肥公司3号彩涂线项目举行开工仪式。

5月18日，新特钢炼钢、连铸全系统热负荷试车一次性成功。

5月22日，马鞍山市长葛斌来马钢参观调研。马钢集团党委副书记、总经理毛展宏，市政府秘书长汪强，总经理助理杨兴亮参加调研。

6月6日，新特钢项目正式投产运行，当月达到了13.3万吨的设计产能。

7月7日，合肥海关关长周荣球一行在马鞍山市副市长阚青鹤陪同下来马钢调研。

7月27日，马鞍山市人大常委会副主任谢红心一行来马钢调研。

8月30日，全国总工会党组书记、副主席、书记处第一书记徐留平在马鞍山市委书记袁方的陪同下来马钢调研。马鞍山市委常委、市委秘书长方文，马钢集团党委副书记、纪委书记唐琪明，马钢集团工会主席邓宋高，市总工会、马钢相关部门负责人参加调研。

9月22日，宝武集团马钢轨交材料科技有限公司混合所有制改革引战签约仪式在马钢举行。马钢股份、马钢交材与8家战略投资者以及员工持股平台代表共同签约。

10月26日，马鞍山市委书记袁方，安徽省委第十巡回督导组组长张海阁，钱沙泉、吴桂林等市四套班子领导，安徽省委第十巡回督导组副组长徐晓宁来马钢调研。

12月，江苏省委常委、南京市委书记韩立明等参会领导到马钢参观调研。马鞍山市委书记袁方，市长葛斌，市领导方文，马钢集团党委副书记、纪委书记唐琪明陪同参观调研。

山东钢铁股份有限公司莱芜分公司特钢事业部

（一）企业重大变动

5 月 11 日，刘振海同志任山钢莱芜分公司特钢事业部党委委员、书记，纪委委员、书记，工会主席、副总经理李柱军同志不再担任特钢事业部党委委员，纪委书记、委员，工会主席职务；刘茂文同志不再担任特钢事业部党委委员、副总经理职务。

5 月 31 日，山钢莱芜分公司特钢事业部储运车间划转至分公司物流运输部。

7 月 12 日，李俊同志任山钢莱芜分公司特钢事业部党委委员，纪委委员、书记、副总经理，刘振海同志不再担任特钢事业部纪委书记、委员职务；孙永喜同志不再担任特钢事业部副总经理职务。

7 月 20 日，山钢莱芜分公司特钢事业部对组织机构进行调整，100 吨电炉车间更名为电炉车间，100 吨连铸车间更名为连铸一车间，100 吨运行车间更名为运行车间，转炉项目部更名为工程项目部，增设转炉车间、连铸二车间。

（二）重大生产技术活动

1 月 24 日，山钢莱芜分公司特钢事业部的 20CrMnTiH 保证淬透性结构钢获评中国钢铁工业协会“金杯优质产品”。

1 月 25 日，山钢莱芜分公司特钢事业部 100 吨电炉停炼冷备。

1 月 25 日，山钢莱芜分公司特钢事业部 100 吨转炉工序 RH 炉正式投产，100 吨转炉区域实现全工序贯通。

2 月，山钢莱芜分公司特钢事业部 1 号连铸机 ϕ800 毫米断面实现 5 流生产，生产效率提升 20%。

4 月，山钢莱芜分公司特钢事业部银前转炉钢月产量 97669 吨，创银山前区单炉最高月产纪录。

6 月 1 日，山钢莱芜分公司特钢事业部召开 2023 年“安全生产月、节能环保宣传月”启动仪式。

8 月 31 日，山钢莱芜分公司特钢事业部 50 吨电炉完成月度计划后顺利停炉热备。

11 月 26 日，山钢莱芜分公司特钢事业部首次制成直径 800 毫米（ϕ800 毫米）断面连铸坯轧制成直径 350 毫米（ϕ350 毫米）规格大棒材，进一步完善了公司特钢品种结构。

12 月 4 日，2 号连铸机日产量 5484 吨，创投产以来最高日产量纪录。

（三）重大建设项目

1 月 1 日，山钢莱芜分公司特钢事业部大棒区域完成年修，历时 20 天。

1 月 9 日，山钢莱芜分公司特钢事业部 100 吨转炉产线建成投产，该项目包含 1 座 100 吨顶底复吹转炉、2 座 LF 精炼炉、1 座双工位 RH 真空精炼炉及配套设施。

1 月 19 日，山钢莱芜分公司特钢事业部中棒第二条探伤线竣工验收，具备连续正常使用条件。

8 月 4 日，山钢莱芜分公司特钢事业部中棒产线完成年修，历时 6 天。

8 月 31 日，山钢莱芜分公司特钢事业部 2 号连铸机建成投产，该连铸机是 100 吨转炉产线的配套项目，包含配套设施。

12 月 25 日，山钢莱芜分公司特钢事业部转炉连铸区域完成年修，历时 10 天。

（四）其他重大事项

2 月 18 日，山东省委常委、济南市委书记刘强，市委副书记、市长于海田，市人大常委会主任韩金峰，市政协主席雷杰，市委副书记杨峰一行到山钢数字智能炼钢项目考察进展情况。

4 月 26 日，山钢莱芜分公司特钢事业部 100 吨电炉车间精炼班荣获“全国工人先锋号”称号。

5 月 6 日，山东省政协主席葛慧君一行就绿色低碳高质量发展工作到山钢股份莱芜分公司调研。

7月，山钢莱芜分公司特钢事业部的江薇在第一届山东省职业技能大赛中荣获“山东省技术能手”称号。

8月2日，山东省委书记林武到山钢股份莱芜分公司调研工业产业绿色转型升级发展情况。

8月11日，山钢莱芜分公司特钢事业部承办第六届全国冶金职工运动会“山钢站”暨山钢股份莱芜分公司“特钢杯”职工拔河比赛。

8月16日，山钢莱芜分公司特钢事业部100吨电炉在全国重点大型耗能钢铁生产设备节能降耗对标竞赛中获得“冠军炉”称号。

9月21日，山东省工信厅党组书记、厅长张海波，山东省工信厅总工程师、二级巡视员孙京军，济南市工信局局长汲佩德等一行到山钢集团调研，并到山钢股份莱芜分公司进行了现场观摩。

10月7日，济南市副市长杨丽一行到山钢集团莱芜分公司就废钢铁回收利用行业及重点企业相关情况进行调研，钢城区委书记郅颂公司党委副书记、总经理吕铭陪同到炼钢厂新动区参观。

11月14日，山钢莱芜分公司转炉车间职工李刚林荣获“齐鲁工匠”称号。

12月26日，山钢莱芜分公司特钢事业部项目《100吨电弧炉高效低耗冶炼工艺研究与应用》荣获山东省职工创新创效竞赛一等奖。

河南济源钢铁（集团）有限公司

1月1日，济源钢铁投资8100万元的二轧高线迷你轧机试轧一次成功。该项目可以提高控制轧制效果，进一步提升产品质量，实现轴承、弹簧的产量和品质的大幅提升。

1月8日，由中国亚洲经济发展协会和中国经济新闻联播网联合主办的“2022中国经济高峰论坛暨第二十届中国经济人物年会”在北京举行。济源钢铁入选“中国经济十大领军企业”，董事长李玉田入选“中国经济十大创业企业家”。

1月18日，经中国企业联合会、中国企业家协会九届二十三次理事会暨九届二十一次常务理事会议决议通过，济源钢铁董事长李玉田正式入选中国企业联合会、中国企业家协会第九届理事会理事。

1月28日，济源钢铁召开干部调整大会，新任命白瑞娟为公司总经理助理。

2月3日，济源钢铁面向社会公开招聘“三总”（总经理、总工程师、总会计师）。

2月21日，济源钢铁成立“爱心基金会”，出台了《爱心基金管理办法》，旨在帮助家境贫困或遭遇重大疾病、意外事故的公司在职员工及直系亲属度过困境。

2月23日，示范区召开民营经济高质量发展大会，济源钢铁荣获“济源示范区优秀民营企业”称号，董事长李玉田上台领奖。

3月10日，济源钢铁总经理助理白瑞娟获颁“河南省三八红旗手”称号。

3月31日，济源钢铁钢帘线用热轧盘条、冷镦和冷挤压用热轧盘条2项产品荣获“2022年度冶金产品质量品牌培育金杯优质产品”称号。

6月2日，济源钢铁举行产能置换项目2号、3号烧结机退役拆除仪式。该公司3号烧结机、2号烧结机分别于2003年、2011年建成投用。根据该公司产能置换、建设绿色生态工厂的总体部署，伴随新2号烧结机的顺利投产，拆除炼铁厂原2号、3号烧结机系统于2022年11月24日批准立项，11月29日正式停机。

7月8日，济源钢铁召开上半年生产经营工作会议。

8月18日，济源钢铁班子成员王俊锋、周集才被董事会聘任为公司副总经理。

8月21日，济源钢铁投资4.2亿元的特殊钢大棒材生产线升级改造工程进入为期35天的交叉施工阶段。

8月24日，在济源产城融合示范区工业经济、科技创新高质量发展暨万人助万企活动推进大会上，济源钢铁董事长李玉田荣获“2022年度优秀企业家”称号，济源钢铁荣获“2022年度工业高质量发展先进单位”称号。

8月25日，济源钢铁被中国特钢协会推选为副会长单位。

8月28日，济源钢铁、洛阳LYC轴承有限公司与新安县人民政府举行项目签约仪式。计划投资7.3亿元打造国内一流的高端精密轴承环锻件智能化生产基地。项目投产后，可年产高端轴承及锻件20万吨。

9月1日，济源产城融合示范区管委会主任、市长张宏义带领副市长王笑非、政府秘书长翟伟栋以及督查局、发展改革和统计局、工业和科技创新委员会、规划局、生态环境局等单位主要负责同志到济源钢铁进行“万人助万企”暨“十百千”活动包联调研。

9月8日，在济源一中教师节表彰大会暨“济源一中优秀教师奖励基金”捐赠仪式活动中，济源钢铁纪委书记李全国受董事长李玉田委托，代表济钢向济源一中捐赠100万元，用于育田数理探索馆之地理馆的建设。

9月12日，济源钢铁获济源市人民政府颁发的“第十届济源市市长质量奖”荣誉称号。

9月13日，河南省副省长刘尚进来济源钢铁调研。

9月15日，济源钢铁党委在机关会议室召开学习贯彻习近平新时代中国特色社会主义思想主题教育动员会。该公司党委副书记、常务副总经理王方军，纪委书记、人力资源部部长李全国等公司领导以及各党总支、支部书记近百人参加了动员会。

10月9日，由中国特钢企业协会主办，济源钢铁协办的“全国优特钢棒材市场预警研讨会”在济源豪生酒店召开。

10月10日，济源钢铁对济钢幼儿园实行经营承包的协议签约仪式在幼儿园多功能排练厅举行。该公司副总经理周集才，企管处杜喜庆等相关领导，济钢幼儿园班子成员及全体教职工70余人参加了签约仪式。

10月15日，济源钢铁召开2023年第三季度生产经营工作会议，再次吹响“保生存促转型”的号角。

10月20日，由济源钢铁协办的“2023中南·泛珠三角地区第十三届轧钢学术交流会”在洛阳召开。

10月25日，河南省省长王凯来在集团公司董事长李玉田、常务副总经理王方军陪同下，到济源钢铁调研企业发展情况。

10月26日，由河南省工信厅和河南省财政厅主办，济源市工科委协办，北大盛世教育承办的河南省工信厅名家讲堂培训班第三期——名企参访对话创始人主题课程，在济源钢铁四楼大会议室开课。该公司董事长受邀为培训班学员作题为《济源钢铁30年》的主题授课。

10月30日，日本NSK公司青木刚总监、细井英夫顾问一行来济源钢铁，与集团公司领导李玉田、王维，副总工程师范植金在济源钢铁进行技术交流。

11月1日，在济源示范区首个“济源企业家日”主题活动中，济源钢铁董事长李玉田受邀出席，并与市领导庄建球、张宏义等三位企业家一起点亮“企业家精神”启动屏。

11月4日，济源钢铁撤销了原料厂石灰车间，设立济源市国泰冶金石灰有限公司，属集团公司全资子公司，负责两座回转窑、两座双膛窑和合成渣生产线的生产经营管理。

11月8日，济源市人大常务副主任冯正道一行约40人实地调研了济源钢铁产能置换3号高炉项目的进展情况。

11月17日，济源钢铁新3号高炉点火烘炉。

12月1日，济源钢铁获得卡特彼勒全球优秀供应商“卓越”级认证：SER Excellence Level。

12月19日，济源钢铁2024销售工作会议在豪生酒店召开。

12月30日，济源钢铁大圆坯连铸机调试结束。

青岛特殊钢铁有限公司

2月18日，国家发展改革委产业司副司长霍福鹏一行，就铁矿石贸易等相关问题到青岛特钢进行座谈交流。

2月24日，山东省“四进”工作组一行到青岛特钢督导企业安全生产工作。

2月，山东省工业和信息化厅副处长温洪亮带领调研组，在青岛市化工专项行动办总工程师夏龙君的陪同下到青岛特钢进行调研指导。

3月15日，山东省生态环境厅第二区域监察办二级调研员薛宝政带领调研组，到青岛特钢进行企业绿色发展工作调研。

3月17日，“两高”行业核查组由青岛市发改委副主任郑立带队到青岛特钢进行核查指导工作。

5月10日，山东省生态环境厅大气处处长周建仁带领调研组，到青岛特钢进行大气污染防治工作调研。

5月，青岛市发展和改革委员会主任颜丙峰一行、浙江大学教授王涛一行到访青岛特钢，就进一步做好碳达峰碳中和工作进行调研指导。

6月2日，中国石油大学材料科学与工程学院副院长王荣明教授一行到访青岛特钢。会上，双方签订了校企合作协议。同时，王院长代表中国石油大学（华东）向公司授牌“实践教学基地”，作为双方友好合作的见证。

6月20日，青岛特钢在五六高线生产现场，成功承办青岛西海岸新区企业绿色环保发展联合会揭牌仪式。

7月，由山东省发展改革委员会与冶金工业规划研究院组成的调研组在青岛特钢就《山东省先进钢铁制造业基地发展规划》实施情况开展了现场调研。青岛市发改委、西海岸新区发改局及董家口管委有关领导参加了调研工作。

9月，青岛特钢余热综合利用项目正式开工。

10月，青岛特钢成功开发了巢马铁路马鞍山公铁两用长江大桥ϕ7.0毫米2100兆帕级桥梁缆索镀锌钢丝用盘条，2100兆帕是斜拉桥中世界最高强度级别，目前在陆续供货中。

11月，青岛特钢《超高强度高韧性97级硬线钢关键技术的研究与应用》的科技成果达到“国际先进水平”。

11月，青岛特钢《承载特种装备用70kg级焊接用钢盘条的研发》的科技成果达到“国际先进水平”。

11月，青岛特钢《高线在线等温热处理（QM）线技术装备自主创新》达到“国际领先水平”。

12月，青岛特钢党委书记、总经理孙广亿会见了中国钢铁工业协会冶金科技发展中心主任姜尚清、钢铁研究总院结构钢所副所长刘清友一行，双方围绕“极致能效工厂、智能制造、低碳冶金发展”等议题进行了深入交流。

12月，青岛市委常委、副市长耿涛一行到青岛特钢进行现场调研。

12月，山东省循环经济协会会长张忠莲一行到青岛特钢调研交流。

攀钢集团江油长城特殊钢有限公司

1 月 11 日，长城特钢举行袁世明维修钳工技能大师工作室（职工创新工作室）授牌仪式，这是公司首个挂牌成立的维修钳工技能大师工作室。工作室领办人袁世明是钳工高级技师，长期从事冶金设备安装检修、技改施工、预防性实验及电机修理等工作，实作经验丰富。

1 月 16 日，长城特钢六届三次工代会、五届十四次职代会暨 2022 年度总结表彰大会在公司五号会议室隆重召开。会议审议并通过了大会决议，签订了契约化经营目标责任书，炼钢厂、锻轧厂、轧钢厂代表作了发言。

1 月 16 日，长城特钢新建薄板产线冷轧机组负荷试车取得圆满成功。在“高产、高效、节能、环保”设计理念下，该冷轧机组各操控系统均采用数字化、智能化前沿技术，将大幅提高轧制效率、精度和产品成材率。

1 月 18 日，中国冶金报社和中国特钢企业协会联合遴选出 2022 年特钢行业十大影响力事件，“攀长特叶片钢助力我国重型燃气轮机领域实现零的突破”上榜，公司生产的叶片钢用于制造该重型燃气轮机核心部件。2022 年 11 月 25 日，历时 13 年由我国自主研发，被誉为“争气机”的首台国产 F 级 50 兆瓦重型燃气轮机在四川德阳发运交付，进入工程应用阶段，标志着我国在重型燃气轮机领域实现了零的突破。

2 月 5 日，长城特钢收到来自国家电网四川省电力公司绵阳供电公司的感谢信，对公司助力其圆满完成党的二十大、科博会等重要活动期间的保电任务，成功打赢夏季历史性高温灾害性天气保供电遭遇战，荣获 2022 年度四川省应对极端天气能源电力保供突出贡献集体、省电力公司先进单位等称号表示感谢。

2 月 24 日，长城特钢通过信息化和工业化融合管理体系认证，取得“两化融合管理体系 AA 级评定证书”。两化融合管理体系贯标由工业和信息化部直接推动，以《信息化和工业化融合管理体系要求》《信息化和工业化融合管理体系新型能力分级要求》为依据评定。

3 月 20 日，长城特钢印发攀钢专〔2023〕26 号文件，将国贸公司民用特优钢销售业务、人员划转至公司，实行一体化管控。本次划转人员共计 55 人，按照“人随业务走”的原则，将国贸公司业务划转涉及人员的劳动关系、党群组织关系等变更至公司，按照二级单位管理，实行“管干一体”模式，既履行销售管理职能，又负责具体销售业务。

3 月 24 日，攀钢集团帮扶办到该公司调研检查帮扶工作开展情况，对长城特钢实施的江油市雁门镇青江村帮扶项目效果和帮扶档案的规范建立给予充分肯定。

3 月 28 日，长城特钢轧钢厂高温合金及专项钢开坯达到 201 吨，创月度历史最好水平。

3 月 27 日~5 月 26 日，攀钢党委第二巡察组对公司党委开展常规巡察，同时延伸巡察攀长特炼钢厂党委。本次巡察的主要内容是落实党的理论和路线方针政策以及党中央重大决策部署情况，落实全面从严治党战略部署情况，落实新时代党的组织路线情况，落实对巡视、巡察、审计监督等发现问题和主题教育检视问题的整改情况。该公司党委副书记、总经理李强作了表态发言。

3 月，长城特钢成功开发新型电渣锻造模块，产品合格率达到 100%。该模块用于新能源汽车“一体化压铸”，将积极推动我国新能源汽车轻量化进程。

4 月 1 日，长城特钢 0705BA、10705BU、10705MBU 等材料通过东方电气集团东方汽轮机有限公司供 F4 级系列燃机用叶片资质认证。

4月3日，长城特钢一季度财务报表显示，钛材厂一季度钛专项产品产销量实现历史新突破，产销率达到100%。

4月18日，长城特钢转型升级重点技改工程“初轧产线升级改造项目”在武都生产区开工建设，攀长特公司、中冶华天等单位相关负责人参加了开工仪式。初轧产线升级改造是该公司“十四五”规划的核心技改项目，是瞄准高端新材料方向，实施产品结构调整、产线优化升级、科技创新、智能制造、绿色制造和品牌建设的核心战略举措。

4月，长城特钢“陈令单挤压组合模具操作法”获集团先进操作法命名。

5月5日，长城特钢获得武器装备科研生产单位二级保密资格证书。

5月8日，长城特钢不锈钢40Mn18Cr4V通过东方电气集团东方电机有限公司供白鹤滩水电站资质认证。

5月9日，长城特钢不锈钢AISI410通过苏州报业锻造有限公司制造石油阀体资质认证。

5月9日，长城特钢成功取得江苏道森17-4PH供货资质，使该钢种圆钢具备了进入国际油田设备市场的资格。

5月12日，四川钒钛钢铁产业协会秘书长和相关专家到长城特钢调研超低排放改造并交流。

5月18日，长城特钢100CrMnMoSi8-4-6、9Cr18风电轴承钢通过第三方成功供货洛阳轴承有限公司。

5月24日，长城特钢在轧钢厂举行“挤压创新工作室”揭牌仪式。该创新工作室负责人彭亚表示，将充分发挥创新工作室技术优势，加大“传帮带”力度，探索建立从课题攻关，技术交流到成果转化的全过程模式，把职工创新、创造更好地转化为推动企业高质量发展的新动能。

5月29日，攀钢研究院团委选派青年科研人员到长城特钢与专题人员进行学术交流。旨在促进科研与生产深度融合，推动双方创新联盟工作提档升级。

5月，长城特钢与中国石化签订200余吨耐蚀合金扁钢、精密管和挤压管合同，体现了国内石油石化高端客户对公司耐蚀合金产品的信任与认可。

5月，长城特钢自主设立的“18Ni超高强度钢关键技术研究及应用”科研攻关项目顺利通过四川省金属学会的科技成果评价，与会专家一致认为该套技术创新性显著、经济效益显著、社会效益巨大，总体技术达到了国际先进水平。该公司作为目前国内唯一生产全系商用18Ni超高强度钢的企业，市场份额位居国内第一，荣获金牌供应商等称号，产品已在我国航空、航天、核能、超低温工程等多个尖端领域关键部件中应用。

5月，长城特钢生产的规格为6毫米的特种不锈钢创下国内热轧扁钢最薄纪录，质量受到客户的好评和高度认可。

5月，长城特钢检测检验中心实验室顺利通过中国合格评定国家认可委员会（CNAS）评审组的复评审核。

6月12日，江油市委书记元承军来到攀长特公司，就胡波技能大师工作室建设情况进行工作调研。

6月12日，江油市委书记元承军到长城特钢调研“胡波技能大师工作室”建设情况，江油高新区党工委书记吕勇，江油市委常委、组织部部长张钧风等参加调研，公司副总经理杨五八陪同。元承军对胡波技能大师工作室在技能创新、技能创效、技能传承等方面给予高度评价，希望胡波继续带领工作室立足现场，开拓创新，把工匠精神融入日常工作中，为江油市工业发展做出更大的贡献。

6月13日，绵阳市国资委党委副书记魏有良一行到攀长特调研指导工作。

6 月 14 日，长城特钢“胡波电工技能大师工作室”获得四川省人力资源和社会保障厅等五部门联合评定的“四川省省级技能大师工作室”称号。

6 月 16 日，由中国特钢企业协会主办，长城特钢承办的“工模具钢产品市场信息暨产业链高质量发展研讨会”在江油召开。钢铁研究总院、宝武特冶、东北特钢、抚顺特钢等十余家中国特钢企业协会会员单位，宁波宁兴、广东雄峰、中特泰来、上海凌力等工模具钢行业知名服务商共 50 余人出席了会议。与会人员围绕模具钢产业链面临的市场形势、行业健康发展、企业自律等问题进行多维度分析和研讨，各参会企业还就目前原辅材料价格、企业成本及经营状况、供需关系、市场走势等情况，结合自身实际及行业前景对工模具钢产业链高质量发展进行了交流发言。

6 月 16 日，长城特钢《一种 3Cr17NiMo 电渣锭的退火方法》获专利授权。

6 月 26 日，长城特钢轧钢厂扁钢作业区党支部书记练仕均同志被绵阳市国资委党委授予绵阳市国资系统“红色头雁”先锋党支部书记称号。

6 月 27 日，长城特钢收到来自 PRI（国际航空航天性能审核组织）颁发的 NADCAP（美国航空航天和国防授信方项目）认证证书。4 月 25～28 日，该公司接受了 Nadcap-MTL 现场评审，申报的 6 项检测能力全部通过认证。NADCAP 是国际上最具权威性的第三方独立认证机构，此次通过 Nadcap-MTL 认证，标志着该公司实验室的检测能力和技术水平已具备满足国际航空航天材料检测资质要求，增加了航空航天产品的行业竞争力及国际合作机会。

7 月 7 日，长城特钢成功取得意大利雷马泽尔公司供货资质，电渣锻制 ASTM A564 630 H1150D 圆棒具备进入国际造船市场资格。

7 月，长城特钢组织参加北京中实国金实验室能力验证研究中心组织实施的平均晶粒度和金属洛氏硬度测定、光谱法测定低合金钢中 Cr、Ni、Cu、Mo、Al 含量等五项能力验证，所有检测参数均取得满意结果。参加能力验证可以评价实验室出具数据的可靠性和有效性。

8 月 8 日，长城特钢成功通过东汽 J 型燃机叶片方钢供货资质认证。

8 月 9 日，绵阳市总工会党组成员、副主席魏丁山一行到长城特钢锻轧厂新薄板产线看望和慰问一线职工，为他们送去防暑降温物品。该公司副总经理郭宏陪同。

8 月 18～23 日，经过为期 6 天的审核，长城特钢顺利通过北京中安质环认证中心对公司环境、职业健康安全管理体系进行的现场认证审核，保证了公司证书的持续符合性和有效性。

8 月，长城特钢《高品质塑料模具钢 CT136 电渣模块的生产方法》《一种高强韧冷作模具扁钢的生产方法》通过攀钢集团专有技术认定。

9 月 27 日，杭州汽轮动力集团股份有限公司一行 5 人到长城特钢参观交流，商谈叶片钢合作事宜。双方一致表示将加强沟通协作，推动产品开发升级，实现共赢发展，履行好国有企业在国民经济关键领域的责任和担当。

9 月，长城特钢《高氮高铬塑料模具钢的热处理方法》获韩国专利授权。

10 月 24 日，经江油市行政审批局核准，攀钢集团四川长城特殊钢有限责任公司由攀钢集团江油长城特殊钢有限公司正式吸收合并注销。该公司注销后，其资产、债权、债务、人员以及权利义务均由攀长特公司承继。攀钢集团四川长城特殊钢有限责任公司原名冶金工业部长城钢厂，始建于 1965 年，1972 年正式投产。1988 年进行股份制改造试点，1994 年，其控股子公司——长城特殊钢股份有限公司在深圳证券交易所上市。2003年完成债转股，2004年攀钢重组长钢，公司更名为攀钢集团四川长城特殊钢有限责任公司。2009年7月，攀钢集团完成整体上市工作，通过吸并原长钢股份公司，收购运输公司、钢管公司、房地产公司等，组建成立攀钢集团江油长城特殊钢有限公司。

10月27日，长城特钢《一种提高Cr12系列冷作模具钢电渣锭表面质量的控制方法》获专利授权。

11月22日，长城特钢党委书记张虎主持召开主题教育调研成果交流会，鞍钢集团党委主题教育督导组党好钢作点评，攀钢党委主题教育组织指导组冉河清到会指导。会上，张虎作公司党委领导班子调研成果报告，公司党委副书记、总经理李强通报正、反典型案例有关情况；领导班子成员结合典型案例，分别作调研成果交流。

11月23日，经长城特钢第15次党委会、五届十六次职工代表大会审议通过，该公司启动协商一致解除劳动合同工作。这是继2016年公司实施协商一致解除劳动合同后的再一次优化人力资源结构举措。

11月23~25日，长城特钢组织参加了以“空天融合、聚睿无疆、共创商用航空航天发展新华章”为主题的“2023上海国际商用航空航天产业展览会”。展会涵盖航空制造与维修、民机材料、高温合金、航材贸易、机场与空管、商务航空等领域，国内的业内先进企业和来自德国、法国、美国等11个国家和地区的知名航空航天企业共同参加本次展会。通过本次展会，该公司向业内厂商展示了在高端特钢产品领域里面的实力和技术优势。

11月27日，由深圳市模具技术学会主办、公司独家冠名的第十四届“长城特钢”工模具材料配件产业链交流大会暨模具产业数字化转型高峰论坛在深圳宝安国际会展中心隆重召开。国内模具行业众多顶尖专家学者、领军企业家以及材料配件企业共计400余家参会。长城特钢党委书记、董事张虎出席大会并致辞，该公司模具钢首席工程师谢珍勇作了《高性能模具钢的研发及推广应用——长城特钢高品质模具钢》的主题演讲。在举行的“工模具钢及配件行业年度风云企业榜”和“模具工匠精英榜”表彰仪式上，该公司被授予“工模具钢行业年度风云企业”，高级工程师蔡武入选“模具工匠精英榜”。长城特钢是国内工模具行业“最具影响力钢厂品牌”企业之一，目前已拥有8项模具钢技术国家专利，3个模具扁钢产品获国家质量金杯奖，多项技术荣获四川省科技进步奖。

11月，长城特钢成功攻克笔尖钢生产技术难题。国内笔尖钢市场曾一度被进口产品垄断，生产技术长期被国外封锁。该公司秉承“特钢报国”初心，凭借多年在特种不锈钢领域积累的经验，组织专项攻关，用最终成果递交了一份出色的答卷。

11月，长城特钢研制的高温合金、高强度合金结构钢和特种不锈钢产品，成功通过中国航发商用航空发动机有限责任公司50项产品认证。

12月26日，长城特钢入选绵阳企业50强、绵阳制造业企业50强，并顺利通过国家高新技术企业认定。

12月，长城特钢与中国石化签订一批高温合金热轧扁钢合同，这是高温合金热轧扁钢首次批量用于中国石化高端客户，并替代进口。

12月，长城特钢《高氮高铬塑料模具钢及其冶炼和热处理方法》获德国专利授权。

永兴特种材料科技股份有限公司

1月，永兴特钢全资子公司永兴新能源荣获国轩高科2022年度卓越供应奖。

4月，永兴特钢子公司湖州锂电荣获第七届国际储能创新大赛2023储能技术创新典范TOP10奖。

9月，永兴特钢荣获2023年度浙江省制造业首台套产品——省内首批次新材料。

9月，永兴特钢与北京科技大学“产学研”合作项目《S30432不锈钢夹杂物与冶金工艺研究》圆满完成。

9月，永兴特钢位列2023年度中国制造业民营企业500强第335名。

11月，永兴特钢荣获浙江省科学技术三等奖两项。

12月，永兴特钢12兆瓦/12兆瓦·时储能项目一期并网运行。

12月，永兴特钢位列2023年度浙江省制造业百强企业。

宝武特种冶金有限公司

（一）重大生产技术活动

3月15日，宝武特冶高金科技有限公司马鞍山基地项目重要节点——公辅设备安装工程正式启动，将为基地顺产达产提供优质可靠的能源介质保障。

4月17日，宝武特冶牵头西北有色院等共9家单位参研的“十四五”国家重点研发计划《钛合金返回料利用及板管材高效短流程制备关键技术开发》项目专家咨询委员会首次会议暨半年度研发工作会在西安召开。

4月19日，宝特航研通过武器装备科研生产单位二级保密资格证书。

5月6日，宝武特冶感应产线填平补齐项目——6吨真空感应炉热负荷调试成功顺利出钢，主要生产镍基高温合金、LNG船用精密合金及耐蚀合金等材料，并提升了锭型浇铸能力，将进一步增强高温合金等使命类产品的保供能力。

5月18日，国家市场监督管理局正式下发“市场监督管理采用新材料、新技术、新工艺试制试用决定书”，同意在大唐郓城两台630 ℃超超临界（1000兆瓦）二次再热机组国家电力示范项目采用G115钢试用于高温高压元件。

5月31日，宝武特冶5吨电渣炉热负荷调试成功顺利出钢，将进一步满足高温合金新三联工艺生产需求，提升高温合金、耐蚀合金、特种不锈钢等产品的生产制造和保供能力。

6月15日，中国宝武特种冶金材料专家智库委员会第一次会议召开。

6月15日，宝武特冶特种冶金材料马鞍山基地项目LF炉、合金熔融炉冷调试启动，正式进入了设备单体调试阶段。

8月31日，宝武特冶举行特种冶金材料新基地项目热调试启动仪式，主工艺设备顺利进入热调试阶段。

8月31日，宝武特冶受邀参加中国大唐联合山东省人民政府举办的世界首台630 ℃国家电力科技攻关示范项目推进大会。期间，宝武特冶与中国大唐签订630 ℃超超临界二次再热国家电力示范项目G115管道采购合同，成为该产品独家供应商。

8月31日，云南钛业屋顶光伏5.4兆瓦项目顺利投运，为“国家绿色工厂”再添“新绿”，助推云钛绿色低碳高质量发展。

9月21日，宝武特冶参研的上海市工业强基项目《超大力值传感器和100兆牛标准测力机研制及应用》顺利通过上海市经信委和国内计量领域权威专家的评审验收。

9月21日，宝武钢-钛结合技术取得新突破，4.42米超宽钛板在宝钢股份厚板厂一火轧制成功，板形良好，标志着“大量使用返回料—电子束EB炉熔炼—电炉加热—宽厚板轧制”技术路线全流程贯通。

9月29日，宝武特冶公司举行迎国庆升旗仪式暨党员代表大会。

10月10日，宝武特冶主办第四届中国新材料产业发展大会特种冶金材料分论坛，邀请国内相关领域专家学者，聚焦特种冶金技术与新材料开发，围绕航空发动机和核电新能源等新兴产业用关键材料研发及应用，推动特种冶金材料及其制备工艺技术水平提升等开展深入研讨。

10月24日，由中国特钢企业协会主办的“2023中国国际高品质特殊钢新材料论坛”在上海开幕，同期举行2023中国国际特殊钢工业展览会。宝武特冶作为中国特钢企业协会第十届轮值会长单位，“以创新推进绿色低碳发展，体现特钢企业责任担当”做主题发言；论坛期间，并就当前经济形势以及特钢行业产业升级、绿色低碳、智能制造等热点问题与行业协会、大专院校、科研单位及特钢生产企业的专家进行研讨交流。

11月1日，宝武特冶（马鞍山）高金科技有限公司历时14个月工程建设，顺利举行投产仪式。

11月3日，宝武特冶牵头西北有色院等共9家单位参研的“十四五”国家重点研发计划《钛合金返回料利用及板管材高效短流程制备关键技术开发》年度工作会暨项目管理工作会在上海召开。

（二）其他重大事项

1月15日，宝武特冶荣获中国核学会颁发的“高温堆优秀供应商”称号，表彰在全球首座高温气冷堆核电站示范工程的建造过程中所做出的突出贡献。

2月15日，宝武特冶获得2022年度上海市宝山区企业技术中心认定。

2月16日，中国运载火箭技术研究院发来感谢信，向宝武特冶在2022年攻克疫情严峻、资源紧张、任务繁重的多重考验，积极响应业务需求，严把质量关，圆满完成以中国空间站建成阶段发射为代表的国家重大工程保障任务表示感谢。

3月22日，中国特钢企业协会十届二次会员大会召开，宝武特冶章青云同志当选中国特钢企业协会十届二次轮值会长。

3月28日，宝武特冶获得2022年上海市专精特新企业称号。

4月25日，宝武特冶被评为中国航空发动机集团有限公司战略供应商。

7月13日，宝武特冶收到长征五号运载火箭型号办公室感谢信，向宝武特冶在长征五号B运载火箭研制过程中给予的大力支持，圆满完成我国空间站在轨建造任务目标，如期实现载人航天“三步走”战略表示感谢。

9月8日，宝特航研荣获重庆市政府颁发的“重庆市企业创新奖”。

10月26日，宝特航研通过CNAS（中国合格评定国家认可委员会）认证。

11月2日，云南省工业和信息化厅调研云南钛业，并为云南钛业揭牌“国家技术创新示范企业”。

12月21日，宝特航研通过AS9100D航天航空及防务质量体系认证。

太原钢铁（集团）有限公司

（一）重大生产技术活动

1月9日，太钢发布不锈钢低碳冶金技术路线图。路线图明确了太钢集团低碳发展的时序表和基于不锈钢产品冶炼的六大碳中和技术路径，为2025年实现降碳6%、2030年实现降碳16%、2035年实现降碳30%、2050年实现碳中和的目标，提供了科技和技术支撑。

1月20日，太钢4300毫米中厚板生产线厂房屋顶BIPV光伏项目顺利并网发电。项目总装机容量11.04兆瓦，25年寿命期总发电量约28300万千瓦·时，可替代煤炭消耗约13万吨，减少CO_2排放约25万吨。

3月，太钢集团太原基地首台测温取样机器人在炼钢二厂北区3号LF炉一次热试成功，操作人员只需按下“启动”按钮，身着银色隔热服的宝罗同事就会伸出它长长的“手臂”，快速准确地完成测温取样作业。

8月15日，太钢炼钢二厂首台LTS自动扒渣机正式投用，这是国内首次将自动扒渣技术在不锈钢钢水钢渣分离上应用。

9月1日，太钢1000兆帕级超高强磁轭钢板实现全球首发。

9月，太钢主持起草的国家标准GB/T 713.7—2023《承压设备用钢板和钢带第7部分：不锈钢和耐热钢》正式发布，2024年3月1日正式实施。

10月31日，山西省委常委、太原市委书记韦韬深入太钢调研企业生产经营情况，面对面听取企业需求，现场办公解决实际困难问题。太原市委常委、秘书长裴耀军，副市长李永强陪同。

11月，太钢超级超纯铁素体TFC22-X向国内燃料电池龙头企业完成批量交付，实现新能源领域用关键战略材料国内首发，解决燃料电池行业关键战略材料问题，助力国家“双碳”目标落地。

12月，太钢集团联合中国核动力研究设计院、中国核电工程有限公司研制的“功构一体六边形NCT257硼不锈钢无缝钢管产品”顺利通过中国核能行业协会组织的新产品技术鉴定，标志着核燃料贮运搁架关键用材国产化研发取得重大突破。

（二）重大建设项目的竣工投产

3月，临沂市高质量发展重大项目建设现场推进会在太钢鑫海设分会场，作为临沂市“年加工300万吨不锈钢合金材料工程”重要组成部分的太钢鑫海热酸退项目开工奠基。

3月，山西太钢不锈钢精密带钢有限公司首条国产生产线——3号轧机正在安装调试设备中，计划当月投产。

5月30日，宁波宝新6万吨高品质不锈钢生产线全线贯通。

11月，太钢热连轧厂2250毫米生产线新建重卷机组项目一次热负荷试车成功。

（三）其他重大事项

1月29日，山西省委副书记、省长金湘军深入山西太钢不锈钢精密带钢公司调研。山西省委常委、太原市委书记韦韬，副省长赵红严，太原市委副书记、市长张新伟参加调研。

2月6日，太钢不锈成为“双碳最佳实践能效标杆示范厂培育企业”。在钢铁行业能效标杆三年行动方案现场启动会上，有21家钢企首批被授予“双碳最佳实践能效标杆示范厂培育企业”标牌，山西太钢不锈钢股份有限公司名列其中。

2月15日，太钢双相不锈钢板材获评国家级制造业单项冠军。工信部和中国工业经济联合会下发通知，公布国家第七批制造业单项冠军及通过复核的第一批、第四批制造业单项冠军企业（产品）名单，太钢不锈双相不锈钢板材名列第七批制造业单项冠军产品名单，是继太钢不锈超纯铁素体不锈钢2021年获评第六批国家级制造业单项冠军产品后，再度获评国家级单项冠军产品。

3月23日，太钢不锈钢产品通过PER认证。太钢按照美标、欧标生产的304、316、1.4301、1.4401等品种的不锈热轧、冷轧卷板通过英国承压设备质量管理体系PER认证。

3月24日，太钢两单位上榜绿色制造“国家队”名单。3月24日，工信部公布了2022年度绿色制造名单，太钢两家单位上榜。其中，天津太钢天管不锈钢有限公司上榜绿色工厂名单，山西太钢不锈钢股份有限公司新能源汽车用无取向硅钢上榜绿色设计产品名单。

4月7日，太钢获评山西省首批国际贸易总部企业。经各市推荐、企业申报、专家评审和公示环节后，山西省商务厅确认，太钢集团被评定为山西省首批国际贸易型总部企业。

5月16日，太钢举办校企产教融合

“双元制”培养合作协议签约暨“不锈工匠班”开班仪式。签约仪式上，太钢人力资源部负责人分别与山西工程职业学院代表、山西职业技术学院代表进行签约。

5 月 24 日，太钢助力西部首台“华龙一号”核电机组顺利投产。我国西部首台“华龙一号”核电机组——广西防城港 3 号机组投产仪式在防城港核电基地举行。太钢作为关键材料的供货企业，圆满完成保供任务。

6 月 6 日，太钢集团与中钢集团武汉安全环保研究院正式启动为期三年的提升服务项目。“安全生产管理综合技术服务”项目，是太钢立足长远，系统推进公司安全发展、高质量发展、可持续发展的重要举措。

6 月 28 日，太钢精密带钢公司被命名为山西省科学家精神教育基地。山西省科学技术协会联合山西省教育厅、山西省科学技术厅、山西省国有资产监督管理委员会、山西省国防科学技术工业局共同启动了 2023 年度科学家精神教育基地认定工作，经过实地考察、评估等程序，命名了七家单位为 2023 年度山西省科学家精神教育基地，山西太钢不锈钢精密带钢有限公司“手撕钢”科技创新教育基地位列其中。

6 月 29 日，太钢不锈获天津 LNG 二期项目 4 号储罐投产特别贡献奖。

6 月，太钢不锈与山西交科集团签署合作协议，并签订 3 万吨供货合同，用于山西省内大同西北环、黎霍高速等项目公路防撞护栏，这标志着太钢公路护栏用低碳型不锈钢将在省内多条高速公路上实现首用。这是太钢积极发挥山西省特钢材料产业链“链主”企业作用，与链上企业合作开发与应用推广取得的又一硕果。

7 月 7 日，太钢笔尖钢获制笔行业民族品牌称号。

7 月 17 日，宝武党委书记、董事长胡望明调研太钢集团。他强调，要认真学习贯彻习近平总书记重要讲话重要指示精神，积极推动高端化、智能化、绿色化、高效化发展，做强做优做大；要坚定战略定力，提高政治站位，不断内部挖潜提效能，持续改革创新增活力，打造极致成本，淬炼极致效率，为宝武创建世界一流企业贡献太钢力量。

9 月 14 日，山西省政协主席吴存荣带领调研组来到山西太钢不锈钢精密带钢公司调研太钢科技创新工作。

9 月 15 日，太钢集团通过多项举措扎实开展了以“网络安全为人民，网络安全靠人民”为主题的 2023 年网络安全宣传周系列活动。

9 月 28 日，太钢 9 项成果获行业科学技术奖。2023 年冶金科学技术奖奖项出炉，太钢 9 项创新成果榜上有名。其中：4 项喜获一等奖，2 项获二等奖，2 项获三等奖，1 项获冶金“一线工人”三等奖。冶金科学技术奖是由中国钢铁工业协会、中国金属学会联合创办并经国家科学技术部正式批准设立的科学技术奖项，是中国钢铁行业的最高科学技术奖，号称中国钢铁行业的“奥斯卡”。

10 月，由太钢主持制定的国家标准 GB/T 42794—2023《镍铁碳、硫、硅、磷、镍、钴、铬和铜含量的测定　火花源原子发射光谱法》由国家标准化管理委员会批准颁布，将于 2024 年 3 月 1 日正式实施。该标准首次将火花源原子发射光谱法应用于镍铁合金化学检验领域，填补了国内外镍铁合金领域采用火花源原子发射光谱法测定化学成分的标准空白，将对镍铁和不锈钢的生产应用产生积极深远的影响。

10 月 26 日，以“绿色智能制造，链动美好未来”为主题的特钢和特种金属材料产业链精准招商暨重点产品推介会在太钢召开。

10 月 27 日，太钢不锈钢冶炼新技术通过两项国际绿色认证。太钢低碳产品开发取得重要进展，大废钢比电炉短流程冶炼低碳不锈钢生产工艺路线，实现废钢比最高可达 90%，二氧化碳排放量可减少约 70%，这一低碳工艺路线可涵盖太钢奥氏体不锈钢五类产品及铁素体、马氏体不锈钢全部牌号，并通过了 RC 和 RCS 双认证，获得了电子信息及家电领域用户的高度认可。

11 月 28 日，主题教育中央第 21 巡回指导组到宝武太钢集团钢科公司召开调研座谈会。

12 月 1 日，山西省委副书记、省长金湘军等省领导视察太钢 4300 毫米中厚板生产线智能化升级改造项目投产情况。

12 月 4 日，太钢集团与天津港集团签订战略合作协议，标志着双方合作进入新阶段。双方将充分发挥彼此优势，在巩固扩大装卸物流业务、积极推进铁路公路双重运输、开展适箱货物海铁联运、立足供需延伸服务功能、聚焦行业实现信息共享等五方面深化合作，携手服务国家战略，助力我国钢铁行业转型升级、钢铁产业高质量发展。

12 月 22 日，太钢集团在太钢博物园举行以“守正创新勇攀高峰”为主题的“中国不锈钢发展史展览”开展仪式。

12 月 28 日，太钢工业文化园国家 3A 级旅游景区揭牌。

南京钢铁集团有限公司

1 月 3 日，江苏省南京市江北新区党工委副书记陈潺嵋来到南钢，调研南钢党建、宣传、文化、工业旅游等工作，新区党群工作部副部长华惜时、宣传和统战部副部长袁征参加，南钢党委副书记王芳等陪同。

1 月 9 日，江苏省政协原副主席、省工业经济联合会原会长吴冬华，江苏省原冶金厅厅长、省工业经济联合会专务姜文韬，江苏省工业经济联合会副会长、省企业家协会会长陶魄等率省级媒体到访南钢，了解南钢获得“中国工业大奖”的典型经验和做法。

1 月 11 日，南钢设备技术创新中心正式成立，并举行揭牌仪式。

1 月 12 日，瑞士国际冶金资源有限公司（IMR）北京公司副总裁宋楠一行到访南钢，线上参加印尼金瑞现场举行的 2023 年度焦炭战略合作协议签约仪式。南钢副总裁林国强出席。

1 月 17 日，江苏省人力资源和社会保障厅副厅长顾潮一行，在新春佳节到来之际走访慰问南钢黄龙技能大师工作室，并调研企业高质量发展情况。南钢副总裁、工会主席黄旭才陪同。

2 月 1 日，第十届、十一届全国政协副主席，第九届、十届全国工商联主席，全国工商联名誉主席，中国人权发展基金会第三届理事会理事长黄孟复偕夫人于义芬，回到曾经工作 24 年的南钢调研，先后参观炼铁事业部球团厂带式焙烧产线、板材事业部宽厚板厂，深入剖析南钢绿色、智慧转型发展的成功经验，共话建设现代产业体系，为全面建成社会主义现代化强国、实现第二个百年奋斗目标奠定坚实基础。江苏省原冶金厅厅长姜文韬，南钢党委书记、董事长黄一新，监事会主席杨思明，联席总裁姚永宽，党委副书记王芳，江苏省工业经济联合会副会长、企业家协会会长陶魄等陪同。

2 月 10 日，江苏省可再生能源行业协会秘书长施新春、副理事长杨维林、副秘书长雍菁菁一行应邀参访南钢。南钢常务副总裁徐晓春参加座谈。

2 月 28 日，湖北省人大常委会副主任、省总工会主席刘雪荣一行到南钢参观考察智能化改造、数字化转型以及人才培养等工作。湖北省人大常委会委员、社会建设委员会主任委员张忠凯，副主任委员、湖北省总工会党组书记、常务副主席陈惠霞，湖北省人大常委会办公厅副主任、社会建设委员会副主任委员王思成，湖北省人大社会建设委员会委员段昌林、办公室四级调研员喻灿；江苏省人大常委会委员、社会建设委员会委员朱玉龙，江苏省人大社会建设委员会办公室三级主任科员朱琦；南京市人大常委会副主任胡万进，南京市人大社会建设委员会主任委员张锦荣；南钢总裁祝瑞荣，副总裁、工会主席黄旭才等陪同考察。

3月2日，江苏省发改委副主任袁焕明一行到南钢调研，省发改委环资处副处长彭飞，南钢党委书记、董事长黄一新，联席总裁姚永宽，副总裁朱平等陪同。

3月9日，浙江省中小企业协会投资专委会主任江旭林、浙江国力工具有限公司总经理卢秦业一行到访南钢，双方就未来合作展开交流。南钢副总裁兼首席投资官、新产业投资集团总裁邵仁志参加座谈。

3月10日，江苏省总工会权益保障部副部长、机关团委书记吕志军，率领省总工会直属机关团员青年来南钢开展“学习二十大、奋进新征程”主题团日学习实践活动。团员青年们先后参观了南钢智慧运营中心、南京钢铁博物馆、宽厚板厂、生态湿地园，并在南钢影剧院观看了《中国乒乓之绝地反击》电影。南钢工会、南钢团委负责人等陪同。

3月10日，江苏省安全生产第一督导组组长、省公安厅二级警务专员秦为民带队，现场督导南钢工业文化旅游区安全生产工作。江苏省教育厅安稳处三级调研员李仁斌、省应急厅综合监管处副处长随欣、省公安厅一级主管孙传仁等共同参加督导。南京市安委办巡查考核处处长祁振中，江北新区安委办、消指办、宣传和统战部、应急管理局、公安分局、大厂街道分管负责同志，南钢副总裁朱平等陪同。

3月16日，南京市教育局副局长潘东标带领由各区教育局分管领导和各职业学校校长、书记等组成的“智改数转”南京职业教育高质量发展论坛考察团参访南钢。南钢副总裁、工会主席黄旭才陪同参观。

3月16日，江苏省市场监督管理局一级巡视员冯新南带队调研南钢质量发展、标准化建设等情况。江苏省质量发展处副处长李晓青，南京市市场监督管理局二级巡视员张建平，江北新区市场监督管理局局长洪汛安等随同，南钢党委书记、董事长黄一新，党委副书记王芳，副总裁谯明亮等陪同。

3月，南京市市长陈之常来到南钢调研，鼓励南钢坚持创新驱动，推进技术革新，加快智能化改造、数字化转型，推动绿色、低碳、数智等新技术与制造运营深度融合，锻造新型工业化新优势；大力发展智能制造、节能环保、新材料等新产业，提升钢铁产业集群下游定制化能力，不断延伸产业链，增强市场竞争力；更要树牢安全发展、绿色发展理念，持续加大节能环保、安全生产等方面投入。南京市委常委、江北新区党工委书记杨学鹏、副市长吴炜、市政府秘书长洪礼来、市政府副秘书长陶磊，市发改委、市工信局、市生态环境局、市应急管理局、市规划资源局和江北新区等部门负责人参加调研。

4月3日，南钢与滁州宝岛共同成立“高品质汽车用带钢联合研发中心”。安徽省滁州市来安县经信局副局长李志双，滁州宝岛特种冷轧带钢有限公司董事长王兵，南钢常务副总裁徐晓春等出席签约仪式。

4月6日，南京市档案馆副馆长王长喜一行来访南钢，双方就企业档案馆建设、数字档案管理等问题展开交流，南钢党委副书记王芳等陪同。南京市档案馆宣传教育处处长王伟、业务指导处副处长宋长山、四级调研员杨晓兵等随行。

4月7日，南钢举行含铁含锌尘泥资源综合利用（转底炉）项目核心设备EPC合同签约仪式，宝武集团环境资源科技有限公司副总经理刘晓轩，南钢副总裁朱平、谯明亮出席仪式。

4 月 7 日，六安市金寨县政府党组成员、副县长贺韬带队到访南钢，双方围绕数智化运维、新产业建设、品牌工程建设、社会责任等方面进行交流。南钢党委副书记王芳出席会议。

4 月 11 日，辽宁省通信管理局局长付旋率辽宁企业考察团，在江苏省通信管理局副局长耿力扬、信息通信发展处处长王丰，中国信通院工物所南京运营中心业务主管古明浩等陪同下实地走访调研南钢，共同探讨制造业企业智能化改造、数字化转型的发展路径。南钢党委副书记王芳等介绍相关情况。

4 月 14 日，中国工程院院士、全国企业管理现代化创新成果审定委员会主任、中国工程院管理学部第七届学部主任胡文瑞，中国企业联合会、中国企业家协会党委书记、常务副会长兼秘书长朱宏任，工业和信息化部中小企业局副局长王岩琴，中国企业联合会、中国企业家协会党委委员、常务副秘书长史向辉，工信部中小企业局服务建设处庞悦，中国石油天然气集团公司首届战略管理专家、教授级高级经济师王俊仁，高级工程师何欣，中国企业管理科学基金会理事长缪荣等一行调研南钢高质量发展情况。

4 月 14 日，江苏省工信厅联合南钢共同开展“党建共学”主题党日活动。江苏省工信厅副厅长石晓鹏，南钢总裁祝瑞荣，副总裁、首席投资官邵仁志，南钢党委副书记王芳等参加共学。

4 月 19 日，第四批江苏省党史教育基地——南京钢铁博物馆揭牌仪式在南钢举行。江苏省委党史工办副主任夏国兵、南钢党委副书记王芳共同揭牌。江苏省委党史工办征研三处处长华晓琦，南京市委党史工办副主任肖兆权、宣传联络处三级调研员朱昌好，江北新区党群工作部副部长华惜时，南钢各事业部、直属单位党组织负责人等参加。南钢党委工作部、企业文化部部长王海鹏主持揭牌仪式。

4 月 20 日，安徽省宣城市旌德县委常委、常务副县长胡兴华来访南钢，双方就未来务实合作展开交流。旌德经开区管委会主任傅世恩、旌德县自然资源规划局局长高庆华、旌德县工投公司董事长朱永建、安徽铜陵泰山爆破有限公司副总经理汪兵，南钢新产业投资集团投资部、南钢新材料研究院、安徽金元素等单位相关人员参加。

4 月 27 日，江苏省委群众杂志社总编辑周斌率调研组来访南钢，围绕科技自立自强等主题开展专题调研。江苏省委群众杂志社副总编辑李克海、李程骅、曹巧兰随同，江北新区党工委副书记陈潺嵋，江北新区宣传和统战部部长陆长宇、综合部副部长徐从根，南钢党委副书记王芳等陪同。

5 月 11 日，福建省政协副主席、省工商联主席王光远带领福建省政协调研组一行参访南钢，就企业高质量发展走访交流。福建省政协常委、经济委员会主任、省交通运输厅原厅长黄祥谈，政协常委、经济委员会副主任、漳州市原市长刘远，政协委员、经济委员会副主任、福州新区管委会原主任林飞，政协委员、经济委员会专职副主任邹国辉，政协委员、三明天元集团有限公司总经理朱建辉，政协委员、省青年闽商联合会常务副会长、新中冠智能科技股份有限公司总裁吴刘驰等随同。江苏省政协经济委员会分党组成员陆国庆、办公室二级调研员赵剑舞；南京市政协副秘书长、一级巡视员钱建宁，政协经济科技委员会副主任于玛莉，工信局一级调研员周毅等陪同。

5 月 22 日，江苏省人社厅职建处处长李建方、四级调研员袁石英调研南钢高技能人才培养，南京市人社局职建处处长朱清怡、江北新区就业管理中心副主任任晓伟、南钢副总裁、工会主席黄旭才陪同。

5 月 25 日，南钢举行装机容量 41 兆瓦/123 兆瓦 · 时储能项目开工仪式。

5月26日，江苏省应急管理厅执法监督局党支部与南京市应急管理局第五党支部，组成党建服务团队，为南钢提供安全生产专业指导服务。江苏省应急管理厅执法监督局局长张明琦，南京市应急管理综合行政执法监督局局长曹镇，南钢副总裁万华，副总裁、工会主席黄旭才等陪同调研。

6月1日，霍邱县委副书记、县长韦能武，副县长毛玲霞来访南钢，霍邱经济开发区（合肥高新区霍邱产业园）党工委书记张伟、管委会主任王祥磊、投资创业中心主任朱保平，霍邱县政府办发展研究室主任刘杨随同。

7月4日，江苏省企业管理现代化创新成果审委会主任朱波一行来南钢调研企业管理现代化创新成果情况。

7月14日，金陵海关党委委员、缉私分局局长倪冠平，南京市商务局党委副书记、市口岸办专职副主任庄岩等深入南钢调研。南京市商务局口岸综合与综保处处长陈玉宏，南京海关缉私局金陵分局沈晴宇等随同。

7月20日，南钢党委与江苏汇鸿国际集团中鼎控股股份有限公司党委建立党建创新联盟，切实推动主题教育走深走实，助推企业高质量发展。汇鸿中鼎党委书记、董事长吴盛，党委副书记、总经理高翔，南钢党委副书记王芳等出席签约仪式。

7月21日，钢铁研究总院党委副书记、副院长葛启录，副总工杨才福，工程用钢研究院党支部书记、院长柴锋来访南钢，双方就深化战略合作展开交流。

7月27日，工业和信息化部规划司副司长张建华一行深入南钢智慧运营中心调研传统制造业改造升级。江苏省工信厅副厅长李锋，省市区工信部门，南钢常务副总裁徐晓春，副总裁、总工程师楚觉非等陪同。工业和信息化部规划司投资处赵若虚，中国信息通信研究院两化所副所长巩天啸，中国信息通信研究院两化所杨琳，国家工业信息安全发展研究中心科技处种国双等随同调研。

7月28日，国家发改委产业发展司制造业智能化处处长水恒勇一行调研南钢“智改数转”推进情况。南钢常务副总裁徐晓春，副总裁、总工程师楚觉非，党委副书记王芳陪同。国家发改委产业发展司制造业智能化处四级调研员杨晶，国家先进制造业产业投资基金高级研究员郭晓岩，江苏省发展改革委工业处一级主任科员束凡玮随同。

8月1日，《中国环境监察》杂志社社长王进明一行到南钢走访调研，原江苏省生态环境厅二级巡视员、环境监察总队总队长唐振亚，原江苏省环保厅副巡视员、环境监察局局长凌静；《中国环境监察》杂志社副社长王贵林、专题部主任娄磊参与交流。

8月3日，中钢协绿化分会常务副会长李崇涛、常务副秘书长沈国庆携第五检察组一行就“全国冶金绿化先进单位”创建情况，走访调研南钢。

8月7日，江苏省总工会副主席、党组成员高立波；江苏省机冶石化工会主任张旭海、副主任李春艳，四级调研员、机冶建材工作部部长许宝林一行深入南钢，走访调研南钢创新技能人才队伍建设，并慰问一线职工，现场为特钢事业部第二炼钢厂许旭东颁发了“全国机械冶金建材行业工匠”奖牌。

8月15日，首个全国生态日当天，江苏省生态环境厅厅长蒋巍以“四不两直”方式深入南钢等单位调研。南京市生态环境局党组书记、局长李文青，市生态环境综合行政执法局局长朱永俊，江苏省生态环境厅驻南京市环境监察专员唐洪文等参加调研。南钢党委书记、董事长黄一新，副总裁朱平，党委副书记王芳等陪同。

8月16日，德州市夏津县委书记沙淑红携山东朝阳轴承总经理万勇等一行来访南钢。

8月17日，南京市人大常委会副主任、

市总工会主席谈健，市总工会党组成员、副主席郁忠，一级调研员孔令凯一行，就产业工人队伍建设改革工作推进情况深入南钢走访调研。

8月22日，山东省滨州市国资委党委副书记苏云寒，市国资委党委委员、副主任孔祥文带队市属国有企业领导人员一行到访南钢。

8月31日，南钢旗下子公司南京金澜特材科技有限公司与浙江谋皮环保科技有限公司、浙江琪鑫新材料贸易有限公司、江苏钜尊环保科技有限公司签订“热轧带钢生态除鳞项目”合作协议。

9月1日，新疆维吾尔自治区总工会党组成员、副主席汤洪伟带领自治区各级工会干部来访南钢，就企业产改工作展开调研。

9月5日，南钢举行“铁区智能装备及系统开发应用联合创新中心”揭牌仪式。

9月5日，南京市商务局副书记庄岩、东南大学材料学院院长薛烽一行来访南钢，就校企合作面对面交流。南京市商务局口岸综合处处长陈玉宏，东南大学研究应用技术研究院副主任周山明、材料学院教授周立初、涂益友、自动化学院教授曹向辉等随行。

9月5日，全国总工会劳动和经济工作部副部长吴薇、技术协作和创新处三级调研员刘超一行深入南钢，就职工创新创造工作展开调研。江苏省总工会劳动和经济工作部部长张姿，南京市总工会劳动和经济工作部部长周永海，南钢副总裁、工会主席黄旭才等陪同。

9月7日，工业和信息化部原材料司副司长张海登一行参访南钢，就钢铁工业绿色低碳、高质量发展进行走访调研。

9月12日，南京市鼓楼区政协党组副书记、二级巡视员丁健生，党组成员、副主席周瀚生携鼓楼区政协经科委部分委员深入南钢，开展“走进南钢　学习先进智能制造”主题活动。

9月22日，南钢与东北大学签署全面合作协议。

9月22日，南钢金智工程技术有限公司党总支与东南大学附属中大医院江北院区党委签署党建创新联盟协议。

9月26日，全国政协常委、中国信保党委书记、董事长宋曙光一行来访南钢，双方就深化战略合作展开交流。南钢党委书记、董事长黄一新，副总裁兼首席投资官林国强，总会计师梅家秀陪同。中国信保党委组织部部长、人力资源部总经理陈新，业务管理部总经理杨明刚，资产管理事业部总经理周明；中国信保江苏分公司党委书记、总经理李志展，党委委员、总经理助理孙瑨等随同。

9月27日，南钢通过为期3天的江苏省钢铁企业重大风险核查和安全诊断。专家组由江苏省应急管理厅安全生产基础处副处长缪春锋带队，南钢副总裁朱平等陪同。江苏省应急管理厅安全生产基础处科长陶建明，南京市应急管理综合行政执法监督局第二支队副支队长袁杨彬、二级主办闻杨，江苏省淮安市涟水县应急管理局副局长王磊等共同参加。

9月，江苏省生态环境厅党组书记陆卫东带队深入南钢走访调研，检查督促企业落实污染防治和安全生产责任，推动企业绿色发展。省生态环境厅副厅长环境监察专员丁立参加调研。南钢联席总裁姚永宽，副总裁朱平，副总裁、总工程师楚觉非等陪同。

10月22日，南京市六合区委书记周勇一行调研南钢，双方就深化合作展开交流。六合区委常委、副区长吕明亮、办公室主任曹大全，六合区投资促进局局长沈维孝，竹镇镇党委书记李晓东，经济开发区党工委委员、招商局局长王静，经济开发区招商局副局长刘玉峰等随同参会。

10月23日，黄一新荣膺“江苏省优秀

企业家”称号。

10月25日，国务院应急管理部灭火救援专家组顾问、南京市应急管理学会高级顾问伍和员，南京市公安局江北新区分局内保支队副支队长朱立国，南京市应急管理学会理事长商健等专家一行调研南钢，双方就大型企业生产安全、消防救援和应急管理等方面的工作展开交流。

11月1日，南京市工业和信息化局副局长郭玉宁，市纪委监委派驻市工信局纪检监察组组长缪德阳一行深入调研南钢高质量发展情况。

11月3日，南钢机关党委与江苏省肿瘤医院机关第五党支部签署党建创新联盟协议。南钢党委副书记、纪委书记王芳与江苏省肿瘤医院纪委书记陈森清，为党建创新联盟揭牌。

11月7日，南京市关心下一代工作委员会常务副主任陈家宝、副主任王咏红、副秘书长陈炜一行来南钢调研关工委工作。南京市国资委党委委员、副主任、关工委副主任田伟民，市关工委办公室主任王勍、副主任陈剑，市国资委企改处二级调研员、关工委秘书长童军等共同参会。南京市国资委原二级巡视员、关工委执行主任江华主持会议。

11月8日，文化和旅游部资源开发司二级巡视员白四座深入南钢，就“推进长江国家文化公园（江苏段）建设”开展专题调研。文化和旅游部资源开发司国家文化公园专班二级调研员倪灵，专班干部张晨、尹知博等随同调研。南京市文旅局资源开发处处长丁波，南钢党委副书记王芳等陪同。

11月14日，南钢独家供货国产首艘豪华邮轮。

11月22日，南钢累计有162项成果处于国际领先或国际先进水平。

11月22日，南钢与达涅利签署连铸机维修服务性能承包合同。

11月22日，南钢与江苏省公安厅单位内部安全保卫总队签署党建创新联盟协议。

11月24日，南京钢铁股份有限公司获上海期货交易所授牌“产融服务基地”，成为上期所首批“强源助企”产融服务基地。

12月12日，南钢新材料研究院与南钢旗下新材料公司——南京金晟材料科技有限公司，联合设立的“南钢材料轻量化创新工作室”正式揭牌。南钢副总裁、工会主席黄旭才出席活动。创新工作室团队成员已申请受理或授权的发明型和实用新型专利共100余项。

12月15日，南钢集团正式加入中信集团。南钢股份的实际控制人变更为中信集团。

12月27日，印尼金瑞390万吨焦炭主体工程全面投产。

12月27日，南京科技职业学院党委书记何学军，党委副书记、校长张小军带队，深入南钢开展党委理论学习中心组研学活动，并与南钢签署校企战略合作协议。

12月，南钢旗下安徽金元素复合材料有限公司获评滁州市“企业技术中心”，并正式揭牌。滁州市经济和信息化局副局长樊士璐、二级调研员赵祖安，来安县经济和信息化局局长孙德祥、副局长李志双、经济开发区经济运行局局长李祥喜，南钢副总裁谯明亮参加揭牌仪式。

2023年，南钢通过全流程全工序超低排放审核。

2023年，全年参与制定国家、行业、团体标准11项，专利申请、专有技术认定1000件以上，国外专利154件。

山东寿光巨能特钢有限公司

2月6日，山东寿光巨能特钢有限公司有组织、无组织超低排放改造通过中国钢铁工业协会和国家生态环境部审核。

2月，山东寿光巨能特钢有限公司合金

结构钢 42crM0A 荣获“金杯优质产品”称号。

5 月 1 日，山东寿光巨能特钢有限公司获“中国特钢企业协会统计工作先进单位”荣誉称号。

10 月 16 日，山东寿光巨能特钢有限公司获“山东省节水标杆单位”荣誉称号。

11 月 15 日，山东寿光巨能特钢有限公司获批“第七批山东省制造业单项冠军”。

12 月 15 日，山东寿光巨能特钢有限公司获“2023 年度全国优特钢生产企业优质品牌”荣誉称号。

12 月 22 日，山东寿光巨能特钢有限公司荣获“2023 年中国钢铁企业竞争力（暨发展质量）A 级特强企业”。

邢台钢铁有限责任公司

（一）重大生产技术活动

3 月 18 日，邢钢正式立项，开启与西王特钢军工产品合作开发，并于 4 月实现首次供货。

4 月 6 日，邢钢 Q10B21-C、QSCM435-C、QSWRCH18A-C 等 8 个牌号冷镦钢原材料正式通过小鹏汽车认证。

5 月 22 日，邢钢参加 2023 中国上海国际紧固件博览会并设立展台，荣获线上点赞“评选大赛”第一名和“最具人气奖”。

6 月 25 日，邢钢与山东东阿海鸥拔丝有限公司签订高端轴承钢产品技术协议，并签订供货合同。邢钢轴承钢产品开启进军高端市场步伐。

9 月 22 日，福特公司正式开启对邢钢 10.9 级汽车材料的认证工作，并于 10 月进行了 QSCM435 材料的样件试用。

10 月 29 日，邢钢与北京科技大学就技术合作签约。

11 月，邢钢与理想汽车新能源汽车认证工作正式启动。

12 月，邢钢开发了 T12A、T12、SWRH72A-JL 等 28 个新产品，共有 QSCM435、SCM440 等 4 个钢种 9 个产品通过转产鉴定。

（二）重大建设项目的竣工投产

2 月 28 日，邢钢转型升级搬迁改造项目指挥部正式挂牌，标志着搬迁项目进入实质推进阶段。

3 月 26 日，邢钢转型升级搬迁改造项目威县新厂完成试桩工作。

5 月 28 日，邢钢转型升级搬迁改造项目在威县圆满举行开工奠基仪式，标志着邢钢退城搬迁迈出实质性步伐。

7 月，邢钢转型升级搬迁改造项目威县新厂区道路的主纵路、主横一路、主横三路铺设完成。

10 月，邢钢搬迁项目指挥部协调多部门联动，与以中冶京诚为总体设计院，山冶院、川空设计院为专业设计院的设计系统紧密配合，开始正式出图。

（三）其他企业动态

1 月 13 日，邢钢召开中高层大会，宣布邢钢完成股权重组，张育明任董事长。

2 月 6 日，邢台钢铁有限责任公司与山东墨龙石油机械股份有限公司，正式就 HIsmelt 熔融还原技术在冶炼领域的推广与应用签署合同，邢钢董事长张育明与山东墨龙执行董事、总经理李志信分别代表双方进行签约，总投资 132 亿元的邢钢转型升级搬迁改造项目全面启动。

4 月 10~14 日，邢钢质量管理体系顺利通过 BSI 英标认证公司年度监督审核。

8 月 21~25 日，邢钢环境和职业健康安全管理体系顺利通过 BSI 英标认证公司年度监督审核。

9 月 2 日，河北省生态环境厅党组成员、副厅长赵乐一行 8 人就一氧化碳精准管控等工作到邢钢调研。邢台市信都区区委书记王银明，区委副书记、区长刘国强和邢台市生态环境局局长贾立宁等陪同调研。

9月21日，邢钢确定“成为国际特钢长材创新型引领企业”的企业愿景和“致力于特钢长材专业化生产及服务，共建特钢长材生态圈”的企业使命，全员弘扬“诚信、担当、实干、创新、聚力、共赢”的核心价值观。

10月20日，邢钢测量管理体系顺利通过中启计量体系认证中心年度监督审核。

河南中原特钢装备制造有限公司

（一）其他重大事项

1月10日，河南省生态环境厅副厅级巡视员邵丰收一行到中原特钢，就落实省厅重污染管控会议精神开展督导检查。

1月11日，中原特钢召开年度安全生产工作交流会，总结回顾2022年安全工作，分析当前面临的安全形势和挑战，安排2023年工作。

1月13日，中原特钢召开学习宣传贯彻集团公司2023年工作会议精神专题会，与会人员就工作会报告内容开展交流研讨，谈体会、明思路。

1月，中原特钢获评2022年度河南省质量诚信体系建设A等企业，进入AA级企业名单。

1月，中原特钢被河南省设备管理协会评选为2020—2021年度河南省设备管理优秀单位。

2月2日，中原特钢召开九届二次职工代表大会暨2023年度工作会议。

2月8日，兵器装备集团董事、党组副书记贾宏谦到中原特钢调研。

2月8日，中原特钢党委召开2022年度领导班子民主生活会。

2月16日，中原特钢工会召开2022年度工会系统基层分会述职考核评议会。

3月3日，中原特钢党委召开2022年度党（总）支书记抓党建工作述职评议会。

3月15日，中原特钢纪委召开纪检系统教育整顿部署会暨读书班开班仪式。

3月24日，中国机械通用零部件工业协会常务理事长姚海光一行70余人到中原特钢调研。

3月，中原特钢组织开展学习宣传贯彻党的二十大精神专题宣讲会，进一步推动党的二十大精神进基层，进班组。

4月1日，中原特钢团委开展“缅怀革命先烈淬炼青年先锋”主题团日活动，组织近两年新入职团员青年到济源烈士陵园，为革命先烈扫墓。

4月1日，黑龙江北方工具有限公司副总经理金海龙一行到中原特钢走访交流，并代表北方双佳与公司签订战略合作协议。

4月10日，中原特钢召开2023年安全生产工作会，总结2022年工作，分析当前安全生产形势，对2023年工作进行部署。

4月13日，中原特钢党委研究部署成立公司学习贯彻习近平新时代中国特色社会主义思想主题教育领导小组和工作机构，制定主题教育方案。

4月14日，中原特钢召开学习贯彻习近平新时代中国特色社会主义思想主题教育动员会议。

4月20日，中原特钢党委举办学习习近平新时代中国特色社会主义思想主题教育读书班。

4月24日，中原特钢召开党风廉政建设暨警示教育会议。

4月27日，中原特钢召开学习贯彻习近平新时代中国特色社会主义思想主题推进会，确保各项工作有力有序推进。

4月，中原特钢联合济源市国家安全局现场开展“全民国家安全教育日”法制宣传活动。

4月，河南总工会印发了《关于河南省五一劳动奖章、河南省五一劳动奖状和河南省工人先锋号的决定》，中原特钢员工、焊工技师王玉龙荣获“河南省五一劳动奖章”。

4月，中原特钢先后荣获“河南省国防邮电工会2022年度工会工作先进单位”“河南省见义勇为基金会见义勇为爱心企业”“济源产城融合示范区总工会2022年度基层工会组织建设工作先进单位”“济源示范区乡村振兴劳模出彩红旗单位”等省市多项荣誉。

4月，中原特钢被集团公司评为“优秀职业技能等级认定机构”。

5月5日，为传承五四精神，进一步激发广大青年团员职工的荣誉感和使命感，中原特钢团委召开青年精神素养提升工程总结表彰大会。

5月8~11日，中原特钢顺利通过环境和职业健康安全管理体系年度复审。

5月26日，中原特钢保密委员会召开全体会议，保密委主任、董事长、党委书记马强对2023年保密工作提出要求。

6月12日，中原特钢与广东雄峰特殊钢股份有限公司签署2023年战略合作协议。

6月19~21日，中原特钢通过方圆标志认证集团有限公司能源管理体系审核，公司于7月7日取得能源管理体系认证证书。

6月30日，中原特钢党委召开庆“七一”暨2022—2023年度“两优一先”表彰大会，庆祝中国共产党成立102周年，对2022—2023年度先进党支部、优秀党务工作者和优秀共产党员进行表彰。

6月，河南中原特钢装备制造有限公司与广东雄峰特殊钢股份有限公司签署2023年战略合作协议。

7月4日，中原特钢纪检开展学习习近平新时代中国特色社会主义思想主题教育和纪检队伍教育整顿工作专题党课暨警示教育活动。

7月7日，济源示范区管委会主任、代市长张宏义到中原特钢调研，深入东张园区生产现场，实地了解公司生产经营情况与科技创新工作。

7月12日，中原特钢党委召开学习贯彻习近平新时代中国特色社会主义思想主题教育调研成果交流会。

7月，济源示范区“两优一先”表彰大会表彰了一批优秀共产党员、优秀党务工作者和先进基层党组织。中原特钢党委被授予“济源示范区先进基层党组织”荣誉称号。

7月，济源示范区管委会主任、代市长张宏义到中原特钢调研，实地察看了东张园区立式连铸生产线以及1800吨精锻生产线，详细了解公司在科技创新、军民融合、转型升级等方面的情况。

8月14日，中原特钢董事长马强，副总经理郝飞一行，走访济源中裕燃气公司，就天然气供应进行交流。

8月24日，中原特钢党委召开学习贯彻习近平新时代中国特色社会主义思想主题教育民主生活会。

9月15日，中原特钢召开月度经营分析暨对标世界一流价值创造行动推进会，专题部署“对标世界一流价值创造专项行动”。

9月19日，兵器装备集团副总经理、党组成员张健到中原特钢调研。

9月21日，中原特钢董事长、党委书记马强受邀到中铁宝桥集团走访调研，总会计师罗志平、总经理助理郑仁纪陪同调研。

10月，中原特钢党委召开党外代表人士座谈会。

11月10日，中原特钢与广东荣锐德贸易有限公司签订《高质量模具圆钢战略合作协议》。

11月23~24日，兵器装备集团安全副总监胡玺光带队，对中原特钢安全生产、环保节能、保卫消防进行联合检查。

11月24日，中裕燃气控股有限公司副总裁彭军、济源中裕燃气有限公司总经理郑峰一行六人到中原特钢走访调研。

11月24日，济源示范区水利局局长崔二伟一行三人到中原特钢对用水情况进行调研。

11月30日，中原特钢召开团员青年学习贯彻习近平新时代中国特色社会主义思想主题教育推进部署会。

11月，中原特钢与上海大学在上海签署战略合作协议，深入推进产学研合作，提高企业创新能力和竞争力。该公司董事长、党委书记马强与上海大学材料科学与工程学院董瀚院长代表双方签署战略合作协议。

12月5日，河南省总工会、省网信办联合组织2023年河南省“中国梦·大国工匠篇”大型主题宣传活动采访团来到中原特钢，开展媒体集中采访。

12月7日，中原特钢总经理、党委副书记胡家旺到高洁净钢公司、锻压公司开展调研，深入生产车间了解产线产能、生产排产、人员结构、党建等情况。

12月20日，中原特钢董事长、党委书记马强到中原内配集团股份有限公司调研。

12月20日，中原特钢以“警钟长鸣，防微杜渐，严守底线，确保安全”为主题，开展“12.19”安全警示日活动。

12月，中原特钢首批交付的耐磨耐腐蚀高氮高锰钢辙叉产品在某铁路工务段高寒高海拔地区成功上轨使用，开始寿命测试。

12月，中原特钢石油钻具产品入围2024年度中石化甲级供应商名录。

（二）重大生产技术活动

3月2日，中原特钢为新成立的李英杰大师创新工作室、李立新创新工作室进行授牌。

3月，中原特钢一批首次试制超长高压管件锻造成功。

4月9日，中原特钢新开发的高氮高锰钢辙叉产品顺利完成锻造生产。

5月，中原特钢首批耐磨耐腐高氮高锰钢辙叉产品试制成功并交付客户，经检测，产品和技术指标达到设计预期。

6月5~9日，中原特钢通过美国石油学会委派审核员对公司进行的API监督审核。

8月8~9日，中原特钢锻压公司采用5000吨油压机成功锻造大规格超长芯棒，实现芯棒生产规格新突破。

9月，中原特钢锻压公司成功完成高端空心钛合金管锻造。

11月27日，中原特钢受邀参加第十四届工模具材料配件产业链交流大会暨模具产业数字化转型高峰论坛，获由深圳市模具技术协会、大会组委会授予的“工模具钢行业年度风云企业”荣誉称号。

11月，中原特钢与上海大学签署战略合作协议，深入推进产学研合作。

11月，中原特钢首批超直径400毫米大芯棒试镀完成，合格率100%。

12月15日，中原特钢首次冶炼试制成功120Mn13高锰钢产品。

12月29日，中原特钢顺利通过河南省水利厅会同省工业和信息化厅、省直机关管理局联合专家组对省节水型企业的复审，荣获“省节水型企业”称号。

12月，国务院国资委主办的第四届中央企业熠星创新创意大赛新材料赛道北京站在北京举行复选赛，中原特钢申报的《新型高抗腐蚀无磁钻具材料》成功入围。

（三）重大建设项目的竣工投产

8月31日，中原特钢首批位于209厂房的光伏组件并网投运开始发电。

（四）重要设备的大修与启动

3月21日，中原特钢经过近一年的努力，锻压公司新增20T操纵机组热试车成功。

7月，芯棒轧辊公司通过对高频感应圈工装进行创新改制，顺利完成高频淬火设备改造。

天津钢管制造有限公司

（一）重大生产技术活动

2 月 13 日，天津钢管自主研发的 TP140V 超深井套管产品及 508 大口径快速扣表层套管助力中国石油西南油气田公司蓬莱气区蓬深 6 井顺利完钻并成功固井。该井深达到 9026 米，刷新亚洲直井井深纪录。

3 月 1 日，由中国科技产业化促进会组织，天津钢管及多家国内氢能产业链头部企业参与编制的 T/CSPSTC 103—2022《氢气管道工程设计规范》正式发布实施。

3 月 10 日，天津钢管生产的大口径 508TP-QR 表层套管及自主研发的 TP140HC 高抗挤毁特殊螺纹产品助力新疆塔里木盆地富满油田果勒 3C 井顺利完钻，以 9396 米井深刷新亚洲陆上当前油气水平井深纪录。

3 月 13 日，天津钢管申报天津市科学技术奖项目《面向我国自主第三代核电用无缝管关键技术开发及产业化》获得天津市科学技术奖二等奖。

3 月 14 日，天津钢管套管产品助力我国“深地工程”再获重大突破。位于塔里木盆地的顺北 84 斜井垂直钻井深度突破 8937.77 米，该井技术套管和生产套管均采用天津钢管产品，占套管总用量的 85%。

3 月 25 日，天津钢管 20 控 Cr、WB36CN1 以及 A335P22 等材质无缝管道产品助力我国西部地区首台，全国第三台“华龙一号”机组正式投产发电。

3 月 28 日，天津钢管牵头研发的非标钢级 X85Q 高强度海工结构管实现首次供货，创公司出口 API5L 系列最高钢级纪录。

3 月 30 日，中国钢铁工业协会发布 2022 年度冶金产品实物质量品牌培育产品名单，天津钢管 P110 钢级石油天然气工业油气井套管用钢管、X65Q 钢级石油天然气工业管线输送系统用钢管、TP850RD 钢级旋挖机钻杆用无缝钢管等 3 项产品被评为“金杯优质产品”。

4 月 1 日，天津钢管完成有组织、无组织、清洁运输超低排放改造，正式通过国家超低排放改造验收审核，并在中国钢铁工业协会官网公示。

6 月 12 日，天津钢管自主研发的特殊扣产品助力中国石油首个自主开发的特高含硫气田——铁山坡气田全面达产。

6 月 22 日，天津钢管自主研发的“深海”用高端管线管助力我国“深海一号”二期工程顺利铺设完工，创造我国深水混输海管最远距离、最大口径、最大壁厚等多项纪录，实现我国深水油气开发的新突破。

8 月 23 日，天津钢管自主研发的“深地”用高端油井管助力我国首口万米科探井——深地塔科 1 井钻井深度过半，该井创造了我国大尺寸钢管作业最深、吨位最大等多项纪录。

8 月 28 日，天津钢管被中国钢铁工业协会质量标准化工作委员会评为“2023 年度钢铁行业质量标准化工作优秀单位”。

9 月 7 日，天津钢管参与起草的国家标准 GB/T 43231—2023《石油天然气工业页岩油气井套管选用及工况适用性评价》和 GB/T 5310—2023《高压锅炉用无缝钢管》，由国家标准化管理委员会批准正式发布。

9 月 8 日，天津钢管参加 2023 第四届全国钢铁行业绿色低碳发展大会，获评 2023 年度“钢铁绿色发展标杆企业”。

11 月 9 日，天津钢管分质供水改造项目作为钢铁行业典型案例被列入工业和信息化部、水利部发布的《国家鼓励的工业节水工艺、技术和装备目录（2023 年）》。

11 月 14 日，天津钢管自主设计生产的高端管线管产品助力渤海首个千亿立方米大气田——渤中 19-6 气田Ⅰ期开发项目成功投产，标志着我国海上深层复杂潜山油气藏开发迈入新阶段。

11 月 15 日，天津钢管自主研发的高端套管、油管产品助力中国石化“深地一号”跃进 3-3XC 井测试获得高产油气流，该井完钻井深达 9432 米，项目刷新亚洲最深井斜深和超深层钻井水平位移两项纪录。

11 月 29 日，天津钢管通过国家知识产权局审核，获评“国家知识产权优势企业”。

12 月 8 日，天津钢管通过国家高新技术企业认证，获得天津市科技局、天津市财政局、国家税务总局天津市税务局批准的高新技术企业证书。

（二）重大建设项目的竣工投产

1 月 18 日，天津钢管分布式光伏发电项目一期并网发电。

4 月 19 日，天津钢管 6 兆瓦余热发电项目成功试运行，项目充分利用非采暖季的富余蒸汽进行发电，达到平衡公司蒸汽、利用余热、回收冷凝水、节约能源等目的，在降本增效的同时有效降低公司碳排放量。

6 月 2 日，天津钢管废钢料场扬尘治理厂房项目顺利通过竣工质量验收。项目建筑工程总面积约 43000 平方米。

11 月 13 日，168 机组环形炉智慧燃烧改造完成烘炉。

（三）其他重大事项

2 月 27 日，天津市副市长谢元带队到天津钢管调研，市政府副秘书长王智毅，东丽区区长贾堤等领导陪同。该公司领导丁华、霍建、郑贵英、陈培钰、刘金海、魏南参与调研接待。

4 月 25 日，天津市人大常委会副主任、市总工会主席赵飞和市总工会党组书记、副主席杨春武一行到天津钢管调研指导，该公司工会相关负责人参与接待。

4 月，天津钢管制造有限公司与陕西延长石油物资集团有限责任公司签订战略合作协议。此前，陕西延长石油物资集团有限责任公司副总经理郝晓斌带队到天管进行参观走访，就战略合作事宜进行协商洽谈并达成一致意见。

9 月 6 日，国家财政部金融司司长王克冰、国家融资担保基金董事长李承、国家财政部天津监管局局长潘春慧、天津市财政局副局长连东青一行到天津钢管调研。中信集团董事会办公室主任张云亭、副主任白波，中信泰富特钢总会计师倪幼美，天津钢管党委书记、总经理丁华、常务副总经理温德松、党委副书记、工会主席霍建、总会计师彭强参加调研。

10 月 31 日，天津钢管常务副总经理温德松带队参加由中国世界石油理事会国家委员会主办的“绿色低碳转型——迈向碳中和之路”主题交流会，并代表公司发表了题为《绿色低碳、共创未来》的主题发言。

11 月 2 日，江阴市委书记许峰一行 5 人到中信泰富特钢集团旗下天津钢管制造有限公司调研指导工作。中信泰富特钢党委书记、董事长钱刚，党委副书记、总裁李国忠陪同调研。

江苏天工工具新材料股份有限公司

3 月 3 日，全国人大代表、天工国际董事局主席朱小坤赴京参加全国两会。

4 月，天工国际强势进军一体化大型压铸领域，7000 吨快锻项目正式投产，提升全面满足市场对一体化大型模具用材的整体需求。

6 月，天工国际董事局主席朱小坤应邀出席在泰国曼谷举行的“2023‘一带一路’东盟工商领袖峰会”，并获得“泰国国王勋章”及“中泰友好交流使者”称号。

7 月，天工填补国内空白、打破国际技术垄断的粉末冶金故事，亮相央视 CCTV-2 套大型工业纪录片《栋梁之材》之《天工开物》中，标志着我国粉末冶金发展进入“天工引领”时代。

12 月 6 日，在“第八届智通财经资本市场年会暨上市公司颁奖典礼”上，天工国际（00826）荣获“最具价值工业制造公司”奖项。

2023 年，继 2022 年天工工具顺利通过海关 AEO 高级认证后，2023 年天工精密也成功通过海关 AEO 高级认证，充分展示了天工企业良好的信用，得到公司客户充分肯定，为助力天工产品扩大出口起到了积极作用。

2023 年，天工工具成为世界上唯一普通刀具全粉末系列产品专业制造商。

2023 年，天工工具特钢板块、钛材板块生产计划系统炼钢、硬质合金产线 MES 系统上线运行，大数据管控进入天工发展新时代。

西宁特殊钢集团有限责任公司

1 月 8 日，西宁特钢召开形势分析大会，分析总结 2022 年各项工作，研判发展形势，研究部署 2023 年工作，扎实推进集团公司进一步深化改革工作开好局起好步。1 月 17 日，青海省副省长、省政府党组成员刘超在省工信厅党组成员、省国资党委专职副书记杨占忠，省总工会二级巡视员韩彬等领导的陪同下，专程来到西宁特钢进行节前慰问，为奋战一线的干部职工带来了党和政府的关怀和温暖。

2 月 10 日，西宁特钢党委召开 2022 年度党员领导干部民主生活会，青海省委第十五督导组组长、省国资委副主任张海满，省委第十五督导组成员、省国资委企业领导人员管理处干部李世晶到会指导，西宁特钢集团公司党委书记、董事长张永利主持会议并作总结讲话。集团公司党委职能部门主要负责同志列席会议。

3 月 2 日，青海省工信厅党组书记、厅长，省国资委党委副书记、主任姜军，省国资委考核与分配处处长刘伟炜及行业安全生产专家来西宁特钢检查指导安全生产工作。

3 月 2 日，第七届陕晋川甘（宁青新）钢企高峰论坛会议在酒钢集团举行。来自中西部地区的 19 家钢企及相关单位齐聚一堂，共谋钢铁行业高质量发展大计。西宁特钢公司党委书记、董事长张永利应邀出席会议并座谈。

3 月 8 日，青海省党风廉政建设责任制第十二考核组组长、省纪委监委驻省生态环境厅纪检监察组组长葛培军带队来西宁特钢开展 2022 年度党风廉政建设责任制考核工作。该公司领导班子成员，中层管理人员代表，党员代表、职工代表及离退休职工代表共计 60 余人参加会议。

3 月 23 日，青海省委党校第十二期青年干部培训班学员来西宁特钢调研，该公司党委副书记史佐及公司主要工序负责人热情接待了他们。

3 月 30 日，西宁特钢党委联合西宁市城北区人民法院开展“八五”普法宣传培训活动，城北区人民法院法官薛长伟来我公司授课。该公司党委部分班子成员、各公司各单位主要负责人、中层以上领导干部共计 90 余人参加培训。

3 月 31 日，青海庆华集团常务副总经理张肇君、副总经理胡兆钢一行 5 人来西宁特钢参观交流，并签订战略合作协议。西宁特钢领导张伯影、于斌、何小林及相关部门领导出席签约仪式。

4 月 20 日，西宁特钢党委召开学习贯彻习近平新时代中国特色社会主义思想主题教育动员部署会议，深入学习贯彻习近平新时代中国特色社会主义思想和党的二十大精神，全面落实党中央、省委学习贯彻习近平新时代中国特色社会主义思想主题教育工作会议精神，对集团公司深入开展主题教育工作进行动员部署。受西宁特钢集团公司党委书记、董事长张永利委托，集团公司党委副书记、总经理马玉成作动员讲话。青海省委主题教育第九巡回指导组副组长黄文烨出席会议并作指导讲话。会议由该公司党委副书记史佐主持。

4月24日，青海省资委企业改革处副处长、考评组组长郭亭一行8人来到西宁特钢对国企改革三年行动开展现场考核。

4月24日，青海省资委企业改革处副处长、考评组组长郭亭一行8人对集团国企改革三年行动开展现场考核。西宁特钢运营改善管理中心，组织人事部、董秘法务部、党委办公室相关领导作专项汇报。

5月22日，青海省委第九巡回指导组一行五人来西宁特钢检查指导学习贯彻习近平新时代中国特色社会主义思想主题教育工作。

5月31日，在中国科学院金属研究所会议室，由西钢股份公司承担的中国科学院战略性先导科技专项“纯净化电渣轴承钢研制”（编号：XDC04010406）进行了财务专项检查、档案检查和本次综合绩效评价，专家组认为西钢股份公司承接的“纯净化电渣轴承钢研制”项目完成了课题规定全部指标要求，而且通过工艺技术的研究及生产实践，保证了钢液的纯净度，培养了一支专业技术团队，取得了较好的社会和经济效益，综合评价为优秀。

6月21日，青海省委主题教育办成员吴光煦、于国民与省委主题教育第九巡回指导组副组长黄文烨、成员张龙一行来西宁特钢开展主题教育联督联导工作。西宁特钢党委主题教育领导小组成员、主题教育领导小组办公室成员参加座谈。

6月29日，西宁市城北区应急管理局协同西宁特钢组织开展西宁市城北区冶金行业生产安全事故综合应急救援演练。城北区应急管理局副局长赵元林、城北区自然资源局水务科科长褚金武、城北区卫生健康局副局长张生洪、发改局安全科主任杨军莅临现场进行指导。西宁特钢集团副总调度长曹小军参加演练并担任总指挥，安全环保管理中心及相关单位干部职工参加演练。

7月1日，西宁特钢党委召开庆祝中国共产党成立102周年暨“两优一先”表彰会议。西宁特钢集团公司党委书记、董事长张永利出席会议并讲话，集团公司领导班子成员，各公司各单位党组织书记、副书记，受表彰的先进基层党组织代表，优秀共产党员，优秀党务工作者，新入党党员职工代表100余人参加会议。

7月14日，青海省国资委副主任张海满带队来西宁特钢开展2022年度领导班子和领导人员目标责任考核工作。西宁特钢党委副书记、总经理马玉成代表领导班子作述职报告。该公司班子成员、各子公司负责人、部分中层领导、先进模范代表、“两代表一委员”及部分职工代表共计55人参加考核会议。

7月27日，青海省总工会二级巡视员韩彬，省能源化工机冶工会主席赵永明、副主席周文芹在西宁特钢纪委书记宋永进的陪同下，亲切慰问了高温下坚守岗位的一线职工。

10月18日，西宁特钢召开职工代表大会，审议并通过了《西宁特殊钢集团有限公司及子公司重整职工安置方案》，为职工安置工作的顺利推进奠定了坚实基础。青海省国资委副主任栾凤江，省能源化工机冶工会主席赵永明，西钢集团公司、股份公司领导，重整管理人代表，战略投资人代表北京建龙重工集团管理团队及各公司各单位职工代表参加会议。

10月24日，2023年中国国际特殊钢工业展览会在上海新国际博览中心正式开启。西宁特钢作为特钢协会会员单位参展了此次盛会，该公司总工程师、股份公司总经理张伯影出席开幕式并剪彩。

11月16日，西宁特钢铁钢轧分厂连轧作业区四切分螺纹钢改造项目仪式隆重举行，股份公司相关领导出席开工仪式。

11月17日，西宁特钢的一项技术成果

“兼具组织控制和硬度控制的矿用圆环链钢23MnNiMoCr54的退火工艺”被国家知识产权局授予实用新型专利。此专利是公司积极倡导技术创新和技术革新的有效实践，不仅具有很高的实用价值，更是在金属材料领域科研实力的有力证明。

12月26日，西宁特钢举行了管理权移交仪式，西宁特钢董事长张永利与张志祥分别代表双方签署管理权移交确认书，西宁特钢及所属西钢股份、矿冶科技3家企业的管理权正式移交给建龙集团。青海省政府副省长、党组成员刘超会见建龙集团董事长、总裁张志祥，围绕西宁特钢集团公司重整后的发展规划进行座谈交流。

山西闽光新能源科技股份有限公司

1月30日，公司举行156万吨焦化转型升级项目焦炉筑炉开工仪式。该项目计划总投资60亿元，该项目建成后，预计每年可实现销售收入约60亿元、利税约12亿元、新增就业岗位1000余个。

河钢集团张宣科技

1月19日，河南省省长王正谱到张宣科技调研，代表省委、省政府向河钢全体干部职工致以新春问候，并看望慰问了生产一线职工。王正谱来到河钢全球首例120万吨氢冶金示范工程生产现场，细致了解了氢冶金示范工程的项目投资、主要装备、核心技术等情况，并重点就氢冶金的工艺流程与产品应用与王兰玉及张宣科技负责人进行了深入交流。

2月3日，河北省委书记、省人大常委会主任倪岳峰到河钢集团张宣科技调研。

2月28日，张宣科技-中复碳芯复合材料生产线合作项目投产仪式在张宣科技举行，该项目的投运为进一步深化该公司与三一重能、中复碳芯的合作打下了坚实基础。

5月17日，张宣科技特种材料研发创新工作室“马超创新工作室”揭牌。

9月6日，张宣科技-西安交通大学“动力工程多相流国家重点实验室中试基地”正式揭牌，标志着张宣科技与西安交大围绕能源动力基础产业的绿色转型和可持续发展，深化科技创新合作迈出坚实步伐。

11月13日，张宣科技举办张宣科技-北京科技大学共建新金属材料与绿色冶金研发中试基地、人才培养实训基地签约揭牌仪式，双方将在前期共建高端金属材料低碳制造技术实验室和钢铁工业碳中和中试基地的基础上，进一步共建新金属材料与绿色冶金研发中试基地和人才培养实训基地，开设企业管理专业高层人才课程研修班，全面推进覆盖原始创新、技术研发、成果转化、人才培养、骨干进修的更大范围、更宽领域、更深层次的合作，探索高校与企业合作共赢的新模式，打造校企协同发展的新范本。

江苏长强钢铁有限公司

1月22日，江苏省无锡市江阴市副市长、园区党委书记翟菁一行来长强开展春节慰问活动，送上春节期间连续生产企业稳产奖补。

3月3日，长强钢铁“127”特种钢管项目工程总承包合同在上海中冶赛迪有限公司正式签约，标志着项目正式落地，也标志着长强钢铁与中冶赛迪战略合作正式启动。江阴市副市长、园区党委书记翟菁，园区管委会副主任徐宇锋参加签约仪式。

3月21日，长强5G+智能制造127特种钢管项目开工典礼在长强厂区内举行。

3月28日，泰州市市场监督管理局总工程师孔春红、知识产权促进处处长张莉、标准化院副院长陈蓝生一行来长强调研。

5月10日，中国钢铁工业协会纪委副书记陈新良、综合部会员处处长白苗、副处长李蒿来长强就企业入会事宜进行调研。

8月8日，江阴-靖江工业园区举行重大项目观摩活动。江阴市副市长、园区党委书记尹志华一行深入长强现场，调研项目建设情况。

湖南华菱涟源钢铁有限公司

3月27日，涟钢隆重举行省、市重点工程——涟钢以先进钢铁材料为导向的产品结构调整升级项目（1580热轧线）投产仪式。

3月，涟钢炼铁厂360米^{2}烧结机机头全烟气脱硫脱硝改造工程正式开工。

三钢（集团）有限责任公司

1月20日，福建省政协副主席、市委书记黄如欣来到福建三钢，看望慰问三钢坚守岗位的广大干部职工，并致以新春的美好祝福。

2月16日，福建省国资委副主任周金昭到三钢调研。

5月11日，福建省委常委、宣传部部长张彦一行到三钢调研。三明市委常委、宣传部部长陈列平陪同调研。

5月16日，福建省委第十三巡回指导组组长、省政府参事李宝银一行就主题教育到三钢，开展闽光学院产学研发展情况专题调研。

5月31日，福建三钢举行焦炉升级改造工程投产庆典。

6月20日，三明市政府与三钢集团举行座谈会，详细了解三钢发展情况，协调解决存在的困难和问题。三明市市长李春主持座谈会并讲话。

6月29日，福建三钢炼铁厂新1号高炉热风炉顺利点火烘炉，标志着新1号高炉工程投产进入倒计时。

8月2日，三明市委书记李兴湖到三钢调研。福建省冶控党委副书记、副董事长、总经理杨方，三明市委常委、秘书长杨国昕，副市长郭海阳，三钢集团党委书记、董事长黎立璋，党委副书记、总经理何天仁参加调研。

9月13日，在闽部分全国人大代表在福建省人大常委会党组书记、副主任周联清带领下到三钢调研。福建省人大常委会原党组书记、副主任梁建勇，省人大常委会秘书长黄新銮，市委书记李兴湖，市长李春，市人大常委会党组书记、主任赖碧涛，三钢党委书记、董事长黎立璋，三钢闽光总经理卢芳颖等领导参加调研。

10月18日，中央第七巡回指导组组长姚增科一行到三钢调研指导。三明市市长李春，福建省冶控党委书记、董事长郑震，集团公司领导黎立璋、何天仁、周军参加调研。

11月14日，福建省冶控党委书记、董事长郑震，党委副书记、总经理杨方到三钢集团福多邦科技公司调研。

11月23日，中国钢铁工业协会党委副书记、副会长兼秘书长姜维到三钢调研。

澳森特钢集团有限公司

3月1日，河北省产业转型升级中心主任黄必鹤，副主任程恩普、郭威炯来到澳森集团，调研产业发展、生产经营等情况。

4月25日，河北经贸大学会计学院院长李西文一行莅临澳森特钢集团就加强财务人才培养、深化校企合作等相关事宜进行考察交流。随后，校企双方签订校企合作协议，举行实习实践基地挂牌仪式。

5月6日，澳森特钢集团与中交集团隆重举行战略合作签约仪式。

6月14日，中国钢铁工业协会副秘书长，中国冶金报报社党委书记、社长陈玉千，河北省“十四五”规划咨询专家、河北省节能协会名誉会长、河北省冶金行业协会顾问王大勇及相关专业人员到访澳森特钢集团。

7 月 7 日，澳森特钢集团新建 220 米^{2}带式烧结机顺利投产。

8 月 8 日，澳森特钢与中冶京诚工程技术有限公司签署战略合作协议。

8 月 12 日，中冶华天与辛集市澳森特钢集团有限公司举行战略合作签约仪式。

10 月 15 日，河北省市场监督管理局副局长王普增一行来到澳森特钢就质量管理工作开展情况进行核查调研。辛集市政府副市长刘士民，辛集市市场监管局党组成员、局长魏国岭，辛集市市场监管局党组成员、副局长李果，副总经理苏晓峰，副总经理崔娟，生产管理部部长王叶盛，技术中心副主任郗广照陪同调研。

永洋特钢集团有限公司

2 月 16 日，邯郸市人力资源和社会保障局劳动关系处赵建军处长一行到永洋特钢调研。

2 月 21 日，河北省工业和信息化厅钢铁处张晓辉处长一行到永洋特钢走访调研，开展包联帮扶工作。

3 月 9 日，河北省财政厅党组成员、副厅长靳海增一行到永洋特钢走访调研，永年区区长陈涛，永洋特钢董事长杜庆申、总经理杜晓方陪同。

5 月 6 日，永洋特钢同中国联通在邯郸市联通大厦举行了“5G+全连接智慧工厂”项目签约仪式，邯郸市副市长赵洪山，永年区区长陈涛，永洋特钢董事长杜庆申、总经理杜晓方，邯郸联通总经理李建刚等出席签约仪式。

6 月 13 日，江苏省工信厅副厅长张星率队调研中天南通公司安全生产工作。

6 月 28 日，河北省生态环境厅副厅长吴跃一行到永洋特钢调研指导环保绩效创 A 工作。永年区区长陈涛，副区长陈冰和市、区相关部门负责同志陪同调研。

7 月 5 日，永洋特钢总经理杜晓方一行，前往深圳与华为技术有限公司进行了学习交流，并签署了深化合作协议。

9 月 7 日，河北永洋特钢集团有限公司受邀出席了河北省发展和改革委员会与上海大学及上海大学（浙江）高端装备基础材料研究院战略合作协议签约仪式。董事长杜庆申与上海大学材料学院院长、上善院院长董瀚签约，并共同为永洋特钢和上善院合作共建的高品质型钢技术联合研发中心揭牌。

12 月 28 日，河北永洋特钢集团有限公司举行 2 号 1260 米^3 高炉和 55 吨电炉工程开工仪式。

方大特钢科技股份有限公司

1 月 21 日，南昌市青山湖区委书记袁一旦到方大特钢督导春节期间安全生产、“不停工、不停产”工作，青山湖区副区长彭小建陪同。

1 月 28 日，南昌市委常委、副市长肖云深入方大特钢调研重点企业发展情况。

5 月 11 日，湖北省人大常委会党组成员、副主任，省总工会主席刘雪荣一行到方大特钢考察调研，江西省人大社会建设委员会主任委员郭建晖，江西省总工会党组成员、副主席姜国敏，南昌市人大常委会副主任，市总工会党组书记、主席刘德辉等陪同调研。

5 月 17 日，甘肃省临夏州政协党组成员、副主席韩玉林，在东乡族自治县政协主席王荣武等陪同下，到方大集团所属方大特钢东乡乡村振兴企业方大展耀吨袋加工车间实地调研项目运营情况。

5 月，人民日报社江西分社社长郑少忠一行到方大特钢走访调研。

7 月 7 日，江西省生态环境厅厅长李军到方大特钢调研督导企业环保专项排查整治和汛期生态环境安全工作。江西省生态环境厅相关处室（单位）和南昌市生态环境局相关负责人、南昌市青山湖区领导等陪同。

7月12日，江西省文化和旅游厅二级巡视员邓泽洲率江西省文化和旅游厅厅直单位有关负责同志及机关处室节能联络员等50余人走进方大特钢工业旅游示范基地，开展习近平生态文明思想现场教学活动。

8月2日，江西省人民检察院一级巡视员朱德才一行到方大特钢，调研企业依法推进环保工作情况。

8月10日，由南昌市发改委副主任林绪强带队，南昌市发改委促进民营经济发展专题调研组到方大特钢开展调研。

9月5日，中共江西省委党校教授、专家一行15人到方大特钢调研，了解方大党建文化及“党建为魂”引领企业高质量发展等情况。

11月9日，南昌市市长万广明深入南昌高新区、青山湖区，走访调研方大特钢科技股份有限公司。

11月，南昌市退役军人事务局党组书记、局长刘祈虎一行到方大特钢调研。

罗源闽光钢铁有限责任公司

2月2日，福建省工信厅党组书记、厅长翁玉耀到罗源闽光调研。

荣程集团

1月17日，荣程集团众和能源公司与赤峰新奥能源发展有限公司签署战略合作协议。

2月13日，荣程集团董事会主席张荣华、党委书记张颖热情接待到访的中国出口信用保险公司天津分公司党委书记、总经理李秀萍一行，双方签署党建共建合作协议并开展座谈交流活动。

2月28日，全国政协经济委员会副主任、国家发改委原副主任、国家统计局原局长宁吉喆一行到访荣程集团，深入荣程智慧中心、“5G+”三智园、时代记忆馆，调研企业党建、智能制造、智慧物流、数字化平台体系建设、文化产业发展等情况。

3月23日，河北省唐山市副市长张月仙到访荣程集团对接考察。唐山市丰南区委副书记、区长霍强，丰南区委常委、副区长兰绍光等领导陪同。

4月11日，全国政协常委、天津市政协副主席、民革天津市委会主委齐成喜一行到访荣程集团，参观荣程“5G+”智慧中心、智运平台，调研企业产业布局、数字化平台体系建设等情况。

5月19日，第七届世界智能大会开幕第二天，荣程集团与天津联通、浙商银行天津分行等5家单位在荣程集团展区举行集体签约仪式。

6月20日，荣程集团与中船（邯郸）派瑞氢能科技有限公司举行“绿色引领 氢洁未来”1300标准米^3/时光伏绿电制加氢一体化（一期工程）项目签约仪式。中船派瑞党委书记赵宇与荣程集团副总裁、荣程钢铁集团执行董事、荣程新能集团董事长张立华共同出席签约仪式并代表双方公司签署项目合同书。由此，荣程集团利用渔光互补可再生资源绿电制绿氢正式起航，标志着首家、首台套“绿电、绿氢、加氢站一体化”项目落地津城。

6月25日，津南区副区长薛彤一行到访荣程集团，参观1100毫米全连轧带钢生产线、“5G+”智慧中心、荣程智运平台，了解企业经济运行、制造业高质量发展、科技攻关等情况。

7月4日，中国节能协会副秘书长柴博来到荣程集团。

7月15日，黑龙江省大庆市委副书记、市长李岩松一行到荣程集团。

7月25日，天津市交通运输委党委委员、市道路运输管理局党组书记、局长郭子杰一行到访荣程集团。

7月30日，山西省晋城市高平市委常

委、副市长郑威剑一行来到荣程集团。

8月1日，天津市津南区委副书记唐小文一行来到荣程集团。

8月2日，交通运输部科学研究院信息中心主任尚赞娣、中国交通报社运输中心副主任郭一麟来到荣程集团调研，市交通运输委副主任刘道刚陪同。

8月16日，济南市副市长杨丽一行来到荣程集团。

8月17日，天津市文化和旅游局二级巡视员马庆余一行来到荣程集团。

8月17日，遵化市副市长张瑞友带队赴天津荣程集团考察学习。

8月23日，天津市宁河区发改委主任王楠一行到荣程集团调研，并就氢能产业发展等相关话题进行座谈。

9月11日，赤峰市元宝山区委副书记、区长张志伟一行到访荣程集团，并就区域支持企业发展、赤峰九联煤化联产项目等座谈交流。荣程集团董事会主席张荣华参加。

9月15日，天津市道路运输管理局副局长王刚一行到访荣程集团，并就氢能运输等方面内容座谈交流。

10月11日，天津市交通运输委党委书记、主任王志楠一行到荣程集团走访调研。

10月16日，遵化市委书记杨绍华赴荣程集团，与荣程集团董事会主席张荣华对接洽谈。

10月26日，北京市大兴区委常委、宣传部部长仲伟功一行到荣程集团座谈交流。

11月8日，荣程五洲（唐山）数字科技有限公司在遵化市挂牌成立，标志着天津荣程集团与遵化市的合作发展迈出了实质性的第一步。

11月15日，河东区委副书记、区长于瑞均接待荣程集团董事会主席张荣华一行，双方就加强合作、共谋发展进行座谈交流。

11月16日，江苏省副省长胡广杰参观调研中天淮安超高强精品钢帘线项目。

12月2日，津南区委书记王宝雨，区委副书记、区长杨灏带队到荣程集团调研服务重点项目建设，荣程集团董事会主席张荣华出席。

12月15日，天津远程新能源商用车工厂竣工活动在天津经开区举行。活动上，荣程新能集团与远程新能源商用车集团进行战略合作签约以及订单签约，共同助力新能源技术、绿色经济、物流产业发展。荣程集团副总裁、荣程新能科技集团董事长张立华，荣程集团副总裁、荣程新能科技集团执行董事、总经理王利力出席活动，并分别作为企业代表进行战略合作签约以及订单签约。

达州钢铁

3月22日，四川省委书记、省人大常委会主任王晓晖到达州钢铁调研。四川省委常委、省委秘书长陈炜，达州市委副书记、市长严卫东，市委常委、达州东部经开区党工委书记唐廷教陪同调研。

方大集团萍安钢铁

4月11日，江西省副省长陈敏到方大集团萍安钢铁调研企业环保升级改造工作。江西省政府副秘书长杨俊、省生态环境厅党组书记郑光泉、省自然资源厅副厅长郑斌勇随同调研，萍乡市委书记刘烁，市委常委、常务副市长黄强，市委常委、萍乡经开区党工委书记杨博陪同调研。

沙钢集团

1月1日，江苏省苏州市委副书记、市长吴庆文一行在张家港市委书记韩卫，冶金工业园党工委书记、锦丰镇党委书记沙立平等领导的陪同下莅临沙钢走访调研，向沙钢广大职工干部致以新年的问候和祝福。沙钢董事局常务执行董事、总裁龚盛，董事局常务执行董事、有限公司总经理施一新等领导接待并陪同调研。

2月6日，沙钢与江西博能新能源汽车有限公司签署合作框架协议，双方将在沙钢本部生产基地共同就新能源场内运输进行交流和合作，进一步探索钢铁降碳路径，推动沙钢超低排放、绿色发展取得新成果。

2月14日，水利部长江委党组书记、主任马建华一行在江苏省水利厅总工程师周萍，苏州市政府副秘书长蒋华，张家港市委副书记、市长蔡剑峰等领导陪同下到沙钢就长江流域河道岸线治理、水源地保护等工作进行调研。沙钢集团董事局常务执行董事、有限公司总经理施一新，有限公司副总经理蔡振明等领导陪同调研。

2月17日，江苏省工业经济联合会名誉会长、省政协原副主席吴冬华，省工业经济联合会专务、江苏省原冶金厅厅长姜文韬一行到沙钢考察调研，受到了龚盛、沈彬、施一新、黄久贵等领导的热情接待。

2月21日，江苏省工信厅副厅长张星，苏州市工信局副局长罗敏等相关领导一行到沙钢调研。张家港市委副书记、市长蔡剑峰，张家港市副市长翁羽人，冶金工业园党工委副书记、镇党委副书记、镇长李刚强；沙钢集团党委书记、董事局常务执行董事、有限公司董事长沈彬，有限公司常务副总经理马毅等领导参加相关活动。

2月，沙钢战略投资藏格矿业下属全资子公司投资的老挝万象钾盐矿项目在老挝万象市签约。老挝副总理维莱·拉坎丰（Vilay Larkhamfong）、计划与投资部副部长斯塔班迪（Sthabandith）、能源与矿产部副部长占沙瓦（Chansavath）等出席活动并见证签约。沙钢集团董事局总裁助理，沙钢投资公司副董事长、总经理沈谦出席签约仪式。

3月18日，国务院安委会综合检查组第十二组领导及专家、辽宁省应急管理厅领导、大连市应急管理局领导一行，莅临东特股份调研指导工作。沙钢东北特钢集团第一副总经理、东特股份总经理孙启，东特股份第一副总经理王会民等接待了上级领导一行。

3月20日，辽宁省委政研室副主任褚志利、机关党委办公室（人事处）副主任（副处长）田生泽一行2人来东特股份调研指导。沙钢东北特钢集团总经理、东特股份董事长蒋建平，东特股份第一副总经理王会民、财务总监张东、总经理助理陈岦等领导热情接待了褚志利一行。

3月21日，工业和信息化部节能与综合利用司司长黄利斌一行在江苏省工信厅副厅长张星，苏州市副市长张桥，张家港市委副书记、副市长李炳龙等领导的陪同下到沙钢调研节能降碳工作。沙钢集团董事局常务执行董事、有限公司总经理施一新，有限公司副总经理蔡振明等领导陪同调研。

3月21日，中国产业发展促进会会长于彤，国家发展改革委产业司原副司长、一级巡视员李忠娟，江苏省发改委副主任彭义，苏州市发改委领导及中国国际工程咨询有限公司领导、专家组成的调研组到沙钢调研。张家港市委常委、常务副市长常征，冶金工业园党工委副书记、锦丰镇党委副书记、镇长李刚强等领导，沙钢集团董事局常务执行董事、常务副总裁陈少慧，有限公司第一副总工程师黄久贵参加调研。

4月10日，张家港市委书记韩卫，张家港市委副书记、市长蔡剑峰等市委常委会领导，市人大常委会、市政府、市政协相关领导，各区镇、街道党（工）委书记，市委办公室、市政府办公室主要负责人等到沙钢调研。沙钢集团党委书记、董事局常务执行董事、有限公司董事长沈彬，有限公司常务副总经理马毅参加调研。

4月12日，江苏省工信厅中小企业局副局长尹涛在苏州市工信局企业服务处处长何摧陪同下到沙钢调研。沙钢集团董事局常务执行董事、有限公司总经理施一新、有限公司第一副总工程师黄久贵等领导陪同调研。

4 月 17 日，抚顺市委副书记、市长高键，副市长王金华率抚顺市商务局、工信局、望花区相关领导到沙钢考察调研。

4 月，中国钢铁工业协会副会长兼秘书长姜维一行赴沙钢进行工作调研并座谈。

5 月 12 日，江苏海事局局长、党组书记朱汝明一行在张家港海事局局长、党委书记顾立刚等领导的陪同下到沙钢调研。

5 月 17 日，江苏省人社厅党组书记、厅长张彤一行在苏州市副市长查颖冬，张家港市委副书记、副市长李炳龙等领导陪同下到沙钢调研。

5 月，江苏省工业经济联合会名誉会长、省政协原副主席吴冬华，省工业经济联合会专务、江苏省原冶金厅厅长姜文韬一行到沙钢考察调研。

6 月 14 日，陕西省安康市工商联主席马倩一行到沙钢考察交流，全国工商联副主席、江苏省工商联副主席参加交流座谈。

6 月，江苏省生态环境厅总工程师王燕枫，苏州市生态环境局副局长王承武，张家港生态环境局局长张明以及冶金工业园（锦丰镇）相关领导一行，到沙钢调研“无废集团”项目建设推进情况。

6 月，青岛市即墨区委书记、青岛蓝谷管理局党委书记韩世军率即墨区党政代表团到沙钢参观考察。张家港市委副书记、副市长李炳龙，沙钢党委常务副书记、董事局常务执行董事、副总裁陈晓东等领导陪同考察。

7 月，沙钢集团抚顺特钢“精品汽车钢生产线”技改工程成功进入调试生产阶段。该工程经过近二个月的紧张施工，总投资 1300 余万元、年设计生产能力 1.2 万吨，该产线的成功投产将进一步提高抚顺特钢精品汽车钢深加工能力。

8 月 29 日，沙钢与 SEW 中国公司签署战略合作协议。

10 月 10 日，沙钢集团与盛京银行在沈阳签署总对总战略合作协议，双方将围绕辽沈地区钢铁制造领域重点项目和产业升级开展全面合作，共促辽沈工业振兴和现代化产业体系建设。

11 月 7 日，苏州市市场监督管理局副局长施卫兵一行，在张家港市市场监督管理局副局长孙跃忠、周建江等领导的陪同下到沙钢开展商业秘密保护示范基地现场验收并进行实地调研。江苏沙钢集团有限公司总工程师黄久贵，以及相关条线负责同志参加验收和调研活动。

12 月，江苏省人大常委会副秘书长、办公厅主任王林率省直苏州组、宿迁组的省人大代表一行在苏州市人大常委会秘书长黄戟等领导的陪同下到沙钢视察。

12 月，苏州市科协主席、苏州大学教授、俄罗斯工程院院士路建美一行，在张家港市科协党组书记、主席戴艳等领导的陪同下到沙钢开展专题调研活动。

潍坊特钢集团

6 月 1 日，北京科技大学 · 潍坊特钢集团联合研究中心签约、揭牌仪式在富华大酒店举行。

6 月 13 日，潍坊市委副书记、市长刘建军到潍坊特钢集团调研工业经济运行情况。

敬业集团有限公司

3 月 9 日，石家庄汇融农村合作银行与敬业钢铁有限公司签订战略合作。

3 月 21 日，敬业集团与宝武中钢邢机签署战略合作协议。

4 月 12 日，五矿发展股份有限公司副总经理张旭、五矿钢铁有限责任公司总经理李桂福一行 7 人莅临敬业集团参观交流。期间，敬业钢铁与五矿钢铁签署战略合作协议。

8月13日，河北省委书记、省人大常委会主任倪岳峰就进一步推动钢铁企业绿色转型发展莅临敬业集团调研，详细了解企业加强节能降碳，推动绿色转型发展情况。

9月，平山县委书记张前锋莅临敬业集团督导调研中秋节、国庆节前安全生产工作。

10月20日，兴安盟委委员、新任兴安盟常务副盟长秦化真一行莅临敬业乌钢调研，乌兰浩特市委副书记、市长刘宇，乌兰浩特市委常委、副市长马书刚等相关领导一同参加调研。

11月4日，内蒙古自治区人大常委会副主任段志强带队莅临乌钢视察指导。

11月15日，内蒙古自治区工信厅党组书记、厅长王金豹在兴安盟委副书记、盟长苏和，兴安盟委委员、乌兰浩特市委书记杨冀鹏，兴安盟行署党组成员、副盟长梁彦君与兴安盟工信局党组书记、局长魏大勇和乌兰浩特市委常委、市委办主任刘金波，乌兰浩特市委常委、宣传部部长王明阳，乌兰浩特市副市长王海江等陪同下到敬业乌钢，就贯彻落实国务院印发的《关于推动内蒙古高质量发展奋力书写中国式现代化新篇章的意见》进行专题调研。

11月22日，石家庄市平山县委书记张前锋莅临敬业集团调研重点项目谋划工作，在余慧副总等领导陪同下实地查看了敬业集团145兆瓦超临界煤气发电项目，详细了解了项目建设进展情况，现场就一些重点问题进行调度，提出指导意见。

新兴铸管股份有限公司

3月16日，新兴铸管与中电建路桥集团有限公司西南区域总部在山城重庆签署战略合作协议，双方就项目资源共享、管材采购供应、信息交流互通、高层不定期会晤等多个领域达成共识。

3月，武汉市水务集团汉水高新公司与新兴铸管股份有限公司在武汉举行战略合作签约仪式，双方就未来在供排水管材设施的技术研发、采购供应、市场销售等多领域达成深度战略合作。

8月22日，中钢协党委书记、执行会长何文波一行到新兴铸管调研指导工作。

10月，新兴铸管股份有限公司与中国科学院大连化学物理研究所签署战略合作协议，双方将在储能、新能源、新材料、绿色能源化工等领域展开产学研深度合作。

11月28日，聊城水务集团有限公司董事长王吾雪带队一行6人来到新兴铸管参观交流，销售总公司党委书记黄跃明作为新兴铸管签约代表与聊城水务集团签订了战略合作协议。

湖南华菱湘潭钢铁有限公司

6月12日，北京科技大学杨仁树校长，中国工程院院士、北京科技大学终身教授毛新平一行到湘钢，就共建“绿色钢铁智造协同创新中心”签订合作协议。湘钢党委书记、执行董事、总经理杨建华，副总经理刘吉文出席签约和揭牌仪式。

9月11日，湖南省第三生态环境保护督察组组长魏旋君、副组长刘翔带队，到湘钢下沉督察生态环境保护工作。

12月，湘钢与东北大学签订了共建创新平台战略合作协议。

第 8 章

特殊钢企业成果和奖励（包括模范人物）

8.1 国际性奖项

3月，本钢板材炼铁总厂张守喜的《高炉液压系统快速检修技术的研发与应用》在第十三届中东国际发明博览会上荣获金奖。《高炉液压系统快速检修技术的研发与应用》项目，简称高炉液压设备维修操作法，是本钢板材炼铁总厂一级技师张守喜结合自身从事37年高炉维护和检修工作的经验总结出的一套操作方法，现已广泛应用于本钢各大高炉。此操作法还曾荣获辽宁省职工技能大赛（暨全省职工创新成果转化大赛）一等奖、全国冶金科学技术奖二等奖。

5月，新兴铸管所属企业湖北新兴全力机械有限公司“带齿商用车制动盘”在天津举办的第二十一届中国国际铸造博览会上，荣获“优质铸件金奖”。

10月31日~11月1日，由中天钢铁“六轧力量”QC小组发布的《提升六轧二线人本轴承钢一次探伤合格率》QC课题，在被誉为“质量奥林匹克”的第48届国际质量管理小组会议（ICQCC）中，首次获得国际质量小组会议金奖。

8.2 国家部委奖项

1月，工信部和中国工业经济联合会下发通知，公布国家第七批制造业单项冠军及通过复核的第一批、第四批制造业单项冠军企业（产品）名单，太钢不锈双相不锈钢板材名列第七批制造业单项冠军产品名单。这是继太钢不锈超纯铁素体不锈钢2021年获评第六批国家级制造业单项冠军产品后，再度入选国家级单项冠军产品名单。

2月22日，国家发展改革委网站发布了《关于印发第29批新认定及全部国家企业技术中心名单的通知》，湖南华菱涟源钢铁有限公司技术中心名列其中。目前全国共有国家企业技术中心1826家（其中112家为分中心）。

3月，新兴铸管入选国务院国资委公布的创建世界一流示范企业和专精特新示范企业名单。

3月，工信部按照评定程序组织开展了2023年第一批河北省专精特新中小企业申报及评审工作，新兴铸管所属企业新兴工程榜上有名。

4月14日，长祥特钢获得核电材料发明专利。

4月，共青团中央公布了全国“两红两优”名单，山钢莱芜分公司团委获“全国五四红旗团委”荣誉称号。这是共青团中央授予基层团组织的最高荣誉。

4月，三钢集团炼钢厂安环室主任张祥远荣获“全国五一劳动奖章”。

5月16日，长祥公司自主商标“CX”以及具有自主知识产权的硫系易切削模具钢CX2344获得了发明专利授权。

5月，国务院国资委举行的“科改行动”扩围深化现场推进会召开，太钢集团旗下2家子公司太钢不锈、山西钢科以及涟钢成功入选“科改企业”名单。

7月，工信部公布了《关于河北省第五批专精特新“小巨人”企业和第二批专精特新“小巨人”复核通过企业名单的公示》，新兴铸管所属企业邯郸新兴特种管材有限公司成功入选。

8月30日，由工信部牵头举办的“首届新材料创新大赛”评选结果火热出炉。山钢莱芜分公司选送作品《超大规格海洋工程用F级耐低温热轧H型钢》在全国700余份参赛作品中脱颖而出，最终入围“新材料产品奖”赛道项目决赛，并获得三等奖。超大规格海洋工程用F级耐低温热轧H型钢是针对极地高寒区域油气开采工程需求而开发的新型材料型钢，通过钢铁全流程集成创新，攻克系列技术难题，具有优异的强韧性能。其技术质量处于国际先进水平，能够满足全球范围内任意区域油气资源开发建设所需结构材料的使用要求。

9 月 5 日，民政部发布关于表彰第十二届“中华慈善奖”获得者的决定，并在北京人民大会堂举行颁奖仪式，隆重表彰公益慈善领域的先进典型，国务委员谌贻琴出席大会并讲话。荣程集团总裁、荣程钢铁集团董事长、荣程普济公益基金会理事长张君婷荣获“中华慈善奖”捐赠个人奖。作为捐赠企业，在董事局方威主席领导下，辽宁方大集团因 2020 年以来在助力国家疫情防控、投身脱贫攻坚和乡村振兴、驰援地区救灾、开展公益慈善事业等方面的突出贡献，获“中华慈善奖”荣誉称号。方大集团董事、党委书记宋宏谋参加会议并代表集团领奖。

9 月 23 日，由国务院国资委社会责任局指导、中国社会责任百人论坛承办的第六届中国企业论坛平行论坛“践行 ESG 理念，创建一流企业——中央企业 ESG 论坛”在山东济南举行。会上发布了《中央企业上市公司 ESG 蓝皮书（2023）》及“央企 ESG · 先锋 100 指数”。马钢股份成功入选“央企 ESG · 先锋 100 指数”，位列榜单第 30 名，钢铁行业第二；太钢不锈也成功入选，位列第 47 名。

9 月，山西钢科碳材料有限公司获评工信部第五批国家级专精特新“小巨人”企业。

9 月，长江钢铁获国家信息化和工业化融合管理体系 AAA 级认证，标志该公司数字化转型战略成果获得权威认可。

10 月 26 日，工信部公示 2023 年度智能制造示范工厂揭榜单位和优秀场景名单，湘钢申报的中厚板智能制造示范工厂成功入选。

10 月，共青团中央青年发展部决定对 189 个成绩突出的青年突击队集体先进事迹予以通报表扬，南钢“热装直送生产组织开发”青年突击队位列其中。

11 月 15 日，在由工业和信息化部、国务院国有资产监督管理委员会、中华全国工商业联合会、浙江省人民政府主办的第五届中国工业互联网大赛中，南钢旗下的金恒科技参赛项目《面向钢铁企业集群式一体化智慧运营的工业大脑解决方案》荣获“工业互联网+工业大脑解决方案”宁波赛站领军组一等奖。

11 月 20 日，2023 中国 5G+工业互联网大会发布《2023 年 5G 工厂名录》，涟钢“5G+工业互联网”项目成功入选黑色金属冶炼和压延加工业类 5G 工厂名录。该名录是工信部组织各地方积极推荐优秀项目，经评审认定和社会公示评定后产生，共有 300 个项目入选。

11 月 29 日，国家知识产权局公布 2023 年国家知识产权优势企业名单，淮钢成功获评国家知识产权优势企业。

11 月，工信部公示 2023 年度国家级智能制造示范工厂揭榜单位，荣程钢铁集团智能制造示范工厂成功入选，标志着荣程钢铁集团在智能制造方面取得重要突破。

11 月，西宁特钢的一项技术成果《兼具组织控制和硬度控制的矿用圆环链钢 23MnNiMoCr54 的退火工艺》被国家知识产权局授予实用新型专利。

11 月，由方大特钢自主研发的一种可调内螺纹机械加工刀杆，被国家知识产权局授予专利权，并颁发实用新型专利证书。

11 月，国家知识产权局公布 2023 年度国家知识产权优势企业和示范企业评定结果，江苏沙钢集团有限公司成功获评国家知识产权示范企业。

11 月，由张宣科技氢冶金公司自主研发的《一种用于气基竖炉工艺废气急速冷却的装置及操作方法》获国家发明专利授权。

11 月，全国高新技术企业认定管理工作领导小组办公室发布《对河北省认定机构 2023 年认定报备的第一批高新技术企业拟进行备案的公示》，河北敬业立德增材制造有限责任公司以强大的技术实力和研发创新能力成功被认定为国家高新技术企业。

12月15日，国务院国资委发布“双百企业”名单，新兴铸管位列其中。

12月29日，全国企业管理现代化创新成果审定委员会发布《关于发布和推广第三十届全国企业管理现代化创新成果的通知》(国管审〔2023〕5号)。南钢的《钢铁企业实现多维度一体化集成的智慧运营管理体系构建》成果，荣获第三十届全国企业管理现代化创新成果一等成果。这是继《基于事业合伙人制的全员共创共享管理》《智慧风控廉政一体化平台》之后，南钢第三次获得该国字号荣誉的一等奖。

12月，国家知识产权局官网正式发布《关于确定2023年新一批及通过复核的国家知识产权示范企业和优势企业的通知》，本钢板材股份有限公司获评国家知识产权示范企业。

12月，国家知识产权局还发布了《关于2023年度国家知识产权优势企业和示范企业评定结果的公示》。现公示期结束，经企业测评、地方局推荐上报、国家局核准确认等严格筛选程序，天津荣程联合钢铁集团有限公司凭借在知识产权创造、运用、管理及保护等方面的多重优势，获评2023年度“国家知识产权优势企业”。

8.3 全国性协会奖项

1月，在钢铁行业能效标杆三年行动方案现场启动会上，山西太钢不锈钢股份有限公司成为首批被授予“双碳最佳实践能效标杆示范厂培育企业”标牌的企业。

1月，中国企业联合会、中国企业家协会公布了2023年企业绿色低碳发展优秀实践案例名单，东北特钢股份公司的《基于超低排放为目标的酸洗泥厂内消化利用》项目成功入选。

1月，经过近两个月的投票及评审，第六届“中国卓越IR评选”结果揭晓，南钢股份荣获“最佳ESG奖”和“最佳信披奖”两项大奖，充分彰显了资本市场对南钢股份环境、社会、治理以及信息披露和投资者关系工作的高度认可。

2月28日，第二届工业数字孪生大赛颁奖典礼在安徽芜湖隆重举行，历经项目申报、初评、决赛等为期近5个月的激烈角逐与专家评审，南钢旗下的金恒科技智慧运营中心团队《基于数字孪生的一体化运营系统》斩获大赛一等奖，金恒实力再获国家级认可。

2月，中国钢铁工业协会发布《2023年度冶金产品实物质量品牌培育产品名单》，东北特钢股份公司3项产品获“金杯优质产品”称号。

3月18日，由中国质量协会举办的2023年全国现场管理改进成果发表交流活动（第一期）圆满落幕，来自航空、航天、汽车等行业的150余项现场管理改进项目同台竞技。经过激烈角逐，中天钢铁首次参与，并有《三轧厂六西格玛精益项目》《炼钢厂六西格玛黑带项目》分别获评全国示范级成果、全国专业级成果。

3月19日，第七届中国工业大奖发布会在北京召开，第十届全国人大常委会副委员长、中国关心下一代工作委员会主任顾秀莲，中国工业大奖审定委员会主任、中国工业经济联合会会长李毅中共同为分量最重的企业类中国工业大奖获得者颁奖。南钢、兴澄特钢等19家企业获得中国工业大奖，沙钢、抚顺特钢、马钢获得“中国工业大奖表彰奖”。《华菱涟钢起重机吊臂钢替代进口开发及系列化》项目获得中国工业大奖表彰奖。

3月29日，在全国钢铁企业工会劳动保护工作联合会第37次年会关于对全国钢铁企业班组安全建设优秀成果的表彰活动中，太钢炼铁厂五高炉作业区炉前班组荣获班组安全建设优秀成果特等奖。

3月30日，承德建龙风电轴承用连铸圆坯42CrMo4产品通过中国钢铁工业协会“冶金产品实物质量品牌培育审定委员会”审定，被认定为“金杯优质产品”。

3月，中国物流与采购联合会印发《关于发布第三十五批A级物流企业名单的通告》，张家港海力码头有限公司获评国家4A级物流企业。

4月20日，中国钢铁工业协会在南钢组织召开科技成果评价会，由南钢、江苏金宇智能检测系统有限公司、南京航空航天大学共同完成的《钢板全板面相控阵超声波自动探伤系统研发及应用》项目获评“国际先进”“国内首创”，此外，《钢厂铁运双轨式轨道伤损多参数检测及智能评价系统研发与应用》项目获评“国内领先”。

4月，“河钢杯”第十届全国钢铁行业职业技能竞赛闭幕，本钢板材铁运公司职工龙震海获得内燃机车司机工种第12名，被授予“全国钢铁行业技术能手”荣誉称号。

4月底，山钢莱芜分公司特钢事业部100吨电炉车间精炼班获得“全国工人先锋号”的殊荣。

5月12日，中华全国总工会命名第二批29个“全国职工爱国主义教育基地”，三明1958工业记忆馆光荣上榜，系福建省唯一一家。

5月，中国机械冶金建材职工技术协会召开第五届二次会员代表大会，通报全国机械冶金建材行业职工创新成果，命名一批全国机械冶金建材行业示范性创新工作室、行业工匠。其中马钢5项成果、1个创新工作室和2名职工受到表彰。

5月，全国钢铁行业共青团工作指导和推进委员会发布表彰决定，凌钢数字化部团支部被授予“五四红旗团支部”荣誉称号；张宣科技金属材料公司、金属制品公司团委喜获全国钢铁行业“五四红旗团委”荣誉称号。

7月6日，2023钢铁中国·第十届华东优特钢产业链高峰论坛在浙江杭州举行，中天钢铁等9家企业获评“2023年度华东地区优特钢行业主导品牌”。

7月27日，由中国内部审计协会、中国通信标准化协会指导，中国信息通信研究院主办的第二届数字化审计论坛在北京成功举办。南钢《基于数字化审计为核心的全域风控管理》案例入选2023年内部审计数字化转型“领航”标杆案例，是唯一一家入选的钢铁企业。南钢党委副书记、纪委书记王芳受邀做论坛演讲，介绍南钢整体数字转型历程及基于数字化审计的创新实践成果。

7月，中国企业联合会、中国企业家协会发布2023年第一批信用企业名单，敬业集团有限公司喜获“AAA级信用企业”。

8月16日，中国机械冶金建材工会全国委员会、中国钢铁工业协会联合发文，通报“全国重点大型耗能钢铁生产设备节能降耗对标竞赛”2022年度竞赛结果，南钢2号150吨转炉以综合得分第二的好成绩脱颖而出，荣获“优胜炉”称号，南钢5号高炉获评“创先炉”称号。至此，南钢已连续3年当选钢铁行业（转炉工序）的能效“领跑者”。

8月25日，由中国质量协会、中国质量杂志社共同举办的“2023年全国QC小组成果发表交流活动（第二期）”在沈阳落幕。南钢选送的《降低热轧区域钢板异物压入缺陷发生率》《提高超高强钢一次合格率》两项课题，分别荣获“示范级”和“专业级”成果。

8月28日，中国钢铁工业协会质量标准化工作委员会2023年年会在浙江宁波召开，天津钢管制造有限公司被评为“2023年度钢铁行业质量标准化工作优秀单位”，公司研究分院的李会玲同志被评为“2023年度钢铁行业质量标准化工作优秀个人”。

8月，在中国钢铁工业协会质量标准化

工作委员会2023年年会上，南钢、兴澄特钢被评为2023年度钢铁行业“质量标准化工作优秀单位”；南钢职工潘中德荣获“2023年度钢铁行业质量标准化工作优秀个人”。这是中国钢铁工业协会首次设立钢铁行业质量标准化工作优秀奖项。

8月，中国物流与采购联合会公布了第三十六批A级物流企业名单，江苏南钢鑫洋供应链有限公司获评“国家4A级物流企业”称号，标志着公司的物流综合实力、数字化水平和管理能力进入国内物流行业先进行列。

8月，中国机械冶金建材工会全国委员会、中国钢铁工业协会联合下发《关于2022年度“全国重点大型耗能钢铁生产设备节能降耗对标竞赛”评审结果通报》，公布了竞赛2022年度冠军炉、优胜炉和创先炉名单。凭借优异的指标水平，沙钢集团的8号360米^{2}烧结机、1号550米^{2}烧结机，4号2350米^{3}高炉，转炉一车间3号180吨转炉，电炉三车间100吨电炉分别荣膺创先炉和优胜炉。

9月12日，全国工商联发布“2023中国民营企业500强”榜单。

沙钢以2022年2864.6492亿元的营业收入列中国民营企业500强第18位、中国制造业民营企业500强第14位。

敬业集团排名第17位，营收3074.4612亿元。

中天钢铁以营收1514.63亿元列2023中国民营企业500强第51位、中国制造业民营企业500强第35位，且连续19年荣登双榜。

辽宁方大集团旗下的方大钢铁以2022年营业收入总额1061.95亿元居榜单第84位，较2020年进步3位。同时，其还列“2023中国制造业民营企业500强”榜单第53位。

9月18日，2023年冶金科学技术奖获奖项目揭晓。承德建龙《热轧无缝钢管智能工厂关键技术及装备》项目荣获一等奖，《高抗挤毁抗腐蚀管材钢半钢水冶炼制备关键技术及应用》项目荣获三等奖。

9月20日，中国企业联合会、中国企业家协会发布了“2023中国企业500强”“中国制造业企业500强”等榜单。

沙钢以2022年营收2877.9934亿元列中国企业500强第93位、中国制造业企业500强第37位。

辽宁方大集团以营收1735.78亿元列中国企业500强第158位，较上年提升33位，列中国制造业企业500强第74位，较上年提升13位。

北京建龙重工集团有限公司以营业收入2212亿元，列中国企业500强第124位，列中国制造业企业500强第53位。

福建省三钢（集团）有限责任公司以营业收入525.496亿元列中国企业500强第436位，列中国制造业企业500强第228位。

澳森特钢集团也获2023年中国制造业企业500强殊荣。

9月，中国制造企业协会发布“2023年中国制造业综合实力200强暨中国装备制造业100强”榜单，中天钢铁分别居第26位、第19位，较去年分别上升5位、7位。

9月，中国质量协会分别组织了2023年全国现场管理改进成果和中国质量改进成果发表赛，天津钢管推荐参加的5个项目，3个获一等奖荣誉，2个获二等奖荣誉。

9月，冶金行业最高科学技术奖“冶金科学技术奖”揭晓，由建龙北满特钢牵头完成的《低压缩比轧制下高致密高均质高碳耐磨钢棒材生产技术开发与应用》项目获三等奖。

9月，中国钢铁工业协会、中国金属学会、冶金科学技术奖励委员会正式公告了“2023年冶金科学技术奖”获奖名单。

兴澄特钢参与的《第三代超大输量低温

高压管线用钢关键技术开发及产业化》项目荣获特等奖；参与的《新一代长寿命轴承钢抗疲劳组织性能调控技术》项目荣获一等奖；承担的《高温渗碳用先进齿轮材料制造关键技术及产业化应用》项目荣获二等奖；承担的《风电机组机舱变速箱大型锻造齿轮用钢创新研发及产业化应用》项目荣获三等奖。

湘钢与钢铁研究总院等单位共同研发的《第三代超大输量低温高压管线用钢关键技术开发及产业化》项目荣获特等奖；与中南大学等单位共同研发的《铁矿烧结低碳与超低排放新技术的开发及应用》项目荣获一等奖；与北京科技大学共同研发的《复杂环境用大厚度高性能海洋结构用钢关键技术开发与应用》项目荣获三等奖。

10 月 12 日，中国钢铁工业协会绿化分会第二届第三次会员大会上，南钢被评为“全国冶金绿化先进单位”。同时，南钢党委副书记王芳获“全国冶金绿化先进个人”荣誉称号。南钢在会上作了绿化工作经验主题分享。

10 月，中国钢铁工业协会、中国金属学会冶金科学技术奖名单公布，马钢集团牵头的《热连轧智能工厂高效集约生产和精益管控技术创新》项目获一等奖；马钢《基于塑性夹杂物控制的高洁净高韧性铁路车轮钢炼钢工艺开发》项目、《40 吨至 45 吨轴重高性能轮轴研发及产业化》项目获二等奖；马钢《钢铁流程工序间安全高效协同处置典型危废关键技术研究与应用》项目获三等奖。中天钢铁参与的《高品质长型材连铸坯生产关键技术集成开发与应用》和《分层供热低碳富氢烧结技术的研发与应用》2 个项目获评冶金科学技术奖一等奖。

11 月 8 日，中信泰富特钢集团旗下的江阴兴澄特种钢铁有限公司、大冶特殊钢有限公司、青岛特殊钢铁有限公司，成功入选“双碳最佳实践能效示范标杆厂”企业。

11 月 17 日，《钢铁行业社会责任蓝皮书（2023）》在北京发布，南钢再次入选为优秀案例。

11 月 20 日，2023 中国 5G 工业互联网大会在武汉开幕。《5G 赋能永洋特钢全面迈向智能制造》项目在该大会上荣获“行业典型应用案例”奖项。

11 月 23 日，2023 年度（第八届）中国设备管理大会在安徽合肥召开，会上，本钢板材能源管控中心精密点检组获评中国设备管理协会 2023 年度“设备检维修创新班组”。

11 月 28 日，中国钢铁工业协会公布第二十一届（2023 年）冶金企业管理现代化创新成果名单。

东北特钢股份公司的《基于超低排放为目标的酸洗泥厂内消化利用》项目和《钢铁企业分工序成本核算的优化提升》项目荣获创新成果三等奖。

天津钢管制造有限公司的《混改大型国有企业价值链管理模式的探索与实践》项目和《搭建以支撑实现战略目标的多元绩效管理体系的探索与实践》项目分别获二等奖和三等奖。

南钢的《基于全流程全要素全价值链的数据管理体系建设》和《以“管理+服务+赋能”为核心的智慧人力资源系统建设》2 项成果荣获一等奖，《基于多目标管理远期排程系统的建设》项目荣获二等奖。

11 月，太钢复合材料厂被中国设备管理协会钙粉产业发展促进中心授予“2023 年石灰行业具备影响力品牌企业”和“2023 年石灰行业优质供应商企业”荣誉称号。

11 月，凭借董事会优秀治理与 ESG 管理实践，南钢获中国上市公司协会 2023 年“上市公司董事会最佳实践”及“上市公司 ESG 最佳实践”两项荣誉。

11 月，由中国社会责任百人论坛、责任云研究院主办的第六届北京责任展在北京举行，活动发布了《企业社会责任蓝皮书(2023)》并颁发社会责任多项大奖。经过组委会调查评估和权威专家评审，马钢凭借在ESG、“双碳”战略及绿色发展、社会责任等方面的优异表现，荣获2023年“责任犇牛奖”之“ESG双碳先锋”奖。

12月1~2日，中国质量协会在北京召开2023年年会暨第二届全球追求卓越大会，会上对全国实施卓越绩效先进组织进行了现场颁奖。新兴铸管获评“2023年度实施卓越绩效先进组织”荣誉称号。

12月14日，中国钢铁工业协会发布了2023年钢铁行业智能制造解决方案推荐目录的通知，临沂钢投特钢智能制造项目位列其中。

12月14~17日，“大变局·新动能2024中国钢铁市场展望暨‘我的钢铁’年会”在上海盛大召开。其间，由冶金工业经济发展研究中心和上海钢联会同国内权威专家推出的“中国钢铁企业高质量发展指数(EDIS)”2022—2023年度评价结果新鲜出炉，中天钢铁连续两年获评“中国钢铁企业高质量发展AAA企业”，位列钢铁行业头部(引领)企业序列，全国仅20家钢企当选。

12月22日，中国职工技术协会通报了综合组2023年职工技术创新成果获奖结果，淮钢申报的《一种高铁车轴用钢及其生产方法》项目获中国职工技术协会2023年职工技术创新成果特等奖。

12月27日，全国工商联发布《中国民营企业社会责任报告(2023)》公示名单，全国50家民营企业入选《中国民营企业社会责任优秀案例(2023)》。其中，河北永洋特钢集团有限公司作为河北省唯一一家企业成功入选。

12月，中国模具工业协会在重庆召开大型产业链联动会议——中国模具产业报告及技术进步品牌推进峰会。会上，2021—2023年度“模具材料优秀供应商”揭晓，东北特钢股份公司获此殊荣。

12月，中国钢铁工业协会公布了2023年度冶金产品实物质量品牌培育认定产品(金杯优质产品)名单。在164项“金杯优质产品”中，舞钢的锅炉压力容器用钢板(10~200毫米Q345R)及桥梁用结构钢板(10~48毫米Q370qE)两类产品通过2023年冶金产品实物质量品牌培育金杯优质产品复评。

12月，中国质量协会公布2023年实施卓越绩效先进组织获奖名单，中天钢铁等75家组织榜上有名。

12月，长三角三省一市企业联合会、企业家协会共同发布“2023长三角企业100强”等榜单，江苏省共有24家企业荣登长三角企业100强，中天钢铁列第44位，排名江苏省第8位。此外，中天钢铁还列长三角制造业企业100强第27位、民营企业100强第23位、民营制造业企业100强第19位。

12月，中国机械冶金建材职工技术协会表彰了2023年全国钢铁行业职工质量成果。张宣科技的《预应力钢绞线工艺集成及产业化应用》和《降低生化废水处理的NH_3-N值》两个项目荣获二等奖。

12月，张家口市总工会公布了《关于通报2023年度劳模和工匠人才创新工作室的决定》，张宣科技理化检测技术创新工作室和曹志彦液压润滑创新工作室被授予2023年度“张家口市劳模和工匠人才创新工作室”称号，且前者在此次评选出的36个创新工作室中位列榜首。

12月，南钢宽厚板厂板型攻关QC小组荣获2023年全国优秀质量管理小组，这是近五年来南钢QC小组第2次获此殊荣。该奖项由中国质量协会、中华全国总工会、中华全国妇女联合会、中国科学技术协会联合授予，是国内质量管理活动最高的荣誉之一。

12月，中国机械冶金建材职工技术协

会还发布了《关于 2023 全国钢铁行业职工质量成果的通报》，南钢炼铁事业部第二炼铁厂“雷厉风行”QC 小组的《降低 4#高炉燃料比》项目荣获全国钢铁行业职工质量成果“一等成果”，板材事业部宽厚板厂“板型攻关”QC 小组的《提高 NAC 板型一次合格率》项目荣获“三等成果”。

12 月，冶金工业规划研究院发布《中国钢铁企业竞争力（暨发展质量）评级》，其显示，2023 年，中天钢铁等 18 家钢企评级为 A +（极强），占评估参与总数的 16.8%，达到或接近世界一流水平。这是该集团连续 3 年获此殊荣，继续稳居钢铁行业第一方阵。

8.4　省级机构奖项

2 月 5 日，“情暖龙城”新春慈善报告会在常州现代传媒中心举行。江苏省慈善总会会长李小敏，常州市委书记、市慈善总会名誉会长陈金虎，市长盛蕾，市人大常委会主任白云萍，市政协主席戴源，市委副书记、政法委书记梁一波等出席活动。现场，陈金虎、盛蕾为获得第六届“江苏省慈善奖”的常州市爱心企业、单位、个人以及项目等代表颁发荣誉证书。在此前召开的第六届“江苏慈善奖”表彰大会上，中天钢铁获评江苏省“最具爱心慈善捐赠单位”，这是继 2011 年以来该集团第二次获此殊荣。

2 月 8 日，南通市红十字会党组书记、常务副会长戴亚东一行莅临中天钢铁，代表江苏省红十字会授予集团“江苏红十字人道奖”。集团执行董事、副总裁、党委副书记、工会主席李军代表集团领奖。

2 月 21 日，湖南省科协十一届三次全委会议在长沙召开，为获评首届“卓越工程师”的 50 位获奖者颁发证书，涟钢首席专家朱业超成功入选。

2 月 24 日，湖南省科技创新奖励大会在长沙召开，湘钢与中南大学、江西理工大学共同完成的《基于结晶器冶金的高品质钢铸坯质量控制关键技术》项目获湖南省技术发明奖一等奖，与东北大学共同完成的《基于氧化物冶金的大线能量焊接用钢关键技术研究及应用》项目获湖南省科学技术进步奖二等奖。湖南省委副书记、省长毛伟明出席大会并为获奖代表颁奖。

2 月 26 日，以“依法兴善 情暖燕赵”为主题的首届河北慈善大会在石家庄举办。首届“河北慈善奖”获奖者、省属慈善组织代表、省直有关部门负责人、各市民政部门负责人参加了本次大会。大会宣读了《首届河北慈善奖表彰决定》。为 9 名“慈善楷模”、10 个“慈善团体”、8 个“慈善项目”、9 个“捐赠企业”、1 名“捐赠个人”，共 37 个获奖集体和个人颁发了奖杯。位于辛集市的澳森钢铁集团有限公司和永洋特钢就是 9 个获奖的“捐赠企业”中的 2 个钢企。

2 月，大连市企业联合会、大连市企业家协会联合授予东北特钢股份公司“大连市企业管理创新标杆企业”荣誉称号，授予特钢管理部刘力嘉“大连市推进企业管理创新先进个人”荣誉称号。

2 月，涟钢技术中心主任梁亮当选湖南省“国企楷模”。

3 月 21 日，福建省妇联发布《关于命名 2023 年福建省巾帼文明岗的决定》，三钢集团法律事务部获 2023 年福建省“巾帼文明岗”荣誉称号。

3 月，江苏省知识产权局发布首届江苏专利奖获奖名单，沙钢发明的专利“400 MPa 级耐蚀钢筋及其生产方法”榜上有名。

4 月 28 日，河北省总工会授予河钢集团石钢公司 2023 年河北省五一劳动奖状。

4 月，在河北省科技厅发布的 2022 年度省级技术创新中心建设运行绩效评估榜单中，依托张宣科技建设的“河北省钢结构用钢技术创新中心”评估结果为“优秀”，即最高等次。

4月，河北省科学技术奖励大会在石家庄召开，由张宣科技牵头申报的科技成果《低碳清洁煤焦化技术开发与应用》获得河北省科学技术进步奖三等奖。

4月，本钢板材炼钢厂炼钢作业区甲1班获“辽宁工人先锋号”荣誉称号。一直以来，本钢板材炼钢厂炼钢作业区甲1班以创建学习型、安全型、创新型、效益型、和谐型“五型班组”为工作目标，班组成员在各项工作中，立足岗位，务实创新，勇于竞争，相互学习。该班组曾于2021年获本溪市“安康杯”竞赛优胜班组荣誉称号。

5月，张宣科技金属材料公司二棒作业区团支部喜获河北省国资委“五四红旗团支部”荣誉称号。

6月2日，河南省民营企业协会为济源钢铁颁发“河南省优秀民营企业”证书和牌匾。

7月19日，辽宁省质量大会在沈阳召开。会上公布了第九届省长质量奖获奖企业名单，3家单位获得金奖，7家单位获得银奖。其中，凌源钢铁股份有限公司获金奖殊荣。

8月30日，全国首届新材料创新大赛总决赛路演评审结束，江阴兴澄特种钢铁有限公司在“新材料应用奖”赛道中崭露头角，荣获多个奖项。《高精密工业母机滚珠丝杠用钢的研究与应用》项目荣获二等奖；《低温韧性超高强海洋工程用钢F690的研制与推广应用》项目荣获三等奖；《绿色智造超高强度桥梁缆索钢的研制与应用》和《汽车轻量化用2000 MPa级高强度弹簧圆钢》项目荣获优秀奖。

9月21日，北京工商联发布“北京民营企业100强”排行榜。建龙集团以2212亿元营业收入列2023年北京民营企业100强第5位。

9月27日，福建冶金党委发布通知，确定3个第二批“五星党建品牌示范建设项目”和10个第三批“党建品牌示范建设项目”。三钢焦化厂党委“党建进班组”工程入选“五星党建品牌示范建设项目”，三钢物流公司汽修分公司党支部“六比六评”工作法和三钢炼钢厂二炼钢转炉车间党支部“234”工作法入选“党建品牌示范建设项目”。

9月，在山西省机械冶金建材工会联合会举办的工会组织建设竞赛中，山西太钢能源部工会、钢科碳材料有限公司工会喜获优胜单位荣誉称号。

9月，由河北省诚信企业评选委员会办公室联合河北省企业家协会组织的“河北省企业诚信建设经验交流会”在石家庄召开。会上公布了2023年“河北省诚信企业”评价结果，并为当选企业颁发“河北省诚信企业”牌匾和证书，敬业集团再获AAA级“河北省诚信企业”称号。

10月19日，由全国工商联、湖南省人民政府主办的2023全国民营企业科技创新与标准创新大会暨知名民企助力现代化新湖南建设大会在湖南长沙举行。会上发布了《2023研发投入前1000家民营企业创新状况报告》和《2023全国民营企业科技创新与标准创新大会系列榜单》，建龙集团列2023民营企业研发投入500家榜单第23位。

10月26日，由江苏省机冶石化工会主办、江苏省钢铁行业工会工作研究会和南钢承办的2023年“南钢杯”全省钢铁（冶金）行业质量管理小组成果交流会成功举办。来自全省14个单位26个QC小组现场发布课题，南钢“守护者”QC小组的《减少供料线皮带托辊消耗量》项目荣获一等奖；“精益求精”QC小组的《模台钢氧化铁皮控制技术研发》项目荣获二等奖；“提高坯料修磨质量”QC小组的《提高坯料精整后的成品探伤合格率》项目荣获三等奖。

10 月 27 日，2023 河南企业 100 强高峰会在开封开幕，会议主题“振兴河南、大企当先”，现场发布“2023 河南企业 100 强”榜单、“2023 河南制造业企业 100 强”榜单、“2023 河南服务业企业 100 强”榜单以及《2023 河南企业 100 强发展报告》。其中济源钢铁名列 2023 河南企业 100 强第 27 位、2023 河南制造业企业 100 强第 16 位。

10 月 27 日，2023 年河北省民营企业 100 强发布会隆重召开。会上，河北省工商联公布了 2023 年“河北省民营企业 100 强”“制造业民营企业 100 强”名单。澳森特钢再次荣获河北省民营企业 100 强、制造业民营企业 100 强称号。连续入榜，一方面彰显了澳森特钢的综合实力，另一方面充分体现了政府以及行业对于澳森特钢发展的高度认可。

10 月，江苏省交通运输厅公布了“2023 年度江苏交通优质工程奖”获奖名单，中天钢铁南通公司浩洋港口海港码头（南通港吕四港区东灶港作业区——港池通用码头一期工程）名列其中。

10 月，由江苏省机冶石化工会主办的 2023 年全省钢铁（冶金）行业质量管理小组成果交流会在南京召开，共有来自全省钢铁企业的 14 个单位 26 个 QC 小组进行了现场课题发布，沙钢 QC 小组发布的《提高船板钢板型一次合格率》《冶金石灰成分测定新方法的研究》《提高连铸浇注满流率》三个课题获评审组一致好评，全部荣获一等奖，沙钢获“优秀组织奖”。

11 月 2 日，2023 年“科创江苏”创新创业大赛新材料领域总决赛圆满结束，兴澄特钢《智能机器人核心零部件关键材料的研制及应用示范》在“创新组”获得总得分第一名，荣获省级决赛一等奖。

11 月 22～23 日，两化融合评定机构中电鸿信信息科技有限公司审核组，对淮钢两化融合管理体系运行情况进行年度监督审核。经过现场评定，审核组一致认定，淮钢两化融合管理体系的实际运行具有符合性、有效性和适宜性，体系建设基本充分，将向工信部推荐继续保持 3A 级评定证书。

11 月，太钢钢科公司“妈咪小屋”被山西省总工会和省卫健委联合授予了第九批山西省“妈咪小屋”荣誉称号。

11 月，山西省总工会印发《关于命名山西省职工（劳模）创新工作室和传统工艺（手艺）大师创新工作室的决定》，命名 150 个省级创新工作室，太钢焦化厂高云创新工作室喜获命名。

12 月 4 日，2023 年贵州省职工“五小”优秀创新成果公布，首钢贵钢轧钢事业部高线作业区自主设计的《高线进口摩根 230 轧机环形水管改造》荣获二等奖。

12 月 19 日，2023 福建企业 100 强发布大会暨福建企业家大讲坛在三明举行。福建省三钢（集团）有限责任公司以 2022 年营业收入 525.496 亿元，名列 2023 福建制造业企业 100 强第 11 位；福建闽光云商有限公司名列“福建服务业企业 100 强”榜单第 10 位。

12 月，攀钢江油长城特钢锻轧厂生产技术质量室质量管理 QC 小组获评绵阳市优秀 QC 小组和四川省优秀 QC 成果。

12 月，河北省建材产品质量监督检验站发布 2023 年河北省水泥品质指标检验大对比获奖名单，辛集市钢信新型建材有限公司荣获“特等奖”，化验室主任宁江桥获“优秀化验室主任”荣誉称号。

8.5　机构认定认证

1 月，乌钢首次获 MC 产品认证证书，MC 认证是国内冶金产品的权威认证，同时也是中国唯一一个得到国际认可的产品认证。这标志着提高了乌钢产品在国家、省级以上重点重大工程和政府性采购工程投竞标的中标率。

1月，东北特钢顺利通过“国家认定企业技术中心”现场评审。大连市发改委委托“中国城市会展”咨询公司对东北特钢国家企业技术中心进行实地踏勘，考察国家企业技术中心的创新能力建设及创新产出情况，并审查了大连市政府补助资金专款专用于企业技术中心购置实验、检测、设计等固定资产投资的实施情况。最终，东北特钢顺利通过评审。

2月7日，中天钢铁正式通过海关AEO高级认证，成为2023年常州首批通过的高级认证企业之一。该公司经过9个月的认真组织准备及该公司各相关部室的密切配合，其间完善了内控制度、规范了实际管理，在集团层面建立起统一的进出口操作流程，逐条逐项梳理新旧标准变化情况，完善认证资料。

2月，凌钢螺纹钢顺利通过韩国标准协会KS审核认证。依据韩国标准协会《KS审核基准》，本次审核包括现场巡视、文件审核、现场目击测试等诸多环节。审核期间，认证官对凌钢的质量经营、材料管理等6个方面33个评审项目进行了全面核查。一致认为，凌钢的生产装备、工艺条件、管理水平符合申报产品要求，对凌钢的生产、经营、质量等方面给予充分肯定，凌钢螺纹钢KS认证现场审核得以顺利通过。

2月，澳森钢铁集团联合中国电信河北分公司、天翼物联5G物联网联合开放实验室与华为RedCap技术团队共同完成全国首个面向钢铁行业的RedCap测试，测试率先基于中国电信5G定制网商用网络，验证了RedCap在智慧钢铁场景中的基本功能、业务速率、时延、网络覆盖能力等关键内容，结果表明RedCap能够满足远程堆取料、AI废钢定级、转钢自动化识别、行车视频监控等业务应用的需求。

2月，由攀长特公司研制的高温合金、高强度合金结构钢和特种不锈钢产品，成功通过中国航发商用航空发动机有限责任公司50项产品认证。标志着攀长特公司在向中国航发商发提供产品资质方面迈出了关键步伐，在商用航空发动机用高端特钢产品市场上占据了领先地位。

2月，受武进区行政审批局委托，常州检验检测标准认证研究院专家组到中天钢铁开展计量标准考核复审，能源管控中心作为计量主管部门积极配合，帮助集团顺利完成换证审核。

3月8日，淮钢收到中国船级社（CCS）寄来的连铸圆坯认可证书，标志着淮钢连铸圆坯顺利通过中国船级社认证，具备生产船用锻件坯料的资格。2021年初，淮钢开始推进连铸圆坯CCS认证项目。围绕项目推进，该公司总工办多方协调，积极与验船师沟通认证流程、试验大纲的编写及其他注意事项，积极与下游锻造厂沟通连铸圆坯锻造加工、检验事宜，及时完成各种认可申请以及完工资料的整理编制、提交审核，陪同验船师见证产品生产过程及检验过程。最终，该公司顺利通过中国船级社认证，并取得认可证书。

3月13~15日，经中国船级社质量认证有限公司现场审核，中天钢铁顺利通过能源管理体系再认证审核，意味着该公司在强化能源管理、提高利用效率等方面运行有效，符合国家节能降耗的总体要求。该公司环保总监周荣伟，各部处室、分厂相关负责人等出席首、末次会议。

3月14~15日，由中国石油天然气集团有限公司专家组成的二方审核专家组对山钢莱芜分公司的型钢、棒材产品生产能力进行了为期两天的全面认证审核，专家组专家最终评分为97.15分，以超过合格线27分的成绩顺利通过此次审核。山钢莱芜分公司获得进入中石油能源网的供应商入网资质，成为一级材料供应商，标志着双方即将开启更加全面的深化合作。

3月27日，北京国金衡信认证有限公司审核组对天津钢管集团股份有限公司开展2023年度职业健康安全、环境、能源管理体系再认证审核。该公司常务副总经理、安全总监温德松，副总经理陈培钰分别出席本次审核的首次会议。经过为期5天的严格检查，公司顺利通过再认证审核。

3月，中天钢铁集团（南通）有限公司顺利通过工信部、中关村信息技术和实体经济融合发展联盟两化融合管理体系升级版贯标AAA级评定，这也是该公司成立以来首个贯标落地的管理体系。

3月，天津荣程联合钢铁集团有限公司自主研发生产的ISO标准预应力钢丝及钢绞线用热轧盘条C78D2、C82D2，顺利通过英国钢筋权威认证机构（CARES）的产品认证以及质量管理体系审核，标志着集团产品正式获得了通往国际市场的“通行证”。此次，CARES产品认证取样与检测均采用远程审核的模式，由该公司质检处、技术处、线材研发处、理化检验中心、炼钢厂、轧钢厂、线材营销部等多部门协同配合完成。审核结果表明，预应力钢丝及钢绞线用盘条的实物质量符合《BS EN ISO 16120-4 制丝用非合金盘条第四部分特殊用途盘条》和《BS EN ISO 16120-1 制丝用非合金盘条第一部分一般要求》标准要求。

3月，方大特钢发布《关于取得两化融合管理体系AAA级评定证书的公告》，表示方大特钢通过信息化和工业化融合管理体系认证，取得“两化融合管理体系AAA级评定证书”。

3月，太钢按照美标、欧标生产的304、316、1.4301、1.4401等品种的不锈热轧、冷轧卷板通过英国承压设备质量管理体系PER认证。

4月12~14日，南钢IATF 16949汽车用钢质量管理体系接受第三方认证机构DNV公司以冯卫中为组长的审核组的年度审核。本次审核覆盖汽车用钢体系全过程、所有产品、全部班次。南钢副总裁、总工程师楚觉非，副总裁谯明亮参加首、末次会议。

4月17~21日，南钢设备设施管理体系（FMS）接受第三方认证机构北京国金衡信认证有限公司的年度监督审核。本次审核依照ISO 41001和T/CAPE 10001标准，覆盖体系内所有职能部门和四个事业部生产厂，经过5天全面细致的审核，评审组认为南钢一贯重视设备设施管理体系推进工作，组织机构健全，管理体系有效性凸显，体系能力持续提升，一致同意南钢通过FMS年度监督审核。北京国金衡信认证有限公司审核专家郑礼华，南钢联席总裁姚永宽、副总裁谯明亮出席首、末次会议。

4月18日，推动攀钢江油长城特钢转型升级的重点技改工程——初轧产线升级改造项目在武都生产区开工建设。

4月，从国际权威检测机构SGS通标标准技术服务（天津）有限公司获悉：欧盟RoHS指令中限用的镉、铅、汞、六价铬、多溴联苯等10种有毒有害物质，法规中对人体和环境有危害的62项高度关注（SVHC）无机物及另外11项有机的金属高关注物质，在邢钢送检的产品均为“未检出”，符合出口欧盟的法规要求。

4月，经权威认证机构上海恩可埃认证有限公司严格考察和审核，澳森特钢集团顺利通过IATF 16949：2016质量管理体系认证。通过IATF 16949：2016认证，标志着澳森特钢集团在要求极为严苛的全球领域取得了权威且必要的准入资质。

5月7日，福建省企业与企业家联合会、福建省品牌建设促进会联合发布了福建首届品牌价值百强榜单，共推出100个品牌企业和20个区域品牌。福建三钢闽光股份有限公司名列品牌企业榜单第六位，品牌强度886分（千分制），品牌价值171.2亿元。

5月，北京军友诚信检测认证有限公司反馈信息：东特股份 GJB 9001C—2017 版管理体系符合相应认证准则，运行有效，继续保持认证注册资格。

5月，由冶金工业信息标准研究院主办的2023（第二届）钢铁工业品牌质量发展大会在北京召开，大会以“质量为先·品牌引领·提质增效”为主题搭建钢铁品牌发展交流平台，宣传和展示钢铁品牌。新兴铸管受邀参会，并获“具有高价值专利产品优秀品牌”荣誉。

5月，承德建龙进入瑞士 TIBIIS 供应商序列，通过瑞士 TIBIIS 认证。

6月2日，天津钢管《废钢料场扬尘治理厂房》项目顺利通过竣工质量验收。该项目于2022年11月15日正式打桩施工，历经半年，按时完成了厂房建设并通过验收。

6月8日，中天特钢自主研发的预应力高碳盘条产品 C82D2 顺利通过英国钢筋权威认证机构（CARES）产品认证以及质量管理体系审核，标志着集团又一产品获得了通往欧洲国际市场的“绿卡”。该公司总监王礼银，以及集团办、运营改善处、技术中心、质量管理处等各有关部门负责人和内审员参加审核。

6月10~11日，中国合格评定国家认可委员会（CNAS）依据相关要求，组织3位评审专家对张家港广大特材股份有限公司检测中心实验室进行了为期两天的实验室复评和变更评审工作。专家组对中心的实验室管理体系、检测技术能力、现场监督和监控管理、计划实施、记录报告等全要素内容进行评审。

6月15~16日，舍弗勒公司到西宁特钢进行供应商质量能力现场审核工作。通过审核，审核组一致认为，西宁特钢拥有适宜的生产设施、完善的检测设备，不仅能保证产品质量，还能建立自我完善和自我改进的机制，具有实现质量方针、质量目标及自我改进的能力，一致同意西宁特钢通过质量能力二方审核认证工作。

6月27日，攀钢江油长城特钢质量管理部检测检验中心收到了来自 PRI（国际航空航天性能审核组织）的喜讯：该实验室于2023年4月25~28日接受了 NADCAP-MTL 现场评审，申报的6项检测能力全部通过认证，获颁 NADCAP（美国航空航天和国防合同方授信项目）认证证书。

6月，中国合格评定国家认可委员会（CNAS）评审组对东北特钢股份中心试验室17025质量管理体系进行了现场复评+变更评审工作。

6月，青岛特钢质量检测所收到来自中国合格评定国家认可委员会（CNAS）下发的认可决定书和认可证书。

7月10日，经过国中欣认证检测有限公司的严格检测，敬业有机农场顺利通过有机认证程序，获得有机转换认证证书。

7月18日，沙钢高科收到中国电子工业标准技术协会信息技术服务分会颁发的 ITSS 3级认证证书，标志着沙钢高科运维服务能力和服务标准化体系建设获得认可，这也是继 CMMI5 国际权威机构资质认证后，沙钢高科获得的又一项权威机构资质认证。

7月28日~8月1日，北京东方纵横认证中心有限公司委派贾增敏等四位专家去往长强开展为期5天的能源管理体系再认证审核。8月1日的末次会议上，审核组长贾增敏对长强的能源管理体系运行情况给予充分肯定，并就能耗指标、能源回收等方面提出了专业性建议，最后一致认定此次审核顺利通过。

7月，经中国企业社会责任报告评级专家委员会评定，《太钢不锈2022年可持续发展报告》在过程性、实质性、完整性、平衡性、可比性、可读性、创新性7个评级维度表现卓越，连续七年获得中国社会科学研究院“五星级”（卓越）评价。

7 月，方大特钢检测中心收到来自北京中实国金国际实验室能力验证研究有限公司的能力验证结果证书，该中心在 2023 年初参加的钢、煤、铁矿石、金属洛氏硬度测试等 10 项能力验证项目均取得“满意”结果。

7 月，南钢通过欧洲铁路工业联盟（UNIFE）国际铁路行业标准（IRIS）审查中心审定，授予南钢 IRIS 银牌证书，成为国内首家获银牌的钢板制造企业。

7 月，板材质检计量中心炼铁检验作业区结合生产实际积极开展技术创新和研发工作，该作业区职工发明的《一种化学溶液自动上药装置》获得国家实用新型专利证书。

7 月，中信泰富特钢集团旗下江阴兴澄特种钢铁有限公司和大冶特殊钢有限公司顺利通过由美国 PRI 组织的 TPG-STL 钢铁冶炼特殊工艺认证，成为国内首家通过该项认证的特钢企业。

8 月 17~18 日，由山东钢铁集团永锋临港有限公司、北京建龙重工集团有限公司、上海钢联电子商务股份有限公司主办的“2023（第十二届）中国建筑用钢产业链高峰论坛”在青岛召开。经全国优质钢铁企业评审委员会评审，新兴铸管荣获“2023 年度全国优质建筑用钢品牌工艺质量奖”。

8 月，经邯郸市市场监督管理局组织评价和审查，新兴铸管生产的“排水工程用球墨铸铁管、管件和附件”产品，采用 ISO 7186：2011 国际标准，符合使用采用国际标准产品标准的要求，获得了国家标准化管理委员会颁发的“企业产品采用国际标准认可证书”及“采用国际标准产品标志证书”。

8 月，经邯郸市社会信用体系建设领导小组评定，邯郸新兴特种管材有限公司获得“邯郸市诚信示范企业”荣誉称号。

8 月，从国家级认证机构冶金工业规划研究院获悉，沙钢的钢筋产品喜获中国钢铁产品放心品牌 AAAAA 级认证证书，该证书系钢铁行业内颁发的首张中国钢铁产品放心品牌认证证书，也是中国钢铁产品放心品牌钢筋产品领域首张最高级 AAAAA 级认证证书。

8 月，广大特材顺利通过二级企业安全生产标准化现场评审，评审团由五位评审老师组成，公司董事长徐卫明及各部门负责人参与现场评审工作。

9 月 11 日，淮安市科技局组织专家对淮钢承担的《国家轨道交通用特殊钢新材料重点实验室培育点建设》市级科技计划项目进行了验收。其间，验收委员会听取了项目完成情况汇报、审查了相关资料、考察了实验室设施，认为该项目完成了合同规定的目标任务，经费落实到位，使用合理，一致同意通过验收。

9 月 11~13 日，南钢 SA8000 社会责任管理体系接受 SGS 通标标准技术服务有限公司审核组专家的监督审核，审核组认为南钢 SA8000 体系运行正常，体系证书持续有效。南钢党委副书记王芳出席了首次会议。

9 月 12 日，美国船级社官网发布，邯郸新兴特种管材有限公司顺利完成美国船级社型式认可，为拓展船用和海上平台领域钢管市场再添砝码。

9 月 21~22 日，由中国中冶检测认证有限公司、山东钢铁集团永锋临港有限公司主办的“2023 年建筑用钢智能制造与绿色低碳发展研讨会暨中冶认证十周年年会”在山东临沂召开。经中冶检测认证评审委员会评审，新兴铸管获“MC 认证十年质量稳定企业”和“MC 认证最具影响力质量品牌”两项殊荣。

9 月，国际知名标准认证机构 BSI 正式授予中信泰富特钢集团全球行业首张 ISO 37301：2021 合规管理体系国际认证证书，标志集团合规管理水平已经完全达到国际标准要求，展现了企业主动合规经营的良好形象。本次认证范围覆盖集团在中国境内特钢业务运营活动所涉及的合规管理，合规管理领域包括公司治理和资本市场。

9月，IT市场研究和咨询公司IDC公布2023 IDC中国未来企业大奖优秀奖获奖名单，中天钢铁申报的《云化数字基础框架，助力中天钢铁淬炼“智慧钢厂”》项目，从全国各行业组织提交的众多数字化转型案例中脱颖而出，一举摘得“未来数字基础架构领军者”大奖。

10月12日，2023年（第五届）全球工业互联网大会暨工业互联网融合创新应用·行业推广行动案例发布大会在浙江桐乡召开，南钢入选了2023工业互联网融合创新应用·行业推广行动十大典型案例。

10月17日，MOLYCOP集团全球贸易副总裁Steven Obrien率领团队骨干成员产品开发总监Mauricio、采购主管AW. Zhixiang到承德建龙进行二方认证审核，经过现场参观和交流，承德建龙成功通过认证。

10月20日，中国智能制造高峰论坛暨首届CMMM大会在无锡举行，中天钢铁集团（南通）有限公司被授予CMMM（智能制造成熟度）四级企业牌匾。目前，中天钢铁集团（南通）有限公司是钢铁行业首批通过CMMM四级认证的企业，同时也是国内制造企业目前达到的最高等级。

10月22~29日，受应急管理部有关司局的委托，中钢集团武汉安全环保研究院组织专家评审组，对南钢第二炼铁厂、中棒厂、高线厂和中厚板卷厂等5条生产线，进行了安全生产标准化一级企业现场审核定级验收，最终全部通过。继去年精整厂和燃气厂通过验收之后，南钢目前已有7条生产线通过安全生产标准化一级企业定级验收。南钢副总裁朱平参加评审首、末次会议。

10月，2023年建筑用钢高质量发展与智能制造研讨会暨MC认证十周年年会在山东临沂召开，罗源闽光在会上荣获中冶检测认证有限公司授予的“MC认证最具影响力质量品牌”称号。

张宣科技荣获“MC认证十年质量稳定企业”和“MC认证最具影响力质量品牌”称号。

10月，新兴铸管及所属武安本级、芜湖新兴，从全国159家制造企业近500个参赛项目中脱颖而出，分别荣获大赛三等奖、最具投资价值奖、最佳人气奖。

10月，由江苏省发展和改革委员会、上海环境能源交易所、EATNS碳管理体系专家委员会共同发起的首届“双碳”服务暨碳管理体系合作伙伴大会在江苏常州隆重举办。会上，由上海环境能源交易所与河北碳排放权服务中心共同向敬业集团颁发了EATNS碳管理体系评定证书，敬业集团成为河北省首例正式通过EATNS碳管理体系评定认证的企业。

10月，经法国BV认证有限公司现场审核，中天钢铁顺利通过IATF 16949：2016再认证审核，标志着集团连续10年获得汽车供应链全球采购通行证。中天特钢公司总监王礼银及相关职能处室、分厂“一把手”、体系负责人等20余人参加审核。

11月15~17日，上海恩可埃认证有限公司对荣程钢铁汽车用齿轮钢设计、制造过程进行了为期两天半的审核。专家组通过现场审核、交流、查阅文件等方式对公司经营状况、风险管理、管理体系运行、产品研发、各部门质量目标和过程绩效指标、体系文件、内审资料等进行了详细的审核查验，以验证公司质量管理体系的持续性、充分性和有效性。审核组对公司生产车间进行了实地考察，跟踪检查其过程、生产、库房等，通过查、问、看、考等多种形式对各专业部门开展了严格审查。经过两天半的审查，审核组对公司在贯彻实施IATF 16949汽车钢质量管理体系方面取得的成绩给予充分肯定，一致认为荣程钢铁能给客户提供优质的汽车用钢产品，质量管理体系运行符合

IATF 16949 汽车钢质量管理体系认证标准，继续保留并换发 IATF 16949：2016 版标准证书。

11 月，太钢代县矿业公司新建化咀沟尾矿库（一期）建设项目安全设施竣工验收完成，通过聘请九名专家组成员到现场核查、查阅资料，听取甲方及施工、监理、设计方等汇报，经过一系列复核，最终取得安全生产许可证。至此，该公司新建尾矿库生产运行进入全新阶段。

11 月，由攀长特公司研制的高温合金、高强度合金结构钢和特种不锈钢产品，成功通过中国航发商用航空发动机有限责任公司 50 项产品认证。

11 月，第六届“就业引领　技创未来”苏州技能英才周主题活动启动，会上举行了苏州市数字技能人才培养示范载体授牌仪式，沙钢“周恩会数字技能首席技师工作室”获评苏州市首批数字技能首席技师工作室，其也是张家港市首家获此殊荣的工作室。

11 月，邢台钢铁有限责任公司顺利通过 2023 年 ISO 10012：2003 测量管理体系的监督审核。北京国标联合认证有限公司评审专家一致认定：邢台钢铁有限责任公司质量管理体系规范，运行良好，符合国家审核准则要求，测量管理体系 AAA 级证书认证持续有效。本次审核采用现场审核方式，审核专家组依据国家计量法律法规、公司测量管理体系手册、程序文件和作业指导书等，围绕测量过程的控制、测量设备的管理、体系现阶段运行情况等通过查阅资料、抽样核实、访谈交流的形式，对邢台钢铁有限责任公司的管理层和 4 个部门进行了严格审核。

12 月 6 日，经过中启计量体系认证中心江苏分中心专家组的现场审核，中天钢铁集团（南通）有限公司顺利通过 ISO 10012 测量管理体系认证（AAA 级）。南通公司总经理助理臧雪松、能源管控中心主任方神州以及相关处室、分厂“一把手”参加首次会议。

12 月 10～17 日，API 美国石油学会总部指派资深审核员对元通公司进行了 API 会标许可换证审核，审核为期 8 天。最终，经过元通公司上下的通力协作和共同努力，顺利完成此次 API 换证审核，审核专家一致推荐该公司继续持有 API 会标许可证书，进一步展示了公司的综合实力和市场竞争力。

12 月 14 日，中天钢铁集团（南通）有限公司新建的标准数字压力表、一等铂铑 10-铂热电偶标准装置等 9 项计量标准顺利通过审核。该公司总经理助理臧雪松、能源管控中心主任方神州出席相关审核会议。

12 月 19 日，中国钢铁工业协会在南钢组织召开科技成果评价会，由南钢股份、北京科技大学、东北大学、江苏金恒信息科技股份有限公司等单位联合开发的《钢铁企业全要素资源优化与智慧运营核心关键技术创新》科技成果项目，由南钢股份、东北大学、燕山大学和上海大学等单位联合开发的《高强高韧钢铁材料复合氧化物冶金关键共性技术创新与应用》科技成果项目，均被评价为国际领先水平。

12 月 22 日，冶金工业规划研究院发布了 2023 中国钢铁企业竞争力（暨发展质量）评级以及 2023 中国钢铁企业 ESG 评级。

中信泰富特钢凭借环保、创新、智能等领域的强劲实力在 2023 中国钢铁企业竞争力（暨发展质量）评级中再次荣获 A+（极强）评级，在 2023 中国钢铁企业 ESG 评级中荣获 AAA 评级，均为最高等级评级。

新兴铸管获评中国钢铁企业竞争力（暨发展质量）评级 A+、中国钢铁企业 ESG 评级 AA。

建龙集团获评中国钢铁企业竞争力（暨发展质量）A+企业。

沙钢再次入选中国钢铁企业竞争力（暨发展质量）A+企业，这也是沙钢连续八年上榜。

南钢也入选 2023 中国钢铁企业竞争力（暨发展质量）A+企业榜单，达到或接近世界一流水平。这是南钢连续七年上榜。

12 月，冶金工业经济发展研究中心和上海钢联联合发布的 2022—2023 年度中国钢铁企业高质量发展指数（EDIS）评价排行榜发布。此次评出 EDIS AAA 级企业 20 家，EDIS AA 级企业 30 家，EDIS A 级企业 30 家。新兴铸管、河北敬业集团、山东莱钢永锋钢铁公司三家单位成功进入 EDIS AAA 级梯队。

12 月，中原特钢受邀参加第十四届模具材料配件产业链交流大会暨模具产业数字化转型高峰论坛，获由深圳市模具技术协会、大会组委会授予的“工模具钢行业年度风云企业”荣誉称号。

12 月，天津荣程联合钢铁集团有限公司新建的武器装备质量管理体系（国军标质量管理体系）顺利通过了卓越新时代认证有限公司的现场审核。此次通过国军标质量管理体系认证，是集团继通过 ISO 9001、IATF 16949 以及英国 CARES 产品认证之后又一个特定要求的质量体系认证，标志着集团即将取得 GJB 9001C 认证证书。此次认证，该公司技术研发中心作为体系建设的组织部门，历时近一年，前期从人、机、料、法、环、测等方面进行整体策划，制订了认证计划，全面梳理体系认证的基本条件，制定解决方案和建议，建立集团体系文件和相关作业文件，组织开展内审员培训，提高人员对国军标质量管理体系特定要求的理解，开展内部审核和管理评审以确保体系的充分性、有效性和持续性。下一步，该集团将继续在钢铁产品研发、生产制造、质量控制等各个方面继续深耕，努力实现质的提升和跨越。

12 月，青岛特钢工会推荐的炼铁厂 3 号高炉乙班在青岛市总工会资格审核、专家评审等程序评选出的 100 个安全生产标准化班组中脱颖而出，荣获“2023 年青岛市标准化班组”称号。

12 月，广东敬业钢铁顺利通过年度“四体系”认证审核，并获得质量管理、环境管理、能源管理、职业健康安全管理“四体系”认证证书。

12 月，本钢板材质检计量中心参加的由北京中实国金国际实验室能力验证研究有限公司组织实施的 16 个能力验证项目均一次性通过。该中心高度重视能力验证工作，按照相应指导书和相应国家标准的要求验证实验结果，完成了国际比对 11 项、国内比对 5 项。该中心从外购物料到产成品覆盖全工序的 16 项能力验证的通过，证明了该中心检验检测结果的可靠性和准确性，相关检测人员技术能力的专业性也得到了认可。截至目前，该中心已连续两年能力验证百分百通过权威验证。

12 月，全国高新技术企业认定管理工作领导小组办公室发布《安徽省认定机构 2023 年认定报备的第一批高新技术企业备案名单》，马钢合肥公司位列其中，其顺利通过了 2023 年国家“高新技术企业”认证。

8.6 地方政府奖项

1 月 28 日，承德市委、市政府召开全市工业暨民营经济高质量发展大会，会议发布了承德市“211”民营企业名单。“211”即“承德市 20 家行业龙头民营企业”“承德市 100 家重点民营企业”以及“承德市 100 家高潜民营企业”。承德建龙特殊钢有限公司获评“承德市行业龙头民营企业”，承德燕北冶金材料有限公司获评“承德市重点民营企业”。

1 月，在大连市工业和信息化局发布的创新型中小企业名录中，东北特钢大连特殊钢制品有限公司成功入围，获批大连市第一批“创新型中小企业”。

1 月，无锡市人民政府发布了《关于第

十四届无锡市专利奖获奖项目的通报》，兴澄特钢旗下江阴兴澄合金材料有限公司的《一种高强度大桥缆索镀锌钢丝用热轧盘条在线EDC水浴韧化处理方法》（专利号：ZL 201711491982.9）发明专利荣获本届无锡市专利奖金奖。

1月，石家庄市发改委、石家庄市科技局、石家庄市税务局联合发布了2023年石家庄市企业技术中心的认定名单，河北敬业增材技术中心凭借较强的技术创新能力与研发能力顺利通过石家庄市企业技术中心认定，成为30家入选企业之一。

3月1日，南京市江北新区见义勇为基金会理事长严守如，副理事长陆用升、陶其岭，副秘书长陶文利等专程来到南钢，为南钢员工颁发“见义勇为”奖。南钢党委副书记王芳参加颁奖仪式。

3月，江苏省工信厅公布了2023年度省工业互联网示范工程（标杆工厂类）认定名单，南钢的《特殊钢棒材数字工厂建设项目》成功入选。

4月，太钢集团被评定为山西省首批国际贸易总部企业。

4月，山西省人力资源和社会保障厅、山西省总工会表彰了一批山西省五一劳动奖状、山西省五一劳动奖章、山西省工人先锋号等劳模先进集体代表。其中，中国宝武太钢集团太钢不锈技术中心不锈钢研发中心石化用不锈钢主任研究员、高级工程师庄迎荣获山西省五一劳动奖章称号。

4月，常州市总工会公布了2023年常州市五一劳动奖状、常州市五一劳动奖章以及常州市工人先锋号名单。中天钢铁党委书记助理、党群总监、工会副主席杨峰和特钢公司烧结厂厂长周晓冬荣获“常州市五一劳动奖章”。

4月，中天钢铁集团（南通）有限公司总经理助理臧雪松被授予“南通市五一劳动奖章”。

4月，南通市总工会公布2023年“南通市工人先锋号”获奖名单，中天钢铁集团（南通）有限公司炼铁厂3号高炉工段荣获表彰。

4月，河南省总工会印发了《关于河南省五一劳动奖章、河南省五一劳动奖状和河南省工人先锋号的决定》，中原特钢员工、焊工技师王玉龙荣获“2023年河南省五一劳动奖章”。

4月，2023年河北省庆祝“五一”国际劳动节暨省五一劳动奖和工人先锋号表彰大会在石家庄召开，张宣科技氢冶金公司获河北省“五一劳动奖状”殊荣。

4月，三钢集团先进模范获省委、省政府表彰。该集团公司党委副书记、副董事长、总经理何天仁，罗源闽光公司炼铁党支部书记、炼铁厂厂长陈旭龙，泉州闽光公司轧钢厂技术员罗学飞被选为福建省先进劳动模范。

4月，河北省工信厅公布2023年第一批河北省专精特新中小企业名单，河北新兴首次成功认定河北省“专精特新”中小企业。

5月4日，淮安市召开纪念“五四运动”104周年暨青年建功高质量发展座谈会，市委书记史志军代表市委、市政府，向第十七届“淮安市十大杰出青年”“淮安市优秀青年标兵”表示祝贺，第十七届淮安市杰出青年、中天淮安公司总经理助理方煜宏受邀参会。

5月4日，淮安市淮阴区举行“踔厉奋发新青年　谱写淮阴新实践”2023年淮阴区“十大杰出青年”颁奖仪式暨风采展示活动，中天淮安公司智能制造处处长丛宝义等“十大杰出青年”获授表彰。区委书记王建军、区长陈张、区人大常委会主任张在明、区政协主席时洪兵等出席活动。12月，中天淮安公司智能制造处处长丛宝义在“我们身边的好青年”评选中，获评创新创业类“江苏好青年”称号，是继5月获评淮阴区

"十佳杰出青年"后取得的又一重要荣誉。

5月6日，"生命教育，救在身边"常州市纪念第76个"世界红十字日"活动在青果巷举行。江苏省红十字会党组成员、副会长李培森出席活动，常州市委常委、宣传部部长陈志良出席并讲话。中天钢铁荣获"红十字特别贡献奖"。

5月18日，齐齐哈尔市民营经济发展大会暨齐商总会成立大会在齐齐哈尔市工人文化宫大剧场隆重召开，建龙北满特钢获"累计纳税民营企业十强"和"就业突出贡献民营企业十强"两项荣誉。该公司党委书记王伟先，党委副书记、工会主席叶志海作为优秀民营企业代表参会并上台领奖。

5月，河北省庆祝"五一"国际劳动节暨省五一劳动奖和工人先锋号表彰大会召开，澳森特钢集团炼钢厂一号转炉获"河北省工人先锋号"殊荣。

5月，山东省工信厅公示了省级人工智能应用场景名单，烟台华新不锈钢有限公司的不锈钢制造业"烟台炼钢L1.5系统改造"成功入选。

5月，在烟台华新不锈钢有限公司能源室主导下，该公司成功获得市工业和信息化局组织开展的"2023年度烟台市绿色工厂"认定。

6月3日，在天津市纪念六五环境日宣传活动上，举行了天津市绿色发展"领跑者"企业授牌仪式。荣程钢铁集团被天津市生态环境局等六个部门授予天津市2022年度绿色发展"领跑者"企业荣誉称号，成为天津市首批获得荣誉的21家企业之一，也是天津市第一个且是唯一个获此殊荣的钢铁联合企业。荣程钢铁集团天荣公司能源副经理苏福源出席活动并领奖。

6月29日，江苏省人民政府发布了《关于2022年度江苏省科学技术奖奖励的决定》，由中信泰富特钢集团旗下江阴兴澄特种钢铁有限公司承担，中冶京诚工程技术有限公司、钢铁研究总院有限公司合作开发的《大型能源装备用超大厚度钢板连铸替代模铸关键技术创新及产业化》项目获得二等奖。

7月4日，江苏省知识产权局与江苏省工业和信息化厅联合发布了《关于印发江苏省创新管理知识产权国际标准实施试点工作方案的通知》，南钢成功入选首批试点企业名单。

7月14日，江苏省工业和信息化厅发布《第五批专精特新"小巨人"企业公示名单》，靖江特钢凭借在无缝钢管领域的综合实力和科技创新能力，成功通过2023年国家专精特新"小巨人"企业认定，再次荣获国家级专精特新"小巨人"称号。

7月21日，中信泰富特钢集团旗下扬州特材成功获评江苏省环保示范性企事业单位，跻身环保信用绿色企业。

7月26～27日，2023年江苏省省长质量奖专家评审组到中天钢铁开展现场评审工作。常州市市场监管局副局长吴小华、副局长潘立波、办公室主任孙力以及常州市经开区市场监管局局长周茹出席首次会议，集团及公司领导董才平、高一平、许九华、王郢、魏巍、潘屹、王礼银以及各部门相关负责人参加评审。末次会议上，专家评审组一致认为中天钢铁在绿色环保、智能制造、人才培养、科研创新、市场营销等5个方面具有显著优势，并建议集团各部门之间加强对《卓越绩效评价准则》实施过程的经验交流和借鉴落实。

7月31日，湖南省工业和信息化厅公布2023年湖南省原材料工业"三品"标杆企业名单，涟钢榜上有名，这代表着涟钢的产品研发能力、产品质量得到了充分认可，行业品牌知名度不断提升。

7月，上海市发布了第五批国家级专精特新"小巨人"企业认定名单，宝武旗下宝武特冶上榜并通过公示。

7 月，经福建省文化和旅游厅评审公示，福建三钢工业旅游区获评省四钻级智慧景区。

7 月，江苏省工业和信息化厅公布了 2023 年省重点工业互联网平台名单，经公司申报、各市推荐、专家评审、线上答辩、现场考察、信用审查、专题会审、网上公示等程序，淮钢特钢产销一体化供应链平台实力上榜。

9 月 12 日，首届“福建慈善奖”表彰大会在福州召开，福建省委书记周祖翼接见获奖代表，省长赵龙出席会议并做重要讲话。共有 26 个爱心个人、32 个单位、20 个项目受到表彰。三钢集团荣获首届“福建慈善奖”爱心捐赠企业奖。

9 月 25 日，“专精特新 · 制造强国”发展大会在苏州成功举办。江苏省委常委胡广杰、中央广播电视总台财经节目中心副主任哈学胜、工业和信息化部中小企业局副局长牟淑慧、江苏省人民政府副秘书长巩海滨、江苏省工业和信息化厅厅长朱爱勋、苏州市人民政府市长吴庆文等嘉宾出席大会。宿迁南钢金鑫轧钢有限公司获国家级专精特新“小巨人”企业授牌。

9 月 26 日，辽宁省工业和信息化厅网站公布“辽宁省质量标杆企业”评选结果，本钢浦项光荣上榜。辽宁省为全面落实辽宁全面振兴新突破三年行动计划，加快推动质量管理赋能工业领域高质量发展，省工业和信息化厅选出一批省质量标杆，以典型示范引领广大企业质量管理创新和质量水平提升。

9 月 26 日，本钢板材冷轧总厂一冷设备作业区酸轧机械点检班获“全国工人先锋号”荣誉称号。

9 月，太原钢铁（集团）电气有限公司、宝武环科山西资源循环利用有限公司、山西禄纬堡太钢耐火材料有限公司、山西太钢工程技术有限公司四家单位获评山西省“专精特新”中小企业。

9 月，内蒙古自治区工商联、内蒙古自治区发改委联合发布了“2023 内蒙古民营企业 100 强”榜单，乌钢连续四年跻身内蒙古自治区民营企业百强行列，以营业收入 68.59 亿元列内蒙古 100 强企业第 45 位，内蒙古制造业民营企业 50 强第 28 位，成为兴安盟唯一一家入选该名单的企业。

9 月，平山县社会信用体系建设领导小组公布了 2023 年“平山县诚信示范企业”名单，河北敬业高品钢科技有限公司、河北敬业信德钢筋工程有限公司、河北敬业增材制造科技有限公司荣获 2023 年“平山县诚信示范企业”称号。

9 月，南京钢铁博物馆顺利通过江苏省科协、省社科联、省科技厅、省教育厅认定，获评 2023 年度江苏省科普教育基地。

10 月 9 日，新兴能源环保创 A 工作得到省、部级领导和专家组的一致认可，并顺利完成环保绩效 A 级企业公示。

10 月 11 日，桃江县科工局到新兴铸管授牌“2023 年湖南省‘专精特新’中小企业”。

10 月 18～20 日，常州市工会第十六次代表大会举行，中天钢铁工会获评 2018—2023 年度常州市优秀工会组织，中天钢铁集团执行董事、副总裁、党委副书记、工会主席李军作为经开区代表团的一员参加大会，并作为代表领奖。

10 月 20 日，江苏省工信厅、省发改委授予南钢“江苏省工业设计中心”“江苏省低温钢工程研究中心”。至此，南钢形成了“2+4+7+N”高端研发平台，打造了领先开放的全球化创新网络。

10 月 23 日，江苏省全省新型工业化推进会议召开，江苏省省长许昆林主持会议，省委书记信长星出席会议并讲话。会上，中天钢铁荣获“江苏省优秀企业”。

10 月 23 日，江苏省新型工业化推进会议召开。会议对在推动全省经济社会高质量发展实践中贡献突出的100个优秀企业和100位优秀企业家进行了表彰，南钢党委书记、董事长黄一新荣获“江苏省优秀企业家”称号；沙钢集团党委书记、董事长沈彬荣膺“江苏省优秀企业家”。

10月28日，受江苏省工业和信息化厅委托，由江阴市工信局组织的“2023年度兴澄特钢新产品、新技术（省级）鉴定会”在中信泰富特钢集团科技大楼召开。本次鉴定包含“工程机械用高韧性超高强钢”等11项新产品及“高性能线材复合控冷技术”1项新技术。

10月，由江苏省工业和信息化厅、江苏省人力资源社会保障厅、江苏省工商业联合会联合组织开展的“江苏省优秀企业、企业家”评比表彰活动发布了最新公示。中信泰富特钢集团旗下江阴兴澄特种钢铁有限公司成功入选“江苏省优秀企业”表彰名单。

10月，安徽省经济和信息化厅公布《2023年安徽省绿色工厂名单》，凭借着在节能减排、绿色生产方面的突出表现，马钢交材荣获2023年安徽省“绿色工厂”称号。

10月，2023年山东省水利厅等8部门在全省农业、工业、城镇服务业等重点用水领域开展了第二批节水标杆单位培育遴选工作，经过申报自评、设区市初审推荐、省复审评价，综合专家审核和现场核查情况，巨能特钢公司荣获“山东省节水标杆企业”。

10月，江苏省发展和改革委员会下发了2023年江苏省工程研究中心名单，中信泰富特钢集团旗下靖江特殊钢有限公司获评“江苏省特种管材工程研究中心”。这是靖江特殊钢有限公司继2022年获评“江苏省石油天然气无缝钢管工程技术研究中心”之后，又一新增的省级研发平台。

10月，河北省工信厅公示了2023年河北省“专精特新”中小企业名单，张宣科技钢源公司榜上有名。

10月，河北省工信厅公布了50家河北省技术创新示范企业认定名单，澳森特钢集团成功入选。本次认定成功，标志着河北省政府对澳森特钢集团近年来在技术创新、产品迭代、自主品牌塑造等方面取得丰硕成果的充分肯定。

10月，2023年江苏省省长质量奖（提名奖）正式揭晓，中天钢铁等10家企业荣获“江苏省省长质量奖”。至此，中天钢铁实现了2021年常州经开区质量管理奖、2022年常州市市长质量奖、2023年江苏省省长质量奖“三年三级跳”的壮举。

11月1日，河北省工信厅公布2023年河北省“专精特新”示范企业名单，邯郸新兴特种管材有限公司成功入选。

11月8日，河北省工信厅发布了《关于印发第五批河北省制造业单项冠军及通过复核的第一批、第二批省级制造业单项冠军企业（产品）名单的通知》，河北永洋特钢集团有限公司成功入选单项冠军产品（第五批）。

11月16日，在山西省工信厅召开的废弃资源综合利用产业链“链核”企业评审会上，环科山西通过层层审核推荐、省工信厅产业链专班初审、专题会议研究、专家会议评审、链长审定等遴选程序后，成功入选山西省废弃资源综合利用产业链“潜在”链主企业。

11月23日，河北省人力资源和社会保障厅公示了2022年河北省劳动保障守法诚信优秀等级入围企业。河北省共121家企业入围，河北永洋特钢集团有限公司作为邯郸市唯一钢铁企业入选。

11月23日，江苏省市场监管局、江苏省发展改革委联合开展了2023年度江苏省质量信用AA级及以上企业等级认定工作。经自主申报、信用审查、材料评审、组织考核、征求意见、公示等程序，淮钢获评“江苏省质量信用AA级企业”。

11 月，山东省工信厅公布了 2023 山东省百强企业名单，青岛特钢荣登该名单。

11 月，福州市工业和信息化局发布《福州市 2023 年工业龙头企业名单》，三钢罗源闽光公司榜上有名。

11 月，安徽省经信厅公布 2023 年安徽省技术创新示范企业名单，马钢交材位列其中。

11 月，邯郸市科学技术局公布了 2023 年度科技领军企业名单，河北永洋特钢集团有限公司成功入选。

11 月，江苏省文明办公布 2023 年第三季度“江苏好人”名单，其中，中天钢铁集团（南通）有限公司烧结厂厂长助理孟凡挺入选敬业奉献类“江苏好人”。

11 月，河北省质量大会在石家庄召开。会上，河北省人民政府宣读了《河北省人民政府关于第十二届河北省政府质量奖授奖的决定》。获奖名单中，澳森特钢集团苏晓峰同志榜上有名。

11 月，河北省科学技术厅对 2023 年新建省技术创新中心名单进行公示，澳森特钢集团成功入选。

11 月，2023 年第一批“江苏精品”认证名单出炉，南钢弹簧钢热轧盘条获此殊荣。南钢已连续 4 年获得“江苏精品”认证，获奖产品分别是低温压力容器用镍合金钢板、工程机械用高强度耐磨钢板、集装箱船用止裂钢板、弹簧钢热轧盘条。

12 月 12 日，河北省工信厅发布了《关于公布 2023 年度河北省县域特色产业集群“领跑者”企业名单和首批“领跑者”企业调整名单的通知》，其中永年紧固件产业集群河北永洋特钢集团有限公司被确定为 2023 年度河北省县域特色产业集群“领跑者”企业之一。

12 月 14 日，中信泰富特钢集团旗下江阴兴澄特种钢铁有限公司荣登世界经济论坛公布的最新一批“灯塔工厂”名单，成为本次唯一一家钢铁行业“灯塔工厂”，也成为全球特钢行业首家“灯塔工厂”。

12 月 22 日，河北省生态环境厅下发文件，澳森特钢集团获评环保 A 级绩效企业。A 级是环保绩效评级的最高等级，代表同行业环保治理最高水平。本次成功创 A，创出的是发展新格局，提升的是硬核竞争力，对于澳森抢占高端市场具有深远的意义。

12 月 26 日，中共修文县委、修文县人民政府发布了关于命名表彰修文县“新时代先进典型”的决定。来自首钢贵钢设备公司的杜先舟荣获修文县“新时代先进典型”个人（好青年）称号，钎具公司陈体俊获修文县“新时代先进典型”个人（好能手）荣誉称号。

12 月 29 日，河北省科学技术厅发布《河北省科学技术厅关于 2023 年度拟认定和通过复审科技领军企业及列入科技领军企业培育库企业的公示》。河北永洋特钢集团有限公司被列入科技领军企业培育库企业。

12 月，太原市总工会印发《关于命名 2023 年市级职工（劳模、工匠）创新工作室的决定》，太钢焦化厂吴波创新工作室、炼钢一厂王耀创新工作室荣获市级职工创新工作室。

12 月，河北省生态环境厅发布碳管理体系建设试点示范单位（第一批）企业名单，新兴铸管股份有限公司入选。

12 月，湖南省委办公厅、省人民政府办公厅联合下发《关于 2023 年度全省平安建设考核评估情况的通报》。涟钢被评为 2023 年度湖南省综治工作（平安建设）合格单位，再次获得“湖南省平安单位”称号。这也是涟钢自 2019 年以来连续 5 年保持该荣誉称号。

12 月，2023 年山东省钢铁行业节能减排绿色发展对标竞赛评审结果出炉，山钢莱芜分公司 2 座高炉、1 座转炉荣获“齐鲁冠军炉”称号。

12月，常州经开区第三届“数字赋能·智能制造”论坛举行，现场发布了全区制造业智能化数字化“十佳典型应用场景”，中天钢铁申报的“智能在线检测——废钢AI智能判级”荣获二等奖。

8.7 媒体机构评选

3月26日，由新华报业传媒集团主办，江苏经济报社、江苏经济现代化发展研究院承办的首届苏商精英大会在南京召开，围绕“全力以‘复’‘苏’写新篇”主题，来自全国各地160余家优秀苏商企业的代表汇聚一堂。会上，中天钢铁董事局主席、总裁、党委书记董才平获评“天下苏商年度致敬人物”，中天钢铁荣获“江苏社会责任杰出企业”。

4月，富宝钢铁网·第六届江西钢铁产业合作伙伴大会在南昌隆重举办。会上，方大特钢荣获“2023最具竞争力流通品牌”称号。

4月，河北省政府新闻办召开“2023年河北大工匠年度人物”记者见面会，对外发布10位“2023年河北大工匠年度人物”和20位“2023年河北工匠年度人物”。张宣科技金属材料公司职工杨高瞻喜获“2023年河北工匠年度人物”荣誉称号。

5月10日，在第7个中国品牌日，中国冶金报社如期发布2023年度中国钢铁品牌榜。东北特钢、方大特钢荣登榜单，获得“2023中国优秀钢铁企业品牌”荣誉称号。中信泰富特钢集团及旗下7家企业也榜上有名，其中天津钢管制造有限公司荣登“2023中国卓越钢铁企业品牌”榜单。

5月29日，2023年度中国作家协会作家定点深入生活扶持项目名单公布，共36项选题入选。由中国冶金作协推荐的南钢报告文学《领航——南钢智改数转、数实融合创新发展新实践》成功入选。这是钢铁企业内部作家的首次入选，也是南钢在文化领域首个国家级项目。

6月5日，世界环境日当天，由中国冶金报社组织的2023“寻找最美绿色钢城”活动结果揭晓，澳森特钢集团、方大特钢获评“钢铁绿色发展优秀企业”。

6月，第十八届中国上市公司董事会“金圆桌奖”评选落下帷幕，《董事会》杂志正式发布第十八届中国上市公司董事会“金圆桌奖”公司奖三项大奖——董事会价值创造奖、公司治理特别贡献奖以及优秀董事会奖获奖名单。其中本钢板材公司凭借在公司治理、高质量发展等方面的优异表现荣获“优秀董事会奖”。

7月11日，2023年《财富》中国上市公司500强排行榜公布，中信泰富特钢集团以983.44亿元营业收入列第139位，比2022年上升5位。

7月25日，《财富》杂志发布2023年中国500强排行榜和世界500强榜单，建龙集团以328.783亿美元营业收入分别列第132位和第465位。

南钢以706.67亿元的营业收入，列上市公司第196位。

8月2日，美国《财富》杂志发布了2023年世界500强最新排行榜，沙钢以营业收入42784.2百万美元、利润557.5百万美元的成绩列榜单第348位，这也是沙钢连续第15年上榜这一国际权威榜单。

建龙集团以营业收入328.783亿美元，列第465位，这也是建龙集团连续三年进入该榜单。

敬业集团再次荣登榜单，排名第320位，较去年上升66位，自2021年首次荣登世界500强榜单，已连续三年入选世界500强企业。

8月，由百年建筑网组织的2023第三届广州国际建筑业和规划设计产业博览会暨第九届中国·广东建筑行业供需对接交流会在广州隆重召开。广东敬业钢铁在本次大会上荣获“广东省重点工程推荐品牌”奖项，标志着广东敬业钢铁在华南地区的市场认可度和品牌影响力得到了进一步提升。

9 月 7～8 日，2023 年第四届全国钢铁行业绿色低碳发展大会在南京召开。大会由中国钢铁工业协会等有关单位指导，由中国冶金报社主办，南钢承办，江苏省冶金行业协会、江苏省生态文明研究与促进会协办。澳森特钢集团、河北永洋特钢集团有限公司获 2023 全国“钢铁绿色发展标杆企业”荣誉称号；新兴铸管股份有限公司获得“绿色发展优秀企业”称号。

9 月，“2023 年中国制造业综合实力 200 强”和“2023 年中国装备制造业 100 强”排行榜发布。中信泰富特钢集团入围两大榜单，分别列第 68 位和第 44 位。

12 月，2023 金牛企业可持续发展论坛暨第一届国新杯 · ESG 金牛奖颁奖典礼在江苏南通举行。马钢凭借在 ESG 治理方面的优异表现，荣膺国新杯 · ESG 金牛奖百强和央企五十强双料大奖。

12 月，南通市委网信办公布第二届“网聚正能量 南通更出彩”网络传播精品和传播达人大赛第一批次获奖名单，中天钢铁宣传部申报的《中天钢铁 · 安全生产》视频荣获二等奖。

第 9 章
中国部分特殊钢企业介绍

9.1 中信泰富特钢集团股份有限公司

9.1.1 企业概况

中信泰富特钢集团股份有限公司（证券代码：000708）是中国中信集团旗下、中信泰富有限公司控股的专业化特殊钢制造企业集团，已成为我国特钢产业引领者、市场主导者和行业标准制定者，是中国钢铁工业协会和中国特钢企业协会双会长单位。

集团旗下拥有“九大核心生产基地”，包括：五大特钢制造基地——江阴兴澄特种钢铁有限公司、大冶特殊钢有限公司、青岛特殊钢铁有限公司、天津钢管制造有限公司、靖江特殊钢有限公司；两大原材料供应基地——铜陵泰富特种材料有限公司、扬州泰富特种材料有限公司；两大延伸加工基地——泰富特钢悬架（济南）有限公司、浙江泰富无缝钢管有限公司，具备年产2000多万吨特殊钢材料的生产能力。

集团技术工艺和装备具备世界领先水平，拥有特殊钢棒材、特殊钢线材、特种板材、无缝钢管、特冶锻材、延伸加工产品六大板块，主导产品高端轴承钢、高端汽车用钢、高端能源用钢等国内外市场占有率不断提升，细分市场领先地位持续，产品畅销全国并远销美国、日本以及欧盟、中东、东南亚等80多个国家和地区。

集团先后荣获了国家科学技术进步奖特等奖、一等奖、二等奖，国家制造业单项冠军，中国工业大奖，世界钢铁协会“Steelie奖”；牵头编制了全球首个《（汽车用）特殊钢PCR》，这也是中国首个特殊钢绿色低碳评价标准；建成了全球特钢行业首家“灯塔工厂”。

中信泰富特钢集团秉承“诚信、创新、融合、卓越”的发展理念，以造福社会为己任，努力建设资源节约型、环境友好型和社会和谐型企业，全力创建全球最具竞争力的特钢企业集团。

9.1.2 主要装备

中信泰富特钢集团拥有国内最大断面的合金钢方圆坯连铸机，世界先进的可实现控轧控冷、轧材尺寸高精确控制（KOCKS）的合金钢棒材生产线，国际先进的银亮材加工生产线，以及配套完善的中厚板、线材、无缝钢管、特冶锻材生产线等国内、国际领先生产设备。

9.1.3 主要产品

中信泰富特钢集团可生产3000多个品种、5000多个规格，是目前全球品种规格最多的特殊钢材料制造企业之一，拥有合金钢棒材、合金钢线材、特种钢板、无缝钢管、特冶锻材、延伸产品“六大产品群”以及调质材、银亮材、汽车零部件等深加工产品系列，品种规格配套齐全并具有明显优势，为用户提供一站式、一揽子的特殊钢材料解决方案。

9.1.4 生产经营情况

2023年，中信泰富特钢集团实现钢材销售1889万吨，其中出口销量达到238万吨，同比增长50.1%。营业收入1140.19亿元，同比增长15.94%，归属上市公司股东的净利润57.21亿元，基本每股收益人民币1.13元，有效抵御了市场和行业波动。集团成功控股的天津钢管，不断优化品种结构，天津钢管扭亏为盈且盈利大幅增长。同时，中信泰富特钢集团成功增资控股南京钢铁集团，中信泰富特钢板块进一步提升竞争力，并将逐步释放在特钢领域的协同效应，促进优势互补，满足产业升级需要。

9.1.5 科技进步情况

2023年，中信泰富特钢集团获得授权专利472项，其中发明专利122项。承担省部级以上项目29项；获得省部级以上科技奖项16项；参与制修订并发布标准21项，其中ISO国际标准2项。

兴澄特钢创新赋能原创研发，高纯净超高强度汽车弹簧钢盘条达到国际领先水平；参与了中国商飞上海飞机设计研究院牵头的国家重点项目，协助解决了国产大飞机某材料难题；首次作为项目总牵头单位成功申报并立项“十四五”国家重点研发项目《长寿命高稳定性轴承钢绿色高效产业化核心技术》；《第三代超大输量低温高压管线用钢关键技术开发及产业化》获中国钢铁工业协会冶金科学技术奖特等奖；面向前沿科技，在机器人制造领域，谐波减速机柔轮用钢成功替代进口，突破了机器人关键零部件生产难题，产品已经应用于全球前五大谐波减速机生产商中的两家。

大冶特钢助力特钢强国，航空轴承M50在中国科学院金属研究所完成疲劳测试，通过中国钢铁工业协会成果评价，并获得SKF、舍弗勒批量订单；气门阀用EMS200高温合金通过伊顿台架试验并获得批产认证，成为世界上第二家生产该钢种的企业；生产的轴承钢用于直径8.61米盾构机主轴承，助力国产18米超大直径盾构机制造，创下主轴承直径、单体重量和承载重量的三个世界之最。

青岛特钢通过了CNAS现场审核，成功开发了马鞍山公铁两用长江大桥2100兆帕级桥梁缆索镀锌钢丝用盘条，刷新世界桥梁史“吉尼斯纪录”。

天津钢管保障国家能源战略安全，深海管线成功应用于“深海一号”二期工程，助力渤海首个千亿方大气田投产；超深井产品全面应用于国内首批“万米深井”开发，助力中石化以9432米刷新亚洲最深井和超深层钻井水平位移两项纪录；通过了“国家高新技术企业”认定。

靖江特钢成功开发全球首个300兆瓦级别压缩空气储能井示范项目用套管和中石化“深地工程”抗微生物腐蚀管线用管；荣获2023年国家专精特新“小巨人”称号，通过了“国家高新技术企业”认定。

9.1.6 产品研发情况

2023年，中信泰富特钢集团多措并举克服市场需求大幅下滑的不利影响，迅速转变思路，紧紧把握国家“双碳”政策的利好机遇，抢抓风电、新能源汽车等行业发展契机，加大能源用钢、汽车用钢的市场开发，完成总销量1889万吨，同比增长24.4%，创历史新高。其中，出口销量达到238万吨，同比增长50.1%，且出口产品毛利高于内贸产品。

9.1.7 资本运营情况

中信泰富特钢集团于2023年2月成功竞得上海中特泰富钢管有限公司（原上海电气集团钢管有限公司）60%股权，取得天津钢管控股权。至此，集团已拥有约500万吨的特种无缝钢管产能，成为全球规模领先的特种无缝钢管生产企业，将为集团在高端无缝钢管领域做强做大，提升可持续、高质量的发展能力奠定坚实基础。随着集团成功收购天津优泰企业管理合伙企业（有限合伙）发行的可转债A份额（天津钢管少数股权）7.3%的股权，将天津钢管权益利润提升至58.3%。2023年，天津钢管不断优化品种结构，产销量稳步增长，效益明显改善，其中出口钢材产品71.9万吨，再创历史纪录，开发新产品30万吨，重点品种销量119万吨，同比增长7.1%，在油气石化行业高端产品份额进一步提升。

9.1.8 企业管理情况

中信泰富特钢集团以全面精益管理观念引领生产经营工作，打造具有特钢特色的精益降本新模式，实现开源节流、降本增效。采购系统精准预判市场，积极协调采购资源，加强寻源采购，通过合金替代、用料结构优化、贸易创效、创新优化物流航线等方式，有力克服大宗原辅材料价格波动，跑赢了市场大势。生产系统深入贯彻“极致成本、极致效率”重点工作，持续开展技术经济指标、铁水成本、炼钢成本内外部对标，加强技术协同、生产协同，补短强特，整体铁水成本跨入全国第一序列。

9.1.9 绿色低碳

中信泰富特钢集团坚持高质量发展与高质量履责“同行”，积极走在履行社会责任的“第一方阵”。深化绿色低碳发展，紧跟国家“双碳”目标要求，率先构建产品碳核算体系，成功完成代表产品全生命周期产品碳排放评估并通过国际第三方认证。

集团发布全球首份特钢低碳评价标准《(汽车用) 特殊钢 PCR》，获世界钢铁协会 Steelie 奖的“生命周期评价卓越成就奖”；兴澄特钢、青岛特钢、天津钢管已通过全流程超低排放公示，其中青岛特钢已实现环保创 A，扬州特材获评全国“绿色工厂”；兴澄特钢、大冶特钢、青岛特钢、天津钢管获评“钢铁绿色发展标杆企业”，靖江特钢获评“钢铁绿色发展优秀企业”。

9.1.10 数智引领

中信泰富特钢集团大力推动数字技术与实体经济深度融合，以数字化转型驱动全方位改革，加快构建数据资产和挖掘数据价值，推进智能运维，变革设备维修方式。

数智转型成果显著，兴澄特钢成功获评世界“灯塔工厂”，成为全球特钢行业首家“灯塔工厂”，荣获国家两化融合管理体系升级版贯标 AAA 级典型企业；大冶特钢建成行业首个全流程全业务的 460 钢管数字化工厂，精彩亮相 2023 年上海世界人工智能大会，入选工信部 2023 年度智能制造示范工厂；央视纪录片《智造中国》专题介绍了青岛特钢智能制造全球强度最高的缆索钢丝用钢盘条。

9.1.11 发展目标

中信泰富特钢集团以高质量发展为主题，深耕特钢主业，以“内生+外延”的发展路径，以业务为导向，重点围绕新材料领域开展科技攻关，做大产业规模，做强细分市场，同时以资本和服务为纽带，整合上下游资源，依托自身优势，尽快实现海外布局，深层次构建“资本+制造+服务”的特钢产业链生态圈，创建全球最具竞争力的特钢企业集团。

9.1.12 高管成员

党委书记、董事长：钱刚
党委副书记、总裁：李国忠
党委副书记、工会主席：郑静洪
党委常委、纪委书记：丁民东
党委常委、副总裁：谢文新
党委常委、副总裁：罗元东
党委常委、总审计师：程时军
总会计师：倪幼美
党委常委、董事会秘书：王海勇
党委常委、总裁助理：周开明

中信泰富特钢集团股份有限公司
地址：江苏省江阴市长山大道 1 号
邮编：214429
电话：0510-80675555
传真：0510-86192800
网址：https：//www.citicsteel.com

江阴兴澄特种钢铁有限公司
地址：江苏省江阴市滨江东路 297 号
邮编：214429
电话：0510-80676169
传真：0510-86191400
网址：http：//xctg.citicsteel.com

大冶特殊钢有限公司

地址：湖北省黄石市黄石大道 316 号
邮编：435001
电话：0714-6297888
传真：0714-6297792
网址：https://dytg.citicsteel.com

青岛特殊钢铁有限公司

地址：山东省青岛市黄岛区泊里镇集成路 1886 号
邮编：266409
电话：0532-58815030/58815085
传真：0532-58815178
网址：http://qdtg.citicsteel.com

天津钢管制造有限公司

地址：天津市东丽区津塘公路 396 号
邮编：300301
电话：022-24802625
传真：022-24802603
网址：https://www.tpco.com.cn

靖江特殊钢有限公司

地址：江苏省泰州市靖江经济开发区新港大道 21 号
邮编：214516
电话：0523-80709087
传真：0523-80709087
网址：http://jjtg.citicsteel.com

铜陵泰富特种材料有限公司

地址：安徽省铜陵经济技术开发区（循环园）
邮编：244100
电话：0562-8822111
传真：0562-8825888
网址：http://tltf.citicsteel.com

扬州泰富特种材料有限公司

地址：江苏省扬州市江都区经济开发区三江大道 8 号
邮编：225211
电话：0514-85766666
传真：0514-85336678
网址：http://yztf.citicsteel.com

泰富特钢悬架（济南）有限公司

地址：山东省商河县玉皇庙镇政府驻地
邮编：251600
电话：0531-84751988
传真：0531-84751988

浙江泰富无缝钢管有限公司

地址：浙江省绍兴市上虞区小越街道工业区
邮编：312367
电话：0575-82711908
传真：0575-82696090
网址：https://zjgg.citicsteel.com

9.2 太原钢铁（集团）有限公司

9.2.1 企业概况

太原钢铁（集团）有限公司（简称“太钢集团”）是中国宝武钢铁集团有限公司的控股子公司和不锈钢产业一体化运营的平台公司。太钢集团始建于 1934 年，前身是民国时期创立的西北实业公司所属西北炼钢厂。2020 年 12 月 23 日，太钢集团与中国宝武联合重组，控股股东变更为中国宝武；受托管理中国宝武旗下宝钢德盛不锈钢有限公司。太钢集团长期专注发展以不锈钢为主的特殊钢，拥有山西太钢不锈钢股份有限公司（太原基地）、宝钢德盛不锈钢有限公司（福州基地）、山东太钢鑫海不锈钢有限公司（临沂基地）、宁波宝新不锈钢有限公司（宁波基地）、天津太钢天管不锈钢有限公司（天津基地）5 个钢铁生产基地。太钢集团的业务组合是钢铁制造、资源业务和先进材料。

9.2.2 基本情况

太钢集团长期专注发展以不锈钢为主的特殊钢，建有先进不锈钢材料国家重点实验室、国家级理化实验室、山西省不锈钢工程技术研究中心、山西省铁道车辆用钢工程技术研究中心等创新平台，拥有800多项以不锈钢为主的具有自主知识产权的核心和专有技术，主持或参与完成我国超过70%的不锈钢板带类产品标准。目前形成了以不锈钢、冷轧硅钢、高强韧系列钢材为主的高效节能长寿型钢铁产品集群。不锈钢产品涵盖板带型线管全系列、超宽超厚超薄极限规格，笔尖钢、手撕钢、核电用钢、铁路用钢、双相不锈钢、新能源汽车用高牌号硅钢等高精尖产品享誉国内外。同时，积极发展矿产资源、新材料、国际贸易、工程技术、医疗健康、金融投资等相关多元业务，拥有以高性能碳纤维、镍基合金为代表的新材料产品集群，亚洲规模最大的现代化冶金露天矿山和山西省内一流的三级甲等综合性医院。

9.2.3 生产经营情况

2023年，太钢集团生产精矿粉1478.24万吨，球团513.53万吨，焦炭317.49万吨，烧结矿1148.51万吨，铁水919.22万吨，粗钢1390.84万吨（其中不锈钢558.90万吨），钢材1346.84万吨（其中不锈钢材553.31万吨）。实现收入1201.54亿元，利润总额23.65亿元，税金41.42亿元（含企业所得税）。

太钢集团聚焦不锈钢全产业链建设，积极推进新一轮战略规划落地实施。在上游资源领域，稳步实施铁精矿粉“产能倍增”计划，推进铁矿山可持续发展项目和冶金辅料资源接续工程的可行性研究和建设，为钢铁主业发展壮大奠定坚实的基础资源保障。在中游钢铁制造领域，高效推进各基地提质增效、填平补齐项目，推动公司不锈钢整体生产能力迈上千万吨级水平。在下游应用领域，积极履行山西省特钢材料产业链链主企业职责，助力集团公司打造新型低碳冶金现代产业链链长，与链上企业合作推进建筑用不锈钢开发与应用推广，运煤专用敞车用高强耐蚀不锈钢复合材料、高速公路护栏用经济型不锈钢等产业链合作项目结出硕果。

9.2.4 科技进步情况

2023年，太钢集团推进关键战略性与使命类产品的技术研发，5项产品实现全球首发，10项产品国内首发，开发完成5项标志性技术。面向国家战略工程需求，全面推进精品化战略，打造极致技术领先优势，努力研发高强、耐蚀、绿色、资源节约型产品。打通了1000兆帕级磁轭钢热轧卷板生产工艺流程，实现了全球首发；446不锈钢焊管替代钛管首次用于石化行业，填补了国内空白；高耐热宽幅含镧铁铬铝板材成功应用于三元催化剂金属载体领域，填补了国内空白；高牌号无取向硅钢同比增长11%，成功开发0.15毫米薄带并量产，中频高强系列通过上海汽车集团股份有限公司、长城汽车股份有限公司、奇瑞汽车股份有限公司和广州汽车集团股份有限公司认证；高铁轮轴钢、齿轮钢在中车长春轨道客车股份有限公司、中车青岛四方机车车辆股份有限公司“复兴号”高铁上实现装车应用。

承担国家重点研发计划课题《高原复杂环境用桥梁钢板材料设计与高性能调控基础研究》等13个项目。组织完成国家重点研发计划课题《钢铁行业废水和城市污水协同深度净化与回用关键技术及示范》等10个项目结题验收。9个项目获冶金科学技术奖。其中，太钢集团主持完成的《光伏产业用铁镍基合金宽厚板制造技术与产品开发》《铁矿烧结低碳与超低排放新技术的开发及应用》2个项目，参与完成的《中国宝武工业互联网平台研究与开发》《特高压及新能源装备用超薄取向硅钢开发与应用》2个项目，共4个项目获一等奖；主持完成的《高硬度高磨蚀铁矿超大型半自磨+球磨系统磨矿关键技术研究及应用》和参与完成的《新能源汽车用超薄无取向硅钢退火炉技术创新与应用》2个项目获二等奖；《高锰奥氏体钢关键制造技术开发及应用》《高弹高寿命张应力退火不锈精密带钢工艺技术及产品》2个项目获三等奖；1项获冶金“一线工人”三等奖。全年，新产品开发量122.82万吨，受理专利460件，其中发明专利360件，发明专利比例为78.26%，《不锈钢、圆珠笔头用不锈钢线材及其制备方法》专利荣获第二十四届中国专利奖优秀奖，《一种高锰高铝型奥氏体低磁钢的连铸方法》等6件专利荣获第四届山西省专利奖，其中一等奖1件，二等奖3件，三等奖2件。在“2023（第二届）钢铁工业品牌质量发展大会”上，太钢集团推荐的“宽幅超薄不锈精密带钢——手撕钢”，荣获“具有高价值专利产品优秀品牌”称号。在国家发改委发布的全国1827家国家企业技术中心2023年评价结果中，太铁集团技术中心列第9位，被评为优秀，持续居全国冶金行业和山西省企业首位。山西太钢不锈钢股份有限公司顺利通过全国高新技术企业复评认定。太钢集团顺利通过国家技术创新示范企业复核评价。

地址：山西省太原市尖草坪街2号
邮编：030003
电话：0351-2134822
传真：0351-2134822
电子邮箱：tgqywhb@tisco.com.cn
网址：https://www.tisco.com.cn

9.3 攀钢集团江油长城特殊钢有限公司

9.3.1 企业概况

攀钢集团江油长城特殊钢有限公司（简称“攀长特公司”）原名冶金工业部长城钢厂，是国家“三线建设”时期建设的国防军工重点配套企业和重要特殊钢科研生产基地。始建于1965年，1972年投产。1988年由冶金工业部直管变为冶金部、四川省共管，同年进行股份制试点改造。1994年4月25日，股份公司在深圳证券交易所上市。1998年，四川省投资集团有限公司对长城钢厂实施整体兼并。2003年，攀钢集团对长城钢厂实施经营性托管，2004年正式重组。2009年随攀钢集团整体上市后组建成立攀钢集团江油长城特殊钢有限公司。攀长特公司工商注册资本为51.75亿元（实际53.75亿元），攀钢集团100%控股。

9.3.2 基本情况

9.3.2.1 生产能力

现有电炉冶炼、特种冶炼、锻造、薄板、棒线材、初轧、扁钢、挤压、精密管等产线10余条，其中具有国内先进水平的棒线材连轧生产线，通过引进捷克、奥地利45兆牛快锻机组和18兆牛精锻机组、德国31.5兆牛快锻机组、意大利45兆牛挤压机组以及1450四辊可逆热轧和冷轧薄板机组等，能够按照国际、国家和行业标准以及用户技术协议，生产锻件、锻棒、热轧圆钢、线材、板材、精密无缝管、挤压异型材、冷拔材等产品。攀长特公司2023年度主要产品生产能力见表10-36。

9.3.2.2 主要产品

产品品种规格齐全，能够结合用户需求制定整套解决方案，提供“一站式”服务。主要产品种类见表9-1。

表9-1 主要产品种类

序号	种类	产品材型	代表钢种	应用领域
1	高温合金	锻制棒材	GH909	国防军工、航空、航天、海洋装备等
		锻件	GH710	
		板材	GH99	

续表 9-1

序号	种类	产品材型	代表钢种	应用领域
2	特种不锈钢	棒材	S-03	国防军工、航空、航天、海洋装备等
		板材		
		管材		
		管材	2169N	
		锻件	00Cr17Ni12Mo2	
3	高强度合金结构钢	挤压管	18Ni 系列	
		锻制棒材	G50	
4	民用不锈钢	锻轧圆钢	K11C64C、1Cr12Ni2W1Mo1V、1Cr17Ni4Cu4Nb	能源
		热轧圆钢	2Cr13	家电
		热轧圆钢	42Cr9Si2、21-4N	汽车
5	工模具钢	热轧扁钢	D2、SKD11	冷作模具
		锻轧圆钢	3Cr2W8V、4Cr5MoSiV1	热作模具
		热轧扁钢	3Cr2Mo（P20）	塑料模具
		锻制圆钢	CGDG-1	盾构机
6	特殊结构钢	锻轧圆钢	20~42CrMo	汽车、轮船
		锻轧圆钢	17CrNiMo6	电力、汽车
		锻轧圆钢	23CrNi3MoA	钻具
7	耐蚀合金	厚壁管	UNS N08825	石化
		冷轧管	UNS N06600	化工
		冷轧薄板	UNS N06600	石化
8	钛及钛合金	棒材	TC4、TC11	炮管
		板材	TA15-1、TA5	体育、装甲
		管材	TA2	舰船

9.3.2.3 主要设备

拥有主要设备 80 余台套，包括 40 吨电炉、合金融熔炉及 40 吨 LF 炉、AOD 炉、VOD 炉、VD 炉等冶炼和炉外精炼设备，国内先进的真空感应炉和真空自耗炉，12 吨/18 吨保护气氛电渣炉、多台 3 吨/7 吨保护气氛电渣炉等，钛冶炼用 3 吨/6 吨/10 吨真空自耗炉、80MN 油压机等，中西部地区唯一的 ϕ825 毫米初轧机、700 毫米扁钢机组等加工设备。攀长特公司主要专业生产设备（已安装数）见表 10-69。

9.3.3 生产经营情况

全年产钢 23.42 万吨，同比减少 11.46%；产材 36.8 万吨，其中自炼钢成材 17.31 万吨，同比减少 8.22%；主营业务收入 40.29 亿元，同比减少 4.83%。

9.3.4 科技进步情况

全年设立 109 个科研项目，其中年度立项 98 项，年中承接立项 11 项。截至 2023 年底，完成 41 项院所和集团项目的阶段评估和结题验收，通过国家结题验收 5 项，科研项目进度完成率 94%。获授权专利 26 项（国外授权 2 项），专有技术 5 项。

9.3.5 改组改制情况

根据攀钢集团深化国企改革工作统一部署，2023 年 4 月 1 日，正式将攀国贸公司民用特优钢销售业务和人员划转至攀长特公司，设立特优钢销售部门，按照二级单位管理，实行“管干一体”模式。优化整合产成品发运与专业厂精整工序，提高用工效率。推进法人企业压减，以吸收合并方式完成了无锡公司、机电公司和攀钢集团四川长城特殊钢有限公司的注销。

9.3.6 发展目标及技术改造情况

根据公司 2023—2025 发展战略规划，至 2025 年，公司实现产钢 33 万吨、钢材 46 万吨、钛锭 0.9 万吨、钛特材 0.65 万吨和营业收入 61.4 亿元、利润 1.2 亿元的发展目标。

2023 年，攀长特公司紧密围绕“十四五”战略发展规划，针对国家急需的关键战略性材料的研发瓶颈及各方面存在的短板，全力推进技术升级改造，全年制订投资计划 24 项，计划投资 11609.17 万元，完成总投资 40597.58 万元。先后完成了钛材 45MN

压机和锻造45MN压机的升级改造，薄板产线升级改造项目和新建两台真空感应炉项目的建成投用，初轧产线升级改造项目按时间节点顺利推进，炼钢厂一作业区模铸除尘改造等多个项目顺利完工投运，以及其他多个超低排放项目按计划稳步实施。

地址：四川省江油市江东路195号
邮编：621701
电话：0816-3652295
传真：0816-3650054
电子邮箱：webmaster@mail. cssc. com. cn
网址：https：//www. cssc. com. cn

9.4 河南济源钢铁（集团）有限公司

9.4.1 企业概况

河南济源钢铁（集团）有限公司始建于1958年，是中国大型钢铁骨干企业、国家级高新技术企业、中国企业500强、中国民营企业100强、中国制造业500强和世界钢铁企业100强，也是中国钢铁协会常务理事、中国特钢协会和全国工商联冶金商会副会长单位。公司位于河南省济源市境内，交通便利，铁路专用线与焦枝铁路线连接。目前，公司拥有员工8000人，各类专业技术人员3000人，资产总额250亿元。

公司钢铁主线为长流程生产工艺，铁、钢、材和检测装备精良，工艺先进，具备国际先进水平，年生产能力500万吨，是国内品种多、规格全的优特钢棒、线材生产基地。产品包括优特钢棒、线材、建筑用钢及精加工钢材，其中优特钢比例为75%。优特钢产品主要有轴承钢、弹簧钢、帘线钢、冷镦钢、齿轮钢、易切削钢、非调质钢、合金结构钢、碳素结构钢、高强耐磨钢、管坯钢、锚链钢及水平连铸铸铁型材等；建筑用钢产品有螺纹钢、光圆钢筋、PC钢棒用钢、高速线材等；深加工钢材有精线、热处理棒、线材、银亮材、紧固件等。

公司拥有省级技术中心、国家级认可实验室、博士后研发基地、河南省工程机械用钢工程技术研究中心、河南省特殊钢材料研究院（河南省特殊钢材料创新中心），通过了 ISO 9001、GB/T 28001、ISO 14001、IATF 16949体系认证，获得了武器装备质量管理体系认证、中国船级社工厂认可证、轴承钢生产许可证等。曾连续十年荣膺国家质量检验检疫总局颁发的“国家产品质量免检”证书，连续获“全国守合同重信用企业”“冶金行业产品实物质量金杯奖”等荣誉称号和奖项。企业凭借稳定的实物质量和高效的服务理念，在广大国内外用户中赢得了良好口碑。2013年被工业和信息化部确定为第一批符合《钢铁行业规范条件》的45家钢铁企业之一。

9.4.2 智能化转型

（1）2023年按工业和信息化部智能制造示范工厂标准要求，对大棒线的智能控制系统和信息化系统进行提升改造，使之达到国内同行业领先水平。投资3800万元。

（2）2023年物流管理信息化系统的实施，利用信息化技术将传统的业务流程和操作转变为数字化，实现了公司内部车辆监、管、控一体化实时管理。投资360万元。

（3）2023年实施物料管控信息化系统，利用人工智能（AI）和大数据技术实现公司物料编码和计划申报的智能管控，为降低库存、减少浪费、减少采购资金提供数据支撑，从而实现物料的精细化管理。投资120万元。

（4）2023年完善设备管理信息化系统的功能，投资150万元。

（5）2023年特殊钢大圆坯项目，实施了信息化智能化系统，投资820万元。

9.4.3 绿色发展

2023年度环保改造项目有焦炭贮运环

保提升改造项目、1号烧结机烟气深度治理改造项目、炼钢无组织深度治理项目、球团工序无组织排放治理项目、石灰工序无组织排放治理项目等共计投资2.17亿元，减少污染物排放约323吨。

9.4.3.1 焦炭贮运环保提升改造项目

本项目投资12000万元，采用密闭筒仓代替原有的料棚储存焦炭，同时在焦炭卸料、转运等产尘点增加收尘罩集中收尘后，通过布袋除尘器处理气力输送至烧结使用，最终实现焦炭清洁堆存、运输，并减少无组织颗粒物排放，减少焦炭消耗。

9.4.3.2 1号烧结机烟气深度治理改造项目

本项目投资4658万元，对1号烧结机活性焦脱硫脱硝设施进行提升改造，新增两个吸附塔单元，并同步改造再生系统等配套设施，建设与1号混料机、2号混料机及梭式布料机等相配套的烟气湿式除尘器。

该项目投用后二氧化硫排放浓度达到了近零排放，氮氧化物排放浓度也远低于超低排放要求，使烧结机污染治理水平在超低的基础上进一步提升，达到了全国领先水平。该项目应用的活性焦脱硫脱硝烟气净化技术集脱硫、脱硝、除尘、脱二噁英和除重金属为一体，具备污染物协同治理能力，相较于其他烧结烟气净化技术，活性焦法将无任何固体废弃物的产生，同时每年可回收1.1万吨98%浓度的浓硫酸，可以作为化工原材料使用。

9.4.3.3 炼钢无组织深度治理项目

本项目投资3900万元，对炼钢厂连铸区域的钢包浇筑、火焰切割、中包倾翻、钢包热修、废钢切割、铸余渣除尘管路进行改造，为增大各点除尘风量、提高除尘效率，新增了1套125万立方米/时的连铸除尘系统。改造后，炼钢工序所有生产环节全部配套高效除尘设施，杜绝了无组织排放。

9.4.3.4 球团工序无组织排放治理工程

投资850万元，建设内容如下：

（1）竖炉8万风量除尘器，将配料仓上部卸料点、下部配料点架设收尘管道，增加密封，确保无粉尘外溢。

（2）新建15万风量除尘器用于环冷机、成品皮带转运点的收尘，并将环冷机环三段烟囱烟气引入该除尘器。

（3）原除尘灰、红矿粉、膨润土在配料库料仓与球团精矿粉配料后通过皮带转运后至强混设备混合，易在转运过程中产生大量扬尘。为减少过程中的扬尘，新建三个粉仓，分别为除尘灰仓、红矿粉仓、膨润土仓，这三种物料通过气力输灰形式打入仓内，仓下部设密封型计量设施直接进入强混设备进行混料。

9.4.3.5 石灰工序无组织排放治理工程

投资350万元，建设内容如下：

（1）回转窑的窑头窑尾由于工艺操作变化，容易造成无组织扬尘，针对该现象，采取窑头窑尾密封形式，并架设收尘管道至现有除尘器，杜绝无组织扬尘现象的发生。

（2）回转窑生产过程中，容易在窑内部结圈，产生的结圈块需要破除、倒运，易造成扬尘和道路污染。采取的措施为改造增设窑皮撕裂机，将大块状破损成小块状，通过溜槽直接进入成品输送系统。

（3）石灰回转窑烟气除尘采用小苏打脱硫工艺，原小苏打采购为成品，装填过程中易扬尘，且受潮后脱硫效率下降。本次改造增加小苏打磨机，采用半成品小苏打装仓，碾磨成成品后通过气力输送系统送入烟道中，完成脱硫过程。

地址：中国河南济源高新技术产业开发区
邮编：459000
电话：0391-6688888
传真：0391-6695008
网址：http：//www.hnjg.com

9.5 首钢贵阳特殊钢有限责任公司

9.5.1 企业概况

首钢贵阳特殊钢有限责任公司（简称“首钢贵钢”），前身为贵阳钢铁厂，始建于1958年，同年9月12日，生产出第一支直径24毫米的圆钢，结束了贵州不产钢的历史。1998年按现代企业制度要求由工厂制改革为公司制，更名为贵阳特殊钢有限责任公司，2009年7月首钢集团重组贵阳特殊钢有限责任公司，更名为首钢贵阳特殊钢有限责任公司，并启动实施首钢贵钢城市钢厂搬迁工程，在贵阳市修文县扎佐镇新建新特材料循环经济工业基地。

9.5.2 主要设备

炼钢主要生产设备包括电炉、精炼炉、VD炉、合金炉、连铸机、除尘系统、修磨机。轧钢中空钢生产线主要生产设备包括加热炉、650开坯机组、4架480轧机、4架380轧机、8架350轧机、冷床、850冷剪、1250无齿锯、大/小七斜矫直机、抛丸机、重型钎抽芯机、退火炉。高线生产设备包括加热炉、600轧机、450轧机、350轧机、285轧机、230轧机、减径机、定径机、智能夹送辊、吐丝机、斯太尔摩风冷线、冷集卷、PF线、2台森德斯打包机、挂牌机械手。锻钢主要生产设备包括3吨电渣炉、5吨电渣炉、10吨电渣炉、3000吨快锻机、800吨快锻机、7吨电液锤、3吨电液锤、室式炉、退火炉、修磨机等。钎具生产设备包括渗碳炉、回火炉、杆件抛丸机、凸轮数控、全功能数控、加工中心等。

9.5.3 生产经营情况

全年钢产量为20.03万吨，产材20.1万吨，实现营业收入15.86亿元，两金占比完成6.48%。

9.5.4 科技进步情况

开展科技项目16项，全年平均参与科技活动的人员数为110人，研发投入强度为3.23%。与首钢集团技术研究院联合完成的《Pb-S系易切削中高碳钢的开发》项目获集团科学技术奖一等奖；《钢铁智能制造关键技术研究及应用》获首钢集团科技进步奖二等奖；《高品质6吨级电渣重熔钢高效制造工艺开发》《液压凿岩机用钎杆的研制与开发》《优特钢小方坯连铸机关键设备集成与优化》获首钢集团科技进步奖三等奖。

9.5.5 产品研发情况

推进铋/碲系环保易切削钢的工业化生产，开发镁系环保易切削钢；开发冶金炉钻具、潜孔钻具等新产品；工模具及锻材实现4145H、4330V等中高合金高端锻材品种开发。对焊丝钢开展成分控制，优化高强度焊丝钢的拉拔性能。工业线研究冶炼过程化学成分控制及轧制组织控制技术，实现合结钢拉拔材向高强度、耐腐蚀产品发展。钎具公司突破高附加值产品渗碳钎生产技术瓶颈，使用寿命从400多米提高到800米以上，实现产品外销。

9.5.6 发展目标及技术改造情况

首钢贵钢全年开展了高线进口摩根230轧机环形水管改造、Consteel电炉白灰用量的降低攻关、特殊稍尖平头内倒角刀盘项目攻关、中空钢650油缸液压锁防爆项目攻关、高刚度短应力轧机滚动导卫对中调整方法等。

公司将以习近平新时代中国特色社会主义思想为指引，积极践行新发展理念，主动适应新发展格局，持续推进供给侧结构性改革，围绕“特色产品供应商、绿色制造引领者”的企业愿景，坚持对标一流提升效率效益，坚持创新驱动，打造细分领域内具有竞争力的短流程特钢企业；坚持市场化改革，坚持产业聚焦，打基础、补短板、强弱项，统筹推进钢业、物流业、物业三个板块协同发展，奋力谱写首钢贵钢高质量发展新篇章。

地址：贵州省贵阳市修文县扎佐镇新东路77号

邮编：550201

电话：0851-88549449

网址：http：//www.sggg.com.cn

9.6 河冶科技股份有限公司

9.6.1 企业概况

河冶科技股份有限公司（简称“河冶科技”）成立于2000年，位于河北省石家庄经济技术开发区，占地300余亩，员工900余名，是研发和生产相结合的先进金属材料及制品生产企业。主要股东有安泰科技股份有限公司、中国钢研科技集团有限公司等；是中国机床工具工业协会和中国模具工业协会会员；获评国家绿色工厂、专精特新“小巨人”企业，制造业单项冠军企业；是院士重点合作单位，设有国家博士后科研工作站和CNAS国家重点实验室；获评河北省政府质量奖、河北省高品质工模具材料重点实验室；是石家庄市营收百强企业。

9.6.2 基本情况

9.6.2.1 生产能力

公司建有炼钢、锻钢、连轧、异型材、粉末、喷射生产线，主要设备有20吨中频炉、LF+VD、电渣重熔炉、精快锻机、连轧、粉末喷射等设备，具备年生产40000吨高速钢各类产品的能力。具体产能见表10-49。

9.6.2.2 主要产品

产品按照应用类别分为刀具材料、模具材料、关键零部件材料三大系列；按制备工艺分类有传统工艺、粉末冶金和喷射成形三种；按产品品种分为棒材、银亮材、锻材、异型材、线材、丝材、预硬棒材、带材、板材、锻件、锻坯、刀具共十二个系列上千种规格，可根据顾客要求定制焊接刀柄、缩柄丝锥毛坯、轧辊坯、空芯拉刀毛坯、预加工盾构滚环等延伸产品。

9.6.2.3 主要设备

河冶科技的高合金特种材料生产线，配置了中频感应加热与LF精炼、VD脱气设备，同时拥有喷射成形与雾化制粉装备；拥有两条快锻与一条精锻开坯产线，以及一条热轧生产线、一条温轧产线，引进了美国Hetran银亮材生产线，配置了多台燃气加热炉与热处理炉，均采用先进节能高效低氮燃烧技术。

9.6.3 生产经营情况

2023年完成销售发货量21635吨，营业收入133820万元，同比增长1.78%，实现利润总额5756万元，纳税总额3903万元。

9.6.4 科技进步情况

2023年研发投入占比3%以上，形成新产品7项、新工艺9项、新技术5项、新标准3项、工艺技术文件14项、关键技术7项。

河冶科技高性能丝锥专用钢HYTV3-1新产品的开发，促进了国产材料替代进口；工模具钢开坯精准变形工艺技术，使大锭型电渣锭开坯火次已明显减少；高耐热高合金高速钢HPH8025产品逐步替代进口；喷射成型材料HSF110在热锻模具领域成功替代了进口H13等材料；在精冲模具领域，HSF940与HSF122成功替代了进口粉末钢材料ASP2005与ASP2012，拓展了公司喷射成形高端模具钢的市场。

2023 年，河冶科技还完成了粉末钢制备工艺的研究与开发，开发出了自主高速钢粉末气雾化制备技术。与上海大学、燕山大学、河钢、石钢、廊坊恒宇、北京会盛百共同承担的河北省科技厅《高品质特殊钢关键共性技术研发及应用示范》，顺利通过河北省科技厅组织的专家验收。

2023 年授权发明专利 3 项、实用新型专利 2 项，受理发明专利 3 项。

9.6.5 改组改制情况

2023 年住友商事（中国）有限公司、住友商事株式会社退出河冶科技。2024 年 3 月 19 日，公司由中外合资企业变更为其他股份有限公司，注册资本由 26153 万元变更至 23053 万元。

9.6.6 发展目标及技术改造情况

河冶科技聚焦高合金工模具材料产业，构建以市场为导向、以两化融合体系建设为基础，加大智能制造技术开发与投入，打造先进、高效、绿色、智能化产线；过去三年共投入技术改造资金 1.1 亿元，以提升产线自动化程度、提高产线效率和产品质量，努力实现效率效益倍增计划，履行社会责任。

地址：河北省石家庄经济技术开发区世纪大道 17 号
邮编：052165
电话：0311-88382035
传真：0311-88382027
网址：http：//www.hss-cn.com

9.7 邢台钢铁有限责任公司

9.7.1 企业概况

邢台钢铁有限责任公司（简称“邢钢”）始建于 1958 年，位于河北省邢台市信都区，是集炼铁、烧结、焦化、炼钢、轧钢、发电、科研于一体的钢铁联合企业，国内外知名的优特钢线材专业化生产企业，国家高新技术企业、国家第一批绿色工厂，荣获过“全国质量奖”“国家科学技术进步奖一等奖”等奖项。

9.7.2 基本情况

9.7.2.1 生产能力

邢钢具备年产铁、钢、材 200 多万吨能能力，其中高炉 4 座（3 座因政策停产）、烧结机 2 台（轮流生产）、焦炉 2 座（1 座因政策停产）、转炉 4 座（1 座因政策停产）、线材轧机 5 套。

9.7.2.2 主要产品

现有冷镦钢、纯铁、帘线钢、弹簧钢、轴承钢等线材 18 大类 693 个钢种 3572 种产品，40 多个品种荣获国家冶金实物产品“金杯奖”，通过了 38 家汽车主机厂和零部件厂家认证。

9.7.3 生产经营情况

（1）生产组织：面临市场严峻形势，全力降本增效，共克时艰。一是依据性价比测算确定原燃料采购品种，坚持趋势、低成本采购，实现经济生产。二是通过精准辨识客户用途和工艺，优化合金成分、改进工艺流程、提高生产效率、减少副产品改判等措施，实现技术创效。三是能自主实施的工程项目不向外委托。自行实施 1 号蒸氨塔大修、五线冷却塔中修、水渣车控水场地等工程项目。四是挖潜降耗。全年发电 3.13 亿千瓦·时、吨钢转炉煤气回收 171.96 米^3，均创公司单高炉环保管控生产条件下历史最高水平。

（2）结构调整：围绕销售渠道修复、高端精品钢增量两条线，及时调整销售策略。直供比例达到 32%，同比提高 10%，货款回收率100%。一是实施渠道恢复计划，恢复老客户12个，新引进客户59个。二是精品钢销量42万吨，同比提高28%，为三年来最高水平。三是增加定制冷镦钢、铬钼钢等高毛利品种的投放，提高收益。四是冷镦钢通过小鹏汽车认证，理想汽车等新能源汽车认证陆续启动，长安福特开启10.9级材料认证。

（3）节能减排：为实现京津冀区域特别是邢台市空气质量改善，邢钢按照省、市和生态环境部门要求，在常年限产约50%的基础上，积极配合环保精细生产管控，减少产量约30%，接待、配合各级生态环境部门检查、监测千余次，污染物排放数据合格率100%，自行监测合格率100%，颗粒物、二氧化硫、氮氧化物、现场无组织管控管理水平远好于国家超低排放标准和同行业。实施焦炉9个项目深度治理，一次通过省生态环境厅验收。

全年完成生铁123.76万吨、钢坯132.37万吨、线材127.54万吨，主营业务收入51.65亿元，上缴税金0.97亿元。

9.7.4 科技进步情况

全年开发超级电磁纯铁DT4C、SWRH72A-JL、SWRH82A-JL等31个新钢种，154个新产品，满足了客户个性化、定制化需求，支撑新产品增量4.4万吨。此外，开发生产SWRCH35K-Y、10B21-Y等免退火冷镦钢2.2万吨。《高性能紧固件用钢的研发及产业化应用》和《汽车底盘异形件用大规格高淬透性高洁净度冷镦钢的研发及应用》成果分别获得河北省金属学会冶金科学技术一等奖、二等奖；《高品质高碳特殊钢线材夹杂物无害化及均质化控制技术开发及应用》和《新能源汽车用高强度超高洁净度冷镦钢生产关键技术创新及应用》两个科技成果达到国际先进水平；河北省科技计划项目《气淬高炉熔渣制备空心渣珠及余热高效提取关键技术研究》顺利通过验收；新获国家专利14项（其中发明专利2项），参与国家标准——《钢结构用耐候钢高强度螺栓连接副》（GB/T 43151—2023）的制定。

9.7.5 改组改制情况

2023年1月，在市委、市政府的全方位指导与协调下，邢钢历时近3年的股权重组几经波折，尘埃落定，完成工商登记变更。邢钢目前为港澳台投资（非独资）企业，其中内资股东持有74%股权，省国有资产控股运营有限公司（境外）持有26%股权。

9.7.6 发展目标及技术改造情况

目前，邢钢正在实施转型升级搬迁改造，由邢台市主城区搬迁至威县高新技术产业开发区，建成以短流程为特色，以“开放、智慧、绿色、灵动、融合”为标志的世界一流特钢标杆企业。

邢钢的项目采用“氢基熔融还原+电炉”工艺，为世界首创，对我国乃至世界钢铁行业发展具有创新性和引领性示范意义。铁、钢产能分别为165万吨/年、225万吨/年，总投资约132亿元，占地面积3217亩。项目投产后，80%的产品应用于国内高端市场，进一步替代特殊钢材进口，年营业收入达到130亿元以上，税收10亿元以上。项目列入河北省重点项目。

2023年4月，邢钢与国内外多家知名设备制造商签订项目设备供货合同；5月28日举行项目开工奠基仪式；6月厂区施工用道路、围墙开始建设；9月18日桩基正式施工，项目监理和总图测绘单位同步进场展开工作，场地详细勘察完成；10月，中国五冶等施工单位进场，现场临时办公设施建成。

地址：河北省邢台市信都区钢铁南路262号

邮编：054027
电话：0319-2042022
传真：0319-2624517
电子邮箱：web@ xtsteel. com
网址：http：//www. xtsteel. com

9.8 山东寿光巨能特钢有限公司

9.8.1 企业概况

山东寿光巨能特钢有限公司（简称“巨能特钢”）是以生产特殊钢棒材和石油套管为主要产品的大型企业。公司于2003年10月建成投产，是山东省最大的特种钢生产基地，为中国钢铁工业协会、中国特钢企业协会、山东省钢铁行业协会、山东金属学会、潍坊市冶金行业协会会员单位。

公司自成立以来始终致力于特钢产品的研发和生产，通过省级企业技术中心和国家实验室认证，2023年合金钢产量占比为80.17%，生产的轴承钢、优质碳素结构钢、高强度螺栓用钢、船用锚链圆钢、石油天然气工业油气井套管荣获“山东省名牌产品”称号；高碳铬轴承钢、船用锚链圆钢、保证淬透性结构钢、高品质轴承套圈用热轧圆钢、高强度紧固件用热轧钢棒和42CrMoA合金结构钢六种产品被中国钢铁工业协会认定为“金杯优质产品”，其中轴承钢产销量多年来一直居国内前二位；船用锚链圆钢通过英国LR、日本NK、美国ABS、挪威DNV、法国BV、韩国KR和中国CCS等多国船级社认证；系泊链钢通过英国LR、日本NK、美国ABS、挪威DNV、法国BV和中国CCS等多国船级社认证；无缝钢管产品通过美国石油协会（API）认证；汽车用钢IATF 16949质量管理体系通过英国标准协会（BSI）认证，自2017年至2023年，连续七年荣获年度“中国汽车用钢优秀品牌”和“全国优特钢生产企业优秀品牌”称号。此外，公司还获得了中石油物资一级供应商准入证，取得了中石化物资供应管理综合信息平台的准入资格，是中国石油装备（寿光）产业基地的重点企业。公司产品出口到日韩、中东、欧美等国家和地区，广泛应用于农机、石油、化工、铁路、矿山、汽车、船舶等机械加工制造行业。

公司贯彻绿色低碳发展理念，成功创建国家级绿色工厂，全面完成超低排放改造并在中国钢铁工业协会网站公示；聚焦品牌建设，先后获得全国钢铁工业先进集体、全国用户满意企业、山东省制造业高端品牌培育企业、山东省民营企业品牌价值100强单位、山东省履行社会责任示范企业、山东省AAA级优等信誉企业等多项荣誉称号；稳步提升行业竞争力，公司在2023年中国钢铁竞争力评级中，获评竞争力特强企业（A级），入选第七批“山东省制造业单项冠军企业”。

9.8.2 基本情况

9.8.2.1 生产能力

巨能特钢拥有年产生铁195万吨、连铸坯260万吨、钢材215万吨的生产能力。

9.8.2.2 主要产品

公司主要生产优质碳素结构钢、合金结构钢、管坯钢、抽油杆用钢、锚链钢、弹簧钢、轴承钢、碳素工具钢、汽车用钢、石油套管和管线管等系列产品，优特钢产品共计235个牌号，100个钢材规格、12个连铸坯规格、19个钢管外径规格，2023年合金比达到80.17%。

9.8.2.3 主要设备

公司目前的工艺流程为：烧结—高炉—电炉（转炉）—LF精炼炉—VD真空脱气炉—连铸—热轧—精整，现有装备均符合国家产业政策及节能环保要求，工艺先进，适合高端特种钢产品多品种、小批量、高性能的需求特点。特别是目前已投产的高品质特钢精整生产线项目，核心设备由世界一流冶金设备制造商研究开发，应用意大利达涅利控轧控冷工艺和DSD减定径技术等最新冶金技术成果，属国内首家，其装备及工艺技术达到国际领先水平。公司现有烧结、炼铁、炼钢、轧钢和钢管设施装备具体如下：

（1）烧结设备：110 $米^2$、265 $米^2$ 烧结机组各一套。

（2）炼铁设备：450 $米^3$、1250 $米^3$ 高炉各一座。

（3）炼钢设备：70吨超高功率电炉一座；80吨、120吨顶底复吹转炉各一座。

（4）轧钢设备：ϕ550毫米、ϕ650毫米和ϕ1350毫米半连轧生产线各一条，ϕ950毫米全连轧机组生产线一条。

（5）钢管设备：ϕ273毫米穿、轧管生产线一条。

9.8.3 生产经营情况

2023年，巨能特钢面对原料成本不断上涨、钢材产品价格下跌的市场形势，通过市场开发和产品结构调整，持续优化生产布局，不断加强技术创新和生产工艺改进，提高生产效率，产品产量较上年同期均有所增长。2023年共生产生铁192.06万吨、钢坯172.10万吨、钢材167.17万吨，实现销售收入80.06亿元、利税1.27亿元。

9.8.4 科技进步情况

巨能特钢自创立以来一直专注于特钢产品的生产与研发，并以“专、精、特、高”为产品特色，致力于成为行业佼佼者。不仅努力打造独特的品牌发展战略，还将“质量为本、客户至上”的经营理念深深植根于企业文化中。为了满足不同高端客户的独特需求，公司积极创新和定制，以满足市场的多元化和个性化需求。同时，公司不断加大研发投入，将技术创新与产品质量管理紧密结合起来，不断提高公司品牌竞争力，从而使公司在激烈的市场竞争中脱颖而出。

（1）深化产学研合作，加强科技成果转化。公司认真落实国家钢铁产业发展政策，充分发挥特种钢生产优势，以省级技术中心、国家实验室为依托，公司与钢铁研究总院、东北大学、中国沈阳金属材料研究所、辽宁科技大学等科研院所、重点高校及国际知名专家建立了长期的合作关系和工作机制，是钢铁研究总院的“新工艺新技术新材料新装备实验基地”，有效打造了以企业为主体，以市场为导向，产学研用相结合的开放型科技创新平台，全力提升企业核心竞争力及企业品牌经济规模和层次。近三年研究与试发展（R&D）投入强度均超过3%，科技创新能力明显增强。2023年取得国家知识产权局专利授权11项（含发明1项），受理11项（含发明1项）；参与起草了《碳素轴承钢》和《轴承钢盘条》2项国家标准，《二氧化碳排放核算与报告要求粗钢生产主要工序》1项行业标准，《汽车横向防倾杆用热轧圆钢》《轴承钢产品质量分级和评价方法》《中国钢铁产品放心品牌评价规范 轴承钢》3项细分市场团体标准。

（2）树立品牌形象，产品获行业认可。2023年，公司轴承钢产品价值取得了显著提升，特别是汽车轴承钢通过了绿色产品认证；轴承钢质量分级及轴承钢放心品牌均获得四星评价；并通过第七批山东省制造业单项冠军企业认证，在国内轴承钢市场的优势地位得到进一步稳固；公司大规格42CrMo产品被中国钢铁工业协会评定为“金杯优质产品”，荣获冶金产品实物质量品牌培育产品认定证书；汽车用钢荣获2023年度“全国优特钢生产企业优秀品牌”，对于提升产品的市场竞争力起到了积极作用。

（3）产品研发成果显著，受到客户广泛好评。2023年，巨能特钢重点利用公司先进的工艺优势，先后开发了多个绿色特钢产品，包括低碳贝氏体钢、冷镦钢、中碳CrMo无贝氏体钢、非调质钢等。这些产品可以直接使用，下游用户无须进行热处理，有助于降低生产成本并提高生产效率，实现了整个生产链条的绿色低碳和降本目标，获得了客户的信赖。

9.8.5 发展目标及技术改造情况

公司始终坚持绿色、可持续发展，加强节能减排、资源利用方面的技术创新，积极改进生产工艺，提高各种资源、能源的综合利用率，使系统能效最大化，降低能源成本，提高综合效益。近年来，公司先后投资10亿余元完成超低排放改造，建设大气污染治理、余热回收等节能环保设施，安装自动在线监测设备，做好国家“绿色工厂”保持工作。2023年公司实施的环保类、安全类、成本类、质量类、节能类、生产效率类、设备类技术改造共计89项，总投资达9429万元。2023年开展节能项目19项，共计节约用电2794万千瓦时，回收蒸汽78万吨，获得无功补偿奖励共计248万元。

下一步，公司将以需求牵引和战略发展为导向，以《产业结构调整指导目录》《新材料发展指南》《山东省产业关键共性技术发展指南》为指引，积极落实国家《关于促进钢铁工业高质量发展的指导意见》文件精神，以满足山东省机械、石油、汽车等传统产业转型升级，以高铁核电、节能环保、海洋装备、航空航天等战略性新兴产业发展为主攻方向，发展高品质特殊钢、高端装备用特种合金钢、核心基础零部件用钢等“特、精、高”关键品种，进一步增加高端供给，填补省内乃至国内高端产品空白，为山东省高端装备制造业高质量发展提供原材料保障，勇做山东高端特钢产业报国和制造强省使命的担当者。预计到2025年，公司生产的先进制造业用高性能轴承钢、高品质冷墩钢、高端齿轮钢、高性能合金弹簧钢、系泊链钢，以及高品质抽油杆用钢、高合金石化用管、超超临界用高压锅炉管等高端产品产量占比达70%以上。另外通过积极开展环境绩效A级企业创建工作，进一步提升环境绩效水平，实现绿色低碳发展；组织开展节能减排、资源利用、智能化改造等技术创新工作，提高资源、能源的综合利用率，提高综合效益，打造成为国内一流的特种钢生产企业。

地址：山东省寿光市特钢路九号
邮编：262700
电话：0536-5186047
电子邮箱：jntgbgs@126.com
网址：http://www.sgjntg.com

9.9 常州东方特钢有限公司

9.9.1 企业概况

常州东方特钢有限公司（简称“东方特钢”）是为高端装备制造业配套的、中国最具竞争力的、拥有300万吨级的特钢企业。公司成立于2009年12月，现有员工2318人，位于长三角经济活跃核心区——常州市武进区。

公司通过了IATF 16949、ISO 9001、ISO 14001、ISO 45001、ISO 50001、ISO 10012等体系，实验室通过了CNAS认可，与科研院校及用户成立5个省、市级以上的联合研发平台。主要产品为汽车钢、轴承钢、齿轮钢、高压锅炉管用钢、锚链钢、磨球钢、易切削非调质钢等，产品广泛应用于汽车、工程机械、轨道交通、矿山、海洋工程、能源动力等领域。

公司完成国家与行业标准制定8项，拥有核心专利30余项，3项产品获得“金杯优质产品”、8项产品（技术）获江苏省“冶金行业科学技术奖”。此外还获江苏省“水效领跑者”、“江苏精品”认证、常州市

"市长质量奖"等殊荣，入选工信部《2023年5G工厂名录》。

公司已通过全流程超低排放公示和工信部绿色工厂认证。荣获全国文明单位，还相继获得了"江苏省工人先锋号""江苏省模范职工之家""常州市重大贡献奖"等荣誉，近三年累计捐助1.9亿元用于公益事业，获得社会广泛好评。

公司近年来坚定不移地走专业化、精品化、特色化的发展道路，投入巨资引进国际先进技术和一流的设备，实现了全自动化和信息化绿色制造，企业综合竞争实力大幅提升。

9.9.2 基本情况

9.9.2.1 生产能力及主要产品

公司具有370万吨烧结矿、250万吨铁、300万吨钢生产能力，形成了特钢精品棒材、高品质连铸圆管坯钢两大系列产品。其中，特钢精品棒材已稳居华东第一方阵，公司还具有华东地区最大的小规格管坯钢（连铸圆管坯钢）的生产基地。

9.9.2.2 主要设备

公司主要设备包括100吨转炉2座、100吨LF及VD炉5座，棒材轧制线3条、精整探伤线2条，产品规格20~150毫米。

9.9.3 生产经营情况

2023年，东方特钢通过"调结构、降成本、增效益"积极应对严峻复杂的形势，全年产量完成铁249万吨、钢302万吨、商品坯材301万吨，销售收入约144亿元。

9.9.4 科技进步情况

2023年公司与科研院所联合研发进入新阶段，开展降低中碳钢脱氧成本、提高产品洁净度、改善齿轮钢连铸坯偏析研究；实现了超低S钢、控S控Al钢、含N钢的技术开发和包晶钢表面控制技术、均质化工艺技术，并应用于新产品和品质提升，打通多项新品生产瓶颈。

全年共开发74项新产品，大力进军汽车、造船、发电、智能制造等市场，管坯钢在油套管、油缸管、气瓶钢、高压锅炉管、耐酸蚀管等领域的开发形成了系列化。

获得了《耐严寒输电塔用高强度螺栓用圆钢生产方法》《转炉出钢量预测方法及系统》等8项专利；参与制定GB/T 28417—2023《碳素轴承钢》、GB/T 42663—2023《钢铁行业水足迹评价要求》等3项国家标准；车辆皮带轮用热轧圆钢、活塞杆用热轧圆钢2项产品获得冶金行业"金杯优质产品"奖。

9.9.5 技术改造情况

2023年重点围绕"绿色低碳、智改数转"持续推进技改升级。在节能降耗方面通过降低脱硝反应器温度降低高炉煤气消耗、增加转炉煤气回收、节约热风炉煤气、钢坯红送降低轧钢煤气消耗、合理调配煤气发电、轧钢二线路负荷转移、水泵节能改造、错峰节电、50兆瓦乏汽回收、氮气置换等措施，创效约4000万元。全力推进水处理新技术，使得吨钢实际耗新水达到国内领先水平，获江苏省"水效领跑者"荣誉。

在绿色减排方面，东方特钢2023年主要污染物排放大幅优于行业水平，各项指标均达到清洁生产Ⅰ类，多次获江苏省生态环境厅的公开表扬，荣获"国家级绿色工厂评价"。2023年12月16日，全流程超低排放评估监测顺利在中国钢铁工业协会网站进行公示。企业自由码头列入省级模范型企业白名单。

在智改数转方面，东方特钢建成大量智能化生产、数字化管理的应用场景，智慧钢厂项目入选工信部《2023年5G工厂名录》；钢坯智能定重、废钢智能化定级的应用，因运行稳定、效果准确，获得同行钢厂的借鉴学习。

未来，公司将以“科技创新、精益前行”为主线，发挥区域、成本、效率、服务优势，围绕行业发展大势（科技创新、绿色低碳、极致能效等）和区域市场布局（新能源、高端化、智能化等）借势发力，主动融入聚焦风电、汽车、光伏、新能源等用钢领域，立足本地及周边市场，全面调整产品结构和市场区域策略，精准对接产业集群和产业链。通过高效运营、科技创新、产品升级、智改数转、绿色低碳等措施，打造企业新质生产力，在增强企业核心竞争力、构建抗风险能力上取得新突破，实现高质量可持续发展。

地址：江苏省常州市武进区湟里镇东方路 5 号
邮编：215155
电话：0519-68866192
电子信箱：zongheban@ czdftg. com
网址：http：//www. czdftg. com

9.10　方大特钢科技股份有限公司

9.10.1　企业概况

方大特钢科技股份有限公司（简称“方大特钢”）前身为南昌钢铁厂，始建于 1958 年，是当时中央统一规划建设的全国 18 个中小型钢铁企业之一，承载着国家发展中国钢铁工业的殷殷期望。2009 年，江西省委、省政府加快推进国有企业改革战略部署，在省委、省政府的支持指导下成功改制，加入辽宁方大集团。2010 年至 2023 年累计实现利润总额 232.4 亿元，年均利润 16.6 亿元，企业净资产收益率、销售利润率、吨钢材盈利水平始终处于行业和行业上市公司的第一方阵。

方大特钢是一家集采矿、炼焦、烧结、炼铁、炼钢、轧材生产工艺于一体的钢铁联合企业，是弹簧扁钢和汽车板簧精品生产基地。公司生产的弹簧扁钢和热轧带肋钢筋荣获冶金行业产品实物质量“金杯奖”，形成了“长力”牌汽车弹簧扁钢和“海鸥”牌建筑钢材两大系列品牌优势。汽车板簧系列产品拥有“长力”“红岩”“春鹰”三大知名品牌（“春鹰”为中国驰名商标），被中国质量管理协会用户委员会、中国汽车工业协会市场贸易委员会列为全国首批推荐商品。

方大特钢现有 63 孔顶装焦炉 1 座、60 孔捣固焦炉 1 座；245 米^2 烧结机 1 座、130 米^2 烧结机 1 座、10 米^2 球团竖炉 2 座；1050 米^3 高炉 2 座、510 米^3 高炉 1 座；80 吨转炉 1 座、65 吨转炉 2 座、LF-65 精炼炉 1 座、LF-90 精炼炉 2 座、90VD 真空炉 1 座、五机五流连铸机 2 台、六机六流连铸机 2 台；全连续式棒材生产线、高速线材生产线、弹簧扁钢生产线和优特钢生产线各 1 条。年产焦炭 85 万吨、铁 360 万吨、钢 420 万吨、材 425 万吨。

2023 年，方大特钢实际钢材产量 408.28 万吨；实现营业收入 265.07 亿元，实现归属于上市公司股东的净利润 6.89 亿元；公司取得“两化融合管理体系 AAA 级评定证书”，获评 2022 年度南昌市优秀企业，2022—2023 年度中国钢铁高质量发展 AA 企业，2023 年中国优秀钢铁企业品牌，2023 年江西省“5G+工业互联网”应用示范场景，2023 年江西省智能制造标杆企业。

2023 年，方大特钢致力推进传统产业数字化转型，对全流程生产相关数据进一步梳理、甄选、优化组合，建立了进厂原燃辅料评价体系，开发上线配矿系统、数字料场，实现物质流、信息流同步和跨系统间的数据整合，为生产经营提供数据支持，公司管理创新成果《利用大数据提升企业生产经营决策能力》获江西省企业管理创新一等奖。

在产品研发方面，与江西理工大学合作

的省级科研项目《新型高性能汽车用弹簧扁钢开发及关键技术研究》完成首次稀土弹簧钢冶炼，探索性研究降低了连铸浇注水口堵塞风险，填补了省内小方坯稀土钢连铸技术的空白。公司还在弹簧扁钢的战略推进、新品开发上取得突破，基础管理、精细化管控进一步体现，弹簧扁钢的国内市场占有率位居前列，棒线材开发取得实质性进展，弹簧钢盘条、高强度合金冷镦钢盘条小批量供货，工艺技术得以储备。

在技术改造方面，方大特钢 2023 年主要是对照国家环保超低排放标准，通过对各生产工序环保设施进行梳理，陆续立项投入 2.8 亿余元进行环保提升改造。主要改造项目包括《炼钢厂环境除尘超低排放提升改造项目》《炼钢厂钢渣处理除尘系统超低排放改造项目》《炼铁厂高炉返矿返焦智能输送系统超低排放改造项目》《炼铁厂高炉热风炉烟气脱硫超低排放改造项目》《轧钢厂加热炉烟气脱硫超低排放改造项目》等，已陆续开工建设，2024 年将建成投用。

在发展战略方面，方大特钢坚持走“差异化”发展之路。注重产业链延伸发展，追求品种质量效益，做优、做强、做特，致力于打造世界先进的弹簧、板簧精品生产基地。以“差异化”为核心，实施低成本、差异化相结合的组合竞争战略，把方大特钢建成为管理科学、文化先进、竞争力强的一流企业。未来几年，方大特钢将通过产量保持基本稳定，实施产品结构调整，产业链延伸，实现由“中低端为主”向“中高端为主”升级，由以建筑钢材为主，向以建筑钢材和优特钢结合为主，提高优特钢比例。

地址：江西省南昌市青山湖区冶金大道 475 号
邮编：330012
电话：0791-88392816/88396518
传真：0791-88392848/88395780
网址：http：//www.fangda-specialsteels.com

第 10 章

主要特殊钢企业统计

10.1 主要特殊钢企业二级组成

（1）中信泰富特钢集团有限公司二级组成见表 10-1。

表 10-1 中信泰富特钢集团有限公司二级组成

二级单位名称	投产年月	年末全部从业人员（人）	产品名称	计量单位	年产量（工作量）	主要设备名称及数量
江阴兴澄特种钢铁有限公司	1993 年 12 月	8506	生铁 粗钢 钢材	万吨	614 639 533	高炉 3200 立方米×1、1280 立方米×2
大冶特殊钢有限公司	2004 年 10 月	6593	焦炭 生铁 粗钢 钢材	万吨	147 332 368 346	2 座 7 米顶装 2×60 孔焦炉，高炉 1780 立方米×1、1280 立方米×1
青岛特殊钢铁有限公司	2017 年 5 月	5024	焦炭 生铁 粗钢 钢材	万吨	149 538 410 304	焦炉 2 座，烧结机 2 台，高炉 3 座
靖江特殊钢有限公司	2018 年 6 月	980	钢材	万吨	60	连轧机 1 套，钢管热轧线 1 条，热处理线 2 条
铜陵泰富特种材料有限公司	2009 年 10 月	1199	焦炭	万吨	271	7 米焦炉 JNX3-70-1 ×2，7 米焦炉 JNX3-90-1×2
扬州泰富特种材料有限公司	2013 年 5 月	520	球团	万吨	723	5. 2 米×57 米链箅机，ϕ6. 4 米×43 米回转窑

（2）太原钢铁（集团）有限公司二级组成见表 10-2。

表 10-2 太原钢铁（集团）有限公司二级组成

二级单位名称	投产年月	年末全部从业人员（人）	产品名称	计量单位	年产量（工作量）	主要设备名称及数量
太原钢铁（集团）有限公司	1934 年 8 月	24038				

续表 10-2

二级单位名称	投产年月	年末全部从业人员（人）	产品名称	计量单位	年产量（工作量）	主要设备名称及数量
太钢集团母公司	1934年8月	4018	铁精矿	万吨	371	采矿、选矿设备
山西太钢不锈钢股份有限公司	1998年6月	14181	钢材（不含商品坯）	万吨	1082	焦炉、高炉、转炉、电炉、轧机设备
太钢集团临汾钢铁有限公司	1958年12月	407	物业、机加工、不动产租赁等			轧机设备
太钢集团代县矿业有限公司	1977年4月	1254	铁精矿、球团矿	万吨	97	采矿、选矿设备
太钢集团岚县矿业有限公司	2013年12月	1092	铁精矿、球团矿	万吨	1010	采矿、选矿设备
太原钢铁（集团）国际经济贸易有限公司	1986年6月	26	原材料、设备进口			
太原钢铁（集团）不锈钢工业园有限公司	2004年10月	33	不锈钢制品的生产与销售			
山西太钢工程技术有限公司	2001年11月	229	工程设计			
太原钢铁（集团）电气有限公司	2003年5月	307	变压器产品			变压器干燥炉、变压器剪切机等
山西钢科碳材料有限公司	2012年9月	523	碳纤维及其制品			牵伸机、炭化炉
山西太钢鑫磊资源有限公司	2011年8月	151	冶金白灰	万吨	81	回转窑
山西太钢万邦炉料有限公司	2011年3月	303	铬铁及其他合金材料的技术研发、生产和销售	万吨	24	球磨机、滚筒造球机、铬粉矿小球钢带焙烧炉
山西禄纬堡太钢耐火材料有限公司	2006年	308	耐火材料制品	万吨	10.61	破碎机、球磨机
山西宝地产城发展有限公司	1998年12月	167	房产租赁、提供劳务			
山西世茂商务中心有限公司	1994年10月	18	宾馆经营、写字楼出租			
山西太钢保险代理有限公司	2003年11月	3	代理收取保险费			
山西太钢投资有限公司	1998年7月	14	投资及咨询管理			
宁波宝新不锈钢有限公司	1996年3月	992	冷轧不锈钢卷板	万吨	65	冷轧薄板轧机

（3）沙钢东北特钢集团二级组成见表 10-3。

表 10-3 沙钢东北特钢集团二级组成

二级单位名称	投产年月	年末全部从业人员（人）	产品名称	计量单位	年产量（工作量）	主要设备名称及数量
沙钢东北特钢集团		13070	烧结 生铁 粗钢 钢材 钢丝	万吨	222.47 146.60 227.78 175.11 0.84	
（一）东北特殊钢集团股份有限公司		5324	烧结 生铁 粗钢 钢材 钢丝	万吨	222.47 146.60 159.99 124.64 0.84	
炼铁厂	2021 年 4 月	438	烧结 生铁	万吨	222.47 146.60	烧结机 1 台，高炉 1 座
炼钢厂	2009 年 10 月	823	粗钢	万吨	159.85	转炉 1 座，电炉 3 座，连铸机 5 台
第一轧钢厂	2009 年 10 月	725	钢材	万吨	65.60	轧机 4 套
银亮钢丝厂	2011	256	钢材 钢丝	万吨	2.35 0.8361	拉拔机 3 台，剥皮机 7 台，拉丝机 38 套
第二轧钢厂	2011 年 2 月	703	钢材	万吨	49.66	轧机 2 套
锻钢厂	2011 年 9 月	230	钢材	万吨	6.93	锻机 3 台
精密公司	2011 年	143	粗钢 钢材	万吨	0.14 0.10	感应炉 4 座，热轧机 2 套，冷轧机 4 套
其他单位及部门		2006				
（二）抚顺特殊钢股份有限公司		7298	粗钢 钢材	万吨	67.79 50.47	

续表 10-3

二级单位名称	投产年月	年末全部从业人员（人）	产品名称	计量单位	年产量（工作量）	主要设备名称及数量
电炉炼钢厂	1992 年	892	粗钢	万吨	64. 28	1 座 50 吨电炉，1 座 60 吨电炉，1 座大方坯连铸机，2 座 30 吨电炉，1 座非真空感应炉
第三炼钢厂	1964 年	1041	粗钢	万吨	3. 51	13 座感应炉，24 座自耗炉，62 座电渣炉
轧钢厂	1996 年	1294	钢材	万吨	38. 23	3 座轧机，1 座轧机
锻造厂	2001 年	878	钢材	万吨	10. 95	6 座锻机
实林公司	1937 年	495	钢材	万吨	1. 04	轧钢：3 座轧机，冷拔：3 座冷拔机
板材	1962 年	172	钢材	万吨	0. 25	4 座轧机
其他单位及部门		2526				

（4）西宁特殊钢集团有限责任公司二级组成见表 10-4。

表 10-4 西宁特殊钢集团有限责任公司二级组成

二级单位名称	投产年月	年末全部从业人员（人）	产品名称	计量单位	年产量（工作量）	主要设备名称及数量
西宁特殊钢股份有限公司	1969 年 10 月	2141	粗钢生产	万吨	160	110 吨 Consteel 电炉 1 台，90 吨 Consteel 电炉 1 台，75 吨 LF 炉 2 台，65 吨 LF 炉 3 台，70 吨 VD 炉 4 台，三机三流连铸机 2 台等
西钢新材料公司	2018 年 9 月	834	钢材生产	万吨	200	精品特钢大棒材开坯加 8 架连轧精品钢生产线，精品特钢小棒材 25 架（含 4 架高精度定减径机组）全连轧生产线，全连续无扭棒材轧机组 18 架
青海江仓能源公司	2005 年 11 月	427	冶金焦炭	万吨	75	TJL4350D 焦炉 2 座，干熄焦系统 1 套，焦油回收系统、焦油初苯回收系统、硫酸铵

续表 10-4

二级单位名称	投产年月	年末全部从业人员（人）	产品名称	计量单位	年产量（工作量）	主要设备名称及数量
西钢置业公司	2011 年 7 月	44	房屋	套	550	
青海矿冶科技有限公司	2018 年 9 月	834	生铁、铁水	万吨	160	1080 立方米高炉 1 台，450 立方米高炉 1 台
西宁西钢福利有限公司	2003 年 12 月	79	钢芯铝加工、劳保用品供应、印刷、打字复印、标牌制作等			
西宁西钢矿业开发有限公司	2011 年 12 月	33	石灰石生产加工	万吨	50	2 条破碎线，1 条粉料加工线及相配套除尘设备（XMZC360-3 布袋除尘器 2 台）
青海西钢自动化信息技术有限公司	2019 年 11 月	122	自动化信息化系统设计集成、软件开发、编程调试、设备成套、安装施工、运行维护、技术服务及仪器仪表检定校准、工业油品化验等于一体的综合型自动化信息技术企业			
青海西钢再生资源综合利用开发有限公司	2018 年 9 月	250	冶金渣类产品的加工、废钢加工、石灰生产及各类固体废弃物的加工、回收、销售	万吨	生石灰 28、钢渣处理 30、矿渣微粉 60	意大利进口弗卡斯 500 吨套筒窑 1 座和 300 吨套筒窑 1 座，60 万吨的矿渣微粉生产线（立磨），抓钢机 3 台，1250 吨龙门剪 2 台，400 吨液压打包机 1 台

（5）舞阳钢铁有限责任公司二级组成见表 10-5。

表 10-5 舞阳钢铁有限责任公司二级组成

二级单位名称	投产年月	年末全部从业人员（人）	产品名称	计量单位	年产量（工作量）	主要设备名称及数量
一炼钢厂		785	粗钢	万吨	101.6	90 吨电炉 2 座，1.9 米连铸机 1 套

续表 10-5

二级单位名称	投产年月	年末全部从业人员（人）	产品名称	计量单位	年产量（工作量）	主要设备名称及数量
二炼钢厂		744	粗钢	万吨	217.9	100吨电炉1座，100吨转炉1座，2.5米连铸机2套
一轧钢厂		877	钢板	万吨	125.5	4200毫米厚板轧机1套
二轧钢厂		725	钢板	万吨	135.8	4100毫米厚板轧机1套
能源中心		536	氧气	万立方米	氧气28621	4500立方米/时、10000立方米/时、20000立方米/时制氧机各1台
检修厂		371				
原料部		112				
科技部		86				
自动化部		69				
质量管理部		296				
炼铁厂		556	铁水	万吨	134.50	1260立方米高炉1座
机关部室合计		511				
运输部		761		万吨	运量872	铁道机车9台，载重汽车39辆
生活服务部		330				
舞钢技校		10				
离退部		9				
保卫部		277				

（6）天津钢管制造有限公司二级组成见表10-6。

表10-6 天津钢管制造有限公司二级组成

二级单位名称	投产年月	年末全部从业人员（人）	产品名称	计量单位	年产量（工作量）	主要设备名称及数量
炼铁厂	2005年1月	375	铁水	万吨	67.16	105平方米烧结机1台，1000立方米高炉1座
炼钢厂	一炼钢：1992年6月 二炼钢：2005年2月	729	连铸管坯	万吨	180.17	150吨电炉、90吨电炉各1座，配套精炼钢包炉、连铸机等

续表 10-6

二级单位名称	投产年月	年末全部从业人员（人）	产品名称	计量单位	年产量（工作量）	主要设备名称及数量
轧管事业部	ϕ250 毫米 MPM 连轧管机组：1996 年 ϕ168 毫米 PQF 连轧管机组：2003 年 ϕ460 毫米 PQF 连轧管机组：2007 年 ϕ258 毫米 PQF 连轧管机组：2008 年 ϕ720 毫米旋扩管机组：2008 年	1651	热轧无缝钢管	万吨	218.66	ϕ168 毫米、ϕ250 毫米、ϕ258 毫米、ϕ460 毫米热轧管生产线及 ϕ720 毫米旋扩管生产线各 1 条
管加工事业部	首条加工线于 1993 年投产，最后一条加工线 2013 年投产	1406	无缝钢管	万吨	152.53	热处理线 8 条，油/套管加工线 11 条，光管加工线 5 条等
江苏天淮钢管有限公司	2012 年 5 月	532	无缝钢管	万吨	47.32	ϕ508 毫米 PQF 轧管机组 1 套，热处理线和光管加工线各 1 条
天津天管元通管材制品有限公司	2008 年 1 月	314	无缝钢管	万吨	29.29	热处理线 2 条，油/套管加工线 3 条，光管加工线 1 条

（7）石家庄钢铁有限责任公司二级组成见表 10-7。

表 10-7　石家庄钢铁有限责任公司二级组成

二级单位名称	投产年月	年末全部从业人员（人）	产品名称	计量单位	年产量（工作量）	主要设备名称及数量
炼钢厂	2020 年 11 月	660	电炉钢	万吨	136	2×130 吨直流电弧炉
轧钢厂中棒线	2020 年 8 月	143	热轧棒材	万吨	48	17 架全连轧
轧钢厂小棒线	2020 年 11 月	117	热轧棒材	万吨	42	22 架全连轧

续表 10-7

二级单位名称	投产年月	年末全部从业人员（人）	产品名称	计量单位	年产量（工作量）	主要设备名称及数量
大棒线	2020年11月	130	热轧棒材	万吨	22	8架全连轧
高线	2021年4月	126	热轧线材	万吨	9	16架全连轧

（8）攀钢集团江油长城特殊钢有限公司二级组成见表10-8。

表 10-8 攀钢集团江油长城特殊钢有限公司二级组成

二级单位名称	投产年月	年末全部从业人员（人）	产品名称	计量单位	年产量（工作量）	主要设备名称及数量
攀钢集团江油长城特殊钢有限公司	1965年9月	2741	粗钢 钢材	万吨	23.61 36.91	
炼钢厂	1965年9月	517	粗钢	万吨	23.61	3座40吨超高功率电弧炉，1座40吨合金熔融炉，5台真空感应炉，7台真空自耗炉，26台电渣重熔炉，1台方坯连铸机
锻轧厂	1965年9月	509	钢材	万吨	22.52	CKV45/50兆牛快锻机组，18兆牛精锻机组，31.5兆牛快锻机组，1台1450冷轧，1台1450热轧，50万吨棒线材生产线
轧钢厂	1965年9月	556	钢材	万吨	14.06	45兆牛挤压机，700热轧带钢机组，825初轧机组，825精轧机组
钛材厂	2009年3月	138	钛材	万吨	0.32	1台80兆牛压机，7台真空自耗炉

（9）建龙北满特殊钢有限责任公司二级组成见表10-9。

表 10-9 建龙北满特殊钢有限责任公司二级组成

二级单位名称	投产年月	年末全部从业人员（人）	产品名称	计量单位	年产量（工作量）	主要设备名称及数量
炼铁厂		507	烧结矿 生铁	吨	2363834 1620209	1号高炉、2号高炉、1号烧结机、265烧结机各1座

续表 10-9

二级单位名称	投产年月	年末全部从业人员（人）	产品名称	计量单位	年产量（工作量）	主要设备名称及数量
一炼钢厂		617	钢 商品坯	吨	1844531 503703	转炉、方坯连铸机、圆坯连铸机、混铁炉、超高功率交流电弧炉各1套
轧钢厂		810	热轧材 退火材 调质材 冷拔材 线材	吨	1192403	825初轧机1套，型钢轧机2套，7860短应力轧机列2套，6850短应力轧机列2套，4532短应力轧机列2套、轧辊直径（ϕ440~360毫米）×650毫米4架，4532短应力轧机列2套、轧辊直径（ϕ390~320毫米）×650毫米4架，280悬臂轧机列1套，10架顶交45°精轧机组1套，2架顶交45°预精轧机组1套，8架顶交45°精轧机组1套，2架顶交45°减径轧机组1套，2架顶交45°定径轧机组1套，三段步进式双蓄热加热炉2座
特冶锻造厂		351	钢 电渣钢 锻材	吨	32722 25867 40792（件）	电炉1台，电渣炉12台，快锻机16~25/30兆牛、411水压机、412水压机、16兆牛精锻机各1套
能源中心		308				
生产部		304				
安全保卫部		120				
销售总公司		66				
国贸公司		12				
采购部		82				
研发部		30				
质量部		188				
工程装备部		175				
财企部		54				
人事行政部		76				

（10）大冶特钢有限公司二级组成见表10-10。

表10-10 大冶特钢有限公司二级组成

二级单位名称	投产年月	年末全部从业人员（人）	产品名称	计量单位	年产量（工作量）	主要设备名称及数量
二级单位名称		841	焦炭 生铁	万吨	150 375	
（一）铁前事业部	新1号、2号焦炉分别于2022年5月9日、6月19日顺利出焦	302	焦炭	万吨	150	2座7米顶装，2×60孔焦炉
1. 焦化厂		539	烧结矿 生铁	万吨	610 375	
2. 炼铁厂	2011年5月1号烧结投产，8月1号高炉投产	282	烧结矿 生铁	万吨	350 206	265平方米带式烧结机1台，1780立方米高炉1座
其中：（1）1号高炉与1号烧结	2020年4月2号高炉投产，8月2号烧结投产	257	烧结矿 生铁	万吨	260 169	220平方米带式烧结机1台，1780立方米高炉1座，铸铁机3台
（2）2号高炉与2号烧结		918	连铸坯、钢锭	万吨	426	
（二）炼钢事业部	2011年5月投产	390	连铸坯	万吨	270	120吨转炉2座，双工位120吨LF精炼炉4座，三车五工位120吨RH钢包真空炉2座，连铸机3台
1. 转炉厂	1985年5月投产	380	钢锭、连铸坯	万吨	120	70吨交流、直流电炉各1座，60吨LF炉3座，60吨VD炉1座，80吨RH炉1座，连铸机3台，20吨真空感应合金熔炼炉1座
2. 电炉厂	新50吨电炉于2023年6月投产	148	钢锭	万吨	36	50吨交流电炉1座，50吨LF炉2座，50吨VD/VOD炉1座

续表 10-10

二级单位名称	投产年月	年末全部从业人员（人）	产品名称	计量单位	年产量（工作量）	主要设备名称及数量
（三）棒材事业部		1220	棒材	万吨	258	
1. 大棒厂	2021 年 1 月 1350 开坯机投产	293	轧坯 棒材	万吨	85 50	1350 开坯机 1 套，750 机组：1H 轧机、3H 轧机、5H 轧机、2V 轧机、4V 轧机、6V 轧机
2. 中棒厂	二轧钢筹建于 1946 年，1949 年 10 月 1 日新中国成立后正式生产；新中棒线于 2015 年 10 月投产	327	棒材	万吨	18、90	500 半连轧（轧制军工产品），新中棒线：8565 轧机 7 架、7555 轧机 5 架、6548 轧机 4 架、KOCKS 轧机 4 架
3. 小棒厂	1997 年 650 全连轧投产；1952 年 12 月热处理建成投产	396	棒材 热处理轧材（银亮材）	万吨	40 10	650 机组：480 轧机 6 架、464 轧机 4 架、450 轧机 6 架、350 轧机 6 架、KOCKS 轧机 4 架；热处理、银亮、冷拉生产线 3 条
4. 扁棒厂	2021 年 3 月新扁棒生产线投产	204	棒材（圆钢、扁钢）	万吨	50	新扁棒线：720 轧机 4 架、610 轧机 4 架、480 轧机 9 架、380 轧机 3 架、摩根轧机 3 架
（四）钢管事业部		871	管材	万吨	84	
1. 170 钢管厂	无缝钢管厂于 1960 年 8 月建成投产；ϕ108 毫米热轧管机组始建于 1988 年，2004 年 6 月改造成为一条完整生产线；ϕ170 毫米热轧管机组 1993 年建成投产；热处理机组始建于 2008 年	435	无缝钢管	万吨	25、6、10、1	170、108 无缝钢管生产线各 1 条，是国内精品中厚壁无缝钢管生产基地；热处理机组由 4 条热处理生产线组成，具备调质、正火、正火+回火、退火、固溶等热处理工艺，热处理年产能达 30 万吨；旋压钢管生产线 1 条

续表 10-10

二级单位名称	投产年月	年末全部从业人员（人）	产品名称	计量单位	年产量（工作量）	主要设备名称及数量
2. 219 钢管厂	ϕ273 毫米热轧管机组始建于 2010 年，2014 年 1 月改造成 ϕ219 毫米热轧管机组	191	无缝钢管	万吨	22	219 无缝钢管生产线 1 条，改造后其 CPE 顶管机组为纵轧，产品没有内螺纹，适用于轧制无缝薄壁钢管
3. 460 钢管厂	钢管 ϕ460 毫米机组于 2009 年 11 月投产	245	无缝钢管	万吨	30	460 无缝钢管生产线 1 条，主体设备与工艺技术从德国引进，是目前世界上最大的 ASSEl 轧管机组
（五）特冶锻造事业部		832	锻材	万吨	16	
1. 电渣分厂	公司第一座电渣炉于 1960 年 5 月建成投产	216	电渣钢锭	万吨	12.58	截至 2023 年末，拥有电渣炉 37 座，设计产能 12.58 万吨，其中气体保护电渣炉 21 座
2. 特冶分厂	公司第一座真空感应炉、真空自耗炉分别于 2010 年 11 月、12 月投产	200	钢锭	万吨	1.04、1.38	截至 2023 年末，拥有真空感应炉 5 座（公称容量 3 吨 1 座、6 吨 1 座、12 吨 3 座），总设计产能 1.04 万吨；真空自耗炉 8 座（公称容量 6 吨 5 座、12 吨 2 座、25 吨 1 座），总设计产能 1.38 万吨
3. 锻造分厂	1953 年 1 月投产	416	锻材	万吨	16	8 兆牛快锻机、30 兆牛快锻机各 1 台（用于开坯），16 兆牛精锻机 1 台，20 兆牛快锻机、45 兆牛快锻机、60 兆牛快锻机各 1 台

续表 10-10

二级单位名称	投产年月	年末全部从业人员（人）	产品名称	计量单位	年产量（工作量）	主要设备名称及数量
（六）动力事业部		400				
1. 动力厂	1971年1月投产	193	生活水、生产水、循环水、软化水、除盐水、压缩空气、高炉煤气、焦炉煤气、混合煤气、饱和蒸汽、中压过热蒸汽、高压过热蒸汽			220千伏变电站、净水站、循环水站、污水处理站、2万立方米空压机、汽拖、20万立方米煤气储气柜、160吨锅炉、110吨锅炉、75吨锅炉
2. 制氧厂	2003年2月投产	51	氧气、氮气、氩气			2万立方米制氧机、液氧、液氮贮槽、氧气、氮气球罐
3. 热电厂	2015年1月投产	156	电			25兆瓦发电机、15兆瓦发电机、80兆瓦发电机
（七）物流部	2009年3月公司成立物流中心，2011年11月公司成立物流部，建立起整个新冶钢采购物流、生产物流和销售物流管理体系	306	（1）采购物资的物流管理（矿、煤、焦炭等运输、仓储）；（2）生产物流管理（锭、坯、材等运输）；（3）产品销售物流管理（钢材水路、铁路、公路运输）；（4）承运商及运输价格管理			（1）铁路：铁路总长49.6千米、运输量700万吨/年，内燃机车21台，铁路车皮334辆； （2）码头：可靠泊万吨级船舶、吞吐能力750万吨/年，卸船机2台，龙门吊3台，浮吊3台，码头门座式起重机2台； （3）公路采取第三方物流公司协作方式，广泛吸纳社会资源加入，内部长期协作单位车辆共计168台，包括平板车、托架车、罐车、铲车等多种车型
（八）中信特钢研究院大冶特钢分院	2014年1月成立	335	工艺技术、产品质量、品种研发、体系、产品认证			分为工艺研究所、试验检测所、棒材研究所、钢管研究所、特冶产品研究所、研究分院办公室

续表 10-10

二级单位名称	投产年月	年末全部从业人员（人）	产品名称	计量单位	年产量（工作量）	主要设备名称及数量
（九）智能及信息化部	2006年3月成立	174	网络平台、五大信息中心			五级信息化总体架构层次清晰、负载均衡的网络平台，高度集成的五大信息中心（数据网络中心、安全保卫中心、生产调度中心、物资计量中心、能源管控中心）

（11）江阴兴澄特种钢铁有限公司二级组成见表10-11。

表 10-11　江阴兴澄特种钢铁有限公司二级组成

二级单位名称	投产年月	年末全部从业人员（人）	产品名称	计量单位	年产量（工作量）	主要设备名称及数量
棒材事业部一分厂	1997年11月	607	棒材	吨	1136342	电炉100吨×1，VD 100吨×2，LF 100吨×2，CCM-R12×1，连轧1台（套）
棒材事业部二分厂	2005年9月	1103	棒材	吨	1060804	转炉120吨×2，RH 120吨×2，LF 120吨×3，R12×1、R16.5×1、R17×1，连轧2台（套）
特板事业部	2009年7月	1441	特厚板、厚钢板、中板	吨	2450606	转炉150吨×2，LF 150吨×2，RH 160吨×2，R11×1、R12×1、R6.5×1，3500、4300轧机各1套
炼铁事业部	2002年9月	680	生铁	吨	6139946	高炉3200×1、1280×2
动力事业部	1987年8月	524	电力	万千瓦·时	119710	发电机组50兆瓦×2、40兆瓦×1，余热发电12兆瓦×2，TRT发电3兆瓦×2、5兆瓦×1、25兆瓦×1、18兆瓦×1、25兆瓦×1
线材事业部	2013年6月	1098	线材、棒材	吨	686033	高线轧机2台（套）
其他单位及部门		3053				注：本单位无实质性的二级单位

（12）青岛特殊钢铁有限公司二级组成见表 10-12。

表 10-12 青岛特殊钢铁有限公司二级组成

二级单位名称	投产年月	年末全部从业人员（人）	产品名称	计量单位	年产量（工作量）	主要设备名称及数量
焦化厂	2015 年 6 月	294	焦炭	吨	1490470	焦炉 2 座
炼铁厂烧结工序	2015 年 5 月	254	烧结铁矿	吨	7700200	烧结机 3 台
炼铁厂炼铁工序	2015 年 11 月	373	生铁	吨	5374595	高炉 3 座
炼钢厂	2015 年 11 月	1214	钢坯	吨	4100067	转炉 4 座，连铸机 6 台
高线厂	2015 年 4 月	749	线材	吨	2040316	高速线材轧机 6 套
型材厂	2015 年 4 月	474	棒材	吨	994213	小型型钢轧机 2 套
其他		1666				

（13）本钢板材股份有限公司特殊钢事业部二级组成见表 10-13。

表 10-13 本钢板材股份有限公司特殊钢事业部二级组成

二级单位名称	投产年月	年末全部从业人员（人）	产品名称	计量单位	年产量（工作量）	主要设备名称及数量
炼钢作业区	2022 年	169	电炉钢锭	吨		89 吨交流电弧炉 1 座，100 吨 LF 炉 2 台，100 吨 RH 1 台，四机四流大方坯铸机 1 台，六机六流中方坯铸机 1 台
			电炉钢坯	吨		
轧钢作业区	2019 年	181	钢材（坯）	吨		1150 毫米/850 毫米轧钢机组 1 套
精整作业区	2015 年	220				
公辅作业区		67				
吊车作业区	2009 年	162				
设备作业区	2023 年	139				
机关		104				

（14）首钢贵阳特殊钢有限责任公司二级组成见表10-14。

表10-14 首钢贵阳特殊钢有限责任公司二级组成

二级单位名称	投产年月	年末全部从业人员（人）	产品名称	计量单位	年产量（工作量）	主要设备名称及数量
贵阳东方现代钢材市场股份有限公司		63（含外派会计2人）				单主梁门式起重机13台（MDG 20吨-25米A6），双梁厢式起重机2台（MG32-22），叉车3台（CPCD70）
贵阳东方鑫盛钢材物流有限责任公司		68	运输	吨	90	单主梁门式起重机2台（MDG 20吨-25米A6）、单主梁门式起重机1台（MDG 20-S25-H11 A6）、叉车4台（CPCD70）、双梁桥式起重机5台（QD 16吨-25.5米A6）
贵阳金吉运输有限公司		1				电动单梁起重机1台（LD10-S15-H9A5）、电动单梁起重机1台（LD10-15.58米A3）
贵阳钢厂职工医院		167				腹腔镜1套（368D），B超机1台（SA-600-2），放射成像系统1套（CR-30），全自动生化分析仪3台
贵阳阳明花鸟市场有限公司		7				
贵阳首钢贵钢物业管理有限公司		61				
贵州贵钢设备工程公司有限责任公司		194				
贵州贵钢钎具制造有限责任公司		207	钎具	吨	22009	卧式双刀架数控车床8台（LU300-V8 CAM），瓦尔特五轴数控磨床1台（HP），数控立式镗铣加工中心1台（HSC75Linear），德马吉立卧转换加工中心1台（DMU60P）

（15）江苏永钢集团有限公司二级组成见表10-15。

表10-15　江苏永钢集团有限公司二级组成

二级单位名称	投产年月	年末全部从业人员（人）	产品名称	计量单位	年产量（工作量）	主要设备名称及数量
公司办公室		17				
人力资源部		53				
企业管理部		16				
财务管理部		29				
资产管理部		6				
规划发展部		11				
制造部		77				
设备环保部		151				
技术中心		258				
安全部		21				
采购中心		75				
营销中心		120				
能源部		564				
项目建设部		52				
炼铁厂		1931年	铁水	吨	8276209	500立方米高炉×1，600立方米高炉×2，700立方米高炉×1、1080立方米高炉×3，1320立方米高炉×1
炼钢厂		1722	粗钢	吨	8019922	50吨转炉×3，60吨转炉×2，120吨转炉×2
特钢公司						
其中：电炉分厂		637	粗钢	吨	900942	100吨电炉×1，连铸机×2
大棒分厂			钢材	吨	380027	达涅利R18米大圆坯连轧机
轧钢厂		1598	钢材	吨	8686711	钢坯连轧机×6，高速线材轧机×7

（16）方大特钢科技股份有限公司二级组成见表10-16。

表10-16 方大特钢科技股份有限公司二级组成

二级单位名称	投产年月	年末全部从业人员（人）	产品名称	计量单位	年产量（工作量）	主要设备名称及数量
焦化厂		480	焦炭	吨	396024	
炼铁厂		974	生铁	吨	3457535. 68	
炼钢厂		752	粗钢	吨	4063727. 787	
轧钢厂		1002	钢材	吨	4082817. 127	
动力厂		395	发电	万千瓦·时	87528. 2548	
物流储运中心		440				
自动化部		136				
检测中心		195				
建安公司		211				
营销单位		111				
机关部门		521				

（17）中天钢铁集团有限公司二级组成见表10-17。

表10-17 中天钢铁集团有限公司二级组成

二级单位名称	投产年月	年末全部从业人员（人）	产品名称	计量单位	年产量（工作量）	主要设备名称及数量
南通焦化厂			焦炭	万吨	243. 0531	
南通球团			球团	万吨	246	
常州烧结厂			烧结矿	万吨	645	
南通烧结厂			烧结矿	万吨	1146	

续表 10-17

二级单位名称	投产年月	年末全部从业人员（人）	产品名称	计量单位	年产量（工作量）	主要设备名称及数量
第一炼铁厂			生铁	万吨	19	
第二炼铁厂			生铁	万吨	404	
南通炼铁厂			生铁	万吨	653	
钢轧三分厂			钢	万吨	22	
			窄钢带	万吨	6	
第三炼钢厂			钢	万吨	458	
第三轧钢厂			线材（含盘螺）	万吨	179	
第八轧钢厂			线材（含盘螺）	万吨	129	
第六轧钢厂			棒材	万吨	70	
			棒材	万吨	70	
南通炼钢厂			钢	万吨	711	
南通轧钢厂			螺纹钢	万吨	701	
			线材（含盘螺）	万吨	71	

（18）山钢股份有限公司莱芜分公司特钢事业部二级组成见表 10-18。

表 10-18 山钢股份有限公司莱芜分公司特钢事业部二级组成

二级单位名称	投产年月	年末全部从业人员（人）	产品名称	计量单位	年产量（工作量）	主要设备名称及数量
机关		199				
电炉车间	2013 年 8 月	81	电炉钢	万吨	3.93	1 座 100 吨超高功率电弧炉，2 座 LF 钢包精炼炉，1 座双工位 VD 真空精炼炉
转炉车间	2023 年 1 月	99	转炉钢	万吨	112.98	1 座 100 吨顶底复吹转炉，2 座 LF 钢包精炼炉，1 座双工位 RH 炉

续表 10-18

二级单位名称	投产年月	年末全部从业人员（人）	产品名称	计量单位	年产量（工作量）	主要设备名称及数量
连铸一车间	2013年8月	69	连铸坯	万吨	96	R16.5米五机五流大圆坯合金钢连铸机1台
连铸二车间	2023年9月	76	连铸坯	万吨	20.91	180毫米×220毫米、240毫米×240毫米、320毫米×420毫米、240毫米×375毫米，6机6流R12米连铸机1台
运行车间	2013年8月	250				
大棒车间	2013年10月	90	钢材	万吨	51.69	ϕ1350毫米×1/ϕ950毫米×4/ϕ800毫米×2/轧机
中棒车间	2019年7月	134	钢材	万吨	52.46	ϕ1000毫米×3/ϕ900毫米×3/ϕ780毫米×5/ϕ600毫米×6轧机
小棒车间	1987年12月	114	钢材	万吨	18.13	ϕ550毫米×1/ϕ450毫米×6/ϕ350毫米×6轧机
银前转炉车间	2005年5月	205	转炉钢连铸坯	万吨	110.68	1座120吨顶底复吹转炉，2座90吨LF钢包精炼炉，1座双工位VD真空精炼炉，1台R8米六机六流方坯连铸机，1台R12米六机六流合金钢方坯连铸机
银前运行车间	2005年5月	139				
生产准备车间	2019年10月	88				
质量检查站	2012年8月	105				
转炉项目部		12				
合计		1661				

（19）河冶科技股份有限公司二级组成见表10-19。

表 10-19　河冶科技股份有限公司二级组成

二级单位名称	投产年月	年末全部从业人员（人）	产品名称	计量单位	年产量（工作量）	主要设备名称及数量
炼钢分厂	1974年7月21日	143	铸锭、电渣锭	吨	29335	
锻钢分厂	1988年6月21日	93	锻坯、锻材	吨	27182	

续表 10-19

二级单位名称	投产年月	年末全部从业人员（人）	产品名称	计量单位	年产量（工作量）	主要设备名称及数量
连轧分厂	2012 年 6 月	132	轧材、异型材	吨	22603	
成品分厂	2011 年 2 月	90	轧材、锻材、钢丝	吨	24870	
锻件加工厂	2006 年 5 月 21 日	30	锻件	吨	688	
喷射事业部	2014 年 1 月 24 日	17	喷射锭、电极棒	吨	1847	

（20）承德建龙特殊钢有限公司二级组成见表 10-20。

表 10-20　承德建龙特殊钢有限公司二级组成

二级单位名称	投产年月	年末全部从业人员（人）	产品名称	计量单位	年产量（工作量）	主要设备名称及数量
炼铁厂	2001 年 1 月	1013	生铁	万吨	247. 94	1350 立方米高炉 1 座，1200 立方米高炉 1 座
炼钢厂	2004 年 1 月	854	方坯 圆坯	万吨	244. 03	120 吨炼钢转炉 1 座，100 吨炼钢转炉 1 座，五机五流方坯连铸机 1 座，五机五流圆坯连铸机 1 座，方圆坯连铸机 1 座，大规格圆坯连铸机 1 座
轧钢厂	2006 年 5 月	718	圆钢	万吨	54. 19	棒材连轧机线 1 条（小棒）
	2023 年 8 月			万吨	13. 83	棒材连轧机线 1 条（中棒）
	2022 年 1 月		无缝管	万吨	54. 47	无缝管连轧生产线 1 条

（21）山东寿光巨能特钢有限公司二级组成见表 10-21。

表 10-21　山东寿光巨能特钢有限公司二级组成

二级单位名称	投产年月	年末全部从业人员（人）	产品名称	计量单位	年产量（工作量）	主要设备名称及数量
烧结厂	2003 年 12 月	381	烧结矿	吨	3014115	110 平方米烧结机 1 座
	2011 年 4 月					265 平方米烧结机 1 座

续表 10-21

二级单位名称	投产年月	年末全部从业人员（人）	产品名称	计量单位	年产量（工作量）	主要设备名称及数量
炼铁厂	2005年4月	406	生铁	吨	1920557	450立方米高炉1座
	2011年4月					1250立方米高炉1座
炼钢厂	2003年12月	700	连铸坯	吨	1720972	70吨电炉1座
	2005年4月					80吨转炉1座
	2011年2月					120吨转炉1座
轧钢厂	2003年12月	707	棒材	吨	1315578	ϕ550毫米半连轧生产机组1套
	2005年8月					ϕ650毫米半连轧生产机组1套
	2019年10月					ϕ950毫米全连轧1套
	2013年12月					ϕ1350毫米半连轧1套
钢管厂	2009年6月	304	无缝钢管	吨	356081	ϕ273毫米穿管机一套

（22）江苏天工工具新材料股份有限公司二级组成见表10-22。

表 10-22 江苏天工工具新材料股份有限公司二级组成

二级单位名称	投产年月	年末全部从业人员（人）	产品名称	计量单位	年产量（工作量）	主要设备名称及数量
锻造厂	1993年	121	钢坯、棒材	吨	38275	500吨精锻生产线和750吨精锻生产线各1套
冶炼厂	1993年	233	钢锭	吨	91875	15吨中频炉2套，8吨中频炉6套，15吨LF炉2套，15吨VD炉1套，电渣重熔机59台
轧钢厂	1992年	159	钢坯、直条、盘圆	吨	57137	300、350、400、650轧钢生产线各1套，棒线材连轧生产线2套，五连轧生产线1套

续表 10-22

二级单位名称	投产年月	年末全部从业人员（人）	产品名称	计量单位	年产量（工作量）	主要设备名称及数量
钢丝厂	1993 年	6	钢丝	吨	16427	卧式拉丝机 2 台，立式拉丝机 22 台，联合拉拔机 3 台，矫直切断机 24 台，倒立式伸线机 12 台，无心磨床 31 台，STC 退火炉 4 台，真空退火炉 19 台，井式退火炉 76 台，感应加热设备 4 台，矫直机 4 台，剥皮机 6 台，锯床 6 台，矫直压光机 2 台
江苏天工爱和科技有限公司	2005 年	783	工模具钢	吨	316614	30 吨中频炉 3 台，30 吨 LF 炉 3 台，30 吨 VD 炉 2 台，15 吨中频炉 4 台，20 吨 LF 炉 1 台，20 吨 VD 炉 1 台，重熔机 31 台，1000 吨快锻机 1 台，2000 吨快锻机 1 台，1300 吨精锻生产线 1 条，850 扁钢生产线 1 条，910 轧制生产线 1 条，磨床 3 台，液压机 3 台，锯床 28 台，全纤维台式退火炉 38 台，加热炉 6 台，冷床 1 台，铣床 9 台，车床 12 台，矫直机 3 台，均热炉 14 台，7000 吨快锻机生产线 1 套
句容公司	2015 年	128	工模具钢	吨	30000	1450 毫米可逆四辊热轧机，1450 毫米可逆四辊冷轧机，4500 快锻机及其配套设备

（23）永兴特种材料科技股份有限公司二级组成见表 10-23。

表 10-23　永兴特种材料科技股份有限公司二级组成

二级单位名称	投产年月	年末全部从业人员（人）	产品名称	计量单位	年产量（工作量）	主要设备名称及数量
炼钢一厂	2000 年 9 月	113	钢锭	吨		电弧炉 1 台，AOD 炉 1 台，LF 炉 1 台，模铸设备 10 套，VD 炉 1 台，连铸机 1 套
炼钢二厂	2010 年 5 月	112	连铸坯	吨		超高功率电弧炉 1 台，顶底复吹 AOD 炉 1 台，钢包精炼炉 1 台，连铸机 1 套

续表 10-23

二级单位名称	投产年月	年末全部从业人员（人）	产品名称	计量单位	年产量（工作量）	主要设备名称及数量
锻压车间	2015年4月		锻材	吨		35兆牛快锻机组1套，加热炉群1套，法兰精锻机
精炼车间	2015年		电渣产品	吨		5吨电渣炉2台，6吨真空感应1台，6吨真空自耗炉1台
轧钢厂	2017年	106	棒线材	吨		步进加热炉1座，750两辊可逆1台，全连轧14架，4机架Kocks机组，摩根高线精轧机及减定径，在线固溶炉1座，棒材冷床，大盘卷集卷装置2套，固溶炉（13工位环形炉），辊底退火炉（10工位）
酸洗精整车间	2016年	81	棒线材	吨		1号隧道式酸洗线，2号隧道式酸洗线，废水处理线，SCR脱销装置，棒材矫直机，线材抛丸机，不锈钢混酸再生
银亮棒车间	2022年	47	银亮棒	吨		30台无心磨床及配套台架，2套涡流探伤，3台开卷矫直机，1台超声波探伤，2台无心车床，60矫直机2台，倒角机1台，抛光机1台，皂化液集中处理装置1套

（24）南阳汉冶特钢有限公司二级组成见表10-24。

表 10-24　南阳汉冶特钢有限公司二级组成

二级单位名称	投产年月	年末全部从业人员（人）	产品名称	计量单位	年产量（工作量）	主要设备名称及数量
南阳汉冶特钢有限公司（轧钢厂）	2005年	985	钢板	吨	2647543	3800轧机1台，3500粗轧机1台，3500精轧机1台
南阳汉冶特钢有限公司（炼钢厂）	2003年	1011	粗钢	吨	2468033	转炉3座，连铸机3台，LF精炼炉3台，双工位真空VD炉3台
南阳汉冶特钢有限公司（老炼铁厂）	2003年	1025	生铁	吨	2430123	高炉3座，烧结机1台

续表 10-24

二级单位名称	投产年月	年末全部从业人员（人）	产品名称	计量单位	年产量（工作量）	主要设备名称及数量
南阳汉冶特钢有限公司（新炼铁厂）	2008 年					
南阳汉冶特钢有限公司（采购部、矿石部、安环监察部、综合办、销售部门、钢研所等部门）		1012				

（25）邢台钢铁有限责任公司二级组成见表 10-25。

表 10-25 邢台钢铁有限责任公司二级组成

二级单位名称	投产年月	年末全部从业人员（人）	产品名称	计量单位	年产量（工作量）	主要设备名称及数量
焦化厂	1972 年 1 月 1 日	257	焦炭	吨	321463	65 孔×2 焦炉
炼铁厂	1970 年 9 月 1 日	560	烧结矿/生铁	吨	1856515/1237600	198×1，180×1 烧结机，420×1、450×1、1050×1 高炉
炼钢厂	1995 年 8 月 1 日	792	钢坯	吨	1323695	50 吨×2、80 吨×1 顶底复吹转炉，50 吨×4、80 吨×1 LF 钢包精炼炉，60 吨×1AOD 氧氩精炼炉，80 吨×1RH 精炼炉，9 米弧×2、12 米弧×2 方坯连铸机，9 米弧×1 方圆坯连铸机
线材厂	1966 年 1 月 1 日	671	盘条	吨	1275424	全连续高速线材轧机 5 套
能源动力部	1973 年 11 月 1 日	285	自发电	万千瓦·时	27603	15 兆瓦×3 纯凝式汽轮机，40 兆瓦×1 高温超高压单缸再热凝汽式汽轮机
储运中心	1971 年 12 月 1 日	313	铁路运输量	吨	1600081	GK1E31 型内燃机车 8 台，NS0201 内燃吊车 1 台
邢台新翔金属材料科技股份有限公司	2005 年 5 月 26 日	25	精制线材	吨	62410	拉丝机 17 台，STC 退火炉 4 座，连续退火炉 2 座，酸洗线 1 条，包装机 5 台

续表 10-25

二级单位名称	投产年月	年末全部从业人员（人）	产品名称	计量单位	年产量（工作量）	主要设备名称及数量
北京新光凯乐汽车冷成型件股份有限公司	2005年9月6日	12	汽车冷成型件	万件	9907	8台冷镦机：FM250、FM500、NH620、CF350、NH515、FM630、NH628、CBP255
北京邢钢焊网科技发展有限责任公司	2002年11月1日	11	钢筋焊接网/冷轧钢筋制品/热缩绝缘钢筋	吨	43341/6453/1081	3台焊网机：MG210型号1台、MG320型号1台、G/8型号1台；3台冷轧机：LGH3S-EHE型号冷轧机3台；5条矫直剪切机：R43B型号2条、RBK51B型号1条、GT6-12型号2条；热缩用箱式加热炉9台，热缩钢筋折弯机47台
部室小计		491				
其他		677				
公司合计		4094				

（26）凌源钢铁集团有限责任公司二级组成见表10-26。

表10-26 凌源钢铁集团有限责任公司二级组成

二级单位名称	投产年月	年末全部从业人员（人）	产品名称	计量单位	年产量（工作量）	主要设备名称及数量
凌源钢铁股份有限公司	1994年4月12日	6899				
其中：第一炼铁厂	1970年2月1日	809	生铁	万吨	309	高炉4座
			烧结矿	万吨	463	烧结机2台
第二炼铁厂	2013年5月1日	408	生铁	万吨	213	高炉1座
			烧结矿	万吨	273	烧结机1台
			球团矿	万吨	211	链算机回转窑1座

续表 10-26

二级单位名称	投产年月	年末全部从业人员（人）	产品名称	计量单位	年产量（工作量）	主要设备名称及数量
第一炼钢厂	1989 年 10 月 1 日	713	连铸坯	万吨	292	转炉 4 座，连铸机 5 台
优特钢事业部	1989 年 10 月 1 日	1460	连铸坯	万吨	249	转炉 2 座、连铸机 3 台
	2012 年 12 月 20 日		棒材	万吨	67	中型轧机 1 套
	2012 年 12 月 20 日		棒材	万吨	39	半连续式棒材轧机 1 套
	2012 年 12 月 20 日		棒材、钢筋	万吨	83	全连续式棒材轧机 1 套
	2010 年 8 月 12 日		线材	万吨	30	单线全连续线材轧机 1 套
第一轧钢厂	1969 年 1 月 12 日	484	棒材、钢筋	万吨	82	全连续式棒材轧机 1 套
			钢筋	万吨	103	全连续式棒材轧机 1 套
第二轧钢厂	1996 年 9 月 12 日	375	中宽热带	万吨	131	热轧中宽带钢轧机 1 组
原料厂	2001 年 6 月 1 日	314	冶金石灰	万吨	41	麦尔兹窑 2 座
氧气厂	1971 年 5 月 1 日	208	氧气	万立方米	53821	
数智化部		59				
质检计量中心		411				
凌钢钢铁国际贸易有限公司		218				
凌钢股份北票钢管有限公司	2009 年 8 月 28 日	113	钢管	万吨	3	焊管机组 11 套
凌钢股份北票保国铁矿有限公司	1972 年 7 月 1 日	631	铁精矿	万吨	58	
股份机关		696				
设计研究公司	2002 年 7 月 1 日	48				
凌源滨河会务中心	1973 年 1 月 1 日	12				
焦化厂	1970 年 8 月 1 日	301	焦炭	万吨	63	122 孔焦炉 1 座
能源管控中心		685	电力	万千瓦·时	155721	
			煤气	万立方米	780087	
运输公司		306	铁路运量	万吨	1891	

续表 10-26

二级单位名称	投产年月	年末全部从业人员（人）	产品名称	计量单位	年产量（工作量）	主要设备名称及数量
检修中心	2000年8月1日	732				
集团机关		173				
合计		9156				

（27）衡阳华菱钢管有限公司二级组成见表 10-27。

表 10-27 衡阳华菱钢管有限公司二级组成

二级单位名称	投产时间	年末全部从业人员（人）	产品名称	计量单位	年产量（工作量）	主要设备名称及数量
炼铁厂	2009年4月30日	309	生铁	吨	1191828	180平方米烧结机1台，1080立方米高炉1座
炼钢厂	1991年7月28日	583	连铸坯	吨	1770753	45吨电炉2座，90吨电炉1座，弧形连铸机3套
特种钢管厂219机组	1987年1月30日	128	热轧无缝钢管	吨	105504	环形环炉1座，二辊穿孔机1套，轧管机1套，12机架张减机1套，六辊矫直机1台
特种钢管厂720机组	2009年7月3日	142	热轧无缝钢管	吨	149955	环形炉1座，卧式曼式穿孔机1套，皮尔格轧管机1套，Assel三辊斜轧管机1套，三辊5机架定径机1套，六辊矫直机1台
89厂	1997年8月29日	230	热轧无缝钢管	吨	277224	环形炉1座，二辊锥形穿孔机1套，6机架限动连轧机1套，三辊张力减径机1套，六辊矫直机5台，淬、回火加热炉各3座，水淬装置2套，探伤机8套，水压试验机3台
340厂	2005年4月29日	367	热轧无缝钢管	吨	710493	环形炉1座，二辊锥形穿孔机1套，限动芯棒连轧机1套，12机架定径机1套，六辊矫直机1台

续表 10-27

二级单位名称	投产时间	年末全部从业人员（人）	产品名称	计量单位	年产量（工作量）	主要设备名称及数量
180 厂	2011 年 12 月 30 日	295	热轧无缝钢管	吨	615857	环形加热炉 1 座，锥形穿孔机 1 套，180PQF 轧机 1 套，张减机 1 套，矫直机 2 台
其他		1068				

（28）宝武特种冶金有限公司二级组成见表 10-28。

表 10-28　宝武特种冶金有限公司二级组成

二级单位名称	投产年月	年末全部从业人员（人）	产品名称	计量单位	年产量（工作量）	主要设备名称及数量
东莞宝钢特殊钢加工配送有限公司	2002 年 12 月	26	模具钢	吨	29251	洗、磨、锯床
宝武特冶钛金科技有限公司	2021 年 5 月	118	钛合金冶炼及压延加工	吨	862. 111	有色金属冶炼及压延加工
宝武特冶（马鞍山）高金科技有限公司	2023 年 11 月	180	模具钢	吨	14000	有色金属冶炼及压延加工

10.2　主要特殊钢企业专业产品主要生产能力

（1）宝武特种冶金有限公司专业产品主要生产能力见表 10-29。

表 10-29　宝武特种冶金有限公司专业产品主要生产能力

产品名称	计量单位	年初生产能力	本年新增能力	其中				本年减少能力	年末生产能力
				基建新增	更新改造新增	并购新增	其他新增		
粗钢	万吨/年	15. 35							15. 35
电炉钢	万吨/年	14. 4							14. 4

续表 10-29

产品名称	计量单位	年初生产能力	本年新增能力	其中				本年减少能力	年末生产能力
				基建新增	更新改造新增	并购新增	其他新增		
钢材生产能力	万吨/年	15.1							15.1
冷轧（拔）钢材	万吨/年	0.7							0.7
冷轧窄钢带	万吨/年	0.2							0.2
冷轧（拔）无缝钢管	万吨/年	0.5							0.5
锻、挤、旋压钢材	万吨/年	14.4							14.4
锻压钢材	万吨/年	12.1							12.1
挤压钢材	万吨/年	2.3							2.3

（2）中信泰富特钢集团有限公司专业产品主要生产能力见表10-30。

表10-30 中信泰富特钢集团有限公司专业产品主要生产能力

产品名称	计量单位	年初生产能力	本年新增能力	其中				本年减少能力	年末生产能力
				基建新增	更新改造新增	并购新增	其他新增		
人造块矿									
烧结铁矿	万吨/年	2065.8							2065.8
球团铁矿	万吨/年	600							600
炼铁产品									
生铁	万吨/年	1370							1370
粗钢	万吨/年	1543.5	36	36				36	1543.5
转炉钢	万吨/年	1257.5						20	1237.5
电炉钢	万吨/年	286	36	36				16	306
连铸坯	万吨/年	1572.5						35	1537.5
方坯	万吨/年	210							210
矩形坯	万吨/年	802.5						35	767.5

续表 10-30

产品名称	计量单位	年初生产能力	本年新增能力	其中				本年减少能力	年末生产能力
				基建新增	更新改造新增	并购新增	其他新增		
板坯	万吨/年	200							200
圆坯	万吨/年	360							360
钢材生产能力	万吨/年	1618							1618
热轧钢材	万吨/年	1601							1601
热轧棒材	万吨/年	793							793
线材（盘条）	万吨/年	375							375
其中：高速线材	万吨/年	375							375
特厚板	万吨/年	80							80
厚板	万吨/年	110							110
热轧中板	万吨/年	100							100
热轧无缝钢管	万吨/年	143							143
锻、挤、旋压钢材	万吨/年	17							17
锻压钢材	万吨/年	16							16
旋压钢材	万吨/年	1							1
焦炭	万吨/年	570							570
机焦	万吨/年	570							570

（3）太原钢铁（集团）有限公司专业产品主要生产能力见表 10-31。

表 10-31 太原钢铁（集团）有限公司专业产品主要生产能力

产品名称	计量单位	年初生产能力	本年新增能力	其中				本年减少能力	年末生产能力
				基建新增	更新改造新增	并购新增	其他新增		
黑色金属矿采选									
铁矿石开采能力	万吨/年	18350	700				700		19050

续表 10-31

产品名称	计量单位	年初生产能力	本年新增能力	其中				本年减少能力	年末生产能力
				基建新增	更新改造新增	并购新增	其他新增		
铁矿石选矿处理原矿能力	万吨/年	4270	70				70		4340
人造块矿									
烧结铁矿	万吨/年	898							898
球团铁矿	万吨/年	652. 6	21				21		673. 6
炼铁产品									
生铁	万吨/年	847. 5							847. 5
粗钢	万吨/年	1294	162	162					1456
转炉钢	万吨/年	944							944
电炉钢	万吨/年	350	162	162					512
连铸坯	万吨/年	1215	162	162					1377
方坯	万吨/年	90							90
板坯	万吨/年	1075	162	162					1237
圆坯	万吨/年	50							50
钢材生产能力	万吨/年	1450	249	157	22	70			1699
热轧钢材	万吨/年	988	179	157	22				1167
热轧棒材	万吨/年	100							100
线材（盘条）	万吨/年	20							20
其中：高速线材	万吨/年	20							20
特厚板	万吨/年	21							21
厚板	万吨/年	65							65
热轧中板	万吨/年	82	22		22				104
热轧中厚宽钢带	万吨/年	700	157	157					857
冷轧（拔）钢材	万吨/年	447. 5	70			70			517. 5

续表 10-31

产品名称	计量单位	年初生产能力	本年新增能力	其中				本年减少能力	年末生产能力
				基建新增	更新改造新增	并购新增	其他新增		
冷轧薄板	万吨/年	3							3
冷轧薄宽钢带	万吨/年	300	70			70			370
冷轧窄钢带	万吨/年	2.2							2.2
冷轧电工钢板（带）	万吨/年	137							137
冷轧（拔）无缝钢管	万吨/年	5							5
焊接钢管	万吨/年	0.3							0.3
锻、挤、旋压钢材	万吨/年	12.5							12.5
锻压钢材	万吨/年	12.5							12.5
其他加工工艺钢材	万吨/年	2							2
焦炭	万吨/年	330							330
机焦	万吨/年	330							330

（4）西宁特殊钢集团有限责任公司专业产品主要生产能力见表 10-32。

表 10-32 西宁特殊钢集团有限责任公司专业产品主要生产能力

产品名称	计量单位	年初生产能力	本年新增能力	其中				本年减少能力	年末生产能力
				基建新增	更新改造新增	并购新增	其他新增		
烧结铁矿	万吨/年	286							286
球团铁矿	万吨/年	55							55
炼铁产品									
生铁	万吨/年	160							160
粗钢	万吨/年	160							160
转炉钢	万吨/年	90							90
电炉钢	万吨/年	186							186

续表 10-32

产品名称	计量单位	年初生产能力	本年新增能力	其中				本年减少能力	年末生产能力
				基建新增	更新改造新增	并购新增	其他新增		
连铸坯	万吨/年	153							153
方坯	万吨/年	153							153
钢材生产能力	万吨/年	210							210
热轧钢材	万吨/年	205							205
热轧棒材	万吨/年	115							115
热轧钢筋	万吨/年	90							90
冷轧（拔）钢材	万吨/年	0. 5							0. 5
冷轧（拔）棒材	万吨/年	0. 5							0. 5
锻、挤、旋压钢材	万吨/年	4. 5							4. 5
锻压钢材	万吨/年	4. 5							4. 5
焦炭	万吨/年	75							75
机焦	万吨/年	75							75

（5）舞阳钢铁有限责任公司专业产品主要生产能力见表 10-33。

表 10-33 舞阳钢铁有限责任公司专业产品主要生产能力

产品名称	计量单位	年初生产能力	本年新增能力	其中				本年减少能力	年末生产能力
				基建新增	更新改造新增	并购新增	其他新增		
炼铁产品									
生铁	万吨/年	116							116
粗钢	万吨/年	438							438
转炉钢	万吨/年	140							140
电炉钢	万吨/年	298							298
连铸坯	万吨/年	235							235

续表 10-33

产品名称	计量单位	年初生产能力	本年新增能力	其中				本年减少能力	年末生产能力
				基建新增	更新改造新增	并购新增	其他新增		
钢材生产能力	万吨/年	290							290
热轧钢材	万吨/年	290							290
特厚板	万吨/年	130							130
厚板	万吨/年	110							110
热轧中板	万吨/年	50							50

（6）天津钢管制造有限公司专业产品主要生产能力见表 10-34。

表 10-34 天津钢管制造有限公司专业产品主要生产能力

产品名称	计量单位	年初生产能力	本年新增能力	其中				本年减少能力	年末生产能力
				基建新增	更新改造新增	并购新增	其他新增		
生铁	万吨/年	96							96
粗钢	万吨/年	220							220
无缝钢管	万吨/年	350							350

（7）石家庄钢铁有限责任公司专业产品主要生产能力见表 10-35。

表 10-35 石家庄钢铁有限责任公司专业产品主要生产能力

产品名称	计量单位	年初生产能力	本年新增能力	其中				本年减少能力	年末生产能力
				基建新增	更新改造新增	并购新增	其他新增		
粗钢	万吨/年	200							200
电炉钢	万吨/年	200							200
连铸坯	万吨/年	200							200
矩形坯	万吨/年	200							200
钢材生产能力	万吨/年	192							192

续表 10-35

产品名称	计量单位	年初生产能力	本年新增能力	其中				本年减少能力	年末生产能力
				基建新增	更新改造新增	并购新增	其他新增		
热轧钢材	万吨/年	192							192
热轧棒材	万吨/年	167							167
热轧线材	万吨/年	25							25

（8）攀钢集团江油长城特殊钢有限公司专业产品主要生产能力见表 10-36。

表 10-36 攀钢集团江油长城特殊钢有限公司专业产品主要生产能力

产品名称	计量单位	年初生产能力	本年新增能力	其中				本年减少能力	年末生产能力
				基建新增	更新改造新增	并购新增	其他新增		
粗钢	万吨/年	44. 6							44. 6
电炉钢	万吨/年	43. 5							43. 5
连铸坯	万吨/年	20							20
方坯	万吨/年	20							20
钢材生产能力	万吨/年	85. 22	0. 773				0. 773	15. 0685	70. 92
热轧钢材	万吨/年	68. 57						8. 5685	60. 00
热轧棒材	万吨/年	56. 27						8. 2685	48. 00
线材（盘条）	万吨/年	6							6
特厚板	万吨/年	1. 65							1. 65
厚板	万吨/年	1. 65							1. 65
热轧中板	万吨/年	3						0. 3	2. 7
冷轧（拔）钢材	万吨/年	2. 85	0. 173				0. 173	1. 78	1. 243
冷轧（拔）棒材	万吨/年	1. 5						0. 7	0. 8
冷轧薄板	万吨/年	0. 75	0. 173				0. 173	0. 75	0. 173
冷轧（拔）无缝钢管	万吨/年	0. 6						0. 33	0. 27

续表 10-36

产品名称	计量单位	年初生产能力	本年新增能力	其中				本年减少能力	年末生产能力
				基建新增	更新改造新增	并购新增	其他新增		
锻、挤、旋压钢材	万吨/年	13.8	0.6				0.6	4.72	9.68
锻压钢材	万吨/年	12.8						3.72	9.08
挤压钢材	万吨/年	1	0.6				0.6	1	0.6

（9）建龙北满特殊钢有限责任公司专业产品主要生产能力见表 10-37。

表 10-37 建龙北满特殊钢有限责任公司专业产品主要生产能力

产品名称	计量单位	年初生产能力	本年新增能力	其中				本年减少能力	年末生产能力
				基建新增	更新改造新增	并购新增	其他新增		
烧结铁矿	万吨/年	350							350
生铁	万吨/年	110							110
粗钢	万吨/年	210							210
转炉钢	万吨/年	100							100
电炉钢	万吨/年	110							110
连铸坯	万吨/年	203							203
方坯	万吨/年	153							153
圆坯	万吨/年	50							50
钢材生产能力	万吨/年	198.6							198.6
热轧钢材	万吨/年	181.5							181.5
热轧棒材	万吨/年	71.5							71.5
线材（盘条）	万吨/年	100							100
其中：高速线材	万吨/年	100							100
热轧无缝钢管	万吨/年	10							10
冷轧（拔）钢材	万吨/年	3.6							3.6

续表 10-37

产品名称	计量单位	年初生产能力	本年新增能力	其中				本年减少能力	年末生产能力
				基建新增	更新改造新增	并购新增	其他新增		
冷轧（拔）棒材	万吨/年	3.6							3.6
锻、挤、旋压钢材	万吨/年	13.5							13.5
锻压钢材	万吨/年	13.5							13.5

（10）大冶特殊钢有限公司专业产品主要生产能力见表 10-38。

表 10-38 大冶特殊钢有限公司专业产品主要生产能力

产品名称	计量单位	年初生产能力	本年新增能力	其中				本年减少能力	年末生产能力
				基建新增	更新改造新增	并购新增	其他新增		
人造块矿									
烧结铁矿	万吨/年	610							610
球团铁矿	万吨/年								
炼铁产品									
生铁	万吨/年	375							375
直接还原铁	万吨/年								
粗钢	万吨/年	426	36	36				36	426
转炉钢	万吨/年	290						20	270
电炉钢	万吨/年	136	36	36				16	156
连铸坯	万吨/年	455						35	420
方坯	万吨/年	60							60
矩形坯	万吨/年	195						35	160
板坯	万吨/年								
圆坯	万吨/年	200							200
管坯	万吨/年								

续表 10-38

产品名称	计量单位	年初生产能力	本年新增能力	其中				本年减少能力	年末生产能力
				基建新增	更新改造新增	并购新增	其他新增		
异型坯	万吨/年								
钢材生产能力	万吨/年	358							358
热轧钢材	万吨/年	341							341
热轧棒材	万吨/年	258							258
热轧无缝钢管	万吨/年	83							83
其他热轧钢材	万吨/年								
锻、挤、旋压钢材	万吨/年	17							17
锻压钢材	万吨/年	16							16
挤压钢材	万吨/年								
旋压钢材	万吨/年	1							1
焦炭	万吨/年	150							150
机焦	万吨/年	150							150

（11）江阴兴澄特种钢铁有限公司专业产品主要生产能力见表 10-39。

表 10-39 江阴兴澄特种钢铁有限公司专业产品主要生产能力

产品名称	计量单位	年初生产能力	本年新增能力	其中				本年减少能力	年末生产能力
				基建新增	更新改造新增	并购新增	其他新增		
人造块矿									
烧结铁矿	万吨/年	751							751
球团铁矿	万吨/年								
炼铁产品									
生铁	万吨/年	560							560

续表 10-39

产品名称	计量单位	年初生产能力	本年新增能力	其中				本年减少能力	年末生产能力
				基建新增	更新改造新增	并购新增	其他新增		
粗钢	万吨/年	690							690
转炉钢	万吨/年	540							540
电炉钢	万吨/年	150							150
连铸坯	万吨/年	690							690
方坯	万吨/年	150							150
矩形坯	万吨/年	180							180
板坯	万吨/年	200							200
圆坯	万吨/年	160							160
钢材生产能力	万吨/年	680							680
热轧钢材	万吨/年	680							680
热轧棒材	万吨/年	335							335
热轧钢筋	万吨/年								
线材（盘条）	万吨/年	55							55
其中：高速线材	万吨/年	55							55
特厚板	万吨/年	80							80
厚板	万吨/年	110							110
热轧中板	万吨/年	100							100

（12）青岛特殊钢铁有限公司专业产品主要生产能力见表 10-40。

表 10-40 青岛特殊钢铁有限公司专业产品主要生产能力

产品名称	计量单位	年初生产能力	本年新增能力	其中				本年减少能力	年末生产能力
				基建新增	更新改造新增	并购新增	其他新增		
烧结铁矿	万吨/年	704.8							704.8

续表 10-40

产品名称	计量单位	年初生产能力	本年新增能力	其中				本年减少能力	年末生产能力
				基建新增	更新改造新增	并购新增	其他新增		
生铁	万吨/年	435							435
粗钢	万吨/年	427.5							427.5
转炉钢	万吨/年	427.5							427.5
连铸坯	万吨/年	427.5							427.5
矩形坯	万吨/年	427.5							427.5
钢材生产能力	万吨/年	450							450
热轧钢材	万吨/年	450							450
热轧棒材	万吨/年	130							130
线材（盘条）	万吨/年	320							320
其中：高速线材	万吨/年	320							320
焦炭	万吨/年	170							170
机焦	万吨/年	170							170

（13）本钢板材股份有限公司特殊钢事业部专业产品主要生产能力见表 10-41。

表 10-41 本钢板材股份有限公司特殊钢事业部专业产品主要生产能力

产品名称	计量单位	年初生产能力	本年新增能力	其中				本年减少能力	年末生产能力
				基建新增	更新改造新增	并购新增	其他新增		
炼钢产品									
电炉钢	万吨/年	59							59
连铸坯	万吨/年	85							85
钢压延加工产品									
钢材生产能力	万吨/年								
铁道用钢材	万吨/年								
钢材	万吨/年	110							110

（14）首钢贵阳特殊钢有限责任公司专业产品主要生产能力见表10-42。

表10-42 首钢贵阳特殊钢有限责任公司专业产品主要生产能力

产品名称	计量单位	年初生产能力	本年新增能力	其中				本年减少能力	年末生产能力
				基建新增	更新改造新增	并购新增	其他新增		
粗钢	万吨/年	50							50
钢材	万吨/年	76							76

（15）沙钢东北特钢集团专业产品主要生产能力见表10-43。

表10-43 沙钢东北特钢集团专业产品主要生产能力

产品名称	计量单位	年初生产能力	本年新增能力	其中				本年减少能力	年末生产能力
				基建新增	更新改造新增	并购新增	其他新增		
人造块矿									
烧结铁矿	万吨/年	155							155
球团铁矿	万吨/年								
炼铁产品									
生铁	万吨/年	115							115
粗钢	万吨/年	375. 35							375. 35
转炉钢	万吨/年	135							135
电炉钢	万吨/年	240. 35							240. 35
连铸坯	万吨/年	345							345
方坯	万吨/年	220							220
矩形坯	万吨/年	75							75
板坯	万吨/年	8							8
圆坯	万吨/年	42							42

续表 10-43

产品名称	计量单位	年初生产能力	本年新增能力	其中				本年减少能力	年末生产能力
				基建新增	更新改造新增	并购新增	其他新增		
钢材生产能力	万吨/年	391.07							391.07
热轧钢材	万吨/年	352.32							352.32
热轧棒材	万吨/年	202							202
热轧钢筋	万吨/年								
线材（盘条）	万吨/年	150							150
其中：高速线材	万吨/年	150							150
热轧窄钢带	万吨/年	0.32							0.32
冷轧（拔）钢材	万吨/年								
冷轧（拔）棒材	万吨/年	5							5
冷轧窄钢带	万吨/年	0.2							0.2
锻、挤、旋压钢材	万吨/年	33.55							33.55
锻压钢材	万吨/年	33.55							33.55
钢丝及其制品合计	吨/年	18000							18000
钢丝	吨/年	18000							18000

（16）江苏沙钢集团淮钢特钢股份有限公司专业产品主要生产能力见表 10-44。

表 10-44 江苏沙钢集团淮钢特钢股份有限公司专业产品主要生产能力

产品名称	计量单位	年初生产能力	本年新增能力	其中				本年减少能力	年末生产能力
				基建新增	更新改造新增	并购新增	其他新增		
人造块矿									
烧结铁矿	万吨/年	416.6							416.6

续表 10-44

产品名称	计量单位	年初生产能力	本年新增能力	其中				本年减少能力	年末生产能力
				基建新增	更新改造新增	并购新增	其他新增		
球团铁矿	万吨/年								
炼铁产品									
生铁	万吨/年	300							300
粗钢	万吨/年	300							300
转炉钢	万吨/年	220							220
电炉钢	万吨/年	80							80
连铸坯	万吨/年	300							300
方坯	万吨/年	210							210
圆坯	万吨/年	90							90
钢材生产能力	万吨/年	300	55	55					355
热轧钢材	万吨/年	300	55	55					355
热轧棒材	万吨/年	300	55	55					355
热轧钢筋	万吨/年								
焦炭	万吨/年	80							80
机焦	万吨/年	80							80

（17）江苏永钢集团有限公司专业产品主要生产能力见表 10-45。

表 10-45　江苏永钢集团有限公司专业产品主要生产能力

产品名称	计量单位	年初生产能力	本年新增能力	其中				本年减少能力	年末生产能力
				基建新增	更新改造新增	并购新增	其他新增		
人造块矿									
烧结铁矿	万吨/年	1200							1200

续表 10-45

产品名称	计量单位	年初生产能力	本年新增能力	其中				本年减少能力	年末生产能力
				基建新增	更新改造新增	并购新增	其他新增		
球团铁矿	万吨/年	240							240
炼铁产品									
生铁	万吨/年	755.29							755.29
直接还原铁	万吨/年								
熔融还原铁	万吨/年								
粗钢	万吨/年	900							900
转炉钢	万吨/年	800							800
电炉钢	万吨/年	100							100
连铸坯	万吨/年	900							900
方坯	万吨/年	800							800
矩形坯	万吨/年								
板坯	万吨/年								
圆坯	万吨/年	100							100
管坯	万吨/年								
异型坯	万吨/年								
钢材生产能力	万吨/年	920	115	115					1035
热轧钢材	万吨/年	920	115	115					1035
热轧棒材	万吨/年	620							620
热轧钢筋	万吨/年								
线材（盘条）	万吨/年	300	115	115					415

（18）马钢特钢有限公司专业产品主要生产能力见表 10-46。

表 10-46　马钢特钢有限公司专业产品主要生产能力

产品名称	计量单位	年初生产能力	本年新增能力	其中				本年减少能力	年末生产能力
				基建新增	更新改造新增	并购新增	其他新增		
粗钢	万吨/年								
转炉钢	万吨/年		160	160					160
电炉钢	万吨/年	110							110
连铸坯	万吨/年								
圆坯	万吨/年	80	64	64					144
方坯	万吨/年	55	122	122					177
钢材生产能力	万吨/年	168	60	60					228
热轧棒材	万吨/年	118							118
线材（盘条）	万吨/年	50	60	60					110

（19）中天钢铁集团有限公司专业产品主要生产能力见表 10-47。

表 10-47　中天钢铁集团有限公司专业产品主要生产能力

产品名称	计量单位	年初生产能力	本年新增能力	其中				本年减少能力	年末生产能力
				基建新增	更新改造新增	并购新增	其他新增		
焦炭	万吨/年		255	255					255
烧结铁矿	万吨/年	1570	1270	1270				580	2260
球团铁矿	万吨/年	90	300	300				90	300
生铁	万吨/年	1100	606	606				770	936
粗钢	万吨/年	1110	585	585				650	1045

续表 10-47

产品名称	计量单位	年初生产能力	本年新增能力	其中				本年减少能力	年末生产能力
				基建新增	更新改造新增	并购新增	其他新增		
转炉钢	万吨/年	990	585	585				530	1045
电炉钢	万吨/年	120						120	
钢材生产能力	万吨/年	1180	1180	1180				330	2030
热轧钢材	万吨/年	1180	1180	1180				330	2030
热轧棒材	万吨/年	400							400
热轧钢筋	万吨/年	280	1090	1090				170	1200
线材（盘条）	万吨/年	430	90	90				90	430
热轧窄钢带	万吨/年	70						70	

（20）山钢股份莱芜分公司特钢事业部专业产品主要生产能力见表 10-48。

表 10-48 山钢股份莱芜分公司特钢事业部专业产品主要生产能力

产品名称	计量单位	年初生产能力	本年新增能力	其中				本年减少能力	年末生产能力
				基建新增	更新改造新增	并购新增	其他新增		
粗钢	万吨/年	390							320
电炉钢	万吨/年	150						50	100
转炉钢	万吨/年	240	125	125				120	245
连铸坯	万吨/年	390							465
方（矩形）坯	万吨/年	290	125	125				50	365
圆坯连铸机	万吨/年	100							100
钢材轧制能力	万吨/年	184.5							184.5
热轧棒材	万吨/年	184.5							184.5

（21）河冶科技股份有限公司专业产品主要生产能力见表 10-49。

表 10-49 河冶科技股份有限公司专业产品主要生产能力

产品名称	计量单位	年初生产能力	本年新增能力	其中				本年减少能力	年末生产能力
				基建新增	更新改造新增	并购新增	其他新增		
粗钢	万吨/年	4.8							4.8
电炉钢	万吨/年	4.8							4.8
钢材生产能力	万吨/年	3.8							3.8
热轧钢材	万吨/年	2.95							2.95
热轧棒材	万吨/年	2.4							2.4
线材（盘条）	万吨/年	0.45							0.45
热轧窄钢带	万吨/年	0.1							0.1
冷轧（拔）钢材	万吨/年	0.35							0.35
冷轧窄钢带	万吨/年	0.1							0.1
其他冷轧（拔）钢材	万吨/年	0.25							0.25
锻、挤、旋压钢材	万吨/年	0.5							0.5
锻压钢材	万吨/年	0.5							0.5

（22）承德建龙特殊钢有限公司专业产品主要生产能力见表 10-50。

表 10-50 承德建龙特殊钢有限公司专业产品主要生产能力

产品名称	计量单位	年初生产能力	本年新增能力	其中				本年减少能力	年末生产能力
				基建新增	更新改造新增	并购新增	其他新增		
生铁	万吨/年	247.94						0	247.94
粗钢	万吨/年	247.28						3.25	244.03
钢材	万吨/年	95.29	27.20						122.49

（23）山东寿光巨能特钢有限公司专业产品主要生产能力见表 10-51。

表 10-51　山东寿光巨能特钢有限公司专业产品主要生产能力

产品名称	计量单位	年初生产能力	本年新增能力	其中				本年减少能力	年末生产能力
				基建新增	更新改造新增	并购新增	其他新增		
烧结矿	万吨/年	470							470
生铁	万吨/年	195							195
粗钢	万吨/年	260							260
转炉钢	万吨/年	200							200
电炉钢	万吨/年	60							60
连铸坯	万吨/年	260							260
钢材	万吨/年	215							215
热轧棒材	万吨/年	190							190
热轧无缝钢管	万吨/年	25							25

（24）江苏天工工具新材料股份有限公司专业产品主要生产能力见表 10-52。

表 10-52　江苏天工工具新材料股份有限公司专业产品主要生产能力

产品名称	计量单位	年初生产能力	本年新增能力	其中				本年减少能力	年末生产能力
				基建新增	更新改造新增	并购新增	其他新增		
粗钢	万吨/年	31.6							31.6
钢材	万吨/年	18.9							18.9
线材（盘条）	万吨/年	3.7							3.7
棒材	万吨/年	10.5							10.5
板材	万吨/年	4.7							4.7

（25）南京钢铁集团有限公司专业产品主要生产能力见表10-53。

表10-53 南京钢铁集团有限公司专业产品主要生产能力

产品名称	计量单位	年初生产能力	本年新增能力	其中				本年减少能力	年末生产能力
				基建新增	更新改造新增	并购新增	其他新增		
黑色金属矿采选									
铁矿石开采能力	万吨/年	272	34		34				306
铁矿石选矿处理原矿能力	万吨/年	272	34		34				306
烧结铁矿	万吨/年	1226							1226
球团铁矿	万吨/年	176							176
炼铁产品									
生铁	万吨/年	900							900
粗钢	万吨/年	1000							1000
转炉钢	万吨/年	880							880
电炉钢	万吨/年	120							120
连铸坯	万吨/年	1080							1080
方坯	万吨/年	450							450
矩形坯	万吨/年	100							100
板坯	万吨/年	530							530
钢材生产能力	万吨/年	1010							1010
热轧钢材	万吨/年	1010							1010
热轧大型型钢	万吨/年	30							30
热轧中小型型钢	万吨/年	10							10
热轧棒材	万吨/年	215							215

续表 10-53

产品名称	计量单位	年初生产能力	本年新增能力	其中				本年减少能力	年末生产能力
				基建新增	更新改造新增	并购新增	其他新增		
热轧钢筋	万吨/年	110							110
线材（盘条）	万吨/年	65							65
其中：高速线材	万吨/年	65							65
厚板	万吨/年	320							320
热轧中板	万吨/年	200							200
焦炭	万吨/年	170							170
机焦	万吨/年	170							170

（26）永兴特种材料科技股份有限公司专业产品主要生产能力见表 10-54。

表 10-54 永兴特种材料科技股份有限公司专业产品主要生产能力

产品名称	计量单位	年初生产能力	本年新增能力	其中				本年减少能力	年末生产能力
				基建新增	更新改造新增	并购新增	其他新增		
棒材（含锻材）	万吨/年	23							23
线材	万吨/年	10							10

（27）南阳汉冶特钢有限公司专业产品主要生产能力见表 10-55。

表 10-55 南阳汉冶特钢有限公司专业产品主要生产能力

产品名称	计量单位	年初生产能力	本年新增能力	其中				本年减少能力	年末生产能力
				基建新增	更新改造新增	并购新增	其他新增		
生铁	万吨/年	226							226
粗钢	万吨/年	300							300
钢板	万吨/年	400							400

（28）邢台钢铁有限责任公司专业产品主要生产能力见表 10-56。

表 10-56　邢台钢铁有限责任公司专业产品主要生产能力

产品名称	计量单位	年初生产能力	本年新增能力	其中				本年减少能力	年末生产能力
				基建新增	更新改造新增	并购新增	其他新增		
人造块矿									
烧结铁矿	万吨/年	357							357
炼铁产品									
生铁	万吨/年	216							216
粗钢	万吨/年	236							236
转炉钢	万吨/年	236							236
连铸坯	万吨/年	280							280
方坯	万吨/年	230							230
圆坯	万吨/年	50							50
钢材生产能力	万吨/年	295							295
热轧钢材	万吨/年	295							295
线材（盘条）	万吨/年	295							295
其中：高速线材	万吨/年	295							295
焦炭	万吨/年	55							55
机焦	万吨/年	55							55

（29）河南济源钢铁（集团）有限公司专业产品主要生产能力见表 10-57。

表 10-57　河南济源钢铁（集团）有限公司专业产品主要生产能力

产品名称	计量单位	年初生产能力	本年新增能力	其中				本年减少能力	年末生产能力
				基建新增	更新改造新增	并购新增	其他新增		
黑色金属矿采选									

续表 10-57

产品名称	计量单位	年初生产能力	本年新增能力	其中				本年减少能力	年末生产能力
				基建新增	更新改造新增	并购新增	其他新增		
铁矿石开采能力	万吨/年	120							120
铁矿石选矿处理原矿能力	万吨/年	100							100
人造块矿									
烧结铁矿	万吨/年	820							820
球团铁矿	万吨/年	70							70
炼铁产品									
生铁	万吨/年	400							400
粗钢	万吨/年	400	31		31				431
转炉钢	万吨/年	400	31		31				431
电炉钢	万吨/年								
连铸坯	万吨/年	600	30		30				630
方坯	万吨/年	480							480
圆坯	万吨/年	120	30		30				150
钢材生产能力	万吨/年	450							450
热轧钢材	万吨/年	450							450
热轧棒材	万吨/年	180	30		30				210
热轧钢筋	万吨/年	90						30	60
线材（盘条）	万吨/年	180							180
其中：高速线材	万吨/年	180							180

（30）河南中原特钢装备制造有限公司专业产品主要生产能力见表 10-58。

表 10-58　河南中原特钢装备制造有限公司专业产品主要生产能力

产品名称	计量单位	年初生产能力	本年新增能力	其中				本年减少能力	年末生产能力
				基建新增	更新改造新增	并购新增	其他新增		
炼钢	万吨/年	30							30
连铸	万吨/年	20							20
锻造	万吨/年	15							15

（31）方大特钢科技股份有限公司专业产品主要生产能力见表 10-59。

表 10-59　方大特钢科技股份有限公司专业产品主要生产能力

产品名称	计量单位	年初生产能力	本年新增能力	其中				本年减少能力	年末生产能力
				基建新增	更新改造新增	并购新增	其他新增		
人造块矿									
烧结铁矿	万吨/年	430							430
球团铁矿	万吨/年	90							90
炼铁产品									
生铁	万吨/年	315							315
粗钢	万吨/年	360							360
转炉钢	万吨/年	360							360
连铸坯	万吨/年	360							360
方坯	万吨/年	360							360
钢材生产能力	万吨/年	360							360
热轧钢材	万吨/年	360							360
热轧棒材	万吨/年	140							140
热轧钢筋	万吨/年	150							150
线材（盘条）	万吨/年	70							70

续表 10-59

产品名称	计量单位	年初生产能力	本年新增能力	其中				本年减少能力	年末生产能力
				基建新增	更新改造新增	并购新增	其他新增		
其中：高速线材	万吨/年	70							70
焦炭	万吨/年	86							86
机焦	万吨/年	86							86

（32）芜湖新兴铸管有限责任公司专业产品主要生产能力见表 10-60。

表 10-60 芜湖新兴铸管有限责任公司专业产品主要生产能力

产品名称	计量单位	年初生产能力	本年新增能力	其中				本年减少能力	年末生产能力
				基建新增	更新改造新增	并购新增	其他新增		
人造块矿									
烧结铁矿	万吨/年	628							628
炼铁产品									
生铁	万吨/年	275							275
粗钢	万吨/年	310							310
转炉钢	万吨/年	310							310
连铸坯	万吨/年	300							300
方坯	万吨/年	252							252
圆坯	万吨/年	48							48
钢材生产能力	万吨/年	300							300
热轧钢材	万吨/年	300							300
热轧棒材	万吨/年	80							80
热轧钢筋	万吨/年	100							100
线材（盘条）	万吨/年	120							120
其中：高速线材	万吨/年	120							120

续表 10-60

产品名称	计量单位	年初生产能力	本年新增能力	其中				本年减少能力	年末生产能力
				基建新增	更新改造新增	并购新增	其他新增		
焦炭	万吨/年	120							120
机焦	万吨/年	120							120

（33）凌源钢铁集团有限责任公司专业产品主要生产能力见表 10-61。

表 10-61 凌源钢铁集团有限责任公司专业产品主要生产能力

产品名称	计量单位	年初生产能力	本年新增能力	其中				本年减少能力	年末生产能力
				基建新增	更新改造新增	并购新增	其他新增		
黑色金属矿采选	万吨/年								
铁矿石开采能力	万吨/年	250	150			150			400
铁矿石选矿处理原矿能力	万吨/年	376	255			255			631
人造块矿	万吨/年	1024.8							1024.8
烧结铁矿	万吨/年	824.8							824.8
球团铁矿	万吨/年	200							200
炼铁产品									
生铁	万吨/年	535							535
粗钢	万吨/年	600							600
转炉钢	万吨/年	600							600
连铸坯	万吨/年	885	30		30			215	700
方坯	万吨/年	765						215	550
板坯	万吨/年	120	30		30				150
钢材生产能力	万吨/年	701	47				47	47	701
热轧钢材	万吨/年	659	47				47	47	659
热轧棒材	万吨/年	203	47				47		250

续表 10-61

产品名称	计量单位	年初生产能力	本年新增能力	其中				本年减少能力	年末生产能力
				基建新增	更新改造新增	并购新增	其他新增		
热轧钢筋	万吨/年	250						17	233
线材（盘条）	万吨/年	60						30	30
其中：高速线材	万吨/年	60						30	30
热轧中厚宽钢带	万吨/年	140							140
热轧无缝钢管	万吨/年	6							6
冷轧（拔）钢材	万吨/年	42							42
焊接钢管	万吨/年	42							42
焦炭	万吨/年	65							65
机焦	万吨/年	65							65

（34）衡阳华菱钢管有限公司专业产品主要生产能力见表 10-62。

表 10-62　衡阳华菱钢管有限公司专业产品主要生产能力

产品名称	计量单位	年初生产能力	本年新增能力	其中				本年减少能力	年末生产能力
				基建新增	更新改造新增	并购新增	其他新增		
烧结铁矿	万吨/年	180							180
生铁	万吨/年	83							83
粗钢	万吨/年	130							130
电炉钢	万吨/年	130							130
连铸坯	万吨/年	150							150
管坯	万吨/年	150							150
热轧钢材	万吨/年	197							197
热轧无缝钢管	万吨/年	197							197

10.3 主要特殊钢企业专业产品主要生产设备

（1）宝武特种冶金有限公司专业产品主要生产设备见表10-63。

表10-63 宝武特种冶金有限公司专业产品主要生产设备

设备名称及类型	设备数量			设备能力			设备出厂时间	设备投产时间	设备末次更新改造时间	设备制造国家、公司
	计量单位	安装数量	其中：使用数量	计量单位	安装设备能力	其中：使用设备能力				
一、炼钢设备										
（一）炼钢设备	座	50	50	万吨/年	368.13	340.13				
电弧炉	座	40	40	万吨/年	146	146				
交流电弧炉	座	2	2	万吨/年	30	30				
其中：	座	1	1	万吨/年	15	15				意大利 DANIELI
	座	1	1	万吨/年	15	15				国产 上海兆力
真空感应炉	座	5	5	万吨/年	0.93	0.93				
其中：	座	2	2	万吨/年	0.15	0.15		1996年		英国
	座	1	1	万吨/年	0.10	0.10		1982年		英国
	座	1	1	万吨/年	0.50	0.50		2004年		德国
	座	1	1	万吨/年	0.18	0.18		2023年		国产
非真空感应炉	座	1	1	万吨/年	0.11	0.11				国产
其中：	座	1	1	万吨/年	0.11	0.11		1980年		
真空自耗炉	座	9	9	万吨/年	1.82	1.82				
其中：	座	1	1	万吨/年	0.10	0.10		1966年	2003年	
	座	1	1	万吨/年	0.20	0.20		2003年		
	座	1	1	万吨/年	0.30	0.30		2003年		
	座	1	1	万吨/年	0.30	0.30		2007年		

续表 10-63

设备名称及类型	设备数量			设备能力			设备出厂时间	设备投产时间	设备末次更新改造时间	设备制造国家、公司
	计量单位	安装数量	其中：使用数量	计量单位	安装设备能力	其中：使用设备能力				
	座	1	1	万吨/年	0.25	0.25		2007 年		德国 ALD
	座	1	1	万吨/年	0.20	0.20		2007 年		美国 CONSARC
	座	2	2	万吨/年	0.30	0.30		2010 年		德国 ALD
	座	1	1	万吨/年	0.17	0.17		2021 年		德国 ALD
电渣重熔炉	座	21	21	万吨/年	5.65	4.98				
其中：	座	2	2	万吨/年	1.50	1.50		2000 年		五钢
	座	1	1	万吨/年	0.30	0.30		2000 年		五钢
	座	2	2	万吨/年	1.00	1.00		2000 年		五钢
	座	2	2	万吨/年	0.20	0.20		2000 年		西安
	座	1	1	万吨/年	0.30	0.30		2002 年		美国
	座	4	4	万吨/年	0.25	0.25		2004 年		五钢
	座	1	1	万吨/年	0.20	0.20		2000 年		德国
	座	2	2	万吨/年	0.50	0.335		2008 年		国产
	座	2	2	万吨/年	0.50	0.335		2008 年		国产
	座	2	2	万吨/年	0.50	0.16		2010 年		美国
	座	1	1	万吨/年	0.2	0.2		2023 年		国产
	座	1	1	万吨/年	0.2	0.2		2023 年		美国
电子束冷床炉（EB）	座	1	1	万吨/年	0.30	0.30	2011 年 1 月	2011 年 5 月		美国 Retech
等离子冷床炉（PAM）	座	1	1	万吨/年	0.15	0.15	2011 年 3 月	2011 年 9 月		美国 Retech
二次冶金设备	座	10	10	万吨/年	61	61				
钢包炉（LF）	座	5	5	万吨/年	10	10				

续表 10-63

设备名称及类型	设备数量			设备能力			设备出厂时间	设备投产时间	设备末次更新改造时间	设备制造国家、公司
	计量单位	安装数量	其中：使用数量	计量单位	安装设备能力	其中：使用设备能力				
其中：	座	1	1	万吨/年	10	10		2012年11月		国产
真空氧气脱碳装置（VOD、VAD、VHD）	座	1	1	万吨/年	35	35				
其中：	座	1	1	万吨/年	35	35		2003年11月		国产
氩氧精炼炉（AOD）	座	4	4	万吨/年	16	16				
其中：	座	1	1	万吨/年	8	8		2007年1月		国产
其中：	座	1	1	万吨/年	8	8		2011年6月		国产
（二）炼钢辅助设备		3	3	万吨/年	22863	22863				
二、钢加工设备										
钢压延加工设备										
钢管轧机	台	30	30	万吨/年	0.40	0.40				
钢管穿孔/挤压设备	台	2	1							
	台	1	1	万吨/年	2.30	0.70	2009年3月	2009年11月		德国西马克
冷轧钢管轧机	台	17	17	万吨/年	0.40	0.40				
其中：	台	2	2				1980年4月	1980年8月		中国彭浦机械厂
其中：	台	1	1				1986年3月	1988年6月		德国德马克
其中：	台	1	1				1995年3月	1996年5月		德国德马克
其中：	台	3	3				2007年5月	2007年7月		温州永得利机械设备制造有限公司
冷拔钢管机	台	11	11	万吨/年	0.15	0.15				
其中：	台	1	1				1964年5月	1964年12月		中国、自制
其中：	台	2	2				1965年3月	1965年11月		中国、自制
特种轧机	台	9	9	万吨/年	4.50	4.50				

续表 10-63

设备名称及类型	设备数量			设备能力			设备出厂时间	设备投产时间	设备末次更新改造时间	设备制造国家、公司
	计量单位	安装数量	其中：使用数量	计量单位	安装设备能力	其中：使用设备能力				
其他压延设备	台	4	4	万吨/年	13	13				
精锻机（注明规格）	台	1	1	万吨/年	3	3				
其中：	台	1	1	万吨/年	3	3	2003 年 12 月	2004 年 10 月		德国
快锻机（注明规格）	台	3	3	万吨/年	10	10				
其中：	台	1	1	万吨/年	2	2	1987 年 4 月	1987 年 12 月		德国
其中：	台	1	1	万吨/年	3	3	2003 年 4 月	2003 年 12 月		德国
其中：	台	1	1	万吨/年	5	5	2008 年	2011 年		德国
油压机	台	8	8	万吨/年	2	2				
其中：	台	1	1					20 世纪 80 年代初（钢研所搬来）		中国
其中：	台	1	1					2002 年 7 月		中国
其中：	台	1	1					1996 年 4 月		中国
其中：	台	1	1					2003 年 4 月		中国
其中：	台	1	1					2006 年 4 月		中国
其中：	台	1	1					2008 年 11 月		中国
其中：	台	2	2					2009 年 3 月		中国

（2）太原钢铁（集团）有限公司专业产品主要生产设备见表10-64。

表10-64 太原钢铁（集团）有限公司专业产品主要生产设备

设备名称及类型	设备数量			设备能力			设备出厂时间	设备投产时间	设备末次更新改造时间	设备制造国家、公司
	计量单位	安装数量	其中：使用数量	计量单位	安装设备能力	其中：使用设备能力				
一、黑色金属矿、非金属矿采选及煅烧专业设备										
（一）采矿设备										
潜孔钻机	台	2	1	米/年	156000	68000				
ROCL6潜孔钻机	台	2	1	米/年	156000	68000	2005年12月	2006年7月		瑞典阿特拉斯科普柯岩石钻机公司
牙轮钻机	台	7	7	米/年	392000	392000				
KY310A	台	7	7	米/年	392000	392000	2005年6月	2006年2月		中国江西南昌凯
电铲	台	8	4	万吨/年	1000	500				
WK-10B	台	8	4	万吨/年	1000	500	2006年2月	2006年4月		中国太原重型机器厂
液压铲	台	8	8	万吨/年	2214	2214				
PC400-6	台	2	2	万吨/年	456	456	2005年1月	2006年7月		日本小松（常州）工程机械有限公司
PC360-7	台	1	1	万吨/年	180	180	2005年1月	2005年12月		日本小松（常州）工程机械有限公司
345CLFS	台	1	1	万吨/年	150	150	2007年	2007年		卡特彼勒
液压挖掘机2立方米	台	1	1	万吨/年	228	228	2011年4月	2011年12月		常州小松
EX1200-6LD液压挖掘机	台	1	1	万吨/年	400	400	2011年3月	2011年8月		日立建机
PC1250-7	台	2	2	万吨/年	800	800	2005年12月	2005年12月		日本小松

续表 10-64

设备名称及类型	设备数量			设备能力			设备出厂时间	设备投产时间	设备末次更新改造时间	设备制造国家、公司
	计量单位	安装数量	其中：使用数量	计量单位	安装设备能力	其中：使用设备能力				
载重汽车	辆	27	19	载重/吨	2580	1760				
别拉斯 75131	辆	18	12	载重/吨	2340	1560	2007 年 5 月	2007 年 10 月		白俄罗斯汽车制造厂
斯太尔、豪泺运矿车	辆	9	7	载重/吨	240	200	2003—2012 年	2003—2012 年		济南重汽
皮带运输机	台	49	49	万吨/年	43543. 8	43543. 8				
胶带运输机	台	5	5	万吨/年	13500	13500	2012 年 3 月	2012 年 3 月		北方重工
DT Ⅱ B1400×102 皮带机	台	1	1	万吨/年	605	605	2006 年 3 月	2006 年 9 月		中日合资山西三岛输送机械有限公司
DT Ⅱ B1000×380、222 皮带机	台	11	11	万吨/年	6655	6655	2006 年 3 月—2013 年 4 月	2006 年 9 月—2013 年 4 月		中日合资山西三岛输送机械有限公司
DT Ⅱ B800 皮带机	台	4	4	万吨/年	480	480	2006 年 3 月	2006 年 9 月		中日合资山西三岛输送机械有限公司
DT Ⅱ B650×7. 25 皮带机	台	1	1	万吨/年	26	26	2006 年 3 月	2006 年 9 月		中日合资山西三岛输送机械有限公司
管式胶带运输机	台	1	1	万吨/年	172. 8	172. 8	2006 年 8 月	2006 年 8 月		（德国科赫输送技术公司设计）中国交通建设集团公司承建
DTIIB1000×96/105 皮带机	台	10	10	万吨/年	345	345	2012 年 10 月	2013 年 3 月		杭州博宇机械有限公司
SF1 胶带机	台	1	1	万吨/年	350	350	2022 年 12 月	2022 年 12 月		上海科大重工集团有限公司
CP1 胶带机	台	1	1	万吨/年	350	350	2022 年 12 月	2022 年 12 月		上海科大重工集团有限公司
SL1/MK1 胶带机	台	2	2	万吨/年	60	60	2022 年 12 月	2022 年 12 月		上海科大重工集团有限公司
上盘胶带机	台	12	12	万吨/年	21000	21000	2022 年 5 月	2023 年 4 月		宁波华臣输送设备制造有限公司

续表 10-64

设备名称及类型	设备数量			设备能力			设备出厂时间	设备投产时间	设备末次更新改造时间	设备制造国家、公司
	计量单位	安装数量	其中：使用数量	计量单位	安装设备能力	其中：使用设备能力				
推土机	台	15	10	立方米/班	50164	25658				
T320	台	5	3	立方米/班	500	300	2001—2006年	2001—2006年		山东山推工程机械股份有限公司
T410	台	4	3	立方米/班	1224	918	2008—2009年	2008—2009年		上海彭浦机器厂
TL210 轮式推土机	台	2	1	立方米/班	24000	12000	2003—2008年	2003—2008年		郑州工程机械公司
PD220Y-2 履带式推土机	台	2	2	立方米/班	440	440	2005年11月	2006年7月		上海澎浦机器厂
TL210B 轮式推土机	台	2	1	立方米/班	24000	12000	2006—2008年	2006—2008年		郑州宇通
装载机	台									
（二）选矿、洗矿设备										
破碎机										
粗破碎机	台	6	6	万吨/年	3930	3930				
PX-1200/180	台	1	1	万吨/年	110	110	1970年	1970年		中国沈阳重型机械厂
PE-900×1200	台	1	1	万吨/年	110	110	2006年1月	2006年12月		中国上海建设路桥机械设备有限公司
颚式破碎机 CT60×80	台	1	1	万吨/年	110	110	2011年11月	2012年12月		上海杰弗朗
颚式破碎机 C200	台	2	2	万吨/年	900	900	2009年	2014年		芬兰美卓
半固定破碎机	台	1	1	万吨/年	2700	2700	2012年3月	2012年3月		蒂森克虏伯散料技术设备有限公司
中破碎机	台	7	7	万吨/年	2288	1809				
中碎圆锥破碎机 H8800	台	2	2	万吨/年	650	650	2003年7月	2003年9月		瑞典山特维克公司
中破碎机 HP500	台	2	2	万吨/年	750	600	2003—2006年	2003—2006年		美卓矿山机械厂

续表 10-64

设备名称及类型	设备数量			设备能力			设备出厂时间	设备投产时间	设备末次更新改造时间	设备制造国家、公司
	计量单位	安装数量	其中：使用数量	计量单位	安装设备能力	其中：使用设备能力				
MMD850 齿辊破碎机	台	1	1	万吨/年	605	349	2005 年 11 月	2006 年 9 月		英国 MMD 矿物筛分破碎有限公司
MMD500 齿辊破碎机	台	2	2	万吨/年	283	210	2005 年 11 月	2006 年 9 月		英国 MMD 矿物筛分破碎（亚洲）有限公司
细破碎机	台	17	17	万吨/年	4098	3998				
细碎圆锥破碎机 H8800	台	2	2	万吨/年	400	400	2006 年 7 月	2006 年 12 月		瑞典山特维克公司
细碎短头圆锥破碎机 HP500	台	7	7	万吨/年	350	250	2001—2012 年	2001—2012 年		美卓矿山机械厂
诺德伯格 GP200S 圆锥破碎机	台	1	1	万吨/年	300	300	2007 年	2008 年		中国沈阳重型机械厂
KB63-90 破碎机	台	4	4	万吨/年	2400	2400	2011 年 10 月	2012 年 7 月		德国蒂森克虏伯散料技术设备贸易（北京）有限公司
破碎机（1~3 号）	台	3	3	万吨/年	648	648	2012 年 1 月	2013 年 3 月		北京英迈特矿山机械有限公司
磨矿机										
一次球磨机	台	17	15	万吨/年	1330	1140				
湿式格子型 MQG3600×4500	台	6	6	万吨/年	390	390	2001 年	2001 年 12 月		中国沈阳重型机械厂
YZ 系列 3600×6000	台	2	2	万吨/年	160	160	2006 年 6 月	2007 年 1 月		中国河南中信重型公司
MQY-3200/4500	台	7	6	万吨/年	560	480	1976 年	1976 年		中国沈阳重型机械厂
QS-3200×3500	台	2	1	万吨/年	220	110	1990 年	1991 年		衡阳有色冶金机械厂
二次球磨机	台	6	6	万吨/年	270	270				
YZ 系列 3600×6000	台	2	2	万吨/年	150	150	2006 年 6 月	2006 年 6 月		中国河南中信重型公司
溢流型 MQY3600×4500	台	4	4	万吨/年	120	120	2001 年	2001 年 12 月		中国沈阳重型机械厂
三次球磨机	台	18	17	万吨/年	2863.2	2800.2				

续表 10-64

设备名称及类型	设备数量			设备能力			设备出厂时间	设备投产时间	设备末次更新改造时间	设备制造国家、公司
	计量单位	安装数量	其中：使用数量	计量单位	安装设备能力	其中：使用设备能力				
YZ 系列 3600×4500	台	2	2	万吨/年	120	120	2006 年 6 月	2007 年 1 月		中国沈阳重型机械厂
溢流型 MQY3200×4500	台	4	4	万吨/年	100	100	1993—2001 年	1993—2001 年		中国沈阳重型机械厂
球磨机 ϕ5. 03 米×6. 4 米	台	1	0	万吨/年	36	0	2008 年 6 月	2008 年 12 月		中信重工机械股份有限公司
球磨机 ϕ4. 27 米×6. 1 米	台	2	2	万吨/年	20. 2	20. 2	2008 年 6 月	2008 年 12 月		中信重工机械股份有限公司
ϕ10. 37 米×5. 49 米球磨机	台	3	3	万吨/年	926	920	2010 年 12 月	2012 年 8 月		芬兰美卓矿机（天津）国际贸易有限公司
ϕ7. 32 米×12. 5 米球磨机	台	3	3	万吨/年	926	920	2010 年 6 月	2012 年 5 月		中国中信重工机械股份有限公司
ϕ7. 32 米×11. 28 米球磨机	台	3	3	万吨/年	735	720	2010 年 6 月	2012 年 8 月		中国中信重工机械股份有限公司
分级机	台	4	4	万吨/年	315	315				
螺旋分级机	台	4	4	万吨/年	315	315	2001 年 12 月	2001 年 12 月		中国沈阳重型机械厂
振动筛	台	14	14	万吨/年	2876	2876				
YKR1848 单层振动筛	台	1	1	万吨/年	406	406	2006 年 8 月	2006 年 9 月		南昌矿山机械有限公司
DHG24/70/82. 3/Ⅱ振动筛	台	1	1	万吨/年	406	406	2005 年 11 月	2006 年 9 月		英国 MMD 矿物筛分破碎（亚洲）有限公司
DHG21/60/71. 5/Ⅱ振动筛	台	1	1	万吨/年	311	311	2005 年 11 月	2006 年 9 月		英国 MMD 矿物筛分破碎（亚洲）有限公司
2YKR2460（15°）振动筛	台	1	1	万吨/年	110	110	2005 年 11 月	2007 年 12 月		南昌矿山机械有限公司
Low-Head 双层水平直线振动筛	台	6	6	万吨/年	926	926	2010 年 12 月	2012 年 8 月		芬兰美卓矿机（天津）国际贸易有限公司
1~3 号振动筛	台	3	3	万吨/年	406	406	2012 年 10 月	2013 年 3 月		上海杰弗朗
TTHC7201 振动筛	台	1	1	万吨/年	311	311	2012 年 10 月	2013 年 4 月		中矿华源工程设备（北京）有限公司

续表 10-64

设备名称及类型	设备数量			设备能力			设备出厂时间	设备投产时间	设备末次更新改造时间	设备制造国家、公司
	计量单位	安装数量	其中：使用数量	计量单位	安装设备能力	其中：使用设备能力				
磁选机	台	214	214	万吨/年	3690	3690				
永磁圆筒磁选机 CTB718	台	16	16	万吨/年	400	400	1993 年 4 月	1994 年 8 月		中国安徽天源科技股份有限公司
浓缩磁选机 CTB1024	台	32	32	万吨/年	75	75	1993 年	1994—2001 年		中国安徽天源科技股份有限公司
永磁磁选机 CTB1230	台	36	36	万吨/年	900	900	1993 年 3 月	1994 年 8 月		安徽天源科技股份有限公司机械厂
谐和波磁选柱 YZ 系列	台	6	6	万吨/年	144	144	2013 年 4 月	2013 年 4 月		沈阳华大
全自动淘洗机（L/M/N/X 系列）	台	6	6	万吨/年	180	180	2013 年 4 月	2013 年 4 月		石家庄金垦
LGS-2000 立式感应湿式强磁选机	台	54	54	万吨/年	100	100	2011 年 1 月	2012 年 8 月		中国沈阳隆基电磁科技有限公司
弱磁机	台	43	43	万吨/年	85	85	2011 年 1 月	2012 年 8 月		中钢集团安徽天源科技股份有限公司
磁选机 CTB1540	台	20	20	万吨/年	1720	1720	2018 年 12 月	2020 年 11 月		沈阳隆基
磁选机 NCT1540	台	1	1	万吨/年	86	86	2018 年 12 月	2020 年 11 月		沈阳隆基
浮选机	台	60	60	万吨/年	1500	1350				
160 立方米威姆科自吸式浮选机	台	30	30	万吨/年	750	650	2010 年 9 月	2012 年 10 月		美国艾法史密斯矿业设备（北京）有限公司
160 立方米道尔充气式浮选机	台	30	30	万吨/年	750	700	2010 年 9 月	2012 年 10 月		美国艾法史密斯矿业设备（北京）有限公司
重型板式给矿机	台	11	11	万吨/年	2896	2896				
BWJ2400×12000	台	2	2	万吨/年	580	580	2008 年	2008 年		平湖市恒力机械制造有限公司
BWJ2000×10000 重型板式喂料机	台	1	1	万吨/年	560	560	2006 年 8 月/2012 年 10 月	2006 年 9 月/2013 年 3 月		浙江平湖恒力机械制造有限公司

续表 10-64

设备名称及类型	设备数量			设备能力			设备出厂时间	设备投产时间	设备末次更新改造时间	设备制造国家、公司
	计量单位	安装数量	其中：使用数量	计量单位	安装设备能力	其中：使用设备能力				
BWJ1600×6000 中型板式喂料机	台	1	1	万吨/年	346	346	2006年8月/2012年10月	2006年9月/2013年3月		平湖市恒力机械制造有限公司
臂式斗轮堆取料机	台	4	4	万吨/年	560	560	2011年5月	2012年9月		中国中联重科股份有限公司
ZB2000×10000 喂机	台	2	2	万吨/年	500	500	2012年10月	2013年3月		唐山胜达机械设备有限公司
ZB1600×6000 喂机	台	1	1	万吨/年	350	350	2012年10月	2013年3月		唐山胜达机械设备有限公司
浓缩机	台	5	5	万吨/年	630	630				
尾矿深型浓缩机 NT-53	台	4	4	万吨/年	120	120	1993年11月	1994年8月		中国辽宁选矿机械厂
尾矿深型浓缩机 AUTOKump	台	1	1	万吨/年	510	510	2006年7月	2007年1月		美国奥托昆普公司
过滤机	台	25	25	万吨/年	1881	1881				
VPA2050-50 压滤机	台	4	4	万吨/年	54	54	2000年3月	2000年5月		美国艾姆科公司
压滤机	台	9	9	万吨/年	1170	1170	2011年7月	2011年7月		Metso 矿业（瑞典）公司
TRE-1050 千瓦离心空压机	台	3	3	万吨/年	180	180	2011年2月	2012年12月		IHI 寿力压缩技术（苏州）有限公司
TS32S-450HHWC 螺杆空压机	台	9	9	万吨/年	477	477	2011年2月	2012年12月		
（三）辅助原料矿煅烧设备										
回转窑	座	7	7	万吨/年	206.74	206.74				
东山回转窑	座	3	3	万吨/年	105.9	105.9	2006年8月	2006年8月		美国美卓矿机技术公司/洛阳矿山机械研究院
大关焙烧回转窑	座	1	1	万吨/年	19.8	19.8	2012年9月	2012年12月	2014年5月	洛阳矿山机械工程设计研究院有限责任公司
鑫磊回转窑	座	3	3	万吨/年	81.04	81.04	2012年10月	2013年4月		洛阳中重成套工程设计院有限责任公司

续表 10-64

设备名称及类型	设备数量			设备能力			设备出厂时间	设备投产时间	设备末次更新改造时间	设备制造国家、公司
	计量单位	安装数量	其中：使用数量	计量单位	安装设备能力	其中：使用设备能力				
二、人造块矿设备										
（一）烧结机										
铁矿烧结机	台	2	2	万吨/年	898	898				
铁矿烧结机5号	台	1	1	万吨/年	449	449	2006年10月	2006年10月		中国沈重
铁矿烧结机6号	台	1	1	万吨/年	449	449	2010年5月	2010年5月		中国沈重
（二）球团设备										
铁矿球团回转窑	座	3	3	万吨/年	781	776				
铁矿球团回转窑	座	1	1	万吨/年	200	200	2004年12月	2004年12月		中国矿山机械成套设备制造厂
球团回转窑	座	1	1	万吨/年	265	260	2011年4月	2012年12月		中信重工机械股份有限公司
二期回转窑	座	1	1	万吨/年	316	316	2022年12月	2022年12月		
三、炼铁及铸铁设备										
高炉	座	3	3	万吨/年	847.5	847.5				
3号高炉	座	1	1	万吨/年	153.5	153.5	1960年1月	1960年1月	2007年4月	自制
5号高炉	座	1	1	万吨/年	347	347	2006年1月	2006年1月	2020年10月	国产
6号高炉	座	1	1	万吨/年	347	347	2013年11月	2013年11月		国产
四、炼钢设备										
（一）炼钢设备										
铁水预处理设备	座	10	10	万吨/年	1080	1042				
三脱铁水预处理（二钢）	座	2	2	万吨/年	100	100	2002年10月	2002年10月		日本川崎
脱硫铁水预处理	座	3	3	万吨/年	240	240	2006年1月/2014年6月	2006年1月/2014年6月		乌克兰戴思马克

续表 10-64

设备名称及类型	设备数量			设备能力			设备出厂时间	设备投产时间	设备末次更新改造时间	设备制造国家、公司
	计量单位	安装数量	其中：使用数量	计量单位	安装设备能力	其中：使用设备能力				
二钢北铁水预处理	座	1	1	万吨/年	180	180	2006年8月	2006年8月		乌克兰戴思马克
KR脱硫站（二钢）	座	2	2	万吨/年	360	360	2011年9月	2011年9月		中冶南方
镍铁水处理装置	座	2	2	万吨/年	200	162	2022年12月	2022年12月		普瑞特冶金技术（中国）有限公司
转炉										
顶底复合吹转炉	座	6	6	万吨/年	944	944				
K-OBM转炉（二钢南）	座	1	1	万吨/年	99	99	1990年	1990年		奥地利VAI
LD转炉（二钢南）	座	2	2	万吨/年	245	245	1970年4月/2013年10月	1970年4月/2013年10月		奥地利VAI
二钢北转炉	座	2	2	万吨/年	400	400	2006年8月	2006年8月		奥地利VAI
二钢北转炉	座	1	1	万吨/年	200	200	2012年7月	2012年7月		奥地利VAI
电炉										
交流电弧炉	座	6	6	万吨/年	550	512				
80吨电炉	座	1	1	万吨/年	30	30	1999年7月	2000年1月		奥地利
160吨电炉（二钢北）	座	2	2	万吨/年	260	260	2006年9月	2006年9月		奥地利
90吨电炉（一钢不锈）	座	1	1	万吨/年	60	60	2007年8月	2007年10月		日本新日铁
120吨AOD炉	座	2	2	万吨/年	200	162	2022年12月	2022年12月		普瑞特冶金技术（中国）有限公司
二次冶金设备										
钢包炉	座	8	8	万吨/年	990	952				
80吨LF精炼炉（一钢碳）	座	1	1	万吨/年	80	80	2014年1月	2015年2月		西马克

续表 10-64

设备名称及类型	设备数量			设备能力			设备出厂时间	设备投产时间	设备末次更新改造时间	设备制造国家、公司
	计量单位	安装数量	其中：使用数量	计量单位	安装设备能力	其中：使用设备能力				
1 号 LF 精炼炉（二钢南）	座	1	1	万吨/年	50	50	2002 年 5 月	2002 年 5 月	2007 年 5 月	奥地利 VAI
2 号 LF 精炼炉（二钢南）	座	1	1	万吨/年	60	60	2007 年 5 月	2007 年 5 月		奥地利 VAI
LF 精炼炉（二钢北）	座	3	3	万吨/年	600	600	2006 年 9 月—2011 年 10 月	2011 年 10 月		奥地利 VAI
120 吨 LF 炉	座	2	2	万吨/年	200	162	2022 年 12 月	2022 年 12 月		西安电炉研究所
真空循环脱气装置	座	4	4	万吨/年	340	340				
RH 炉（二钢南）	座	2	2	万吨/年	80	80	1997 年 9 月—2014 年 3 月	1997 年 9 月—2014 年 3 月		德国卖索
1 号、2 号 RH 炉（二钢北）	座	2	2	万吨/年	260	260	2007 年 4 月/2011 年 7 月	2007 年 4 月/2011 年 7 月		奥地利
真空脱气装置	座	0	0	万吨/年	0	0				
真空氧气脱碳装置	座	2	2	万吨/年	90	90				
VOD 精炼炉（二钢南）	座	1	1	万吨/年	60	60	2002 年 10 月	2002 年 10 月		意大利达涅利
VOD 精炼炉（二钢北）	座	1	1	万吨/年	30	30	2012 年 12 月	2012 年 12 月		奥地利 VAI
氩氧精炼炉	座	3	3	万吨/年	300	300				
AOD 炉（二钢北）	座	3	3	万吨/年	300	300	2006 年 9 月/2013 年 6 月	2006 年 9 月/2013 年 6 月		奥地利
其他精炼炉	座	5	5	万吨/年	85.2	85.2				
中频炉（二钢南）	座	1	1	万吨/年	10	10	2013 年 6 月	2013 年 6 月		德国 ABP
中频炉（二钢北）	座	3	3	万吨/年	75	75	2013 年 11 月	2013 年 11 月		德国 ABP
6 吨真空感应炉（型材镍基合金）	座	1	1	万吨/年	0.2	0.2	2017 年 5 月	2017 年 1 月		苏州振湖电炉有限公司

续表10-64

设备名称及类型	设备数量			设备能力			设备出厂时间	设备投产时间	设备末次更新改造时间	设备制造国家、公司
	计量单位	安装数量	其中：使用数量	计量单位	安装设备能力	其中：使用设备能力				
（二）连铸机										
方坯连铸机	台	1	1	万吨/年	30	30				
方坯连铸机（一钢）	台	1	1	万吨/年	30	30	2014年	2014年		上海新中
方板坯连铸机	台	1	1	万吨/年	60	60				
3号连铸机	台	1	1	万吨/年	60	60	2003年3月	2003年3月	2007年5月	意大利达涅利
板坯连铸机										
普通板坯连铸机	台	11	11	万吨/年	1342	1304				
1号、2号、4号连铸机	台	3	3	万吨/年	300	300	1995年12月/1998年6月/2002年10月	1995年12月/1998年6月/2002年10月	2005年12月	奥地利
0号、1号、2号、3号连铸机	台	4	4	万吨/年	500	500	2006年9月	2006年9月		奥地利
斜出坯式连铸机	台	1	1	万吨/年	42	42	1985年	1985年	2004年	西安重型机械研究所
4号连铸机	台	1	1	万吨/年	300	300	2012年2月	2012年2月		奥地利
（180~200）×1600板坯连铸机	台	1	1	万吨/年	100	81	2022年12月	2022年12月		普瑞特冶金技术（中国）有限公司
（200~230）×2100板坯连铸机	台	1	1	万吨/年	100	81	2022年12月	2022年12月		普瑞特冶金技术（中国）有限公司
圆坯连铸机	台	1	1	万吨/年	50	50				
ϕ390、ϕ550、ϕ690、ϕ800三流圆坯连铸机	台	1	1	万吨/年	50	50	2014年1月	2015年3月		西马克

续表 10-64

设备名称及类型	设备数量			设备能力			设备出厂时间	设备投产时间	设备末次更新改造时间	设备制造国家、公司
	计量单位	安装数量	其中：使用数量	计量单位	安装设备能力	其中：使用设备能力				
五、钢加工设备										
（一）钢压延加工设备										
初轧开坯设备										
初轧机	套	1	1	万吨/年	100	100				
初轧机	套	1	1	万吨/年	100	100	1953 年	1958 年	2004 年	苏联
线材轧机										
高速线材轧机	套	1	1	万吨/年	20	20				
650 轧机	套	1	1	万吨/年	20	20		1981 年		中国
中厚板轧机	套	3	3	万吨/年	190	190				
3300 轧机	套	2	2	万吨/年	120	120				
4300 轧机	套	1	1	万吨/年	70	70	2022 年 12 月	2022 年 12 月		中国一重
热轧宽钢带轧机	套	2	2	万吨/年	700	700				
1549 轧机	套	1	1	万吨/年	300	300	1994 年 8 月	1994 年 8 月	2002 年 10 月	日本
2250 轧机	套	1	1	万吨/年	400	400	2006 年 6 月	2006 年 6 月		中国二重
冷轧宽钢带轧机										
单机架冷轧宽钢带轧机	套	23	23	万吨/年	639	639				
2300 四辊可逆式冷轧机	套	1	1	万吨/年	3	3	1968 年 1 月	1971 年 8 月		中国上海重型机器厂
二十辊轧机	套	1	1	万吨/年	15	15	1997 年 6 月	1997 年 6 月		法国 DMS 公司
二十辊轧机	套	1	1	万吨/年	20	20	2006 年 9 月	2007 年 4 月		法国 DMS 公司
0 号轧机	套	1	1	万吨/年	5	5	1968 年 12 月	1970 年 4 月		德国斯洛曼
1 号轧机	套	1	1	万吨/年	7	7	1995 年 10 月	1996 年 9 月		法国 DMS 公司

续表 10-64

设备名称及类型	设备数量			设备能力			设备出厂时间	设备投产时间	设备末次更新改造时间	设备制造国家、公司
	计量单位	安装数量	其中：使用数量	计量单位	安装设备能力	其中：使用设备能力				
2~3 号轧机	套	2	2	万吨/年	20	20	2001 年 2 月	2002 年 10 月		法国 DMS 公司
4~8 号轧机	套	5	5	万吨/年	250	250	2005 年 1 月	2005 年 9 月		德国 SMS 公司
9 号轧机	套	1	1	万吨/年	20	20		2006 年 11 月	2007 年 4 月	德国 SUNDWIG
10 号轧机	套	1	1	万吨/年	30	30	2006 年 12 月	2007 年 6 月		德国 SUNDWIG
11 号轧机	套	1	1	万吨/年	20	20	2008 年 11 月	2009 年 4 月		法国 DMS
12 号轧机	套	1	1	万吨/年	13	13	2011 年	2012 年 3 月		法国 DMS
森吉米尔二十辊轧机	套	4	4	万吨/年	36	36	2011 年	2012 年		法国 DMS
酸连轧机组（冷硅）	套	1	1	万吨/年	100	100	2013 年 7 月		2014 年 6 月	日本
400 线五机架连续式	套	1	1	万吨/年	50	50	2014 年 1 月	2014 年 7 月		法国 DMS
300 线五机架连续式	套	1	1	万吨/年	50	50	2014 年 1 月	2014 年 8 月		法国 DMS
冷轧窄钢带轧机	套	2	2	万吨/年	2.2	2.2				
1 号、2 号轧机（精带）	套	2	2	万吨/年	2.2	2.2	2009 年 3 月	2009 年 11 月		德国松德维克
（二）钢加工辅助设备										
平整机	台	5	5	万吨/年	242.05	242.05				
2250 毫米轧线平整机组	台	1	1	万吨/年	100.75	100.75	2006 年 6 月	2006 年 6 月		意大利米诺
2 号平整机组	台	1	1	万吨/年	28	28	2002 年	2002 年		德国松德维克
3 号平整机组	台	1	1	万吨/年	35	35	2006 年	2007 年 1 月		德国松德维克
1 号平整机组	台	1	1	万吨/年	3.3	3.3	1964 年	1965 年		德国施罗曼
平整机组（1549 毫米轧线）	台	1	1	万吨/年	75	75	2012 年	2012 年		意大利米诺设计（常宝菱制造）
钢带（板卷）退火炉	座	96	96	万吨/年	810.17	810.17				
锻压 1~4 号	座	4	4	万吨/年	20	20	1953 年	1953 年		

续表 10-64

设备名称及类型	设备数量			设备能力			设备出厂时间	设备投产时间	设备末次更新改造时间	设备制造国家、公司
	计量单位	安装数量	其中：使用数量	计量单位	安装设备能力	其中：使用设备能力				
锻压 5~7 号	座	3	3	万吨/年	20	20	1963 年	1963 年		
快锻 1~3 号	座	3	3	万吨/年	120	120	1994 年 8 月	1994 年 8 月		中国二十冶机械安装工程公司
均热退火炉	座	1	1	万吨/年	160	160	1994 年	1994 年		太钢修建公司
精整 1 号、2 号退火炉	座	2	2	万吨/年	40	40	1964 年	1964 年		
精整 3 号、4 号退火炉	座	2	2	万吨/年	80	80	1964 年	1964 年		
径锻 1 号退火炉	座	1	1	万吨/年	50	50	2010 年 7 月	2010 年 10 月		中国联合
径锻 2~4 号退火炉	座	4	4	万吨/年	180	180	2010 年 7 月	2010 年 10 月		中国联合
全氢煤气罩式退火炉	座	41	41	万吨/年	54	54	2005 年	2005 年		奥地利
全氢煤气罩退火炉	座	18	18	万吨/年	29	29	2006 年	2007 年		奥地利
罩式退火炉（线材厂）	座	1	1	万吨/年	0.84	0.84	2009 年 3 月	2009 年 6 月		中国
电加热罩式炉（热轧厂）	座	2	2	万吨/年	2	2	2000 年 1 月	2000 年 12 月		中国
新常化线（热轧）	座	1	1	万吨/年	8	5	2006 年 7 月	2006 年 7 月		太钢建设公司
电加热罩式炉（冷硅厂）	座	10	10	万吨/年	3	3	2006 年 7 月	2006 年 7 月		中国
1 号连续退火、涂层处理（冷硅厂）	座	1	1	万吨/年	15	15	1997 年 7 月	1997 年 9 月	2005 年 1 月	法国
2 号连续退火、涂层处理（冷硅厂）	座	1	1	万吨/年	20	20	2006 年 1 月	2007 年 1 月		中冶南方
高温环形退火炉	座	1	1	万吨/年	8.33	8.33	2022 年 12 月	2022 年 12 月		法国 DMS 公司
钢带（板卷）酸洗机组	套	17	17	万吨/年	428.2	428.2				
中厚板连续酸洗线	套	1	1	万吨/年	17	17				
连续酸洗线（热轧厂）	套	1	1	万吨/年	10	10				
常化酸洗机组	套	1	1	万吨/年	15	15	2006 年	2007 年		
推拉式酸洗机组	套	1	1	万吨/年	22	22	1965 年	1967 年		德国

续表 10-64

设备名称及类型	设备数量			设备能力			设备出厂时间	设备投产时间	设备末次更新改造时间	设备制造国家、公司
	计量单位	安装数量	其中：使用数量	计量单位	安装设备能力	其中：使用设备能力				
1号、2号光亮线	套	2	2	万吨/年	2.4	2.4	2009年5月	2010年6月		奥地利 Ebner
0号热线酸洗机组	套	1	1	万吨/年	4.8	4.8	1965年	1967年		德国施罗曼
1号热线酸洗机组	套	1	1	万吨/年	80	80	2003年6月	2004年12月		法国 DMS
2号热线酸洗机组	套	1	1	万吨/年	115	115	2005年12月	2006年12月		法国 DMS
4号热线酸洗机组	套	1	1	万吨/年	38	38	2013年4月	2013年7月		中国太钢工程技术公司
混线酸洗机组	套	1	1	万吨/年	15	15	1997年6月	1998年12月		法国 DMS
1~3号冷线酸洗机组	套	3	3	万吨/年	85	85	2000年12月	2006年2月		法国 DMS
窄幅光亮线酸洗机组	套	1	1	万吨/年	4	4	1966年5月	1967年11月	2004年	法国 DMS
宽幅光亮线酸洗机组	套	1	1	万吨/年	15	15	2010年7月	2012年9月		法国 DMS
0号冷线酸洗机组	套	1	1	万吨/年	5	5	1965年	1967年		德国施罗曼
钢带（板卷）横切机组	套	5	5	万吨/年	135	135				
横切线（2250毫米）	套	1	1	万吨/年	62	62	2006年6月	2007年1月		西班牙 FAGOR
1号、2号横切机组	套	2	2	万吨/年	4	4	1965—1989年	1967—1991年		德国施罗曼
3号横切机组	套	1	1	万吨/年	49	49	2006年	2007年1月		西班牙 FAGOR
4号横切线	套	1	1	万吨/年	20	20	2007年	2007年12月		西班牙 FAGOR
钢带（板卷）纵切机组	套	14	14	万吨/年	150.8	150.8				
1号、3~7号纵切机组	套	6	6	万吨/年	89	89	2005年	2007年		德国
2号纵切机组	套	1	1	万吨/年	1	1	1982年	1984年		德国松德维克
1~4号纵切（精带）	套	4	4	万吨/年	5.8	5.8	2009年8月	2010年1月		德国 B+S
拉矫线	套	1	1	万吨/年	20	20	2005年	2006年3月		德国松德维克
8~9号纵切机组	套	2	2	万吨/年	35	35	2008年	2012年		德国 GEOGR

续表 10-64

设备名称及类型	设备数量			设备能力			设备出厂时间	设备投产时间	设备末次更新改造时间	设备制造国家、公司
	计量单位	安装数量	其中：使用数量	计量单位	安装设备能力	其中：使用设备能力				
钢材热处理设备	套	13	11	万吨/年	1048.1	1048.1				
中厚板热处理生产线	套	1	1	万吨/年	28	28				
2 号加热炉	套	1	1	万吨/年	23	23	2002 年 3 月	2002 年 3 月		北京神雾公司
0~3 号步进式加热炉	套	4	4	万吨/年	770	770				中国北京凤凰炉
1~4 号步进式加热炉	套	4	4	万吨/年	227	227	2006 年	2006 年		中国重庆赛迪
1 号、2 号、3 号互段连续加热炉（热轧）	套	3	1	万吨/年	0.9	0.1	2005 年 12 月	2005 年 12 月		中国北京凤凰炉
六、洗煤、炼焦、煤气及煤化工产品生产设备										
机械化焦炉	座	3	3	万吨/年	330	330				
7 号、8 号焦炉	座	2	2	万吨/年	220	220	2006 年 8 月	2007 年 11 月		国产
9 号焦炉	座	1	1	万吨/年	110	110	2013 年 10 月	2013 年 10 月		国产

（3）西宁特殊钢股份有限公司专业产品主要生产设备见表 10-65。

表 10-65　西宁特殊钢股份有限公司专业产品主要生产设备

设备名称及类型	设备数量			设备能力			设备出厂时间	设备投产时间	设备末次更新改造时间	设备制造国家、公司
	计量单位	安装数量	其中：使用数量	计量单位	安装设备能力	其中：使用设备能力				
一、人造块矿设备										
烧结机										

续表 10-65

设备名称及类型	设备数量			设备能力			设备出厂时间	设备投产时间	设备末次更新改造时间	设备制造国家、公司
	计量单位	安装数量	其中：使用数量	计量单位	安装设备能力	其中：使用设备能力				
铁矿烧结机										
1号烧结	台	1	1	万吨/年	136	136	2005年10月	2005年10月		中冶东方工程技术有限公司
2号烧结	台	1	1	万吨/年	150	150	2011年11月	2011年11月		中冶东方工程技术有限公司
二、炼铁及铸铁设备										
高炉										
2号高炉	台	1	1	万吨/年	60	60	2005年10月	2005年10月	2010年5月	中冶东方工程技术有限公司
3号高炉	台	1	1	万吨/年	100	100	2011年11月	2011年11月		中冶东方工程技术有限公司
三、炼钢设备										
（一）炼钢设备										
转炉										
顶吹转炉	座	1	1	万吨/年	90	90				
转炉	座	1	1	万吨/年	90	90				
电炉	座	3	3	万吨/年	186	186				
电弧炉	座	2	2	万吨/年	165	165				
电弧炉	座	1	1	万吨/年	21	21				
电渣重熔炉	座	30	30	万吨/年	10	10				
重熔炉	座	30	30	万吨/年	10	10				
二次冶金设备										
真空脱气装置										
钢包吹氩装置										
其他精炼炉										

续表 10-65

设备名称及类型	设备数量			设备能力			设备出厂时间	设备投产时间	设备末次更新改造时间	设备制造国家、公司
	计量单位	安装数量	其中：使用数量	计量单位	安装设备能力	其中：使用设备能力				
（二）连铸机										
方坯连铸机	台	3	3	万吨/年	155	155				
连铸机	台	2	2	万吨/年	75	75	1997 年	1997 年		
连铸机	台	1	1	万吨/年	80	80	2013 年	2013 年		
（三）炼钢辅助设备										
制氧机	台	3	3	万立方米/年	87000	87000				
15000 立方米/时	台	1	1	万立方米/年	15000	15000				美国 杭氧
12000 立方米/时	台	1	1	万立方米/年	12000	12000				美国 杭氧
6000 立方米/时	台	1	1	万立方米/年	60000	60000				美国
四、钢加工设备										
钢压延加工设备										
初轧开坯设备										
750 轧机	套	1	1	万吨/年	80	80	2002 年	2002 年		
小棒	套	1	1	万吨/年	45	45	2013 年 3 月	2013 年 9 月		
连续无扭棒材轧机组 18 架	套	1	1	万吨/年	90	90	2006 年	2006 年		
大棒	套	1	1	万吨/年	75	75	2014 年	2014 年		
加热炉	座	2	2	万吨/年	0	0				
连续式加热炉	座	1	1	万吨/年	0	0	2015 年	2015 年		
斯坦因加热炉	座	1	1	万吨/年	0	0	2013 年	2013 年		
特种轧机										
冷拉钢材轧机	台	2	2	万吨/年	0.5	0.5				

续表 10-65

设备名称及类型	设备数量			设备能力			设备出厂时间	设备投产时间	设备末次更新改造时间	设备制造国家、公司
	计量单位	安装数量	其中：使用数量	计量单位	安装设备能力	其中：使用设备能力				
冷拔机	台	1	1	万吨/年	0.3	0.3	1997 年	1997 年		
冷拔机	台	1	1	万吨/年	0.2	0.2	1997 年	1997 年		
其他压延设备										
锻锤	台	3	3	台	5	5				
快锻机	台	1	1	万吨/年	5	5				沈阳重机
五、洗煤、炼焦、煤气及煤化工产品生产设备										
机械化洗煤机	套	1	1	（处理）万吨/年	90	70				
洗煤机	套	1	1	（处理）万吨/年	90	70				
简易洗煤机										
机械化焦炉	座	2	2	万吨/年	70	70				
焦炉	座	2	2	万吨/年	70	70			2002 年	
煤气净化处理系统	套	2	1	立方米/时	43000	43000				
煤气净化	套	2	1	立方米/时	43000	43000	2004 年	2005 年		扬州庆松化工设备有限公司
氨回收设备	套	2	1	吨/年	43000	43000				
氨气回收	套	2	1	吨/年	43000	43000	2006 年	2007 年		济南冶金设备制造有限公司
苯回收设备	套	1	1	吨/年	80	80				
笨回收	套	1	1	吨/年	80	80	2006 年	2007 年		中国化学工程第十三建设公司
焦油加工设备										
苯精制处理设备										
酚精制处理设备										

续表 10-65

设备名称及类型	设备数量			设备能力			设备出厂时间	设备投产时间	设备末次更新改造时间	设备制造国家、公司
	计量单位	安装数量	其中：使用数量	计量单位	安装设备能力	其中：使用设备能力				
萘类精制处理设备										
洗油类精加工处理设备										
蒽油类加工处理设备										
硫酸设备										
接触转化塔										
塔式硫酸塔										
铅室硫酸塔										

（4）河北钢铁集团舞阳钢铁有限责任公司专业产品主要生产设备见表 10-66。

表 10-66　河北钢铁集团舞阳钢铁有限责任公司专业产品主要生产设备

设备名称及类型	设备数量			设备能力			设备出厂时间	设备投产时间	设备末次更新改造时间	设备制造国家、公司
	计量单位	安装数量	其中：使用数量	计量单位	安装设备能力	其中：使用设备能力				
高炉	座	1	1	万吨	116	116		2014 年 3 月 6 日		第一冶金制造公司
转炉	座	1	1	万吨	140	140		2012 年 9 月		中信重工
1 号电炉	座	1	1	万吨	100	99		2005 年 1 月		西安电炉变压厂
2 号电炉	座	1	1	万吨	100	99		1991 年 12 月		奥钢联
3 号电炉	座	1	1	万吨	100	100		2007 年 2 月		西安电炉变压厂
1 号板坯连铸机	套	1	1	万吨	40	40		1992 年 11 月		西安重型研究所

续表 10-66

设备名称及类型	设备数量			设备能力			设备出厂时间	设备投产时间	设备末次更新改造时间	设备制造国家、公司
	计量单位	安装数量	其中：使用数量	计量单位	安装设备能力	其中：使用设备能力				
2号板坯连铸机	套	1	1	万吨	100	100		2007年2月		西安重型研究所
3号板坯连铸机	套	1	1	万吨	100	100		2008年11月		西安重型研究所
宽厚板轧机	套	1	1	万吨	130	130		1978年9月		二重
宽厚板轧机	套	1	1	万吨	160	160		2007年5月		奥钢联

（5）天津钢管制造有限公司专业产品主要生产设备见表 10-67。

表 10-67 天津钢管制造有限公司专业产品主要生产设备

设备名称及类型	设备数量			设备能力			设备出厂时间	设备投产时间	设备末次更新改造时间	设备制造国家、公司
	计量单位	安装数量	其中：使用数量	计量单位	安装设备能力	其中：使用设备能力				
铁矿烧结机	台	1	1	万吨/年	105	105	2004年6月	2004年12月		沈阳冶金机械厂
高炉	座	1	1	万吨/年	96	96	2004年	2005年		
交流电弧炉	座	1	1	万吨/年	120	120	1991年	1992年	2010年10月	意大利德兴公司
交流电弧炉	座	1	1	万吨/年	100	100	2004年	2005年		意大利德兴公司
圆坯连铸机	台	1	1	万吨/年	120	120	1991年	1992年	2002年	德国西马克公司
圆坯连铸机	台	1	1	万吨/年	100	100	2004年	2005年		赛瑞机器制造公司
圆坯连铸机	台	1	1	万吨/年	100	100	2008年	2009年		赛瑞机器制造公司
ϕ250毫米 MPM 连轧机组	台	1	1	万吨/年	90	90	1992年	1993年	2004年	意大利 INNSE 公司
ϕ258毫米 PQF 轧管机组	台	1	1	万吨/年	50	50	2007年	2008年		德国 SMS MEER 公司

续表 10-67

设备名称及类型	设备数量			设备能力			设备出厂时间	设备投产时间	设备末次更新改造时间	设备制造国家、公司
	计量单位	安装数量	其中：使用数量	计量单位	安装设备能力	其中：使用设备能力				
ϕ168 毫米 PQF 轧管机组	台	1	1	万吨/年	60	60	2002 年	2003 年		德国 SMS MEER 公司
ϕ219 毫米 ASSEL 轧管机组	台	1	1	万吨/年	27	0	2004 年	2005 年		德国 ASSEL
ϕ460 毫米 PQF 轧管机组	台	1	1	万吨/年	70	70	2006 年	2007 年		德国 SMS MEER 公司
ϕ508 毫米 PQF 轧管机组	台	1	1	万吨/年	50	50	2011 年 4 月	2012 年 5 月		德国 SMS MEER 公司
ϕ720 毫米旋扩机轧管机组	台	1	1	万吨/年	8	8	2008 年	2009 年		太原通泽公司

（6）石家庄钢铁有限责任公司 专业产品主要生产设备见表 10-68。

表 10-68 石家庄钢铁有限责任公司 专业产品主要生产设备

设备名称及类型	设备数量			设备能力			设备出厂时间	设备投产时间	设备末次更新改造时间	设备制造国家、公司
	计量单位	安装数量	其中：使用数量	计量单位	安装设备能力	其中：使用设备能力				
一、炼钢设备										
（一）炼钢设备	座	2	2	万吨/年	200	200				
电弧炉	座	2	2	万吨/年	200	200				
直流电弧炉	座	2	2	万吨/年	200	200				
其中：1 号电炉，公称容量 130 吨	座	1	1	万吨/年	100	100	2020 年 5 月	2020 年 11 月		意大利西马克公司
2 号电炉，公称容量 130 吨	座	1	1	万吨/年	100	100	2020 年 10 月	2021 年 4 月		意大利西马克公司
（二）连铸机	套（台）	4	4	万吨/年	200	200				
电炉连铸机	套（台）	4	4	万吨/年	200	200				

续表 10-68

设备名称及类型	设备数量			设备能力			设备出厂时间	设备投产时间	设备末次更新改造时间	设备制造国家、公司
	计量单位	安装数量	其中：使用数量	计量单位	安装设备能力	其中：使用设备能力				
其中：1号连铸机，连铸类型：R10米、六机六流	套（台）	1	1	万吨/年	57	57	2020年5月	2020年11月		中国重工设计院
2号连铸机，连铸类型：R12米、五机五流	套（台）	1	1	万吨/年	62	62	2020年5月	2020年11月		中国重工设计院
3号连铸机，连铸类型：R16.5米、三机三流	套（台）	1	1	万吨/年	51	51	2020年10月	2021年4月		中冶京诚
立式连铸机，三机三流	套（台）	1	1	万吨/年	30	30	2021年6月	2021年12月		瑞士西马克康卡斯特公司
二、轧钢设备	套（台）	4	4	万吨/年	192	192				
其中：中棒线，17架全连轧	套（台）	1	1	万吨/年	70	70	2020年5月	2020年8月		广东恒华重工
小棒线，22架全连轧	套（台）	1	1	万吨/年	55	55	2020年5月	2020年11月		广东恒华重工
大棒线，8架全连轧	套（台）	1	1	万吨/年	42	42	2020年1月	2020年11月		中冶赛迪
高线，16架全连轧	套（台）	1	1	万吨/年	25	25	2020年10月	2021年4月		中冶赛迪

（7）攀钢集团江油长城特殊钢有限公司专业产品主要生产设备见表10-69。

表 10-69 攀钢集团江油长城特殊钢有限公司专业产品主要生产设备

设备名称及类型	设备数量			设备能力			设备出厂时间	设备投产时间	设备末次更新改造时间	设备制造国家、公司
	计量单位	安装数量	其中：使用数量	计量单位	安装设备能力	其中：使用设备能力				
一、炼钢设备										
（一）电炉										
101车间40吨超高功率电弧炉	座	1	1	万吨/年	18	18	1993年	1994年	2004年7月	无锡四方公司

续表 10-69

设备名称及类型	设备数量			设备能力			设备出厂时间	设备投产时间	设备末次更新改造时间	设备制造国家、公司
	计量单位	安装数量	其中：使用数量	计量单位	安装设备能力	其中：使用设备能力				
401 车间 1 号超高功率电弧炉	座	1	1	万吨/年	19.2	19.2	2015 年	2015 年 11 月	2021 年 12 月	长春电炉成套设备有限责任公司
401 车间 5 号超高功率电弧炉	座	1	1	万吨/年	19.2	19.2	2014 年	2014 年 7 月		长春电炉成套设备有限责任公司
（二）真空感应炉										
真空感应炉（M4）	座	1	1	万吨/年	0.22	0.22	2023 年 3 月	2023 年 8 月		应达工业（上海）有限公司
真空感应炉（M5）	座	1	1	万吨/年	0.44	0.44	2018 年 10 月	2019 年 10 月		应达工业（上海）有限公司（美国康萨克品牌）
真空感应炉（M6）	座	1	1	万吨/年	0.037	0.037	2020 年 10 月	2022 年 1 月		鑫蓝海
真空感应炉（M7）	座	1	1	万吨/年	0.22	0.22	2021 年	2022 年 6 月		鑫蓝海
真空感应炉（M8）	座	1	1	万吨/年	0.44	0.44	2023 年 5 月	2023 年 10 月		应达工业（上海）有限公司
（三）非真空感应炉										
合金熔融炉（H3）	座	1	1	万吨/年	3.64	3.64	2022 年 3 月	2022 年 7 月		鞍钢集团工程技术有限公司
（四）真空自耗炉										
真空自耗炉（R3）	座	1	1	万吨/年	0.22	0.22	2019 年 8 月	2019 年 11 月		应达工业（上海）有限公司（美国康萨克品牌）
真空自耗炉（R4）	座	1	1	万吨/年	0.21	0.21	2021 年 1 月	2021 年 3 月		苏州爱立德（ALD）
真空自耗炉（R5）	座	1	1	万吨/年	0.154	0.154	2020 年 9 月	2020 年 11 月		苏州爱立德（ALD）
真空自耗炉（R6）	座	1	1	万吨/年	0.21	0.21	2021 年 5 月	2021 年 7 月		苏州爱立德（ALD）
真空自耗炉（R7）	座	1	1	万吨/年	0.21	0.21	2021 年 5 月	2021 年 7 月		苏州爱立德（ALD）
真空自耗炉（R8）	座	1	1	万吨/年	0.13	0.13	2021 年 7 月	2021 年 11 月		苏州爱立德（ALD）
真空自耗炉（R9）	座	1	1	万吨/年	0.13	0.13	2021 年 7 月	2021 年 11 月		苏州爱立德（ALD）
（五）电渣重熔炉										
特冶车间 A4 电渣炉（5 吨）	座	1	1	万吨/年	0.22	0.22	1999 年 4 月	1999 年 4 月		长城钢厂机修厂

续表 10-69

设备名称及类型	设备数量			设备能力			设备出厂时间	设备投产时间	设备末次更新改造时间	设备制造国家、公司
	计量单位	安装数量	其中：使用数量	计量单位	安装设备能力	其中：使用设备能力				
特冶车间 A5 电渣炉（3 吨）	座	1	1	万吨/年	0.180	0.180	2020 年	2020 年		鑫蓝海自动化科技有限公司
特冶车间 A6 电渣炉（3 吨）	座	1	1	万吨/年	0.180	0.180	2020 年	2020 年		鑫蓝海自动化科技有限公司
特冶车间 A7 电渣炉（3 吨）	座	1	1	万吨/年	0.198	0.198	2012 年	2012 年 7 月		潍坊亚东冶金设备有限责任公司
特冶车间 A8 电渣炉（3 吨）	座	1	1	万吨/年	0.198	0.198	2012 年	2012 年 7 月		潍坊亚东冶金设备有限责任公司
特冶车间 A9 电渣炉（1 吨）	座	1	1	万吨/年	0.15	0.15	2012 年	2012 年 7 月		沈阳华盛
特冶车间 A10 电渣炉（1 吨）	座	1	1	万吨/年	0.15	0.15	2012 年	2012 年 7 月		沈阳华盛
特冶车间 A12 电渣炉（2.5 吨）	座	1	1	万吨/年	0.198	0.198	2008 年	2008 年	2012 年 8 月	冶金公司
特冶车间 A13 电渣炉（3 吨）	座	1	1	万吨/年	0.198	0.198	2011 年	2011 年 11 月	2018 年 2 月	辽宁重工
特冶车间 A14 电渣炉（7 吨）	座	1	1	万吨/年	0.30	0.30	2012 年	2012 年 9 月		德国 ALD
特冶车间 A15 电渣炉（25 吨）	座	1	1	万吨/年	0.55	0.55	2011 年	2013 年 9 月		沈阳华盛冶金技术与设备制造有限公司
特冶车间 A16 电渣炉（7 吨）	座	1	1	万吨/年	0.30	0.30	2020 年	2020 年	2020 年	鑫蓝海自动化科技有限公司
特冶车间 A17 电渣炉（3 吨）	座	1	1	万吨/年	0.180	0.180	2020 年	2020 年		鑫蓝海自动化科技有限公司
特冶车间 A18 电渣炉（3 吨）	座	1	1	万吨/年	0.180	0.180	2020 年	2020 年		鑫蓝海自动化科技有限公司
特冶车间 A19 电渣炉（3 吨）	座	1	1	万吨/年	0.180	0.180	2021 年	2021 年		鑫蓝海自动化科技有限公司
特冶车间 A20 电渣炉（3 吨）	座	1	1	万吨/年	0.180	0.180	2021 年	2021 年		鑫蓝海自动化科技有限公司
特冶车间 A21 电渣炉（3 吨）	座	1	1	万吨/年	0.180	0.180	2021 年	2021 年		鑫蓝海自动化科技有限公司
特冶车间 A22 电渣炉（3 吨）	座	1	1	万吨/年	0.180	0.180	2021 年	2021 年		鑫蓝海自动化科技有限公司
特冶车间 A23 电渣炉（3 吨）	座	1	1	万吨/年	0.180	0.180	2021 年	2021 年		鑫蓝海自动化科技有限公司
特冶车间 A24 电渣炉（3 吨）	座	1	1	万吨/年	0.180	0.180	2021 年	2021 年		鑫蓝海自动化科技有限公司
特冶车间 A25 电渣炉（7 吨）	座	1	1	万吨/年	0.30	0.30	2021 年	2021 年 10 月		辽宁重工

续表 10-69

设备名称及类型	设备数量			设备能力			设备出厂时间	设备投产时间	设备末次更新改造时间	设备制造国家、公司
	计量单位	安装数量	其中：使用数量	计量单位	安装设备能力	其中：使用设备能力				
特冶车间 A26 电渣炉（7 吨）	座	1	1	万吨/年	0.30	0.30	2021 年	2021 年 9 月		辽宁重工
特冶车间 A27 电渣炉（7 吨）	座	1	1	万吨/年	0.30	0.30	2021 年	2021 年 8 月		辽宁重工
特冶车间 A28 电渣炉（18 吨）	座	1	1	万吨/年	0.39	0.39	2021 年	2022 年 2 月		ALD（爱力德欣安真空设备有限公司）
特冶车间 A29 电渣炉（12 吨）	座	1	1	万吨/年	0.36	0.36	2021 年	2022 年 3 月		ALD（爱力德欣安真空设备有限公司）
特冶车间 A30 电渣炉（5 吨）	座	1	1	万吨/年	0.23	0.23	2021 年	2022 年 1 月		Consarc 应达工业（上海）有限公司
（六）钢包炉（LF）										
101 车间 LF 加热炉	座	1	1	万吨/年	9	9	2004 年	2004 年		西安中新冶金设备公司
401 车间 1 号 DCLF 加热炉	座	1	1	万吨/年	6	6	1992 年 1 月	1992 年 6 月		中国/长特四厂
401 车间 2 号 ACLF 加热炉	座	1	1	万吨/年	6	6	2002 年 12 月	2003 年 1 月		中国/西安中兴电炉设备有限公司
401 车间 3 号 ACLF 加热炉	座	1	1	万吨/年	6	6	1995 年 5 月	1995 年 7 月		中国/长城特钢
401 车间 4 号 ACLF 加热炉	座	1	1	万吨/年	6	6	2018 年 1 月	2018 年 3 月		西安骅衢
（七）真空脱气装置（VD）										
101 车间 VD 精炼炉	座	1	1	万吨/年	6	6	2004 年	2004 年	2000 年 2 月	西安向阳设备公司
401 车间 VD 精炼炉	座	1	1	万吨/年	6	6	1996 年 3 月	1996 年 9 月	2008 年 1 月	中国/西安电炉研究所
（八）真空氧气脱碳装置										
401 车间 VOD 钢包精炼炉	座	1	1	万吨/年	6	6	1989 年 8 月	1990 年 3 月	2007 年 1 月	中国/长特公司机电厂
（九）氩氧精炼炉										
101 车间 AOD 炉	座	1	1	万吨/年	28.47	28.47	2013 年	2013 年		鞍钢集团信息产业有限公司

续表 10-69

设备名称及类型	设备数量			设备能力			设备出厂时间	设备投产时间	设备末次更新改造时间	设备制造国家、公司
	计量单位	安装数量	其中：使用数量	计量单位	安装设备能力	其中：使用设备能力				
二、连铸机										
方坯连铸机										
R9/17.5 合金钢小方坯连铸机组	套	1	1	万吨/年	20	20	1989 年	1989 年	2014 年 5 月	德国克虏伯公司
三、钢压延加工设备										
（一）初轧及开坯机										
825 初轧机	套	1	1	万吨/年	25	25	1959 年	1981 年 1 月		一重
（二）钢材加工设备										
大型型钢轧机										
825 精轧机	套	1	1	万吨/年	15	15	1959 年	1981 年		一重
普通中型型钢轧机										
550 粗轧机/三重悬挂式 EX3-8 型	架	4	4	万吨/年	0.285	0.285	1966 年 10 月	1971 年		日本 KOBE
普通小型型钢轧机										
小规格轧材生产线（军工小圆）	套	1	1	万吨/年	0.4685	0.4685	2019 年 6 月	2019 年 8 月		四川鸿舰重型机械制造有限责任公司
高速线材轧机										
棒线材连轧机	套	1	1	万吨/年	45	45				
其中：2 架 750 轧机组	套	2	2	万吨/年	39	39	2008 年 12 月	2009 年 6 月		中冶陕压重工设备有限公司
4 架 650 轧机组	套	4	4	万吨/年	39	39	2008 年 12 月	2009 年 6 月		中冶陕压重工设备有限公司
6 架 535 轧机组	套	6	6	万吨/年	39	39	2008 年 12 月	2009 年 6 月		赛迪重工
6 架 385 轧机组	套	6	6	万吨/年	39	39	2008 年 12 月	2009 年 6 月		赛迪重工
5 架减定径机组	套	5	5	万吨/年	39	39	2008 年 12 月	2009 年 6 月		赛迪重工

续表 10-69

设备名称及类型	设备数量			设备能力			设备出厂时间	设备投产时间	设备末次更新改造时间	设备制造国家、公司
	计量单位	安装数量	其中：使用数量	计量单位	安装设备能力	其中：使用设备能力				
8架BGV线材精轧机组	套	8	8	万吨/年	6	6	1996年	1996年	2022年7月	赛迪重工
4架TMB线材精轧机组	套	4	4	万吨/年	6	6	1996年	1996年	2009年12月	DANIELI
大盘卷机组	套	1	1	万吨/年	3	3	2018年	2018年		DANIELI
热轧薄板轧机										
1450毫米四辊可逆热轧机	套	1	1	万吨/年	0.115	0.115	2022年	2023年		鞍重机
冷轧薄板轧机										
1450毫米四辊可逆冷轧机	套	1	1	万吨/年	0.173	0.173	2022年	2023年		鞍重机
热轧窄钢带轧机										
404车间立辊轧机	套	1	1	万吨/年	6	6	1968年	1968年		上海重型机器厂
404车间二辊轧机	套	1	1				1968年	1968年	2019年11月	上海重型机器厂
404车间四辊轧机	套	1	1				1968年	1968年		上海重型机器厂
热轧无缝管机										
76热穿孔机组	套	1	1	万吨/年	0.80	0.60	1986年5月	1987年12月		二重
50热轧无缝钢管轧机	台	1	1	万吨/年	0.50	0.50	2019年6月	2019年11月		太原通泽重工
冷轧钢管机										
其中：皮尔格冷轧管机机组	套	1	1	万吨/年	0.0126	0.0126	1998年12月	1998年12月		德国曼内斯曼
皮尔格冷轧管机机组	套	1	1	万吨/年	0.176	0.176	1998年12月	1998年12月		德国曼内斯曼
冷轧管机	套	1	1	万吨/年	0.10	0.10	2007年	2007年		二重
冷轧管机	套	2	2	万吨/年	0.415	0.415	2007年	2007年		上海攀枝花机械厂
冷轧管机	套	1	1	万吨/年	0.10	0.10	2010年	2010年		上海攀枝花机械厂
冷轧管机	套	1	1	万吨/年	0.15	0.10	2023年6月	2023年11月		中国重型机械研究院

续表 10-69

设备名称及类型	设备数量			设备能力			设备出厂时间	设备投产时间	设备末次更新改造时间	设备制造国家、公司
	计量单位	安装数量	其中：使用数量	计量单位	安装设备能力	其中：使用设备能力				
冷轧管机	套	2	2	万吨/年	0.04	0.04	2011 年	2011 年		上海攀枝花机械厂
冷轧管机	台	1	1	万吨/年	0.06	0.03	2023 年 6 月	2023 年 11 月		中国重型机械研究院
冷轧管机	套	1	1	万吨/年	0.25	0.114	2023 年 6 月	2023 年 11 月		中国重型机械研究院
冷轧钢管轧机	台	1	1	万吨/年	0.06	0.036	2019 年 1 月	2019 年 10 月		上海攀枝花机械厂
冷轧钢管轧机	台	1	1	万吨/年	0.06	0.036	2019 年 1 月	2019 年 10 月		上海攀枝花机械厂
冷轧钢管轧机	台	1	1	万吨/年	0.06	0.036	2019 年 1 月	2019 年 10 月		上海攀枝花机械厂
冷轧钢管轧机	台	1	1	万吨/年	0.036	0.012	2019 年 1 月	2019 年 10 月		上海攀枝花机械厂
冷轧钢管轧机	台	1	1	万吨/年	0.036	0.012	2019 年 1 月	2019 年 10 月		上海攀枝花机械厂
冷拉钢材机										
其中：C-11 连拔机	套	1	1	万吨/年	0.5	0.3	1969 年 1 月	1970 年 1 月	1993 年 1 月	日本
C-12 连拔机	套	1	1	万吨/年	0.3	0.2	1969 年 1 月	1970 年 1 月	1993 年 1 月	日本
单链式拉拔机	套	1	1	万吨/年	0.4	0.3	1971 年 1 月	1972 年 1 月	1996 年 12 月	洛阳矿山机械厂
S80 剥皮机组	套	1	1	万吨/年	2	1.35	1998 年 5 月	1999 年 1 月	2003 年 6 月	德国
锻锤										
18 兆牛精锻机组（含 2 号无轨装出料机、7~11 号加热炉）	套	1	1	万吨/年	5.5	5.5	2011 年 9 月	2012 年 6 月		奥地利 GFM 公司
31.5/35 兆牛快锻机组（含有轨操作车、无轨装出料机，41~46 号加热炉）	套	1	1	万吨/年	2.2	2.2	2022 年 4 月	2022 年 9 月		德国 Siempelkamp
CKV45/50 兆牛快锻机组（含有轨操作机、1 号无轨装出料机、0~6 号加热炉）	套	1	1	万吨/年	3.5	3.5	2010 年 11 月	2011 年 11 月		捷克 ZDAS 公司

续表 10-69

设备名称及类型	设备数量			设备能力			设备出厂时间	设备投产时间	设备末次更新改造时间	设备制造国家、公司
	计量单位	安装数量	其中：使用数量	计量单位	安装设备能力	其中：使用设备能力				
5 吨电液锤	台	1	1	万吨/年	0.1366	0.1366	2023 年	2023 年		贵阳万里锻压科技有限公司
挤压机										
45 兆牛挤压机	台	1	1	万吨/年	1	1.5	2019 年 5 月	2020 年 12 月		达涅利

（8）建龙北满特殊钢有限责任公司专业产品主要生产设备见表 10-70。

表 10-70　建龙北满特殊钢有限责任公司专业产品主要生产设备

设备名称及类型	设备数量			设备能力			设备出厂时间	设备投产时间	设备末次更新改造时间	设备制造国家、公司
	计量单位	安装数量	其中：使用数量	计量单位	安装设备能力	其中：使用设备能力				
铁矿烧结机	台	2	2	万吨/年	350	345				
1 号烧结机	台	1	1	万吨/年	80	80	2009 年			山东莱芜煤矿机械有限公司
265 烧结机	台	1	1	万吨/年	270	265	2019 年	2019 年		唐山重型装备集团有限责任公司/中国
高炉	座	2	2	万吨/年	110	110				
1 号高炉	座	1	1	万吨/年	55	55	2009 年	2011 年 9 月 28 日		二十冶
2 号高炉	座	1	1	万吨/年	55	55	2013 年	2013 年 8 月 15 日		中冶天工、二十二冶、三冶
铸铁机	台	1	1	万吨/年	117	117	2009 年	2011 年 9 月 28 日		三河长城实业有限公司
混铁炉	座	1		万吨/年	100		2010 年	2010 年		焦作长远机械制造有限公司
顶底复合吹转炉	座	1	1	万吨/年	100	100	2010 年	2010 年		中国一重
顶底复合吹转炉	座	1	1	万吨/年	100	100	2010 年	2010 年		中国一重

续表 10-70

设备名称及类型	设备数量			设备能力			设备出厂时间	设备投产时间	设备末次更新改造时间	设备制造国家、公司
	计量单位	安装数量	其中：使用数量	计量单位	安装设备能力	其中：使用设备能力				
电炉	座	3	2	万吨/年	110	95				
交流电弧炉	座	3	2	万吨/年	110	95				
一炼钢 1 号电炉	座	1	1	万吨/年	80	80	2001 年	2002 年		烟台、大连重工、CONCAST
特锻厂 8 号电炉	座	1	1	万吨/年	15	15	1957 年	1957 年	1993 年	自制
特锻厂电炉	座	1		万吨/年	15		1988 年	1988 年	2006 年	自制
电渣重熔炉	座	13	13	万吨/年	4. 46	4. 46				
特锻厂 0 号电渣炉	座	1	1	万吨/年	0. 15	0. 15	1988 年	1988 年	2022 年	自制
特锻厂 12 号电渣炉	座	1	1	万吨/年	0. 42	0. 42	1966 年	1966 年	2022 年	自制
特锻厂 13 号电渣炉	座	1	1	万吨/年	0. 26	0. 26	1979 年	1979 年	2022 年	自制
特锻厂 14 号电渣炉	座	1	1	万吨/年	0. 33	0. 33	1980 年	1980 年	2006 年	德国
特锻厂 19 号、20 号电渣炉	座	2	2	万吨/年	0. 438	0. 438	2022 年	2022 年	2022 年	潍坊亚东
特锻厂 18 号电渣炉	座	1	1	万吨/年	0. 24	0. 24	2000 年	2000 年	2022 年	自制
特锻厂 2 号电渣炉	座	1	1	万吨/年	0. 42	0. 42	2006 年	2006 年	2022 年	自制
特锻厂 3 号、4 号电渣炉	座	2	2	万吨/年	0. 84	0. 84	2006 年	2006 年	2022 年	自制
特锻厂 5 号、7 号电渣炉	座	2	2	万吨/年	0. 84	0. 84	2007 年	2007 年	2022 年	自制
特锻厂 9 号电渣炉	座	1	1	万吨/年	0. 48	0. 48	2013 年	2013 年	2022 年	自制
二次冶金设备										
钢包炉	座	6	4	万吨/年	205. 5	169				
一炼 1 号 LF 炉	座	1	1	万吨/年	50	50	2001 年	2005 年		西安重型机械研究所
一炼 2 号 LF 炉	座	1	1	万吨/年	50	50	2011 年	2011 年		西安鹏远重型电炉制造有限公司/中国

续表 10-70

设备名称及类型	设备数量			设备能力			设备出厂时间	设备投产时间	设备末次更新改造时间	设备制造国家、公司
	计量单位	安装数量	其中：使用数量	计量单位	安装设备能力	其中：使用设备能力				
一炼 3 号 LF 炉	座	1	1	万吨/年	50	50	2019 年	2019 年		中重院
特锻厂 2 号 LF 炉	座	1		万吨/年	9.5	9.5	1956 年	1956 年	1999 年	苏联
特锻厂 3 号 LF 炉	座	1	1	万吨/年	9.5	9.5	2006 年	2006 年	2014 年	机电修、北京
特锻厂 LF 炉	座	1		万吨/年	30		1989 年	1989 年	2000 年	西安
一炼 RH 真空循环脱气精炼炉	座	1	1	万吨/年	100	100	2013 年	2014 年		中国重型机械研究院股份公司
特锻厂 1 号 LF 炉	座	1		万吨/年	6.5		1990 年	1990 年		机电修、北京
真空脱气装置	座	3	2	万吨/年	72.76	72.76				
一炼 VD 炉	座	1	1	万吨/年	50	50	2001 年	2002 年		西安重型机械研究所
特锻厂 2 号 VD	座	1	1	万吨/年	11.38	11.38	2006 年	2006 年		杭州西湖真空设备厂
特锻厂 1 号 VD	座	1		万吨/年	11.38	11.38	1984 年	1985 年	2001 年	西安重型机械研究院
氩氧精炼炉	座	1	1	万吨/年	1.28	1.28				
特锻厂 AOD 炉	座	1		万吨/年	1.28	1.28	2004 年 12 月		2011 年	中国烟台
连铸机	台	2	2	万吨/年	100	100				
方坯连铸机	台	1	1	万吨/年	50	50				
一炼方坯连铸机	台	1	1	万吨/年	50	50	2001 年	2002 年		瑞士 CONCAST
一炼方坯连铸机	台	1	1	万吨/年	103	103	2018 年	2018 年		中冶连铸
圆坯连铸机	台	1	1	万吨/年	50	50	2011 年	2011 年		中冶京诚
钢压延加工设备										
初轧开坯设备										
初轧机	套	1	1	万吨/年	40	40				
轧钢 825 轧机	套	1	1	万吨/年	40	40	1957 年	1957 年	1990 年	苏联

续表 10-70

设备名称及类型	设备数量			设备能力			设备出厂时间	设备投产时间	设备末次更新改造时间	设备制造国家、公司
	计量单位	安装数量	其中：使用数量	计量单位	安装设备能力	其中：使用设备能力				
均热炉	坑	18	11	万吨/年	45	25				
轧钢均热炉	坑	18	11	万吨/年	45	25	1983 年、1988 年、1993 年	1983 年、1988 年、1993 年	1998—2002 年	自制
钢坯连轧机	套	2	2	万吨/年	71.5	71.5				
轧钢棒材连轧机	套	1	1	万吨/年	47.5	47.5	2001 年	2002 年		意大利
轧钢厂连轧机	套	1	1	万吨/年	24	24			2011 年	中冶赛迪重工，陕西压延设备厂
钢管轧机										
热轧无缝钢管轧机（机组）	台	1		万吨/年	10					
ϕ140 无缝管轧机	台	1		万吨/年	10		1996 年	1996 年		中国一重
特种轧机										
冷拉钢材轧机	台	7	3	万吨/年	3.6	0.95				
轧钢厂冷拔机	台	7	3	万吨/年	3.6	0.95				
轧钢厂 50 吨冷拔机	台	1	1	万吨/年	1.10	0.3	1956 年	1956 年	1993 年	苏联
轧钢厂 20 吨冷拔机	台	1	1	万吨/年	0.4	0.35	1982 年	1982 年		自制
轧钢厂 20 吨冷拔机	台	4		万吨/年	1.6		1990 年	1990 年		自制
轧钢厂 15 吨冷拔机	台	1	1	万吨/年	0.5	0.3	1956 年	1956 年	2004 年	苏联
其他压延设备										
水压机	台	4	3	万吨/年	13.5	10.5				
锻造水压机	台	2	1	万吨/年	6	3	411　1957 年；412　2007 年	411　1957 年；412　2007 年		411 苏联；412 自制

续表 10-70

设备名称及类型	设备数量			设备能力			设备出厂时间	设备投产时间	设备末次更新改造时间	设备制造国家、公司
	计量单位	安装数量	其中：使用数量	计量单位	安装设备能力	其中：使用设备能力				
锻造 411 水压机	台	1	1	万吨/年	3	3	1957 年	1957 年		苏联
锻造 412 水压机	台	1		万吨/年	3		2007 年	2007 年		自制
16 兆牛精锻机	台	1	1	万吨/年	4.5	4.5	2013 年	2013 年		奥地利 GFM 公司
3000 吨快锻机	台	1	1	万吨/年	3	3	1993 年	1993 年		德国
特殊钢线材厂（三段步进式双蓄热加热炉）	座	2	2	万吨/年	100	100	2019 年	2019 年		上海嘉德环境能源科技有限公司
7860 短应力轧机列	套	2	2	万吨/年	50	50	2020 年	2020 年		广东恒华投资有限公司
6850 短应力轧机列	套	2	2	万吨/年	50	50	2021 年	2021 年		山西太矿煤机
4532 短应力轧机列	套	2	2	万吨/年	50	50	2022 年	2022 年		山西太矿煤机
4532 短应力轧机列	套	2	2	万吨/年	50	50	2023 年	2023 年		山西太矿煤机
280 悬臂轧机列	套	1	1	万吨/年	50	50	2024 年	2024 年		SMS 西马克公司
10 架顶交 45°精轧机组	套	1	1	万吨/年	50	50				SMS 西马克公司
2 架顶交 45°预精轧机组	套	1	1	万吨/年	50	50				美国摩根公司
8 架顶交 45°精轧机组	套	1	1	万吨/年	50	50				美国摩根公司
2 架顶交 45°减径轧机组	套	1	1	万吨/年	50	50				美国摩根公司
2 架顶交 45°定径轧机组	套	1	1	万吨/年	50	50				美国摩根公司
钢加工辅助设备										
钢材热处理设备	套	1	1	万吨/年	14	14				
轧钢冷拔退火炉	套	1	1	万吨/年	14	14	1956—2008 年	1956—2008 年		苏联、自制

（9）大冶特钢有限公司专业产品主要生产设备见表10-71。

表10-71 大冶特钢有限公司专业产品主要生产设备

设备名称及类型	设备数量			设备能力			设备出厂时间	设备投产时间	设备末次更新改造时间	设备制造国家、公司
	计量单位	安装数量	其中：使用数量	计量单位	安装设备能力	其中：使用设备能力				
一、机械化焦炉	座			万吨/年	150	150				
新焦化1号焦炉	座	1	1	万吨/年	75	75	2021年1月	2022年5月	2023年12月	中国一冶
新焦化2号焦炉	座	1	1	万吨/年	75	75	2021年1月	2022年6月	2023年12月	中国一冶
煤气净化处理系统	套	10	10	立方米/时	264500	264500				
新焦化煤气鼓风风机	套	2	2	立方米/时	90000	90000	2021年9月	2022年5月	2023年12月	西安陕鼓通风设备有限公司
新焦化横管初冷器	套	3	3	立方米/时	32500	32500	2022年4月	2022年5月	2023年12月	山东博宇锅炉有限公司
新焦化电捕焦油器	套	2	2	立方米/时	52000	52000	2021年6月	2022年5月	2023年12月	湖北开泽环保科技有限公司
新焦化脱硫塔	套	3	3	立方米/时	90000	90000	2022年4月	2022年5月	2023年12月	中华二建
氨回收设备	套	2	2	吨/年	19500	19500				
新焦化硫铵饱和器	套	2	2	吨/年	19500	19500	2022年4月	2022年5月	2023年12月	湖北圣迪
苯回收设备	套	4	4	吨/年	54900	54900				
新焦化终冷塔	套	2	2	吨/年	18300	18300	2022年4月	2022年5月	2023年12月	山东博宇
新焦化洗苯塔	套	1	1	吨/年	18300	18300	2022年4月	2022年5月	2023年12月	江西裕仁信
新焦化脱苯塔	套	1	1	吨/年	18300	18300	2022年4月	2022年5月	2023年12月	江西裕仁信
焦油加工设备	套	5	5	吨/年	116768	116768				
新焦化焦油离心机	套	2	2	吨/年	17408	17408	2022年3月	2022年5月	2023年12月	苏州优耐特
新焦化硫铵离心机	套	2	2	吨/年	47520	47520	2021年10月	2022年5月	2023年12月	湘潭离心机
新焦化流化床	套	1	1	吨/年	51840	51840	2021年12月	2022年5月	2023年12月	靖江市江和干燥机械
二、人造块矿设备	台			万吨/年	610	610				
烧结机										

续表 10-71

设备名称及类型	设备数量			设备能力			设备出厂时间	设备投产时间	设备末次更新改造时间	设备制造国家、公司
	计量单位	安装数量	其中：使用数量	计量单位	安装设备能力	其中：使用设备能力				
铁矿烧结机	台	2	2	万吨/年	610	610				
265 平方米带式烧结机	台	1	1	万吨/年	350	350	2010 年 2 月	2011 年 5 月 4 日	2023 年 12 月	辽宁省鞍山重型机械厂
220 平方米带式烧结机	台	1	1	万吨/年	260	260	2019 年 8 月	2020 年 8 月 10 日	2022 年 5 月	五冶集团上海有限公司
三、炼铁及铸铁设备				万吨/年	375	375				
高炉	座	2	2	万吨/年	375	375				
1 号 1780 立方米高炉	座	1	1	万吨/年	206	206	2010 年 4 月	2011 年 8 月 16 日	2023 年 12 月	中国十七冶
2 号 1780 立方米高炉	座	1	1	万吨/年	169	169	2019 年 4 月	2020 年 4 月 25 日	2023 年 8 月	五冶集团上海有限公司
铸铁机	台	3	3	万吨/年	195	175				
1 号铸铁机	台	1	1	万吨/年	70	60	2001 年 1 月	2002 年 1 月	2023 年 8 月	江阴冶金有限公司
2 号铸铁机	台	1	1	万吨/年	70	60	2004 年 1 月	2005 年 7 月	2023 年 8 月	江阴冶金有限公司
3 号铸铁机	台	1	1	万吨/年	55	55	2010 年 1 月	2011 年 1 月	2023 年 8 月	江阴冶金有限公司
四、炼钢设备				万吨/年	426	426				
转炉										
顶吹转炉	座	2	2	万吨/年	270	270				
转炉厂 1 号转炉	座	1	1	万吨/年	135	135	2011 年 8 月	2012 年 5 月 16 日	2023 年 7 月	太原重工股份有限公司及大连华锐股份有限公司
转炉厂 2 号转炉	座	1	1	万吨/年	135	135	2010 年 4 月	2011 年 5 月 16 日	2023 年 12 月	
电炉	座	3	3	万吨/年	156	156				
交流电弧炉	座	2	2	万吨/年	96	96				
电炉厂 6 号电炉 EBT	座	1	1	万吨/年	36	36	2023 年 1 月	2023 年 6 月		长春市兴海电炉有限责任公司
电炉厂 7 号电炉 AC EAF	座	1	1	万吨/年	60	60	1984 年 1 月	1985 年 5 月	2023 年 10 月	西安电炉研究所

续表 10-71

设备名称及类型	设备数量			设备能力			设备出厂时间	设备投产时间	设备末次更新改造时间	设备制造国家、公司
	计量单位	安装数量	其中：使用数量	计量单位	安装设备能力	其中：使用设备能力				
直流电弧炉	座	1	1	万吨/年	60	60				
电炉厂8号电炉 DC EAF	座	1	1	万吨/年	60	60	1998年2月	1999年6月	2023年11月	瑞典 ABB 制造公司
真空感应炉	座	5	5	万吨/年	1.04	1.04				
56号真空感应炉	座	1	1	万吨/年	0.25	0.25	2009年8月	2010年11月	2023年10月	美国 CONSARC 公司
57号真空感应炉	座	1	1	万吨/年	0.25	0.25	2019年5月	2020年5月	2023年11月	美国 CONSARC
58号真空感应炉	座	1	1	万吨/年	0.04	0.04	2020年5月	2021年5月	2023年12月	苏州振吴电炉厂
59号真空感应炉	座	1	1	万吨/年	0.25	0.25	2022年1月	2022年10月	2023年12月	美国 CONSAR
60号真空感应炉	座	1	1	万吨/年	0.25	0.25	2022年1月	2022年6月	2023年12月	美国 CONSAR
合金熔炼炉		1	1	万吨/年	40	40				
电炉厂真空感应合金熔炼炉	座	1	1	万吨/年	40	40	2023年6月	2023年6月		西安海德电炉设备有限公司
真空自耗炉	座	8	8	万吨/年	1.375	1.375				
41号真空自耗炉	座	1	1	万吨/年	0.15	0.15	2010年	2010年12月	2023年10月	奥地利 INtECO
42号真空自耗炉	座	1	1	万吨/年	0.25	0.25	2020年1月	2020年5月	2023年9月	美国 CONSARC
43号真空自耗炉	座	1	1	万吨/年	0.25	0.25	2021年	2021年5月	2023年10月	美国 CONSARC
44号真空自耗炉	座	1	1	万吨/年	0.15	0.15	2021年	2021年5月	2023年12月	美国 CONSARC
45号真空自耗炉	座	1	1	万吨/年	0.125	0.125	2022年1月	2022年10月	2023年12月	德国 ALD
46号真空自耗炉	座	1	1	万吨/年	0.125	0.125	2022年1月	2022年11月	2023年12月	德国 ALD
47号真空自耗炉	座	1	1	万吨/年	0.125	0.125	2022年1月	2022年12月	2023年12月	德国 ALD
48号真空自耗炉	座	1	1	万吨/年	0.2	0.2	2023年1月	2023年2月		奥地利 INTECO
电渣重熔炉	座	37	37	万吨/年	12.5768	12.5768				

续表 10-71

设备名称及类型	设备数量			设备能力			设备出厂时间	设备投产时间	设备末次更新改造时间	设备制造国家、公司
	计量单位	安装数量	其中：使用数量	计量单位	安装设备能力	其中：使用设备能力				
11 号、14 号、19 号电渣炉	座	3	3	万吨/年	1	1	1968 年/1964 年/1991 年		2023 年 7 月	自制设备
12 号、13 号、15 号、16 号、17 号、20 号、21 号电渣炉	座	7	7	万吨/年	2	2	1988 年/1988 年/1971 年/1971 年/1971 年/2004 年/2004 年		2023 年 7 月	自制设备
18 号、22 号电渣炉	座	2	2	万吨/年	0.72	0.72	1967 年/2005 年		2023 年 8 月	自制设备
23 号气体保护电渣炉	座	1	1	万吨/年	0.60	0.60	2008 年 1 月	2008 年 5 月	2023 年 8 月	奥地利 INTECO 公司、沈阳中大乌冶金技术工程有限公司
24 号、25 号电渣炉	座	2	2	万吨/年	1.19	1.19	2008 年 12 月	2009 年 12 月	2023 年 9 月	西安广大电炉厂
26 号、27 号、28 号、29 号气体保护电渣炉	座	4	4	万吨/年	2.39	2.39	2011 年 7 月	2011 年 7 月	2023 年 11 月	美国 CONSARC
32 号、34 号、35 号、38 号、39 号、73 号、74 号气体保护电渣炉	座	7	7	万吨/年	1.20	1.20	2018 年/2020 年/2020 年/2021 年/2021 年/2022 年/2022 年		2023 年 10 月	辽宁辽重公司
10 号、31 号、36 号、37 号气体保护电渣炉	座	4	4	万吨/年	0.4	0.4	2017 年/2019 年/2020 年/2020 年		2023 年 11 月	奥地利 INTECO 公司
30 号气体保护电渣炉	座	1	1	万吨/年	0.3	0.3	2018 年 5 月	2018 年 12 月	2023 年 12 月	美国 CONSARC
33 号气体保护电渣炉	座	1	1	万吨/年	1.96	1.96	2021 年 2 月	2021 年 2 月	2023 年 11 月	辽宁重型机械厂（苏州振吴电炉厂 32 号电渣炉）

续表 10-71

设备名称及类型	设备数量			设备能力			设备出厂时间	设备投产时间	设备末次更新改造时间	设备制造国家、公司
	计量单位	安装数量	其中：使用数量	计量单位	安装设备能力	其中：使用设备能力				
72 号气体保护电渣炉	座	1	1	万吨/年	0.3	0.3	2022 年 12 月	2022 年 12 月	2023 年 12 月	奥地利 INtECO
70 号气体保护电渣炉	座	1	1	万吨/年	0.36	0.36	2021 年 12 月	2021 年 12 月	2023 年 11 月	潍坊亚东
71 号气体保护电渣炉	座	1	1	万吨/年	0.15	0.15	2022 年 11 月	2022 年 11 月	2023 年 11 月	奥地利 INtECO
75 号、76 号电渣炉（恒熔速炉）	座	2	2	万吨/年	0.3	0.3	2022 年 9 月	2022 年 9 月	2023 年 12 月	东北大学
二次冶金设备	座			万吨/年	902	902				
钢包炉	座	9	9	万吨/年	470	470				
电炉厂 1 号 LF 炉	座	1	1	万吨/年	40	40	1984 年 1 月	1985 年 11 月	2023 年 10 月	西安电炉研究所
电炉厂 2 号 LF 炉	座	1	1	万吨/年	40	40	1993 年 2 月	1994 年 12 月	2023 年 11 月	达涅利 DANIELI 公司
电炉厂 3 号 LF 炉	座	1	1	万吨/年	40	40	2006 年 2 月	2007 年 5 月	2023 年 11 月	鞍山热能院
电炉厂 4 号 LF 炉	座	1	1	万吨/年	40	40	2023 年 1 月	2023 年 6 月		长春市兴海电炉有限责任公司
电炉厂 5 号 LF 炉	座	1	1	万吨/年	40	40	2023 年 1 月	2023 年 6 月		长春市兴海电炉有限责任公司
转炉厂双工位 1 号 LF 炉	座	1	1	万吨/年	68	68	2010 年 4 月	2011 年 5 月 16 日	2023 年 12 月	中钢集团鞍山热能研究院有限公司
转炉厂双工位 2 号 LF 炉	座	1	1	万吨/年	67	67	2010 年 4 月	2011 年 5 月 16 日	2023 年 12 月	中钢集团鞍山热能研究院有限公司
转炉厂双工位 3 号 LF 炉	座	1	1	万吨/年	68	68	2017 年 5 月	2018 年 11 月 30 日	2023 年 12 月	中钢集团鞍山热能研究院有限公司
转炉厂双工位 4 号 LF 炉	座	1	1	万吨/年	67	67	2012 年 8 月	2013 年 8 月 20 日	2023 年 12 月	中钢集团鞍山热能研究院有限公司
真空循环脱气装置	座	3	3	万吨/年	332	332				

续表 10-71

设备名称及类型	设备数量			设备能力			设备出厂时间	设备投产时间	设备末次更新改造时间	设备制造国家、公司
	计量单位	安装数量	其中：使用数量	计量单位	安装设备能力	其中：使用设备能力				
电炉厂 RH-80 真空脱气炉	座	1	1	万吨/年	92	92	2002 年 5 月	2003 年 8 月	2023 年 11 月	日本大同（中冶京诚）
转炉厂三车五位 1 号 RH 真空炉	座	1	1	万吨/年	120	120	2010 年 4 月	2011 年 5 月 16 日	2023 年 12 月	中冶京诚工程技术有限公司
转炉厂三车五位 2 号 RH 真空炉	座	1	1	万吨/年	120	120	2013 年 7 月	2014 年 10 月 20 日	2023 年 12 月	北京中冶设备研究设计总院有限公司
真空脱气装置	座	2	2	万吨/年	100	100				
电炉厂 VD 炉	座	1	1	万吨/年	60	60	1993 年 8 月	1994 年 12 月	2023 年 11 月	达涅利 DANIELI 公司
电炉厂 VD/VOD 炉	座	1	1	万吨/年	40	40	2023 年 6 月	2023 年 6 月		长春市兴海电炉有限责任公司
连铸机	台	6	6	万吨/年	420	420				
方坯连铸机	台	6	6	万吨/年	220	220				
电炉厂 1 号连铸机	台	1	1	万吨/年	20	20	1987 年 2 月	1988 年 10 月	2023 年 11 月	克虏伯公司
电炉厂 2 号连铸机	台	1	1	万吨/年	15	15	2000 年 2 月	2001 年 3 月	2023 年 11 月	武汉大西洋公司
电炉厂 3 号连铸机	台	1	1	万吨/年	40	40	2008 年 9 月	2009 年 2 月 18 日	2023 年 11 月	中冶京诚工程技术有限公司
转炉厂 1 号连铸机	台	1	1	万吨/年	45	45	2010 年 4 月	2011 年 5 月 16 日	2023 年 12 月	中信泰富工程技术有限公司
转炉厂 2 号连铸机	台	1	1	万吨/年	55	55	2010 年 4 月	2011 年 11 月	2023 年 12 月	中信泰富工程技术有限公司
转炉厂 3 号连铸机	台	1	1	万吨/年	45	45	2016 年 3 月	2017 年 9 月 29 日	2023 年 12 月	中冶京诚工程技术有限公司
圆坯连铸机				万吨/年	200	200				
电炉厂 1 号连铸机	台			万吨/年	25	25	1987 年 2 月	1988 年 10 月	2023 年 11 月	克虏伯公司
电炉厂 2 号连铸机	台			万吨/年	20	20	2000 年 2 月	2001 年 3 月	2023 年 11 月	武汉大西洋公司
电炉厂 3 号连铸机	台			万吨/年	20	20	2008 年 9 月	2009 年 2 月 18 日	2022 年 12 月	中冶京诚工程技术有限公司
转炉厂 1 号连铸机	台			万吨/年	45	45	2010 年 4 月	2011 年 5 月 16 日	2023 年 12 月	中信泰富工程技术有限公司

续表 10-71

设备名称及类型	设备数量			设备能力			设备出厂时间	设备投产时间	设备末次更新改造时间	设备制造国家、公司
	计量单位	安装数量	其中：使用数量	计量单位	安装设备能力	其中：使用设备能力				
转炉厂2号连铸机	台			万吨/年	45	45	2010年4月	2011年11月	2023年12月	中信泰富工程技术有限公司
转炉厂3号连铸机	台			万吨/年	45	45	2016年3月	2017年9月29日	2023年12月	中冶京诚工程技术有限公司
炼钢辅助设备										
制氧机	台	3	2	万立方米/年	43800	35040				
新20000制氧机	台	1	1	万立方米/年	17520	17520	2019年1月	2020年9月26日	2023年12月	杭氧集团透平机械有限公司
20000制氧机	台	1	1	万立方米/年	17520	17520	2010年5月	2011年8月8日	2023年11月	杭州制氧厂
10000制氧机	台	1	0	万立方米/年	8760		2003年11月	2003年11月28日	2020年9月已停用	杭州杭氧集团
五、钢加工设备				万吨/年	358	358.2				
钢压延加工设备										
初轧开坯设备										
初轧机	套	1	1	万吨/年	85	85				
大棒1350轧机	套	1	1	万吨/年	85	85	2021年1月	2021年10月	2023年12月	中冶赛迪
均热炉	坑	14	14	万吨/年	90	90				
大棒厂1~10号均热炉	坑	10	10	万吨/年	50	50	1958年/1958年/1958年/1958年/1970年/1970年/1970年/1970年/1970年/1970年		2023年12月	黑色冶金设计院

续表 10-71

设备名称及类型	设备数量			设备能力			设备出厂时间	设备投产时间	设备末次更新改造时间	设备制造国家、公司
	计量单位	安装数量	其中：使用数量	计量单位	安装设备能力	其中：使用设备能力				
大棒厂 13~14 号均热炉	坑	2	2	万吨/年	20	20	2018 年 9 月	2018 年 9 月	2023 年 12 月	邢台轧辊铸诚
大棒厂 11~12 号均热炉	坑	2	2	万吨/年	20	20	2022 年 9 月	2022 年 9 月	2023 年 12 月	中国联合工程有限公司
附：钢坯连轧机	套	5	5	万吨/年	248	248				
大棒 750 轧机	套	1	1	万吨/年	50	50	2004 年 1 月	2005 年 10 月	2023 年 12 月	苏州冶金机械厂
新中棒线轧机	套	1	1	万吨/年	90	90	2014 年 1 月	2015 年 8 月	2023 年 4 月	POMINI 及苏州冶金公司
中棒 500 半连轧机	套	1	1	万吨/年	18	18	2001 年 2 月	2002 年 9 月	2023 年 8 月	常熟达涅利冶金设备有限公司
小棒 650 连轧机	套	1	1	万吨/年	40	40	1997 年/2002 年/2003 年	1997 年/2002 年/2003 年	2023 年 12 月	中冶京诚
新扁棒线轧机	套	1	1	万吨/年	50	50	2020 年 2 月	2021 年 2 月	2023 年 6 月	常熟达涅利冶金设备有限公司
钢管轧机										
热轧无缝钢管轧机（机组）	台	4	4	万吨/年	84	84				
170 钢管厂 170 机组	台	1	1	万吨/年	25	25	1990 年 1 月	1992 年 2 月	2023 年 11 月	
锥形穿孔机	台	1	1						2023 年 11 月	德国 MEER
Assel 轧管机	台	1	1						2023 年 11 月	太原重工
两辊减径机	台	1	1						2023 年 11 月	太原重工
170 钢管厂 108 机组	台	1	1	万吨/年	6	6	1985 年 1 月	1987 年 4 月	2023 年 8 月	
桶形穿孔机	台	1	1						2023 年 8 月	昆明重型机器厂
Assel 轧管机	台	1	1						2023 年 8 月	德国曼内斯曼
三辊减径机	台	1	1						2023 年 8 月	重庆中冶塞迪有限公司设计，天津第一机床厂、安徽巢湖机器厂制造

续表 10-71

设备名称及类型	设备数量			设备能力			设备出厂时间	设备投产时间	设备末次更新改造时间	设备制造国家、公司
	计量单位	安装数量	其中：使用数量	计量单位	安装设备能力	其中：使用设备能力				
460 钢管厂 460 机组	台	1	1	万吨/年	30	30	2007 年 1 月	2009 年 3 月	2023 年 12 月	
锥形穿孔机	台	1	1						2023 年 12 月	德国 MEER
Assel 轧管机	台	1	1						2023 年 12 月	德国 MEER
二辊式微张力减径机	台	1	1						2023 年 12 月	太原通泽公司
219 钢管厂 219 机组	台	1	1	万吨/年	22	22	2007 年 1 月	2009 年 12 月	2023 年 7 月	
立式锥形穿孔机	台	1	1						2023 年 7 月	太原重工股份有限公司
顶管机	台	1	1						2023 年 7 月	太原重工股份有限公司
三辊减径机	台	1	1						2023 年 7 月	安徽巢湖机器厂制造
旋压钢管机										
旋压钢管机	台	1	1	万吨/年	1	1	1966 年 2 月	1968 年 1 月	2023 年 10 月	自制
冷拉钢材轧机										
拉拔机	台	1	1	万吨/年	1. 2	1. 2	2019 年 8 月	2020 年 8 月	2023 年 12 月	江阴圆方
其他压延设备										
锻锤	台	6	6	台	16. 2	16. 2				
8 兆牛快锻（开坯）	台	1	1	万吨/年	0. 96	0. 96	1992 年 10 月	1994 年 11 月	2023 年 11 月	兰石重工
30 兆牛快锻（开坯）	台	1	1	万吨/年	0. 42	0. 42	2006 年 11 月	2007 年 6 月	2023 年 10 月	德国杜伊斯堡
16 兆牛精锻机	台	1	1	万吨/年	5. 4	5. 4	2010 年 2 月	2011 年 12 月	2023 年 10 月	德国 MEER
20 兆牛快锻	台	1	1	万吨/年	2. 52	2. 52	2009 年 10 月	2010 年 9 月	2023 年 10 月	兰石重工
45 兆牛快锻	台	1	1	万吨/年	4. 68	4. 68	2010 年 2 月	2011 年 5 月	2023 年 11 月	兰石重工
60 兆牛快锻	台	1	1	万吨/年	3. 6	3. 6	2019 年 2 月	2020 年 11 月	2023 年 12 月	德国 SMS
钢加工辅助设备										

续表 10-71

设备名称及类型	设备数量			设备能力			设备出厂时间	设备投产时间	设备末次更新改造时间	设备制造国家、公司
	计量单位	安装数量	其中：使用数量	计量单位	安装设备能力	其中：使用设备能力				
钢材热处理设备	套	52	52	万吨/年	10	10				
3 号辊底式连续退火炉	套	1	1	万吨/年	1.8	1.8	2008 年 2 月	2010 年 9 月	2023 年 11 月	浙江金舟
4 号辊底式连续退火炉	套	1	1	万吨/年	1.8	1.8	2008 年 3 月	2010 年 8 月	2023 年 11 月	浙江金舟
20 吨保护气氛退火炉	套	1	1	万吨/年	6.4	6.4	2016 年 12 月	2017 年 1 月	2023 年 12 月	浙江金舟
100 吨抽屉式台车炉	套	2	2	万吨/年	2	2	2011 年 1 月	2011 年 6 月	2023 年 12 月	邢台轧辊铸诚工程技术有限公司
1 号银亮线剥皮机	套	1	1	万吨/年	1.2	1.2	2005 年 2 月	2006 年 1 月	2023 年 9 月	美国汉川
2 号银亮线剥皮机	套	1	1	万吨/年	1.2	1.2	2003 年 2 月	2004 年 1 月	2023 年 10 月	美国汉川
3 号银亮线剥皮机	套	1	1	万吨/年	1.2	1.2	2017 年 2 月	2018 年 5 月	2023 年 11 月	美国汉川
银亮线 1 号精矫抛光机	套	1	1	万吨/年	1.2	1.2	2005 年 1 月	2006 年 3 月	2023 年 11 月	美国汉川
银亮线 2 号精矫抛光机	套	1	1	万吨/年	1.2	1.2	2004 年 1 月	2004 年 4 月	2023 年 10 月	美国汉川
银亮线 3 号精矫抛光机	套	1	1	万吨/年	1.2	1.2	2018 年 1 月	2018 年 5 月	2023 年 10 月	美国汉川
银亮磨光线	套	7	7	万吨/年	1.2	1.2	2007 年 1 月	2008 年 4 月	2023 年 8 月	无锡南元机床厂
1 号、2 号、3 号热处理砂带磨	套	3	3	万吨/年	3.6	3.6	2004 年/2006 年/2018 年	2004 年/2006 年/2018 年	2023 年 12 月	美国汉川
调质大线	套	1	1	万吨/年	2.2	2.2	2011 年 1 月	2012 年 5 月	2023 年 10 月	西安博大
调质小线	套	1	1	万吨/年	1	1	2011 年 1 月	2012 年 6 月	2023 年 10 月	西安博大
3 号调质线	套	1	1	万吨/年	0.5	0.5	2021 年 1 月			西安博大
超声自动探伤机	套	2	2	万吨/年	3	3	2012 年 1 月	2013 年 6 月	2023 年 10 月	钢研纳克
涡流超声自动探伤线	套	1	1	万吨/年	2	2	2015 年 1 月	2016 年 8 月	2023 年 9 月	钢研纳克
热处理机组倒棱机	套	1	1	万吨/年	1.8	1.8	2007 年 1 月		2023 年 12 月	江阴东辰

续表 10-71

设备名称及类型	设备数量			设备能力			设备出厂时间	设备投产时间	设备末次更新改造时间	设备制造国家、公司
	计量单位	安装数量	其中：使用数量	计量单位	安装设备能力	其中：使用设备能力				
二辊、九辊、十一辊矫直机	套	5	5	万吨/年	4	4	1987年/2013年	1987年/2013年	2023年11月	西重所
钢管热处理设备1号辊底式退火炉	套	1	1	万吨/年	4.5	4.5	1992年1月	1992年8月	2023年9月	杨冶
钢管热处理设备2号辊底式退火炉	套	1	1	万吨/年	4.5	4.5	1992年1月	1992年7月	2023年11月	杨冶
钢管热处理设备3号辊底式退火炉	套	1	1	万吨/年	5	5	2012年1月	2012年10月	2023年11月	天津洛伊
钢管热处理设备170淬火炉（步进梁式）	套	1	1	万吨/年	7	7	2008年1月	2008年5月	2023年9月	上海嘉德
钢管热处理设备325淬火炉（步进式）	套	1	1	万吨/年	5	5	2011年10月		2023年10月	天津洛伊
钢管热处理设备460淬火炉（步进式）	套	1	1	万吨/年	8	8	2011年1月		2023年11月	武汉威仕
钢管热处理设备170淬火机	套	1	1	万吨/年	7	7	2008年1月	2008年8月	2023年9月	西重所
钢管热处理设备325淬火机	套	1	1	万吨/年	5	5	2011年10月	2012年6月	2023年10月	中冶京诚
钢管热处理设备460淬火机	套	1	1	万吨/年	8	8	2011年1月	2011年8月	2023年11月	中冶京诚
钢管热处理设备325步进式回火炉	套	1	1	万吨/年	5	5	2011年1月	2012年10月	2023年12月	天津洛伊
钢管热处理设备460步进式回火炉	套	1	1	万吨/年	5	5	2015年1月	2016年7月	2023年10月	北京凤凰

续表 10-71

设备名称及类型	设备数量			设备能力			设备出厂时间	设备投产时间	设备末次更新改造时间	设备制造国家、公司
	计量单位	安装数量	其中：使用数量	计量单位	安装设备能力	其中：使用设备能力				
钢管热处理设备 508 正火炉	套	1	1	万吨/年	7.2	7.2	2017 年 1 月	2018 年 8 月	2023 年 10 月	北京凤凰
钢管热处理设备燃气台车炉	套	1	1	万吨/年	2	2	2010 年 1 月	2011 年 5 月	2023 年 10 月	黄冈市华窑中洲窑炉有限公司
钢管热处理设备电阻台车炉	套	1	1	万吨/年	1.5	1.5	2010 年 1 月	2011 年 5 月	2023 年 11 月	丹阳市江南工业炉有限公司
钢管热处理设备 508 水雾机	套	1	1	万吨/年	7.2	7.2	2018 年 1 月		2023 年 12 月	黄石市扬子机械有限公司
钢管热处理设备 170 自动硬度机	套	1	1	万吨/年	10	10	2020 年 1 月		2023 年 12 月	上海美诺福科技股份有限公司
钢管热处理设备 1 号、2 号、3 号矫直机	套	3	3	万吨/年	24	24	2009 年/2012 年/2021 年	2009 年/2012 年/2021 年	2023 年 12 月	太重、中信重工、浩中机械有限公司

（10）江阴兴澄特种钢铁有限公司专业产品主要生产设备见表 10-72。

表 10-72 江阴兴澄特种钢铁有限公司专业产品主要生产设备

设备名称及类型	设备数量			设备能力			设备出厂时间	设备投产时间	设备末次更新改造时间	设备制造国家、公司
	计量单位	安装数量	其中：使用数量	计量单位	安装设备能力	其中：使用设备能力				
一、人造块矿设备										
烧结机										
铁矿烧结机	台	2	2	万吨/年	751	751				
大烧结	台	1	1	万吨/年	340	340	2008 年 7 月	2009 年 9 月		中国鞍钢总厂
1 号烧结机	台	1	1	万吨/年	411	411	2018 年 12 月	2019 年 4 月		中国鞍钢重型机械有限责任公司

续表 10-72

设备名称及类型	设备数量			设备能力			设备出厂时间	设备投产时间	设备末次更新改造时间	设备制造国家、公司
	计量单位	安装数量	其中：使用数量	计量单位	安装设备能力	其中：使用设备能力				
二、炼铁及铸铁设备										
（一）高炉	座	3	3	万吨/年	560	560				
1号高炉	座	1	1	万吨/年	128	128	2002年9月	2002年9月	2015年12月	中国冶金设备总公司
2号高炉	座	1	1	万吨/年	142	142	2019年10月	2020年4月		中国中鼎锐拓
3号高炉	座	1	1	万吨/年	290	290	2008年7月	2009年9月		中国马钢修建
（二）铸铁机	台	2	2	万吨/年	70	70				
1号、2号铸铁机	台	2	2	万吨/年	70	70	2004年5月	2004年5月	2009年11月	山观冶金机械厂
三、炼钢设备										
（一）炼钢设备										
铁水预处理设备	座	4	4	万吨/年	428	428				
1号铁水预处理设备	座	1	1	万吨/年	70	70	2005年3月	2005年9月	2005年9月	日本钻石公司
2号铁水预处理设备	座	1	1	万吨/年	70	70	2008年3月	2008年11月	2008年11月	中钢公司
特板炼钢1号KR	座	1	1	万吨/年	144	144	2009年1月	2009年7月		国钢设备公司
特板炼钢2号KR	座	1	1	万吨/年	144	144	2009年2月	2009年8月		国钢设备公司
转炉										
顶底复合吹转炉	座	4	4	万吨/年	488	488				
二炼转炉	座	1	1	万吨/年	100	100	2005年3月	2005年9月	2005年9月	中冶京诚工程技术有限公司
二炼转炉	座	1	1	万吨/年	100	100	2008年7月	2009年2月	2009年2月	中冶京诚工程技术有限公司
特板炼钢1号转炉	座	1	1	万吨/年	144	144	2009年1月	2009年7月		中冶京诚工程技术有限公司
特板炼钢2号转炉	座	1	1	万吨/年	144	144	2009年2月	2009年8月		中冶京诚工程技术有限公司
电炉										

续表 10-72

设备名称及类型	设备数量			设备能力			设备出厂时间	设备投产时间	设备末次更新改造时间	设备制造国家、公司
	计量单位	安装数量	其中：使用数量	计量单位	安装设备能力	其中：使用设备能力				
直流电弧炉	座	3	3	万吨/年	160	160				
一炼单壳电炉	座	1	1	万吨/年	100	100	1996 年 6 月	1997 年 11 月		德国德马球格
三炼双壳 1 号电炉	座	1	1	万吨/年	30	30	1986 年 5 月	1987 年 10 月	2003 年 11 月	长春电炉厂
三炼双壳 3 号电炉	座	1	1	万吨/年	30	30	1992 年 3 月	1993 年 11 月	1996 年 6 月	长春电炉厂
二次冶金设备										
钢包炉	座	10	10	万吨/年	878	878				
一炼 1 号 LF 炉	座	1	1	万吨/年	100	100	1996 年 6 月	1997 年 11 月		德国德马格
一炼 2 号 LF 炉	座	1	1	万吨/年	100	100	2005 年 6 月	2005 年 9 月		二重德阳
二炼 1 号 LF 炉	座	1	1	万吨/年	100	100	2005 年 3 月	2005 年 9 月		中国二重
二炼 2 号 LF 炉	座	1	1	万吨/年	100	100	2006 年 9 月	2007 年 3 月		中国二重
三炼 1 号 LF 炉	座	1	1	万吨/年	30	30	1996 年 4 月	2003 年 6 月		东雄重型电炉公司
特板炼钢 1 号 LF 炉	座	1	1	万吨/年	144	144	2009 年 1 月	2009 年 7 月		长春市兴海电炉有限公司
特板炼钢 2 号 LF 炉	座	1	1	万吨/年	144	144	2009 年 2 月	2009 年 8 月		长春市兴海电炉有限公司
三炼 3 号 LF 炉	座	1	1	万吨/年	30	30	2002 年 12 月	2007 年 9 月		西安华兴
二炼 3 号 F 炉	座	1	1	万吨/年	100	100	2010 年 1 月	2010 年 4 月		中国二重
三炼 2 号 LF 炉	座	1	1	万吨/年	30	30		1993 年 5 月	2005 年 10 月	中国无锡四方
真空循环脱气装置	座	4	4	万吨/年	468	468				
二炼 1 号 RH 炉	座	1	1	万吨/年	90	90	2005 年 5 月	2006 年 5 月	2006 年 5 月	德国 SMS
特板炼钢 1 号 RH 炉	座	1	1	万吨/年	144	144	2009 年 1 月	2009 年 7 月		西门子奥钢联
特板炼钢 2 号 RH 炉	座	1	1	万吨/年	144	144	2009 年 2 月	2009 年 8 月		西门子奥钢联
二炼 2 号 RH 炉	座	1	1	万吨/年	90	90	2007 年 11 月	2008 年 4 月		中冶京诚

续表 10-72

设备名称及类型	设备数量			设备能力			设备出厂时间	设备投产时间	设备末次更新改造时间	设备制造国家、公司
	计量单位	安装数量	其中：使用数量	计量单位	安装设备能力	其中：使用设备能力				
真空脱气装置	座	3	3	万吨/年	160	160				
一炼 VD 炉	座	1	1	万吨/年	100	100	1996 年 6 月	1997 年 11 月		德国德马格
三炼 1 号 VD 炉	座	1	1	万吨/年	30	30	1999 年 9 月	1999 年 10 月		无锡四方
三炼 2 号 VD 炉	座	1	1	万吨/年	30	30	2005 年 4 月	2005 年 5 月		西安西重所
钢包吹氩装置	座	3	3	万吨/年	300	300				
一炼 1 号 LF/钢包吹氩 CLP600/602	座	1	1	万吨/年	100	100				意大利
一炼 2 号 LF/钢包吹氩 5853S	座	1	1	万吨/年	100	100				美国
一炼一盖两罐 VD 炊氩 10A	座	1	1	万吨/年	100	100				美国
（二）连铸机										
方坯连铸机	台	9	9	万吨/年	842	842				
一炼 RH12 连铸机	台	1	1	万吨/年	100	100	1996 年 6 月	1997 年 11 月		德国德马格
二炼 R12 连铸机	台	1	1	万吨/年	100	100	2004 年 5 月	2005 年 6 月		武汉 461 厂
二炼的 16.5 连铸机	台	1	1	万吨/年	100	100	2006 年 5 月	2007 年 3 月		瑞士康卡斯特
二炼 R17 连铸机	台	1	1	万吨/年	50	50	2009 年 2 月	2009 年 5 月	2011 年 11 月	中冶京诚
三炼 1 号 R8 连铸机	台	1	1	万吨/年	35	35	2003 年 3 月	2004 年 3 月		武汉船工用机械厂
三炼 3 号 R8 连铸机	台	1	1	万吨/年	35	35	1994 年 5 月	1994 年 9 月		沪东造船厂
特板炼钢 R11 连铸机	台	1	1	万吨/年	153	153	2008 年 2 月	2008 年 5 月		中京工程技术有限公司
特板炼钢 R6.5 连铸机	台	1	1	万吨/年	149	149	2008 年 2 月	2008 年 5 月		达涅利公司
特板炼钢 R12 连铸机	台	1	1	万吨/年	120	120	2013 年 2 月	2013 年 4 月		中京工程技术有限公司
（三）炼钢辅助设备										
制氧机	台	4	4	万立方米/年	62160	62160				

续表 10-72

设备名称及类型	设备数量			设备能力			设备出厂时间	设备投产时间	设备末次更新改造时间	设备制造国家、公司
	计量单位	安装数量	其中：使用数量	计量单位	安装设备能力	其中：使用设备能力				
6000 立方米/时制氧机	台	1	1	万立方米/年	5040	5040	1996 年 10 月	1997 年 7 月		哈尔滨制氧机厂
10000 立方米/时制氧机	台	1	1	万立方米/年	8400	8400	2001 年 8 月	2002 年 5 月		四川空分设备有限公司
20000 立方米/时制氧机	台	1	1	万立方米/年	16800	16800	2004 年 5 月	2005 年 6 月		四川空分设备有限公司
38000 立方米/时制氧机	台	1	1	万立方米/年	31920	31920	2008 年 10 月	2009 年 12 月		四川空分设备有限公司
四、钢加工设备										
钢压延加工设备										
大型型钢轧机	套	2	2	万吨/年	165	165				
一轧	套	1	1	万吨/年	85	85	1997 年 4 月	1998 年 5 月	2006 年 3 月	武汉船用机械厂、南京减速机厂
一轧粗轧							1997 年 6 月	1998 年 5 月		武汉船用机械厂、南京减速机厂
一轧粗轧							1997 年 6 月	1998 年 5 月		武汉船用机械厂、南京减速机厂
一轧中轧							1997 年 6 月	1998 年 5 月		武汉船用机械厂、南京减速机厂
一轧中轧							1997 年 6 月	1998 年 5 月		武汉船用机械厂、南京减速机厂
一轧中轧							1997 年 6 月	1998 年 5 月		武汉船用机械厂、南京减速机厂
一轧精轧							1997 年 6 月	1998 年 5 月		武汉船用机械厂、南京减速机厂
一轧精轧							1997 年 6 月	1998 年 5 月		武汉船用机械厂、南京减速机厂
一轧精轧							1997 年 6 月	1998 年 5 月		武汉船用机械厂、南京减速机厂
二轧大棒	套	1	1	万吨/年	80	80	2007 年 5 月	2007 年 10 月		成都莱克冶金机械设备有限公司
可逆粗轧机							2007 年 5 月	2007 年 10 月		成都莱克冶金机械设备有限公司
760 立轧机							2007 年 5 月	2007 年 10 月		成都莱克冶金机械设备有限公司
760 平轧机							2007 年 5 月	2007 年 10 月		成都莱克冶金机械设备有限公司

续表 10-72

设备名称及类型	设备数量			设备能力			设备出厂时间	设备投产时间	设备末次更新改造时间	设备制造国家、公司
	计量单位	安装数量	其中：使用数量	计量单位	安装设备能力	其中：使用设备能力				
670 立轧机							2007 年 5 月	2007 年 10 月		成都莱克冶金机械设备有限公司
670 平轧机							2007 年 5 月	2007 年 10 月		成都莱克冶金机械设备有限公司
小型型钢轧机	套	3	3	万吨/年	190	155				
二轧小棒	套	1	1	万吨/年	120	120	1997 年 4 月	1998 年 5 月		武汉船用机械厂、南京减速机厂
二轧粗轧							1997 年 4 月	1998 年 5 月		武汉船用机械厂、南京减速机厂
二轧粗轧							1997 年 4 月	1998 年 5 月		武汉船用机械厂、南京减速机厂
二轧粗轧							1997 年 4 月	1998 年 5 月		武汉船用机械厂、南京减速机厂
二轧精轧							1997 年 4 月	1998 年 5 月		武汉船用机械厂、南京减速机厂
二轧中轧							1997 年 4 月	1998 年 5 月		武汉船用机械厂、南京减速机厂
二轧中轧							1997 年 4 月	1998 年 5 月		武汉船用机械厂、南京减速机厂
二轧中轧							1997 年 4 月	1998 年 5 月		武汉船用机械厂、南京减速机厂
二轧预精轧							1997 年 4 月	1998 年 5 月		武汉船用机械厂、南京减速机厂
二轧预精轧							1997 年 4 月	1998 年 5 月		武汉船用机械厂、南京减速机厂
二轧预精轧							1997 年 4 月	1998 年 5 月		武汉船用机械厂、南京减速机厂
二轧精轧							1997 年 4 月	1998 年 5 月		武汉船用机械厂、南京减速机厂
二轧精轧							1997 年 4 月	1998 年 5 月		武汉船用机械厂、南京减速机厂
二轧 KOCKS 轧机							1997 年 4 月	1998 年 5 月		武汉船用机械厂、南京减速机厂
二轧 KOCKS 轧机							1997 年 4 月	1998 年 5 月		武汉船用机械厂、南京减速机厂
二轧 KOCKS 轧机							1997 年 4 月	1998 年 5 月		武汉船用机械厂、南京减速机厂
三轧一线	套	1	1	万吨/年	35	0	1985 年 5 月	1989 年 8 月	2005 年 5 月	意大利

续表 10-72

设备名称及类型	设备数量			设备能力			设备出厂时间	设备投产时间	设备末次更新改造时间	设备制造国家、公司
	计量单位	安装数量	其中：使用数量	计量单位	安装设备能力	其中：使用设备能力				
三轧一线初轧							1985 年 5 月	1989 年 8 月	2005 年 5 月	意大利
三轧一线中轧							1985 年 5 月	1989 年 8 月	2005 年 5 月	意大利
三轧一线中轧							1985 年 5 月	1989 年 8 月	2005 年 5 月	意大利
三轧一线中轧							1985 年 5 月	1989 年 8 月	2005 年 5 月	意大利
三轧一线中轧							1985 年 5 月	1989 年 8 月	2005 年 5 月	意大利
三轧一线中轧							1985 年 5 月	1989 年 8 月	2005 年 5 月	意大利
三轧一线精轧							1985 年 5 月	1989 年 8 月	2005 年 5 月	意大利
三轧一线精轧							1985 年 5 月	1989 年 8 月	2005 年 5 月	意大利
三轧二线	套	1	1	万吨/年	35	35	1994 年 5 月	1994 年 8 月	2001 年 11 月	大连重工
三轧二线粗轧							1994 年 5 月	1994 年 8 月	2001 年 11 月	大连重工
三轧二线粗轧							1994 年 5 月	1994 年 8 月	2001 年 11 月	大连重工
三轧二线中轧							1994 年 5 月	1994 年 8 月	2001 年 11 月	大连重工
三轧二线中轧							1994 年 5 月	1994 年 8 月	2001 年 11 月	大连重工
三轧二线中轧							1994 年 5 月	1994 年 8 月	2001 年 11 月	大连重工
三轧二线中轧							1994 年 5 月	1994 年 8 月	2001 年 11 月	大连重工
三轧二线精轧							1994 年 8 月	1994 年 8 月	2001 年 11 月	大连重工
三轧二线精轧							1994 年 5 月	1994 年 8 月	2001 年 11 月	大连重工
三轧二钱摩根机组							1994 年 5 月	1994 年 8 月	2001 年 11 月	大连重工
三轧二线摩根机组							1994 年 5 月	1994 年 8 月	2001 年 11 月	大连重工
线材轧机										

续表 10-72

设备名称及类型	设备数量			设备能力			设备出厂时间	设备投产时间	设备末次更新改造时间	设备制造国家、公司
	计量单位	安装数量	其中：使用数量	计量单位	安装设备能力	其中：使用设备能力				
高速线材轧机	套	2	2	万吨/年	75	75				
杨市高线	套	1	1	万吨/年	25	25	2007 年 6 月	2007 年 6 月		西安航鑫机电设备制造有限公司
粗轧 720 轧机							2007 年 6 月	2007 年 6 月		西安航鑫机电设备制造有限公司
中轧 550 轧机							2007 年 6 月	2007 年 6 月		西安航鑫机电设备制造有限公司
中轧 480 轧							2007 年 6 月	2007 年 6 月		西安航鑫机电设备制造有限公司
中轧 480 轧机							2007 年 6 月	2007 年 6 月		西安航鑫机电设备制造有限公司
中轧 450 轧机							2007 年 6 月	2007 年 6 月		西安航鑫机电设备制造有限公司
中轧 360 轧机							2007 年 6 月	2007 年 6 月		西安航鑫机电设备制造有限公司
中轧 350 轧机							2007 年 6 月	2007 年 6 月		西安航鑫机电设备制造有限公司
中轧 320 轧机							2007 年 6 月	2007 年 6 月		西安航鑫机电设备制造有限公司
精轧 350 轧机							2007 年 6 月	2007 年 6 月		西安航鑫机电设备制造有限公司
减锭径轧机							2007 年 6 月	2007 年 6 月		西安航鑫机电设备制造有限公司
合金材料	套	1	1	万吨/年	50	50	2013 年 1 月	2013 年 6 月		常熟达涅利
高线粗轧 1							2013 年 1 月	2013 年 6 月		常熟达涅利
高线粗轧 2							2013 年 1 月	2013 年 6 月		常熟达涅利
高线粗轧 3							2013 年 1 月	2013 年 6 月		常熟达涅利
高线粗轧 4							2013 年 1 月	2013 年 6 月		常熟达涅利
高线粗轧 5							2013 年 1 月	2013 年 6 月		常熟达涅利
高线粗轧 6							2013 年 1 月	2013 年 6 月		常熟达涅利
高线粗轧 7							2013 年 1 月	2013 年 6 月		常熟达涅利

续表 10-72

设备名称及类型	设备数量			设备能力			设备出厂时间	设备投产时间	设备末次更新改造时间	设备制造国家、公司
	计量单位	安装数量	其中：使用数量	计量单位	安装设备能力	其中：使用设备能力				
高线一中轧							2013 年 1 月	2013 年 6 月		常熟达涅利
高线一中轧							2013 年 1 月	2013 年 6 月		常熟达涅利
高线一中轧							2013 年 1 月	2013 年 6 月		常熟达涅利
高线一中轧							2013 年 1 月	2013 年 6 月		常熟达涅利
高线一中轧							2013 年 1 月	2013 年 6 月		常熟达涅利
高线一中轧							2013 年 1 月	2013 年 6 月		常熟达涅利
高线二中轧							2013 年 1 月	2013 年 6 月		常熟达涅利
高线二中轧							2013 年 1 月	2013 年 6 月		常熟达涅利
高线二中轧							2013 年 1 月	2013 年 6 月		常熟达涅利
高线二中轧							2013 年 1 月	2013 年 6 月		常熟达涅利
高线二中轧							2013 年 1 月	2013 年 6 月		常熟达涅利
高线二中轧							2013 年 1 月	2013 年 6 月		常熟达涅利
高线预精轧							2013 年 1 月	2013 年 6 月		常熟达涅利
高线预精轧							2013 年 1 月	2013 年 6 月		常熟达涅利
高线预精轧							2013 年 1 月	2013 年 6 月		常熟达涅利
高线预精轧							2013 年 1 月	2013 年 6 月		常熟达涅利
高线精轧机 2 机架							2013 年 1 月	2013 年 6 月		常熟达涅利
高线精轧机 10 机架							2013 年 1 月	2013 年 6 月		常熟达涅利
高线精轧机双模块 1							2013 年 1 月	2013 年 6 月		常熟达涅利
高线精轧机双模块 2							2013 年 1 月	2013 年 6 月		常熟达涅利

续表 10-72

设备名称及类型	设备数量			设备能力			设备出厂时间	设备投产时间	设备末次更新改造时间	设备制造国家、公司
	计量单位	安装数量	其中：使用数量	计量单位	安装设备能力	其中：使用设备能力				
宽厚板轧机	套	1	1	万吨/年	170	170				
宽厚板	套	1	1	万吨/年	170	170	2010年11月	2010年11月		中信重机、意大利达涅利
4300 粗轧							2010年11月	2010年11月		中信重机、意大利达涅利
4300 精轧							2010年11月	2010年11月		中信重机、意大利达涅利
中厚板轧机	套	1	1	万吨/年	120	120				
中板	套	1	1	万吨/年	120	120	2010年2月	2010年4月		中信重工机械股份有限公司
3500 四辊轧机							2010年2月	2010年4月		中信重机、意大利达涅利

（11）青岛特殊钢铁有限公司专业产品主要生产设备见表 10-73。

表 10-73　青岛特殊钢铁有限公司专业产品主要生产设备

设备名称及类型	设备数量			设备能力			设备出厂时间	设备投产时间	设备末次更新改造时间	设备制造国家、公司
	计量单位	安装数量	其中：使用数量	计量单位	安装设备能力	其中：使用设备能力				
一、人造块矿设备										
烧结机	台	3	3	万吨/年	704.8	704.8				
铁矿烧结机	台	3	3	万吨/年	704.8	704.8	2014年10月	2015年11月		马鞍山钢铁股份有限公司重型机械设备制造公司
1号烧结机	台	1	1	万吨/年	231.9	231.9	2014年10月	2015年11月		马鞍山钢铁股份有限公司重型机械设备制造公司

续表 10-73

设备名称及类型	设备数量			设备能力			设备出厂时间	设备投产时间	设备末次更新改造时间	设备制造国家、公司
	计量单位	安装数量	其中：使用数量	计量单位	安装设备能力	其中：使用设备能力				
2 号烧结机	台	1	1	万吨/年	231.9	231.9	2014 年 10 月	2015 年 11 月		马鞍山钢铁股份有限公司重型机械设备制造公司
3 号烧结机	台	1	1	万吨/年	241	241	2020 年 12 月			鞍钢重型机械有限责任公司
二、炼铁及铸铁设备										
高炉	座	3	3	万吨/年	417	417				
1 号高炉	座	1	1	万吨/年	161	161	2014 年 12 月	2015 年 11 月		中冶赛迪工程技术股份有限公司
2 号高炉	座	1	1	万吨/年	161	161	2014 年 12 月	2016 年 10 月		中冶赛迪工程技术股份有限公司
3 号高炉	座	1	1	万吨/年	95	95	2020 年 12 月			中冶京诚工程技术有限公司
三、炼钢设备										
（一）炼钢设备										
转炉	座	4	4	万吨/年	427.36	427.36				
顶底复合吹转炉	座	4	4	万吨/年	427.36	427.36				
1 号转炉	座	1	1	万吨/年	106.84	106.84	2014 年 12 月	2015 年 11 月		太原重工股份有限公司
2 号转炉	座	1	1	万吨/年	106.84	106.84	2014 年 12 月	2015 年 11 月		太原重工股份有限公司
3 号转炉	座	1	1	万吨/年	106.84	106.84	2014 年 12 月	2015 年 11 月		太原重工股份有限公司
4 号转炉	座	1	1	万吨/年	106.84	106.84				中冶京诚工程技术有限公司
（二）连铸机	台	6	6	万吨/年	615.51	615.51				
方坯连铸机	台	5	5	万吨/年	515.51	515.51				
1 号连铸机	台	1	1	万吨/年	104.17	104.17	2014 年 10 月	2015 年 11 月		中国重型机械研究所有限公司
2 号连铸机	台	1	1	万吨/年	104.17	104.17	2014 年 10 月	2015 年 11 月		中国重型机械研究院有限公司
3 号连铸机	台	1	1	万吨/年	104.17	104.17	2014 年 10 月	2015 年 11 月		中国重型机械研究院有限公司

续表 10-73

设备名称及类型	设备数量			设备能力			设备出厂时间	设备投产时间	设备末次更新改造时间	设备制造国家、公司
	计量单位	安装数量	其中：使用数量	计量单位	安装设备能力	其中：使用设备能力				
5号连铸机	台	1	1	万吨/年	100	100				中冶南方连铸技术工程有限公司
6号连铸机	台	1	1	万吨/年	103	103				中冶京诚工程技术有限公司
其他连铸机										
方圆连铸机	台	1	1	万吨/年	100	100	2018年9月			中冶京诚工程技术有限公司
四、钢加工设备										
钢压延加工设备										
小型型钢轧机	套	2	2	万吨/年	130	130				
扁钢小型型钢轧机	套	1	1	万吨/年	60	60	2015年1月	2015年4月		大连华锐重工集团有限公司减速机厂
圆钢小型型钢轧机	套	1	1	万吨/年	70	70	2015年6月	2015年12月		西马克梅尔工程（中国）有限公司
线材轧机	套	6	6	万吨/年	330	330				
高速线材轧机	套	6	6	万吨/年	330	330				
第一高速线材厂	套	1	1	万吨/年	70	70	2014年10月	2015年7月		美国摩根工程公司
第二高速线材厂	套	1	1	万吨/年	50	50	2014年9月	2015年3月		意大利达涅利冶金设备公司
第三高速线材厂	套	1	1	万吨/年	50	50	2014年9月	2015年10月		意大利达涅利冶金设备公司
第四高速线材厂	套	1	1	万吨/年	60	60	2009年10月	2011年5月	2016年5月	美国摩根工程公司
第五高速线材厂	套	1	1	万吨/年	50	50				意大利达涅利冶金设备公司
第六高速线材厂	套	1	1	万吨/年	50	50				意大利达涅利冶金设备公司
五、洗煤、炼焦、煤气及煤化工产品生产设备										
机械化焦炉	座	2	2	万吨/年	160	160				

续表 10-73

设备名称及类型	设备数量			设备能力			设备出厂时间	设备投产时间	设备末次更新改造时间	设备制造国家、公司
	计量单位	安装数量	其中：使用数量	计量单位	安装设备能力	其中：使用设备能力				
1 号焦炉	座	1	1	万吨/年	80	80	2015 年 3 月	2015 年 6 月		太原重工股份有限公司
2 号焦炉	座	1	1	万吨/年	80	80	2015 年 3 月	2016 年 3 月		太原重工股份有限公司

（12）本钢板材股份有限公司特殊钢事业部专业产品主要生产设备见表 10-74。

表 10-74　本钢板材股份有限公司特殊钢事业部专业产品主要生产设备

设备名称及类型	设备数量			设备能力			设备出厂时间	设备投产时间	设备末次更新改造时间	设备制造国家、公司
	计量单位	安装数量	其中：使用数量	计量单位	安装设备能力	其中：使用设备能力				
1 号交流电弧炉	台（套）	1	1	万吨/年	59	59	2022 年 1 月	2022 年 10 月		日本 SPCO
精炼炉	台（套）	2	2	万吨/年	72	72	2022 年 1 月	2022 年 10 月		中国长春电炉
RH 真空精炼炉	台（套）	1	1	万吨/年	59	59	2022 年 1 月	2022 年 10 月		中国重型机械研究院
四机四流大方坯连铸机	台（套）	1	1	万吨/年	85	85	2022 年 7 月	2022 年 10 月		中冶南方连铸技术工程有限责任公司
六机六流大方坯连铸机	台（套）	1	1	万吨/年	85	85	2022 年 6 月	2022 年 10 月		中冶南方连铸技术工程有限责任公司
初轧线										
ϕ1150 轧机	台（套）	1	1	万吨/年	80	80	2019 年 4 月	2019 年 6 月		达涅利
ϕ850 轧机	台（套）	3	3	万吨/年	80	80	2019 年 4 月	2019 年 6 月		达涅利
大棒轧线										
480 连轧机组	台（套）	6	6	万吨/年	102.7	102.7	2007 年 1 月	2007 年 5 月	2019 年 4 月	意大利 POMINI 公司、沈重
576 连轧机组	台（套）	3	3	万吨/年	95.6	95.6	2007 年 1 月	2007 年 5 月		意大利 POMINI 公司、沈重
小棒轧线										

续表 10-74

设备名称及类型	设备数量			设备能力			设备出厂时间	设备投产时间	设备末次更新改造时间	设备制造国家、公司
	计量单位	安装数量	其中：使用数量	计量单位	安装设备能力	其中：使用设备能力				
577 轧机组	台（套）	4	4	万吨/年	30.7	30.7	2007 年 5 月	2022 年 10 月		意大利 POMINI 公司、沈重
576 轧机组	台（套）	4	4	万吨/年	30.7	30.7	2007 年 5 月	2007 年 12 月		意大利 POMINI 公司、沈重
558 轧机组	台（套）	6	6	万吨/年	24	24	2007 年 5 月	2007 年 12 月		意大利 POMINI 公司、沈重
548 轧机组	台（套）	4	4	万吨/年	18	18	2007 年 5 月	2007 年 12 月		意大利 POMINI 公司、沈重
减定径										
370 轧机组	台（套）	3	3	万吨/年	22	22	2007 年 5 月	2007 年 12 月		意大利 POMINI 公司

（13）首钢贵阳特殊钢有限责任公司专业产品主要生产设备见表 10-75。

表 10-75　首钢贵阳特殊钢有限责任公司专业产品主要生产设备

设备名称及类型	设备数量			设备能力			设备出厂时间	设备投产时间	设备末次更新改造时间	设备制造国家、公司
	计量单位	安装数量	其中：使用数量	计量单位	安装设备能力	其中：使用设备能力				
60 吨电弧炉	座	1	1	万吨	32	32		1905 年 7 月	1905 年 7 月	特洛恩
连铸机	座	1	1	万吨	30	30		1905 年 7 月	1905 年 7 月	康卡斯特
高刚度短应力轧机	套	2	2	万吨	50	30	2013 年 2 月	2014 年 5 月		秦皇岛首钢长白机械有限公司
悬臂式轧机	套	1	1	万吨	50	30	2013 年 3 月	2014 年 5 月		哈尔滨哈飞工业制造有限公司
650 开坯机	套	1	1	万吨	19	20	2016 年 4 月	2019 年 7 月		大连重工
交流电弧炉	座	1	1	万吨	40	40	2000 年 6 月	2000 年 6 月		意大利特诺恩
液压扩孔机	台	4	4	万吨	2	2	1995 年 1 月	1995 年 1 月		自制
锻锤	套	1	1	万吨	1	0	2014 年 8 月	2014 年 12 月		贵阳万里有限公司

续表 10-75

设备名称及类型	设备数量			设备能力			设备出厂时间	设备投产时间	设备末次更新改造时间	设备制造国家、公司
	计量单位	安装数量	其中：使用数量	计量单位	安装设备能力	其中：使用设备能力				
加热炉	台	2	2	万吨	1	1	2014 年 10 月	2014 年 12 月		江苏腾天工业炉有限公司

（14）马钢特钢有限公司专业产品主要生产设备见表 10-76。

表 10-76　马钢特钢有限公司专业产品主要生产设备

设备名称及类型	设备数量			设备能力			设备出厂时间	设备投产时间	设备末次更新改造时间	设备制造国家、公司
	计量单位	安装数量	其中：使用数量	计量单位	安装设备能力	其中：使用设备能力				
一、炼钢设备										
电炉	座	1	1	万吨/年	83		2011 年 5 月	2011 年 10 月	2011 年 10 月	意大利 SMS Concast
LF	座	2	2	万吨/年	2×110		2011 年 5 月	2011 年 10 月	2011 年 10 月	中国西安重型机械研究所有限公司
RH	座	1	1	万吨/年	110		2011 年 6 月	2011 年 11 月	2011 年 11 月	德国 SMS Mevac
VD 炉	套	1	1	万吨/年	20		2011 年 6 月	2011 年 11 月	2018 年 8 月	中国西安中天冶金设备有限公司
转炉	座	1	1	万吨/年	160		2022 年 1 月	2023 年 5 月	2023 年 5 月	中冶南方
LF	座	3	3	万吨/年	2×73+109		2022 年 1 月	2023 年 5 月	2023 年 5 月	中冶南方
RH	座	1	1	万吨/年	171		2022 年 1 月	2023 年 5 月	2023 年 5 月	宝钢工程
二、连铸设备										
圆坯连铸	套	1	1	万吨/年	80		2011 年 3 月	2011 年 11 月	2016 年 3 月	意大利 Danieli
方坯连铸	套	1	1	万吨/年	55		2019 年 6 月	2020 年 4 月	2020 年 4 月	意大利 Danieli
大圆连铸（3 号铸机）	套	1	1	万吨/年	64		2022 年 1 月	2023 年 5 月	2023 年 5 月	中冶京诚
小方连铸（5 号铸机）	套	1	1	万吨/年	122		2022 年 1 月	2023 年 5 月	2023 年 5 月	中冶连铸

续表 10-76

设备名称及类型	设备数量			设备能力			设备出厂时间	设备投产时间	设备末次更新改造时间	设备制造国家、公司
	计量单位	安装数量	其中：使用数量	计量单位	安装设备能力	其中：使用设备能力				
三、轧钢设备										
（一）初轧开坯设备	套	1	1	万吨/年						
二辊可逆式开坯机	架	1	1	万吨/年	78		2011 年 8 月	2011 年 11 月	2011 年 11 月	马钢重机
连轧机	套	1	1	万吨/年	78		2011 年 8 月	2011 年 11 月	2011 年 11 月	马钢重机
（二）高速线材轧机										
粗中轧机组	组	12	12	万吨/年	50		2015 年 10 月	2015 年 12 月	电机：2012 年	太重煤机
预精轧机组	组	6	6	万吨/年	50		1987 年 1 月	1987 年 5 月	2003 年 3 月	德国西马克
精轧机组	组	8	8	万吨/年	50		2003 年 3 月	2003 年 3 月	2015 年 12 月	德国西马克
减定径机	组	4	4	万吨/年	50		2003 年 3 月	2003 年 3 月	2015 年 12 月	德国西马克
（三）优棒轧机	套	1	1	万吨/年	40		2018 年 6 月	2018 年 9 月	2018 年 9 月	
800 轧机组	架	5	5	万吨/年	40		2018 年 6 月	2018 年 9 月	2018 年 9 月	马钢重机
650 轧机组	架	3	3	万吨/年	40		2018 年 6 月	2018 年 9 月	2018 年 9 月	太重煤机
550 轧机组	架	4	4	万吨/年	40		2018 年 6 月	2018 年 9 月	2018 年 9 月	太重煤机
450 轧机组	架	6	6	万吨/年	40		2018 年 6 月	2018 年 9 月	2018 年 9 月	太重煤机
350 轧机组	架	2	2	万吨/年	40		2018 年 6 月	2018 年 9 月	2018 年 9 月	太重煤机
两辊预应力轧机组	架	2	2	万吨/年	40		2018 年 6 月	2018 年 9 月	2018 年 9 月	中冶华天
精轧机组	架	4	4	万吨/年	40		2018 年 6 月	2018 年 9 月	2018 年 9 月	KOCKS

续表 10-76

设备名称及类型	设备数量			设备能力			设备出厂时间	设备投产时间	设备末次更新改造时间	设备制造国家、公司
	计量单位	安装数量	其中：使用数量	计量单位	安装设备能力	其中：使用设备能力				
（四）高速线材大盘卷复合线	套			万吨/年	40+20					
粗中轧机组	组	16	16	万吨/年	40+20		2022 年 1 月	2023 年 5 月	2023 年 5 月	中冶京诚
预精轧机组	组	4	4	万吨/年	40+20		2022 年 1 月	2023 年 5 月	2023 年 5 月	中冶京诚
精轧机组	组	8	8	万吨/年	40+20		2022 年 1 月	2023 年 5 月	2023 年 5 月	中冶京诚
减定径机组	组	4	4	万吨/年	40+20		2022 年 1 月	2023 年 5 月	2023 年 5 月	中冶京诚
大盘卷两辊减定径机组	组	4	4	万吨/年	40+20		2022 年 1 月	2023 年 5 月	2023 年 5 月	中冶京诚

（15）沙钢东北特钢集团专业产品主要生产设备见表 10-77。

表 10-77 沙钢东北特钢集团专业产品主要生产设备

设备名称及类型	设备数量			设备能力			设备出厂时间	设备投产时间	设备末次更新改造时间	设备制造国家、公司
	计量单位	安装数量	其中：使用数量	计量单位	安装设备能力	其中：使用设备能力				
一、东北特殊钢集团股份有限公司										
人造块矿设备										
铁矿烧结机	台	1	1	万吨/年	155	155				
大连特钢炼铁厂烧结机	台	1	1	万吨/年	155	155	2021 年 10 月	2022 年 3 月		唐山重型机械厂
炼铁及铸铁设备										
高炉	座	1	1	万吨/年	115	115				
大连特钢炼铁厂高炉	座	1	1	万吨/年	115	115	2019 年 9 月	2021 年 4 月		上海二十冶

续表 10-77

设备名称及类型	设备数量			设备能力			设备出厂时间	设备投产时间	设备末次更新改造时间	设备制造国家、公司
	计量单位	安装数量	其中：使用数量	计量单位	安装设备能力	其中：使用设备能力				
铸铁机	台	1	1	万吨/年	52	52				
大连特钢炼铁厂铸铁机	台	1	1	万吨/年	52	52	2011年6月	2013年12月		三河实业
炼钢设备										
炼钢设备										
转炉										
顶底复合吹转炉	座	1	1	万吨/年	135	135				
顶底复合吹转炉	座	1	1	万吨/年	135	135	2010年12月	2011年7月		中冶京诚
电炉	座			万吨/年						
交流电弧炉	座	3	2	万吨/年	145	68.4				
110吨电弧炉	座	1	1	万吨/年	80	27.9	2010年5月	2011年5月		奥钢联、西安电炉有限公司
交流电弧炉	座	1	1	万吨/年	35	25.7	2008年1月	2009年10月		意大利达涅利、长春电炉厂
交流电弧炉	座	1	0	万吨/年	30	14.8	2004年7月	2010年9月		长春电炉有限公司
真空感应炉	座	3	3	万吨/年	0.33	0.18				
2.5吨真空感应炉（旧）	座	1	1	万吨/年	0.15	0.14	1979年	1993年3月		英国康萨克公司
2.5吨真空感应炉（新）	座	1	1	万吨/年	0.15	0.03	2011年	2012年12月		美国应达公司
VIM-250M真空感应炉	座	1	1	万吨/年	0.03	0.01	2016年5月	2016年7月	2016年7月	中国沈阳中北真空技术有限公司
非真空感应炉	座	3	3	万吨/年	37.3	14.47				
合金熔炼炉	座	2	2	万吨/年	37	14.37	2012年5月	2013.5		上海新研工业设备有限公司
1吨+2吨非真空感应炉	座	1	1	万吨/年	0.3	0.1	2011年2月	2011年8月		中国苏州振吴公司
连铸机										
方坯连铸机	台	4	4	万吨/年	255	179.7				

续表 10-77

设备名称及类型	设备数量			设备能力			设备出厂时间	设备投产时间	设备末次更新改造时间	设备制造国家、公司
	计量单位	安装数量	其中：使用数量	计量单位	安装设备能力	其中：使用设备能力				
3 号大方坯连铸机	台	1	1	万吨/年	75	52.4	2010 年 7 月	2011 年 6 月		康卡斯特、中国一重
1 号方坯连铸机	台	1	1	万吨/年	30	24.7		2009 年 1 月		达涅利、中冶连铸
2 号方坯连铸机	台	1	1	万吨/年	30	28.2	2009 年 4 月	2010 年 9 月	2012 年 7 月	达涅利、中冶连铸
5 号六机六流小方坯	台	1	1	万吨/年	120	74.4	2018 年 5 月	2018 年 6 月		中冶连铸
圆坯连铸机	台	1	1	万吨/年	50	37.2				
4 号二机二流大圆坯连铸机	台	1	1	万吨/年	50	37.2	2011 年 6 月	2012 年 5 月	2015 年 12 月	康卡斯特、中国一重
钢加工设备										
钢压延加工设备										
初轧开坯设备										
初轧机	套	1	1	万吨/年	25	7.2				
750 初轧机	套	1	1	万吨/年	25	7.2		2013 年 11 月		大连钢厂
大型型钢轧机	套	1	1	万吨/年	65	58.4				
1050 大型型钢轧机	套	1	1	万吨/年	65	58.4	2008 年 7 月	2011 年 2 月		奥钢联、中国一重
中型型钢轧机	套	2	2	万吨/年	50	40.86				
模具钢轧机	套	1	1	万吨/年	20	10.86	2010 年 10 月	2011 年 7 月		中国一重
棒材轧机	套	1	1	万吨/年	30	30	1995 年 2 月	1997 年 1 月	2012 年 7 月	德国西马克
线材轧机										
高速线材轧机	套	3	3	万吨/年	150	77.8				
高速线材轧机	套	1	1	万吨/年	30	26.5		2009 年 10 月		轧机：意大利达涅利，精轧机：美国摩根

续表 10-77

设备名称及类型	设备数量			设备能力			设备出厂时间	设备投产时间	设备末次更新改造时间	设备制造国家、公司
	计量单位	安装数量	其中：使用数量	计量单位	安装设备能力	其中：使用设备能力				
双高线轧机 1 号线	套	1	1	万吨/年	60	23.3	2018 年	2019 年 8 月		轧机：中冶赛迪，精轧机：美国摩根
双高线轧机 2 号线	套	1	1	万吨/年	60	28	2018 年	2019 年 9 月		轧机：中冶赛迪，精轧机：美国摩根
热轧窄钢带轧机	套	2	2	万吨/年	0.32	0.08				
500 四辊热轧机	套	1	1	万吨/年	0.1	0.07		1970 年 8 月	2011 年 9 月	中国大连钢厂
600 四辊热轧机	套	1	1	万吨/年	0.22	0.01	2011 年 6 月	2011 年 12 月		中国中冶陕压
冷轧窄钢带轧机	套	4	4	万吨/年	0.38	0.21				
600 冷轧机	套	1	1	万吨/年	0.1	0.01	2011 年 9 月	2013 年 3 月		中国一重集团
650 冷轧机	套	1	1	万吨/年	0.2	0.12	1961 年 5 月	1966 年 1 月	2015 年 6 月	中国上海成富
350 冷轧机	套	1	1	万吨/年	0.02	0.02		1970 年 1 月	2011 年 9 月	中国大连钢厂
20 辊冷轧机	套	1	1	万吨/年	0.06	0.06		1988 年 1 月	2003 年 5 月	美国 WF 公司
其他压延设备										
锻锤	台	7	7	台	15.9	9.37				
16 兆牛精锻机	台	1	1	万吨/年	5	5	2009 年 6 月	2011 年 9 月		德国 SMS-Meer
2 吨电液锤	台	1	1	万吨/年	0.15	0.15	1991 年	1991 年 10 月	2004 年 1 月	中国西安重机所
4 吨电液锤	台	1	1	万吨/年	0.2	0.16	2012 年 1 月	2012 年 9 月	2016 年 1 月	中国安阳锻压
630 模锻机	台	1	1	万吨/年	0.315	0.17	2018 年 12 月	2019 年 9 月		青岛平安
1600 模锻机	台	1	1	万吨/年	0.235	0.14	2018 年 12 月	2019 年 9 月		青岛平安
35 兆牛快锻机	台	1	1	万吨/年	3.5	2.9	2009 年 8 月	2011 年 11 月		德国辛北康普
80 兆牛快锻机	台	1	1	万吨/年	6.5	0.85	2009 年 9 月	2012 年 6 月		德国 SMS-Meer

续表 10-77

设备名称及类型	设备数量			设备能力			设备出厂时间	设备投产时间	设备末次更新改造时间	设备制造国家、公司
	计量单位	安装数量	其中：使用数量	计量单位	安装设备能力	其中：使用设备能力				
钢丝及其制品生产设备										
拉丝机	套	38	38	吨/年	49493	14060				
4/700 直线式拉丝机	套	1	1	吨/年	4809	1391	2011 年 3 月	2011 年 7 月		中国无锡市常欣机电科技有限公司
3/700 直线式拉丝机	套	1	1	吨/年	2413	720	2011 年 3 月	2011 年 7 月		中国无锡市常欣机电科技有限公司
5/650 直线式拉丝机	套	1	1	吨/年	2488	720	2011 年 3 月	2011 年 7 月		中国无锡市常欣机电科技有限公司
5/560 直线式拉丝机	套	1	1	吨/年	2488	720	2011 年 3 月	2011 年 7 月		中国无锡市常欣机电科技有限公司
5/450 直线式拉丝机	套	1	1	吨/年	930	263	2011 年 3 月	2011 年 7 月		中国无锡市常欣机电科技有限公司
5/400 直线式拉丝机	套	1	1	吨/年	930	263	2011 年 3 月	2011 年 7 月		中国无锡市常欣机电科技有限公司
5/350 直线式拉丝机	套	2	2	吨/年	134	40	2011 年 3 月	2011 年 7 月		中国无锡市常欣机电科技有限公司
17/300 水箱式拉丝机	套	2	2	吨/年	26	7	2011 年 3 月	2011 年 7 月		中国江阴市华方机电科技有限公司
LZ3/700 + LDD1/650 组合式拉丝机	套	1	1	吨/年	3847	1108	2011 年 3 月	2012 年 8 月		中国贵州航天南海科技有限责任公司
LZ4/600 + LDD1/450 组合式拉丝机	套	1	1	吨/年	411	118	2011 年 3 月	2011 年 9 月		中国贵州航天南海科技有限责任公司
LZ 2/400 直线式拉丝机	套	4	4	吨/年	390	111	2011 年 3 月	2011 年 8 月		中国江阴市华方机电科技有限公司
LZ4/600 + 5/450 直进式连续拉丝机	套	1	1	吨/年	2262	637	2011 年 3 月	2011 年 10 月		中国江阴市三联机械制造有限公司
LZ5/450 + 5/400 直线式连续拉丝机	套	1	1	吨/年	2262	637	2011 年 3 月	2011 年 10 月		中国江阴市三联机械制造有限公司
LZ4/400 + 1/350 直线式连续拉丝机	套	1	1	吨/年	758	222	2011 年 3 月	2011 年 10 月		中国江阴市三联机械制造有限公司

续表 10-77

设备名称及类型	设备数量			设备能力			设备出厂时间	设备投产时间	设备末次更新改造时间	设备制造国家、公司
	计量单位	安装数量	其中：使用数量	计量单位	安装设备能力	其中：使用设备能力				
17/300 水箱式拉丝机	套	3	3	吨/年	18	6	2011 年 3 月	2011 年 7 月		中国江阴市华方机电科技有限公司
15/300 水箱式拉丝机	套	3	3	吨/年	18	6	2011 年 3 月	2011 年 7 月		中国江阴市华方机电科技有限公司
联合拉拔机 LLJZ-10-Ⅱ	套	1	1	吨/年	2154	609	2003 年 3 月	2011 年 3 月	2011 年 3 月	中国上海新亚机械设备有限公司
倒立式拉丝机 GVY-1000TW 型	套	1	1	吨/年	5132	1440	2003 年 3 月	2011 年 3 月	2011 年 3 月	中国台湾安全发机械公司
倒立式拉丝机 LDD-1/900	套	1	1	吨/年	3078	859	2003 年 3 月	2011 年 3 月	2011 年 3 月	中国西安恒通拉丝机厂
组合式拉丝机 LZ1/700 + LD1/600	套	2	2	吨/年	2255	637	2003 年 3 月	2011 年 3 月	2011 年 3 月	中国贵州航天南海科技有限责任公司
倒立式拉丝机 LDD1/600	套	1	1	吨/年	2495	693	2003 年 3 月	2011 年 3 月	2011 年 3 月	中国贵州航天南海科技有限责任公司
组合式拉丝机 LZ2/700 + LD1/850	套	1	1	吨/年	2164	609	2003 年 3 月	2011 年 3 月	2011 年 3 月	中国江阴江青机械厂
密排层绕收线机 SG1120	套	4	4	吨/年	1200	332	2018 年 10 月	2018 年 11 月		江阴市祥乐机械制造有限公司
LZ3/700 + LDD1/650 组合式拉丝机	套	1	1	吨/年	4809	1343	2011 年 7 月	2013 年 6 月		中国贵州航天南海科技有限公司
LZ4/600 + LDD1/450 组合式拉丝机	套	1	1	吨/年	2022 年	568	2011 年 7 月	2013 年 6 月		中国贵州航天南海科技有限公司
二、抚顺特殊钢股份有限公司										
炼钢设备										
电炉										
交流电弧炉	座	4	4	万吨/年	95	95				
1 号电炉（50 吨）	座	1	1	万吨/年	30	30	1991 年	1992 年		德国

续表 10-77

设备名称及类型	设备数量			设备能力			设备出厂时间	设备投产时间	设备末次更新改造时间	设备制造国家、公司
	计量单位	安装数量	其中：使用数量	计量单位	安装设备能力	其中：使用设备能力				
2 号电炉（60 吨）	座	1	1	万吨/年	35	35	2000 年	2001 年		德国
10 号电炉	座	1	1	万吨/年	15	15	1965 年	1965 年		德国
12 号电炉	座	1	1	万吨/年	15	15	1965 年	1965 年		长春电炉厂
真空感应炉	座	7	7	万吨/年	4.172	3.893				
16 号真空感应炉	座	1	1	万吨/年	0.096	0.07	1974 年	1974 年		沈阳真空研究所
17 号真空感应炉	座	1	1	万吨/年	0.28	0.28	1979 年	1980 年		德国
18 号真空感应炉	座	1	1	万吨/年	0.015	0.014	1963 年	1963 年		沈阳真空研究院
23 号真空感应炉	座	1	1	万吨/年	0.46	0.46	2005 年	2006 年		德国
41 号真空感应炉	座	1	1	万吨/年	0.3	0.3	2010 年 6 月	2012 年 8 月		德国 ALD
43 号真空感应炉	座	1	1	万吨/年	0.45	0.45	2013 年 1 月	2015 年 4 月		美国 Consarc
42 号真空感应炉	座	1	1	万吨/年	0.8	0.71	2015 年 8 月	2016 年 9 月		德国 ALD 公司
10 号真空感应炉	座	1	1	万吨/年	0.015	0.014	2021 年 6 月	2022 年 6 月		沈阳真空技术研究所有限公司
30 号真空感应炉	座	1	1	万吨/年	0.096	0.07	2021 年 11 月	2022 年 11 月		合智熔炼装备（上海）有限公司
38 号真空感应炉	座	1	1	万吨/年	1.2	1.065	2022 年 6 月	2023 年 6 月		德国 ALD 公司
39 号真空感应炉	座	1	1	万吨/年	0.46	0.46	2022 年 9 月	2023 年 9 月		德国 ALD 公司
非真空感应炉	座	3	3	万吨/年	13.312	13.31				
14 号非真空感应炉	座	1	1	万吨/年	0.12	0.12	2002 年	2002 年		浙江大学

续表 10-77

设备名称及类型	设备数量			设备能力			设备出厂时间	设备投产时间	设备末次更新改造时间	设备制造国家、公司
	计量单位	安装数量	其中：使用数量	计量单位	安装设备能力	其中：使用设备能力				
15号非真空感应炉	座	1	1	万吨/年	0.192	0.19	1999年	1999年		阜新市晶体管厂
11号非真空感应炉	座	1	1	万吨/年	13	13	2009年	2010年		浙江振吴
连铸机										
方坯连铸机	台	1	1	万吨/年	40	40				
连铸机	台	1	1	万吨/年	40	40	2001年	2001年		意大利
钢压延加工设备										
初轧开坯设备										
初轧机	套	1	1	万吨/年	22	13.6				
850轧机	套	1	1	万吨/年	22	13.6	1989年	1989年		沈阳重型机械厂
中型型钢轧机	套	3	3	万吨/年	51.4	48.4				
棒材连轧机	套	1	1	万吨/年	33	30	1995年	1995年		意大利
WF5-4	套	1	1	万吨/年	7	7	1996年	1996年		奥地利
750轧机	套	1	1	万吨/年	11.4	11.4	2013年8月	2014年10月		意大利达涅利
其他压延设备										
锻锤	台	6	6	台	20	16.2				
1000吨精锻机	台	1	1	万吨/年	2.4	2.06	1982年	1982年		奥地利
1800精锻机	台	1	1	万吨/年	6.6	5.12	2011年1月	2012年4月		奥地利CMF
2000吨快锻机	台	1	1	万吨/年	2	1.92	1983年	1983年		德国
3500吨快锻机	台	1	1	万吨/年	3	3	2004年	2004年		德国
3150吨快锻机	台	1	1	万吨/年	3	2.9	2010年12月	2012年1月		德国辛北尔康普公司
7000吨快锻机	台	1	1	万吨/年	3	1.2	2021年6月	2022年6月		德国辛北尔康普公司

（16）江苏沙钢集团淮钢特钢股份有限公司专业产品主要生产设备见表 10-78。

表 10-78 江苏沙钢集团淮钢特钢股份有限公司专业产品主要生产设备

设备名称及类型	设备数量			设备能力			设备出厂时间	设备投产时间	设备末次更新改造时间	设备制造国家、公司
	计量单位	安装数量	其中：使用数量	计量单位	安装设备能力	其中：使用设备能力				
一、人造块矿设备										
烧结机	台			万吨/年						
铁矿烧结机	台	2	2	万吨/年	416.6	416.6				
带式烧结机	台	1	1	万吨/年	203.6	203.6	2003 年 4 月	2004 年 2 月	2019 年 6 月	中国首钢机电成套设备分公司
带式烧结机	台	1	1	万吨/年	213	213	2004 年 12 月	2005 年 5 月	2019 年 6 月	中国首钢机电成套设备分公司
二、炼铁及铸铁设备										
（一）高炉	座	4	4	万吨/年	300	300				
高炉	座	2	2	万吨/年	140	140	2003 年 5 月	2003 年 12 月		中国五冶
高炉	座	2	2	万吨/年	160	160	2004 年 7 月	2005 年 6 月		中国五冶
（二）铸铁机	台	1	1	万吨/年	60	60				
铸铁机	台	1	1	万吨/年	60	60	2003 年 10 月	2004 年 2 月		中国首钢燕郊机械厂
三、炼钢设备										
（一）炼钢设备										
转炉										
顶吹转炉	座	2	2	万吨/年	220	220				
80 吨转炉	座	1	1	万吨/年	110	110	2003 年 1 月	2003 年 12 月		中国首钢机电总公司

续表 10-78

设备名称及类型	设备数量			设备能力			设备出厂时间	设备投产时间	设备末次更新改造时间	设备制造国家、公司
	计量单位	安装数量	其中：使用数量	计量单位	安装设备能力	其中：使用设备能力				
80 吨转炉	座	1	1	万吨/年	110	110	2004 年 12 月	2005 年 6 月		中国首钢机电总公司
电炉										
交流电弧炉	座	1	1	万吨/年	80	80				
70 吨电炉	座	1	1	万吨/年	80	80	1994 年 12 月	1995 年 12 月		意大利达涅利公司
（二）连铸机										
方坯连铸机	台	3	3	万吨/年	210	210				
电炉方坯连铸机	台	1	1	万吨/年	80	80				意大利达涅利公司
转炉方坯连铸机	台	1	1	万吨/年	90	90				中国首钢机电总公司
转炉方坯连铸机	台	1	1	万吨/年	40	40				中国首钢机电总公司
圆坯连铸机	台	1	1	万吨/年	90	90				
转炉圆坯连铸机	台	1	1	万吨/年	90	90				中国首钢机电总公司
四、钢加工设备										
钢压延加工设备										
大型型钢轧机	套	2	2	万吨/年	160	160				
连轧机组	套	1	1	万吨/年	80	80	2005 年 1 月	2005 年 12 月		中国首钢机电总公司
开坯机+连轧机组	套	1	1	万吨/年	80	80	2007 年 9 月	2007 年 12 月		意大利达涅公司
小型型钢轧机	套	2	2	万吨/年	195	195				
连轧机组	套	1	1	万吨/年	70	70	1998 年 8 月	1999 年 1 月		意大利达涅利公司
连轧机组	套	1	1	万吨/年	70	70	2001 年 5 月	2002 年 3 月	2023 年 6 月	中国首钢机电总公司
连轧机组	套	1	1	万吨/年	55	55	2022 年 1 月	2023 年 1 月		达涅利高科技（常熟）有限公司

（17）江苏永钢集团有限公司专业产品主要生产设备见表 10-79。

表 10-79 江苏永钢集团有限公司专业产品主要生产设备

设备名称及类型	设备数量			设备能力			设备出厂时间	设备投产时间	设备末次更新改造时间	设备制造国家、公司
	计量单位	安装数量	其中：使用数量	计量单位	安装设备能力	其中：使用设备能力				
一、炼铁设备		座	8	万吨/年	755.29	755.29				
高炉	有效容积（立方米）：500	座	1	万吨/年	55	55	2003 年 1 月	2003 年 7 月		中冶京诚
高炉	有效容积（立方米）：600	座	2	万吨/年	140	140	2005 年 12 月	2006 年 6 月		中冶京诚
高炉	有效容积（立方米）：700	座	1	万吨/年	80	80	2005 年 12 月	2007 年 2 月		中冶京诚
高炉	有效容积（立方米）：1080	座	2	万吨/年	240	240	2010 年 10 月	2011 年 8 月		十三冶
高炉	有效容积（立方米）：1080	座	1	万吨/年	120	120	2012 年 9 月	2013 年 11 月		十七冶
高炉	有效容积（立方米）：1320	座	1	万吨/年	120.29	120.29	2021 年 1 月	2022 年 2 月		中冶京诚
二、炼钢设备		座	8	万吨/年	900	900				
（一）转炉		座	7	万吨/年	800	800				
顶吹转炉	公称容量：50 吨	座	3	万吨/年	270	270	2003 年 1 月	2003 年 7 月	2009 年 1 月	山东冶金机械
顶吹转炉	公称容量：60 吨	座	2	万吨/年	180	180	2005 年 10 月	2006 年 4 月	2019 年 11 月	山东冶金机械、中冶京诚
顶底复吹转炉	公称容量：120 吨	座	2	万吨/年	350	350	2010 年 3 月	2011 年 7 月	2019 年 11 月	山东冶金机械
（二）交流电弧炉		座	1	万吨/年	100	100				
交流电弧炉	公称容量：100 吨	座	1	万吨/年	100	100	2011 年 3 月	2013 年 5 月	2013 年 5 月	Concast
（三）精炼炉		座	10	万吨/年	920	920				
LF 炉	公称容量：60 吨	座	2	万吨/年	180	180		2006 年 8 月		
LF 炉	公称容量：60 吨	座	1	万吨/年				2018 年 3 月		

续表 10-79

设备名称及类型	设备数量			设备能力			设备出厂时间	设备投产时间	设备末次更新改造时间	设备制造国家、公司
	计量单位	安装数量	其中：使用数量	计量单位	安装设备能力	其中：使用设备能力				
LF 炉	公称容量：100 吨	座	1	万吨/年	100	100		2013 年 5 月		
LF 炉	公称容量：120 吨	座	2	万吨/年	240	240		2010 年 8 月		
LF 炉	公称容量：120 吨	座	1	万吨/年	120	120		2023 年 4 月		
VD 炉	公称容量：60 吨	座	1	万吨/年	60	60		2018 年 3 月		
VD 炉	公称容量：100 吨	座	1	万吨/年	100	100		2013 年 5 月		
VD 炉	公称容量：120 吨	座	1	万吨/年	120	120		2010 年 8 月		
三、钢加工设备		座	12	万吨/年	1035	1035				
钢压延加工设备										
钢坯连轧机		套	6	万吨/年	540	540				
钢坯连轧机		套	2	万吨/年	140	140	2004 年 3 月	2004 年 8 月		南京高精齿轮
钢坯连轧机		套	1	万吨/年	130	130	2010 年 2 月	2011 年 5 月		南京高精工程设备
钢坯连轧机		套	2	万吨/年	220	220	2011 年 9 月	2011 年 12 月		南京高精工程设备
钢坯连轧机		套	1	万吨/年	50	50	2018 年 10 月	2019 年 3 月		达涅利
往复式开坯机		套	1	万吨/年	80	80	2013 年 1 月	2013 年 9 月		达涅利
高速线材轧机		套	5	万吨/年	415	415				
线材轧机		套	2	万吨/年	90	90	2006 年 7 月	2007 年 3 月		西航集团机电石化设备有限公司
线材轧机		套	1	万吨/年	70	70	2009 年 4 月	2009 年 7 月	2021 年	哈飞工业、达涅利、摩根公司
线材轧机		套	2	万吨/年	140	140	2012 年 10 月	2012 年 12 月		摩根公司
线材轧机		套	2	万吨/年	115	115	2023 年 5 月	2023 年 12 月		哈飞工业、达涅利、普瑞特

（18）中天钢铁集团有限公司专业产品主要生产设备见表10-80。

表10-80　中天钢铁集团有限公司专业产品主要生产设备

设备名称及类型	设备数量			设备能力			设备出厂时间	设备投产时间	设备末次更新改造时间	设备制造国家、公司
	计量单位	安装数量	其中：使用数量	计量单位	安装设备能力	其中：使用设备能力				
常州基地设备										
180平方米烧结机	台	4	4	万吨/年	800	800		2005年3月	2012年11月	
550平方米烧结机	座	1	1	万吨/年	590	590		2004年1月		
1580立方米8号高炉	座	1	1	万吨/年	180	180		2009年12月		
9号高炉1580立方米	座	1	1	万吨/年	180	180		2011年9月		
120公称吨转炉	座	2	2	万吨/年	460	460		2009年12月		
大型型钢轧机	套	4	4	万吨/年	400	400		2009年10月		
中型型钢轧机	套	3	3	万吨/年	280	280		2004年7月	停产	
高速线材轧机	套	6	6	万吨/年	430	430		1999年5月		
热轧窄钢带轧机	套	1	1	万吨/年	70	70		2008年12月	停产	
南通基地设备										
330平方米烧结机	座	3	3	万吨/年	1270	1270		2022年		
2400立方米1号高炉	座	1	1	万吨/年	196	295		2022年		
2400立方米2号高炉	座	1	1	万吨/年	196	295		2023年		
2300立方米3号高炉	座	1	1	万吨/年	205	295		2022年		
190吨转炉	座	3	3	万吨/年	585	585		2022年		
大型轧机	套	4	4	万吨/年	720	720		2022年		
高速棒材轧机	套	1	1	万吨/年	140	140		2022年		
高速线材轧机	套	1	1	万吨/年	90	90		2022年		
432平方米带式焙烧机球团	座	1	1	万吨/年	300	300		2022年		
7米顶装焦炉	座	3	3	万吨/年	255	255		2022年		

（19）山钢股份莱芜分公司特钢事业部专业产品主要生产设备见表 10-81。

表 10-81 山钢股份莱芜分公司特钢事业部专业产品主要生产设备

设备名称及类型	设备数量			设备能力			设备出厂时间	设备投产时间	设备末次更新改造时间	设备制造国家、公司
	计量单位	安装数量	其中：使用数量	计量单位	安装设备能力	其中：使用设备能力				
一、炼钢设备										
（一）炼钢设备										
转炉（银前）				万吨/年	120	120				
其中：										
6 号顶底复合吹转炉	座	1	1	万吨/年	120	120	2007 年 9 月	2008 年 3 月		太原重工
银前 LF 精炼炉	座	1	1	万吨/年	120	根据生产而定	2005 年 12 月	2005 年 12 月		长春电炉有限责任公司
银前 LF 精炼炉	座	1	1	万吨/年	120	根据生产而定	2008 年 12 月	2008 年 12 月		长春电炉有限责任公司
银前 VD 精炼炉	座	1	1	万吨/年	84	根据生产而定	2013 年 12 月	2013 年 12 月		西安向阳精炼工程有限公司
转炉（100 吨）				万吨/年	125	125				
其中：										
顶底复合吹转炉	座	1	1	万吨/年	125	125	2021 年 8 月	2023 年 1 月		太原重工股份有限公司
钢包炉（LF）	座	2	2	万吨/年	95	95	2022 年 3 月	2023 年 1 月		中国重型机械研究院
双工位 RH 炉	座	1	1	万吨/年	125	125	2022 年 3 月	2023 年 1 月		中国重型机械研究院
电弧炉（100 吨）				万吨/年	100	100				
其中：										
交流电弧炉	座	1	1	万吨/年	100	100	2011 年 6 月	2013 年 8 月		德国

续表 10-81

设备名称及类型	设备数量			设备能力			设备出厂时间	设备投产时间	设备末次更新改造时间	设备制造国家、公司
	计量单位	安装数量	其中：使用数量	计量单位	安装设备能力	其中：使用设备能力				
钢包炉（LF）	座	2	2	万吨/年	100	100	2011 年 6 月	2013 年 8 月		长春电炉厂
真空脱气装置（VD）	座	2	2	万吨/年	100	100	2011 年 6 月	2013 年 8 月		西安迈特瑞
（二）连铸机										
5 号小方坯连铸机	台	1	1	万吨/年	120	112	2005 年 4 月	2005 年 12 月		武汉大西洋
6 号合金钢连铸机	台	1	1	万吨/年	120	120	2008 年 1 月	2008 年 8 月		中冶连铸
方坯连铸机	套	1	1	万吨/年	125	125	2023 年 5 月	2023 年 9 月		意大利 DANIELI
圆坯连铸机	套	1	1	万吨/年	100	100	2011 年 6 月	2013 年 8 月		意大利 DANIELI
二、钢加工设备										
（一）普通小型型钢轧机				万吨/年	34.5	34.5				
$\phi550\times1$	架	1	1				1986 年 2 月	1987 年 12 月	2003 年 12 月	包头机械厂
$\phi450\times6$	架	6	6				2002 年 8 月	2003 年 12 月		邯郸峰峰机械总厂
$\phi350\times6$	架	6	6				2002 年 7 月	2003 年 12 月		包头机械厂
（二）普通中型型钢轧机				万吨/年	80	80				
$\phi1000\times3$	架	3	3				2018 年 10 月	2020 年 1 月		中冶京诚
$\phi900\times3$	架	3	3				2018 年 10 月	2020 年 1 月		中冶京诚
$\phi780\times5$	架	5	5				2018 年 10 月	2020 年 1 月		中冶京诚
$\phi600\times6$	架	6	6				2018 年 10 月	2020 年 1 月		中冶京诚
（三）大型型钢轧机				万吨/年	70	70				
$\phi1350\times1$	架	1	1				2013 年 5 月	2013 年 10 月		中国一重
$\phi950\times4$	架	4	4				2013 年 5 月	2013 年 10 月		中国一重
$\phi800\times2$	架	2	2				2013 年 5 月	2013 年 10 月		中国一重

（20）河冶科技股份有限公司专业产品主要生产设备见表10-82。

表10-82 河冶科技股份有限公司专业产品主要生产设备

设备名称及类型	设备数量			设备能力			设备出厂时间	设备投产时间	设备末次更新改造时间	设备制造国家、公司
	计量单位	安装数量	其中：使用数量	计量单位	安装设备能力	其中：使用设备能力				
一、炼钢设备										
炼钢设备										
真空感应炉	座	4	4	万吨/年	6.37	6.37				
中频感应炉	座	3	3	万吨/年	1.62	1.62	2004年	2004年		
中频感应炉	座	1	1	万吨/年	4.75	4.75	2009年8月	2011年4月		上海英达
电渣重熔炉	座	17	17	万吨/年	2.88	2.88				
电渣重熔炉	座	17	17	万吨/年	2.88	2.88	2008年	2008年	2016年	
LF炉	座	1	1	万吨/年	3.24	3.24	2010年	2010年		无锡东雄
VD炉	座	1	1	万吨/年	3.24	3.24	2010年	2010年		无锡东雄
二、钢加工设备										
钢压延加工设备										
小型型钢轧机	套	1	1	万吨/年	2	2				
250连轧机	套	1	1	万吨/年	2	2				
线材轧机										
普通线材轧机	套	1	1	万吨/年	4	4				
连轧机	套	1	1	万吨/年	4	4	2010年	2010年		
其他压延设备										
锻锤	台	2	2	台	3.72	3.72				
SX55精锻机	台	1	1	万吨/年	2.46	2.46				GFM
20兆牛快锻机	台	1	1	万吨/年	1.26	1.26				兰石重工

（21）承德建龙特殊钢有限公司专业产品主要生产设备见表10-83。

表10-83　承德建龙特殊钢有限公司专业产品主要生产设备

设备名称及类型	设备数量			设备能力			设备出厂时间	设备投产时间	设备末次更新改造时间	设备制造国家、公司
	计量单位	安装数量	其中：使用数量	计量单位	安装设备能力	其中：使用设备能力				
215平方米烧结机	台	1	1				2020年4月	2021年1月		唐山重型装备集团有限责任公司
265平方米烧结机	台	1	1				2008年3月	2009年5月		沈阳重型机器有限责任公司
10平方米竖炉	台	2	2	吨/小时	65		2010年8月	2011年2月		中国第三冶金建设公司
1200立方米高炉	台	1	1				2020年4月	2021年1月		中国二十二冶集团有限公司
1350立方米高炉	台	1	1				2010年3月	2011年1月		中冶京唐建设有限公司
120吨炼钢转炉	台	1	1	吨	公称容量120吨		2010年3月	2011年1月	2018年10月	北京首钢机电有限公司机械厂
100吨炼钢转炉	台	1	1	吨	公称容量100吨		2019年10月	2020年12月		北京首钢机电有限公司机械厂
五机五流方坯连铸机	台	1	1	万吨/年	80		2003年4月	2004年1月	2018年11月	中冶京诚技术工程有限公司
五机五流圆坯连铸机	台	1	1	万吨/年	100		2010年3月	2011年1月		达涅利冶金设备有限公司
方圆坯连铸机	台	1	1	万吨/年	100		2020年12月	2020年12月		达涅利冶金设备有限公司
连轧棒材生产线2条	套	1	1	万吨/年	80		2005年3月	2006年1月	2019年9月	凤凰炉中冶京诚、Kocks公司
	套	1	1	万吨/年	100			2023年8月		达涅利冶金设备有限公司、凤凰炉中冶京诚
4号大圆坯连铸机	台	1	1	万吨/年	50			2022年8月		达涅利冶金设备有限公司
ϕ258毫米无缝管连轧生产线1条	套	1	1	万吨/年	50			2021年12月		太原重工股份有限公司

（22）山东寿光巨能特钢有限公司专业产品主要生产设备见表10-84。

表10-84 山东寿光巨能特钢有限公司专业产品主要生产设备

设备名称及类型	设备数量			设备能力			设备出厂时间	设备投产时间	设备末次更新改造时间	设备制造国家、公司
	计量单位	安装数量	其中：使用数量	计量单位	安装设备能力	其中：使用设备能力				
110平方米烧结机	台	1	1	万吨	180	180	2003年9月	2003年12月		山东冶金机械厂
265平方米烧结机	台	1	1	万吨	290	290	2011年1月	2011年4月		鞍钢重型机械有限责任公司
450立方米高炉	座	1	1	万吨	65	65	2005年1月	2005年4月		二十冶
1250立方米高炉	套	1	1	万吨	130	130	2011年4月	2011年4月		二十二冶
70吨电炉	座	1	1	万吨	60	60	2003年9月	2003年12月		意大利
80吨转炉	座	1	1	万吨	80	80	2005年3月	2005年4月		鞍钢重型机械
120吨转炉	座	1	1	万吨	120	120	2010年5月	2011年2月		鞍钢重型机械
ϕ550半连轧机组	套	1	1	万吨	40	40	2003年9月	2003年12月		山东冶金机械厂
ϕ650半连轧机组	套	1	1	万吨	50	50	2005年3月	2005年8月		石家庄市动力机械厂
ϕ950全连轧机组	套	1	1	万吨	40	40	2019年1月	2019年1月		达涅利、中冶赛迪
ϕ1350半连轧机组	套	1	1	万吨	60	60	2013年5月	2013年12月		达涅利、中冶赛迪
ϕ273穿管机	套	1	1	万吨	25	25	2008年1月	2009年6月		济南重工

（23）江苏天工工具新材料股份有限公司专业产品主要生产设备见表10-85。

表10-85 江苏天工工具新材料股份有限公司专业产品主要生产设备

设备名称及类型	设备数量			设备能力			设备出厂时间	设备投产时间	设备末次更新改造时间	设备制造国家、公司
	计量单位	安装数量	其中：使用数量	计量单位	安装设备能力	其中：使用设备能力				
精炼炉	台	6	6	万吨	35	35				

续表 10-85

设备名称及类型	设备数量			设备能力			设备出厂时间	设备投产时间	设备末次更新改造时间	设备制造国家、公司
	计量单位	安装数量	其中：使用数量	计量单位	安装设备能力	其中：使用设备能力				
VD 炉	台	4	4	万吨	35	35				
保护气氛电渣炉	台	1	1	万吨	3	2				
850 轧机	套	1	1	万吨	15	13				
910 轧机	套	1	1	万吨	15	5.2				
4500 吨快锻	套	1	1	万吨	6	5				
2000 吨快锻	套	1	1	万吨	4	3				
1300 吨精锻	套	1	1	万吨	4	3				
750 吨精锻	套	1	1	万吨	3	2.5				
500 吨精锻	套	1	1	万吨	2	1.5				
棒线材轧机	套	1	1	万吨	5	4.6				
喷射成型	台	1	1	万吨	0.3	0.2				
雾化制粉设备	台	1	1	万吨	0.1	0.03				
垂直浇铸设备	台	1	1	万吨	0.2	0.1				
热等静压设备	台	2	2	万吨	0.5	0.5				
15 吨中频炉	台	2	2	万吨	9	8				
7000 吨快锻	套	1	1	万吨	5	5				
20 吨电渣重熔炉	台	3	3	万吨	1.2	1.2				

（24）南京钢铁集团有限公司专业产品主要生产设备见表10-86。

表10-86 南京钢铁集团有限公司专业产品主要生产设备

设备名称及类型	设备数量			设备能力			设备出厂时间	设备投产时间	设备末次更新改造时间	设备制造国家、公司
	计量单位	安装数量	其中：使用数量	计量单位	安装设备能力	其中：使用设备能力				
一、人造块矿设备										
（一）烧结机	台	5	5	万吨/年	1226	1226				
铁矿烧结机	台	5	5	万吨/年	1226	1226				
180烧结机	台	2	2	万吨/年	440	440	2004年5月/2010年12月	2004年6月/2010年12月		长沙冶金设计院
360烧结机	台	1	1	万吨/年	356	356	2006年5月	2006年6月		长沙冶金设计院
220烧结机	台	2	2	万吨/年	430	430	2013年	2013年		长沙冶金设计院
（二）球团设备	座	1	1	万吨/年	176	176				
铁矿带式球团机	座	1	1	万吨/年	176	176				
带式焙烧机	座	1	1	万吨/年	176	176	2022年6月	2022年12月		中钢国际
二、炼铁及铸铁设备										
高炉	座	5	5	万吨/年	900	900				
2000高炉	座	1	1	万吨/年	177.5	177.5	2004年5月	2004年6月		中冶赛迪
2550高炉	座	1	1	万吨/年	225	225	2006年8月	2006年9月		中冶赛迪
2000高炉	座	1	1	万吨/年	177.5	177.5	2010年12月	2010年12月		中冶南方工程技术有限公司
1800高炉	座	2	2	万吨/年	320	320	2013年	2013年		中冶南方工程技术有限公司
三、炼钢设备										
（一）炼钢设备	座	7	7	万吨/年	1000	1000				
转炉	座	6	6	万吨/年	880	880				
顶底复合吹转炉	座	6	6	万吨/年	880	880				

续表 10-86

设备名称及类型	设备数量			设备能力			设备出厂时间	设备投产时间	设备末次更新改造时间	设备制造国家、公司
	计量单位	安装数量	其中：使用数量	计量单位	安装设备能力	其中：使用设备能力				
150 吨转炉	座	1	1	万吨/年	177	177	2004 年 6 月	2004 年 6 月		中冶京诚
150 吨转炉	座	1	1	万吨/年	177	177	2005 年	2005 年 8 月		中冶京诚
150 吨转炉	座	1	1	万吨/年	176	176	2010 年 2 月	2010 年 10 月		中冶京诚
120 吨转炉	座	3	3	万吨/年	350	350	2013 年	2013 年		太原重工
电炉	座	1	1	万吨/年	120	120				
交流电弧炉	座	1	1	万吨/年	120	120				
100 吨电炉	座	1	1	万吨/年	120	120	1995 年 11 月	1996 年 1 月	2000 年 4 月	意大利达涅利
（二）连铸机	台	8	8	万吨/年	1000	1000				
方坯连铸机	台	5	5	万吨/年	470	470				
R12000 方矩坯连铸机	台	1	1	万吨/年	116	116	2013 年	2013 年		中冶连铸
R10000 方坯连铸机	台	1	1	万吨/年	117	117	2013 年	2013 年		上海亚新
R10000 方矩坯连铸机	台	1	1	万吨/年	117	117	2013 年	2013 年		上海亚新
R8000 方矩坯连铸机	台	1	1	万吨/年	60	60	1999 年 8 月	2000 年 4 月	2006 年 6 月	意大利达涅利
R12000 矩坯连铸机	台	1	1	万吨/年	60	60	2008 年 1 月	2008 年 8 月		奥钢联
板坯连铸机	台	3	3	万吨/年	530	530				
普通板坯连铸机	台	3	3	万吨/年	530	530				
1 号板坯连铸机	台	1	1	万吨/年	160	160	2004 年 6 月	2004 年 6 月		VAI（英国）
2 号板坯连铸机	台	1	1	万吨/年	180	180	2006 年 7 月	2006 年 7 月		VAI（英国）
3 号板坯连铸机	台	1	1	万吨/年	190	190	2010 年 6 月	2010 年 10 月		VAI（英国）
（三）炼钢辅助设备										
制氧机	台	4	4	万立方米/年	78840	78840				

续表 10-86

设备名称及类型	设备数量			设备能力			设备出厂时间	设备投产时间	设备末次更新改造时间	设备制造国家、公司
	计量单位	安装数量	其中：使用数量	计量单位	安装设备能力	其中：使用设备能力				
1号2万立方米制氧机	台	1	1	万立方米/年	17520	17520	2003年2月	2003年8月	2019年4月	中国杭氧
2号2万立方米制氧机	台	1	1	万立方米/年	17520	17520	2005年4月	2005年9月	2018年9月	中国杭氧
3号2万立方米制氧机	台	1	1	万立方米/年	17520	17520	2007年9月	2008年2月		中国杭氧
1号3万立方米制氧机	台	1	1	万立方米/年	26280	26280	2010年10月	2010年12月		中国杭氧
四、钢加工设备										
钢压延加工设备										
大型型钢轧机	套	1	1	万吨/年	20	20				
大型型钢轧机	套	1	1	万吨/年	20	20		2009年6月		
粗轧机	套	1	1					2009年6月		赛迪重工
中轧机	套	1	1					2003年	2009年6月	三菱重工
中轧机	套	1	1					2003年	2009年6月	天津重工
精轧机	套	1	1					2009年6月		
中型型钢轧机	套	3	3	万吨/年	170	170				
中型型钢轧机	套	1	1	万吨/年	80	80	2008年5月	2008年6月		中冶赛迪
中型型钢轧机	套	1	1	万吨/年	10	10	1993年	2003年12月	2009年6月	吉林梨树
中型型钢轧机	套	1	1	万吨/年	80	80	2013年	2013年		常熟达涅利
小型型钢轧机	套	2	2	万吨/年	175	175				

续表 10-86

设备名称及类型	设备数量			设备能力			设备出厂时间	设备投产时间	设备末次更新改造时间	设备制造国家、公司
	计量单位	安装数量	其中：使用数量	计量单位	安装设备能力	其中：使用设备能力				
全连轧生产线	套	1	1	万吨/年	90	90	2001 年 1 月	2001 年 5 月		苏州冶金机械厂
全连轧小型轧机	套	1	1	万吨/年	85	85	1981 年 5 月	1981 年 9 月	2005 年 1 月	苏州/大连冶金
高速线材轧机	套	1	1	万吨/年	65	65				
高速线材轧机	套	1	1	万吨/年	65	65	1992 年 11 月	1992 年 11 月	2010 年 1 月	意大利达涅、美国摩根
宽厚板轧机	套	2	2	万吨/年	320	320				
四辊可逆式宽厚板轧机	套	1	1	万吨/年	140	140	2013 年	2013 年		一重
四辊可逆式宽厚板轧机										
宽厚板（卷）轧机	套	1	1	万吨/年	180	180	2004 年 9 月	2004 年 9 月		VAL（英国）
四辊可逆式宽厚板轧机	套	1	1							
中厚板轧机	套	1	1	万吨/年	200	200				
中板轧机	套	1	1	万吨/年	200	200				
2800 四辊轧机	套	1	1				2006 年 5 月	2007 年 1 月		中国一重
2500 四辊轧机	套	1	1				1994 年 9 月	1994 年 9 月	2007 年 12 月	中国一重
热轧窄钢带轧机	套	1	1	万吨/年	60	60				
热轧窄钢带轧机	套	1	1	万吨/年	60	60	2022 年 6 月	2022 年 7 月		
五、洗煤、炼焦、煤气及煤化工产品生产设备										
机械化焦炉	座	3	3	万吨/年	170	170				
JN60-6 型焦炉	座	2	2	万吨/年	110	110	2004 年 6 月	2004 年 6 月/2004 年 12 月		五冶建造
JN60-6 型	座	1	1	万吨/年	60	60	2006 年 6 月	2006 年 6 月		一冶建造

（25）永兴特种不锈钢股份有限公司专业产品主要生产设备见表 10-87。

表 10-87　永兴特种不锈钢股份有限公司专业产品主要生产设备

设备名称及类型	设备数量			设备能力			设备出厂时间	设备投产时间	设备末次更新改造时间	设备制造国家、公司
	计量单位	安装数量	其中：使用数量	计量单位	安装设备能力	其中：使用设备能力				
超高功率电弧炉（50 吨）	台	1	1	万吨	25	23	2009 年	2010 年	2010 年	长春电炉厂
电弧炉（30 吨）	台	1	1	万吨	10	10	2013 年	2013 年	2013 年	西安广大
顶底复吹 AOD 炉（50 吨）	台	1	1	万吨	25	23	2009 年	2010 年	2010 年	美国 Praxair
AOD 炉（30 吨）	台	1	1	万吨	10	10	2019 年	2020 年	2020 年	上海又成
钢包精炼炉（50 吨）	台	1	1	万吨	25	23	2009 年	2010 年	2010 年	长春电炉厂
钢包精炼炉（30 吨）	台	1	1	万吨	10	10	2019 年	2020 年	2020 年	长春电炉厂
连铸机（R10 米两机两流）	台	1	1	万吨	24	15	2009 年	2010 年	2010 年	上海重矿连铸
模铸设备（0.6~5 吨）	套	10	10	万吨	8	6	2001 年	2002 年	2009 年	益昌铸造、上海耀秦
固溶炉（13 工位环形炉）	套	1	1	万吨	6	5	2021 年	2021 年	2022 年	北京凤凰炉
35 兆牛锻压机组（35 兆牛）	套	1	1	万吨	5	5	2015 年	2015 年	2015 年	兰石重工
保护气氛电渣炉（5 吨）	套	2	1	吨	5	5	2015 年	2015 年	2015 年	美国应达工业
真空感应炉（6 吨）	套	1	1	吨	6	6	2015 年	2015 年	2015 年	美国应达工业
真空自耗炉（6 吨）	套	1	1	吨	6	6	2015 年	2015 年	2015 年	美国应达工业
棒线卷复合轧线（25 万吨）	套	1	1	万吨	25	25	2016 年	2017 年	2018 年	普锐特
在线固溶炉（60 吨/时）	套	1	1	万吨	12	12	2016 年	2017 年	2017 年	瑞典 Linde
新 1 号酸洗线（8 万吨）	套	1	1	万吨	8	5	2021 年	2022 年	2022 年	江苏兴隆、同济科蓝
连铸机（R11 米一机一流）	台	1	1	万吨	5	5	2020 年	2020 年	2020 年	上海迈亦
VD 炉（30 吨）	台	1	1	万吨	10	10	2020 年	2020 年	2020 年	杭真
辊底退火炉（10 工位）	套	1	1	万吨	1.3	0.6	2021 年	2022 年	2022 年	北京凤凰炉
九辊矫直机（ϕ50~130）	套	1	1	万吨	15	13	2019 年	2019 年	2019 年	安徽浩中机械

续表 10-87

设备名称及类型	设备数量			设备能力			设备出厂时间	设备投产时间	设备末次更新改造时间	设备制造国家、公司
	计量单位	安装数量	其中：使用数量	计量单位	安装设备能力	其中：使用设备能力				
不锈钢混酸再生（2.6 立方米/时）	套	1	1	立方米	18000	16000	2021 年	2022 年	2022 年	中冶南方
无心磨床（MT1080B）	台	15	15	吨	100	90	2022 年	2022 年	2022 年	贵州险峰
无心磨床（HFC-1808 系列）	台	15	15	吨	100	90	2020 年	2021 年	2021 年	中国台湾兴富祥
无心车床（60CA）	台	1	1	吨	500	200	2020 年	2021 年	2021 年	烟台科杰数控机械
矫直压光机（JY60Z）	台	2	2	吨	500	200	2020 年	2021 年	2021 年	烟台科杰数控机械

（26）南阳汉冶特钢有限公司专业产品主要生产设备见表 10-88。

表 10-88　南阳汉冶特钢有限公司专业产品主要生产设备

设备名称及类型	设备数量			设备能力			设备出厂时间	设备投产时间	设备末次更新改造时间	设备制造国家、公司
	计量单位	安装数量	其中：使用数量	计量单位	安装设备能力	其中：使用设备能力				
烧结机	台	1	1	平方米	265	265				
高炉	座	2	2	立方米	450	450				
高炉	座	1	1	立方米	1530	1530				
转炉	座	3	3	吨	100	100				
LF 精炼炉	座	3	3	吨	100	100				
双工位真空 VD 炉	座	3	3	吨	100	100				
连铸机	台	1	1	毫米	400 ×2700	400 ×2700				
连铸机	台	2	2	毫米	250 ×1700	250 ×1700				

续表 10-88

设备名称及类型	设备数量			设备能力			设备出厂时间	设备投产时间	设备末次更新改造时间	设备制造国家、公司
	计量单位	安装数量	其中：使用数量	计量单位	安装设备能力	其中：使用设备能力				
3800 轧机	套	1	1	毫米	(210~400)×(1600~2600)×(2100~3800)	(210~400)×(1600~2600)×(2100~3800)				
3500 粗轧机	套	1	1	毫米	(210~300)×(1600~2600)×(2100~3200)	(210~300)×(1600~2600)×(2100~3200)				
3500 精轧机	套	1	1	毫米	(210~300)×(1600~2600)×(2100~3400)	(210~300)×(1600~2600)×(2100~3400)				

（27）邢台钢铁有限责任公司专业产品主要生产设备见表 10-89。

表 10-89 邢台钢铁有限责任公司专业产品主要生产设备

设备名称及类型	设备数量			设备能力			设备出厂时间	设备投产时间	设备末次更新改造时间	设备制造国家、公司
	计量单位	安装数量	其中：使用数量	计量单位	安装设备能力	其中：使用设备能力				
一、人造块矿设备										
烧结机	台	2	2	万吨/年	357	357				
铁矿烧结机	台	2	2	万吨/年	357	357				
1 号烧结机	台	1	1	万吨/年	170	170	2003 年 3 月	2003 年 10 月		沈阳冶金机械厂
2 号烧结机	台	1	1	万吨/年	187	187	2006 年 9 月	2007 年 5 月		沈阳冶金机械厂

续表 10-89

设备名称及类型	设备数量			设备能力			设备出厂时间	设备投产时间	设备末次更新改造时间	设备制造国家、公司
	计量单位	安装数量	其中：使用数量	计量单位	安装设备能力	其中：使用设备能力				
二、炼铁及铸铁设备										
高炉	座	3	1	万吨/年	191	89				
其中：1号高炉	座	1	0	万吨/年	50	0	2001年6月29日	2001年6月29日	2008年10月15日	河北省安装公司
5号高炉	座	1	0	万吨/年	52	0	2003年10月25日	2003年10月25日	2013年1月20日	河北省安装公司
6号高炉	座	1	1	万吨/年	89	89	2011年11月	2011年11月		华北冶金建设公司
三、炼钢设备										
（一）炼钢设备										
铁水预处理设备	座	2	2	万吨/年	90	90				
脱硫设备	座	1	1	万吨/年	45	45	2008年8月	2008年11月		首钢国际
脱磷设备	座	1	1	万吨/年	45	45	2011年3月	2011年6月		首钢国际
混铁炉	座	3	3	万吨/年	315	315				
其中：1号	座	1	1	万吨/年	105	105	1994年8月	1995年8月		天津重型机械厂
2号	座	1	1	万吨/年	105	105	2002年6月	2002年9月		邯钢
3号	座	1	1	万吨/年	105	105	2012年2月	2012年5月		首钢设备结构厂
转炉										
顶底复合吹转炉	座	3	3	万吨/年	236	236				
其中：2号	座	1	1	万吨/年	70	70	2002年8月	2002年11月		奥钢联
3号	座	1	1	万吨/年	70	70	1994年8月	1995年8月		首钢设备结构厂
4号	座	1	1	万吨/年	96	96	2005年6月	2005年12月		首钢机械厂
二次冶金设备										
钢包精炼炉	座	5	3	万吨/年	290	180				

续表 10-89

设备名称及类型	设备数量			设备能力			设备出厂时间	设备投产时间	设备末次更新改造时间	设备制造国家、公司
	计量单位	安装数量	其中：使用数量	计量单位	安装设备能力	其中：使用设备能力				
其中：1号	座	1	1	万吨/年	50	50	2002年9月	2002年12月		奥钢联
2号	座	1	1	万吨/年	50	50	2004年8月	2004年11月		奥钢联
3号	座	1	1	万吨/年	80	80	2007年5月	2007年8月		西安桃园
4号	座	1	0	万吨/年	60	0	2010年3月	2010年8月		西门子、奥钢联
5号	座	1	0	万吨/年	50	0	2011年2月	2011年5月		西安桃园
氩氧精炼炉	座	1	1	万吨/年	80	80	2011年3月	2011年6月		西门子、奥钢联
RH精炼炉	座	1	1	万吨/年	80	80	2007年6月	2007年9月		宝钢工程
（二）连铸机										
方坯连铸机	台	4	4	万吨/年	230	230				
其中：3号	台	1	1	万吨/年	50	50	2004年3月	2004年6月		西门子、奥钢联
4号	台	1	1	万吨/年	50	50	2002年9月	2002年12月		西门子、奥钢联
5号	台	1	1	万吨/年	80	80	2007年5月	2007年8月		西重所
7号	台	1	1	万吨/年	50	50	2011年2月	2011年5月		西重所
圆坯连铸机	台	1	1	万吨/年	50	50				
6号方、圆坯机	台	1	1	万吨/年	50	50	2010年3月	2010年8月		西门子、奥钢联
四、钢加工设备										
钢压延加工设备										
初轧开坯设备										
开坯机	套	2	2	万吨/年	150	150				
1号开坯机	套	1	1	万吨/年	80	80	2007年8月	2007年8月		上海重型机械厂
2号开坯机	套	1	1	万吨/年	70	70	2011年5月	2011年5月		中冶赛迪

续表 10-89

设备名称及类型	设备数量			设备能力			设备出厂时间	设备投产时间	设备末次更新改造时间	设备制造国家、公司
	计量单位	安装数量	其中：使用数量	计量单位	安装设备能力	其中：使用设备能力				
线材轧机										
高速线材轧机	套	5	5	万吨/年	295	295				
线材一车间	套	1	1	万吨/年	41	41	1999 年 9 月	1999 年 9 月		南高齿、西航
线材二车间	套	1	1	万吨/年	41	41	2001 年 5 月	2001 年 11 月		南高齿、西航
线材三车间	套	1	1	万吨/年	71	71	2003 年 11 月	2004 年 1 月		南高齿、西航
线材四车间	套	1	1	万吨/年	71	71	2004 年 5 月	2004 年 11 月		南高齿、西航
线材五车间	套	1	1	万吨/年	71	71	2008 年 5 月	2008 年 8 月		南高齿、西航、西门子
加热炉	套	7	7	万吨/年	748. 24	748. 24				
1 号开坯加热炉	座	1	1	万吨/年	140. 16	140. 16	2007 年 8 月	2007 年 8 月		上海嘉德
2 号开坯加热炉	座	1	1	万吨/年	140. 16	140. 16	2011 年 5 月	2011 年 5 月		上海嘉德
一车间加热炉	座	1	1	万吨/年	100	100	2011 年 1 月	2011 年 1 月		北京凤凰
二车间加热炉	座	1	1	万吨/年	87. 6	87. 6	2001 年 5 月	2001 年 11 月		北京凤凰
三车间加热炉	座	1	1	万吨/年	87. 6	87. 6	2003 年 11 月	2004 年 1 月		北京凤凰
四车间加热炉	座	1	1	万吨/年	87. 6	87. 6	2004 年 5 月	2004 年 11 月		上海嘉德
五车间加热炉	座	1	1	万吨/年	105. 12	105. 12	2008 年 8 月	2008 年 8 月		上海嘉德
五、洗煤、炼焦、煤气及煤化工产品生产设备										
机械化焦炉	座	2	1	万吨/年	95	55				二十二冶
其中：1 号	座	1	0	万吨/年	40	0	2004 年 3 月	2004 年 3 月		二十二冶
2 号	座	1	1	万吨/年	55	55	2000 年 12 月	2000 年 12 月		二十二冶

（28）河南济源钢铁（集团）有限公司专业产品主要生产设备见表10-90。

表10-90 河南济源钢铁（集团）有限公司专业产品主要生产设备

设备名称及类型	设备数量			设备能力			设备出厂时间	设备投产时间	设备末次更新改造时间	设备制造国家、公司
	计量单位	安装数量	其中：使用数量	计量单位	安装设备能力	其中：使用设备能力				
一、人造块矿设备										
（一）铁矿烧结机	台	2	2	万吨/年	820	820				
1号烧结机	台	1	1	万吨/年	410	410	2018年1月	2019年4月	2022年11月	烧结机：沈阳博众重型机械制造有限公司（中国）；主抽风机：西安陕鼓动力股份有限公司（中国）。备注：1号机系统整体由中冶北方（大连）工程技术有限公司总包
2号烧结机	台	1	1	万吨/年	410	410	2022年4月	2022年10月		烧结机：鞍钢重型机械有限责任公司（中国）；主抽风机：豪顿华工程有限公司（中国）。备注：2号机系统整体由中冶北方（大连）工程技术有限公司总包
（二）球团设备	座	1	1	万吨/年	70	70				
链箅机回转窑	座	1	1	万吨/年	70	70	2006年1月	2007年1月	2023年12月	链箅机：沈阳传动机械厂；回转窑：中信重型机械公司；环冷机：朝阳拓普工业有限公司。上述单位均为国内
二、炼铁及铸铁设备	座	4	4	万吨/年	400	400				
1号高炉	座	1	1	万吨/年	140	140	2021年2月	2021年8月		炉顶装料设备：中鼎泰克冶金设备有限公司；炉前液压泥炮、开口机：西安重工冶金设备有限公司；上料卷扬机：中冶赛迪装备有限公司

续表 10-90

设备名称及类型	设备数量			设备能力			设备出厂时间	设备投产时间	设备末次更新改造时间	设备制造国家、公司
	计量单位	安装数量	其中：使用数量	计量单位	安装设备能力	其中：使用设备能力				
2 号高炉	座	1	1	万吨/年	120	120	2011 年 9 月	2012 年 3 月	2021 年 9 月	炉顶装料设备：北京中鼎泰克冶金设备有限公司（中国）；上料卷扬机：中冶赛迪装备有限公司（中国）；炉前开口机：桂林桂冶穿孔机械有限公司（中国）；炉前泥炮：中钢集团西安重机有限公司（中国）
3 号高炉	座	1	1	万吨/年	140	140	2022 年 5 月	2023 年 11 月		炉顶装料设备：北京中鼎泰克冶金设备有限公司（中国）；上料卷扬机：中冶赛迪装备有限公司（中国）；炉前开口机：桂林桂冶穿孔机械有限公司（中国）；炉前泥炮：中钢集团西安重机有限公司（中国）
三、炼钢设备										
（一）转炉	座	4	4	万吨/年	431	431				
1 号转炉	座	1	1	万吨/年	135	135	2012 年 2 月	2012 年 2 月		中冶京诚
2 号转炉	座	1	1	万吨/年	135	135	2012 年 3 月	2012 年 3 月		中冶京诚
3 号转炉	座	1	1	万吨/年	76	76	2003 年 9 月	2004 年 2 月	2023 年 11 月	中冶京诚
4 号转炉	座	1	1	万吨/年	85	85	2006 年 7 月	2006 年 12 月	2024 年 2 月	中冶京诚
（二）精炼炉	座	11	11	万吨/年	1080	1080				
1 号 LF	座	1	1	万吨/年	120	120	2012 年 3 月	2012 年 3 月		西安重型机械研究所
2 号 LF	座	1	1	万吨/年	120	120	2012 年 2 月	2012 年 2 月		西安重型机械研究所
3 号 LF	座	1	1	万吨/年	80	80	2004 年 4 月	2004 年 6 月	2023 年 11 月	西安桃园
4 号 LF	座	1	1	万吨/年	80	80	2007 年 5 月	2007 年 7 月	2023 年 11 月	西安桃园
5 号 LF	座	1	1	万吨/年	120	120	2013 年 10 月	2013 年 10 月		西安重型机械研究所

续表 10-90

设备名称及类型	设备数量			设备能力			设备出厂时间	设备投产时间	设备末次更新改造时间	设备制造国家、公司
	计量单位	安装数量	其中：使用数量	计量单位	安装设备能力	其中：使用设备能力				
6号LF	座	1	1	万吨/年	120	120	2018年9月	2018年9月		西安重型机械研究所
7号LF	座	1	1	万吨/年	80	80	2024年1月	2024年1月		西安桃园
1号RH	座	1	1	万吨/年	120	120	2019年9月	2019年9月		西安重型机械研究所
2号RH	座	1	1	万吨/年	120	120	2013年1月	2013年1月		西安重型机械研究所
1号VD	座	1	1	万吨/年	60	60	2024年1月	2024年1月		西安西重所
2号VD	座	1	1	万吨/年	60	60	2010年6月	2010年10月	2022年12月	西安西重所
（三）连铸机	台	7	7	万吨/年	630	630				
1号连铸机	台	1	1	万吨/年	120	120	2012年3月	2012年3月		中冶京诚
2号连铸机	台	1	1	万吨/年	120	120	2012年2月	2012年2月		上海重矿
3号连铸机	台	1	1	万吨/年	80	80	2003年9月	2004年2月	2024年2月	上海重矿
4号连铸机	台	1	1	万吨/年	80	80	2006年7月	2006年12月	2023年12月	上海重矿
5号连铸机	台	1	1	万吨/年	120	120	2013年5月	2013年5月		康卡斯特
6号连铸机	台	1	1	万吨/年	80	80	2022年11月	2022年11月		中冶京诚
大圆坯连铸机	台	1	1	万吨/年	30	30	2024年1月	2024年1月		意大利达涅利
四、钢加工设备	套	7	7	万吨/年	450	450				
一轧高线	套	1	1	万吨/年	60	60	2012年1月	2012年4月	2023年7月	精轧机、减定径、吐丝机：普锐特冶金技术有限公司（美国）
一轧棒卷	套	1	1	万吨/年	60	60	2009年1月	2009年3月	2022年1月	大盘卷设备、飞剪、控冷设备：达涅利（意大利）、KOCKS公司（德国）
一轧特大棒	套	1	1	万吨/年	100	100	2013年1月	2013年7月	2023年9月	开坯机、连轧机组、飞剪：达涅利（意大利）；减定径机组：KOCKS公司（德国）；砂轮锯：布朗（奥地利）

续表 10-90

设备名称及类型	设备数量			设备能力			设备出厂时间	设备投产时间	设备末次更新改造时间	设备制造国家、公司
	计量单位	安装数量	其中：使用数量	计量单位	安装设备能力	其中：使用设备能力				
二轧高线	套	1	1	万吨/年	60	60	2020 年 2 月	2001 年 6 月	2023 年 1 月	普锐特冶金公司（日本）、摩根（美国）
二轧螺纹钢	套	1	1	万吨/年	60	60	1997 年 6 月	1997 年 12 月	2021 年 1 月	达涅利冶金（意大利）
二轧小棒材	套	1	1	万吨/年	50	50	2020 年 2 月	2020 年 7 月	2023 年 12 月	KOCKS（德国）、布朗（奥地利）
洛阳国泰高线	套	1	1	万吨/年	60	60	2003 年 12 月	2006 年 6 月	2018 年 6 月	摩根（美国）

（29）河南中原特钢装备制造有限公司专业产品主要生产设备见表 10-91。

表 10-91 河南中原特钢装备制造有限公司专业产品主要生产设备

设备名称及类型	设备数量			设备能力			设备出厂时间	设备投产时间	设备末次更新改造时间	设备制造国家、公司
	计量单位	安装数量	其中：使用数量	计量单位	安装设备能力	其中：使用设备能力				
一、炼钢设备										
（一）电炉	台			万吨/年	31.2	31.2				
交流电弧炉	台			万吨/年	31.2	31.2				
60 吨电弧炉	台	1	1	万吨/年	30	30	2014 年 11 月	2015 年 3 月		TenovaS. P. A 特诺恩工业技术（北京）有限公司和西安西电鹏远重型电炉制造有限公司
中频无芯感应熔炼炉	台	1	1	万吨/年	1.2	1.2	2014 年 6 月	2015 年 7 月		应达工业（上海）有限公司
电渣重熔炉	台	8	8	万吨/年	2.46	2.46				
8 吨电渣炉	台	1	1	万吨/年	0.2	0.2	1984 年 3 月	1993 年 7 月	2008 年 12 月	原长春电炉厂改造西安西炉特种电炉公司
3012-0 电渣炉	台	1	1	万吨/年	0.25	0.25	2001 年 3 月	2001 年 7 月		西安鹏远重型电炉制造有限公司

续表 10-91

设备名称及类型	设备数量			设备能力			设备出厂时间	设备投产时间	设备末次更新改造时间	设备制造国家、公司
	计量单位	安装数量	其中：使用数量	计量单位	安装设备能力	其中：使用设备能力				
60508 电渣炉	台	2	2	万吨/年	0.36	0.36	2006年6月	2006年12月		西安鹏远重型电炉制造有限公司
JY-0701 电渣炉	台	1	1	万吨/年	0.2	0.2	2008年4月	2008年11月		沈阳东大工程研究所
0714 电渣炉	台	2	2	万吨/年	0.4	0.4	2008年1月	2008年12月		西安西炉特种电炉公司
20吨电渣炉 0808-8	台	1	1	万吨/年	0.5	0.5	2008年12月	2009年11月		西安西炉特种电炉公司
15吨电渣炉	台	1	1	万吨/年	0.3	0.3	2011年11月	2013年1月		沈阳东大兴科冶金技术有限公司
12吨电渣炉	台	1	1	万吨/年	0.25	0.25	2021年1月	2022年6月		辽宁辽重机械制造有限公司
（二）二次冶金设备										
钢包炉（LF）										
LF炉	台	2	2	万吨/年	30	30	2014年11月	2015年3月		TenovaS. P. A 特诺恩工业技术（北京）有限公司和西安西电鹏远重型电炉制造有限公司
真空氧气脱碳装置（VOD、VAD、VHD）										
60吨 VOD 炉	台	1	1	万吨/年	30	30	2014年11月	2015年3月		TenovaS. P. A 特诺恩工业技术（北京）有限公司和西安迈特瑞冶金设备技术有限公司
AOD 炉及配套设备	台	1	1	万吨/年	10	10	2014年1月	2015年7月		上海又成钢铁设备科技有限公司
（三）浇铸设备										
连铸机	台	1	1	万吨/年	30	30	2014年12月	2015年6月		西门子（中国）有限公司
二、钢加工设备										
钢压延加工设备				万吨/年	15	15				

续表 10-91

设备名称及类型	设备数量			设备能力			设备出厂时间	设备投产时间	设备末次更新改造时间	设备制造国家、公司
	计量单位	安装数量	其中：使用数量	计量单位	安装设备能力	其中：使用设备能力				
锻锤				万吨/年	8	8				
其中：精锻机	台	1	1	万吨/年	3	3	1980 年 6 月	1984 年 8 月		奥地利 GFM 公司
精锻机	台	1	1	万吨/年	5	5	2010 年 11 月	2011 年 1 月		奥地利 GFM 公司
其他压延设备										
油压机				万吨/年	7	7				
其中：油压机	台	1	1	万吨/年	2	2	1994 年 3 月	1994 年 8 月		北京重型机械厂德国番克公司
油压机	台	1	1	万吨/年	3	3	2008 年 1 月	2009 年 6 月		德国 MEER 公司
快锻液压机	台	1	1	万吨/年	2	2	2013 年 1 月	2014 年 12 月		兰州兰石重工

（30）芜湖新兴铸管有限公司专业产品主要生产设备见表 10-92。

表 10-92 芜湖新兴铸管有限公司专业产品主要生产设备

设备名称及类型	设备数量			设备能力			设备出厂时间	设备投产时间	设备末次更新改造时间	设备制造国家、公司
	计量单位	安装数量	其中：使用数量	计量单位	安装设备能力	其中：使用设备能力				
265 平方米铁矿烧结机	台	2	2	万吨/年	628	628		2015 年 9 月		
1280 立方米炼铁高炉	座	2	2	万吨/年	275	275		2015 年 9 月		
顶吹转炉（公称容量 120 吨）	座	2	2	万吨/年	310	310		2015 年 10 月		
连铸机	台	4	4	万吨/年	300	300		2015 年 11 月		
小型型钢轧机	套	5	5	万吨/年	300	300		2015 年 11 月		
机械化 58 孔焦炉	座	2	2	万吨/年	120	120		2015 年 9 月		

（31）方大特钢科技股份有限公司专业产品主要生产设备见表10-93。

表10-93 方大特钢科技股份有限公司专业产品主要生产设备

设备名称及类型	设备数量			设备能力			设备出厂时间	设备投产时间	设备末次更新改造时间	设备制造国家、公司
	计量单位	安装数量	其中：使用数量	计量单位	安装设备能力	其中：使用设备能力				
一、人造块矿设备										
（一）烧结机	台	2	2	万吨/年	430	430				
铁矿烧结机	台	2	2	万吨/年	430	430				
245平方米烧结机	台	1	1	万吨/年	270	270	2011年8月	2011年8月		
130平方米烧结机	台	1	1	万吨/年	160	160	2004年5月	2004年5月		
（二）球团设备	座	2	2	万吨/年	90	90				
铁矿球团竖炉	座	2	2	万吨/年	90	90				
10平方米球团竖炉×2	座	2	2	万吨/年	90	90	2002年3月	2002年3月		
二、炼铁及铸铁设备										
高炉	座	3	3	万吨/年	315	315				
1号高炉	座	1	1	万吨/年	125	125	2006年10月	2006年10月		
2号高炉	座	1	1	万吨/年	125	125	2011年12月	2011年12月		
3号高炉	座	1	1	万吨/年	65	65	2004年2月	2004年2月	2017年3月	
三、炼钢设备										
（一）炼钢设备										
转炉	座	3	3	万吨/年	360	360				
顶吹转炉	座	3	3	万吨/年	360	360				
1号顶吹转炉	座	1	1	万吨/年	120	120	2004年7月	2004年7月	2008年8月	
2号顶吹转炉	座	1	1	万吨/年	120	120	2004年4月	2004年4月	2008年12月	
3号顶吹转炉	座	1	1	万吨/年	120	120	2006年	2007年	2008年9月	

续表 10-93

设备名称及类型	设备数量			设备能力			设备出厂时间	设备投产时间	设备末次更新改造时间	设备制造国家、公司
	计量单位	安装数量	其中：使用数量	计量单位	安装设备能力	其中：使用设备能力				
（二）连铸机	台	4	4	万吨/年	360	360				
方坯连铸机	台	4	4	万吨/年	360	360				
0 号方坯连铸机	台	1	1	万吨/年	80	80	2010 年	2010 年		
1 号方坯连铸机	台	1	1	万吨/年	100	100	2007 年	2007 年		
2 号方坯连铸机	台	1	1	万吨/年	100	100	2004 年	2004 年		
3 号方坯连铸机	台	1	1	万吨/年	80	80	2004 年	2004 年		
四、钢加工设备										
钢压延加工设备	套	4	4	万吨/年	360	360				
中型型钢轧机	套	2	2	万吨/年	170	170				
弹扁线中型型钢轧机	套	1	1	万吨/年	75	75	1970 年	1970 年	2008 年	
优特钢线中型型钢轧机	套	1	1	万吨/年	95	95	2011 年	2011 年		
小型型钢轧机	套	1	1	万吨/年	120	120				
棒材线小型型钢轧机	套	1	1	万吨/年	120	120	2001 年	2001 年		
线材轧机										
高速线材轧机	套	1	1	万吨/年	70	70				
高线高速线材轧机	套	1	1	万吨/年	70	70	2008 年 5 月	2008 年 10 月		
五、洗煤、炼焦、煤气及煤化工产品生产设备										
机械化焦炉										
1 号炉顶装型	座	1	1	万吨/年	46	46	1985 年	1990 年	2005 年	
2 号炉捣固型	座	1	1	万吨/年	40	40	2006 年	2006 年		

（32）凌源钢铁集团有限责任公司专业产品主要生产设备见表10-94。

表10-94 凌源钢铁集团有限责任公司专业产品主要生产设备

设备名称及类型	设备数量			设备能力			设备出厂时间	设备投产时间	设备末次更新改造时间	设备制造国家、公司
	计量单位	安装数量	其中：使用数量	计量单位	安装设备能力	其中：使用设备能力				
一、黑色金属矿、非金属矿采选及煅烧专业设备										
（一）采矿设备										
中深孔钻机	台	20	20	米/年	47000	47000				
中深孔钻机	台	20	20	米/年	47000	47000	2011年11月	2011年11月	2022年4月	
凿岩机	台	10	10	米/年	168000	168000				
凿岩钻机	台	4	4	米/年	96000	96000	2011年8月	2011年9月		
凿岩钻机	台	4	4	米/年	48000	48000	2011年1月	2023年1月		
电铲	台	7	7	万吨/年	65	65				
电动铲运机	台	5	5	万吨/年	50	50	2009年3月	2009年7月		
电动铲运机	台	2	2	万吨/年	15	15	2012年12月	2013年12月		
液压铲	台	4	4	万吨/年	28	28				
液压铲运机	台	2	2	万吨/年	13	13	2007年6月	2009年7月		
液压铲运机	台	2	2	万吨/年	15	15	2012年12月	2012年12月	2023年2月	
电机车	台	17	17	自重/吨	156	156				
10吨电机车	台	6	6	自重/吨	60	40				
10吨电机车	台	5	5	自重/吨	50	50	2007年6月	2007年9月		
10吨电机车	台	4	4	自重/吨	40	40	2012年7月	2013年5月		
3吨电机车	台	2	2	自重/吨	6	6	2010年8月	2010年12月		
提升机	台	4	4	千瓦	3830	3830				

续表 10-94

设备名称及类型	设备数量			设备能力			设备出厂时间	设备投产时间	设备末次更新改造时间	设备制造国家、公司
	计量单位	安装数量	其中：使用数量	计量单位	安装设备能力	其中：使用设备能力				
提升机	台	4	4	千瓦	3830	3830	2006 年 9 月	2007 年 1 月	2012 年 7 月	
（二）选矿、洗矿设备										
破碎机										
粗破碎机	台	4	4	万吨/年	370	370				
PE-900×1200 破碎机	台	4	4	万吨/年	370	370				
中破碎机										
细破碎机										
磨矿机										
一次球磨机	台	11	11	万吨/年	793	793				
3. 2×4. 5 球磨机	台	3	3	万吨/年	150	150				
4. 0×6. 7 球磨机	台	1	1	万吨/年	226	226				
3. 2×5. 4 球磨机	台	2	2	万吨/年	140	140				
MQG3245 球磨机	台	4	4	万吨/年	70	70				
二次球磨机										
三次球磨机										
无介质球磨机	台	1	1	万吨/年	226	226				
8. 0×2. 8 无介质球磨机	台	1	1	万吨/年	226	226				
磁选机	台	47	47	万吨/年	3250	3250				
CBT1021-1230	台	47	47	万吨/年	3250	3250				
过滤机	台	4	4	万吨/年	95	95				
ZPG-72 过滤机	台	3	3	万吨/年	45	45	2006 年 9 月	2007 年 12 月		

续表 10-94

设备名称及类型	设备数量			设备能力			设备出厂时间	设备投产时间	设备末次更新改造时间	设备制造国家、公司
	计量单位	安装数量	其中：使用数量	计量单位	安装设备能力	其中：使用设备能力				
ZPG-120 过滤机	台	1	1	万吨/年	50	50	2007 年 12 月	2007 年 12 月		
二、人造块矿设备										
（一）烧结机	台	3	3	万吨/年	824. 8	824. 8				
铁矿烧结机	台	3	3	万吨/年	824. 8	824. 8				
烧结机	台	1	1	万吨/年	316. 8	316. 8	2020 年 7 月	2021 年 1 月		
烧结机	台	1	1	万吨/年	300	300	2008 年 2 月	2008 年 12 月	2015 年 12 月	河北安装公司
烧结机	台	1	1	万吨/年	208	208	2011 年 3 月	2011 年 10 月		中冶北方工程公司
（二）球团设备	座	1	1	万吨/年	200	200				
铁矿球团回转窑	座	1	1	万吨/年	200	200				
链算机回转窑	座	1	1	万吨/年	200	200	2012 年 7 月	2012 年 9 月		
三、炼铁及铸铁设备										
高炉	座	5	5	万吨/年	535	535				
高炉	座	2	2	万吨/年	135	135	1999 年 11 月	2001 年 1 月	2015 年 3 月	
高炉	座	2	2	万吨/年	210	210	2008 年 11 月	2008 年 11 月		
高炉	座	1	1	万吨/年	190	190	2012 年 8 月	2012 年 10 月		
四、炼钢设备										
（一）炼钢设备										
转炉	座	4	4	万吨/年	600	600				
顶底复合吹转炉	座	4	4	万吨/年	570	570				
4 号转炉	座	1	1	万吨/年	135	135	2022 年 6 月	2022 年 12 月		
2 号、3 号转炉	座	2	2	万吨/年	290	290	2012 年 7 月	2012 年 9 月		

续表 10-94

设备名称及类型	设备数量			设备能力			设备出厂时间	设备投产时间	设备末次更新改造时间	设备制造国家、公司
	计量单位	安装数量	其中：使用数量	计量单位	安装设备能力	其中：使用设备能力				
1 号转炉	座	1	1	万吨/年	145	145	2022 年 6 月	2022 年 12 月		
（二）连铸机	台	8	8	万吨/年	885	885				
方坯连铸机	台	7	7	万吨/年	765	765				
1 号连铸机	台	1	1	万吨/年	90	90	1990 年 5 月	1990 年 9 月	2007 年 6 月	衡阳机械总厂
2 号连铸机	台	1	1	万吨/年	75	75	2002 年 2 月	2002 年 2 月	2007 年 5 月	冶金技术工程公司
3 号连铸机	台	1	1	万吨/年	80	80	2008 年 6 月	2008 年 9 月		中冶连铸
4 号连铸机	台	1	1	万吨/年	120	120	2010 年 5 月	2010 年 5 月		
6 号连铸机	台	1	1	万吨/年	120	120	2012 年 9 月	2012 年 9 月		
7 号连铸机	台	1	1	万吨/年	140	140	2012 年 7 月	2012 年 9 月		
8 号连铸机	台	1	1	万吨/年	140	140	2015 年 10 月	2015 年 10 月		
板坯连铸机										
普通板坯连铸机	台	1	1	万吨/年	120	120				
1 号板坯	台	1	1	万吨/年	120	120	2008 年 8 月	2008 年 12 月		
五、钢加工设备										
（一）钢压延加工设备	套	20	20	万吨/年	701	701				
大型型钢轧机	套	1	1	万吨/年	110	110				
大型轧机	套	1	1	万吨/年	110	110	2012 年 9 月	2012 年 9 月		
1V-4H 轧机										
5V-8H 轧机										
中型型钢轧机	套	1	1	万吨/年	80	80				
中型轧机	套	1	1	万吨/年	80	80	1990 年 10 月	1990 年 10 月	2011 年 8 月	南京高精工程设备公司

续表 10-94

设备名称及类型	设备数量			设备能力			设备出厂时间	设备投产时间	设备末次更新改造时间	设备制造国家、公司
	计量单位	安装数量	其中：使用数量	计量单位	安装设备能力	其中：使用设备能力				
1V、2H 轧机										南京高精工设备有限公司
3V 轧机										南京高精工设备有限公司
4H、5V 轧机										南京高精工设备有限公司
6H、7V 轧机										南京高精工设备有限公司
8H、10H 轧机										南京高精工设备有限公司
9V、11V 轧机										安徽潮湖 74102 厂
小型型钢轧机	套	3	3	万吨/年	263	263				
1 号机组	套	1	1	万吨/年	78	78	2001 年 4 月	2001 年 6 月	2014 年 11 月	鞍山制造公司
1 号、2 号轧机										
3 号、4 号轧机										
5~7 号轧机										
8~10 号、12 号轧机										
11 号轧机										
13 号轧机										
K1、K3、K5 轧机										
K2、K4、K6 轧机										
2 号机组	套	1	1	万吨/年	105	105	2008 年 8 月	2008 年 9 月		南京齿轮公司
1H、2V 轧机										
3H、4V、5H、6V 轧机										
7H、8V、9H、10V 轧机										
11H、12V 轧机										

续表 10-94

设备名称及类型	设备数量			设备能力			设备出厂时间	设备投产时间	设备末次更新改造时间	设备制造国家、公司
	计量单位	安装数量	其中：使用数量	计量单位	安装设备能力	其中：使用设备能力				
13H、14V、15H、16H/V 轧机										
17V、18H/V 轧机										
3 号机组	套	1	1	万吨/年	80	80	2012 年 9 月	2012 年 9 月		
1H、2V 轧机										
3H、4V、5H、6V 轧机										
7H、8V 轧机										
9H、10V 轧机										
11H、12V 轧机										
13H、14V 轧机										
15H、16V 轧机										
线材轧机	套	1	1	万吨/年	60	60				
高速线材轧机	套	1	1	万吨/年	60	60				
线材轧机	套	1	1	万吨/年	60	60	2012 年 9 月	2012 年 9 月		
1 号、2 号轧机										
3~6 号轧机										
7~12 号轧机										
13 号、14 号轧机										
15~18 号轧机										
19~23 号轧机										
24~28 号轧机										

续表 10-94

设备名称及类型	设备数量			设备能力			设备出厂时间	设备投产时间	设备末次更新改造时间	设备制造国家、公司
	计量单位	安装数量	其中：使用数量	计量单位	安装设备能力	其中：使用设备能力				
热轧中宽钢带轧机										
中宽热带轧机	套	1	1	万吨/年	140	140	1996 年 9 月	1996 年 9 月	2022 年 10 月	
E1 轧机										
R1 轧机										
R2 轧机										
E2 轧机										
FOE 轧机										
F1 轧机										
F2 轧机										
F3～F6 轧机										
钢管轧机	台	2	2	万吨/年	6	6				
热轧无缝钢管轧机（机组）	台	2	2	万吨/年	6	6				
80 毫米无缝机组	台	1	1	万吨/年	3	3	2012 年 12 月	2012 年 12 月		
114 毫米无缝机组	台	1	1	万吨/年	3	3	2012 年 12 月	2012 年 12 月		
（二）焊接加工设备	套	11	11	万吨/年	42	42				
电焊钢管轧机	套	6	6	万吨/年	27	27				
直缝电焊管机	套	6	6	万吨/年	27	27				
219 毫米轧机	套	1	1	万吨/年	5	5	2001 年 10 月	2001 年 11 月	2007 年 2 月	南京轻工机械厂
114 毫米轧机	套	1	1	万吨/年	4	4	1990 年 8 月	1990 年 8 月	1998 年 12 月	北京冶金机械厂
76 毫米轧机	套	1	1	万吨/年	4	4	1989 年 12 月	1990 年 2 月	1999 年 12 月	北京冶金机械厂

续表 10-94

设备名称及类型	设备数量			设备能力			设备出厂时间	设备投产时间	设备末次更新改造时间	设备制造国家、公司
	计量单位	安装数量	其中：使用数量	计量单位	安装设备能力	其中：使用设备能力				
50 毫米轧机	套	1	1	万吨/年	0.5	0.5	2001 年 10 月	2001 年 12 月		石家庄机电公司
114 毫米重型机组	套	1	1	万吨/年	5	5	2010 年 3 月	2010 年 7 月		
325 毫米机组	套	1	1	万吨/年	8.5	8.5	2010 年 3 月	2010 年 7 月		
螺旋缝电焊管机	套	5	5	万吨/年	15	15				
920 毫米机组	套	1	1	万吨/年	1.5	1.5	2010 年 3 月	2010 年 7 月		
1820 毫米机组	套	1	1	万吨/年	1.5	1.5	2010 年 3 月	2010 年 7 月		
426 毫米机组	套	3	3	万吨/年	12	12	2013 年 12 月	2013 年 12 月	2014 年 5 月	
六、洗煤、炼焦、煤气及煤化工产品生产设备										
机械化焦炉	座	1	1	万吨/年	65	65				
焦炉	座	1	1	万吨/年	65	65	1994 年 8 月	1994 年 12 月		第三冶金建设公司

（33）湖南华菱衡阳钢管有限公司专业产品主要生产设备见表 10-95。

表 10-95　湖南华菱衡阳钢管有限公司专业产品主要生产设备

设备名称及类型	设备数量			设备能力			设备出厂时间	设备投产时间	设备末次更新改造时间	设备制造国家、公司
	计量单位	安装数量	其中：使用数量	计量单位	安装设备能力	其中：使用设备能力				
一、人造块矿设备										
烧结机	台	1	1	万吨/年	180	180				
铁矿烧结机	台	1	1	万吨/年	180	180				
铁矿烧结机	台	1	1	万吨/年	180	180	2009 年 1 月	2009 年 4 月		中冶长天

续表 10-95

设备名称及类型	设备数量			设备能力			设备出厂时间	设备投产时间	设备末次更新改造时间	设备制造国家、公司
	计量单位	安装数量	其中：使用数量	计量单位	安装设备能力	其中：使用设备能力				
二、炼铁及铸铁设备										
（一）高炉	座	1	1	万吨/年	83	83				
高炉	座	1	1	万吨/年	83	83	2009年1月	2009年4月		中鼎泰克
（二）铸铁机	台	2	2	万吨/年	56	56				
1号铸铁机	台	1	1	万吨/年	28	28	2009年1月	2009年4月		洛阳
2号铸铁机	台	1	1	万吨/年	28	28	2009年8月	2009年12月		宝鸡
三、炼钢设备										
（一）电炉	座	3	3	万吨/年	130	130				
交流电弧炉	座	3	3	万吨/年	130	130				
1号电炉	座	1	1	万吨/年	25	25	1990年1月	1991年12月		西安电炉厂
2号电炉	座	1	1	万吨/年	25	25	1993年8月	1994年12月		西安电炉厂
90吨电炉	座	1	1	万吨/年	80	80	2005年1月	2005年12月		意大利达涅利公司
二次冶金设备										
钢包炉	座	4	4	万吨/年	130	130				
小管坯	座	3	3	万吨/年	50	50	1993年8月	1994年12月	2012年11月	西安鹏远、中冶南方
大管坯	座	1	1	万吨/年	80	80	2005年1月	2005年12月		无锡扬名
真空脱气装置	座	3	3	万吨/年	160	160				
小管坯	座	1	1	万吨/年	45	45	2007年	2008年		杭州西湖真空泵厂
小管坯	座	1	1	万吨/年	45	45	2017年	2018年		兑通
大管坯	座	1	1	万吨/年	70	70	2020年2月	2020年7月		兑通
（二）连铸机										
圆坯连铸机	台	3	3	万吨/年	150	150				

续表 10-95

设备名称及类型	设备数量			设备能力			设备出厂时间	设备投产时间	设备末次更新改造时间	设备制造国家、公司
	计量单位	安装数量	其中：使用数量	计量单位	安装设备能力	其中：使用设备能力				
小管坯	台	1	1	万吨/年	50	50	1990 年 1 月	1990 年 12 月	2012 年 12 月	中冶连铸
大管坯	台	1	1	万吨/年	80	80	2005 年 1 月	2005 年 12 月		意大利达涅利公司
大圆坯	台	1	1	万吨/年	20	20	2010 年 2 月	2010 年 10 月		中冶京诚
四、钢加工设备										
钢压延加工设备										
钢管轧机	台	6	6	万吨/年	197	197				
热轧无缝钢管轧机	台	6	6	万吨/年	197	197				
219 机组	台	1	1	万吨/年	18	18	2007 年 5 月	2008 年 4 月		太重
89 机组	台	1	1	万吨/年	24	24	1995 年 6 月	1997 年 1 月	2019 年 7 月	德国、中冶赛迪
340 机组	台	1	1	万吨/年	70	70	2004 年 8 月	2005 年 2 月		德国
720 机组	台	1	1	万吨/年	15	15	2009 年 1 月	2009 年 7 月		德国
720 机组	台	1	1	万吨/年	20	20	2021 年 11 月	2021 年 12 月		中冶赛迪
180 机组	台	1	1	万吨/年	50	50	2011 年 1 月	2011 年 12 月		德国、太重

10.4 主要特殊钢企业主要领导班子成员

（1）宝武特种冶金有限公司主要领导班子成员见表 10-96。

表 10-96 宝武特种冶金有限公司主要领导班子成员

姓名	性别	年龄	职务	分工主管工作
章青云	男	55	党委书记、董事长	负责公司党务工作。履行党建、安全、环保、军工配套、保密第一责任人职责。负责战略规划、组织绩效、审计、外事工作

续表 10-96

姓名	性别	年龄	职务	分工主管工作
陈步权	男	56	总经理、党委副书记	全面负责公司经营管理工作。负责原材料采购、市场营销、进出口业务、海关事务、科技创新、质量管理、军品配套、产品认证、档案工作，负责财务、风险内控、公司治理、法务合规、信息化工作
钱海平	男	54	副总经理、党委委员	负责生产制造、成本管理、综合体系、安全、环保、消防、能源管理工作，协管质量管理工作。协管质量保证部
徐克勤	男	52	党委副书记、纪委书记、工会主席	负责干部工作、人才工作，负责基层党组织建设、思想政治、宣传工作、意识形态、统战、人力资源、纪检、信访维稳、工会、共青团、保密、行政事务、企业文化（公共关系、品牌）工作，协管党务工作、外事工作
刘剑恒	男	59	副总经理、党委委员	负责设备与计量、资材备件采购、技改及工程建设、新基地项目建设工作
李永东	男	50	副总经理、党委委员	负责钛产业规划发展战略相关工作推进、钛业对口子公司业务协同策划及推进，协管战略规划、资本运作

（2）中信泰富特钢集团有限公司主要领导班子成员见表 10-97。

表 10-97 中信泰富特钢集团有限公司主要领导班子成员

姓名	性别	年龄	职务	分工主管工作
钱 刚	男	57	党委书记、董事长	主持集团全面工作
李国忠	男	56	党委副书记、总裁	主持集团日常经营管理工作
郑静洪	男	55	党委副书记、工会主席	党务、工会、人事、学院
丁民东	男	59	纪委书记	纪检
谢文新	男	56	副总裁	生产、安全、环保
罗元东	男	51	副总裁	销售
程时军	男	58	总审计师	审计
倪幼美	女	57	总会计师	财务
王海勇	男	48	董事会秘书	董办、法务部、投管部

（3）太原钢铁（集团）有限公司主要领导班子成员见表 10-98。

表 10-98 太原钢铁（集团）有限公司主要领导班子成员

姓名	性别	年龄	职务	分工主管工作
盛更红	男	59	党委书记、董事长	企业法定代表人，全面负责公司工作，贯彻落实党委、董事会决议决定，承担党的建设第一责任人责任
李　华	男	51	党委副书记、总经理	全面负责公司经营管理工作，贯彻落实党委、董事会决议决定，落实党的建设“一岗双责”责任
汪　震	男	50	党委副书记、纪委书记	协助党委负责公司党的建设、思想政治建设、党风廉政建设、反腐败和党委巡察工作。全面负责纪委工作，履行监督执纪问责职责
尚佳君	男	49	党委常委、太钢不锈总经理	协助总经理负责钢铁板块战略规划、生产经营及能环、安全、保卫、消防、交通工作
刘鹏飞	男	53	党委常委、副总经理	协助总经理负责公司财务、改革、金融、资本运营、法律事务、证券、不动产、土地矿权、风险控制工作，负责“一总部多基地”经营中心的体系建设与推进。协助党委书记、总经理管理审计工作
高　峰	男	47	党委常委、副总经理	协助总经理负责公司钢铁板块营销、采购、镍矿镍铁工作
南　海	男	53	党委常委、太钢不锈副总经理	协助太钢不锈总经理负责太原基地钢铁产业，负责生产经营、品种质量提升和效率提升工作
李建民	男	59	总工程师	协助总经理负责公司科研、技术、质量、保密工作，负责“一总部多基地”研发中心的体系建设与推进

（4）西宁特殊钢股份有限公司主要领导班子成员见表 10-99。

表 10-99 西宁特殊钢股份有限公司主要领导班子成员

姓名	性别	年龄	职务	分工主管工作
张永利	男	59	党委书记、董事长	主持集团公司党委、董事会全面工作
马玉成	男	55	党委副书记、总经理	主持集团公司生产经营管理工作，负责组织实施董事会决议，执行、落实和检查集团公司党委会议做出的相关决议和部署；统筹做好各公司经营运行及生产组织和安全环保等工作

续表 10-99

姓名	性别	年龄	职务	分工主管工作
史　佐	男	53	党委副书记	协助党委书记负责党委日常工作，组织制订党委年度工作计划，协助党委书记抓好党建、思想政治、意识形态和党风廉政建设等工作；负责集团公司团青工作；负责集团公司人才工作；负责集团公司企业文化建设工作；负责集团公司统战、保密、信访接待及安保工作。分管党委办公室党建工作、组织部、宣传部
宋永进	男	54	纪委书记	主持集团公司纪检监察工作。抓好党风廉政建设，贯彻执行党风廉政建设责任制，及时查处党员违纪行为和监察对象滥用公权力行为及治安案件，受理党员的控告和申诉；监督、检查、指导各公司纪委工作，履行监察督导职责；负责集团公司党委巡察工作。分管党委巡察办公室、纪委监督检查室
张　伟	男	50	副总经理、工会主席、总调度长	参与集团公司重大项目的可行性研究，参与制订集团公司发展规划、生产经营方针、策略和业绩考核办法，负责集团公司各项战略部署的组织实施工作；负责安全环保工作，组织编制安全、环保工作规划、计划及事故应急预案，协调、监督各公司安全环保工作；负责全公司设备能源管理工作。组织提议、讨论设备管理能力提升、设备能源工艺技术改造、工程项目建设的可研、论证和项目立项决策工作；负责制订公司设备能源工作规划，拟订公司年度设备能源工作计划，并组织实施。负责集团公司信息化管理及“两化融合”工作；负责工会工作。组织开展民主管理和民主监督，维护职工的合法权益，关心职工生活，组织开展文化活动，活跃职工文化生活。负责组织、讨论和决定分管工作中的重大事项，并向集团公司报告以上事项的制订和实施情况。负责统筹协调集团公司生产运行工作；分管集团公司分管设备能源管理中心、自信公司、生产指挥中心、安全环保管理中心、工会工作部
钟新宇	男	51	副总经理	参与集团公司重大项目的可行性研究，参与制订集团公司发展规划、生产经营方针、策略和业绩考核办法，负责集团公司各项战略部署的组织实施工作；负责集团公司财务管理工作；组织建立和健全集团公司的经济核算办法及财务管理制度，监督、指导各公司财务、资产、资金管理工作；负责集团公司资本运作，统筹制订集团公司融资计划并组织实施，指导各子公司融资计划制订工作，并监督执行；协助董事长做好集团公司董事会工作；协助董事长做好内部审计工作；分管财务管理中心、董秘（法务）部

续表 10-99

姓名	性别	年龄	职务	分工主管工作
张伯影	男	53	总工程师，股份公司党委副书记、总经理，矿冶公司党委书记、董事长	参与集团公司重大项目的可行性研究，参与制订集团公司发展规划、生产经营方针、策略和业绩考核办法，负责集团公司各项战略部署的组织实施工作；协助总经理全面负责集团公司技术质量管理工作；具体负责股份公司经营管理工作；负责集团产品结构调整工作，技术工艺优化工作；主持矿冶公司党委全面工作，主持矿冶公司董事会工作，负责股份公司股东会、董事会决议的贯彻落实，检查实施情况；组织提议、讨论、决策矿冶公司的发展规划、项目投资、经营方针、年度计划、绩效考核及日常经营工作中的重大事项；代表董事会布置、指导、检查、督促、协调、考核、评价矿冶公司经理层和各部门的工作，并向集团公司报告以上事项的制订和实施情况；负责公司科技专家委员会日常工作及专业技术人才队伍建设和考核工作
于　斌	男	54	集团公司采购中心党总支书记	参与集团公司重大项目的可行性研究，参与制订集团公司发展规划、生产经营方针、策略和业绩考核办法，负责集团公司各项战略部署的组织实施工作；负责公司物资采购中心日常管理工作。在集团公司价格委员会的指导下，负责集团公司采购专业委员会日常管理工作；负责组织、讨论和决定分管工作中的重大事项，并向集团公司报告以上事项的制订和实施情况；负责集团公司矿山管理工作；分管公司物资经营采购管理中心、都兰公司
苗红生	男	55	总工程师、股份公司常务副总经理	参与集团公司重大项目的可行性研究，参与制订集团公司发展规划、生产经营方针、策略和业绩考核办法，负责集团公司各项战略部署的组织实施工作；协助总经理全面负责集团公司技术质量管理工作；负责集团公司技术工艺优化工作；负责集团产品结构调整工作；负责公司专业技术人才队伍建设和考核工作；分管科技开发有限公司
周　泳	男	52	总经济师，股份公司财务总监	参与集团公司重大项目的可行性研究，参与制订集团公司发展规划、生产经营方针、策略和业绩考核办法，负责集团公司各项战略部署的组织实施工作；负责集团公司规划管理工作；负责集团公司运营改善和经营运行分析及管理改善提升工作；负责集团公司国企改革工作，组织起草发展规划、年度计划、经营业绩考核办法并组织实施；分管运营改善管理中心、股份公司财务部

续表 10-99

姓名	性别	年龄	职务	分工主管工作
吴海峰	男	47	副总经济师、董事会秘书、总法律顾问、董秘法务部主任、审计部主任、股份公司党委副书记，江仓公司党委书记、董事长	参与集团公司重大项目的可行性研究，参与制订集团公司发展规划、生产经营方针、策略和业绩考核办法，负责集团公司各项战略部署的组织实施工作；协助股份公司党委书记负责股份公司党委日常工作；主持江仓党委、董事会全面工作；组织提议、讨论、决策江仓公司的发展规划、项目投资、经营方针、年度计划、绩效考核及日常经营工作中的重大事项；布置、指导、检查、督促、协调、考核、评价江仓公司经理层和各部门的工作；协助董事长及分管领导具体负责集团公司对外投资、对内投资收益的管理，防范和控制投资、经营风险；协助集团分管领导做好集团公司资本运作；具体负责组织集团公司董事会日常事务；具体负责处理集团公司和控股子公司的法律事务和各类经济合同管理与法律咨询以及员工法治教育等工作；负责公司内部审计工作；分管董秘法务部、审计部
马元升	男	55	副总经济师、股份公司副总经理	参与集团公司重大项目的可行性研究，参与制订集团公司发展规划、生产经营方针、策略和业绩考核办法，负责集团公司各项战略部署的组织实施工作；在集团公司价格委员会的指导下，具体负责集团公司产品销售专业委员会日常管理工作；负责组织、讨论和决定分管工作中的重大事项，并向集团公司报告以上事项的制订和实施情况；参与集团公司运营改善和经营运行分析及管理改善提升工作；参与集团公司国企改革工作；参与起草发展规划、年度计划、经营业绩考核办法并组织实施；分管营销部
何小林	男	49	副总经济师、股份公司副总经理、物资采购中心副主任	参与集团公司重大项目的可行性研究，参与制订集团公司发展规划、生产经营方针、策略和业绩考核办法，负责集团公司各项战略部署的组织实施工作；参与集团公司规划管理工作；在集团公司价格委员会的指导下，协同集团公司物资经营采购管理中心主任具体负责集团公司采购专业委员会日常管理工作；负责组织、讨论和决定分管工作中的重大事项，并向集团公司报告以上事项的制订和实施情况；参与集团公司运营改善和经营运行分析及管理改善提升工作；参与集团公司国企改革工作；参与起草发展规划、年度计划、经营业绩考核办法并组织实施。分管股份公司物资采购管理中心
曹小军	男	50	副总调度长、生产指挥中心主任、股份公司副总经理	参与集团公司重大项目的可行性研究，参与制订集团公司发展规划、生产经营方针、策略和业绩考核办法，负责集团公司各项战略部署的组织实施工作；协助集团分管领导做好生产运行工作；分管集团生产指挥中心、股份公司安全环保部

（5）石家庄钢铁有限责任公司主要领导班子成员见表 10-100。

表 10-100　石家庄钢铁有限责任公司主要领导班子成员

姓名	性别	年龄	职务	分工主管工作
黄永建	男	53	党委书记、董事长	负责公司党委、董事会全面工作
张海宁	男	53	党委副书记、副董事长、总经理	负责公司经理班子全面工作
范宝恕	男	59	石钢京诚公司党委书记、董事长	负责石钢京诚公司党委、董事会全面工作
刘　翔	男	55	总会计师、党委常委	负责公司财务管理、经营管理（特别关注降本增效、产品盈利分析和盈利指导）、资金运作、资本运营、对外投资、老区土地开发、闲置资产利旧、非钢产业发展及运营等方面工作
于凯军	男	55	副总经理、党委常委	负责公司技术质量、产品研发、目视化等方面工作；以“战时状态”现地现物搞好质量提升、质量攻关，落实“质量是企业的生命”管理和考核；协调向上海新材料研发中心在产品、技术、质量等方面的呼叫；协助公司分管领导做好安全、生产工作
董大西	男	55	副总经理	负责公司营销、市场开发、以产线为独立市场单元的产品高端化高效益组织协调、销售支撑保障团组织领导、协调支撑上海新材料研发中心、废钢优化指导及废钢政策跑办、临西事业发展及临西事业部管理等方面工作；协助董事长做好公司发展规划及相关协调工作
贾建勇	男	51	副总经理	负责公司环保、项目建设和厂容厂貌、老区土地环评及相关工作、绿化及矿区城市综合服务协调保障、采购、智能制造等方面工作；协助公司分管领导做好设备及备件管理工作
高士峰	男	49	党委常委、纪委书记	负责纪检监察（特别关注废钢验质、实现入炉废钢高性价比合规性、科学性采购相关工作）、审计、招投标、团委、外事、武装保卫、消防、交通等方面工作；与分管领导一起搞好公司宣传工作
郭旭东	男	50	副总经理、石钢京诚公司总经理	负责石钢京诚公司生产经营全面工作
彭绍峰	男	49	党委副书记、工会主席、职工董事	负责党建日常工作、组织人事、工会、国企改革、宣传、统战、信访稳定、生活后勤、与政府有关部门协调发展规划、法律事务、老区开发政策跑办及落实等方面工作
李俊慧	男	43	副总经理	负责设备及备件管理、能源、计量、信息化、线材高端化高质量等工作；协助公司分管领导做好技术质量工作
谢文发	男	43	副总经理	负责安全、生产、现场 6S、工序成本、物流、“三准交付”、对标及对标考核等方面工作

（6）攀钢集团江油长城特殊钢有限公司主要领导班子成员见表10-101。

表10-101 攀钢集团江油长城特殊钢有限公司主要领导班子成员

姓名	性别	年龄	职务	分工主管工作
张　虎	男	57	党委书记、董事	履行企业党的建设第一责任，负责党委全面工作，带领党委把方向、管大局、保落实，是贯彻落实习近平总书记重要指示批示精神的第一责任人。分管党委组织部。分管组织人事工作。对分管领域年度任务目标的实现、党的建设、党风廉政建设和安全、保密等负直接领导和直接管理责任
李　强	男	51	党委副书记、董事、总经理	负责在分管工作范围内贯彻落实党委、董事会决议决定，落实党的建设“一岗双责”责任。主持日常生产经营全面工作，带领经理层谋经营、抓落实、强管理。分管综合管理部、人力资源部、企业管理部、法律事务部。分管战略规划、改革创新、人力资源、薪酬管理、民品销售、“处僵治困”、法律事务、保密等工作。对分管领域年度任务目标的实现、党的建设、党风廉政建设和安全、保密等负直接领导和直接管理责任
周　伟	男	52	党委副书记、职工董事、纪委书记、工会主席	负责在分管工作范围内贯彻落实党委、董事会决议决定，落实党的建设直接责任。分管党群工作部、工会、团委、武装保卫部、纪委（党政督查办、党委巡察办）、机关党委。分管党建、宣传、企业文化建设、统战、工会、共青团、帮扶、档案、信访、武装保卫、综治维稳、国家安全人民防线建设、离休退养、史志年鉴、纪检、党风廉政建设、党委巡视整改和巡察工作、机关党委、绿化、爱卫、文明城市创建、地企协作工作。对分管领域年度任务目标的实现、党的建设、党风廉政建设和安全、保密等负直接领导和直接管理责任
杨五八	男	56	党委委员、副总经理	负责在分管工作范围内贯彻落实党委、董事会决议决定，落实党的建设“一岗双责”责任。分管装备部。分管公司投资、技改项目、工程建设、设备管理、备品备件管理、资产的实物管理、闲置资产处置、“两化”融合、防震减灾、土地和总图管理、节能减排及能源管理工作。对分管领域年度任务目标的实现、党的建设、党风廉政建设和安全、保密等负直接领导和直接管理责任
赵　斌	男	52	党委委员、副总经理	负责在分管工作范围内贯彻落实党委、董事会决议决定，落实党的建设“一岗双责”责任。分管科技部（专项办）。分管公司专项及新型材料市场开拓和销售、产品应用及技术服务、产品开发、科研攻关、科技管理、专项办、知识产权、科协工作。协助分管保密工作。对分管领域年度任务目标的实现、党的建设、党风廉政建设和安全、保密等负直接领导和直接管理责任

续表 10-101

姓名	性别	年龄	职务	分工主管工作
陈　炜	男	51	党委委员、副总经理	负责在分管工作范围内贯彻落实党委、董事会决议决定，落实党的建设“一岗双责”责任。公司质保体系管理者代表。分管质量管理部、钛材厂。分管公司质量管理、客户服务、民品升级、计量检测、质量体系、钛材等业务工作。对分管领域年度任务目标的实现、党的建设、党风廉政建设和安全、保密等负直接领导和直接管理责任
郭　宏	男	45	党委委员、副总经理	负责在分管工作范围内贯彻落实党委、董事会决议决定，落实党的建设“一岗双责”责任。分管制造部、安全环保部。分管供应、生产、产销衔接、生产外协、统计、物流、安全、环保、消防及危化品、防汛抗洪等业务工作。对分管领域年度任务目标的实现、党的建设、党风廉政建设和安全、保密等负直接领导和直接管理责任
曹玉飞	男	54	党委委员、副总经理、财务负责人、董事会秘书	负责在分管工作范围内贯彻落实党委、董事会决议决定，落实党的建设“一岗双责”责任。分管财务部、董事会办公室。分管财务、资产的价值管理、金融创新、风险管理、企业基础管理（最优工厂产线打造）、对标挖潜工作、董事会规范运作。协助分管“处僵治困”等业务工作。对分管领域年度任务目标的实现、党的建设、党风廉政建设和安全、保密等负直接领导和直接管理责任

（7）建龙北满特殊钢有限责任公司主要领导班子成员见表 10-102。

表 10-102　建龙北满特殊钢有限责任公司主要领导班子成员

姓名	性别	年龄	职务	分工主管工作
巩　飞	男	55	总经理	全面工作、采购
王伟先	男	54	党委书记	人事行政
陈　列	男	55	副总经理	技术研发、质量
丁德良	男	41	副总经理	财务
何　平	男	51	副总经理	生产
宋一兵	男	55	副总经理	销售系统
贾　胜	男	55	副总经理	国贸公司

（8）大冶特殊钢有限公司主要领导班子成员见表10-103。

表10-103 大冶特殊钢有限公司主要领导班子成员

姓名	性别	年龄	职务	分工主管工作
蒋　乔	男	52	党委书记、总经理	全面负责。重点抓干部管理、人才引进和培养、队伍建设、企业管理等工作。分管总经理办公室、人力资源部（组织部）、运营改进部
高助忠	男	52	党委副书记	负责公司党务、企业文化建设、员工培训教育、法律事务以及公司工会、后勤等系统工作。同时负责公司工程项目及技改、信息化、智能制造、装备运行及检修、能源环保、动力公辅设施等设备系统的管理工作。分管党委工作部、大冶特钢学院、法律事务部、后勤部、工会、团委以及装备部、智能及信息化部、能源环保部、动力事业部
童　忆	男	54	副总经理	负责公司的安全、生产、保卫、物流，以及物资的供应和采购等系统工作。同时抓好生产系统长期协作劳务单位的管理工作。分管生产指挥中心、安全管理部、保卫部、物流部、供应部、采购中心大冶特钢工作站、棒材事业部
周立新	男	55	总工程师兼特冶锻造事业部总经理	负责公司工艺技术、产品质量、品种研发、体系、产品认证、发展规划，以及特冶锻材生产经营、技术研发等工作。分管研究分院、发展规划部、特冶锻造事业部
陶士君	男	50	总会计师	负责公司财务、物资管理、招投标等工作。分管财务部、物资管理部、招标部
郭怀魁	男	57	总审计师	负责公司审计工作。分管审计部，协助总经理管理铁前事业部
董小彪	男	40	纪委书记	负责公司纪委工作。分管纪委办公室
李永灯	男	55	总经理助理兼钢管事业部部长	协助总经理主抓钢管事业部及汽车零部件公司的相关工作。分管钢管事业部、汽车零部件公司
黄　剑	男	58	总经理助理兼特冶锻造事业部常务副总经理	协助周立新做好特冶锻材生产经营及技术研发等工作。分管军工锻材销售公司、协管特冶锻造事业部
陈章明	男	47	总经理助理	协助总经理负责公司的内外贸销售及协调工作。分管营销管理部、棒管锻销售公司、国贸公司

续表 10-103

姓名	性别	年龄	职务	分工主管工作
程卫国	男	52	总经理助理、党委委员	负责协助高助忠做好工程项目及技改、信息化、智能制造等管理工作。协管装备部（技改）、智能及信息化部
邹文喜	男	48	总经理助理兼炼钢事业部部长、转炉厂厂长	协助童忆做好炼钢事业部的相关工作。分管炼钢事业部
汪有源	男	50	总经理助理兼发展规划部部长	协助高助忠做好装备运行及检修、能源环保、动力公辅设施等管理工作。协管能源环保部、动力事业部、装备部（运行）

（9）江阴兴澄特种钢铁有限公司主要领导班子成员见表 10-104。

表 10-104　江阴兴澄特种钢铁有限公司主要领导班子成员

姓名	性别	年龄	职务	分工主管工作
白　云	男	48	党委书记、总经理、总工程师	全面负责
纪玉忠	男	53	常务副总经理	生产、安全、保卫、物流运输
孙步新	男	58	副总经理	特板板块生产及销售
承　江	男	56	党委副书记、工会主席	党群、企业管理、人事、招标
王永建	男	54	副总经理	设备、能源、环保、工程技改、信息、智能
张宏星	男	56	副总经理	炼铁板块
姚海龙	男	46	副总经理	棒材、线材板块销售
郭士宏	男	50	总会计师	财务、物管、法务
张亚彬	男	48	副总经理	非统购物资采购和炼钢板块
陈　斌	男	54	纪委书记	纪委

（10）青岛特殊钢铁有限公司主要领导班子成员见表10-105。

表10-105 青岛特殊钢铁有限公司主要领导班子成员

姓名	性别	年龄	职务	分工主管工作
孙广亿	男	53	党委书记、总经理	全面主持公司党委以及生产经营管理各项工作，重点负责战略规划、企业文化、干部选拔、竞争力提升等工作，对全公司安全管理负责
赵春风	男	58	常务副总经理	负责线材、棒材、圆坯、扁钢等产品销售和“三新”开发、产品规划、市场分析及产、销、研协同，对分管范围内的安全负责，协助总经理处理日常经营性事务
邓　新	男	48	党委副书记、总审计师	负责法律事务、保密管理，风险体系建设及监控，审计计划及执行、党群，协助党委书记抓好党群工作、人力资源、运营改进，对分管范围内的安全负责
王海波	男	50	副总经理	负责设备管理、能源和环保管理、技改工程、智能制造，对分管范围内的安全负责
陈绪耀	男	52	总会计师	负责财务管理、会计管理、经营分析、招标、信息化与数字化建设、仓储物资管理，对分管范围内的安全负责
黄　镇	男	51	总工程师	负责工艺技术、产品质量监督、物资检化验、新品开发、技术管理，对分管范围内的安全负责
陈玉辉	男	56	副总经理	负责公司的安全、生产、物流、产品制造过程中的质量管控
林永兴	男	53	总经理助理	协助生产副总抓好安全生产、物流管理，主要负责生产计划、安全与消防、物流管理，对分管范围内的安全负责
于　波	男	55	总经理助理、工会主席	负责公司工会工作、政府事务协调，对分管范围内的安全负责
胡乃志	男	57	总经理助理	负责公司所有物资采购（不含集团采购中心负责的大宗物资）、后勤管理、治安保卫、盐浴专项技术及生产，对分管范围内的安全负责
王亚华	男	50	总经理助理	协助常务副总经理进行产品销售工作，对分管范围内的安全负责
王　健	男	53	纪委副书记	负责公司纪检工作，对分管范围内的安全负责

（11）鞍钢集团本钢板材股份有限公司特殊钢事业部主要领导班子成员见表10-106。

表10-106 鞍钢集团本钢板材股份有限公司特殊钢事业部主要领导班子成员

姓名	性别	年龄	职务	分工主管工作
张吉胜	男	56	党委书记	党委、工会全面工作
黄　涛	男	53	总经理	行政全面工作
张　猛	男	43	副总经理、总工	技术及质量管理工作
张泽泉	男	44	纪委书记	纪委全面工作
于海啸	男	42	副总经理	生产、安全工作
樊本义	男	55	副总经理	设备管理工作
任　戈	男	54	副总经理	营销工作

（12）首钢贵阳特殊钢有限责任公司主要领导班子成员见表10-107。

表10-107 首钢贵阳特殊钢有限责任公司主要领导班子成员

姓名	性别	年龄	职务	分工主管工作
李金柱	男	51	党委书记、董事长	主持公司党委、董事会全面工作
汪凌松	男	57	党委副书记、总经理	主持行政全面工作，贯彻落实公司党委和董事会的决定、公司年度计划和投资方案，对企业改革发展稳定的全局性重大问题组织研究论证，提出意见建议
郭晓光	男	57	党委副书记、副董事长	负责党组织建设、宣传思想、企业文化、人力资源、干部（含离休）管理、信访维稳、机要保密、统战、治安保卫以及助力乡村振兴等工作；负责全面深化改革政策的推进和实施
潘昆仑	男	52	党委委员、职工董事、纪委书记、工会主席	负责党风廉政建设和纪律检查工作，落实全面从严治党监督责任，负责内部风险防范与控制、合规运行及对法律机构的管理，负责法律事务、风控体系建设、职工生活服务、厂容绿化等工作
范　军	男	53	副总经理	负责钢业板块生产和日常管理工作
杨接明	男	50	总经理助理	协助总经理抓好企业经营管理工作，负责营销、科研开发等工作

续表 10-107

姓名	性别	年龄	职务	分工主管工作
王衍冬	男	41	总经理助理	协助总经理抓好固定资产投资管理；负责资产管理、对外投资关系管理，土地、房产管理，全资、控参股公司管理，非钢经营管理、非钢市场化改革等工作
李　蛟	男	45	安全总监	负责设备运行维护管理、消防、能源管理、资源综合利用等工作；协助副总经理抓好安全生产、环境保护管理工作，对职责和授权范围内的事项承担直接责任

（13）沙钢东北特钢集团主要领导班子成员见表 10-108。

表 10-108　沙钢东北特钢集团主要领导班子成员

姓名	性别	年龄	职务	分工主管工作
（一）东北特殊钢集团股份有限公司				
蒋建平	男	57	董事长、党委书记	负责公司董事会、党委全面工作。支持帮助、检查督促以总经理为主的经营层工作，与总经理一起对企业经营结果负责
孙　启	男	59	总经理	全面负责公司生产经营活动，与董事长一起对企业经营结果负责，负责保密工作
王会民	男	56	第一副总经理、安全总监	负责公司生产组织、生产用能、安全、消防、物流管理等工作
王卫东	男	57	副总经理	负责公司技术改造条线工作（含基建小修）、超低排项目管理、公司信息化、智能化及电气自动化管理
姚玉东	男	52	总工程师	负责公司科技、研发、质量等工作，协助分管保密工作
朴文浩	男	52	纪委书记、工会主席、党委副书记	负责公司纪委、工会、治安保卫、生活后勤、房产、物业、广告、宣传、信访等工作
许洪波	男	55	副总经理	负责销售、国贸、供应等工作
陈　彧	男	55	副总经理	负责公司动力、设备、能源（能源管理、节能减排）、环保等工作
张　东	男	45	财务总监、财务处处长	负责公司财务、资金、税务等工作
（二）抚顺特殊钢股份有限公司				
孙立国	男	51	董事长、总经理、党委副书记	负责公司董事会全面工作，负责公司生产经营活动和公司项目建设规划，支持帮助、检查督促并带领公司经营层工作，对企业经营结果负责
曹　斌	男	56	党委书记、第一副总经理	负责公司党委全面工作，负责公司生产、物流、安全、物资管理、信息化、智能化工作

续表 10-108

姓名	性别	年龄	职务	分工主管工作
祁　勇	男	49	常务副总经理、党委副书记、纪委书记、工会主席、董事会秘书	负责公司党建、纪检审计、法务、工会、群团、保卫、消防、信访、生活后勤和公司董事会日常工作
崔　鸿	男	51	副总经理兼任销售公司总经理	负责公司销售工作
孙大利	男	55	副总经理	负责公司科技、研发、质量工作
景　象	男	39	副总经理兼任供应处处长	负责公司采购、废钢供应工作
吴效超	男	57	财务总监兼任财务处处长	负责公司财务、资金、税务工作
高　健	男	47	总经理助理兼任动力设备环保处处长	负责公司能源动力、设备、环保、技改等工作

（14）江苏沙钢集团淮钢特钢股份有限公司主要领导班子成员见表 10-109。

表 10-109　江苏沙钢集团淮钢特钢股份有限公司主要领导班子成员

姓名	性别	年龄	职务	分工主管工作
季永新	男	56	董事长、党委书记	全面负责董事会工作，负责召集和主持公司董事会及股东会议，组织讨论和审议决定公司的投资、发展战略中的重大事项
钱洪建	男	56	副董事长、总经理、党委副书记	全面主持公司的行政管理工作；执行董事会的各项决议、决定，并具体组织实施
李培松	男	56	副董事长、第一副总经理、党委副书记	配合做好董事会工作；主管公司设备能源环保、智能化、项目技改工作
韩党锋	男	44	副总经理、总经济师	分管公司经贸工作，主管公司物资供应、招标工作
陈建龙	男	58	纪委书记、工会主席	主管公司党务群团、纪检审计、后勤保卫工作
郑力宁	女	56	总工程师	主管技术质量条线，负责产品研发、产品认证和质量管理工作，配合产品市场开拓工作
丁　松	男	53	副总经理、安全总监	主管公司生产、安全管理工作
张兆斌	男	59	总会计师	主管公司财务工作
袁文军	男	56	总经理助理、销售处处长	主管公司销售工作
陈功彬	男	51	董事长助理	配合做好行政管理工作
周四君	男	51	董事长助理	配合做好生产管理工作
陈永卫	男	54	董事长助理	主持炼铁工作

（15）江苏永钢集团有限公司主要领导班子成员见表10-110。

表10-110 江苏永钢集团有限公司主要领导班子成员

姓名	性别	年龄	职务	分工主管工作
吴 毅	男		总裁	全面负责永钢集团经营管理工作，主管公司办公室、采购中心
吴 睿	女		副总裁	主管人力资源部
胡俊辉	男		副总裁	兼规划发展部部长，分管营销中心、技术中心、优钢事业部
曹树卫	男		副总裁	分管企业管理部、设备环保部、能源事业部、项目建设部、联峰科技
程 勇	男		副总裁	分管财务管理部、安全制造部、炼铁厂、炼钢厂、普钢事业部、特钢事业部、循环事业部
陈富斌	男		总裁助理	兼资产管理部部长
眭志松	男		总裁助理	兼营销中心主任

（16）马钢特钢有限公司主要领导班子成员见表10-111。

表10-111 马钢特钢有限公司主要领导班子成员

姓名	性别	年龄	职务	分工主管工作
曹天明	男	54	特钢公司经理、党委副书记	全面负责特钢公司管理工作，贯彻落实党委决议决定，对特钢公司战略、生产经营负管理责任
钱晓斌	男	55	特钢公司党委书记、副经理	全面负责特钢公司党委工作，贯彻落实党委决议决定，承担党的建设第一责任人责任，对特钢公司设备管理、能源环保、节能减排负管理责任
汤怡啸	男	48	特钢公司党委副书记、纪委书记、工会主席	负责在分管工作范围内贯彻落实党委决议决定，落实党的建设直接责任，对特钢公司纪检、工会负管理责任，协管党建、人力资源、精神文明、宣传、群团、综治、后勤等工作，负责牵头协作管理
龚志翔	男	54	特钢公司副经理、总工程师	负责在分管工作范围内贯彻落实党委决议决定，对特钢公司技术、质量、产品认证、知识产权、市场开拓、智慧制造、双碳工作、新特钢项目二期工程建设负管理责任
石 玮	男	55	特钢公司副经理	负责在分管工作范围内贯彻落实党委决议决定，专业管理：特钢公司生产、降本管理；区域管理：南区产线的生产、技术、质量、设备管理，负责精整线、优棒线改造；信息化工作

续表 10-111

姓名	性别	年龄	职务	分工主管工作
王民章	男	50	特钢公司副经理、安全总监	负责在分管工作范围内贯彻落实党委决议决定，专业管理：特钢公司安全管理；区域管理：北区产线的生产、技术、质量、设备管理
彭进明	男	39	特钢公司经理助理	协管特钢公司北区产线的生产、技术、质量、设备管理；协管1号高线项目建设；协管线材产品的技术攻关、产品开发、质量管理；负责高线分厂、线棒分厂行政和党群工作具体管理
丁　敬	男	38	特钢公司经理助理	协管特钢公司南区产线的生产、技术、质量、设备管理；协管新精整项目建设、优棒线改造项目；协管棒材产品的技术攻关、产品开发、质量管理；负责棒材分厂行政和党群工作具体管理

（17）中天钢铁集团有限公司主要领导班子成员见表 10-112。

表 10-112　中天钢铁集团有限公司主要领导班子成员

姓名	性别	年龄	职务	分工主管工作
董才平	男	62	董事局主席、总裁、党委书记	主持集团全面工作，分管审计部、数智创新部、项目管理部、酒店管理公司
高一平	男	66	董事局副主席、副总裁、党委副书记、纪委书记、常州中天黄金村农业科技中心董事长（兼）	分管保卫部、监察部、江苏中天钢铁女子排球俱乐部、常州中天黄金村农业科技有限公司，协助集团外事工作
刘　伟	男	62	执行董事、常务副总裁	分管财务部、资金部、投资部，协管审计部
梅高阳	男	59	执行董事、副总裁	分管企业管理部、常州中天新材料股份有限公司、中天浦发（海盐）线材制造有限公司、常州中天炉料有限公司
周国全	男	62	执行董事、副总裁、中天钢铁淮安项目筹建指挥部总指挥（兼）	分管常州录安洲码头有限公司、常州中天钢铁物流中心有限公司、中天钢铁集团（淮安）新材料项目、中天钢铁北区高端装备智造产业园项目、中天经开区双子楼项目，协管资金部、投资部
周永平	男	65	执行董事、副总裁	分管常州中天物业管理有限公司，协管中天钢铁北区高端装备智造产业园项目、常州中天新材料股份有限公司、中天浦发（海盐）线材制造有限公司、常州中天炉料有限公司
赵金涛	男	63	执行董事、副总裁	分管人力资源部、后勤服务部、宣传部

续表 10-112

姓名	性别	年龄	职务	分工主管工作
李　军	男	62	执行董事、副总裁、党委副书记、工会主席、中天钢铁集团（南通）有限公司党委书记（兼）	分管集团办公室（法务科职能）、党群工作部、中天钢铁集团（南通）有限公司党务工作、常州中天实验学校，协管酒店管理公司
王建伟	男	62	副总裁、中天钢铁集团（南通）有限公司副总经理（兼）	协管中天钢铁北区高端装备智造产业园项目
董力源	男	37	副总裁、中天钢铁集团（南通）有限公司总经理（兼）	主管中天钢铁集团（南通）有限公司，分管中天钢铁集团（上海）有限公司
许九华	女	55	副总裁	分管集团办公室，协助集团外事工作
王　郢	男	46	总裁助理、党委书记助理、常州中天特钢有限公司总经理、中天钢铁有限公司总经理（兼）	主管常州中天特钢有限公司
陈军召	男	56	总裁助理	分管企业管理部、绿色低碳发展研究院
魏　巍	男	42	总裁助理、数智创新部部长（兼）、江苏中天云链数字技术有限公司总经理（兼）	主管数智创新部，分管常州皓鸣信息科技有限公司、江苏中天云链数字技术有限公司

（18）山钢股份莱芜分公司特钢事业部主要领导班子成员见表 10-113。

表 10-113　山钢股份莱芜分公司特钢事业部主要领导班子成员

姓名	性别	年龄	职务	分工主管工作
袁本明	男	56	特钢事业部党委副书记、总经理	主持行政全面工作。负责事业部生产经营、企业管理、企业发展战略、市场营销、风险控制、行政监察、审计、人力资源、绩效考核和行政综合方面等工作。协助党委书记负责党的建设、党风廉政建设、社会治安综合治理、信访稳定、保密工作、企业文化建设等工作
刘振海	男	53	特钢事业部党委书记、工会主席、副总经理	主持党委全面工作。负责党的建设、意识形态、党风廉政建设、干部和人才队伍建设、保密工作、档案管理、社会治安综合治理、企业文化建设、计划生育、企地关系协调、武装保卫、爱国卫生、环境建设等相关工作。全面负责工会工作
陶务纯	男	50	特钢事业部副总经理	负责工程项目建设等工作

续表 10-113

姓名	性别	年龄	职务	分工主管工作
李　俊	男	42	特钢事业部纪委书记、副总经理	负责纪委工作。负责安全管理、生产管理、技术质量管理、成本管理、精益管理等工作
王　宝	男	40	特钢事业部副总经理	负责设备管理、能源管理、环境保护、技改技措等工作

（19）河冶科技股份有限公司主要领导班子成员见表 10-114。

表 10-114　河冶科技股份有限公司主要领导班子成员

姓名	性别	年龄	职务	分工主管工作
米永旺	男	54	党委书记、董事长、总经理	负责公司全面工作
梁敬斌	男	57	党委副书记、常务副总经理	负责技术、采购和委外加工工作
侯致平	男	52	副总经理	负责营销工作
侯国栋	男	43	副总经理	负责生产、安全工作
陈彦锦	男	39	副总经理	负责设备、能源、环保工作
朱宗达	男	38	财务负责人	负责公司财务工作
刘鹏杰	男	52	总法律顾问	负责法务合规工作
何奇伟	男	39	董事会秘书	负责董事会日常工作

（20）承德建龙特殊钢有限公司主要领导班子成员见表 10-115。

表 10-115　承德建龙特殊钢有限公司主要领导班子成员

姓名	性别	年龄	职务	分工主管工作
王雪原	男	48	总经理	全面管理
刘宝志	男	55	副总经理	主管生产、设备、工程、能源、安全、环保等工作
冷永磊	男	48	副总经理	主管技术
杨　东	男	51	总经理助理	主管销售处
沈幼军	男	54	总经理助理	主管无缝钢管厂

（21）山东寿光巨能特钢有限公司主要领导班子成员见表 10-116。

表 10-116 山东寿光巨能特钢有限公司主要领导班子成员

姓名	性别	年龄	职务	分工主管工作
张明荣	男	58	董事长	主持特钢公司全面工作；联系抓办公室、人力资源部等部门工作
刘发友	男	53	总经理	协助董事长抓公司全面工作；主管公司企业管理、审计监督、原燃料采购等工作，联系抓企划部、审计部、原料部等部门工作
于克臣	男	60	副总经理	主管公司销售工作；联系抓销售公司、仓储部等部门工作
张洪波	男	55	副总经理	主管公司物资供应及基建工作，联系抓供应部、基建部等部门工作
朱卫东	男	57	副总经理	主管公司安全、生产、技术、质检、质量等工作；主持生产部全面工作；联系抓各生产厂、技术部、质检部等部门工作
韩彦勇	男	54	总会计师	主管公司财务管理、治安保卫、物业管理、法律事务及企业外联等工作；协助公司分管领导抓好招投标管理等工作；联系财务部、物业管理部、审计部等部门工作

（22）江苏天工工具新材料股份有限公司主要领导班子成员见表 10-117。

表 10-117 江苏天工工具新材料股份有限公司主要领导班子成员

姓名	性别	年龄	职务	分工主管工作
朱小坤	男	66	董事长	制订公司总体发展目标和战略规划，对集团公司内部组织结构设置、人事任免、经营目标、市场调研、经营策略以及日常经营过程中的重大事项和信息化建设负总责，直管决策监督监察部，分管内审部、集团办公室、人力资源部、战略规划部
吴锁军	男	49	总经理	对公司总体经济指标的部署和执行，对上市公司生产经营、利润、计划制造、生产保障、安全环保负总责，直管生产保障部、安环部、计划制造部，分管伟建科技
廖　俊	男	57	总工程师	主持粉末冶金研究院全面工作，直管粉末冶金产业化中心，分管技术部、质量管理部、工程技术研发中心、检测中心，对公司高速钢、模具钢、普通道具、螺纹刀具生产工艺、技术、质量、理化、检测负总责

续表 10-117

姓名	性别	年龄	职务	分工主管工作
蒋荣军	男	53	副总经理	主持句容企业管理部全面工作，主管钛材厂、新材料厂、天工索罗曼厂，对句容企业管理部下辖各分厂生产、利润、安全环保负总责
严荣华	男	53	副总经理	分管产业发展部、法务部，对集团党群、工会工作负总责，负责新建项目立项、安评、环评能评、鼓励类项目申报、行政审批统筹协调、确保合规合法，安全环保督察和碳排放申报第一责任人
朱泽峰	男	41	副总经理	主持市场营销部全面工作，对扩大产品应用领域，提高产品在高端市场占比负总责
王　刚	男	39	副总经理	直管财务部、证券投资部、物流单证科、数据中心，对监督国内外投资项目财务、抓好投融资管理负总责
蒋光清	男	57	副总经理	主持普通刀具工作部全面工作，对普通刀具工作部生产、利润、安全环保负总责
吴迎霞	女	45	总经理助理	协助王刚抓好财务管理，对所有现金收支管理负总责
徐辉霞	女	49	总经理助理	技术部兼管工程技术研发中心、理化检测中心，对高速钢、模具钢、普通刀具、螺纹刀具各类产品生产技术、新品研发负总责

（23）南京钢铁集团有限公司主要领导班子成员见表 10-118。

表 10-118　南京钢铁集团有限公司主要领导班子成员

姓名	性别	年龄	职务	分工主管工作
黄一新	男	58	党委书记、董事长	董事会，行政全面工作，党务、纪委全面工作
祝瑞荣	男	56	总裁、副董事长	经营层全面工作
杨思明	男	70	监事会主席	监事会全面工作
姚永宽	男	56	联席总裁	日常生产经营管理工作
徐晓春	男	53	常务副总裁	生产制造、物流对内生产、特钢事业部日常管理工作
朱　平	男	56	副总裁	安全、环保、能源管理

续表 10-118

姓名	性别	年龄	职务	分工主管工作
林国强	男	57	副总裁	国贸公司、中国香港公司、印度尼西亚项目日常管理工作
徐　林	男	59	副总裁	证券投资业务管理
楚觉非	男	58	副总裁、总工程师	采购中心、总师室日常管理工作
邵仁志	男	55	副总裁	新产业投资集团日常管理工作
王　芳	女	48	党委副书记、纪委书记	治安保卫、人民武装、党群、人力资源
梅家秀	男	51	总会计师（股份）	财务管理、资金管理
谯明亮	男	47	副总裁	板材事业部、研究院、科技质量部日常管理工作
万　华	男	53	副总裁	炼铁事业部、公辅事业部日常管理工作
黄旭才	男	54	副总裁、工会主席	工会工作

（24）永兴特种不锈钢股份有限公司主要领导班子成员见表 10-119。

表 10-119　永兴特种不锈钢股份有限公司主要领导班子成员

姓名	性别	年龄	职务	分工主管工作
高兴江	男	61	永兴材料党委书记、董事长、总经理	主持（上市公司永兴特种材料科技股份有限公司，简称“永兴材料”）全面工作和党委工作
邱建荣	男	59	永兴材料副董事长	协助董事长工作，分管不锈钢主业
杨　辉	男	61	永兴材料技术顾问	技术顾问
姚国华	男	47	永兴材料副总经理、永兴特钢总经理	主持不锈钢主业（湖州永兴特种不锈钢有限公司，简称“永兴特钢”）全面工作
徐　凤	女	44	永兴材料董秘、副总	分管董事会办公室、法务部和证券部工作
沈惠玉	女	50	永兴材料监事、党委副书记	分管总务部和党群工会工作
张　骅	男	42	永兴材料财务总监	分管公司财务部工作
顾晓墩	男	37	永兴材料副总	分管办公室、人事、信息部
朱光宇	男	41	永兴特钢副总	分管不锈钢主业生产、技术装备、安环部

续表 10-119

姓名	性别	年龄	职务	分工主管工作
陈根保	男	52	永兴特钢技术总工	不锈钢主业技术总指导
卢健儿	男	45	永兴特钢设备总工	不锈钢主业装备总指导

（25）南阳汉冶特钢有限公司主要领导班子成员见表 10-120。

表 10-120　南阳汉冶特钢有限公司主要领导班子成员

姓名	性别	年龄	职务	分工主管工作
许少普	男	45	总经理	主管南阳汉冶特钢有限公司公司全面工作
孙书峰	男	50	副总经理	分管南阳汉冶特钢有限公司采购、销售、生产计划工作
陆岳障	男	77	总工程师	负责南阳汉冶特钢有限公司技术总指导工作
贾文党	男	53	财务总监	负责公司会计核算、经营成果核算及分析工作、一级指标核算工作、公司的资金预算、资金管控和调度工作、公司的风险管控工作、所有管控单位的财产物资的监管工作等
冯晓光	男	40	财务处长	主要负责南阳汉冶特钢有限公司全面会计核算和厂部核算工作

（26）邢台钢铁有限责任公司主要领导班子成员见表 10-121。

表 10-121　邢台钢铁有限责任公司主要领导班子成员

姓名	性别	年龄	职务	分工主管工作
张彩如	女	63	董事、公司注册法人	
张育明	男	49	董事长、党委书记	负责批准总经理对处级人员的提名、年度人力资源招聘计划、审批预算外 500 万元以上的资金支付、组织机构调整、审批月度和年度运营计划
彭世丹	男	45	总经理	负责行政全面工作、生产管理、人事管理、绩效考核、法律事务等工作
朱晓蓉	女	50	董事、总会计师	负责公司财务管理工作
田新中	男	55	总工程师	负责技术、质量、计量、员工培训及体系管理工作
温子强	男	59	董事、销售经理	负责公司产品销售管理工作
张保庭	男	53	董事、财务主任	负责财务部工作

续表 10-121

姓名	性别	年龄	职务	分工主管工作
陈保平	男	55	董事、采购经理	负责公司物资采购管理工作
李晓狮	男	43	董事	
王　真	女	49	董事	
李艳红	女	43	董事	
白彩荣	女	49	董事	
刘江涛	男	43	董事	

（27）河南济源钢铁（集团）有限公司主要领导班子成员见表 10-122。

表 10-122　河南济源钢铁（集团）有限公司主要领导班子成员

姓名	性别	年龄	职务	分工主管工作
李玉田	男	75	党委书记、董事长	负责党政全面工作
王方军	男	59	党委副书记、非专职董事、总经理	负责主持公司钢铁主线生产经营日常工作，以及与主线有关财务、人力资源等事项。分管企业管理处、进出口部、生产部、安全生产管理处、能源环保处、信息化仪表处、国泰采矿公司、国泰冶金石灰有限公司、国泰自动化信息技术有限公司、物业公司
杜玉柱	男	57	非专职董事、副总经理兼销售公司经理	负责市场销售、用户服务，分管公司办公室、工会、协管热力公司
王　维	男	55	副总经理兼总工程师	负责公司产品升级规划、装备 工艺优化、产品研发、质量管理、技术营销，分管科技管理处、质量管理处、国泰东工电渣钢有限公司、特殊钢研究院、洛阳国泰钢铁公司
李全国	男	64	纪委书记兼人力资源部（组织部）部长	分管审计处，代理集团公司监事会主席
李亚民	男	47	执行董事、副总经理兼房地产公司经理、支部书记	分管原燃料供应处，协管进出口部，协助王方军处理公司涉外业务
赵红军	男	56	非专职董事、副总经理兼工程部部长	分管武装保卫处和公司水、电、气（汽）供应的涉外工作
梁　超	男	56	专职董事	分管洛阳区域房地产开发、公司上市和兼并重组工作

续表 10-122

姓名	性别	年龄	职务	分工主管工作
刘建新	男	72	高级顾问	分管部分技术营销工作和部分售后服务
王俊锋	男	57	副总经理兼国泰型材经理、支书	分管设备材料处
周集才	男	59	副总经理	分管非钢系统（包括钢材深加工）、热力公司、工程预决算处，协管物业公司、国泰采矿公司、国泰自动化信息技术有限公司、国泰冶金石灰有限公司
万长杰	男	59	总经理助理、销售公司党支部书记	负责协助销售公司经理工作，负责市场开拓、用户服务，分管计量取样处
白瑞娟	女	47	总经理助理	负责技术营销、中高端产品及市场开发，分管科技管理处（技术中心）、特殊钢研究院

（28）河南中原特钢装备制造有限公司主要领导班子成员见表 10-123。

表 10-123　河南中原特钢装备制造有限公司主要领导班子成员

姓名	性别	年龄	职务	分工主管工作
马　强	男	55	董事长、党委书记	领导公司全面工作，主持公司党委、董事会工作
胡家旺	男	49	董事、总经理、党委副书记	负责贯彻落实公司党委和董事会的决议、决定，落实党的建设“一岗双责”，主持公司日常生产经营管理工作，负责综合行政事务、人力资源、外事管理等工作，并对上述工作负直接领导和直接管理责任
黄海军	男	50	副总经理	主持贵州高峰石油机械股份有限公司全面工作
袁　伟	男	50	副总经理	负责安全环保（保卫）、生产、精益管理
周　波	男	54	党委副书记	负责稳定、社会责任等工作
罗志平	男	49	总会计师	负责财务、供应链、成本及审计风控等管理
赵雨舟	男	39	副总经理	集团公司审计与风险管理部挂职
田　野	男	39	纪委书记	负责纪检工作
郝　飞	男	41	副总经理	负责战略、企业改革、规划投资、资本运营、营销、设备、动力运行、品牌建设等管理
涂高岭	男	39	副总经理	负责科研技术、质量、信息化建设及网络安全、军品业务、保密等管理

（29）芜湖新兴铸管有限公司主要领导班子成员见表 10-124。

表 10-124　芜湖新兴铸管有限公司主要领导班子成员

姓名	性别	年龄	职务	分工主管工作
刘　涛	男	45	股份公司总经理、芜湖新兴铸管党委书记、执行董事	负责公司全面工作
朱利斌	男	50	党委副书记、总经理	负责公司生产经营管理全面工作
张永杰	男	54	党委副书记、工会主席	负责公司党群工作体系、人力、工会、后勤、法务、保卫、现场等相关工作
江洪流	男	59	总会计师	负责公司资产、财务、税务、审计、经营分析等相关工作
任士同	男	58	纪委书记	负责公司纪检体系工作
高畅游	男	44	副总经理	负责工程基建、能源、环保、设备等相关工作
赵　健	男	39	副总经理	分管销售业务、贸易管理工作
陈玉娥	女	40	总经理助理	分管公司质量、检化验、科技研发工作
焦魁明	男	55	总经理助理兼铁前事业部部长	负责公司生产、质量、检化验、计量管理工作，协助常务副总经理生产经营管理工作

（30）凌源钢铁集团有限责任公司主要领导班子成员见表 10-125。

表 10-125　凌源钢铁集团有限责任公司主要领导班子成员

姓名	性别	年龄	职务	分工主管工作
张　鹏	男	51	董事长、党委书记	主持公司董事会及党委工作
冯亚军	男	53	党委副书记、董事、总经理	负责公司生产经营工作
文　广	男	51	副董事长	负责公司董事会建设工作
刘政东	男	54	党委副书记	负责改革、人力、党群工作
冷　松	男	48	纪委书记	负责公司纪委工作
李景东	男	47	副总经理、总会计师	负责公司财务工作

（31）衡阳华菱钢管有限公司主要领导班子成员见表 10-126。

表 10-126 衡阳华菱钢管有限公司主要领导班子成员

姓名	性别	年龄	职务	分工主管工作
郑生斌	男	50	党委书记、执行董事、总经理	党政全面工作、战略规划、审计
左少怀	男	59	党委副书记（公司正职）	党委日常工作、企业文化、培训、工农关系协调、保密、保卫、综治
何　航	男	48	党委委员、常务副总经理	营销、技术、供方管理
蒋　俊	男	47	党委委员、纪委书记	纪委日常工作、内控审计、法律事务
雷幼桐	男	55	党委委员、副总经理、工会主席	集团实业、股权投资、工会、后勤、大宗原材料采购
李正德	男	49	党委委员、财务总监、总会计师	财务管理、信息化管理
刘明华	男	49	党委委员、副总经理	投资、工程建设、设备、工模具和备品备件采购
朱薛辉	男	39	党委委员、副总经理	绩效管理、生产、质量、安全、物流、环保、能源

（32）天津钢管制造有限公司主要领导班子成员见表 10-127。

表 10-127 天津钢管制造有限公司主要领导班子成员

姓名	性别	年龄	职务	分工主管工作
丁　华	男	56	党委书记、总经理	主持公司党委和总经理部全面工作
温德松	男	53	常务副总经理、安全总监	协助总经理抓好生产经营管理发展全面工作，负责安全、环保、保卫和能源管理工作
霍　建	男	55	党委副书记、工会主席、培训分院院长	协助党委书记抓好党委日常工作，负责党组织建设、干部人才队伍建设、企业文化、工会、团委工作；协助总经理抓好人力资源工作
王　勇	男	55	纪委书记	负责纪委全面工作
韩阿祥	男	52	副总经理	负责国内外营销工作
陈培钰	男	58	副总经理	负责设备维管、工程技改项目工作

续表 10-127

姓名	性别	年龄	职务	分工主管工作
王国富	男	45	副总经理	负责生产计划、调度、生产物流和加工事业部工作
刘金海	男	59	总工程师、研究分院院长	负责科研技术和质量管理工作
彭　强	男	48	总会计师	负责财务管理、物资管理和政策应用研究工作
魏　南	男	58	总经理助理	负责企业管理、考核管理、信息技术、招标管理工作
刘　媛	女	44	财务副总监	协助抓好财务管理和与天津优泰以及金融机构的对接工作
袁方成	男	58	总经理助理	负责轧管事业部生产工作
夏三峰	男	51	总经理助理、商务部部长	负责采购管理工作
黄洪明	男	58	总经理助理	负责炼铁厂生产工作
李金贤	男	46	总经理助理，炼钢厂党委书记、厂长	负责炼钢厂生产工作
任永平	男	44	副总审计师	协助抓好审计工作
谈晓峰	男	43	总经理助理	协助抓好销售总公司国外营销工作
张　涛	男	41	总经理助理	协助抓好销售总公司党建和营销管理工作

第 11 章 中国特钢企业协会

11.1 中国特钢企业协会简介

中国特钢企业协会，简称特钢协会，英文名称为 SPECIAL STEEL ENTERPRISES ASSOCIATION OF CHINA，缩写为 SSEA，是由全国特钢生产企业、科研院所、大专院校、流通企业及与特钢行业相关的个人自愿结成的全国性、行业性社会团体。会员分布和活动地域为全国。

中国特钢企业协会的登记管理机关是民政部。党的工作接受中央社会工作部的统一领导。本会接受民政部、行业管理部门的业务指导和监督管理。

中国特钢企业协会下设机构有：办公室、财务部、统计部、宣传展览部、统计委员会、专家委员会、冶金装备分会、采购供应链分会。

11.1.1 中国特钢企业协会特点

（1）自发性。1986年由15家国家重点特钢企业厂长在冶金工作会议期间自发倡议组织，并联名向原冶金工业部党组汇报批准后成立的。

（2）民间性。本协会成立以来，没有占用行政、事业编制资源，没有国家财政拨款，工作人员和经费全部来自会员单位以及咨询服务。

（3）门槛性。自愿加入协会的企业，必须通过自身努力达到对特钢企业协会成员所要求的最低标准。

11.1.2 中国特钢企业协会宗旨

中国特钢企业协会按照新时代中国特色社会主义市场经济规律，沟通企业与政府有关部门的联系，发挥纽带和桥梁作用，为政府制订产业政策提供依据，为企业经营决策提供服务。中国特钢企业协会按照政府授权的基本职能，建立行业自律机制，规范行业自我管理行为，保护企业公平竞争，提高行业整体素质，维护行业整体利益。

中国特钢企业协会遵守宪法、法律法规和国家政策，践行社会主义核心价值观，弘扬爱国主义精神，遵守社会道德风尚，自觉加强诚信自律建设。

11.1.3 中国特钢企业协会基本任务

（1）根据行业特点，制订本行业的各项行规行约；

（2）受政府主管部门委托，对本行业的新办企业、企业上市、产品生产许可证申报工作进行前期咨询调研；

（3）会员企业间争议的协调；

（4）根据授权，进行行业统计信息、价格信息、生产经营信息等企业信息工作，布置、收集、整理、分析全行业信息资料，并及时反馈给理事（会员）单位；

（5）受政府或有关企业委托，对行业内重大的投资、改造、开发项目的先进性、经济性、可行性进行论证；

（6）组织国内、国际的行业技术协作和技术交流，推荐行业的新产品；经政府有关部门批准，组织行业技术成果评价和推广应用；

（7）及时反映会员的意愿和要求，维护会员的合法权益，努力寻求国家和社会对特钢行业的关心和支持；

（8）依照有关规定，定期编辑出版《中国特殊钢市场指南》信息资料；

（9）依照有关规定，编辑出版《中国特殊钢年鉴》文献资料。

11.1.4 会员入会的程序

（1）提交入会申请书；

（2）提交有关证明材料，包括：

1）填报《会员单位基本信息表》；

2）填报《会员单位基本情况表》；

（3）由本会理事会讨论通过；

（4）由本会理事会颁发会员证，并予以公告。

11.1.5 会员享有的权利

（1）选举权、被选举权和表决权；

（2）对本会工作的知情权、建议权和监督权；

（3）参加本会活动并获得本会服务的优先权；

（4）获取本会提供的信息资料的优先权；

（5）有优先、优惠接收其他会员有偿转让技术成果的权利；

（6）退会自由。

11.1.6 会员履行的义务

（1）遵守本会的章程和各项规定；

（2）执行本会的决议；

（3）按规定缴纳会费；

（4）维护本会的合法权益；

（5）积极参加本会组织的一切活动；

（6）保守秘密，不得进行有损于行业整体利益的活动；

（7）向本会反映情况，提供有关资料。

11.1.7 第十届会长联席会领导成员

十届三次轮值会长：

汪世峰（西宁特殊钢股份有限公司董事长）

会长：

钱　刚（中信泰富特钢集团有限公司党委书记、董事长）

章青云（宝武特种冶金有限公司党委书记、董事长）

盛更红（太原钢铁（集团）有限公司党委书记、董事长）

孙　启（东北特殊钢集团股份有限公司总经理）

执行会长（驻会）：王文金

副会长：

齐章国（河钢集团舞钢公司书记、董事长）

丁　华（天津钢管制造有限公司总经理）

阮小江（建龙钢铁控股有限公司副总裁）

黄永建（河钢集团石家庄钢铁有限责任公司党委书记、董事长）

李　强（攀钢集团江油长城特殊钢有限公司党委副书记、总经理）

王　维（河南济源钢铁（集团）有限公司副总经理兼总工程师）

秘书处

秘书长：刘建军

副秘书长：肖邦国

11.1.8 中国特钢企业协会成员名单

会长单位：

（1）中信泰富特钢集团有限公司

（2）宝武特种冶金有限公司

（3）西宁特殊钢集团有限责任公司

（4）太原钢铁（集团）有限公司

（5）东北特殊钢集团股份有限公司

副会长单位：

（6）舞阳钢铁有限责任公司

（7）天津钢管制造有限公司

（8）攀钢集团江油长城特殊钢有限公司

（9）建龙北满特殊钢有限责任公司

（10）石家庄钢铁有限责任公司

（11）河南济源钢铁（集团）有限公司

常务理事单位：

（12）大冶特殊钢有限公司

（13）江阴兴澄特种钢铁有限公司

（14）河南中原特钢装备制造有限公司

（15）首钢贵阳特殊钢有限责任公司

（16）本钢板材股份有限公司

（17）江苏沙钢集团有限公司

（18）山东钢铁股份有限公司莱芜分公司

（19）南京钢铁集团有限公司

（20）河冶科技股份有限公司
（21）中天钢铁集团有限公司
（22）江苏沙钢集团淮钢特钢股份有限公司
（23）邢台钢铁有限责任公司
（24）江苏永钢集团有限公司
（25）天津荣程联合钢铁集团有限公司
（26）山东寿光巨能特钢有限公司
（27）常州东方特钢有限公司
（28）缙云县高合金工模具材料行业协会
（29）建龙钢铁控股有限公司
（30）永兴特种材料科技股份有限公司
（31）江苏大明工业科技集团有限公司
（32）浙江大隆合金钢有限公司
理事单位：
（33）南阳汉冶特钢有限公司
（34）中国钢研科技集团有限公司
（35）江苏天工工具有限公司
（36）方大特钢科技股份有限公司
（37）芜湖新兴铸管有限责任公司
（38）宝武杰富意特殊钢有限公司
（39）福建省三钢（集团）有限责任公司
（40）承德建龙特殊钢有限公司
（41）马鞍山钢铁股份有限公司
（42）河北永洋特钢集团有限公司
（43）上海明进工贸有限公司
（44）山东天保贸易有限公司
（45）河北龙凤山铸业有限公司
（46）上海大学材料科学与工程学院
（47）湖北时力模具材料有限公司
（48）湖北方圆特模具材料有限公司
（49）湖北富烽新材料科技有限公司
（50）河北新武安钢铁集团鑫汇冶金有限公司
（51）新余威奥锻造有限公司
（52）钢研晟华科技股份有限公司
（53）烟台华新不锈钢有限公司
（54）常熟市龙腾特种钢有限公司
（55）江苏明璐不锈钢有限公司
（56）中国重型机械研究院股份公司
（57）泰尔重工股份有限公司
（58）中国矿产有限责任公司
（59）金堆城钼业贸易有限公司
（60）吉铁铁合金有限责任公司
（61）山西亿林能源有限公司
（62）山东岱庄能源集团有限公司
（63）厦门国贸集团股份有限公司
（64）中信金属股份有限公司
（65）东北大学机械工程与自动化学院
（66）马鞍山埃斯科特钢
（67）马钢（合肥）钢铁有限责任公司
（68）中冶赛迪装备有限公司
（69）熠晖集团有限公司
（70）黄山安卡研磨新材料有限公司
（71）青海晶和节能环保技术服务有限公司
（72）艾亦特工业炉（太仓）有限公司
（73）佛山市金冶机械设备有限公司
（74）南京启宏再生资源有限公司
（75）洛阳栾川钼业集团销售有限公司
（76）河北振兴砂轮制造有限责任公司
（77）景林包装机械（常州）有限公司
（78）西安荣光精整冶金设备有限公司
（79）欧莱得科技发展（北京）有限公司
（80）天津阿瑞斯工业炉有限公司
（81）中冶南方（武汉）热工有限公司
（82）上海仓信电子科技有限公司
（83）江苏云融能源有限公司
（84）大连银鹤机床刀具有限公司
（85）江阴天澄机械装备有限公司
（86）河北和和能源科技有限公司
（87）扬州东方砂轮有限公司
（88）河北凯骞轴承制造有限公司
（89）南通安派电气科技有限公司
（90）成都博智云创科技有限公司

（91）德华材料检测有限公司
（92）大连安派电器科技有限公司
（93）国家工业建筑物质量安全监督检验中心
（94）浩中机械（蚌埠）有限公司
（95）江苏星火特钢有限公司
（96）金鼎钢铁集团有限公司
（97）江阴华润制钢有限公司
（98）中阳县智旭选煤有限公司
会员单位：
（99）冶金工业规划研究院
（100）久立集团股份有限公司
（101）江西新旭特殊材料有限公司
（102）丹阳市曙光新材料科技有限公司
（103）陕西延长石油材料有限责任公司
（104）上海钢联电子商务有限公司
（105）伊莱特（济宁）高端装备科技有限公司
（106）青岛特殊钢铁有限公司
（107）江苏精工特种材料有限公司
（108）凌源钢铁股份有限公司
（109）山东鲁丽钢铁有限公司
（110）潍坊特钢集团有限公司
（111）江苏省福达特种钢有限公司
（112）威尔斯新材料（太仓）有限公司
（113）唐山首唐宝生功能材料有限公司
（114）临沂三德特钢有限公司
（115）浙江精瑞工模具有限公司
（116）浙江正达模具有限公司
（117）浙江晋椿精密工业股份有限公司
（118）湖南华菱湘潭钢铁有限公司
（119）湖北川冶科技有限公司
（120）湖北日盛科技有限公司
（121）浙江友谊新材料有限公司
（122）浙江格丰工贸有限公司
（123）大连鑫大科技发展有限公司
（124）福建恒而达新材料股份有限公司
（125）樟树市兴隆高新材料有限公司
（126）江苏龙泰合金科技有限公司
（127）黄石市铁汉特钢有限责任公司
（128）济源市丰源机械制造有限公司
（129）上海钢之家电子商务股份有限公司
（130）丽水华宏钢铁制品有限公司
（131）湖南力方轧辊有限公司
（132）江苏长强钢铁有限公司
（133）宣化钢铁集团有限责任公司
（134）四川远方高新装备零部件股份有限公司
（135）靖江特殊钢有限公司
（136）江油市长祥特殊钢制造有限公司
（137）四川特钢产业技术创新联盟
（138）兰州兰石集团有限公司铸锻分公司
（139）张家港广大特材股份有限公司
（140）江苏常宝普莱森钢管有限公司
（141）敬业钢铁有限公司
（142）浙江摩多巴克斯科技股份有限公司
（143）大冶市红鑫模具科技有限公司
（144）四川辉伟融达科技有限公司
（145）江油市重鑫特种金属材料有限公司
（146）上饶市希博新材料有限公司
（147）梧州市鑫峰特钢有限公司
（148）昆明理工大学
（149）上海沣会工业科技有限公司
（150）上海沣会新材料科技有限公司
（151）山东恒日悬架弹簧股份有限公司
（152）泰富特钢悬架（济南）有限公司
（153）泰富特钢悬架（成都）有限公司
（154）山东汽车弹簧厂淄博有限公司
（155）江西方大特钢汽车悬架集团有限公司

（156）江西方大长力汽车零部件有限公司

（157）济南方大重弹汽车悬架有限公司

（158）昆明方大春鹰板簧有限公司

（159）重庆红岩方大汽车悬架有限公司

（160）湖北神风汽车弹簧有限公司

（161）富奥辽宁汽车弹簧有限公司

（162）山东海华汽车部件制造有限公司

（163）山东双力板簧有限公司

（164）山东雷帕得汽车技术股份有限公司

（165）东风汽车底盘系统有限公司悬架弹簧工厂

（166）安庆安簧汽车零部件有限公司

（167）上海东震冶金工程技术有限公司

（168）泰州鹤鸣机床有限公司

（169）北京盛荷西环保科技有限公司

（170）合智熔炼装备（上海）有限公司

（171）江阴圆方机械制造有限公司

（172）北京合维克科技发展有限公司

（173）鞍山远程仪表有限公司

（174）大连大山结晶器有限公司

（175）沈阳众拓机器人设备有限公司

（176）上海鑫蓝海自动科技有限公司

（177）沈阳华盛智能机械制造有限公司

（178）太原市恒山机电设备有限公司

（179）江苏华东砂轮有限公司

（180）北京浩德天工新材料科技有限公司

（181）上海工业自动化仪表研究院有限公司

（182）上海旭传电子科技有限公司

（183）大连佘尔孙机电设备有限公司

（184）马鞍山市申马机械制造股份有限公司

（185）山东德晟机器人股份有限公司

（186）无锡巨力重工股份有限公司

（187）瓦房店冶金轴承集团有限公司

（188）海澜智云科技有限公司

（189）中航工业南京伺服控制系统有限公司

（190）博耳（无锡）电力成套有限公司

（191）江西三川节能股份有限公司

（192）宁波市天基隆智控技术有限公司

（193）鞍山市红盾安全报警器材有限公司

（194）西安瑞斯肯环保科技有限公司

（195）浙江宝凌锯业有限公司

（196）美埃（南京）环境系统有限公司

（197）河北金得宝磨料磨具有限公司

（198）锦州特冶新材料有限公司

（199）河南太行全利重工股份有限公司

（200）维苏威高级陶瓷（中国）有限公司

（201）黄山安卡研磨新材料有限公司

（202）濮阳濮耐高温材料（集团）股份有限公司

（203）阜阳市颍州区泽隆信息咨询服务部

（204）江苏苏嘉集团新材料有限公司

（205）鞍山海飞铸造有限公司

（206）重庆枫霖物资有限公司

（207）北京美恺循环经济科技发展有限公司

（208）朝阳金达钼业有限责任公司

（209）厦门建发矿业资源有限公司

（210）江苏嘉耐高温材料股份有限公司

（211）洛阳康搏特钨钼材料有限公司

（212）西峡县三胜新材料有限公司

（213）河南省西保冶材集团有限公司

（214）稀美资源（贵州）科技有限公司

（215）山东红星化工有限公司

（216）辽宁鑫泰钼业有限公司

（217）自贡硬质合金有限责任公司成

都公司

（218）奥镁（中国）有限公司

（219）江苏江阴港港口集团股份有限公司

（220）平顶山天安煤业股份有限公司

（221）冀中能源集团有限责任公司销售分公司

（222）江苏锦耐新材料科技有限公司

（223）兴化市不锈钢行业协会

（224）大连理研机电设备有限公司

（225）济南鑫光试验机制造有限公司

（226）杭州四达电炉成套设备有限公司

（227）应达工业（上海）有限公司

（228）大连天竺科技发展有限公司

（229）南京金鑫传动设备有限公司

（230）北京能泰高科环保技术有限公司

（231）北京新钢不锈科技发展有限公司

（232）北京新轧科技股份公司

（233）湖南华菱涟源钢铁有限公司

（234）上上德盛集团股份有限公司

（235）浙江丰业集团有限公司

（236）宜兴北海封头有限公司

（237）诺励斯镍业贸易（上海）有限公司

（238）则武（上海）贸易有限公司

（239）诺凡赛尔（上海）保护膜有限公司

（240）温州市经协钢管制造有限公司

（241）山特维克材料科技（中国）有限公司

（242）宝银特种钢管有限公司

（243）唐山开元自动焊接装备有限公司

（244）浙江长峰新材料有限公司

（245）美国克莱迈克斯钼业中国公司上海代表处

（246）海门市森达装饰材料有限公司

（247）湖南泰嘉新材料科技股份有限公司

（248）山东金润德新材料科技股份有限公司

（249）广西梧州市金海不锈钢有限公司

（250）北京龙汇鑫科技有限公司

（251）安平县银屏翊丝网制品有限公司

（252）梧州市永达特钢有限公司

（253）上海水晶宫钢管厂有限公司

（254）埃赫曼（上海）贸易有限公司

（255）浙江苏泊尔股份有限公司

（256）江苏亚盛新材料科技有限公司

（257）福建福欣特殊钢有限公司

（258）湖北力帝机床股份有限公司

（259）上海仓信电子科技有限公司

（260）邯郸新兴特种管材有限公司

（261）烟台东方不锈钢工业有限公司

（262）湖州盛特隆金属制品有限公司

（263）纬荻埃牡（上海）特种合金贸易有限公司

（264）安吉县鹏大钢管有限公司

（265）宁波奇亿金属有限公司

（266）上海弘途金属材料有限公司

（267）哈尔滨威尔焊接有限责任公司

（268）广东恒合信管业科技有限公司

（269）玖德雅昌集团有限公司

（270）江苏美可美特合金科技有限公司

（271）江苏维卡金属合金材料有限公司

（272）上海浦东共业制刷有限公司

（273）天津格瑞新金属材料有限责任公司

（274）青山万佳（山东）金属科技有限公司

（275）苏州钢特威钢管有限公司

（276）浙江志达管业有限公司

（277）无锡申康机械设备有限公司

（278）山东省不锈钢行业协会

（279）江门市日盈不锈钢材料厂有限公司

（280）山东华烨不锈钢制品集团有限公司

（281）中航上大高温合金材料有限公司

（282）上海实达精密不锈钢有限公司

（283）江苏希尔兴不锈钢有限公司

（284）兴化市戴南新源环保有限公司

（285）宁波东鼎特种管业有限公司

（286）天津冶金集团天材科技发展有限公司

（287）佛山市麦多机械有限公司

（288）河北宏发机械有限公司

（289）安徽富凯特材有限公司

（290）江苏金珊瑚科技有限公司

（291）江苏兴海特钢有限公司

（292）内蒙古上泰实业有限公司

（293）连云港华乐合金集团有限公司

（294）浙江永上特材有限公司

（295）四川罡宸不锈钢有限责任公司

（296）浙江友谊特种钢有限公司

11.2 中国特钢企业协会工作完成情况

在2023年度，中国特钢企业协会秘书处严格遵循中央社会工作部、民政部和国资委等部门的社团管理制度，在中国钢铁工业协会党委的指导下，在轮值会长章青云、执行会长王文金等会长的领导下，秘书处通过认真开展“学习贯彻习近平新时代中国特色社会主义思想主题教育思想”工作，致力于强化内部组织管理建设，不断提升服务质量水平。各部门紧密协作，恪尽职守，积极争先创优，确保了协会各项工作的稳步推进与有效执行，为推动我国特钢行业的转型升级与持续发展贡献了重要力量。

11.2.1 2023年的会费收支情况和2024年的会费收支预算安排

11.2.1.1 年度会费收支情况

A 年度会费收支情况

2023年，钢铁行业市场环境复杂严峻，对特钢行业的生产经营造成了不小的影响。然而，各会员单位依然积极支持协会工作，全年会费基本收齐，创造了协会历史新纪录。据统计，截至年底，全年共收取会费246.5万元，基本全部缴纳，较上年增长了28.5万元。这一成绩充分体现了会员单位对协会的信任与支持，也为协会未来的发展奠定了坚实的基础。

2023年协会秘书处认真贯彻执行中央八项规定，贯彻节俭办会理念，按照《中国特钢企业协会会费收取及管理办法》规定的使用办法，严格控制费用支出，全年会费支出240.8万元。主要支出项目有：（1）日常业务支出（重要项目、会议支出、印刷费、专家劳务费等）77.9万元；（2）办公费支出（用房租金、办公设备、易耗品、网站公众号、财务软件、审计、税费等）82.2万元；（3）秘书处工作人员经费80.7万元。

B 年度会费结余情况

2023年度收支相抵结余5.7万元，实现收支平衡，略有结余。

11.2.1.2 2024年度会费支出预算

2024年会费支出预算按照厉行节约的要求，严格控制费用支出，初步安排2024年会费支出预算255万元，与2023年支出持平。

2023年，会员单位在会费上给予了特钢协会很大的支持，都能及时足额缴纳会费，在此感谢各位会员对协会的大力支持，为协会工作的顺利开展提供了重要保障。协会也会继续倾听各位会员的需求，及时向相关部门反映，用高质量的专业服务回馈大家。

11.2.2 回顾2023年协会秘书处完成的重点工作

2023年，中国特钢企业协会秘书处秉承新发展理念，坚守协会服务会员的宗旨，致力于推动行业发展和协会发展，通过认真开展“学习贯彻习近平新时代中国特色社会主义思想主题教育”工作，为业务工作的高质量开展提供了坚实的保障。经过一年的辛勤付出和努力，我们取得了丰硕的成果，为协会的长远发展奠定了坚实的基础。

11. 2. 2. 1　在主题教育工作中深入推进党建工作

2023 年，在中央社会工作部的正确引领下，在钢协党委的悉心指导下，我支部紧密遵循钢协党委和钢协纪委的部署，全面深入地贯彻党的二十大精神，深入开展学习贯彻习近平新时代中国特色社会主义思想主题教育，将其作为推动工作开展的重要抓手。我们坚决贯彻落实以习近平同志为核心的党中央关于主题教育的决策部署，坚持以习近平新时代中国特色社会主义思想为指导，深入学习领会习近平总书记关于依规治党的重要论述。我们紧扣新时代党建的总要求，以更高的标准、更严的要求、更实的举措全面推进党建工作，为新时期建设钢铁强国提供坚强保障。

今年以来，协会党支部共组织开展 17 次支部活动，出学习活动简报 10 期。其中主题教育 10 次，召开组织生活会 2 次，讲党课 2 次，组织党日活动 3 次，党风廉政集中教育 2 次；专题录像片 2 场。根据《特钢协会党支部关于开展主题教育工作安排》，在协会领导的带领下，支部党员和协会员工走出去，先后参观了中国共产党历史展览馆、革命圣地香山、大连金石滩红色教育基地“毛泽东历史珍藏馆”等，进行红色基因传承教育和革命理想信念教育。

经过一年的积极、认真地开展党建工作，特钢协会的整体精神面貌焕然一新，赢得了会员单位的高度赞誉，为这一年的工作成绩奠定了坚实基础。

11. 2. 2. 2　持续加强协会基础管理建设工作，严格规范运作

2023 年，协会按照中央社会工作部、民政部、国资委关于行业协会规范活动行为的相关管理规定，通过请进来、走出去的方法，积极与兄弟协会对标学习，狠抓协会基础管理工作。

A　加强协会员工队伍建设，提高服务水平

在 2022 年的团队基础上，宝武特冶与东北特钢分别支持两名杰出干部参与到协会的工作中。同时，协会内部也挖掘并吸引了优秀人才加入，为协会的持续发展注入了新的活力与动力。

这一年里，协会鼓励员工积极参与各项工作，培养个人品质、专业能力和团队协作精神，确保员工与协会目标契合。协会提供培训和职业发展计划支持，助力员工能力提升。同时，协会完善内部管理制度，明确办公纪律要求，维护办公纪律，提升工作效率和质量，为协会发展提供保障。

协会通过培训和人才发展计划，提升了团队整体实力，为各项工作开展提供保障，提高了协会的形象和声誉。未来，协会将继续坚持企业办会策略，注入更多活力和动力，为实现行业高质量发展目标而努力奋斗。

B　转变工作作风，以调研为抓手，提升协会服务质量

2023 年起，协会秘书处以“大兴调研之风”为核心，推动工作作风转变，深入开展会员关切的重点工作。领导层切实履行管党治党职责，强化“一把手”责任，主动走访会员企业，围绕行业自律、能耗指标、瓶颈及出口税号等议题展开工作。这些行动充分反映了特钢行业的关切和诉求，为会员单位提供了实际支持，增强了协会的凝聚力和影响力。

C　继续以财务为主线，深入开展制度化管理工作

在 2022 年规范财务管理制度和流程的基础上，协会继续深入修改完善相关制度流程工作，进一步完善制度流程，全面落实中央社会工作部、民政部、国资委等部门对社

团的管理要求。2023 年财务部对资金进行了严谨的管理和核算，对每一笔收支均及时进行确认，并严格依法纳税。同时，通过专业的财务工具辅助工作，使财务工作更加合理、合规。

在协会领导带领之下，财务部与办公室全体员工齐心协力，成功完成了离任审计、补充离任审计两项审计工作以及民政部的年度审查。此外，协会法人代表变更工作也已顺利完成。

D 加强部门建设，保障协会核心业务稳健开展

2023 年，得益于企业的鼎力支持，协会成功会聚了一批出类拔萃的人才，显著增强了协会在核心业务领域的人员配备。目前，协会秘书处拥有 12 名专业且训练有素的人员，他们职责分明，协同合作，确保各项任务得以高效完成。这一年在主题教育活动的指引下，中国特钢企业协会各部门均已成功地完成了各项任务，取得了显著的成果。

（1）办公室协同其他部门修订协会制度，发现并弥补制度中的不足，推动协会制度更加完善。2023 年，协会新制订 2 个管理制度，并修订完善了 6 个，在日常工作中严格执行。在会员管理方面，办公室按协会安排，完成会员信息上传下达、会费收缴、新会员管理等任务，并处理不锈钢分会撤销后的会员管理工作。办公室在协会指导下组织会员大会、会长联席会、市场预警会、专家委员会等行业交流互动活动，取得显著成效，2023 年牵头组织 1 次会员大会、3 次会长联席会、若干次行业自律预警会和 2 次专家委员会。还与协会领导走访会员企业，形成材料并提交相关部门。

（2）2023 年宣传展览部牵头筹办了 2023 年中国国际特殊钢新材料论坛和 2023 年中国特殊钢国际工业展览会重要行业交流活动，确保协会核心业务的成功开展，为以后举办交流活动积累了宝贵的实操经验。宣传展览部在 2023 年加强了协会宣传工作，改版了官方网站，丰富了微信公众号内容，浏览量和新增关注量得到了提升，大大提高了协会的知名度。

（3）2023 年统计部及时应对行业形势的变化，准确地收集、统计、整理和分析特钢协会成员的产量、财务指标等关键数据，为协会领导掌握行业状况提供了有力支撑；统计报表内容也经过精心改版，进一步优化统计指标，全面展现特钢行业的发展全貌。同时积极引领开展了特钢行业内部“财务指标、技术经济指标、重点产品生产成本指标”的对标挖潜工作，深入探索行业发展趋势和特点。此外，统计部还完成了《中国特殊钢工业年鉴（2023）》的计财经济指标汇总、编辑工作，并精心编制了特钢价格指数，满足了企业对标的迫切需求，增强了数据的代表性和实用性。

11.2.3 2024 年特钢协会秘书处主要工作思路

2024 年是新中国成立 75 周年，也是全面实现“十四五”规划的关键之年。协会秘书处将继续贯彻新发展理念，紧密围绕党的二十大精神，全面学习贯彻“习近平新时代中国特色社会主义思想”。2024 年协会将在党建工作的指引促进下，进一步排除尚留存的风险点，加强制度保障，坚持规范化运作，不断优化协会运营中的薄弱环节，确保协会稳健发展，服务会员、服务行业、搭建企业行业与政府桥梁，推动协会事业不断向前迈进。同时，秘书处将紧密围绕协会的重点工作，加强内部管理和外部合作，精心策划并高效执行，确保每一项工作都能取得实效，进一步提升协会在行业中的影响力和竞争力。在新的一年里，协会期待着与所有会员单位共同携手，共创美好未来。

附　录

附录A　2023年世界粗钢产量和中国主要钢铁产品产量

附表A-1　2023年世界粗钢产量　（万吨）

国家或地区	本月	上月	去年同月	本月同比增减（%）	本年累计	去年同期累计	累计同比增减（%）
奥地利	59.5	57.0	57.0	4.3	713.3	751.2	-5.0
比利时	39.0e	38.1	59.3	-34.2	589.5	703.0	-16.1
保加利亚	3.8	4.5	3.4	11.5	48.9	48.2	1.6
克罗地亚	2.5e	2.6	1.7	47.0	22.0	16.9	30.0
捷克	20.5	20.2	27.8	-26.2	338.4	428.9	-21.1
芬兰	28.9	26.6	21.9	31.8	381.1	353.8	7.7
法国	74.5	93.7	75.2	-0.9	1001.1	1211.9	-17.4
德国	263.1	270.0	269.3	-2.3	3543.8	3686.1	-3.9
希腊	12.5e	13.0	11.0	13.6	121.7	154.3	-21.1
匈牙利	1.0	2.5	0.0	0.0	47.7	85.7	-44.4
意大利	132.6	188.0	124.4	6.6	2107.6	2159.8	-2.4
卢森堡	9.2	17.0	8.1	14.3	190.0	187.5	1.3
荷兰	41.0	33.4	42.9	-4.4	467.6	614.3	-23.9
波兰	48.0e	51.0	40.4	18.7	643.7	740.7	-13.1
斯洛文尼亚	3.2	5.4	3.6	-10.3	52.6	60.1	-12.5
西班牙	71.2	103.0	66.4	7.3	1126.2	1157.3	-2.7
瑞典	30.5	36.3	32.6	-6.3	425.8	440.4	-3.3
欧盟其他国家	67.0e	65.6	39.6	69.2	810.0	835.2	-3.0
欧盟（27国）合计	**908.2**	**1027.8**	**884.6**	**2.7**	**12631.0**	**13635.4**	**-7.4**
马其顿	3.7	2.5	2.9	30.1	29.6	24.8	19.3
挪威	6.4	6.7	5.2	22.3	69.0	70.4	-2.0
塞尔维亚	11.9	10.5	10.0	18.5	145.4	167.4	-13.1
土耳其	322.4	298.9	265.9	21.2	3371.4	3513.4	-4.0
英国	42.6	39.5	40.2	6.1	557.6	596.3	-6.5
欧洲其他国家合计	**387.0**	**358.1**	**324.2**	**19.4**	**4173.0**	**4372.3**	**-4.6**
白俄罗斯	18.0e	17.5	16.5	9.1	210.0	207.8	1.1
哈萨克斯坦	35.5	31.2	28.5	24.4	392.3	415.0	-5.5
俄罗斯	600.0e	600.3	575.2	4.3	7580.0	7174.6	5.6

续附表 A-1

国家或地区	本月	上月	去年同月	本月同比增减（%）	本年累计	去年同期累计	累计同比增减（%）
乌克兰	52.0	54.6	10.6	390.9	622.8	626.3	-0.6
俄、乌和其他独联体国家合计	**705.5**	**703.5**	**630.8**	**11.8**	**8805.1**	**8423.7**	**4.5**
加拿大	103.0e	100.3	100.1	2.9	1224.7	1209.8	1.2
古巴	1.0e	1.0	1.9	-46.6	16.3	20.0	-18.8
萨尔瓦多	0.6e	0.6	0.7	-15.8	7.7	8.9	-13.5
危地马拉	2.0e	2.0	2.3	-14.3	23.9	27.1	-11.9
墨西哥	140.0e	136.5	142.9	-2.0	1626.2	1838.6	-11.6
美国	681.3	656.0	633.0	7.6	8066.4	8053.5	0.2
北美合计	**927.9**	**896.4**	**880.9**	**5.3**	**10965.2**	**11157.9**	**-1.7**
阿根廷	33.3	41.3	44.0	-24.2	492.8	509.4	-3.2
巴西	252.3	273.6	250.0	0.9	3186.9	3408.9	-6.5
智利	11.0e	10.5	10.6	3.3	118.0	115.1	2.6
哥伦比亚	11.5e	11.0e	10.0	14.6	135.6	132.0	2.8
厄瓜多尔	3.5e	3.5e	4.3	-19.5	46.8	53.6	-12.7
巴拉圭	0.1e	0.1e	0.3	-64.7	1.8	2.4	-25.0
秘鲁	9.5e	9.0e	12.5	-24.3	164.7	176.5	-6.7
乌拉圭	0.4e	0.4e	0.5	-14.0	4.7	5.5	-13.9
委内瑞拉	0.2e	0.2e	0.3	-30.8	2.6	2.7	-5.1
南美合计	**321.8**	**349.7**	**332.5**	**-3.2**	**4153.9**	**4406.1**	**-5.7**
阿尔及利亚	38.0	37.0	35.4	7.3	442.1	430.0	2.8
埃及	94.2	92.2	76.8	22.5	1035.4	981.9	5.4
利比亚	9.9	9.1	8.0	24.1	90.2	68.8	31.2
摩洛哥	11.5	11.8	12.5	-8.0	139.7	155.0	-9.9
南非	34.9e	41.2e	27.2e	28.3	487.1	440.3	10.6
突尼斯	0.5e	0.5e	0.6	-18.0	7.0	7.6	-7.4
非洲合计	**189.0**	**191.8**	**160.6**	**17.7**	**2201.5**	**2083.4**	**5.7**
巴林	9.5	10.0	9.5	0.0	118.6	117.0	1.4
伊朗	287.2	312.3	256.1	12.1	3113.9	3059.3	1.8
伊拉克	24.0	24.5	27.0	-11.1	275.5	330.0	-16.5
约旦	2.5	2.5	2.9	-13.8	30.0	35.0	-14.3
科威特	8.5	8.5	7.8	9.0	100.0	90.0	11.1
阿曼	22.0	20.0r	16.7	31.7	242.0	200.0	21.0
卡塔尔	10.5	9.0	9.8	7.2	114.8	108.2	6.1
沙特	89.9	78.7	85.9	4.6	994.0	986.0	0.8

续附表 A-1

国家或地区	本月	上月	去年同月	本月同比增减（%）	本年累计	去年同期累计	累计同比增减（%）
阿联酋	31.6	28.5	27.4	15.0	323.6	321.1	0.8
也门	0.8	0.8	0.5	60.0	10.0	6.0	66.7
中东合计	**486.5**	**494.8**	**443.7**	**9.6**	**5322.5**	**5252.7**	**1.3**
中国内地	6744.0	7610.0	7924.8	-14.9	101908.0	101908.0	0.0
印度	1214.1	1169.3r	1108.6	9.5	14017.1	12537.7	11.8
日本	698.0	711.1r	690.2	1.1	8699.6	8922.7	-2.5
蒙古国	0.4	0.4	0.3	10.8	3.8	2.5	50.9
韩国	537.5	538.3r	523.2	2.7	6667.6	6584.6	1.3
巴基斯坦	46.0e	45.5	43.6	5.5	533.5	601.3	-11.3
中国台湾	154.0e	149.0e	164.9	-6.6	1894.0	2080.1	-8.9
泰国	39.0e	37.9	40.8	-4.5	496.0	531.6	-6.7
越南	165.0e	165.9	127.5	29.4	1900.0	2000.4	-5.0
亚洲合计	**9598.1**	**10427.4**	**10624.0**	**-9.7**	**136119.6**	**135168.9**	**0.7**
澳大利亚	37.2	41.7	46.4	-19.9	545.9	562.1	-2.9
新西兰	5.5	3.4	4.1	31.8	55.5	57.0	-2.7
大洋洲合计	**42.6**	**45.1**	**50.6**	**-15.6**	**601.4**	**619.1**	**-2.9**
71国/地区合计	**13566.6**	**14494.6**	**14331.8**	**-5.3**	**184973.1**	**185119.5**	**-0.1**
除中国内地外合计	**6822.6**	**6884.6**	**6407.0**	**6.5**	**83065.1**	**83211.5**	**-0.2**

注：表中71个国家或地区的粗钢产量在2022年约占世界总产量的98%。e—估计值，r—调整值。

附表 A-2 2023年中国主要钢铁产品产量 （万吨）

品种	单位	本月	上月	去年同月	本月同比增减（%）	本年累计	去年同期累计	累计同比增减（%）	本月日产水平	累计日产水平
粗钢	全国	6744.00	7610.00	7924.79	-14.90	101908.00	101908.00	0.00	217.55	279.20
	重点统计钢铁企业	5813.28	6360.69	6308.19	-7.85	82514.19	80218.80	2.86	187.53	226.07
	其他	930.72	1249.31	1616.61	-42.43	19393.81	21689.20	-10.58	33.65	8.50
生铁	全国	6087.00	6484.00	6901.36	-11.80	87101.00	86495.53	0.70	196.35	238.63
	重点统计钢铁企业	5634.80	5853.07	5769.74	-2.34	74776.69	71711.19	4.27	181.77	204.87
	其他	452.20	630.93	1131.62	-60.04	12324.31	14784.34	-16.64	24.98	37.93
钢材	全国	10850.00	11044.00	10689.66	1.50	136268.00	129532.32	5.20	350.00	373.34
	重点统计钢铁企业	6269.66	6536.17	6455.94	-2.89	82616.42	79148.26	4.38	202.25	226.35
	其他	4580.34	4507.83	4233.72	8.19	53651.58	50384.06	6.49	144.47	148.32

续附表 A-2

品种	单位	本月	上月	去年同月	本月同比增减（%）	本年累计	去年同期累计	累计同比增减（%）	本月日产水平	累计日产水平
焦炭	全国	4128.00	4037.00	3938.93	4.80	49260.00	47548.26	3.60	133.16	134.96
	重点统计钢铁企业	954.07	935.27	898.37	6.20	11513.09	11053.11	4.16	30.78	31.54
	其他	3173.93	3101.73	3040.57	4.39	37746.91	36495.15	3.43	102.38	103.42
铁矿石	全国	8603.32	8556.83	8569.08	0.40	99055.54	92462.67	7.13	277.53	271.39
	重点统计钢铁企业	2485.56	2445.64	2464.58	0.85	30103.03	29794.32	1.04	80.18	82.47
	其他	6117.77	6111.19	6104.51	0.22	68952.51	62668.36	10.03	197.35	188.91
铁合金	全国	295.75	305.07	295.56	0.07	3465.04	3415.60	1.45	9.54	9.49
折合粗钢表观消费量	全国	6039.05	6841.68	7360.36	-17.95	93343.69	96584.23	-3.36	194.81	255.74

附表 A-3　2022—2023 年中国特钢企业协会中国特钢价格指数（SSPI）

品种	综合价格指数		特殊质量钢		轴承钢		交通用钢		能源用钢		工模钢		优钢	
月份	2022 年	2023 年	2022 年	2023 年	2022 年	2023 年	2022 年	2023 年	2022 年	2023 年	2022 年	2023 年	2022 年	2023 年
1 月	149.0	134.9	147.6	135.5	153.2	133.6	143.4	133.8	155.7	149.7	122.4	116.7	155.6	132.3
2 月	150.4	137.2	148.6	137.9	153.7	136.8	144.3	136.5	158.1	150.3	122.9	117.6	159.4	133.9
3 月	151.7	138.8	150.1	139.5	156.1	137.9	145.7	138.3	158.2	150.6	122.9	125.4	159.9	135.4
4 月	153.1	138.4	151.4	139.5	157.7	137.4	147.3	138.2	158.8	152.1	121.2	123.8	161.5	133.2
5 月	152.4	134.3	151.5	136.1	158.4	131.9	147.0	135.7	159.4	150.5	121.7	119.5	156.3	125.5
6 月	148.2	130.2	148.1	131.8	152.6	123.3	143.7	133.1	159.9	148.4	121.9	119.6	148.6	122.8
7 月	141.6	128.6	142.9	129.9	145.3	122.2	138.8	130.5	156.7	146.7	120.8	120.2	135.5	122.4
8 月	136.2	127.7	137.3	129.0	136.5	121.5	134.7	129.1	152.7	146.3	118.2	122.3	130.5	121.8
9 月	133.0	128.9	133.9	130.4	132.0	124.5	131.5	129.9	150.0	146.7	116.4	120.7	129.2	121.9
10 月	132.5	129.4	133.1	130.9	131.1	126.7	131.0	129.6	148.4	147.2	116.3	119.2	129.6	121.9
11 月	132.3	130.7	133.4	131.8	132.2	127.7	131.0	131.1	148.1	147.2	117.2	115.5	127.4	125.1
12 月	133.1	132.8	133.7	133.7	131.4	130.8	131.9	132.8	148.5	147.8	116.7	114.9	130.3	128.0

附录 B　特殊钢下游用户行业运行情况和需求

B1　汽车行业

2023 年，我国汽车产销创历史新高，其中乘用车在稳增长、促消费等政策拉动下，实现较快增长，商用车在宏观经济、物流恢复、库存下降、环保合规政策等因素促进下，走出下行周期，实现大幅增长，新能源汽车和汽车出口保持快速增长，中国品牌表现亮眼，产品竞争力不断提升。全年汽车产量 3016 万辆，同比增长 11.6%，其中乘用车产量增长 9.6%，商用车增长 26.8%，新能源汽车产量 959 万辆，同比增长 35.8%，出口汽车 491 万辆，同比增长 57.9%。

B1.1　汽车行业运行情况

（1）汽车产量同比大幅增长，月度产量波动上升。

2023 年，汽车制造业增加值同比增长 13.0%，增幅高于制造业平均增幅 5.9%，高于工业平均增幅 7.2%。2023 年，我国汽车产量为 3016 万辆，同比增长 11.6%，增速比 2022 年提升 8.1%，近年来汽车产量及增长情况见附图 B-1。

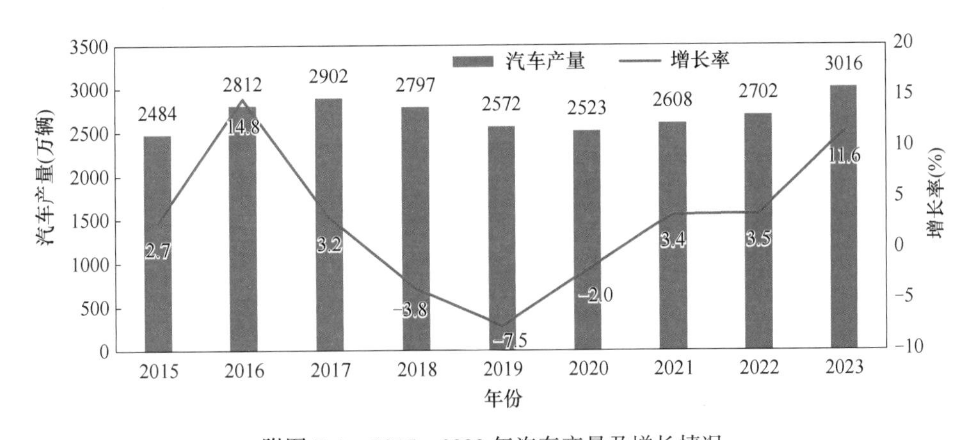

附图 B-1　2015—2023 年汽车产量及增长情况

从月度情况来看，全年月度产量呈波动上升趋势，11 月汽车产量达 309 万辆，创历史新高，12 月保持高位，近年来月度产量情况见附图 B-2。

（2）乘用车产量保持增长，商用车产量转降为增。

从汽车产量结构方面来看，2023 年，乘用车产量为 2612 万辆，同比增长 9.6%。近年来，乘用车市场呈现“传统燃油车高端化、新能源车全面化”的发展特征。2023 年，汽车消费的稳定仍是国家稳定经济增长的主要抓手，下半年《关于促进汽车消费的若干措施》《关于恢复和扩大消费的措施》《汽车行业稳增长工作方案（2023—2024 年）》等政策发布并持续推进，国内乘用车市场呈现月度产量波动上升的特点。从细分

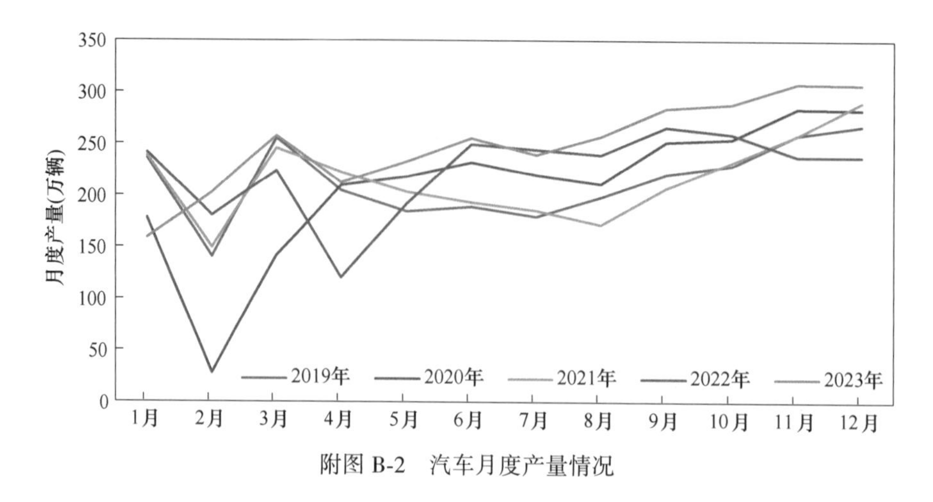

附图 B-2 汽车月度产量情况

车型来看，MPV 和 SUV 产量实现较快增长，同比分别增长 16.8%和 16.4%；轿车产量小幅增长 2.9%。

2023 年，商用车产量为 404 万辆，同比大幅增长 26.8%。商用车前期受环保和超载治理政策下的需求透支影响，产销量连续两年下降，2023 年以来商用车在宏观经济恢复，物流行业活跃，库存下降，环保合规政策等利好因素影响下走出下行周期，实现大幅增长。分车型情况看，货车产量增长 27.4%，客车增长 22.5%。乘用车和商用车各车型产量及增长情况见附表 B-1。

附表 B-1 2023 年汽车分车型生产表

项目	12 月产量（万辆）	环比（%）	同比（%）	1~12 月累计产量（万辆）	累计同比（%）
汽车产量	308	-0.5	29.2	3016	11.6
乘用车	271	0.3	27.7	2612	9.6
轿车	124	7.0	23.3	1151	2.9
MPV	12	7.4	29.6	111	16.8
SUV	133	-5.8	33.3	1324	16.4
商用车	37	-5.7	41.7	404	26.8
客车	5	6.8	18.9	50	22.5
货车	31	-7.6	46.6	354	27.4

（3）新能源汽车产销继续大幅增长。

我国新能源汽车近年来高速发展，连续 9 年位居全球第一。在政策和市场的双重作用下 2023 年继续实现大幅增长，新能源汽车产销分别完成 959 万辆和 950 万辆，同比分别增长 35.8%和 37.9%，新车市场占有率达到 31.6%，比上年提升 5.9%。其中，纯电动汽车销量 670 万辆，同比增长 22.6%；插电式混动汽车销量 288 万辆，同比增长 81.2%。近年来新能源汽车销量情况及增速见附图 B-3。

（4）汽车出口同比大幅增长。

我国汽车行业国际竞争力日益增强，2023 年汽车出口成为拉动产销量增长的重

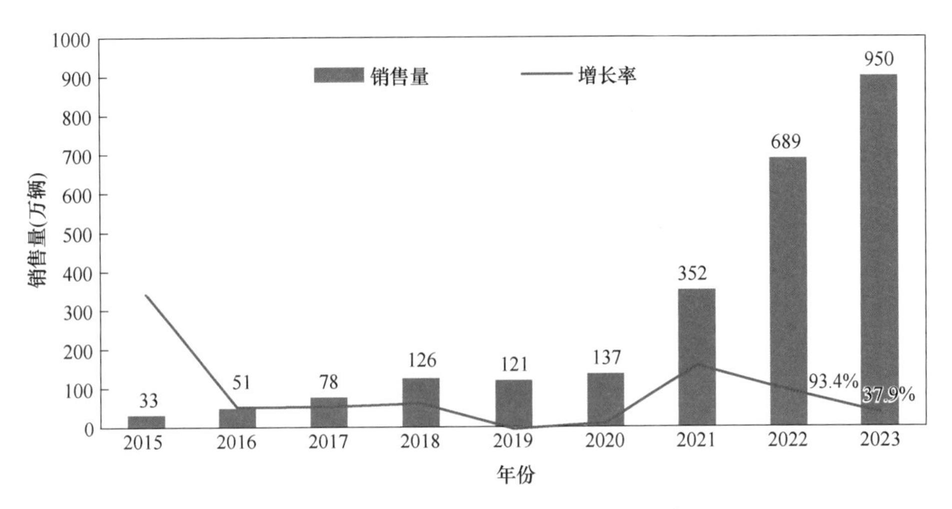

附图 B-3 我国新能源汽车销售量及增长情况

要力量，全年汽车出口491万辆，同比增长57.9%，成为世界出口量最大国家。分车型看，乘用车出口414万辆，同比增长63.7%；商用车出口77万辆，同比增长32.2%。传统燃料汽车出口370.7万辆，同比增长52.4%；新能源汽车出口120.3万辆，同比增长77.6%。随着国产新能源汽车海外热度持续提升，新能源汽车出口已经成为拉动我国汽车出口的重要力量。2023年，整车出口前十企业中，从增速上来看，比亚迪出口25.2万辆，同比增长3.3倍；奇瑞出口92.5万辆，同比增长1倍；长城出口31.6万辆，同比增长82.5%。近年来我国汽车出口量及增速见附图B-4。

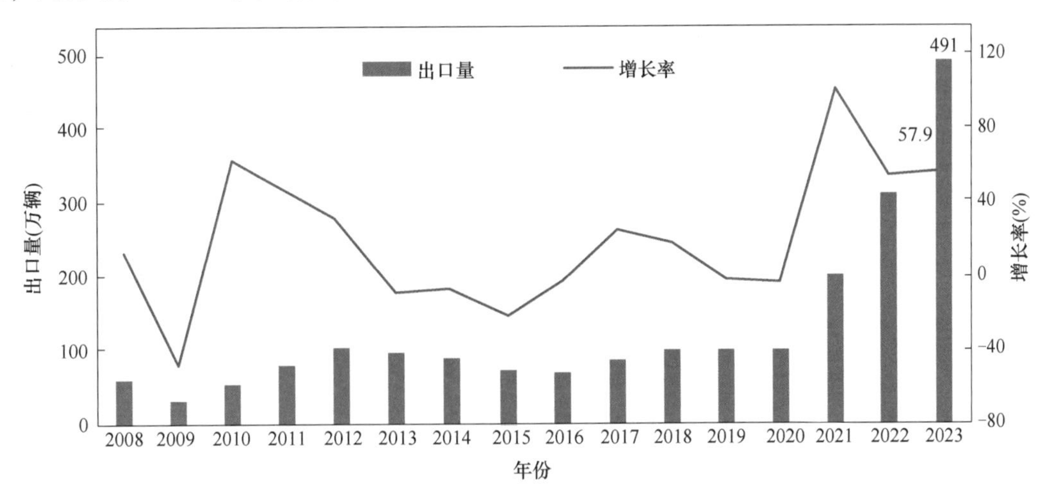

附图 B-4 近年来我国汽车出口量及增速

世界经济低碳化转型将助推全球新能源汽车市场持续快速发展，我国汽车出口正步入快速发展期，我国完备的供应链体系为汽车产业保持国际竞争力提供了强有力的支撑，出口规模屡创历史新高，其中新能源汽车持续引领出口增长，但外部环境也存在一定风险挑战。

（5）市场集中度保持较高水平。

2023年，汽车销量排名前十位的企业集团销量合计为2177万辆，同比增长

4.1%，占汽车销售总量的86.4%，低于上年同期1.5%。我国汽车行业市场集中度情况见附表B-2。

附表B-2 我国汽车行业市场集中度情况

市场集中度	1~12月销量（万辆）	累计同比（%）	市场份额（%）
前三家	986	6.4	39.2
前五家	1449	5.2	57.5
前十家	2177	4.1	86.4

2023年，新能源汽车销量排名前十位的企业集团销量合计为824万辆，同比增长47.7%，占新能源汽车销售总量的86.8%，高于上年同期5.8%。

（6）中国品牌乘用车市场份额明显提升。

中国品牌车企近年来紧抓新能源、智能网联转型机遇，推动汽车电动化、智能化升级和产品结构优化，得到广大消费者青睐，企业国际化发展更不断提升品牌影响力，中国品牌乘用车竞争力和市场占有率逐步提升。2023年，中国品牌乘用车销量1460万辆，同比增长24.1%，高于乘用车销量平均增速，市场份额达到56.0%，比2022年同期上升6.1%，近年来各系别乘用车市场份额变化情况见附图B-5。

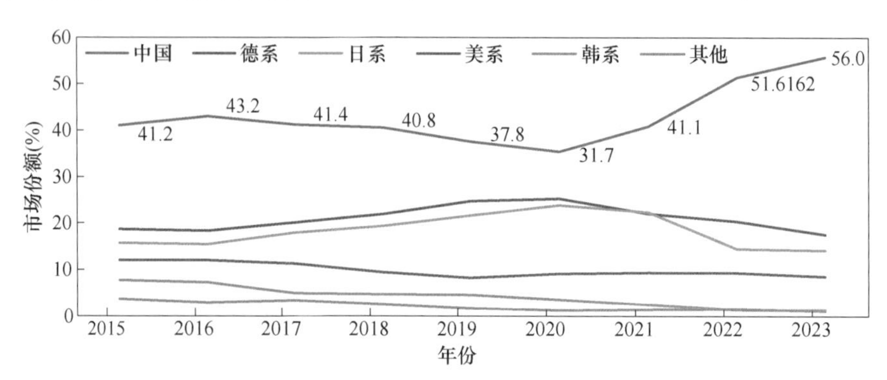

附图B-5 各系别乘用车市场份额对比

（7）车用芯片短缺问题依然存在，车用操作系统国外垄断。

全球车用芯片依然呈现结构性短缺，与新能源汽车相关的芯片供货持续紧张，比如电池管理系统使用的控制芯片、电机控制器的芯片、充电模块等；此外，传统的碰撞传感器、刹车系统供货仍旧紧张。车控操作系统目前国外标准垄断，国内产品已实现规模化验证，具备替代能力。但受国际产品挤压，市场覆盖率有限。车载操作系统目前国外垄断，包括黑莓的QNX全球市场份额约为50%；Linux系统占据大约20%份额。

供应链方面的稳定性仍是汽车行业稳增长的关键。汽车行业正致力于核心芯片国产化推进，构建受控的车规级产业链，鼓励具有自研能力的车企与芯片厂合作，支持上车应用。加大研发与推广投入，帮助企业夯实现有自主可控技术成果，国产车载操作系统打造开源开放平台和社区生态，扩大市场占有率。

B1.2 2023年汽车行业用钢情况

（1）汽车用钢基本情况及趋势。

汽车行业是我国重点用钢行业之一，我国每年用于汽车行业的钢材占钢材总消费的7%左右。薄板、中板、带钢、型钢、优质棒材、钢管、硅钢、特殊合金钢等品种均被应用于汽车制造，汽车用钢中板材约占总量的70%。随着我国大力推广新能源汽车，免征购置税政策延续，充电桩“下乡”，促进新能源汽车消费等政策推进下，新能源汽车占比将进一步提高。2023 年，新能源汽车销量占比超过 30%，随着新能源汽车快速发展，汽车行业对原材料需求出现较大变化。由于新能源车没有发动机、变速箱及其他相关部件，增加了电动机，汽车行业对高牌号无取向电工钢需求量增加，对高强、超高强新能源汽车用钢呈现快速增长趋势。同时，新能源汽车比重不断上升带来的钢材需求结构改变，供需平衡和产品升级及差异化定位问题值得钢厂重视。

（2）2023 年汽车用钢消耗。

2023 年汽车生产结构上，传统能源乘用车产量小幅下降，新能源乘用车产量大幅增长；商用车传统能源和新能源车产量均大幅增长，其中新能源商用车增幅更高，汽车用钢单耗系数较 2022 年将小幅上升。根据汽车及零部件产量和结构测算，预计全年我国汽车行业用钢约 5930 万吨，同比增长 15%。

B2　机械行业

2023 年，随着一批稳定经济政策措施的集中出台与落实，机械工业呈现稳定向好的走势，企业预期改善、产业结构持续优化，高质量发展稳步推进，机械工业主要指标实现一定幅度的增长。

B2. 1　机械行业运行情况

（1）增加值增速有所提高。

2023 年，机械工业增加值同比增长 8. 7%，分别高于全国工业和制造业增速 4. 1% 和 3. 7%。机械工业主要涉及的五个国民经济行业大类增加值全部增长，其中电气机械和汽车起到突出带动作用，增加值增速分别达到 12. 9% 和 13%；通用设备、专用设备和仪器仪表增加值增速较低，分别为 2%、3. 6%和 3. 3%。

（2）产品产量呈分化态势，增减各半。

2023 年，机械工业主要产品产销形势延续上年分化态势，产量增减的产品数量各占一半左右。重点监测的 120 种主要产品中，61 种产品产量同比增长，占比 50. 8%；59 种产品产量同比下降，占比 49. 2%。具体看，电工电器行业继续保持增长。由于电源、电网投资保持高位，带动电力装备生产持续快速增长，发电机组和太阳能电池产量同比分别增长 28. 5% 和 54%；输变电产品中，低压开关板、变压器等产品产量也高速增长。工程机械同比降幅加深，挖掘机、装载机销量分别下降 25. 4%和 15. 8%。机床产品生产继续回稳向好，金属切削机床产量同比增长 6. 4%。农机产品生产依然低迷，大、中型拖拉机和饲料生产专用设备产量分别下降 1. 9%、9. 1%和 21. 2%。部分机械产品产量累计增速如附图 B-6 所示。

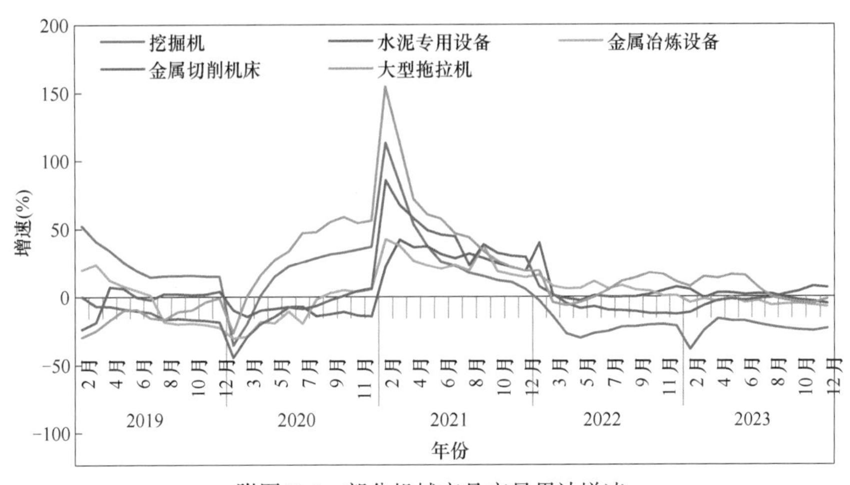

附图 B-6　部分机械产品产量累计增速

（3）主要效益指标增速放缓。

2023 年，机械工业实现营业收入 29.8 万亿元，同比增长 6.8%；实现利润总额近 1.8 万亿元，同比增长 4.1%；营业收入和利润总额增速分别比全国工业高 5.7% 和 6.4%，占全国工业的比重分别为 22.3% 和 22.8%，较上年分别提高 1.2% 和 1.4%。

（4）机械工业固定资产投资保持增长。

2023 年以来，机械工业固定资产投资持续高速增长，对拉动制造业投资发挥重要支撑作用。机械工业主要涉及国民经济行业大类投资均保持增长态势。其中，电气机械保持较高增速，达到 32.2%；特别是电气机械行业在电池制造、输变电及控制设备等领域的带动下，2023 年 2 月份以来投资增速始终高于 32%。通用设备、专用设备和仪器仪表投资增速分别为 4.8%、10.4% 和 14.4%。五大行业投资增速均高于全社会固定资产投资增速（3%），除通用设备外均高于全国工业（9.0%）和制造业（6.5%）平均水平。2022 年和 2023 年机械工业主要涉及行业大类固定投资累计增速如附图 B-7 所示。

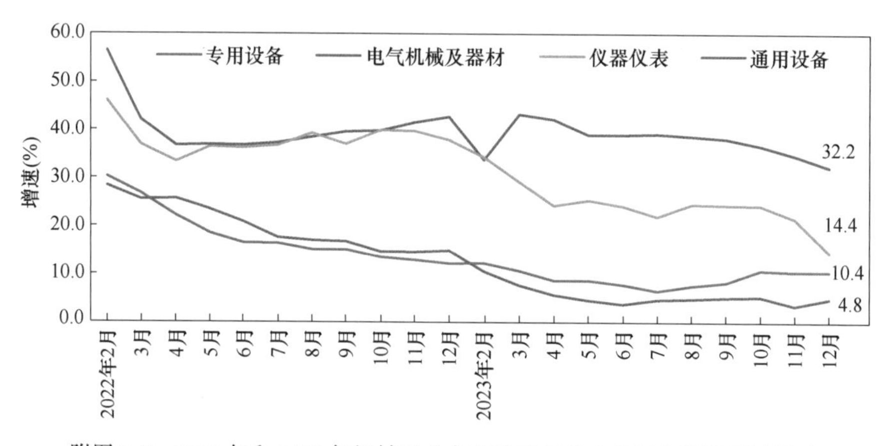

附图 B-7　2022 年和 2023 年机械工业主要涉及行业大类固定投资累计增速

（5）外贸出口保持较快增长，但压力增大。

2023 年，机械工业累计进出口总额 1.09 万亿美元，同比增长 1.7%。其中，进口 3045 亿美元，同比下降 7.6%；出口 7830 亿美元，同比增长 5.8%，占全国外贸出口额的 23.2%；累计贸易顺差 4785 亿美元，同比增长 16.6%，占全国货物贸易顺差的 58.1%。

从贸易伙伴看，对共建"一带一路"国家的出口发挥重要支撑作用，出口金额同比增长 14.0%；对俄罗斯出口额同比增长 1.1 倍，俄罗斯成为我国机械工业第二大出口国；对非洲、欧洲和拉丁美洲出口额分别增长 17.3%、16.3% 和 9.8%。机电及外贸出口累计增幅如附图 B-8 所示。

（6）订单不足压力和货款回收难问题延续。

据中机联调研，2023 年反映订货不足的企业占比始终高于 50%，四季度末占比升至 65%，其中中小企业订单不足占比更是高达 72%。截至 2023 年末，机械工业应收账款总额为 8 万亿元，同比增长 11.1%，高于同期全国工业应收账款增速 3.5%，占全国工业应收账款总额比重达 33.7%。

（7）产品价格处于下行通道。

产能快速上升而有效需求不足，机械产品市场竞争激烈，加上议价能力较弱等因素影响，机械产品出厂价格持续下降且降幅不断加深。2 月份出厂价格同比下降 0.2%，至 12 月份降幅已加深至 2.5%。机械工业主要涉及的 5 个国民经济行业大类，12 月份

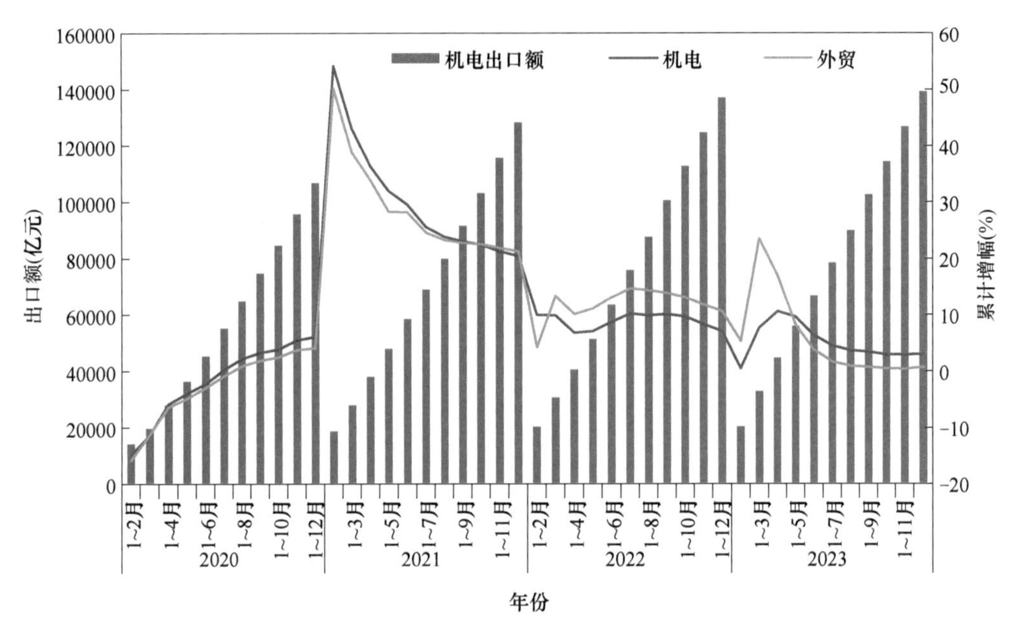

附图 B-8 机电及外贸出口累计增幅

出厂价格同比全部下降。前期投资火热、引领行业新增长的领域，产能快速增长，行业竞争加剧，引发产品价格下行。光伏、储能电池行业主要产品都经历了明显的价格回调，电池制造行业 12 月份价格降幅高达 9.7%。价格下行挤压利润空间，增收不增利现象普遍存在。

B2.2 2023 年机械行业用钢情况

机械工业作为仅次于建筑行业的第二用钢大户，其钢材消费量占全部钢材消费总量的 20%左右，机械行业用钢量较大的子行业主要有电工电器、石化通用设备、机械基础件、重型矿山设备、工程机械、农用机械等。消费的钢材几乎涉及所有品种和规格，随着重大技术装备的大型化，具有耐高温、高压及抗辐射、腐蚀等特殊性能的钢材需求增加。据测算，2023 年机械行业钢材需求量约 1.95 亿吨，同比下降 2%。

B3 铁路行业（铁道）

2023 年，全国铁路建设顺利推进，一大批铁路项目开工建设，全年铁路固定资产投资完成 7645 亿元，同比增长 7.5%，铁路运行效益大幅好转，铁路旅客运输大幅增加，货运同比增长，全年发展态势向好。

B3.1 铁路投资与建设情况

（1）铁路固定资产投资同比增长。

2023 年，全国铁路固定资产投资完成 7645 亿元，同比增长 7.5%；投产新线 3637 公里，其中高铁 2776 公里，圆满完成年度铁路建设任务。截至 2023 年底，全国铁路营业里程 15.9 万公里，其中高铁 4.5 万公里。高铁里程稳居世界第一。全国铁路固定资产投资由机车车辆投资（装备投资）和基本建设投资组成，机车车辆投资是用作购买和维护机车车辆的费用，基本建设投资用作建设铁路新线。以基建投资在固定资产投资中的历年占比看，固定资产投资中的 85%~90%为基建投资。近年来铁路投资情况见附图 B-9。中国铁路运营里程见附图 B-10。

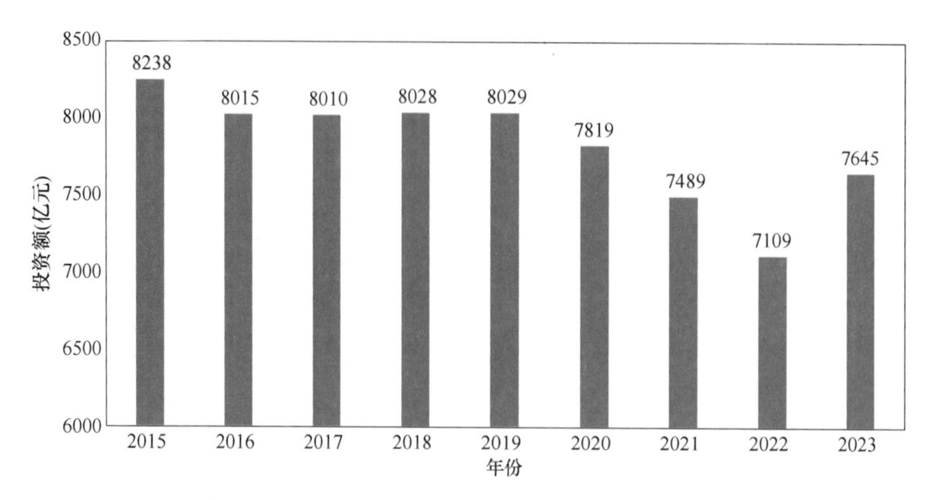

附图 B-9　2015—2023 年铁路固定资产投资完成情况

附图 B-10　中国铁路运营里程

（2）重点项目有序推进。

2023 年，“十四五”规划《纲要》确定的 102 项重大工程中的铁路项目有序推进，铁路建设投资拉动作用显著。聚焦“打基础、利长远、补短板、调结构”，实施 24 个联网、补网、强链项目；丽江至香格里拉铁路、贵阳至南宁高铁等 34 个项目建成投产，广州白云站、南昌东站等 102 座客站高质量投入运营；重庆至万州高铁、成渝中线高铁等 112 个在建项目有序推进；潍坊至宿迁高铁、邵阳至永州高铁、黄桶至百色铁路等 9 个大中型基建项目开工建设；建成铁路专用线 92 条、物流基地 10 个。潍坊至宿迁高速铁路及青岛连接线、合浦至湛江高铁、蒙自至文山、罗布泊至若羌铁路、合肥至武汉高铁、潍坊至宿迁高铁、沿江高铁宜昌至涪陵段等，尤其是“八纵八横”高铁通道项目可研及初步设计等前期工作均取得了重大进展，多个项目实现了可研批复和初步设计批复的阶段性目标。2023—2024 年拟开工铁路汇总见附表 B-3。

（3）铁路旅客运输大幅增加，货运同比增长。

2023 年，国家铁路旅客发送量 36.9 亿人，比上年增加 20.8 亿人，增长 128.8%；国家铁路旅客周转量完成 14717.12 亿人/公

附表 B-3 2023—2024 年拟开工铁路汇总

序号	省、自治区、直辖市	项目名称	线路长度（公里）
1	吉林	长春至辽源至通化高铁	260
2	北京	北京市域铁路东北环线	59
3	河北	石雄城际铁路	167
4	陕西	延安至榆林高速铁路	240
5	山西、陕西	太原至绥德高速铁路	270
6	河南	焦作至洛阳至平顶山高铁	219
7	河南、安徽	南阳至信阳至合肥高铁	436
8	安徽、河南	阜阳至黄冈高铁	304
9	河南	郑州枢纽新建郑州南站及相关工程	47
10	湖南	长沙至赣州高铁	433
11	山东	潍坊至宿迁高速铁路	508
12	湖北	武汉枢纽直通线	74
13	安徽、河南	沪渝蓉高速铁路合肥至武汉段	322
14	湖北、重庆	沪渝蓉高铁宜昌至涪陵段	485
15	湖南	邵阳至永州高铁	98
16	湖南	益阳至娄底高铁	99
17	湖北、湖南	宜昌至常德高铁	226
18	重庆、湖南	黔江至吉首高铁	205
19	安徽、江苏	合肥至宿迁高铁宿迁至泗县段	59
20	江苏、浙江	盐泰锡宜湖高铁	375
21	江苏、浙江	常州至泰州城际铁路	79
22	江苏、安徽	扬马城际铁路镇江至马鞍山段	121
23	江苏、安徽	南京至宣城高铁	169
24	安徽	六安至安庆铁路	168
25	上海、浙江	上海至嘉兴至杭州铁路	193
26	浙江	金华至义乌铁路三、四线金华铁路枢纽扩容改造	47
27	广东、福建	汕头至漳州高铁	167
28	广东、福建	武平至梅州高铁	103
29	浙江、福建	温州至福州高铁	310
30	福建	福州机场高铁	87
31	广东	深圳枢纽西丽站及相关工程	13
32	广东	南深高铁珠三角枢纽机场至省界段	142
33	广东	罗定至岑溪铁路	76
34	广西、广东	合浦至湛江高铁	130
35	广东、海南	湛江至海口高铁	129
36	贵州、广西	黄桶至百色铁路	315

续附表 B-3

序号	省、自治区、直辖市	项目名称	线路长度（公里）
37	四川	绵遂内城际铁路绵阳至遂宁段	136
38	湖南、贵州	铜仁至吉首铁路	55
39	贵州、广西	黔桂铁路复线	412
40	宁夏、甘肃	中卫至平凉铁路扩能改造	297
41	甘肃	平凉至庆阳铁路	93
42	甘肃、宁夏	定西至平凉铁路	240
43	甘肃	兰州至张掖客专武威至张掖段	238
44	云南、四川	大理至丽江至攀枝花铁路	320
45	云南	文山至蒙自铁路	114
46	云南	临沧至清水河铁路	176
47	青海、西藏	青藏铁路格拉段电气化改造	1136
48	西藏	波密至然乌铁路	134
49	新疆	罗布泊至若羌铁路	236
50	新疆	伊宁至阿克苏铁路	345

数据来源：国家铁路总公司。

里，比上年增加 8145. 36 亿人/公里，增长 123. 9%。国家铁路货运总发送量完成 39. 1 亿吨，比上年增加 0. 1 亿吨，增长 0. 2%。其中，集装箱发送量比上年增长 7. 3%。国家铁路货运总周转量完成 32638. 5 亿吨公里，与上年基本持平。

（4）铁路经营情况大幅好转。

在客货运输整体向好形势下，国铁集团总体经营情况大幅好转。2023 年前三季度，国铁集团实现营业总收入 9080. 48 亿元，同比增长 16. 1%。前三季度国铁集团扭亏为盈，实现盈利 121. 09 亿元，而在上半年国铁集团还亏损 110. 86 亿元。前三季度，国铁集团运输总收入完成 7317 亿元，同比增加 2002 亿元、增长 37. 7%。

B3. 2 铁道用钢情况

2023 年国家铁路建设整体稳步推进，四季度以来加快了投资建设步伐，12 月铁路投资达到全年极值。重点项目有力推进，投资和新建里程数均同比增长，全年铁路固定资产投资 7645 亿元，因此，预计全年我国铁道用材消耗量约 410 万吨，同比持平。

B4 船舶行业

2023 年，国际航运市场延续上升周期，船舶行业继续保持上升态势，油船、汽车运输船和绿色燃料散货船、集装箱船需求较为旺盛。我国船舶工业保持良好发展势头，造船三大指标均实现较快增长，国际市场份额进一步扩大，转型升级效果明显，行业利润持续回升，此外我国海洋工程领域同样保持国际领先地位。

B4. 1 船舶行业运行情况

（1）我国三大造船指标均上升，市场份额进一步扩大。

2023 年，我国造船三大指标均实现较快增长，其中造船完工量 4232 万载重吨，同比增长 11. 8%；新接订单量 7120 万载重吨，同比增长 56. 4%，12 月底，手持订单量 13939 万载重吨，同比增长 32. 0%，近年来造船主要指标情况如附图 B-11～附图 B-13 所示。

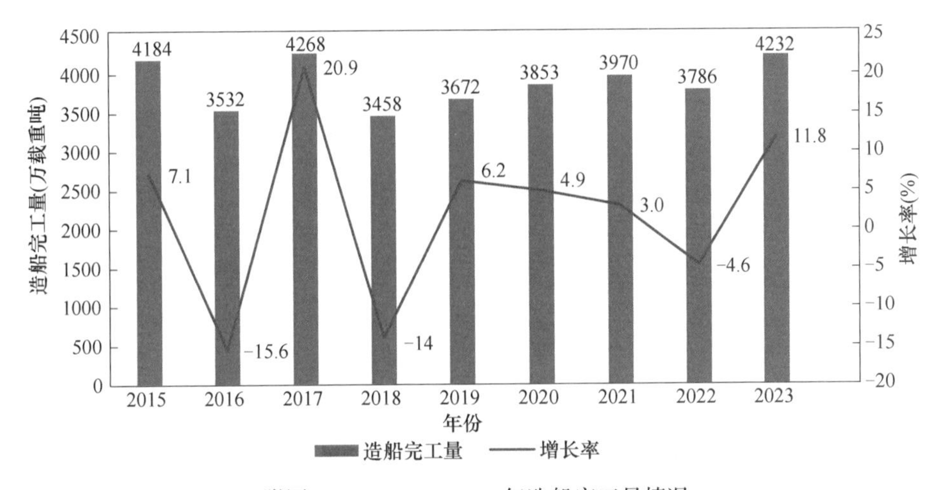

附图 B-11　2015—2023 年造船完工量情况

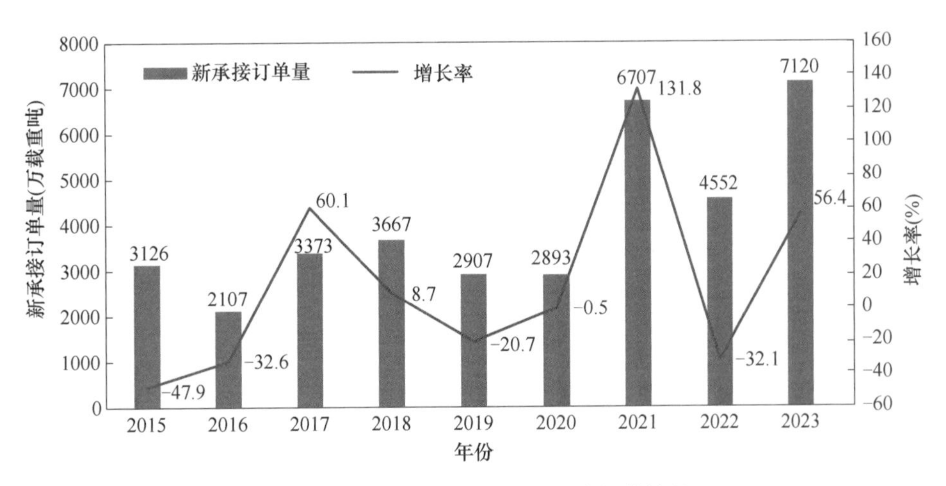

附图 B-12　2015—2023 年新承接订单情况

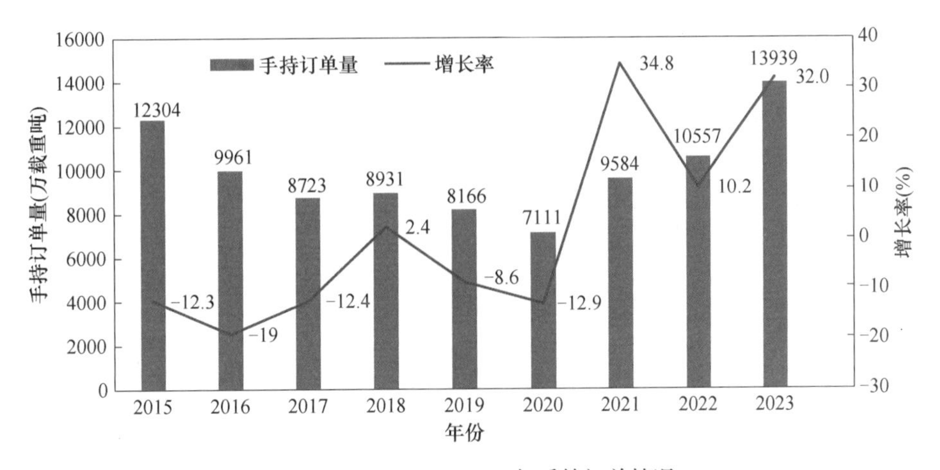

附图 B-13　2015—2023 年手持订单情况

中国市场份额连续 14 年位居世界首位。我国骨干船企保持较强国际竞争力，我国分别有 5、7、6 家造船企业位居世界造船完工、新接订单和手持订单前 10 强，江苏扬子江船业集团公司、江苏新时代造船有限公司新接订单量分别位居世界造船企业前两名。中国船舶集团有限公司造船三大指标位居全球各造船集团之首，三大指标全球占比分别为 19.6%、21.1%和 19.5%。2023 年，我国造船完工量、新接订单量、手持订单量以载重吨计分别占世界总量的 50.2%、66.6%和 55.0%，较 2022 年分别增长 2.9%、11.4%和 6.0%。三大指标市场份额以修正总吨计分别占 47.6%、60.2% 和 47.6%。2023 年世界主要造船国家三大指标情况见附表 B-4。

附表 B-4　2023 年世界主要造船国家三大指标

指标		世界	韩国	日本	中国
造船完工量	数量（万载重吨）	8425	2292	1550	4232
	占比（%）	100.0	27.2	18.4	50.2
	数量（万修正总吨）	3485	920	506	1659
	占比（%）	100.0	26.4	14.5	47.6
新接订单量	数量（万载重吨）	10691	1978	1277	7120
	占比（%）	100.0	18.5	11.9	66.6
	数量（万修正总吨）	4301	1008	448	2589
	占比（%）	100.0	23.4	10.4	60.2
手持订单量	数量（万载重吨）	25362	6658	3523	13939
	占比（%）	100.0	26.3	13.9	55.0
	数量（万修正总吨）	12186	3922	1203	5796
	占比（%）	100.0	32.2	9.9	47.6

注：此表世界数据来源于克拉克松研究公司，中国数据来自中国统计。

2023 年，全国完工出口船 3453 万载重吨，同比增长 12.6%；承接出口船订单 6651 万载重吨，同比增长 64.1%；12 月底，手持出口船订单 13015 万载重吨，同比增长 36.7%。出口船舶分别占全国造船完工量、新接订单量、手持订单量的 81.6%、93.4% 和 93.4%。

（2）船舶工业主要经营指标同比大幅增长。

2023 年，全国规模以上船舶工业企业实现主营业务收入 6237 亿元，同比增长 20.0%；实现利润总额 259 亿元，同比增长 131.7%。

（3）细分船型市场占比提升，龙头企业保持较强竞争力。

我国船企把握新船市场轮动机遇，巩固主流船型优势地位，在细分船型市场取得新突破，在全球 18 种主要船型中我国共有 14 种船型新接订单位列世界第一。LNG、甲醇动力等绿色船舶订单快速增长，氨燃料预留、氢燃料电池等零碳船舶订单取得突破，新接绿色船舶订单国际市场份额达到 57.0%，实现了对主流船型的全覆盖。全球最大 700 箱纯电动力集装箱船、全球最大 5400 马力纯电拖轮、国内首艘 500 千瓦氢燃料电池动力船等研制完成并投入使用。

船舶行业龙头企业保持较强竞争力，集中度保持较高水平，三大造船指标中排名前十企业占比均超60%。区域上，江苏、上海、辽宁、浙江和广东以上排名前五省市造船完工量占全国比重90%。

（4）转型升级效果明显，“双高”船型占比明显提升。

2023年，国产首艘大型邮轮“爱达·魔都号”命名交付，于2024年1月1日正式商业首航。我国船企交付了20艘全球最大24000箱超大集装箱船，4艘17.4万立方米大型LNG运输船，以及全球最大浅水航道8万立方米LNG运输船，自主设计建造的第五代“长恒系列”17.4万立方米大型LNG船顺利出坞。我国成为全球唯一具备交付全谱系船型能力的国家。

（5）海工领域国际领先，风电相关船舶跻身世界主流。

2023年，国际油价总体在75美元/桶的区间价格波动。三季度，国际油价开启上升通道，由6月初的68美元/桶一路攀升至95美元/桶，单季度涨幅达到28%。10月后，受世界经济增长乏力及需求下降等因素影响，国际油价呈现震荡回落走势。海工市场受国际油价和海上风电等海上平台市场形势影响，2023年总体有一定回升，我国累积成交各类海工装备50余艘/座，占世界份额60%。从类型上看，成交装备主要为如起重船、风电安装船、铺缆船、风电运维船、自升式支持平台、海工支持船、移动生产装备（FPSO）等。我国风电安装船、运维船等风电相关船舶生产技术和产量跻身世界主流。

（6）国产配套产品应用加速，产业链安全水平提升。

2023年，国产船用主机、船用锅炉、船用起重机、船用燃气供应系统（FGSS）等配套设备装船率持续提高。船用高端钢材研制能力不断提高，大型集装箱船用止裂板、化学品船用双相不锈钢、国产高锰钢罐、殷瓦钢、国产LNG船波纹板等全面应用，产业链供应链安全水平显著提升。

B4.2　2023年船舶行业用钢情况

（1）2023年我国船舶用钢发展特点。

第一，集装箱船用止裂板需求增加。全球集装箱船市场持续火爆，我国船企共批量承接各类集装箱船订单近5000万载重吨，特别是在超大型集装箱船领域取得较大突破，批量承接、交付全球最大24000TEU超大型集装箱船订单。部分骨干船企生产已经安排至2030年。集装箱船订单的大幅增长将显著带动船用高强度止裂板的需求。

第二，双燃料船顺应环保趋势快速发展，带动9镍钢需求增加。国际海事组织将加快全球航运减排的进程，船舶行业呈现绿色化发展趋势，我国船舶企业在各型绿色燃料船舶上均获得了批量订单。其中双燃料动力船舶以LNG燃料为驱动，配备不同标准的LNG燃料罐，通过双燃料动力，可以比单一燃油动力有效减低22%的二氧化碳排放、93%的颗粒物排放、82%的氮氧化合物排放以及98%的硫化物排放。目前，各类型船舶LNG燃料罐主要以9Ni钢为主，带动相应钢材的增量需求。此外，以高锰钢为原材料的LNG燃料罐也在推进产业化进程。此外，LNG船需求大幅增加，殷瓦钢和不锈钢波纹板需求增加。

第三，新型海工需求增加。以绿色环保升级换代为主的海洋油气开发、以海上风电为主体的新能源产业及远洋牧场快速发展，这些新兴市场的爆发式增长，都给船舶及海工产业带来了新的视野和新的用钢需求。特别是风电产业，海上风电塔筒及导管架用钢和深远海养殖装备用钢需求将有一定增长空间。

第四，船舶行业智能化发展对造船用钢材料提出新要求。船舶行业升级智能化生产线，对船用钢材提出更加严格的质量稳定性和标准化要求，包括钢材表面光洁度、钢板的尺寸规格、钢材的配送方式等。钢铁企业应密切关注船厂在智能制造流水线升级改造后对造船用钢的新要求。

钢铁工业和船舶工业的合作由来已久，我国造船用船板无论从产品产量和质量上都基本上满足了国内船企快速发展的需求，并且钢铁企业在高技术、高附加值船舶产品用钢领域不断探索，与船舶企业在高端品种领域开展联合攻关，实现了多型产品的突破和产业化应用，为我国成为造船大国并不断扩大国际竞争优势打下坚实基础。

（2）2023 年我国船舶用钢量。

2023 年，根据我国造船量、结构、修船和其他海洋工程情况，预计我国船舶行业用钢约 1730 万吨，同比增长约 11%。

B5　能源行业（油气输送）

2023 年，随着美联储不断加息，全球金融系统性风险加剧，原油市场波动较大。全球经济增长虽然仍不乐观，但中国需求恢复带来重要提振，沙特和俄罗斯重申将继续履行减产承诺，OPEC+“控产保价”目标并未改变，原油供给增量有限，原油价格在供需方面得到一定程度支撑，预期转强。预计我国能源行业经济运行总体保持复苏态势。生产经营持续改善；全行业生产处于持续增长状态；投资保持稳定增长；进出口贸易呈现量增额降。原油价格小幅波动，震荡下行；化工市场价格未延续上涨趋势，保持稳定；市场需求有所恢复，经济低位运行状态尚未根本扭转。行业景气指数小幅回落，仍保持正常偏热区间。

B5.1　能源行业运行情况

2023 年，工业生产原油 20891 万吨，同比增长 2.0%；进口原油 56399 万吨，同比增长 11.0%；原油加工量 73478 万吨，同比增长 9.3%。生产天然气 2297 亿立方米，同比增长 5.8%；进口天然气 11997 万吨，同比增长 9.9%。

（1）增加值增速有所增加，营业收入有所下降。

2023 年，石油和化工行业规模以上企业增加值累计增长 8.4%，高于全国工业增加值增速 3.8%。从三大主要板块来看，油气开采业增加值同比增长 3.4%，增速比上年回落 1.9%；炼油业增加值同比增长 8.3%，增速比上年回升 16.3%，由负转正；化工行业增加值同比增长 9.2%，增速比上年提高 3.6%。总体看，全行业产业结构持续优化，增加值继续保持向好态势。

行业效益总体下滑。截至 2023 年底，石油和化工行业规模以上企业 30507 家，累计实现营业收入 15.95 万亿元，同比下降 1.1%，实现利润总额 8733.6 亿元，同比下降 20.7%。三大板块的情况为：油气板块实现营业收入 1.44 万亿元，同比下降 3.9%；实现利润 3010.3 亿元，同比下降 15.5%。炼油板块实现营业收入 4.96 万亿元，同比增长 2.1%；实现利润 656 亿元，同比增长 192.3%。化工板块实现营业收入 9.27 万亿元，同比下降 2.7%；实现利润 4862.6 亿元，同比下降 31.2%。

（2）能源生产保持增长态势。

2023 年，全国原油产量 20891 吨，增长 2.0%；12 月，规模以上工业原油产量 1765 万吨，同比增长 4.6%，增速比 11 月加快 2.0%，日均产量 56.9 万吨。规模以上工业原油产量月度走势如附图 B-14 所示。

2023 年，天然气产量 2297 亿立方米，增长 5.8%；12 月，规模以上工业天然气产量 209 亿立方米，同比增长 2.9%，增速比 11 月放缓 2.4%，日均产量 6.7 亿立方米。规模以上工业天然气产量月度走势如附图 B-15 所示。

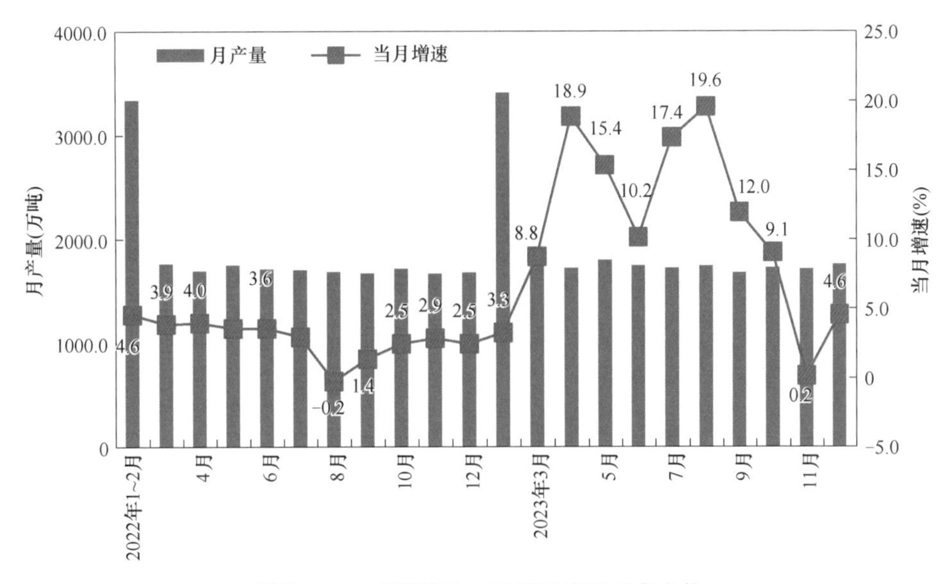

附图 B-14　规模以上工业原油产量月度走势

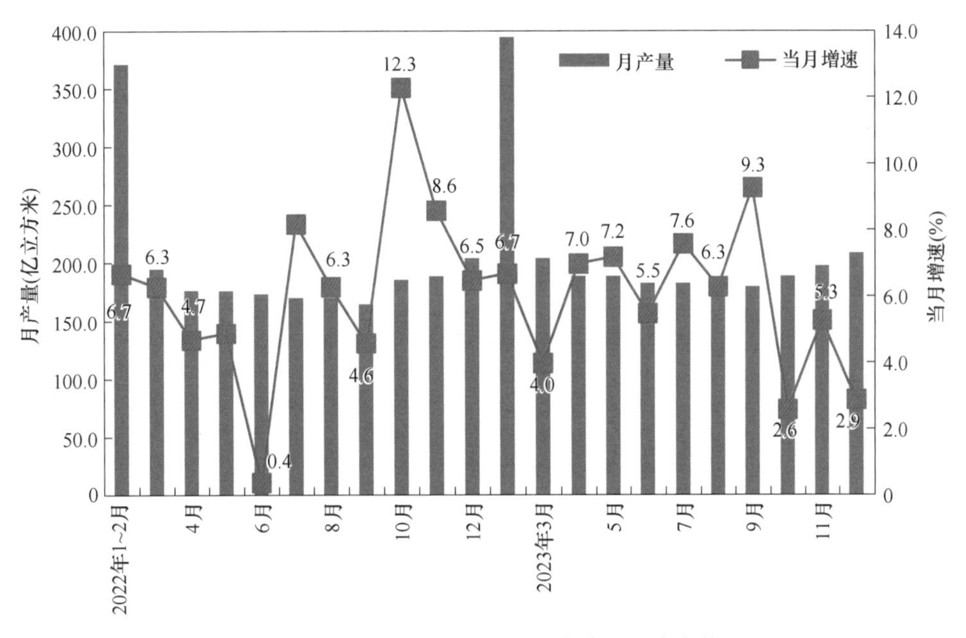

附图 B-15　规模以上工业天然气产量月度走势

（3）能源消费持续增长。

2023 年中国能源消费总量 57.2 亿吨标准煤，比上年增长 5.7%。煤炭消费量增长 5.6%，原油消费量增长 9.1%，天然气消费量增长 7.2%，电力消费量增长 6.7%。煤炭消费量占能源消费总量比重为 55.3%，比上年下降 0.7%；天然气、水电、核电、风电、太阳能发电等清洁能源消费量占能源消费总量比重为 26.4%，上升 0.4%。

（4）投资增长有所回落。

2023 年，石油和天然气开采业累计完成固定资产投资额同比增长 15.2%，增速比

2022年回落0.3%；化学原料和化学制品制造业同比增长13.4%，增速回落5.4%；石油、煤炭及其他燃料加工业同比下降18.9%，降幅比2022年扩大8.2%。

2023年，我国油气管道工程建设取得了新的进展，一批重大工程建成投产或开工建设，油气管网数字化、网络化、智能化水平不断提升，前三季度，我国新建主干油气管道里程突破2500公里，创历史新高。西气东输三线、西气东输四线、中俄东线等一批干线管道均加快建设，西气东输三线湖北段正式投运。湖北段和西气东输二线、川气东送、重庆忠县到武汉管线等多条国家输气管线连接，中俄东线济宁支线天然气管道工程预计2024年投产，为完善我国油气管道基础设施建设提供了重要支撑。

（5）对外贸易进出口额下降。

2023年，进口原油56399万吨，同比增长11.0%；进口天然气11997万吨，同比增长9.9%。

石油和化工行业对外贸易主要受到价格影响，外贸量保持增长但金额明显下降。海关数据显示，全行业进出口总额回落至万亿美元以下为9522.7亿美元，同比下降9.0%，占全国进出口总额的16.0%。其中：出口总额3165.3亿美元，同比下降11.2%；进口总额6357.5亿美元，同比下降7.9%。贸易逆差3192.2亿美元，同比下降4.3%。

原油和天然气进口月度走势如附图B-16和附图B-17所示。

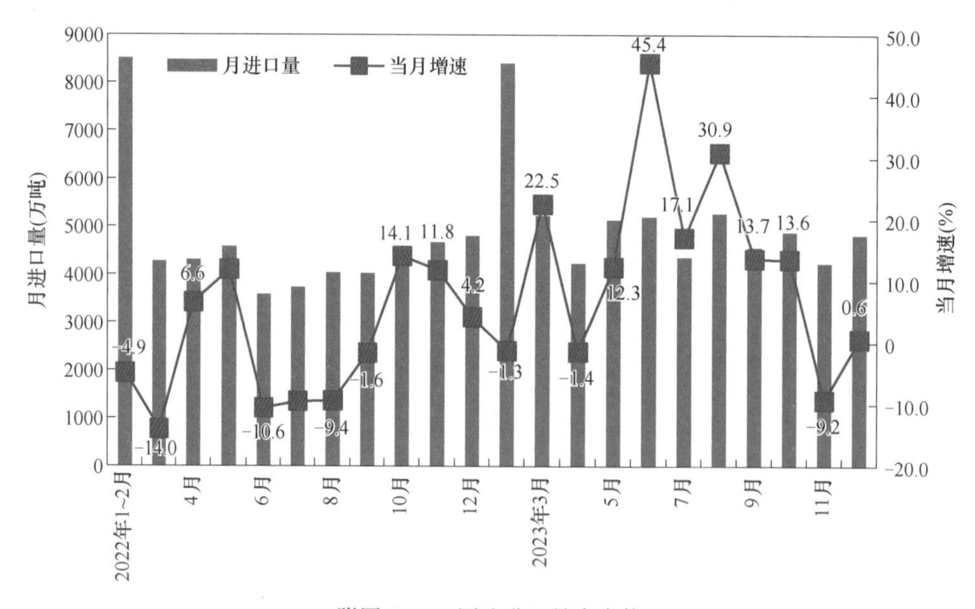

附图B-16　原油进口月度走势

B5.2　2023年能源行业（油气输送）用钢情况

2023年，我国能源行业用钢保持稳定增长，管线用钢消费量约500万吨，同比增长6.0%。

B6　家电行业

2023年，稳经济政策效果显现，我国居民出行和部分服务类消费恢复性增长，家电等耐用消费品消费也呈复苏态势，同时海外通胀压力和去库存压力有所缓解，自下半年

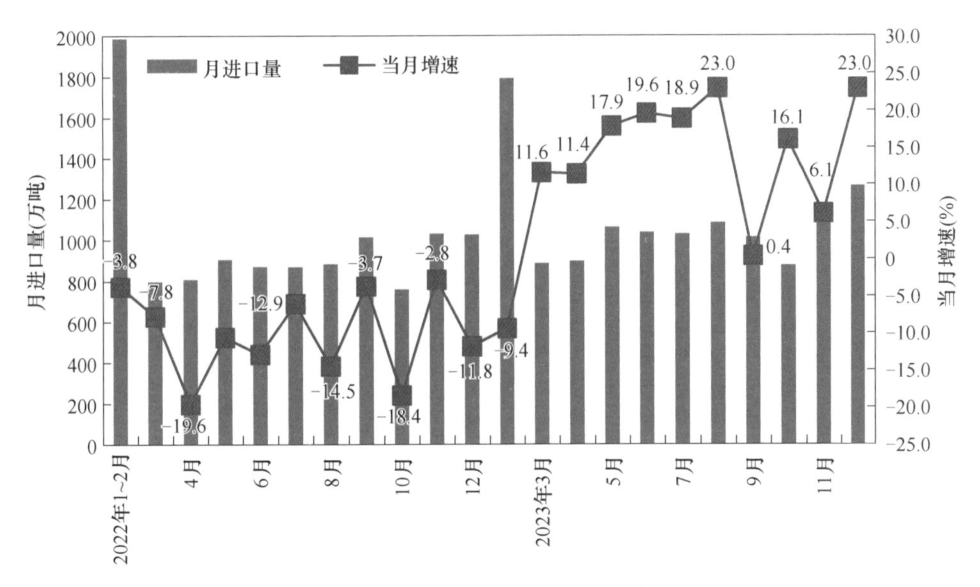

附图 B-17　天然气进口月度走势

开始出口有明显恢复，全年家电行业总体小幅增长，三大白电产品产量实现较快增长，冰箱、空调、洗衣机产量增速均超10%。

B6.1　家电行业运行情况

（1）三大白电产量均上升。

2023年，三大白电产品产量均有较大幅度上升。空调产量24487万台，同比增长13.5%；家用洗衣机产量10458万台，同比增长19.3%；家用电冰箱产量9632万台，同比增长14.5%。近年来，三大白电产品产量情况见附图B-18~附图B-20。

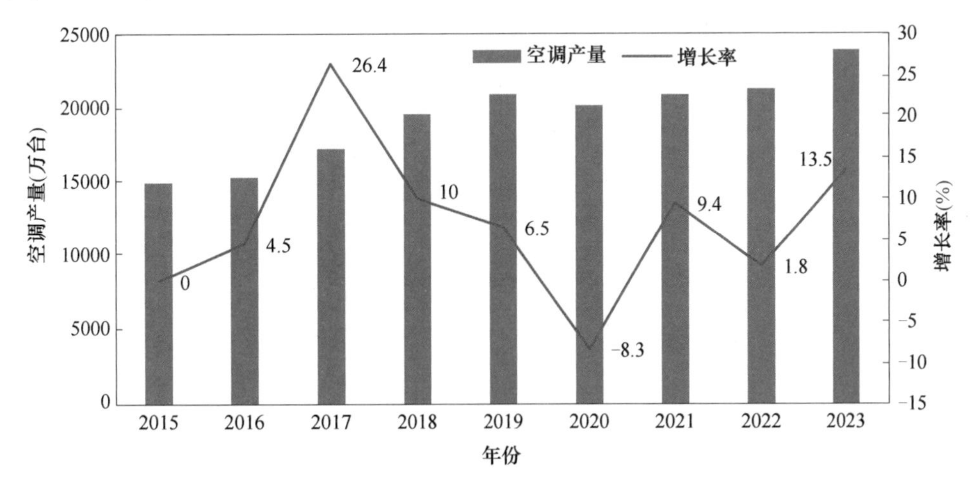

附图 B-18　2015—2023年空调产量及增速

从月度产量情况来看，三大白电月度产量累计增速总体呈现前低后高趋势，1~2季度增幅逐渐扩大，3~4季度运行较为平稳，详细情况见附图B-21。

（2）家电内销有所恢复，大家电增速高于小家电。

2023年我国经济运行延续复苏态势，家电行业内销市场有所回暖，叠加上年生产

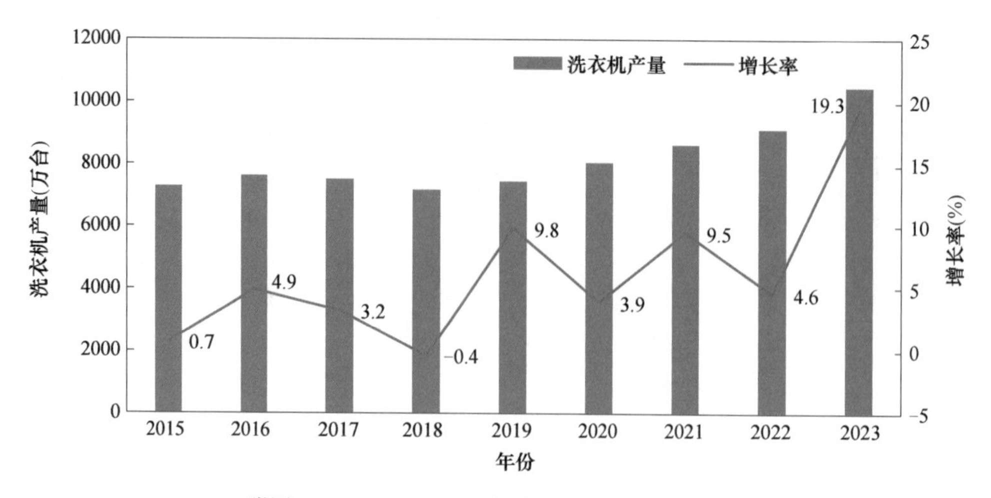

附图 B-19　2015—2023 年洗衣机产量及增速情况

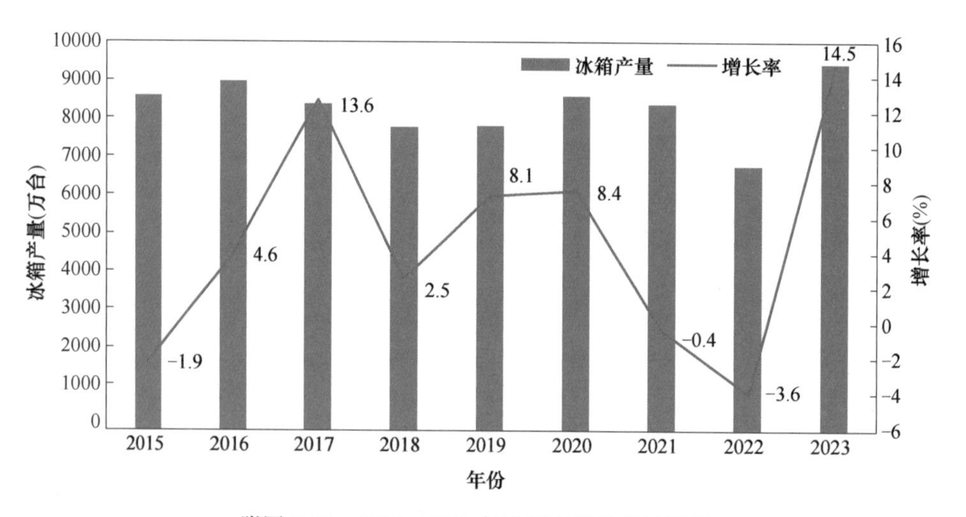

附图 B-20　2015—2023 年冰箱产量及增速情况

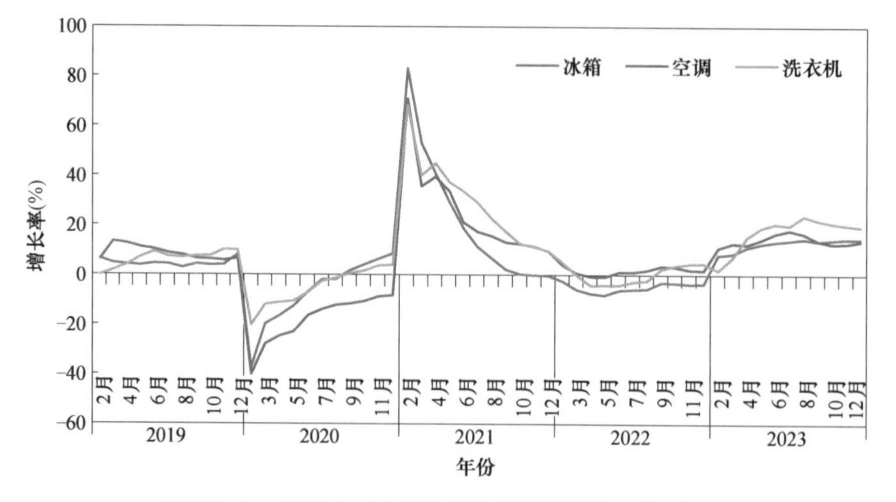

附图 B-21　近年来三大家电产品产量累计同比增速情况

端基数较低的因素，主要大家电产品的产销均有明显回升，消费以刚需修复为主，小家电恢复力度不足。分季度看，1 季度市场启动较慢，2 季度消费市场有明显复苏迹象，3 季度有一定回落，4 季度市场在“双十一”促销活动的拉动下小幅回升。

白电复苏进程好于厨电、小家电。白电行业整体零售规模有一定复苏，各分品类产品中，空调表现较好，零售量额双增。2023 年夏季多地高温天气频现，高温覆盖区域向北方扩张，空调市场规模大幅增长，支撑了整个家电市场。厨电行业复苏进程缓慢，整体市场规模量额同比均呈现小幅下降趋势。新兴家电品类及小家电产品表现欠佳，洗碗机、集成灶、干衣机、个人健康、清洁类小家电零售量额均下降。

（3）家电产品出口量额先降后升。

中国是全球规模最大、品种最全的家电生产与出口大国。在通胀高企和俄乌战争持续蔓延的背景下，2023 年全球经济增速进一步放缓，国别分化风险持续加大，贸易形势依然严峻。面对海外需求走弱和订单不足的压力，叠加基数效应、去库存周期、价格拉动效应减弱、产能向海外转移等因素，中国家电业出口自开年持续承压。2023 年我国出口家电产品 37.2 亿台，同比增长 11.2%，出口额 877.8 亿美元，同比仅增长 3.8%。出口额第一季度下降 5.2%；第二季度增长 1.1%，第三季度增长 2.0%。自 2023 年第二季度开始，大小家电出口下行的局面均持续改善。其中大家电累计出口量自 5 月开始出口量转增，小家电累计出口量自 8 月开始转增，但价格持续低迷。2023 年家电产品月度出口量呈现前低后高态势，具体见附图 B-22。

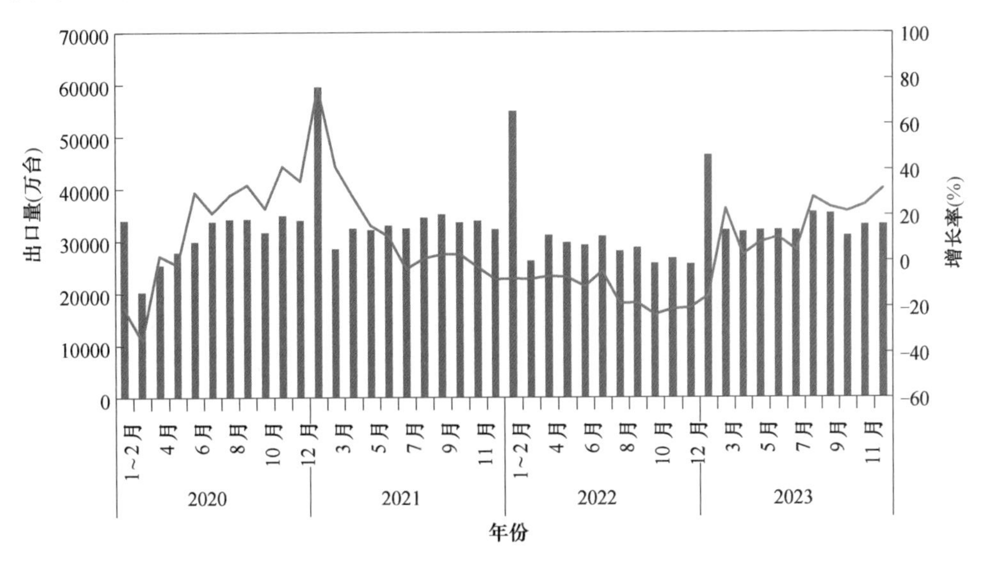

附图 B-22　近年来家电产品月度出口量及增速情况

细分品类看，大家电中多品类持续改善，出口量逐步进入正增长通道，洗衣机和电热水器表现持续亮眼，俄罗斯市场的小容量滚筒洗衣机需求迅猛增长。小家电方面，多品类出口持续改善，咖啡机、面包机、电暖器外的其他品类均呈量额同增，不过今年一直增势强劲的个护类产品增势有所减弱。零部件方面，今年一直延续了 2022 年 4 季度以来的低迷走势。

中国家电业对各个国家出口持续分化。出口至发达经济体国家情况总体有所改善，其中对美国、欧盟、英国、澳/加累计出口额降幅均有所收窄，对日本持续疲弱；对发展中经济体国家稳步向好，对东盟和金砖国家增速有所放缓，但增速依旧保持领先，对西亚、北非增势加强。

（4）中国企业进一步加强海外布局。

中国家电企业的国际化进程已经有了20多年的历史，其中经历了从OEM、ODM到自主品牌、海外建厂、海外收购、合资等一系列发展历程。一些龙头企业的国际化体系已经发展十多年时间，市场营销体系、商业合作伙伴已经趋于成熟和完善，企业的海外收入也在逐年增长。现阶段，欧美通胀高企，需求回落，且“脱钩”意识形态下，市场开拓难度增加。而一些新兴市场国家，如东盟、中东非、南美等地区，成为企业全球布局的重要选择。2023年伊始，中国的家电企业就开启了深化中东非市场布局的战略步伐。

2023年，中东非地区，美的洗碗机埃及工厂正式竣工，交付使用，工厂占地6万平方米，总投资超过2500万美元，主要用于生产经营燃气热水器、家用洗碗机、厨房清洁类家电等产品及相关配件，工厂规划最大年产能达150万台，除了供给埃及本地市场，80%的产能将出口至非洲、中东、欧洲等区域；海尔埃及生态园奠基，总投资1.6亿美元，占地20万平方米，一期工程主要生产空调、洗衣机、电视三类产品，将于2024年上半年投产运营，二期工程主要生产冰箱、冷柜，设计总产能超百万台，投产后不仅能满足埃及本土需求，还将辐射非洲、中东、欧洲市场。南美洲地区，美的位于巴西米纳斯州包索市的新工厂奠基，预计面积超过7万平方米，年产冰箱可达130万台；TCL巴西玛瑙斯电视机工厂达产，并引进冰箱、洗衣机等白色家电到巴西市场销售。

（5）家电市场消费“降级”与“升级”并存。

近几年，国内家电消费出现了较为明显的降速，消费市场也出现了两极分化。一方面，家电产品消费升级的趋势不变，即便在疫情的冲击下，高端新品的销售也仍维持了增长。2023年线下零售市场上，1万元以上的冰箱占比接近40%，上升4%；8000元以上的空调占比19.5%，上升2%；7000元以上的吸油烟机占比15%，同比增长上升4%；嵌入式家电日益受到消费者青睐，嵌入式冰箱的销售额占比已经达到28%。另一方面，消费者对家电产品价格的敏感性也在提高。线上零售市场，相较于中高端产品，入门级产品表现更好。特别是2000元以下的电视、1500元以下的空调，2000元以下的冰箱均有较大增幅。2023年销售较好的空调品类并没有集中在头部品牌身上，反而在二线品牌，关键原因在于在消费者信心不足的大环境下，品牌的差距还不足以弥补价格的差异，消费者更加青睐性价比高产品。

B6.2　家电行业用钢情况

（1）家电用钢基本情况。

家电行业是重要下游用钢行业之一，家电行业产品中大家电产品用钢材约占总消费量的80%左右，小家电及零部件约占20%，板材类产品则占全品类钢材消耗的90%左右。具体品种主要包括普通冷轧、热轧板、镀锌板、酸洗板、彩涂板，不锈钢和电工钢板等品种。

（2）2023年家电用钢量测算。

家电行业钢材需求量主要决定于家电产品的生产规模，尤其是单位用钢量较大的三大白电产品。2023年，根据主要家电产品及零部件产量测算，我国家电行业用钢约1590万吨，同比增长约10%。

B7　集装箱行业

2023年，全球经济温和恢复与局部地区冲突升级并存，国际贸易复苏乏力，叠加前期集装箱爆发式增长带来的需求透支和高库存，我国集装箱产量继续大幅下降，进入4季度后受大型集装箱船交货增加和红海事件影响，集装箱月度产量出现回升，有望走出下行周期，逐渐恢复至正常更新规模。

B7.1 集装箱行业运行情况

（1）集装箱产量大幅下降，降幅逐月收窄，10月起转增。

我国是世界集装箱第一制造大国，占世界产量约96%左右，所产集装箱超80%用于出口，行业景气程度主要决定于全球贸易情况。受全球经济复苏乏力，地缘政治等因素影响，国际贸易市场疲弱，叠加需求透支和高库存，集装箱行业处于调整期，产量继续大幅下降。2023年全年我国生产金属集装箱10189万立方米，同比下降36.1%。从月度生产情况来看，2023年我国金属集装箱月度产量呈前低后高走势，进入四季度后受大型集装箱船交货增加和红海事件影响，集装箱月度产量出现回升，有望走出下行周期。近年来集装产量及月度产量情况见附图B-23和附图B-24。

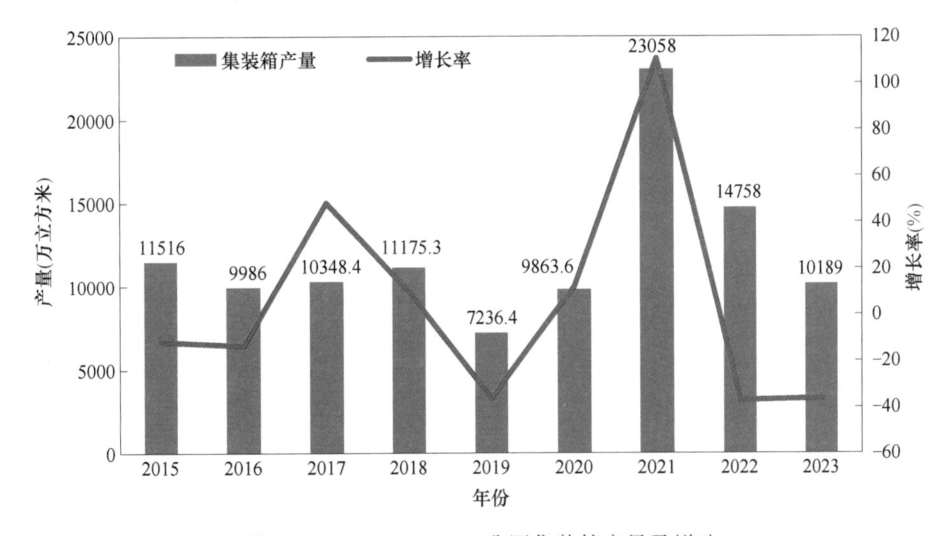

附图B-23 2015—2023我国集装箱产量及增速

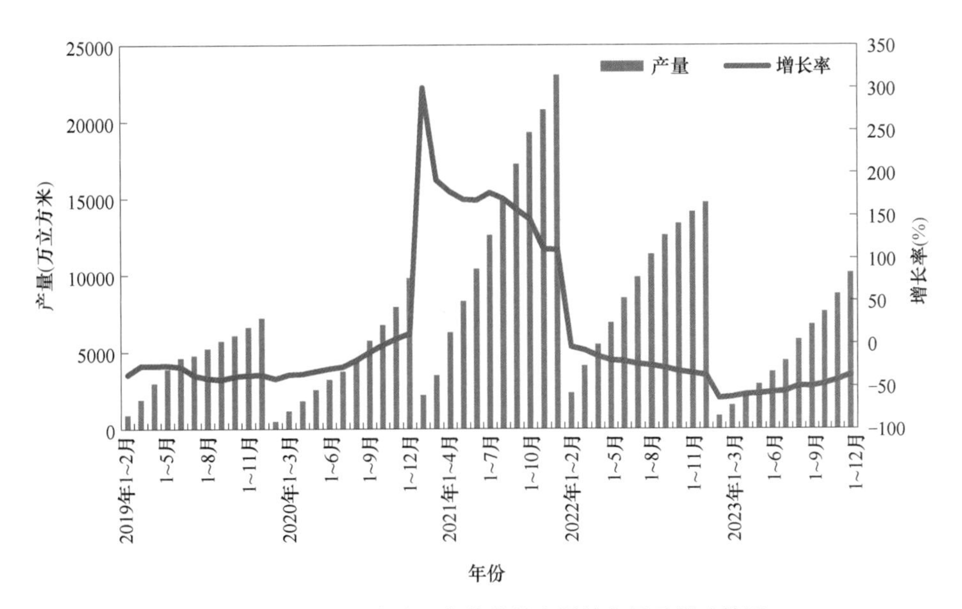

附图B-24 近年来我国集装箱月度累计产量及增速情况

（2）我国港口集装箱吞吐量保持增长。

2023 年，全国港口集装箱吞吐量同比增长，趋势回暖向好，1~11 月共完成集装箱吞吐量 28383 亿标箱，同比增长 4. 9%。其中，沿海港口完成 24864 万标箱，同比增长 4. 3%；内河完成 3519 万标箱，同比增长 9. 6%。

（3）集装箱运价指数大幅下降。

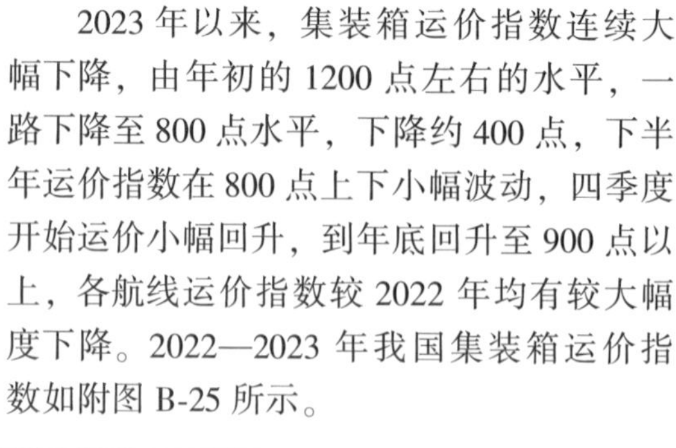

2023 年以来，集装箱运价指数连续大幅下降，由年初的 1200 点左右的水平，一路下降至 800 点水平，下降约 400 点，下半年运价指数在 800 点上下小幅波动，四季度开始运价小幅回升，到年底回升至 900 点以上，各航线运价指数较 2022 年均有较大幅度下降。2022—2023 年我国集装箱运价指数如附图 B-25 所示。

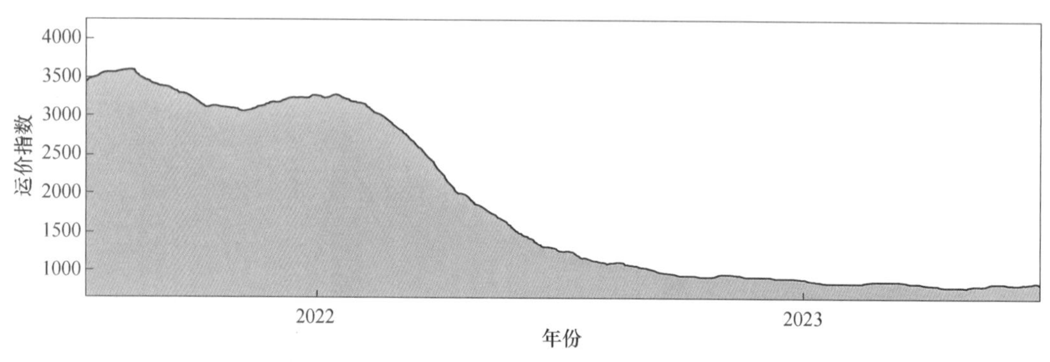

附图 B-25　2022—2023 年我国集装箱运价指数

（4）集装箱制造格局保持稳定，高度集中。

全球前十大集装箱港口中，中国集装箱港口占据 7 席，集装箱生产制造企业已经形成围绕大型集装箱港口布局的整体格局。中国集装箱生产工厂主要集中在环渤海地区、长三角地区和珠三角地区，其中环渤海地区集装箱产能占总产能 18. 5%，长三角地区集装箱产能约占总产能的 44. 6%，珠三角地区集装箱产能占总产能 36. 9%。集装箱生产制造布局与集装箱运输市场分布关系密切，沿海港口集装箱吞吐量相对集中地区同时也是集装箱工厂布局的重要区域。集装箱市场主要为大集团主导，产业高度集中，中集集团、上海寰宇、新华昌集团、胜狮货柜、富华集团、浙江泛洋六家集装箱制造企业占据中国集装箱市场 95%以上市场份额，市场集中度呈稳定状态，其中中集集团市场份额接近 50%。

（5）集装箱生产能力覆盖所有品种，供应链体系完备。

我国生产集装箱的规格品种世界第一，从干货集装箱到一般货物集装箱，以及特种集装箱、箱式运输车，具备生产能力的规格品种达 900 多个，能满足各种运输需求。我国也是全球唯一能够提供包括干货集装箱、罐式集装箱、冷藏箱集装箱在内三大系列集装箱产品以及其他物流装备的设计、制造、维护等“一站式”服务的国家。中国集装箱行业形成了以造箱企业为中心，集装箱用木地板、集装箱涂料、角件、锁杆等零部件生产企业为配套的完整供应链体系。

（6）多式联运和多元化发展加速推进。

随着国家对多式联运发展的持续推动，国内运输市场的集装箱化程度越来越高，内贸集装箱在我国集装箱产销量中所占份额从 7 年前的 2%上升至超 10%，预计这一比例还会增长。“公转铁”“公转水”和“散改集”的市场空间很大。中国内陆多式联运的 35 吨铁路集装箱、保温集装箱在当前的市场需求程度以及未来的市场发展空间较大，企业的发展重点将与集装箱市场的需求相吻合。中集集团、上海寰宇（中远海运集团旗下）和新华昌集团等主要造箱企业已经批量生产相关产品。模块化建筑用集装箱的市场需求程度以及未来的市场发展水平中等，有一定增长空间。而目前来看，复合材料、超轻集装箱的市场需求程度不高，企业并未开始着力研发生产。

B7.2　集装箱行业用钢情况

（1）集装箱用钢基本情况。

集装箱行业产业链上游行业主要是钢铁行业。为提高集装箱的使用年限，缩减使用成本，钢材必须耐大气以及海水的腐蚀，集装箱行业对所用钢材有着较高的耐候要求，厚度规格1.5~10毫米的钢板，占集装箱用钢比重90%以上，钢材成本占集装箱制造成本约50%。

（2）集装箱用钢量。

根据集装箱产量及结构情况，2023年我国集装箱行业用钢约440万吨，同比减少约36%。从需求品种来看，700兆帕级以上高强集装箱板，耐候钢板和双相不锈钢、耐低温低合金结构钢等专用集装箱用钢，以及ESP板为代表的低成本集装箱板市场需求比例增加。

B8　电力行业（电工钢）

2023年，电力行业认真贯彻习近平总书记关于能源电力的重要讲话和重要指示批示精神，以及“四个革命、一个合作”能源安全新战略，落实党中央、国务院决策部署，弘扬电力精神，经受住了来水持续偏枯、多轮高温等考验，电力供应安全稳定，电力消费稳中向好，电力供需总体平衡，电力转型持续推进。全社会用电量、新增发电装机容量呈现增长趋势，电源和电网投资保持增长。

B8.1　电力行业运行情况

（1）电源工程及电网工程投资同比增长。

2023年，重点调查企业电力完成投资同比增长20.2%。分类型看，电源完成投资同比增长30.1%，其中非化石能源发电投资同比增长31.5%，占电源投资的比重达到89.2%。太阳能发电、风电、核电、火电、水电投资同比分别增长38.7%、27.5%、20.8%、15.0%和13.7%。电网工程建设完成投资同比增长5.4%。电网企业进一步加强农网巩固提升及配网投资建设，110千伏及以下等级电网投资占电网工程完成投资总额的比重达到55.0%。

（2）全社会用电量增加。

2023年，全社会用电量累计92241亿千瓦·时，同比增长6.7%。分产业看，第一产业用电量1278亿千瓦·时，同比增长11.5%；第二产业用电量60745亿千瓦·时，同比增长6.5%；第三产业用电量16694亿千瓦·时，同比增长12.2%；城乡居民生活用电量13524亿千瓦·时，同比增长0.9%。各季度全社会用电量同比分别增长3.6%、6.4%、6.6%和10.0%，同比增速逐季上升；受2022年同期低基数以及经济回升等因素影响，四季度全社会用电量同比增速明显提高，四季度的两年平均增速为6.8%，与三季度的两年平均增速接近。2022年和2023年全社会月度用电量如附图B-26所示。

（3）装机容量再创新高，发电量增速加快。

2023年，全国累计发电装机容量约29.2亿千瓦，同比增长13.9%。人均发电装机容量自2014年底历史性突破1千瓦/人后，在2023年首次历史性突破2千瓦/人，达到2.1千瓦/人。非化石能源发电装机在2023年首次超过火电装机规模，占总

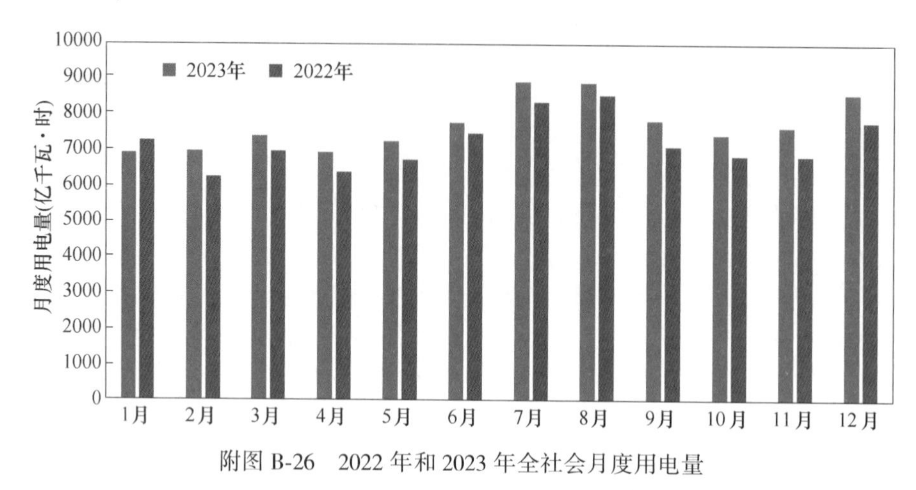

附图 B-26　2022 年和 2023 年全社会月度用电量

装机容量比重在 2023 年首次超过 50%，煤电装机占比首次降至 40%以下。从分类型投资、发电装机增速及结构变化等情况看，电力行业绿色低碳转型趋势持续推进。各类发电装机累计容量情况如附图 B-27 所示。

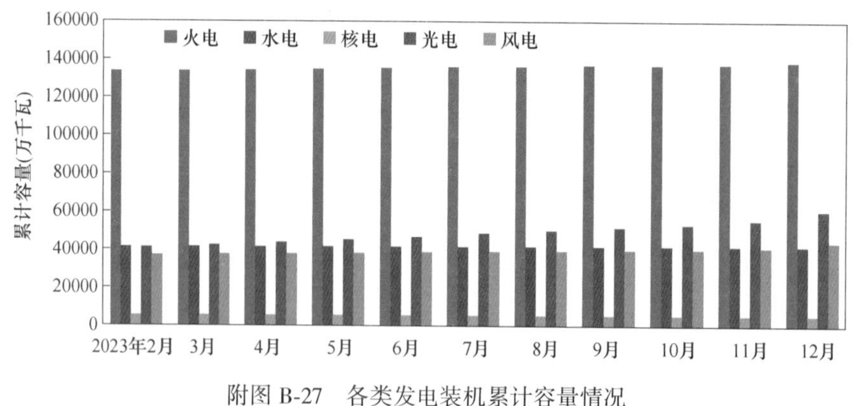

附图 B-27　各类发电装机累计容量情况

2023 年，全国规模以上电厂发电量 8.91 万亿千瓦·时，同比增长 5.2%。全国规模以上电厂中的水电发电量全年同比下降 5.6%。年初主要水库蓄水不足以及上半年降水持续偏少，导致上半年规模以上电厂水电发电量同比下降 22.9%；下半年降水形势好转以及上年同期基数低，8~12 月水电发电量转为同比正增长。2023 年，全国规模以上电厂中的火电、核电发电量同比分别增长 6.1%和 3.7%。2023 年煤电发电量占总发电量比重接近六成，煤电仍是当前我国电力供应的主力电源，有效弥补了水电出力的下降。规模以上工业发电量月度走势如附图 B-28 所示。

（4）发电设备利用小时同比降低。

2023 年，全国 6000 千瓦及以上电厂发电设备利用小时 3592 小时，同比降低 101 小时。分类型看，水电 3133 小时，同比降低 285 小时，其中常规水电 3423 小时，同比降低 278 小时；抽水蓄能 1175 小时，同比降低 6 小时。火电 4466 小时，同比提高 76 小时；其中，煤电 4685 小时，同比提高 92 小时。核电 7670 小时，同比提高 54 小时。并网风电 2225 小时，同比提高 7 小时。并网太阳能发电 1286 小时，同比降低 54 小时。发电设备累计利用小时情况如附图 B-29 所示。

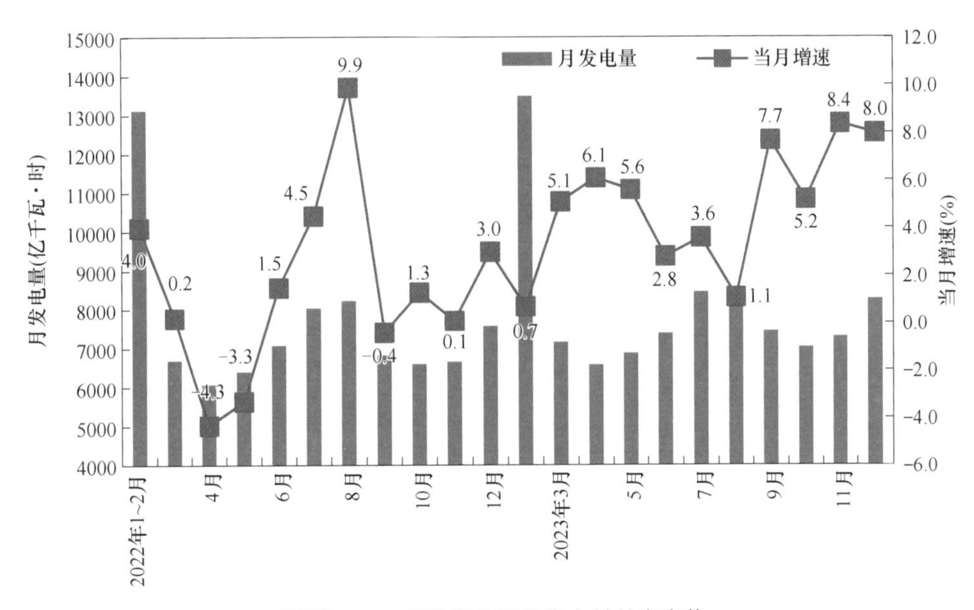

附图 B-28 规模以上工业发电量月度走势

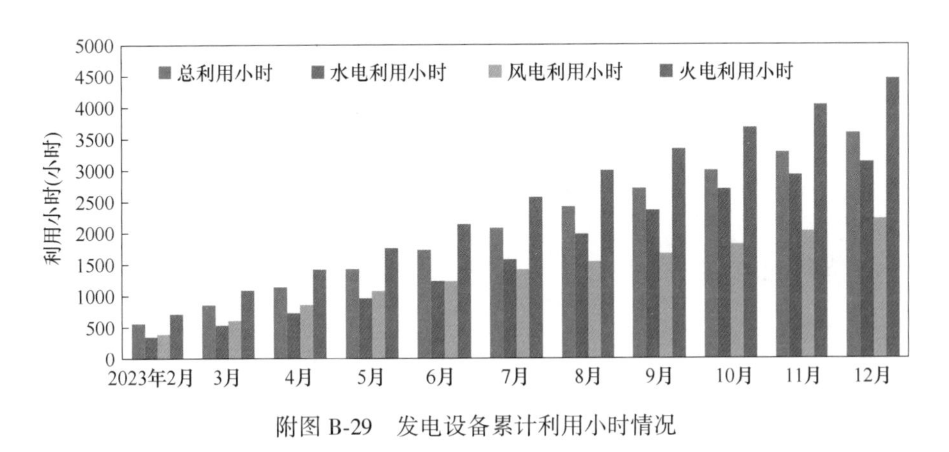

附图 B-29 发电设备累计利用小时情况

（5）全国电力供需总体平衡。

2023年全国电力供需总体平衡。年初，受来水偏枯、电煤供应紧张、用电负荷增长等因素叠加影响，云南、贵州、蒙西等少数省级电网在部分时段电力供需形势较为紧张，通过源网荷储协同发力，守牢了民生用电安全底线。夏季，各相关政府部门及电力企业提前做好了充分准备，迎峰度夏期间全国电力供需形势总体平衡，各省级电网均采取有序用电措施，创造了近年来迎峰度夏电力保供最好成效。冬季，12月多地出现大范围强寒潮、强雨雪天气，电力行业企业全力应对雨雪冰冻，全国近十个省级电网电力供需形势偏紧，部分省级电网通过需求侧响应等措施，保障了电力系统安全稳定运行。

B8.2 2023年电工钢消费情况

2023年，煤电、核电、水电等装备企业在手订单饱满，风电、光伏、抽水蓄能等新能源领域继续高速增长，输变电行业稳健发展，电工钢消费态势向好，2023年我国电工钢消费量有所增加，总消费量约1300万吨，同比增长5%。

附录 C　北京建龙重工集团有限公司高质量发展报道

C1　这家西部特钢厂缘何受青睐？——张志祥代表谈建龙落子青藏高原、收购西宁特钢的考量

“我非常看好青藏高原的未来，而西宁特钢立足青藏高原、西部市场，未来发展一定潜力无限。”3 月 5 日，全国人大代表，北京建龙重工集团有限公司董事长、总裁张志祥在接受《中国冶金报》记者专访时，深入阐述了建龙收购西宁特钢的更深层考虑。

张志祥畅谈了自己的重组思路，并围绕今年《政府工作报告》（以下简称《报告》）中的金融相关提法进行了解读。

C1.1　西宁特钢有四方面独特优势

2023 年，建龙正式接手西宁特钢管理权，重组版图再添新地标，引发行业广泛关注。在行业形势欠佳的背景下，建龙重组西宁特钢秉持怎样的思路？西宁特钢在建龙的整体布局中扮演什么样的角色？

在张志祥眼里，西宁特钢是一块独具特色的珍宝，有着非常光明的发展前景。他从四方面做了解读。

首先，地域优势。西宁特钢是青藏高原上唯一的钢厂，青藏高原面积约占全国的 25%；作为西部地区最大、唯一的特殊钢生产企业，钢材生产能力只有 200 万吨，仅占全国产量的约千分之二，未来还有很大潜力。这两个“唯一”造就了西宁特钢的稀缺性和市场优势。

其次，能源资源优势。青藏高原有三大珍贵资源：大量的清洁能源（光伏、风电等），广袤的土地资源，以及发达的水利资源。“青藏高原东北部的青海省被誉为‘中华水塔’，不仅水量大，且巨大的海拔落差带来了丰富的水电资源。”张志祥表示，青藏高原多种清洁能源可实现互补，也是全国清洁能源基地。同时，青藏高原是全球著名的成矿带，是我国铜、铬、金、铍等重要战略性矿产资源的高度富集区。

再次，成本优势。“现在，很多客户都要求追踪产品碳足迹，青藏高原可为低碳产业提供能源。同时，青海省开行的中欧班列是我国共建‘一带一路’的重要举措，对培育外贸竞争新优势、促进经济转型发展等具有十分重要的意义，有助于降低外贸运输成本。”张志祥表示。

最后，产业优势。青藏高原还有极具特色的旅游资源，随着交通的发展，未来将吸引更多周边产业入驻。

对于西宁特钢未来发展，张志祥有着清晰的设想与谋划。他告诉《中国冶金报》记者：“西宁特钢因此前发展较慢，需要解决的问题很多，建龙已经确立了‘保生存、调结构、增规模、建生态’的整体发展思路，全力发展西宁特钢。”

“西宁特钢此前发生亏损，除受大环境影响外，企业体制机制致使信息相对闭塞，位置偏远、海拔较高、收入较低致使人才流失严重等问题相对凸显。对此，建龙都将着力弥补。”张志祥表示。他特别提到了两点发展思路：第一，西宁特钢将围绕钢材生产

需要进行资源开发，通过资源本地化来降低成本，服务当地市场，提高产品在当地的竞争力。第二，待集团内业务条件成熟后，建龙将把特钢板块相关资产注入西宁特钢上市平台，打造出一个千万吨级的特钢上市企业。

“今后，建龙将不再扩大国内钢铁规模，但需要通过调结构提高特钢比例。西宁特钢的加入将使建龙的特钢产业布局更加合理，有效增强为整个区域市场服务的竞争力。”张志祥介绍，整合西宁特钢，除了可以进一步提升西北区域钢铁产能集中度外，在集团内还可以与西北区域的另外两家子公司——宁夏建龙和内蒙古建龙发挥区域协同效应，提升资源整合能力和销售议价能力；与承德建龙、吕梁建龙、建龙北满特钢等集团内其他特钢子公司发挥产品协同效应，共享建龙的科技创新资源，实现集约化发展。

可见，重组西宁特钢是建龙深谋远虑、协同发展、走向高端的重要一步棋。

C1.2　数字金融对钢企意义深远

谈到对《报告》关注的内容，张志祥提到：“金融支持实体经济的一些举措让我感受颇深，其中特别明确了提高民营企业贷款占比、扩大发债融资规模等内容，对民营企业是一大利好。其实，去年底召开的中央经济工作会议就提出了相关要求，今年在《报告》中予以进一步明确。”

“过去，银行对工业企业的贷款量占比不到10%。”张志祥向《中国冶金报》记者分享道，钢铁行业发展与金融投资息息相关。今年，他带来了一份《关于进一步加强金融支持钢铁行业高质量发展的建议》，希望为钢铁行业争取更多的金融支持。因此，《报告》里的一些提法让他备受鼓舞。他算了一笔账：“2023年第四季度增发的1万亿元国债将在今年落地显效，并且从今年开始拟连续几年发行超长期特别国债，今年先发行1万亿元，相当于今年增加了2万亿元；加上今年1月份央行降准0.5%等，都体现了积极的财政政策，利好钢铁行业未来发展。”

2023年中央金融工作会议明确提出，金融业要在改革创新中做好科技金融、绿色金融、普惠金融、养老金融、数字金融5篇大文章，助力实体经济高质量发展。《报告》再次提出五大金融。张志祥认为，五大金融其实是促进产业与金融更加精准对接、为制造业服务的五大路径。

对于数字金融，他举例道，一些钢贸企业出现问题，其实是以钢贸为名、进行融资挪用之实导致的。“数字金融相当于供应链金融，以数字化为基础，在供应链当中实现交易、物流、金融多位一体，解决了一个真实性与闭环的问题。交易闭环了，风险就没了。”张志祥进一步阐释道，在供应链金融的交易平台当中，当业务发生时，数据就会产生，从而形成一个不可逆转、篡改的时间戳，交易各方都能看到，并据此开展相关业务操作。银行则可根据交易环节数据（即数字资产）判断数据的真实性，从而开展贷款行为。

张志祥特别强调：“商业的背后其实是信任问题，而数字化的核心价值就在于，通过时间戳、多方应用两个关键要素，让数字资产更加真实，让过去错配的资源不再错配，从而实现资源优化配置。数字金融可以借助数字化工具帮助实体企业更快赢得金融机构的信任，加快企业与金融的匹配速度，提高企业运转效率。”

对于普惠金融，张志祥表示，这是面向广大中小企业的优惠型金融政策。近年来，针对钢铁行业产业链上下游中小企业，金融机构不断丰富金融工具，包括各类供应链融资（应收账款融资、预付账款融资、订单融资、仓单融资等），对解决产业链中小企业融资难、融资贵问题发挥了一定作用。

“钢铁供应链当中存在大量中小企业，解决他们的融资难题有助于整个产业链顺畅运行。同时，这些企业多是创业型企业，需要国家给予更多照顾才能茁壮成长，同时也是吸纳就业的重要支柱，事关国计民生，应给予足够重视。”张志祥表示。

在他看来，钢铁行业的转型升级、高质量发展离不开金融支持，他希望政府在支持钢铁行业，特别是支持民营钢铁企业转型发展方面出台更多有力、有效的政策。

C2　建龙重整西宁特钢，旗下有了钢铁上市公司

11 月 6 日，建龙集团对西宁特钢系列公司的重整投资依法正式获批。这为建龙集团加快实现“向建筑业综合服务商转型”和“向高端工业用钢综合服务商转型”的战略目标创造了路径——这是其并购的众多钢铁企业中第一家钢铁上市公司。

建龙集团董事长、总裁张志祥表示，建龙重整西宁特钢，一方面是为了响应国家提升产业集中度的号召，另一方面是基于建龙集团自身的战略目标。近年来，建龙集团先后重组原海鑫钢铁、北满特钢、西林钢铁、宁夏申银特钢等困境企业，在为提升区域集中度和产业集中度做出贡献的同时，积累了丰富的并购重组经验。这些企业分布在我国华北、东北、西北等不同区域，通过植入建龙集团成熟、先进、可复制的管理体系，无一例外都获得了新生。

张志祥表示，对于西宁特钢未来发展，短期来看将分三步走，目标是快速恢复西宁特钢经营活力。第一步，利用自身及合作伙伴等各方优势，协助西宁特钢快速复产满产；第二步，全面赋能西宁特钢，导入建龙集团管理体系，发挥集中采购和集中销售的平台优势，提升西宁特钢盈利能力；第三步，实施电渣炉、锻钢等技改工程，利用建龙集团在优特钢产品领域长期积累形成的技术优势，以及其与行业内高端科研院所共建的产学研协同创新平台，大力推进品种开发，快速实现产品升级和结构优化，提高电渣钢、模具钢等高端特钢产品比例，扩大其在高附加值产品领域的市场份额，加大国际市场开拓力度，形成差异化竞争优势。

长期来看，建龙集团将围绕“打造千万吨级特钢企业集团”发展战略，将旗下优质特钢资产重组置入西宁特钢，丰富特钢品类、共享客户资源；利用建龙集团在新能源用钢、无缝钢管等特钢领域的优势，将西宁特钢打造成为市值处于行业头部，规模达到千万吨级，在新能源用钢、电渣钢、无缝钢管、商用车及工程机械用钢等产品领域达到世界一流水平的特钢企业集团，恢复西宁特钢在特钢行业的历史地位。

西宁特钢是一家集特钢制造、煤炭焦化、地产开发三大产业板块于一体的资源综合开发钢铁联合企业。对于建龙来说，整合西宁特钢后，除了可以进一步提升西北区域集中度外，还可以与西北区域的另外两家子公司——宁夏建龙和内蒙古建龙发挥区域协同效应，提升资源整合能力和销售议价能力；与承德建龙、吕梁建龙、建龙北满特钢等集团内其他特钢子公司发挥产品协同效应，共享建龙集团科技创新资源，进而提升企业竞争力。

C3　跨越山海，钢铁丝路——“一带一路”上的建龙故事

2023 年 11 月 8 日，马来西亚东钢二期工程全面竣工投产，标志着该企业已经成为一家具备 270 万吨产能规模的现代化钢铁企业，成为马来西亚钢铁产业高质量快速发展的新动能，同时也为我国钢铁企业“走出去”提供了重要参考。

夜晚登高望去，这座钢城目光所及之处都是一片繁忙的景象。但你可能想象不到，就在 2017 年，这座位于马来西亚西马东海

岸登嘉楼州甘马挽（英文全称 Kemaman）的钢铁集团却处于停产状态。

马来西亚东钢始建于 2012 年，2014 年 12 月底投产试运行，当时具备年产钢坯和板坯 70 万吨的能力。但试运行后仅仅过去 10 个月，由于国际钢铁行业下行压力加大，东钢便进入了长达两年的停产期……

C3.1　100 天、500 人，建龙力量激发东钢活力

2017 年，建龙集团积极响应“一带一路”倡议，决定在海外布局。建龙集团先后组织 3 批专家赴马来西亚进行调研，经过认真研究后，选中了马来西亚东钢集团有限公司予以控股，果断迈出了海外发展的第一步。

2017 年 12 月，马来西亚东钢复产指挥部在唐山建龙正式成立。在对原有设备、生产工序、人员配置、组织架构等方面进行详细梳理后，建龙员工充分了解了存在的问题，以及复产面对的困难，从而制订了详尽的复产计划。

附图 C-1　唐山建龙员工远赴马来西亚东钢参加复产工作

附图 C-2　建龙人赢得马来西亚东钢当地工友的敬重

但毕竟身处海外，再详尽的计划也会遇到更多的现实阻碍，创业的艰难远远超出想象。许多工作都是从零开始，没有任何经验可以借鉴，再加上环境陌生、语言不通、文化迥异、设备不同……这注定是一场严峻的挑战。

面对挑战，建龙人没有退缩，再次迸发出坚韧不拔的意志和无往不胜的强大战斗力。2018 年 4 月 10 日，唐山建龙第一批检修人员的进驻，让东钢这片沉寂了多年的土地一下子沸腾起来。

“初到东钢时，望着眼前锈迹斑斑的设备、荒凉的厂区，我们顶着炎炎的烈日，忍受着说来就来的瓢泼大雨，心情无比复杂，甚至怀疑这些停产的设备能否再次运转起来。”东钢炼铁烧结作业区一混加水组长苏海军回想起初入东钢时的情景，依旧感慨万千，“但所有的疑虑和不安都在进入工作状态后被抛到了脑后。我和工友们憋足劲儿，每天加班加点，千方百计地让设备再次运转起来，就是想让建龙的兄弟们知道，我们在海外没有丢咱建龙人的脸。”

于是，一片片荒草被清理，一堆堆废弃物被整理收集，一批批备件被送到作业现场，一处处弧光开始在锈迹斑斑的设备上绽放光彩。

随着时间的推移和检修复产攻关的不断推进，员工们面临的第一个考验随之到来。由于马来西亚雨水多，光照又比较强烈，阳光直射到潮湿的地面后蒸腾起来的热浪，让每个人都如同处在桑拿浴中。稍微动一动，衣服就会像被雨淋了一样，湿漉漉地贴在身上。检修员工无论是趴在设备缝隙中，还是行走在管道线路上，安全帽边沿上的汗水都会像断线的珠子一样滚落不停。许多员工身上长了痱子、火疖子、湿疹，严重的时候只能回国治疗。

物资供给不足，是复产之路上的第二大难题。无奈之下，复产人员想到了寻求国内的援助。当时炼铁、炼钢、能源等各部门提出的复产备件采购计划多达 2000 多项，其中很多是需要长周期采购的备件。于是，员工们加班加点与现场供应商核实，同时综合工期质量及价格等因素，选择了最佳的订货方案——从国内空运，为东钢的顺利复产奠定了坚实的基础。

当一个又一个节点被甩在身后时、当一个又一个难题被迎头解决时，东钢检修终于进入复产阶段。2018 年 7 月 9 日 9 时 6 分，烧结点火一次成功，烧结工序正式复产；7 月 14 日 20 时 36 分，高炉一次点火成功；7 月 15 日 7 时 16 分，高炉第一次出铁，比计划提前 17 天；7 月 16 日 20 时 48 分，炼钢连铸开浇铸坯顺利拉出扇形段，比计划提前 15 天。

至此，马来西亚东钢正式复产。

100 天、500 名建龙和东钢员工拧成一股绳，整改陈旧设备、重新铺设电气设施、有序恢复安全设施……建龙人必胜的信念和无畏的担当，让东钢迅速恢复了活力。建龙人、建龙精神，赢得了马来西亚工友的由衷敬重。

C3.2　定制考量、多管齐下，东钢开启高速“前行”模式

复产后的马来西亚东钢，凭借着由建龙集团带来的先进管理经验、人才以及技术，赋予了企业迅猛发展的实力。

为保障生产顺行，该公司抽调专业人员对固定资产进行盘点，不仅建立了中英文版的设备台账，而且推动了各分厂三级点检体系的建立健全；同时，以点检、定修为基础，以日修、机会检修为补充，开展预防性维修为主的设备检修模式。他们还根据管理需求组织召开设备周例会，对各分厂重点设备运行及备件情况、三级点检执行情况、应急和备用设备管理等工作进行专业化管理，对每周设备专业检查发现的问题提出整改意

见，并跟踪整改完成情况；每月定期召开公司级备件计划评审会，对备件采购进行统一管理，设备费用的管控月初有预算、月末有总结；同时对各分厂机、物料消耗进行月度分析，针对不正常的消耗查找原因、制订整改措施并跟踪完成情况。通过加强设备基础管理工作，东钢的设备管理水平逐步提高。

除了设备管理工作以外，生产安全也是重中之重。考虑到东钢人员结构的多元化、语言及受教育程度的差别，生产技术部结合实际情况，与各生产部门反复讨论、研究、实践，自 2018 年 4 月开始逐步推出一系列的可视化安全管理系统。东钢管理部门以通俗易懂的形式，如图表、图画和简单的马来文、中文、英文 3 种文字，通过标识、海报等媒介给员工灌输安全知识，并逐步落实各式各样的措施，包括安全管理规章制度的宣传、培训，作业管控，安全隐患排查与治理，事故应急演练等，时刻警示员工安全红线不能越。

为保障马来西亚东钢二期工程建设期间的现金流正常周转，该公司自 2022 年 12 月份开始启动销售端贸易融资业务，这是自重组以后开展的一项新业务。从 2022 年 12 月 5 日组织召开第一次会议，到 2023 年 1 月 10 日签订 1 号预付款购销合同，再到 2023 年 1 月 17 日首笔预付款到账，历时仅 42 天；在此期间完成了起草可研报告、探讨贸易可行性、勾勒贸易框架、制订操作流程、建立合同范本、约定结算方式、匹配贸易订单等等一切与细节讨论、制度流程制订以及实际日常工作流程推进相关的工作。

经过将近 5 个月的摸索、学习、实践、梳理、完善和固化，到 2023 年 4 月底，各项工作已经全面、有序展开。截至 2023 年 10 月下旬，东钢销售端贸易融资业务已累计签约到账 10 亿林吉特（马币）。

自 2018 年建龙集团入驻至今，马来西亚东钢已经在 ERP（综合性的信息管理系统 Enterprise Resource Planning）+ MES（制造执行系统 Manufacturing Execution System）+ EMS（环境管理系统环 Environmental Management System）三大智能系统的运作下，逐步形成了一定程度的科技领先优势，以及生产过程大数据与智能设备的充分结合。

C3.3　方向明确、助力当地，夯实东钢未来持续发展基础

为实现马来西亚钢铁行业的良性发展，马来西亚东钢在产品选择方面避开了行业间的竞争内耗，将产品重心转向生产用途更为广泛的热轧卷板（HRC）。该产品可涵盖多种下游领域，如 ERW 管（直缝电阻焊管）、冷轧钢卷、镀锌及彩涂钢材产品等。据统计，2022 年马来西亚对热轧钢卷板的需求量近 200 万吨，几乎完全依赖进口。马来西亚东钢的热轧卷板不仅填补了马来西亚国内的产品空白，还帮助当地政府减少了外汇流失以及为当地下游企业规避了外汇风险，有效降低了马来西亚钢铁下游工业的生产成本，从而带动了当地下游行业市场竞争力的提升。

抓好环境、社会、公司治理（ESG），实现绿色发展，是马来西亚东钢在高质量发展过程中的重点目标。为实现这一目标，建龙集团斥资 2.5 亿林吉特建设完成了连接 Kemaman 港口与马来西亚东钢料场之间的全封闭传送带。该传送带全长 8.2 公里，专门用于运输近 600 万吨的原材料，包括铁矿石、球团矿等。此设备有效避免了近 20 万次卡车陆运所产生的碳排放污染，切实保护了当地环境。

在已有优势基础上，马来西亚东钢还针对当地人才培养制订了长期的战略规划，以切实实现技术转移，在为马来西亚人民提供更多就业机会的同时，也为当地政府及整个社会创收。例如，由马来西亚东钢牵头，联合马来西亚本地大学及中国的北京科技大学

共同开发并制订了“马来西亚东钢人才联合培养计划”。马来西亚东钢为愿意参与这项计划的有志青年提供服务型奖学金，并提供学成后在东钢就业的机会，以优厚的薪酬待遇和良好的职业发展空间吸引人才、留下人才，同时也为当地在职员工提供技能提升和在职教育计划，推动员工在专业技术层面不断精进。

东钢项目不仅是积极响应并践行中国“一带一路”倡议的典范，也与马来西亚政府引进外资的计划完美契合。我们相信，未来马来西亚东钢一定会迸发出更加蓬勃向上的生机与活力，践行中马两国企业友好合作的理念，见证马来西亚钢铁行业发展的辉煌进程！

C4　张志祥：以科技创新为企业共建“一带一路”添动力

“2013 年，习近平主席提出共建‘一带一路’倡议，对于加强与共建国家的合作、促进区域经济发展、构建人类命运共同体具有重要支撑作用。”10 月 15 日，在第十二届中国国际钢铁大会暨 2023 年全球低碳冶金创新论坛间隙，北京建龙重工集团有限公司董事长、总裁张志祥在接受《中国冶金报》记者采访时，高度肯定了共建“一带一路”倡议对建龙集团发展的促进作用。

张志祥介绍，2018 年，建龙集团积极响应共建“一带一路”倡议，重整马来西亚东钢，仅用半年时间就恢复其原有 72 万吨产能的生产，并新建 1 台方坯连铸机、1 台 55 兆瓦超高压中间再热发电机组及钢渣处理产线等工程项目。2023 年 10 月，东钢二期项目陆续投产，具备了年产 270 万吨粗钢的生产能力。

“东钢项目为马来西亚钢铁产业链升级、促进国际产能高质量合作提供了有效支撑。”张志祥表示，未来，东钢将整体规划建设成为年产 800 万吨钢的大型钢铁联合企业，持续优化产品结构，推动产品质量升级，提升环保质量，加大科技创新力度，推进马来西亚钢铁工艺技术发展。同时，建龙集团将继续深化对国际市场的研究分析，进一步推进国际产能合作，有序开展建龙集团国际化发展相关工作。

针对钢铁行业高质量共建“一带一路”，张志祥提出三点建议：一是要深入学习了解共建国家的政策、文化和风土人情，促进文化学习交流，并将其作为国际产能合作的决策因素之一。二是要深入分析资源和市场，强化需求导向作用，统筹考虑工艺流程、技术装备、绿色低碳、产品质量等多方面因素，提升企业“走出去”的竞争力。三是要深入开展科技创新，以科技创新为企业高质量共建“一带一路”的不竭动力，并加强国际化人才队伍培养建设，更好地推进“一带一路”项目落地实施。

C5　张志祥：只有创新发展，才可能在存量市场活下来

“下半年，随着一系列托底和刺激政策的出台，市场信心可能会逐渐恢复，预计短期内会形成一定利好，形势好于上半年。不过，钢铁行业进入存量市场已经是不争的事实，短暂的政策效应换来的喘息空间只是一时的。”7 月 29 日，在中国钢铁工业协会六届六次理事（扩大）会议召开期间，钢协副会长，建龙集团董事长、总裁张志祥在接受《中国冶金报》记者采访时指出，从长远来看，钢企只有走创新发展的路子，才有可能在存量市场活下来。

张志祥介绍，今年上半年，钢铁行业大部分企业都承受了比较大的压力，甚至出现了大面积亏损。在这种形势下，建龙集团坚定不移地围绕“向经营型企业、创新型企业、数智化企业、美好企业转型”4 个转型目标，聚焦重点工作，取得了一些不错的成果。

在向经营型企业转型方面，建龙集团坚持推进与龙头企业的“总对总战略合作”，加大对建筑央企的直供力度，并以此为纽带，推进建筑业综合服务，包括为客户提供钢筋深加工、脚手架租赁、供应链金融等综合服务。截至目前，建龙集团已在黑龙江哈尔滨、吉林长春、辽宁沈阳、山西运城、河北雄安、陕西西安等地布局了6个钢筋深加工基地。上半年，建龙集团累计完成5.02万吨钢筋加工，累计完成脚手架存量储备12万吨、在租5.4万吨。此外，建龙集团还与国内一流建筑研究院、钢结构企业积极对接，联合推进热轧H型钢在钢结构建筑中的应用，目前已在旗下子公司厂房建设中进行了应用，预计可节约投资1.5%左右。

在向创新型企业转型方面，经过近几年与产业链合作伙伴的深度联动，建龙集团科技创新硕果累累。例如，建龙西钢、建龙川锅与中冶京诚合作研发出国内首台套转炉烟气隔爆型中低温余热回收项目，并在建龙西钢热试成功。“这个项目改变了传统钢企转炉中低温余热无回收的现状，是转炉工序极致能效提升、转炉烟气净化回收工艺流程再造的技术革命。”张志祥说道。

在向数智化企业转型方面，建龙集团也有新成果。例如，承德建龙钒钛高科258无缝钢管连轧生产线在业界首次实现了钢管逐支追踪、钢管质量自动判定和预测、设备智能管理和智能安防等功能，以及数字化赋能后的全流程物料和质量精细化跟踪与管控、大规模定制化生产过程的可视化和产品质量问题追溯的透明化。“这是世界首条无缝钢管智慧工厂智能制造示范生产线。”张志祥介绍，该项目已被评为国家级智能制造示范工厂项目，今年已被推荐为冶金科技进步奖一等奖项目，为行业推进智能制造提供了优秀样板和可复制、可推广的路径。

同时，今年上半年，建龙集团在降本增效工作中也取得了不错的成绩。张志祥介绍，今年初，建龙集团明确了以“100个重点专案”为抓手，上下联动，开展一体化降本增效行动的工作。建龙集团通过深挖区域资源潜力、推动集中采购等措施，实现铁水成本优于行业平均水平，宁夏建龙、建龙北满特钢、吕梁建龙铁水成本指标更是处于行业领先水平；磐石建龙从去年底开始对中间包长寿命难题进行谋划攻关，耐材寿命不断突破极限，到今年4月已实现单个中间包最长使用时长达到152.5小时；山西建龙通过深入推进转炉高效绿色关键技术应用，钢铁料消耗屡创历史新低；等等。

“另外，我们还聚焦设备系统优化、提升自发电率等重点专案集中攻关，推动降本增效真正落地，为建龙集团上半年稳定运行奠定了坚实基础。”张志祥表示，下半年，建龙集团将继续围绕企业战略目标，坚定不移推进科技创新、降本增效等重点工作，推动4个转型逐步落地。

C6　张志祥：多点发力，推动建龙集团绿色低碳高质量发展

“2022年，受疫情多点散发、防控压力比较大影响，整个产业链供应链、钢铁企业都承受了较大的压力。不过，即使在这种形势下，我们仍然保持战略定力，围绕集团的四个转型目标（向经营型企业、创新型企业、数智化企业、美好企业转型）不断发力，取得了不错的成绩。2023年，我们将继续全面推动集团实现规范化、绿色化、低碳化的高质量发展。”2月13日，在中国钢铁工业协会第六届会员大会第五次会议结束后，钢协副会长，建龙集团董事长、总裁张志祥向《中国冶金报》记者介绍了2022年建龙集团发展成绩，并阐述了对“三大工程”和数智化转型等问题的看法与未来规划。

C6.1　2022年虽承压但依然有所作为

张志祥表示，2022年，钢铁企业发展

承压运行，但建龙集团保持战略定力，取得了一些成绩。

“举几个例子，在向经营型企业转型方面，我们和中国交通、中铁建等八大建筑央企、地方建筑龙头企业建立了全面深入的战略合作伙伴关系，建筑业终端客户直供量达到593万吨，创历史新高，其中对建筑央企直供量达到349万吨。”张志祥向《中国冶金报》记者介绍建龙集团2022年的发展成果。

据他介绍，2022年，建龙集团取得了一系列成绩：在产业链延伸方面，钢筋加工服务和盘扣式脚手架租赁有所突破；在创新方面，承德建龙成功开发了直径1300毫米的连铸大圆坯，这也是目前世界上最大规格的连铸大圆坯，铸坯内部质量达到国内领先水平；在数智化转型方面，承德建龙直径258毫米热轧无缝钢管生产线首次研发了无缝钢管逐支跟踪系统，物料逐支跟踪准确率达到98.2%，被评为国家级智能制造工厂，还被中钢协组织的成果评价专家委员会认定为“整体达到国际领先水平”，等等。

C6.2　“三大工程”成为“双碳”工作有力抓手

“中钢协深入领会国家战略意图，全面贯彻落实党中央、国务院关于钢铁工业产能总量控制、超低排放和双碳目标的有关指示要求，适时有序地提出‘三大工程’，对平衡上下游供需结构、淘汰落后产能、加速钢铁行业装备升级，以及提升生产效率形成了强力支撑。”当《中国冶金报》记者问及对于“三大工程”的看法时，张志祥回答道。

他表示，“三大工程”以极致能效为优先突破，引导钢铁企业全面提升能源利用效率，推进能量的梯级利用，以最“接地气”的方式推进钢铁行业减污降碳协同降本增效，得到了广大钢铁企业的积极响应，成了当前钢铁企业落实“双碳”工作的最有力抓手。建龙集团高度重视“三大工程”，并积极响应。例如，目前，抚顺新钢铁利用冲渣水余热供暖，吨钢供暖面积达到了2.2平方米；国内首台套球团固固换热技术在磐石建龙成功实施，整体达到了国内领先水平。

针对2023年建龙集团在该方面的战略部署，张志祥表示：“2023年，我们将结合钢铁、资源‘双主业’定位，继续推进实施‘三大工程’，特别是在超低排放和极致能效方面，将按照地方时间节点要求，有序推进环保超低排放改造。同时，以极致能效为抓手，结合烧结工序能效提升、热风炉能效提升、降低用电消耗、提升煤气发电量等，持续提升集团能效水平，不断推进减污降碳协同降本增效工作。”

C6.3　依托数智化转型重构价值链

据《中国冶金报》记者了解，早在2002年，建龙集团就持续推动信息化和自动化建设，并随着企业自身发展不断更新完善，目前已逐渐形成了具有建龙自身特色的工业4.0顶层逻辑框架。

“这两年，我们的重点是打造采购、销售、物流和金融全面线上化，以及相关方高度互联互通的数字化平台。建龙集团的供应链采购平台已经得到了供应商合作伙伴、金融机构的广泛认可。我们的线上采购比例已经达到97%以上。依托这个平台，我们和华夏银行、民生银行等多家金融机构开展的供应链金融创新探索已经卓有成效。”他说道，“在物流端，建龙集团目前在东北和西北已经有两大线上物流平台，即服务于西北区域的建龙快成平台和服务于东北区域的哒哒智运物流平台。2022年，这两个网络货运平台全年交易额合计已突破76亿元。”

“总之，数智化转型的核心目标是价值创造，数字化、智能化只是手段。我们希望围绕价值创造这一核心目标，通过数字化、智能化手段，在传统精益改善和管理优化的基础上，实现业务流程的数智化变革。通过全价值链的数智化转型，包括市场机遇的洞察、资源配置建议、策略营销支持、精益成本决策、供应链互联透明等举措，大幅提高企业运营效率和运营质量，最终实现价值创造。”张志祥表示。

C6.4　持续加大产融数字一体化研究

“近两年我们依托自身的供应链采购平台，与众多金融机构探索供应链金融，取得了一些成绩。2022年，建龙集团供应链授信额度已增至76.5亿元，合作银行有12家。”张志祥向《中国冶金报》记者介绍2022年建龙集团在供应链金融领域取得的成绩。

据他介绍，截至目前，建龙集团与金融机构联合开发了两款供应链金融产品：一个是与华夏银行联手打造的数字保理产品。这是钢铁行业第一个全流程、零手工、秒支付的反向保理供应链金融解决方案。该方案依托建龙电商平台的相关交易数据及外部信息，建立了客户分析模型、实时交易模型、风险管控模型，同时通过微信小程序、手机App、电子签章、发票自动识别等手段，优化了供应商的操作体验，提高了效率。另一个是建龙集团和民生银行联合打造的建龙信。这是一种供应链应收账款电子债权凭证，具有高信用、可拆分、可转让、可融资等特性。建龙集团供应链客户收到电子债权凭证后，可根据自身需求进行拆分流转及融资，不仅便利了支付，也大大提高了应收账款电子债权凭证在整个供应链条的活跃度，有效传递了建龙集团核心企业的信用，达到为产业链上企业融资提供便利、降本增效的效果。

“未来，我们将与金融机构一起，进一步加大产融数字一体化的研究，为钢铁行业探索供应链金融提供建龙方案。”张志祥说道。

C7　建龙协同创新与增效全力推进绿色转型发展

建龙集团自成立以来始终坚持低碳发展理念，以全面绿色转型为引领，以绿色产品、绿色制造、绿色物流、绿色采购、绿色产业协同发展为目标，在企业超低排放改造、节能环保技术开发、绿色产品研发等领域持续发力，积极探索与自然、社会的和谐共赢，全行业和全社会的低碳可持续发展。

C7.1　加大技术创新力度，探索减污降碳协同增效新路径

建龙集团尤为重视科技创新，加快数智化在节能降碳方面的赋能。

建龙西钢开发的转炉中低温余热回收项目，攻克了转炉中低温段易爆炸易堵塞等世界难题，工序能耗可降低5千克标煤/吨钢。在磐石建龙成功投运的竖炉高温球团余热直接回收利用项目，解决了中小型钢铁企业竖炉球团工艺能耗高、污染重的问题，二氧化碳年减排量达1.81万吨，且无污染物外排，减碳效果明显。

建龙阿钢高炉热风炉高风温低消耗智能化系统，通过实现全周期自动化控制，可节省工程投资50%，煤气消耗量和二氧化碳排放量均降低约5%以上。吕梁建龙的烧结烟气环保岛智慧运维及边缘智控节能降碳技术，实现污染物年减排颗粒物177吨、二氧化硫500吨、氮氧化物362吨，烧结脱硫脱硝综合成本下降2.05元/吨矿。

此外，建龙集团还着力加强固废资源综合利用的研究与应用，促进与建材等行业协同减碳，深度利用低品位余热资源为园区及城市供暖。

截至目前，山西建龙、承德建龙、吕梁建龙基本上完成了超低排放改造，其中山西建龙和承德建龙已完成中钢协全流程超低排放评估监测公示；建龙阿钢、吉林建龙获评

为国家级绿色工厂，山西建龙被评为 2022 年度中国钢铁工业清洁生产环境友好企业。

C7.2　发挥能源优势，催生绿色用能新结构

建龙集团钢铁子公司充分发挥区位优势，借助西北和东北地区风、光、生物质等清洁能源优势及河北承德地区钒钛资源优势，加快清洁能源发电和储能布局，实现多能互补耦合，推进能源结构转型。

山西建龙实施熔盐储热煤气调峰项目，于国内率先与燃气发电、风光电协同耦合，降低电力消耗。黑龙江建龙高效地利用本地优质的风能和太阳能资源，减少标煤消耗 12 万吨，减少碳排放 29.8 万吨……

目前，建龙集团屋顶分布式光伏发电装机容量达到了 41 兆瓦，年发电量可达 5000 万千瓦 · 时，且利用余能、余压、余热发电也取得了显著成效，2022 年发电量同比提高 11.88%。

C7.3　打上绿色烙印，推进产品低碳转型

建龙集团将绿色发展理念贯穿于生产经营的各个方面，持续推出绿色环保的钢铁产品，不断满足着绿色制造需求。

今年，建龙集团 3 类产品成功入选工业和信息化部《2022 年度绿色设计产品公示名单》，分别为山西建龙、建龙西钢的钢筋混凝土用热轧带肋钢筋，以及建龙北满特钢的预应力钢丝、钢绞线用热轧盘条和弹簧钢丝用热轧盘条。黑龙江建龙油套管产品顺利通过“绿色产品”认证，进一步巩固和扩大了品牌信誉度和市场竞争力。

在风电建设领域，建龙集团也拥有重量级产品。2022 年，直径 1300 毫米钒钛新材料超大规格圆坯连铸机产线在承德建龙一次热试成功，填补了我国在大规格连铸圆坯生产技术上的空白，其产品为我国风电等清洁能源领域的发展提供了重大支持。此外，宁夏建龙、山西建龙陆续投产建设了光伏支架产线，其产品具有强度高、韧性好、耐高低温、线膨胀系数低等特点，有着良好的耐腐蚀性和耐候性，为地方的绿色能源转型做出了贡献。

未来，建龙集团将顺应国家进一步推动绿色低碳循环发展的总体部署，持续以绿色化为引领，以科技创新作为不竭的驱动力，加快富氢熔融还原赛思普（CISP）氢冶金等工艺的研发突破；同时积极促进“无废城市”建设，实现与社会、自然和谐共处，为我国钢铁行业“绿色革命”贡献建龙力量。

C8　建龙集团副产煤气高效利用的秘诀

能效提升是钢铁工业实现绿色低碳高质量发展的核心举措，其中充分利用副产煤气，提高余热余能自发电比例是降低企业能源成本、提高企业竞争力的重要抓手。建龙集团积极落实中国钢铁工业协会《钢铁行业能效标杆三年行动方案》，在极致能效目标的牵引下，系统思考、专业协同，自发电比例屡创新高。

“2023 年 5 月份，建龙集团 12 家钢铁子公司平均自发电率达到 70.66%，其中有 2 家子公司当月自发电率超过 90%，有 3 家突破 75%。”6 月 30 日，在钢铁行业重点工序能效对标数据填报系统发布会暨副产煤气高效利用专题技术对接会上，建龙集团能源环保总监芮义斌分享了建龙集团副产煤气利用实践经验。

C8.1　开展重点指标攻关

芮义斌认为，建龙集团自发电率的提升，得益于该公司发展战略的系统谋划，得益于精品工程的精心组织，得益于统一思想的协同作战，得益于全体员工的共同努力。

2022 年 5 月，建龙集团制订了《钢铁子公司能源低碳指标定义手册》，将 12 家公

司能源指标统一到一个“起跑线”，开展能源管理。

建龙集团将吨钢综合耗电、吨钢自发电量、自发电率等作为重点指标，开展攻关并取得成效。

在电力指标上，建龙集团设定了烧结、球团、炼铁、炼钢、轧钢、制氧等产线的吨钢耗电指标，并在生产过程中发现由于产线共停检修等影响导致短时耗电指标波动较大，有时候并非所有耗电指标年度最优，但只要生产较为稳定，上下工序衔接有序，就可实现烧结、竖炉、炼钢电耗指标较优。

建龙集团还在煤气指标上加强统计和管理。2022 年，建龙集团加强了子公司转炉操作管理、煤气管道漏点处理等，煤气回收水平上升明显，转炉煤气回收量基本维持在 145 立方米/吨左右，同时通过炉窑燃烧控制及产线匹配生产等管控措施的执行，轧钢整体煤气消耗逐步降低。

C8.2 高效装备是关键

芮义斌介绍，建龙集团的能效管理坚持以“管理精益化、实施标准化、效益最大化”为目标，以能源供应稳定为前提，逐步提高能效。

一流的发电装备为发电比例的突破提供了根本条件。他透露，建龙集团的一家钢铁子公司由于发电装备的提升，自发电比例从 40%左右提升到 60%左右。

建龙集团钢铁子公司大都布局在北方，其中，对布局在西北地区的子公司，统一由四川川锅环保集团公司采用富余煤气高效的发电机组，一般采用超高温超高压主蒸汽汽源，结合一次再热技术，大幅提高了机组发电效率，同时采用空冷技术，很好地适应了西北地区缺水的环境，具有经济性高、可靠性强、灵活性好等特点。截至目前，建龙集团投资的煤气发电项目，均实现运行两年全部收回投资的目标。

在建龙集团，各种形式的资源得到充分利用，其中煤气发电占发电总比例的 76%，饱和蒸汽发电项目发电占比为 3%，余热发电项目占比为 4.5%，光伏发电占比为 1%。

“在没有焦化的企业，更多的是注重煤气回收的量，如果有配套焦化的企业，就会注重煤气的品质。例如特殊加热制度需要转炉煤气一氧化碳的浓度达到 30%以上或者 40%以上。”芮义斌补充道。

C8.3 加强管理提效率

“建龙集团从能源管理模式、精益调度管理、工序消耗管控等方面提高富余煤气利用效率。”芮义斌说道。

建龙集团在能源管理模式上，采取了 3 项主要措施：一是搭建管理体系。各钢铁子公司的能源中心携手公司八大处室（生产处、设备处、安保处、品种开发处、人事行政处、财企处、工程处、外联办）等，共同管理能源系统生产、设备、安全、工程、人员、成本、节能等方面，同时与四大主体厂共同推进能源系统指标及节能措施的落地。二是建立响应机制。建龙集团对兼并重组的企业有自己的一套能效提升措施。在重组之初 EMS 建设之前，安排子公司成立能源系统公司级微信群，通过各类微信群统一下达指令、统一反馈信息，达到公司管理指令共享，多方联动、齐抓共管，极大地提高了工作效率。三是执行例会制度。通过执行专业例会制度，如降本增效周例会、高压供配电月例会、水系统月度例会等，及时掌握富余煤气利用的动态，力争达到最优化的利用效果。

在精益调度管理上，建龙集团将能源与生产调度意识有机结合，形成“以工序匹配为首要，以节能生产为基本，以企业利润为中心”的调度原则。

比如，在压力管控方面，由于煤气主管线长、管网压力波动大，建龙集团以发电为调节手段，将管网压力控制在 8~10 千帕，在满足工序生产需求情况下发电尽可能增加负荷。

建龙集团动态测算自发电率，提前预判生产情况，当核算结果未完成 80%时，与生产调度结合通过控制轧钢生产节奏、冷坯消耗或烧结降速生产等措施控制煤气消耗，充分考虑轧钢生产作业计划、钢坯库存、销售订单及烧结矿库存等情况；如果自发电率完成 85%以上，则结合生产调度适当放开生产节奏。

在全员意识方面，建龙集团各子公司生产工序以“一保生产顺行，二要安全、有效率，三要达到产能匹配、消耗最低、效益最大”为生产标准，同时融入工序结构调整管控、热装热送管控、大型设备启停管控、限电限水管控、跑冒滴漏管控等管控思想。

此外，建龙集团还加强对炉窑燃烧管控、取暖季蒸汽管控、吨钢蒸汽回收管控。建龙集团通过技改创新提高效率，例如对制氧机组，烧结、轧钢项目进行节电改造；对煤气系统项目进行提高煤气回收量的改造；开发应用智能燃烧系统，实现煤气发电过程的智能控制与运行，提升机组运行效率和能源利用率、减少发电机组非计划停机，实现智能监盘、少人值守；积极开发发电机组仿真机培训系统，进一步培养和提高运行人员正确判断、排除各种事故的应急处置能力，从而保障煤气发电机组的安全稳定运行。

芮义斌表示：“到 2024 年，建龙集团要在确保公司产品结构调整、新工序投产等技改项目投产后整体用能稳定的情况下，根据不同地区子公司的特点，布局电力平衡、煤气平衡工作，锁定各工序耗电、煤气目标，以及转炉工序、高炉工序的能耗标杆值，通过能源管理体系应用、EMS 功能开发，突破转炉中温段余热回收、球团固固换热等关键战略性技术障碍，逐步打造冶金流程二次能源、新能源相互耦合的智慧微电网。”

C9 建龙打造与自然和谐共生的“绿色钢城”

近年来，为实现碳达峰、碳中和，钢铁企业开始大力推行全面的、严格的超低排放改造，创新研究节能减碳新技术。一直以来，建龙集团秉持建设资源节约型、环境友好型企业和全生命周期绿色低碳的发展理念，高度重视减污降碳、协同创新项目建设及节能新技术的研发应用。近 3 年以来，建龙先后投入约 120 亿元用于实施脱硫脱硝改造、除尘改造等环保提标工程和节能技术的研发应用。

C9.1 七大方面推动绿色发展

为实现减污降碳、极致能效，建龙狠抓专案落实，坚定不移推进降本增效，从七大方面推动企业绿色高质量发展：

（1）通过加强废气、废水和固体废弃物的处理，开展污染物源头治理。建龙建设环保机械化料场和优化脱硫脱硝除尘系统运行模式，推动环保超低排放改造。

（2）全面推进低品质余热利用。建龙通过印发《建龙集团低品质余热综合利用技术清单（第一批）》，形成“一厂一策”利用方案。旗下的抚顺新钢铁推进烟气类、乏汽类、浊环类、净环类、辐射类等低品质余热资源高效用于钢厂周边居民供暖，吨钢余热供暖面积达到 2.37 平方米，入选了 2023 年 G20 峰会钢铁行业循环利用典型案例，实现钢铁与城市共生共荣。

（3）优化用能结构。建龙通过建设源网荷储一体化、“林光储能+矿山生态修复”、屋顶分布式光伏、生物质发电等项目，开展绿电交易，发展绿色产业链。

（4）推行能效提升。建龙通过优化能源利用和减少能源浪费，开展自发电率提升、废水深度处理梯级利用、风电机能效提升等工作，为该集团实现碳排放、碳中和打下基础。

（5）开展节能环保技术创新。建龙旗下的磐石监控与建龙川锅联手研发的竖炉球团固固换热余热发电项目，成功解决了固体散料余热直接回收技术问题，填补了目前国内竖炉球团高效余热回收技术领域的空白。山西建龙实施熔盐储热煤气调峰，该项目于国内首创与燃气发电、风光电协同耦合，减少煤气放散，实现错峰用电，降低电力消耗，具备年调峰电量750万千瓦·时的能力。

（6）推动废弃物的再利用和资源回收。建龙通过建立完善的废弃物处理系统，将废渣、废水等再生产利用，最大限度地减少资源浪费。建龙引入先进的废渣处理技术，将废渣转化为有价值的再生材料，加强内外部资源能源循环利用，促进产城融合发展。

（7）加快数字化、智能化赋能。建龙旗下的吕梁建龙与昆岳互联合作开发的钢铁烧结烟气环保岛智慧运维及边缘智控节能降碳技术通过鉴定达国内领先水平；建龙阿钢与同创信通共同开发的建龙集团生态环境精益管理系统，通过对环保治理设施实行集中监视、控制、数据采集、云端分析、环保成本分析、提前预判预警等为一体的环保集中管控，使企业从环保达标向精益环保转变，从粗放的环保管理向卓越环保绩效管理模式过渡，驶入了高质量绿色发展的快车道。

C9.2　绿色发展结出累累硕果

截至目前，山西建龙、承德建龙、吕梁建龙基本上完成了超低排放改造，其中山西建龙和承德建龙已完成钢协全流程超低排放评估监测公示。建龙阿钢、吉林建龙获评为国家级绿色工厂，山西建龙被评为2022年度中国钢铁工业清洁生产环境友好企业，有力支撑污染物减排及行业清洁生产绿色发展。

未来，建龙将全面贯彻落实党中央、国务院关于钢铁工业减污降碳、节能降耗、绿色低碳发展的有关要求，有效降低环境污染，减少资源消耗，实现可持续发展，有序推进建龙集团绿色低碳、与自然和谐共生的现代化发展工作，以科技创新作为建龙的不竭动力，不断发现价值、创造价值、分享价值，为建设美丽中国、实现人与自然和谐共生现代化的伟大实践贡献建龙力量。

C10　建龙集团服务+品质　擦亮“建龙品牌”新名片

近年来，建龙集团坚持以客户为中心，不断向建筑业综合服务商和高端工业用钢综合服务商转型，凭借优秀的服务质量和产品质量，赢得了客户的认可和市场的口碑，在逐步建立起“建筑业综合服务平台主导者”地位的同时，还实现了我国能源用钢领域的新突破。作为致力于实现由建筑用钢生产企业向建筑业综合服务商转型升级的抚顺新钢铁，近年来，积极探索新技术、新产品、新业态；持续推进供应链与数智化的整合赋能，坚持钢材定制生产加工，不断向产业链下游延伸，并实现了劳务总包“零”突破。

从起步初期的深加工班组到深加工工段，从日趋成熟的建材加工部再到如今业务广泛的辽宁新钢建设工程有限公司（以下简称新钢建设）这个向“建筑业综合服务平台”转型的升级项目和创新平台，抚顺新钢铁始终践行“利人惠己 永续经营”的经营理念，创新完善“以客户为中心”的服务体系，切实以个性化服务为支撑，打造新形势、新市场下的经营模式，为客户提供及时、精准的服务，加大与客户多元化和全方位的合作，在为客户创造价值的同时不断提升自身品牌价值。

得益于企业数智化水平的不断提高，抚顺新钢铁系统管理平台上线运行了钢筋管理系统，实现了客户自主下单、客户实时查询订单进度、生产全流程数据及进度管控、缩短结算周期、物流发货跟踪等五大功能，切实为深加工数智化建设奠定了坚实基础。

凭借钢筋原材料质量、钢筋加工、订单保供等优势，抚顺新钢铁在为下游企业客户提供“产品制造、半成品配套、工程劳务服务、工程技术支撑”一站式服务方案的同时，精心安排现场施工组织，细化技术交底，分工明确、责任到人，不仅抢抓工程工期，更严格监控现场安全，坚决贯彻标准化施工流程，全面提升施工管理水平，在实现劳务总包“零”突破的同时，得到了市政部门和相关方的一致认可和好评。而已成为“全球能源用钢引领者”的承德建龙则是建龙集团打造“高端工业用钢综合服务商”的代表子公司之一。

作为全球目前唯一一家试制成功 ϕ1300 毫米世界最大连铸圆坯的钢铁企业，承德建龙已深耕能源用钢领域多年，先进的生产线，独有的生产工艺，将“高端”与这个公司连在了一起。工欲善其事必先利其器，承德建龙钒钛新材料超大规格圆坯连铸机生产线，是建龙集团联合风电龙头企业丹麦维斯塔斯、西门子歌美飒、金风科技等行业内顶级用户共同联合研发的，采用了特有的电磁搅拌技术、中间包电磁感应加热技术、全自动开浇、涡流液位自动检测、Q-EMS（在线动态电磁搅拌）、Q-DTC（温度控制技术）、LPC（凝固控制模型）和喷号机器人等工艺和技术，同时增配了退火炉、抛丸机等辅助设备设施，是集节能环保、先进工艺、智能化等于一体的世界一流连铸生产线。

说到产品，目前风电轴承等能源领域高端产品普遍存在传统流程生产效率低、稳定性差等问题。承德建龙坚持以终端用户需求为导向，深耕产品研发，通过开发钢中低 Ti、低 Ca 控制，针对去除 D 类、Ds 类非金属夹杂物的专用精炼渣系等技术，不断提升产品质量。如为满足客户产品 Ti 含量 0.003%的要求，承德建龙通过长期的研究和实践，摸索出半钢最佳终点温度控制范围后，使钛元素氧化后最大限度进入钒渣，得到较低半钢钛含量，为下一步半钢冶炼创造了较好的原料条件，使炼钢转炉能稳定控制 Ti 含量。

产品与服务是创造一个响亮品牌的根本，既不是一夕之功，也非一劳永逸。未来，建龙集团将继续坚持以客户为中心，坚定不移向建筑业综合服务商和高端工业用钢综合服务商转型，以更优质的服务和值得信赖的产品，擦亮“建龙品牌”新名片。